Rudolf Gross, Achim Marx, Dietrich Einzel, Stephan Geprägs
Festkörperphysik
De Gruyter Studium

Weitere empfehlenswerte Titel

Festkörperphysik
Rudolf Gross, Achim Marx, 2022
ISBN 978-3-11-078234-9, e-ISBN (PDF) 978-3-11-056613-0

Solide State Physics
Siegfried Hunklinger, Christian Enss, 2022
ISBN 978-3-11-066645-8, e-ISBN (PDF) 978-3-11-066650-2

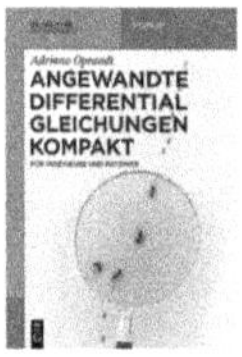

Angewandte Differentialgleichungen Kompakt für Ingenieure und Physiker
Adriano Oprandi, 2022
ISBN 978-3-11-073797-4, e-ISBN (PDF) 978-3-11-073798-1

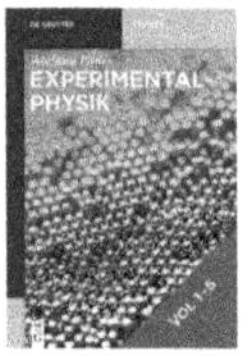

Experimentalphysik
Wolfgang Pfeiler
Band 1 Mechanik, Schwingungen, Wellen, 2020
ISBN 978-3-11-067560-3, e-ISBN (PDF) 978-3-11-067568-9
Band 2 Wärme, Nichtlinearität, Relativität, 2020
ISBN 978-3-11-067561-0, e-ISBN (PDF) 978-3-11-067569-6
Band 3 Elektrizität, Magnetismus, Elektromagnetische Schwingungen und Wellen, 2021
ISBN 978-3-11-067562-7, e-ISBN (PDF) 978-3-11-067570-2
Band 4 Optik, Strahlung, 2021
ISBN 978-3-11-067563-4, e-ISBN (PDF) 978-3-11-067571-9
Band 5 Quanten, Atome, Kerne, Teilchen, 2021
ISBN 978-3-11-067564-1, e-ISBN (PDF) 978-3-11-067572-6
Band 6 Statistik, Festkörper, Materialien, 2021
ISBN 978-3-11-067565-8, e-ISBN (PDF) 978-3-11-067573-3

Rudolf Gross, Achim Marx,
Dietrich Einzel, Stephan Geprägs

Festkörperphysik

Aufgaben und Lösungen

3., aktualisierte Auflage

DE GRUYTER
OLDENBOURG

Autoren
Prof. Dr. Rudolf Gross
Technische Universität München und
Bayerische Akademie der Wissenschaften
Walther-Meißner-Institut
Walther-Meißner-Straße 8
85748 Garching b. München
rudolf.gross@wmi.badw.de

Prof. Dr. Dietrich Einzel
Bayerische Akademie der Wissenschaften
Walther-Meißner-Institut
Walther-Meißner-Straße 8
85748 Garching b. München
Dietrich.Einzel@wmi.badw-muenchen.de

Dr. Achim Marx
Bayerische Akademie der Wissenschaften
Walther-Meißner-Institut
Walther-Meißner-Straße 8
85748 Garching b. München
achim.marx@wmi.badw.de

Dr. Stephan Geprägs
Bayerische Akademie der Wissenschaften
Walther-Meißner-Institut
Walther-Meißner-Straße 8
85748 Garching b. München
stephan.gepraegs@wmi.badw.de

ISBN 978-3-11-078235-6
e-ISBN (PDF) 978-3-11-078253-0
e-ISBN (EPUB) 978-3-11-078265-3

Library of Congress Control Number: 2023931562

Bibliografische Information der Deutschen Nationalbibliothek
Die Deutsche Nationalbibliothek verzeichnet diese Publikation in der Deutschen Nationalbibliografie; detaillierte bibliografische Daten sind im Internet über http://dnb.dnb.de abrufbar.

Einbandabbildung: Prof. Dr. Rudolf Gross – Illustration: Irina Apetrei
Satz: le-tex publishing services GmbH, Leipzig
Druck und Bindung: CPI books GmbH, Leck

www.degruyter.com

Vorwort

Die Vertiefung und Erweiterung von Fachwissen anhand von Übungsaufgaben ist sowohl als Ergänzung zu Lehrbüchern als auch vorlesungsbegleitend von unschätzbarem Wert. Da einerseits Vorlesungen einen knapp bemessenen Zeitplan haben und Lehrbücher sich auf die grundlegenden Aspekte eines Fachgebietes konzentrieren sollten, können zahlreiche Teilaspekte nicht tiefgehend behandelt werden und viele Herleitungen von wichtigen Zusammenhängen nicht explizit aufgezeigt werden. Dies trifft insbesondere auf das sehr umfangreiche Gebiet der Festkörperphysik zu. Diese Lücke kann durch Übungsaufgaben in idealer Weise geschlossen werden. Andererseits ermöglichen Übungsaufgaben den Lesern von Fachliteratur und Hörern von Vorlesungen, ihr erlerntes Wissen durch die Lösung von Übungsaufgaben zu überprüfen.

Das vorliegende Buch dient als Ergänzung zum Lehrbuch ***Festkörperphysik*** (Rudolf Gross und Achim Marx, Walther de Gruyter, 2022). Es enthält ausführliche Musterlösungen zu einer großen Zahl von Übungsaufgaben zum Themengebiet Festkörperphysik. Im Vergleich zur 2. Auflage enthält diese Neuauflage erstmals Übungsaufgaben zum Kapitel *Topologische Quantenmaterialien* des zugehörigen Lehrbuchs. Die Übungsaufgaben basieren auf Begleitmaterial, das Studenten unserer Vorlesungen an der Universität zu Köln (1996–2000) und später an der Technischen Universität München zur Verfügung gestellt wurde. Die Zielsetzung dabei ist, Studierenden anhand von Übungsaufgaben mit ausführlichen Lösungswegen eine Vertiefung und Selbstkontrolle des erlernten Wissens zu ermöglichen. Insbesondere sollen Studierende dazu angeleitet werden, sich physikalisches Wissen durch die Lösung von Übungsaufgaben selbst zu erarbeiten. Die zur Verfügung gestellten Musterlösungen sollen dabei helfen, den eigenen Lösungsweg zu überprüfen und Hindernisse bei der Erarbeitung des eigenen Lösungswegs zu überwinden.

Das Buch richtet sich an Studierende der Physik und Materialwissenschaften im Bachelor- und Master-Studiengang, die als Spezialisierungsrichtung die Physik der kondensierten Materie gewählt haben. Vorausgesetzt werden Grundkenntnisse zur Mechanik, Atomphysik, Elektrodynamik, Quantenmechanik und statistischen Physik. In allen Gleichungen wird grundsätzlich das internationale Maßsystem (SI) verwendet. Allerdings wird an einigen Stellen auf für den atomaren Bereich praktische Einheiten wie z. B. Ångström oder eV zurückgegriffen.

In das vorliegende Buch sind zahlreiche Anregungen, Hinweise und Illustrationen von unseren Mitarbeiterinnen und Mitarbeitern sowie von verschiedenen Kolleginnen und Kollegen eingeflossen. Namentlich erwähnen möchten wir insbesondere L. Alff, M. Althammer, W. Biberacher, B. Büchner, B. S. Chandrasekhar, F. Deppe, R. Doll, K. Fedorov, S. Gönnenwein, R. Hackl, H. Hübl, M. Kartsovnik, D. Koelle, A. Lerf, M. Opel, Ch. Probst, K. Uhlig und

https://doi.org/10.1515/9783110782530-001

M. Weiler. Großer Dank gebührt auch den Tutoren (u. a. A. Baust, G. Braunbeck, J. Goetz, J. Gückelhorn, D. Jost, L. Liensberger, J. Lotze, H. Maier-Flaig, S. Meyer, M. Müller, S. Philip, M. Schreier, D. Schwienbacher, S. Weichselbaumer, E. Xie) und einer Vielzahl engagierter Studentinnen und Studenten für ihre zahlreichen Verbesserungsvorschläge.

Ein umfangreiches Lehrbuch ohne Fehler zu erstellen ist unmöglich. Deshalb sind wir für Hinweise auf solche Fehler sehr dankbar. Sie können direkt an unsere elektronischen Adressen (Rudolf.Gross@wmi.badw.de, Achim.Marx@wmi.badw.de, Dietrich.Einzel@wmi.badw.de, Stephan.Gepraegs@wmi.badw.de) geschickt werden.

München, Dezember 2022 Rudolf Gross, Achim Marx, Dietrich Einzel, Stephan Geprägs

Inhaltsverzeichnis

https://doi.org/10.1515/9783110782530-002

1 Kristallstruktur

A1.1 Bravais-Gitter

Finden Sie für das in Abb. 1.1 abgebildete Honigwabengitter eine geeignete Basis und zeichnen Sie das Bravais-Gitter. Geben Sie die fünf möglichen zweidimensionalen Bravais-Gitter an.

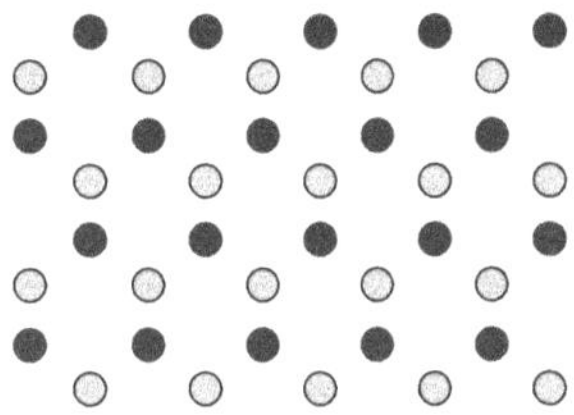

Abb. 1.1: Zweidimensionales Honigwabengitter.

Lösung

Die Basis des Honigwabengitters besteht aus einem grauen und einem schwarzen Atom (siehe Abb. 1.2(b)). Ein mögliches Bravais-Gitter ist in Abb. 1.2(c) gezeigt. Man beachte, dass nicht jede symmetrische Anordnung von Punkten auch ein Bravais-Gitter ist! Das Bravais-Gitter besitzt eine hexagonale Symmetrie.

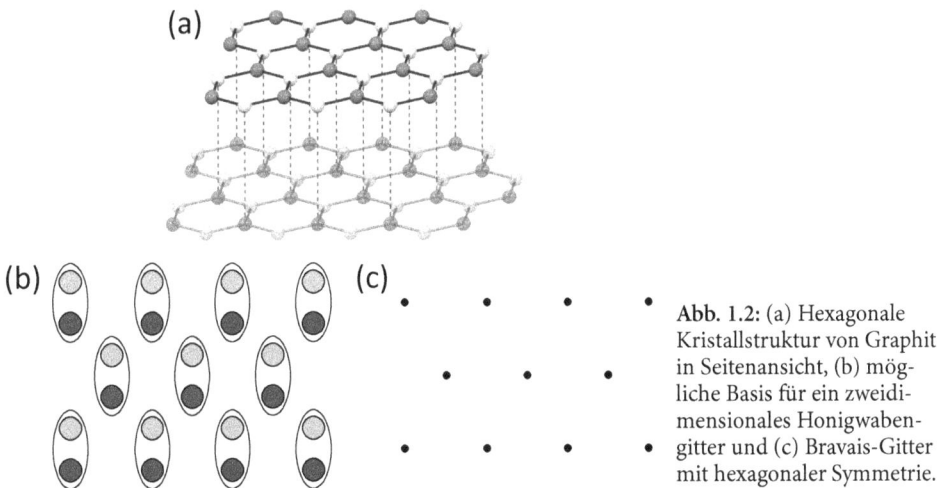

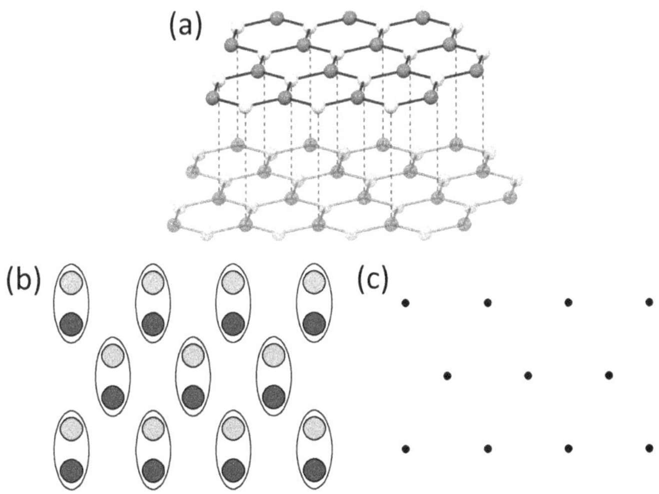

Abb. 1.2: (a) Hexagonale Kristallstruktur von Graphit in Seitenansicht, (b) mögliche Basis für ein zweidimensionales Honigwabengitter und (c) Bravais-Gitter mit hexagonaler Symmetrie.

https://doi.org/10.1515/9783110782530-001

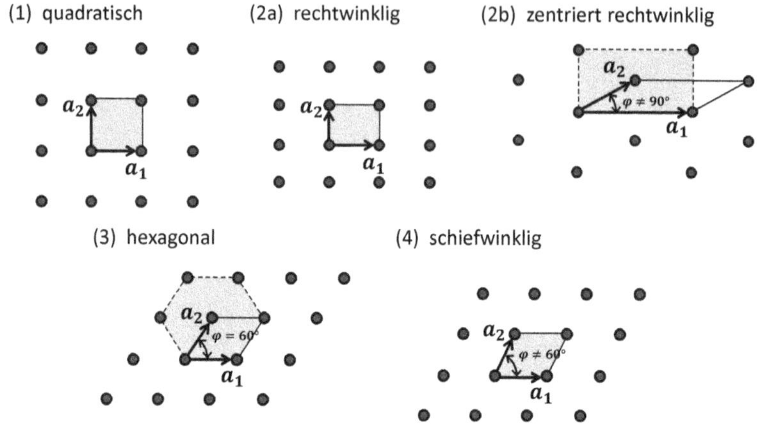

Abb. 1.3: Die fünf möglichen zweidimensionalen Bravais-Gitter: (1) quadratisches Gitter, (2a) rechtwinkliges Gitter, (2b) zentriert rechtwinkliges Gitter, (3) hexagonales Gitter, (4) schiefwinkliges Gitter. Diese können in vier Kristallsysteme gruppiert werden. Die Einheitszellen sind grau hinterlegt. Die primitiven Gitterzellen werden von den Basisvektoren $\mathbf{a}_1$ und $\mathbf{a}_2$ aufgespannt und sind durch die durchgezogene Linie markiert. Die konventionellen Zellen sind durch die gestrichelten Linien dargestellt.

Die fünf möglichen zweidimensionalen Bravais-Gitter können in vier verschiedene Kristallsysteme gruppiert werden (siehe Abb. 1.3). Die allgemeine Darstellung der Gittertranslation lautet

$$\mathbf{T} = n_1\mathbf{a}_1 + n_2\mathbf{a}_2 \qquad n_1, n_2 \in \mathbb{Z} \tag{A1.1.1}$$

$$\cos\varphi = \frac{\mathbf{a}_1 \cdot \mathbf{a}_2}{|\mathbf{a}_1|\,|\mathbf{a}_2|}\,. \tag{A1.1.2}$$

Damit können wir in zwei Dimensionen die folgenden fünf Fälle unterscheiden:

(1)	$\lvert\mathbf{a}_1\rvert = \lvert\mathbf{a}_2\rvert$	$\varphi = \pi/2$	quadratisches Gitter, Einheitszelle=*Quadrat*
(2a)	$\lvert\mathbf{a}_1\rvert \neq \lvert\mathbf{a}_2\rvert$	$\varphi = \pi/2$	rechtwinkliges Gitter, Einheitszelle=*Rechteck*
(2b)	$\lvert\mathbf{a}_1\rvert \neq \lvert\mathbf{a}_2\rvert$	$\varphi \neq \pi/2, \pi/3$	zentriert rechtwinkliges Gitter, Einheitszelle=*Raute* ($\varphi \neq 90°$)
(3)	$\lvert\mathbf{a}_1\rvert = \lvert\mathbf{a}_2\rvert$	$\varphi = \pi/3$	hexagonales Gitter, Einheitszelle=*Raute* ($\varphi = 60°$)
(4)	$\lvert\mathbf{a}_1\rvert \neq \lvert\mathbf{a}_2\rvert$	$\varphi \neq \pi/2$	schiefwinkliges Gitter, Einheitszelle=*Raute* ($\varphi \neq 60°$)

A1.2 Kupfer-Sauerstoff-Ebenen

Alle Kupferoxid-basierten Hochtemperatur-Supraleiter besitzen in ihrer Kristallstruktur als zentrale Bausteine Kupfer-Sauerstoff-Ebenen. Die dunklen Atome in Abb. 1.4 (linkes Bild) sind die Kupferatome, während die hellen die Sauerstoffatome darstellen. Der Gitterabstand der Kupferatome sei a. Der Einfachheit halber betrachten wir das Problem nur im zweidimensionalen Fall.

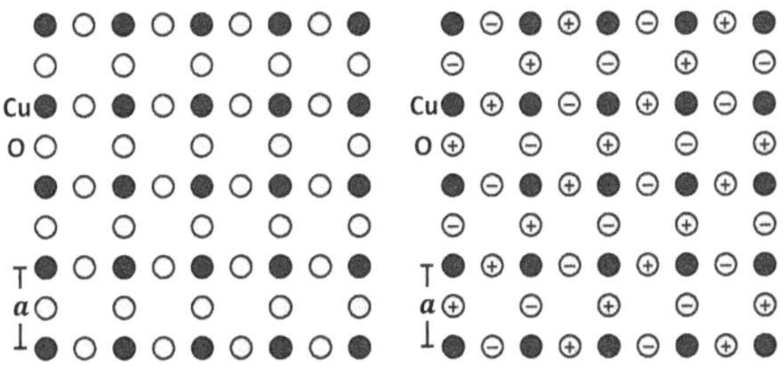

Abb. 1.4: Kupfer-Sauerstoff-Ebene. Rechts sind die Sauerstoffatome ein bisschen aus der Ebene nach oben (+) oder nach unten (−) versetzt.

(a) Welche Rotationssymmetrie liegt in Abb. 1.4 (links) vor? Skizzieren Sie das Bravais-Gitter, geben Sie ein Paar primitiver Gittervektoren an und bestimmen Sie die Einheitszelle samt Basis.

(b) In La_2CuO_4 sind die Kupfer-Sauerstoff-Ebenen (Abb. 1.4, links) nicht wirklich eben. Die Sauerstoffatome sind ein bisschen aus der Ebene nach oben oder nach unten (−) versetzt (Abb. 1.4, rechts). Geben Sie wie in (a) die Rotationssymmetrie, die primitive Zelle und das Bravais-Gitter an. Kann man die Gitterkonstante a beibehalten?

Lösung

(a) Die Einheitszelle wird durch das grau schattierte Quadrat beschrieben und die Basis besteht aus einem Kupferatom mit zwei Sauerstoffatomen [siehe Abb. 1.5(a)]. Als primitive Gittervektoren nehmen wir die Seiten der Einheitszelle. Die Rotationssymmetrie ist vierzählig.

(b) Wir entnehmen die Lösung der Zeichnung in Abb. 1.5(b). Die Einheitszelle wird durch das gegenüber (a) um 45° gedrehte Quadrat beschrieben. Der neue Gitterabstand beträgt nun $\sqrt{2}\,a$. Die primitive Zelle enthält vier Sauerstoffatome. Die Rotationssymmetrie ist jetzt nur noch zweizählig, da je zwei Sauerstoffatome nach oben und unten verkippt sind und deshalb eine 90°-Drehung keine zulässige Symmetrieoperation mehr ist.

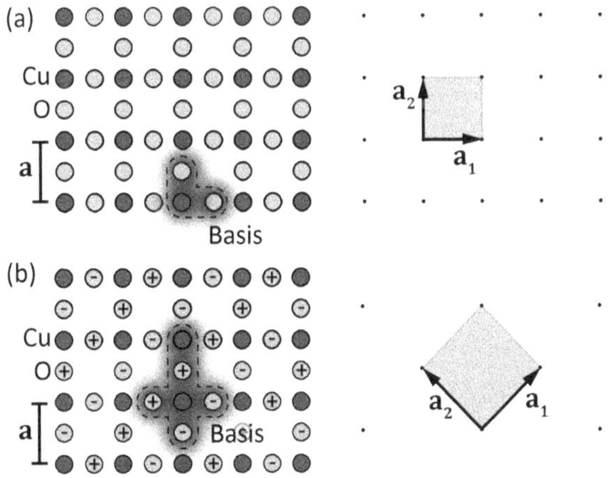

Abb. 1.5: Kupfer-Sauerstoff-Ebene mit möglicher Basis (links). Bravais-Gitter mit Einheitszelle (grau schattiert) und primitiven Gittervektoren einer Kupfer-Sauerstoff-Ebene (rechts) ohne (a) und mit Verkippung (b) der Sauerstoffatome in La_2CuO_4.

Die Versetzung der Sauerstoffatome aus der Ebene nach oben oder nach unten wird durch eine Verkippung der Sauerstoffoktaeder verursacht, die in La_2CuO_4 die Cu-Atome umgeben. Verursacht wird diese Verkippung durch eine Fehlanpassung der Cu-O-Bindungslänge in der CuO_2-Ebene und der La-O-Bindungslänge in der darüberliegenden La-O-Ebene. Da die Cu-O-Bindungslänge etwas zu groß ist, entsteht in der CuO_2-Ebene ein „Ziehharmonika-Effekt", der in einer endlichen Welligkeit der CuO_2-Ebene resultiert. Da die Verkippung nur entlang von $\mathbf{a}_2$, nicht aber entlang von $\mathbf{a}_1$ erfolgt, ist $|\mathbf{a}_2| < |\mathbf{a}_1|$. Das heißt, es liegt im dreidimensionalen Raum eine orthorhombische Verzerrung vor.

A1.3 Die sc-, bcc-, fcc- und hcp-Struktur

(a) In einer einfach kubischen (sc: simple cubic) Kristallstruktur sitzen lediglich an den Ecken eines Würfels Atome. Die Berührungspunkte der Atome liegen deshalb entlang der Würfelkanten und die Gitterkonstante a beträgt $2r$, wobei r der Radius der Atome (Ionen) ist. Berechnen Sie den Volumenanteil, den die Atome in der Elementarzelle der einfach kubischen Kristallstruktur einnehmen. Diskutieren Sie in diesem Zusammenhang die Anzahl der Atome der Einheitszelle und benennen Sie die Koordinationszahl.

(b) Wie ändert sich der Volumenanteil beim Übergang von einem einfach kubischen (sc) zu einem kubisch raumzentrierten (bcc: body-centered cubic) Gitter? Welche der beiden Kristallstrukturen nutzt den Raum besser aus? Diskutieren Sie die Anzahl der Atome sowie die Koordinationszahl der primitiven und konventionellen Einheitszelle der bcc-Struktur.
Die gemessenen Werte für die Dichte und Gitterkonstante von Eisen betragen $\rho_{Fe} = 7.86\,g/cm^3$ und $a_{Fe} = 2.87 \times 10^{-10}$ m. Können Sie aus diesen Messwerten darauf schließen, ob die Kristallstruktur einfach kubisch (sc) oder kubisch raumzentriert (bcc) ist? Die Masse eines Eisenatoms beträgt $m_{Fe} = 9.28 \times 10^{-26}$ kg.

(c) α-Co hat eine hcp-Struktur (hcp: hexagonal closed-packed) mit den Gitterkonstanten $a = 2.51$ Å und $c = 4.07$ Å. β-Co hat dagegen eine fcc-Struktur (fcc: face-centered cubic) mit der kubischen Gitterkonstante von 3.55 Å. Wie groß ist der Dichteunterschied der beiden Erscheinungsformen?

(d) Natrium zeigt eine Phasenumwandlung von einer bcc- zu einer hcp-Struktur bei $T = 23$ K. Berechnen Sie die hcp-Gitterkonstante unter der Annahme, dass bei der Phasenumwandlung die Dichte gleich bleibt, das c/a Verhältnis der hcp-Struktur ideal ist und die kubische Gitterkonstante $a' = 4.23$ Å beträgt.

Lösung

Das einfach kubische (sc), das kubisch raumzentrierte (bcc) und das kubisch flächenzentrierte (fcc) Gitter sind in Abb. 1.6 gezeigt. Die Seitenlänge des Würfels sei a und der Radius der kugelförmig angenommenen Atome r.

(a) Die Anzahl der Atome in der primitiven Einheitszelle des einfach kubischen (sc-)Gitters beträgt $8 \cdot \frac{1}{8} = 1$ (8 Atome auf den Würfelecken, die zu jeweils einem Achtel in der Einheitszelle liegen, siehe Abb. 1.6(a)). Hieraus lässt sich auch die Koordinationszahl berechnen. Die Koordinationszahl ist definiert als die Zahl der nächsten Nachbaratome.

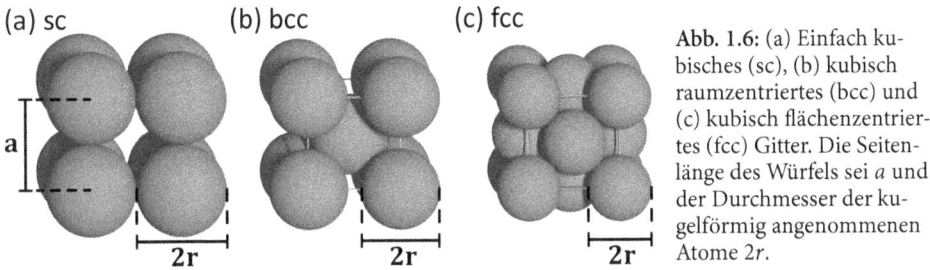

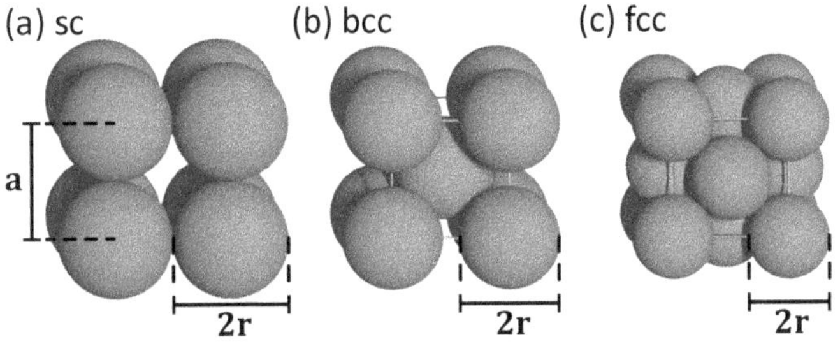

Abb. 1.6: (a) Einfach kubisches (sc), (b) kubisch raumzentriertes (bcc) und (c) kubisch flächenzentriertes (fcc) Gitter. Die Seitenlänge des Würfels sei a und der Durchmesser der kugelförmig angenommenen Atome $2r$.

Im vorliegenden Fall hat jedes Atom 6 Nachbarn. Die Koordinationszahl des sc-Gitters ist somit 6. Der Volumenanteil p_{sc} lässt sich aus dem Verhältnis des Volumens der Atome in der Einheitzelle V_{Atome} und des Volumens der kubischen Einheitszelle a^3 berechnen:

$$p_{\text{sc}} = \frac{\frac{4}{3}\pi r^3}{a^3} = \frac{\frac{4}{3}\pi r^3}{(2r)^3} = \frac{\pi}{6} \simeq 0.5235\ldots. \tag{A1.3.1}$$

(b) Bei der kubisch raumzentrierten (bcc) Struktur befinden sich zwei Atome in der konventionellen Einheitszelle, während sich allgemein in jeder primitiven Einheitszelle 1 Gitterpunkt bzw. bei einer einatomigen Basis 1 Atom befindet [siehe Abb. 1.6(b)]. Die Koordinationszahl ist 8 für die bcc-Struktur. Da sich die Atome nicht entlang der Würfelkanten sondern entlang der Raumdiagonalen des Würfels berühren [siehe Abb. 1.6(b)] lässt sich der Volumenanteil p_{bcc} berechnen zu

$$p_{\text{bcc}} = \frac{2V_{\text{Atome}}}{a^3} = \frac{2\,\frac{4}{3}\pi r^3}{a^3} = \frac{2\,\frac{4}{3}\pi r^3}{\left(\frac{4}{\sqrt{3}}r\right)^3} = \frac{\pi\sqrt{3}}{8} \simeq 0.6801\ldots. \tag{A1.3.2}$$

Der höhere Raumanteil der Atome/Ionen in der raumzentrierten Struktur entspricht dementsprechend einer besseren Nutzung des Raumes ($p_{\text{sc}} < p_{\text{bcc}}$).
Aus der Masse der Fe-Atome $m_{\text{Fe}} = 9.28 \times 10^{-26}$ kg ergibt sich beim einfach kubischen Gitter mit einem Atom pro Gitterzelle eine theoretische Dichte von $\rho_{\text{sc}} = m_{\text{Fe}}/a^3 = 3.9255\ldots \text{ g/cm}^3$. Für das kubisch raumzentrierte Gitter mit 2 Atomen pro konventioneller Gitterzelle ergibt sich dagegen eine theoretische Dichte von $\rho_{\text{bcc}} = 2m_{\text{Fe}}/a^3 = 7.8511\ldots \text{ g/cm}^3$, die der gemessenen sehr nahe kommt. Allein aus der Messung der Dichte und der Gitterkonstanten können wir also darauf schließen, dass Eisen kein einfach kubisches, sondern ein kubisch raumzentriertes Gitter besitzt.

(c) α- und β-Co:
Allgemein tritt Cobalt in zwei Modifikationen auf. Unterhalb von 400 °C liegt Co in der hcp-Struktur (α-Co) vor. Bei 400 °C findet eine Phasenumwandlung in die fcc-Struktur (β-Co) statt. Die jeweiligen Teilchendichten beider Strukturen können wie folgt berechnet werden:

$$\rho_{\text{hcp}} = \frac{N_{\text{konv,hcp}}}{V_{\text{konv,hcp}}} = \frac{6}{\frac{3}{2}\sqrt{3}a_{\text{hcp}}^2 c_{\text{hcp}}} = \frac{4}{\sqrt{3}a_{\text{hcp}}^2 c_{\text{hcp}}} \simeq 0.090\,\text{Å}^{-3} \tag{A1.3.3}$$

$$\rho_{\text{fcc}} = \frac{N_{\text{konv,fcc}}}{V_{\text{konv,fcc}}} = \frac{4}{a_{\text{fcc}}^3} \simeq 0.089\,\text{Å}^{-3}. \tag{A1.3.4}$$

Die hcp-Struktur von Co ist also in der Realität dichter.

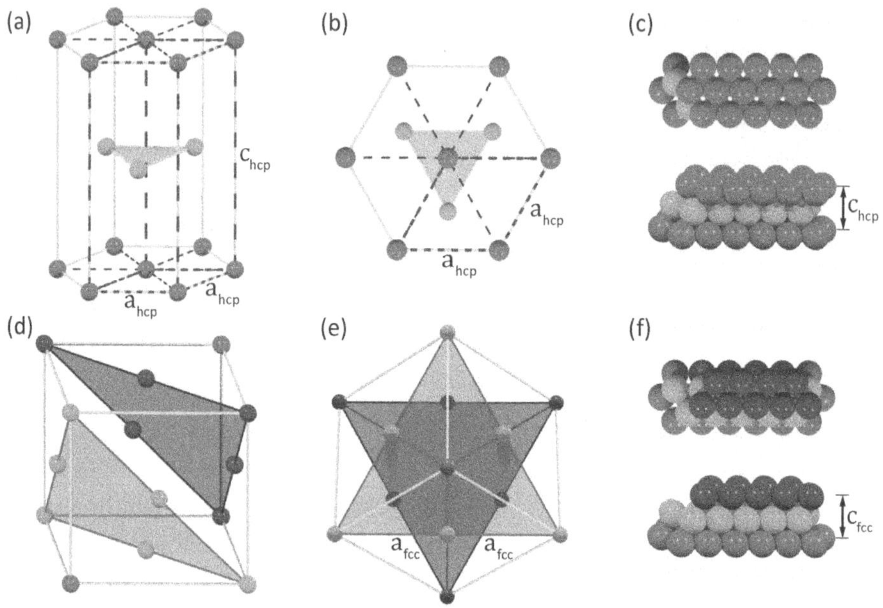

Abb. 1.7: (a)–(c) Die hexagonal dicht gepackte (hcp) und (d)–(f) die kubisch flächenzentrierte (fcc) Struktur. In (a) ist die konventionelle und die primitive (gestrichelt markiert) Einheitszelle, in (b) die Sicht in [0001]-Richtung und in (c) die Stapelfolge der hcp Struktur gezeigt. In (d)–(f) sind die Stapelebenen in der fcc-Struktur dargestellt. Die gestapelten Atomschichten verlaufen hier parallel zur [111]-Richtung.

Um die dicht gepackte fcc-Struktur mit der hcp-Struktur zu vergleichen, betrachten wir die fcc-Struktur entlang der [111]-Richtung [siehe Abb. 1.7(e) und (f)]. Hierbei können wir in der Ebene senkrecht zur [111]-Richtung eine hcp-ähnliche in-plane (ip) Gitterkonstante $a_{\rm fcc,ip}$ als $a_{\rm fcc,ip} = \frac{1}{2}\sqrt{2}a = 2.51\,\text{Å}$ definieren (entspricht dem Abstand nächster Nachbarn in der (111)-Ebene). Dieser Gitterabstand in der Ebene ist demnach identisch mit dem der hcp-Struktur ($a_{\rm fcc,ip} = a_{\rm hcp}$). Falls im hcp-Fall $c_{\rm hcp}/a_{\rm hcp} = 1.63$ wäre, wären beide Strukturen dicht gepackt mit einem identischen nächste Nachbarabstand und hätten folglich eine identische Dichte. Allerdings ist die entsprechende Gitterkonstante entlang der [111]-Richtung (oop: out-of-plane) $c_{\rm fcc,oop} = \frac{2}{3}\sqrt{3}a = 4.099\,\text{Å}$ [siehe Abb. 1.7(f)] größer als für die hcp-Struktur ($c_{\rm fcc,oop} > c_{\rm hcp}$). Mit $c_{\rm hcp}/a_{\rm hcp} = 4.07/2.51 = 1.62$ können wir das Dichteverhältnis berechnen zu

$$\frac{\rho_{\rm hcp}}{\rho_{\rm fcc}} = \frac{V_{\rm fcc}}{V_{\rm hcp}} = \frac{c_{\rm fcc,oop}/a_{\rm fcc,ip}}{c_{\rm hcp}/a_{\rm hcp}} = \frac{4/\sqrt{6}}{1.62} \simeq 1.008\,. \qquad \text{(A1.3.5)}$$

Das heißt, die hcp-Struktur ist um etwa 0.8 % dichter.

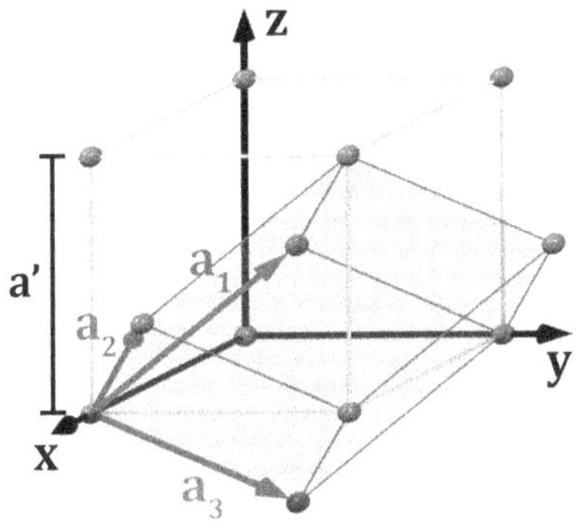

Abb. 1.8: Primitive und konventionelle Einheitszelle des kubisch raumzentrierten (bcc) Gitters.

(d) Phasenumwandlung von Natrium:
Wir können zur Lösung der Aufgabe die Volumina der primitiven mit denen der konventionellen Zellen vergleichen. Dabei müssen wir berücksichtigen, dass die primitive bcc-Zelle ein und die primitive hcp-Zelle zwei Atome enthält, die konventionelle bcc-Zelle dagegen zwei und die konventionelle hcp-Zelle sechs Atome. Eine Skizze der hexagonal dicht gepackten Struktur ist in Abb. 1.7(a) und (b) gezeigt. Drei Nachbaratome in der Basisebene bilden zusammen mit dem Atom in der nächsten Ebene einen Tetraeder mit der Seitenlänge a und der Höhe $c/2$ (vgl. Aufgabe A1.6).
Das Volumen der konventionellen hcp-Zelle erhalten wir als Produkt aus der Fläche des Basis-Sechsecks mit der Höhe h (siehe Abb. 1.7 und Abb. 1.11) zu

$$F_{\text{Sechseck}} = 6 \cdot F_{\text{Dreieck}} = 6 \cdot \frac{\sqrt{3}}{4} a_{\text{hcp}}^2 = \frac{3\sqrt{3}}{2} a_{\text{hcp}}^2 \tag{A1.3.6}$$

$$V_{\text{c,hcp}}^{\text{konv}} = F_{\text{Sechseck}} \cdot c_{\text{hcp}} = \frac{3\sqrt{3}}{2} a_{\text{hcp}}^2 \, c_{\text{hcp}} \,. \tag{A1.3.7}$$

Das Volumen der primitiven hcp-Zelle [siehe Abb. 1.7(a) und (b)] ist dann

$$V_{\text{c,hcp}}^{\text{prim}} = \frac{1}{3} V_{\text{c,hcp}}^{\text{konv}} = \frac{\sqrt{3}}{2} a^2 c \,. \tag{A1.3.8}$$

Hierbei können wir auch ausnutzen, dass die Koordinaten des Atoms in der Ebene über der Basisebene $(a_{\text{hcp}}/2, a_{\text{hcp}}/2\sqrt{3}, c_{\text{hcp}}/2)$ sind (siehe Abb. 1.11). Da der Abstand zwischen allen Atomen a ist, erhalten wir die Beziehung

$$a_{\text{hcp}} = \sqrt{\frac{a_{\text{hcp}}^2}{4} + \frac{a_{\text{hcp}}^2}{12} + \frac{c_{\text{hcp}}^2}{4}} = \sqrt{\frac{a_{\text{hcp}}^2}{3} + \frac{c_{\text{hcp}}^2}{4}} \,. \tag{A1.3.9}$$

Daraus erhalten wir $c = \sqrt{8/3}\, a = 1.633\, a$ und damit

$$V_{\text{c,hcp}}^{\text{prim}} = \frac{1}{3} V_{\text{c,hcp}}^{\text{konv}} = \sqrt{2}\, a_{\text{hcp}}^3 \,. \tag{A1.3.10}$$

Das Volumen der konventionellen bcc-Zelle ist $V_{\text{c,bcc}}^{\text{konv}} = (a')^3$ und das Volumen der primitiven bcc-Zelle lässt sich aus dem Spatprodukt der primitiven Vektoren $\mathbf{a}_1 = \frac{a'}{2}(\widehat{\mathbf{e}}_1 +$

$\widehat{\mathbf{e}}_2 + \widehat{\mathbf{e}}_3)$, $\mathbf{a}_2 = \frac{a'}{2}(\widehat{\mathbf{e}}_1 - \widehat{\mathbf{e}}_2 + \widehat{\mathbf{e}}_3)$ und $\mathbf{a}_3 = \frac{a'}{2}(\widehat{\mathbf{e}}_1 + \widehat{\mathbf{e}}_2 - \widehat{\mathbf{e}}_3)$ zu $V_{\text{c,bcc}}^{\text{prim}} = \frac{1}{2}(a')^3$ berechnen (siehe Abb. 1.8). Wir müssen jetzt immer Zellvolumina mit der gleichen Zahl von Atomen betrachten, da sich ja die Dichte beim Phasenübergang nicht geändert hat. Die primitive bcc-Zelle enthält ein und die primitive hcp-Zelle zwei Atome, die konventionelle bcc-Zelle dagegen zwei und die konventionelle hcp-Zelle sechs Atome [siehe Abb. 1.7 und 1.8]. Wir erhalten damit

$$6 \cdot V_{\text{c,bcc}}^{\text{konv}} = 2 \cdot V_{\text{c,hcp}}^{\text{konv}} = 6 \cdot (a')^3 = 2 \cdot 3\sqrt{2}\, a_{\text{hcp}}^3 \tag{A1.3.11}$$

$$2 \cdot V_{\text{c,bcc}}^{\text{prim}} = V_{\text{c,hcp}}^{\text{prim}} = 2 \cdot \frac{(a')^3}{2} = \sqrt{2}\, a_{\text{hcp}}^3 \,. \tag{A1.3.12}$$

In beiden Fällen ergibt sich $a_{\text{hcp}}^3 = (a')^3/\sqrt{2}$ und somit mit $a' = 4.23\,\text{Å}$ für die hcp-Gitterkonstante $a_{\text{hcp}} \simeq 3.77\,\text{Å}$.

A1.4 Das Diamantgitter

Das Bravais-Gitter von Diamant ist kubisch flächenzentriert. Die Basis besteht aus zwei Kohlenstoffatomen bei den Atompositionen $(0,0,0)$ und $(\frac{1}{4}, \frac{1}{4}, \frac{1}{4})$.

(a) Geben Sie einen Satz primitiver Translationsvektoren an.
(b) Wie viele Atome befinden sich in der konventionellen kubischen Einheitszelle?
(c) Wie groß ist die Koordinationszahl?

Lösung

Das Diamantgitter kann als zwei gegeneinander verschobene fcc-Gitter mit einatomiger Basis aufgefasst werden. Die konventionelle Zelle des Diamantgitters und die beiden gegenein-

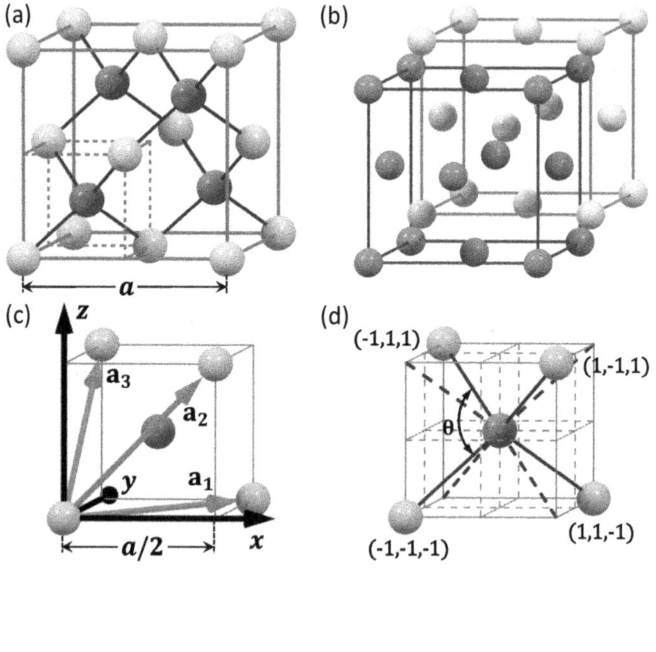

Abb. 1.9: Die konventionelle Zelle des Diamantgitters (a). In (b) ist gezeigt, dass wir das Diamantgitter als zwei gegeneinander verschobene fcc-Gitter auffassen können. In (c) ist ein Achtel der konventionellen Zelle mit den primitiven Gittervektoren $\mathbf{a}_1$, $\mathbf{a}_2$ und $\mathbf{a}_3$, in (d) die tetraedrische Koordination der Kohlenstoffatome mit dem Tetraederwinkel θ gezeigt.

ander verschobenen fcc-Gitter sind in Abb. 1.9(a) und (b) gezeigt. Das vierfach koordinierte Kohlenstoffatom sitzt im Zentrum eines Würfels [siehe Abb. 1.9(c)] und die restlichen vier Atome auf vier Ecken des Würfels, so dass diese vier Atome einen Tetraeder bilden, in dessen Zentrum das fünfte Atom sitzt. Die Basis des Diamantgitters besteht aus zwei Kohlenstoffatomen mit den Positionen $(0,0,0)$ und $\left(\frac{1}{4},\frac{1}{4},\frac{1}{4}\right)$ in der konventionellen Zelle [siehe Abb. 1.9(a) und (c)].

(a) Da wir das Diamantgitter als zwei gegenander verschobene fcc-Gitter auffassen können [siehe Abb. 1.9(b)], müssen wir uns überlegen, mit welchen Gittervektoren wir das unverschobene und das verschobene fcc-Gitter beschreiben können. Wir sehen aus Abb. 1.9, dass wir das unverschobene Gitter durch

$$\begin{aligned} \mathbf{R}(n_1,n_2,n_3) &= n_1\mathbf{a}_1 + n_2\mathbf{a}_2 + n_3\mathbf{a}_3 \qquad n_1,n_2,n_3 \in \mathbb{Z} \\ &= \frac{a}{2}\left[n_1(\widehat{\mathbf{e}}_1+\widehat{\mathbf{e}}_2) + n_2(\widehat{\mathbf{e}}_1+\widehat{\mathbf{e}}_3) + n_3(\widehat{\mathbf{e}}_2+\widehat{\mathbf{e}}_3)\right] \end{aligned} \tag{A1.4.1}$$

beschreiben können. Hierbei sind $\widehat{\mathbf{e}}_i$ die Einheitsvektoren in Richtung der Achsen **x**, **y** und **z** der konventionellen Zelle und n_i sind ganze Zahlen. Es gilt ferner $|\mathbf{a}_i| = a/\sqrt{2}$. Für das verschobene Gitter gilt

$$\begin{aligned} \mathbf{R}'(n_1',n_2',n_3') &= \frac{a}{4}\left[\widehat{\mathbf{e}}_1+\widehat{\mathbf{e}}_2+\widehat{\mathbf{e}}_3\right] + \mathbf{R}(n_1',n_2',n_3') \\ &= \frac{a}{4}\left[\widehat{\mathbf{e}}_1+\widehat{\mathbf{e}}_2+\widehat{\mathbf{e}}_3\right] + \frac{a}{2}\left[n_1'(\widehat{\mathbf{e}}_1+\widehat{\mathbf{e}}_2) + n_2'(\widehat{\mathbf{e}}_1+\widehat{\mathbf{e}}_3) + n_3'(\widehat{\mathbf{e}}_2+\widehat{\mathbf{e}}_3)\right] \\ &= \frac{a}{4}\left[\widehat{\mathbf{e}}_1(1+2n_1'+2n_2') + \widehat{\mathbf{e}}_2(1+2n_1'+2n_3') + \widehat{\mathbf{e}}_3(1+2n_2'+2n_3')\right] . \end{aligned} \tag{A1.4.2}$$

(b) In der in Abb. 1.9 gezeigten konventionellen Zelle befinden sich 4 Atome im Innern der Zelle. Weitere 8 Atome sitzen auf den Würfelecken. Diese werden allerdings zwischen 8 Nachbarzellen geteilt. Schließlich verbleiben 6 Atome auf den Seitenflächen des Würfels, die zwischen 2 benachbarten Zellen geteilt werden. Somit erhalten wir die Zahl der Kohlenstoffatome in der konventionellen Zelle zu

$$N = 4 + \frac{8}{8} + \frac{6}{2} = 8 . \tag{A1.4.3}$$

(c) Die Koordinationszahl ist definiert als die Zahl der nächsten Nachbaratome. Im vorliegenden Fall hat jedes Kohlenstoffatom 4 nächste Nachbarn, die einen Tetraeder bilden, in dessen Zentrum ein weiteres Kohlenstoffatom sitzt [siehe Abb. 1.9(b)]. Die Koordinationszahl ist also 4. Diese Koordination resultiert aus den stark gerichteten kovalenten Bindungen in der Diamantstruktur, die auf die sp^3-Hybridisierung der Kohlenstofforbitale zurückzuführen ist.

A1.5 Tetraederwinkel

Die Winkel zwischen den tetraedrischen Bindungen der Diamantstruktur sind dieselben wie die Winkel zwischen den Raumdiagonalen aneinandergrenzender Würfel. Bestimmen Sie mit Hilfe der elementaren Vektorrechnung die Größe dieses Winkels.

Lösung

Der Tetraederwinkel θ ist definiert als der Winkel, der von den Verbindungsstrecken zwischen dem Tetraedermittelpunkt und je zwei Ecken eingeschlossen wird, wie es in Abb. 1.10(a) für das Methan-Molekül dargestellt ist. Zur Bestimmung des Tetraederwinkels kann man die Tatsache benutzen, dass der Tetraeder aus den Hälften der vier möglichen Raumdiagonalen eines Würfels konstruiert werden kann. Um einen geeigneten Koordinatenursprung zu bekommen, benutzen wir die in Abb. 1.10(b) abgebildete Konstruktion aus 8 Würfeln, in denen die vier Tetraederkeulen durch die Vektoren $\mathbf{a}_1 = \{-1, 1, 1\}$, $\mathbf{a}_2 = \{1, -1, 1\}$, $\mathbf{a}_3 = \{1, 1, -1\}$ und $\mathbf{a}_4 = \{-1, -1, -1\}$ beschrieben werden. Der Winkel zwischen je zwei dieser Vektoren $\mathbf{a}_i$ und $\mathbf{a}_j$ $(i \neq j)$ lässt sich dann wie folgt aus dem Skalarprodukt von $\mathbf{a}_i$ und $\mathbf{a}_j$ berechnen:

$$\mathbf{a}_i \cdot \mathbf{a}_j = |\mathbf{a}_i|\,|\mathbf{a}_j| \cos\theta \tag{A1.5.1}$$

$$\cos\theta = \frac{\mathbf{a}_i \cdot \mathbf{a}_j}{|\mathbf{a}_i|\,|\mathbf{a}_j|} \tag{A1.5.2}$$

$$\theta = \arccos\left(\frac{\mathbf{a}_i \cdot \mathbf{a}_j}{|\mathbf{a}_i|\,|\mathbf{a}_j|}\right). \tag{A1.5.3}$$

Wir finden

$$\mathbf{a}_i \cdot \mathbf{a}_j = -1 \quad \text{für alle } i \neq j \tag{A1.5.4}$$

$$|\mathbf{a}_i| = |\mathbf{a}_j| = \sqrt{3} \tag{A1.5.5}$$

$$\cos\theta = \frac{\mathbf{a}_i \cdot \mathbf{a}_j}{|\mathbf{a}_i|\,|\mathbf{a}_j|} = -\frac{1}{3} \tag{A1.5.6}$$

$$\theta = \arccos(-1/3) = 109.47122\ldots^\circ. \tag{A1.5.7}$$

Man beachte, dass die Würfeldiagonalen, welche zum Tetraeder beitragen, ausschließlich zu Würfeln gehören, die nur eine gemeinsame Kante, jedoch keine gemeinsame Fläche aufweisen. Nur so ist gewährleistet, dass man das negative Vorzeichen beibehält und der Tetraederwinkel ein stumpfer Winkel ist.

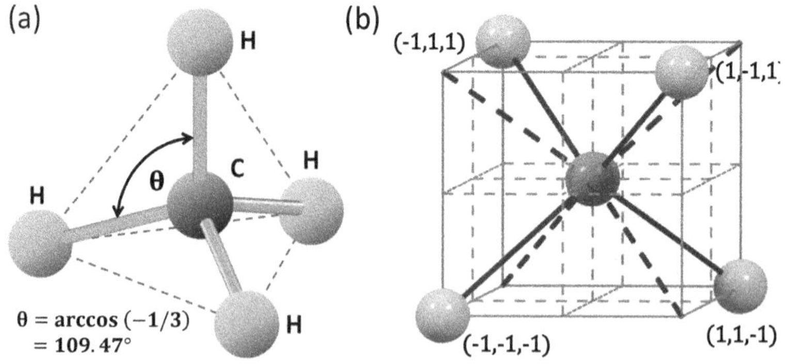

Abb. 1.10: Zur Definition (a) und Bestimmung (b) des Tetraederwinkels.

A1.6 Die hcp-Struktur

Zeigen Sie, dass das Verhältnis der Gitterkonstanten c/a für eine hexagonal dichtgepackte Kristallstruktur (hcp: hexagonal close-packed) gleich $\sqrt{8/3} \simeq 1.633\ldots$ ist. Wenn c/a deutlich größer ist als dieser Wert, können wir uns die Kristallstruktur aus unsauber gestapelten Ebenen von dichtgepackten Atomen aufgebaut denken.

Lösung

Die Grundfläche der primitiven Zelle der hcp-Struktur ist hexagonal und somit aufgebaut aus gleichseitigen Dreiecken der Seitenlänge a (vgl. Abb. 1.11). Die Atome der zweiten Lage liegen genau über dem Mittelpunkt dieser Dreiecke, und zwar um die Länge $c/2$ in der $\hat{\mathbf{z}}$-Richtung verschoben. Der Mittelpunkt M der gleichseitigen Dreiecke liegt im Abstand $r = 2h/3 = a/\sqrt{3}$ (h = Höhe der gleichseitigen Dreiecke) von den Atomen der Grundfläche entfernt. Da der Abstand zu allen nächsten Nachbarn a beträgt, können wir zur Bestimmung von c den Satz von Pythagoras benutzen: $a^2 = r^2 + (c/2)^2$. Daraus ergibt sich das Verhältnis $c/a = \sqrt{8/3}$.

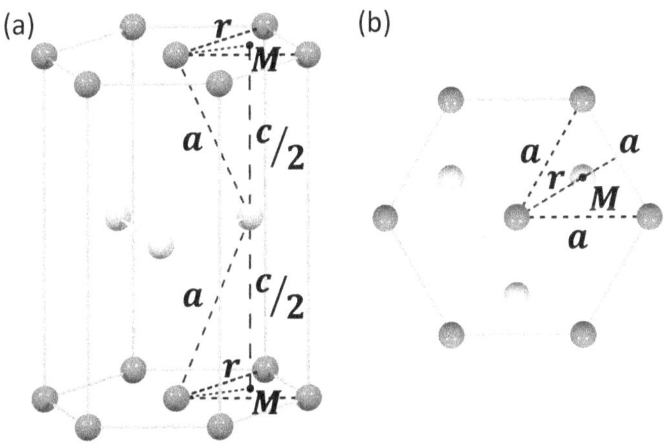

Abb. 1.11: Zur Ableitung des c/a-Verhältnisses der hcp-Struktur. In (a) ist die konventionelle Zelle, in (b) eine Draufsicht von oben gezeigt.

A1.7 Klassifizierung von Kristallstrukturen

Kristallstrukturen können hinsichtlich der Symmetrieoperationen, unter denen sie invariant bleiben, in Gruppen eingeteilt werden.

(a) Die Symmetrieoperationen werden in die Translationsgruppe und die Punktgruppe unterteilt. Was zeichnet die Symmetrieoperationen dieser beiden Gruppen aus? Geben sie zwei Symmetrieoperationen an und weisen sie diese den beiden Gruppen zu.

(b) Wir betrachten nur das dreidimensionale Kristallgitter ohne Basis (entspricht einer Kristallstruktur mit kugelsymmetrischer Basis). Wie viele unterschiedliche Gittertypen (Kristallsysteme) können wir hinsichtlich der Symmetrieoperationen der Punktgruppe unterscheiden? Wie heißen diese Kristallsysteme?

(c) Wir betrachten wiederum nur das dreidimensionale Kristallgitter ohne Basis. Wie viele unterschiedliche Gittertypen (Bravais-Gitter) können wir hinsichtlich aller Symmetrieoperationen der Punkt- und Translationsgruppe, die zusammen die Raumgruppe bilden, unterscheiden?
(d) Welche Bravais-Gitter gehören zum kubischen Kristallsystem? Wodurch unterscheiden sich die Bravais-Gitter des kubischen Kristallsystems?
(e) Wir betrachten nun dreidimensionale Kristallstrukturen, bei denen auf jedem Gitterpunkt eine Basis mit beliebiger Symmetrie sitzt. Wie viele unterschiedliche Kristallstrukturen (Kristallklassen) können wir hinsichtlich der Symmetrieoperationen der Punktgruppe unterscheiden? Wie viele unterschiedliche Kristallstrukturen können wir hinsichtlich aller Symmetrieoperationen der Punkt- und Translationsgruppe, die zusammen die Raumgruppe bilden, unterscheiden?

Lösung:

(a) Die Symmetrieoperationen können wir folgt unterteilen:
(i) Die Translationsgruppe beinhaltet alle Symmetrieoperationen, bei denen kein Punkt ortsfest bleibt. Eine Symmetrieoperation hierzu ist die Translation um einen Gittervektor $\mathbf{T} = n_1\mathbf{a}_1 + n_2\mathbf{a}_2 + n_3\mathbf{a}_3$ mit $n_1, n_2, n_3 \in \mathbb{Z}$.
(ii) Die Punktgruppe beinhaltet alle Symmetrieoperationen, bei denen mindestens ein Punkt ortsfest bleibt. Typische Operationen sind Drehungen um eine Achse, die Punktspiegelung an einem Inversionszentrum, die Spiegelung an einer Ebene, die Drehinversion und die Drehspiegelung.
Eine Kombination aus beiden Gruppen stellen zum Beispiel Gleitspiegelebenen und Schraubenachsen dar.
(b) Wir können 7 Kristallsysteme unterscheiden. Sie heißen kubisch, tetragonal, orthorhombisch, hexagonal, trigonal, monoklin und triklin.
(c) Wir können 14 Bravais-Gitter unterscheiden.
(d) Zum kubischen Kristallsystem gehören 3 Bravais-Gitter: (i) kubisch primitiv (sc: simple cubic), (ii) kubisch raumzentriert (bcc: body-centered cubic) und (iii) kubisch flächenzentriert (fcc: face-centered cubic). Beim kubisch primitiven Gitter (sc) befinden sich die Gitterpunkte auf den 8 Ecken eines Würfels. Da jeder dieser Gitterpunkte zwischen 8 Nachbarwürfeln geteilt wird, enthält ein Würfel nur einen Gitterpunkt und ist somit eine primitive Gitterzelle. Beim kubisch raumzentrierten Gitter (bcc) befindet sich ein zusätzlicher Gitterpunkt im Zentrum des Würfels, beim kubisch flächenzentrierten Gitter (fcc) befinden sich sechs weitere Gitterpunkte auf den Mittelpunkten der Seitenflächen. Zu beachten ist, dass die würfelförmigen Einheitszellen des bcc- und fcc-Gitters keine primitiven Gitterzellen mehr sind, da sie mehr als einen Gitterpunkt enthalten (2 beim bcc- und 4 beim fcc-Gitter).
(e) Hinsichtlich aller Symmetrieoperationen der Punktgruppe können wir die Kristallstrukturen in 32 Kristallklassen einteilen. Hinsichtlich der Symmetrieeoperationen der Raumgruppe (Punkt- und Translationsgruppe) können wir 230 Kristallstrukturen unterscheiden.

A1.8 Zweidimensionales Gitter

Abbildung 1.12(a) zeigt ein zweidimensionales Gitter eines Ionenkristalls, das aus zwei Ionensorten A und B mit negativer bzw. positiver Ladung aufgebaut ist.

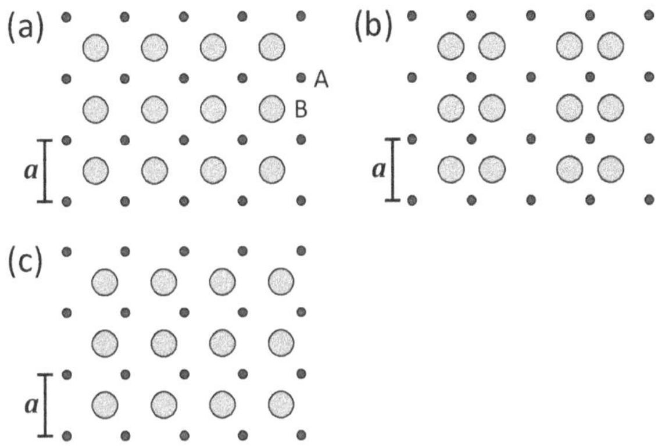

Abb. 1.12: Fiktiver 2D-Ionenkristall. Die kleinen dunklen *A*-Ionen seien negativ, die großen hellen *B*-Ionen positiv geladen. (a) Das Gitter sei quadratisch und die großen *B*-Ionen seien zentriert zwischen den *A*-Ionen. (b) Die *B*-Ionen seien spiegelsymmetrisch um $\pm\delta a$ aus dem Zentrum verschoben. (c) Alle *B*-Ionen seinen in Phase um δa aus dem Zentrum verschoben.

(a) Geben Sie eine Basis für die Atome der Elementarzelle an.
(b) Welches Punktgitter beschreibt die Translationssymmetrie des abgebildeten Kristalls vollständig? Geben sie primitive Gittervektoren an.
(c) Der Kristall mache eine Gitterphasenumwandlung. Dabei werden die B-Atome im Zentrum benachbarter Einheitszellen spiegelsymmetrisch längs der horizontalen Achse um $\pm\delta a$ gegeneinander verschoben wie in Abb. 1.12(b) gezeigt ist. Welches Punktgitter beschreibt die Translationssymmetrie?
(d) Beschreiben Sie, wie man die Wigner-Seitz-Zelle erhält, und skizzieren Sie diese für das Gitter vor und nach der Verzerrung.
(e) Zeichnen Sie das reziproke Gitter und die ersten zwei Brillouin-Zonen für den Kristall vor und nach der Verzerrung.
(f) Wir nehmen nun an, dass die B-Atome in Phase (in jeder der ursprünglichen Zellen gleich) um δa verschoben werden [siehe Abb. 1.12(c)]. Wie ändert sich die Translationssymmetrie gegenüber (a)?
(g) Welche der beiden Verzerrungen (b) und (c) koppelt an ein externes elektrisches Feld?

Lösung

Die Lösung ist in den Abbildungen 1.13 und 1.14 veranschaulicht.

(a) Die Position der Basisionen kann zu $(0,0)$ und $(1/2,1/2)$ [siehe Abb. 1.13(a)] gewählt werden.
(b) Die Translationssymmetrie wird durch ein quadratisches Gitter beschrieben. Mögliche primitive Gittervektoren sind $\mathbf{a}_1 = (1,0)$ und $\mathbf{a}_2' = (0,1)$, aber auch $\mathbf{a}_1' = (1,1)$ und $\mathbf{a}_2' = (0,1)$ ist möglich [siehe Abb. 1.13(a)].
(c) Das neue Gitter ist einfach rechtwinklig. Die Basisatome sowie eine Wahl der primitiven Gittervektoren ist in Abb. 1.13(b) dargestellt. Der primitive Gittervektor $\mathbf{a}_1$ ist jetzt

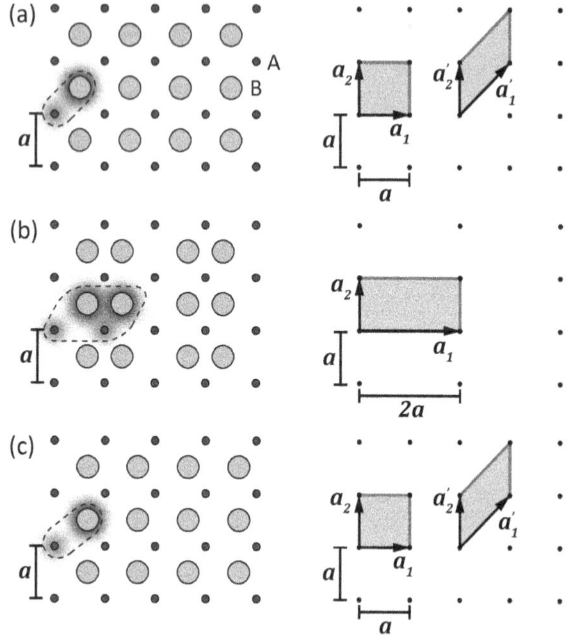

Abb. 1.13: Elementarzelle, Punktgitter und elementare Gittervektoren eines fiktiven 2D-Ionenkristalls (a) ohne sowie (b) und (c) mit verschiedenen Verzerrungen. Die Basisionen sind hervorgehoben.

doppelt so lang. Die Basis besteht aus 4 Atomen, zweimal die Atomsorte A bei $(0, 0)$ und $(1/2, 0)$ und zweimal die Atomsorte B bei $(1/4 + \delta a, 1/2)$ und $(3/4 - \delta a, 1/2)$.

(d) Die Wigner-Seitz Zelle ist die primitive Gitterzelle, welche die volle Symmetrie des Bravais-Gitters besitzt. Sie kann mit Hilfe der Wigner-Seitz-Konstruktion erhalten werden: Ein Gitterpunkt sei als Ursprung gewählt und die Nachbarpunkte seien mit Linien verbunden. Die Wigner-Seitz-Zelle ist das Volumen, das von Hyperebenen eingeschlossen wird, die diese Verbindungslinien halbieren, auf ihnen senkrecht stehen und den Ursprung umgeben. Die Wigner-Seitz-Zelle für das direkte Gitter vor und nach der Verzerrung ist in Abb. 1.14(a) und (b) dargestellt.

(e) Analog zur Wigner-Seitz Zelle im direkten Gitter können wir für das reziproke Gitter eine primitive Zelle definieren, welche die volle Symmetrie des reziproken Gitters be-

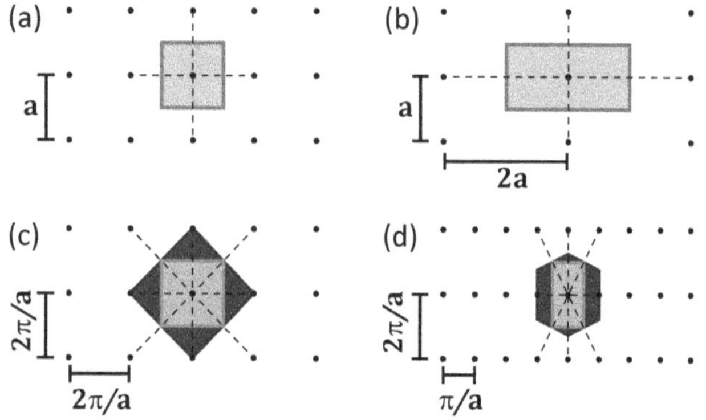

Abb. 1.14: Wigner-Seitz Zelle des direkten Gitters (a) vor und (b) nach der Verzerrung. Reziprokes Gitter für (c) das unverzerrte, quadratische Gitter und (d) das verzerrte, rechtwinklige Gitter. Die 1. Brillouin-Zone ist hell, die zweite dunkel markiert.

sitzt. Diese Zelle wird als 1. Brillouin-Zone bezeichnet. Die Konstruktion ist analog zur Konstruktion im direkten Gitter mit den primitiven Gittervektoren $\mathbf{a}_i$. Allerdings ist das reziproke Gitter durch die Vektoren $\mathbf{b}_j$ mit

$$\mathbf{a}_i \cdot \mathbf{b}_j = 2\pi\delta_{ij} = \begin{cases} 2\pi & \text{für } i = j \\ 0 & \text{für } i \neq j \end{cases}, \tag{A1.8.1}$$

bzw. ausführlicher

$$\begin{aligned} \mathbf{b}_1 &= \frac{2\pi}{V_c}\mathbf{a}_2 \times \widehat{\mathbf{e}}_3 \\ \mathbf{b}_2 &= \frac{2\pi}{V_c}\widehat{\mathbf{e}}_3 \times \mathbf{a}_1 , \end{aligned} \tag{A1.8.2}$$

aufgespannt. Hierbei wurde in die allgemeine dreidimensionale Definition der Einheitsvektor $\widehat{\mathbf{e}}_3$ für $\mathbf{a}_3$ eingesetzt. Das entsprechende reziproke Gitter für ein quadratisches und ein rechtwinkliges Gitter bzw. die 1. und 2. Brillouin-Zone sind in Abb. 1.14(c) und (d) dargestellt.

(f) Die Translationssymmetrie bleibt unverändert, sie ist dieselbe wie in (a). Das Gitter besitzt jetzt aber nur noch eine zweizählige anstelle einer vierzähligen Drehachse.

(g) Nur das Gitter in (c) koppelt an ein externes elektrisches Feld. Der positive und negative Ladungsschwerpunkt der Elementarzelle fallen nicht zusammen, so dass sich ein endliches Dipolmoment pro Elementarzelle ergibt. Diese Dipolmomente summieren sich zu einer mittleren Polarisation (Dipolmoment pro Volumen) auf, die an das externe elektrische Feld koppelt. Im Fall (b) fallen der positive und negative Ladungsschwerpunkt der Elementarzelle dagegen zusammen, so dass sich kein Dipolmoment und somit keine makroskopische Polarisation ergibt.

A1.9 Ebenen und Richtungen in Kristallen

Ebenen in Kristallen werden mit den Millerschen Indizes bezeichnet. Diese Indizes hängen von der gewählten primitiven oder konventionellen Gitterzelle ab.

(a) Wie lauten die Vorschriften zur Bestimmung der Millerschen Indizes $(hk\ell)$ zur Bezeichnung von Richtungen und Ebenen in Kristallen?

(b) Betrachten sie die Ebenen mit den Millerschen Indizes (100), (110) und (111) des kubisch flächenzentrierten (fcc: face-centered cubic)) Gitters bezogen auf die konventionelle Zelle. Wie lauten die Indizes dieser Ebenen, wenn sie sich auf die primitiven Achsen beziehen? Hinweis: Die primitive Zelle ist ein Rhomboeder.

(c) Für Kristalle mit hexagonalem Kristallgitter verwendet man üblicherweise 4 Kristallachsen a_1, a_2, a_3 und c (siehe Abb. 1.15) und deshalb auch 4 Millersche Indizes $(hki\ell)$ zur Bezeichnung von Ebenen. Geben Sie die 4 Millerschen Indizes $(hki\ell)$ zu den vier in Abb. 1.15 gezeigten Ebenen A, B, C und D an. Sind die 4 Indizes unabhängig voneinander? Falls nein, welche Beziehungen bestehen zwischen ihnen?

(d) Bestimmen Sie den Abstand von zwei benachbarten (110) Gitterebenen in einem einfach kubischen (sc) Gitter mit Gitterkonstante a. Vergleichen Sie diesen Abstand mit der Länge des reziproken Gittervektors $\mathbf{G}_{110} = [110]$. Welche Orientierung besitzt $\mathbf{G}_{110}$ relativ zur der Gitterebene (110)?

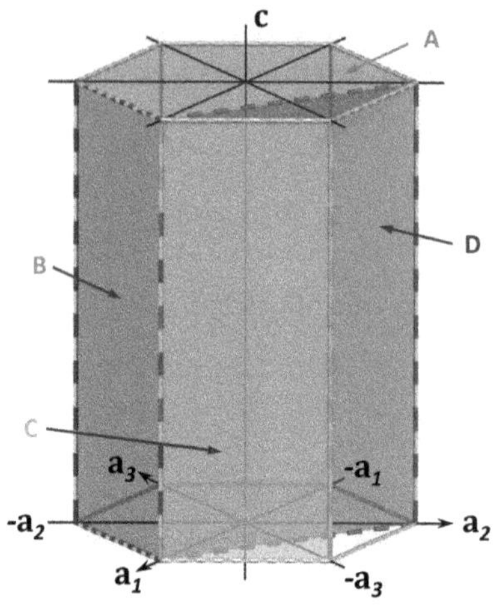

Abb. 1.15: Zur Bezeichnung von Ebenen in einem hexagonalen Kristallsystem.

Lösung:

(a) Die Vorschriften zur Bestimmung der Millerschen Indizes $(hk\ell)$ lauten:
(i) Bestimme den Schnittpunkt der Ebene mit den Kristallachsen in Einheiten der Gitterkonstanten a, b und c.
(ii) Bilde den Kehrwert dieser Zahlen und reduziere die Brüche zu den drei kleinstmöglichen ganzen Zahlen mit gleichem Verhältnis.

(b) Abbildung 1.16(a) zeigt die konventionelle und primitive Zelle eines fcc-Gitters. Mit den Einheitsvektoren $\widehat{\mathbf{e}}_1$, $\widehat{\mathbf{e}}_2$ und $\widehat{\mathbf{e}}_3$ in **x**-, **y**- und **z**-Richtung erhalten wir für die primitiven Gittervektoren die Ausdrücke.

$$\mathbf{a}_{1,\mathrm{pc}} = \frac{a}{2}\left(\widehat{\mathbf{e}}_1 + \widehat{\mathbf{e}}_2\right) \tag{A1.9.1}$$

$$\mathbf{b}_{2,\mathrm{pc}} = \frac{a}{2}\left(\widehat{\mathbf{e}}_2 + \widehat{\mathbf{e}}_3\right) \tag{A1.9.2}$$

$$\mathbf{c}_{3,\mathrm{pc}} = \frac{a}{2}\left(\widehat{\mathbf{e}}_3 + \widehat{\mathbf{e}}_1\right) \tag{A1.9.3}$$

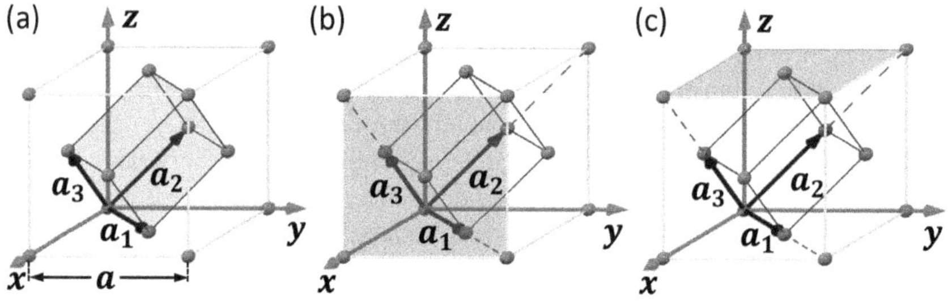

Abb. 1.16: (a) Konventionelle und primitive Zelle eines fcc-Gitters. In (b) und (c) sind die (100) und (001) Ebenen des fcc-Gitters gezeigt, wobei sich die Indizierung hier auf die würfelförmige konventionelle Zelle bezieht.

Die $(100)_{xyz}$-Ebene (konventionelle Indizierung) schneidet die primitive Achse $\mathbf{a}_1$ im Punkt $(2,0,0)$ [siehe Abb. 1.16(b)]. Sie liegt parallel zu $\mathbf{a}_2$ (das bedeutet Schnitt im Unendlichen) und schneidet $\mathbf{a}_3$ im Punkt $(0,0,2)$. Gemäß der Bestimmungsvorschrift erhalten wir die Millerschen Indizes in der von $\mathbf{a}_1$, $\mathbf{a}_2$ und $\mathbf{a}_3$ aufgespannten Basis, indem wir die Kehrwerte des Zahlentripels $(2\infty 2) \rightarrow \left(\frac{1}{2} 0 \frac{1}{2}\right)$ bilden und dann die drei kleinsten ganzen Zahlen suchen, die zueinander im selben Verhältnis stehen. Wir erhalten demnach $(101)_{a_1a_2a_3}$ als neue Millersche Indizes.

Analog verfahren wir im Fall der $(001)_{xyz}$-Ebene [siehe Abb. 1.16(c)]. Sie verläuft parallel zu $\mathbf{a}_1$, Schnittpunkte mit $\mathbf{a}_2$ und $\mathbf{a}_3$ sind $(0,2,0)$ und $(0,0,2)$ was zu den Zahlentripeln $(\infty 22) \rightarrow \left(0 \frac{1}{2} \frac{1}{2}\right)$ und somit zu den Millerschen Indizes $(011)_{a_1a_2a_3}$ führt. Für die $(111)_{xyz}$-Ebene erhalten wir vollkommen analog die Ebene $(111)_{\text{pc}}$.

(c) Für die Indizierung der in Abb. 1.15 markierten vier Ebenen A, B, C und D eines hexagonalen Kristalls werden üblicherweise für die Ebene senkrecht zur c-Achse drei um jeweils 120° gegeneinander gedrehte Kristallachsen a_1, a_2, a_3 verwendet, obwohl zur Beschreibung der Ebene zwei Achsen ausreichend wären. Die Schnittpunkte mit diesen Achsen ergeben die Millerschen Indizes hki, der Schnittpunkt mit der c-Achse den Index ℓ. Die Indizes hki sind somit nicht unabhängig voneinander und es gilt

$$i = -(h + k) ,$$

da ja $\mathbf{a}_3 = -(\mathbf{a}_1 + \mathbf{a}_2)$ ist (siehe Abb. 1.15). Für die in Abb. 1.15 markierten Flächen A, B, C und D erhalten wir damit die Millerschen Indizes (0001) (A), $(1\bar{1}00)$ (B), $(10\bar{1}0)$ (C) und $(11\bar{2}0)$ (D).

Ein Vorteil dieser Indizierung im hexagonalen Kristallsystem ist, dass symmetrieäquivalente Flächen leicht zu identifizieren sind, da sie durch Permutation der ersten drei Indizes erhalten werden. So sind die Flächen $(10\bar{1}0)$, $(01\bar{1}0)$ und $(1\bar{1}00)$ beispielsweise Flächen des hexagonalen Prismas.

(d) Der Verlauf der (110) Gitterebenen in einem einfach kubischen (sc) Gitter mit Gitterkonstante a ist in Abb. 1.17 gezeigt. Der Abstand d_{110} zweier benachbarter (110) Ebenen beträgt die halbe Flächendiagonale, also

$$d_{110} = \frac{a}{\sqrt{2}} . \tag{A1.9.4}$$

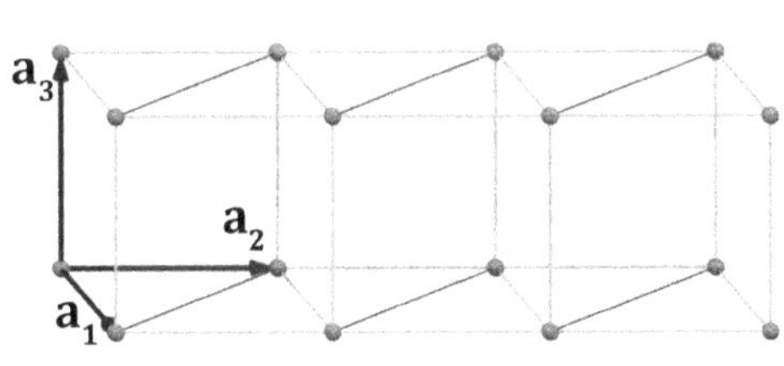

Abb. 1.17: (110) Gitterebenen (grau) in einem einfach kubischen Gitter.

Der reziproke Gittervektor $\mathbf{G}_{110} = [110] = 1 \cdot \mathbf{b}_1 + 1 \cdot \mathbf{b}_2 + 0 \cdot \mathbf{b}_3$ besitzt die Länge $|\mathbf{G}_{110}| = \sqrt{b_1^2 + b_2^2}$. Mit $b_1 = b_2 = 2\pi/a$ folgt $|\mathbf{G}_{110}| = 2\sqrt{2}\pi/a$. Vergleichen wir dies mit dem Abstand benachbarter (110)-Ebenen, so erhalten wir

$$|\mathbf{G}_{110}| = \frac{2\pi}{d_{110}} . \tag{A1.9.5}$$

Dieser Zusammenhang gilt allgemein (vergleiche hierzu Aufgabe A2.4). Zu jeder Ebenenschar gibt es einen kleinsten reziproken Gittervektor, dessen Länge durch $|\mathbf{G}_{hk\ell}| = 2\pi/d_{hk\ell}$ gegeben ist. Noch kürzere $\mathbf{G}_{hk\ell}$ sind physikalisch nicht sinnvoll.
Um die Orientierung von $\mathbf{G}_{110}$ relativ zur der Gitterebene (110) zu diskutieren, benutzen wir folgende Sachverhalte:

(a) Für alle Punkte $\mathbf{R}$ des Bravais-Gitters gilt $e^{\imath \mathbf{G}\cdot\mathbf{R}} = 1$, wenn $\mathbf{G}$ ein reziproker Gittervektor ist.

(b) Ebene Wellen haben in Ebenen senkrecht zum Wellenvektor den gleichen Wert.

Fassen wir nun die (110) Ebenenschar als Wellenfronten einer ebenen Welle $\Psi(\mathbf{r})$ mit Wellenvektor $\mathbf{k}_{110}$ auf und zwar so, dass auf jeder Ebene die ebene Welle den gleichen Wert hat (o. B. d. A. den Wert 1), so folgt daraus

$$\Psi(\mathbf{r}) \propto e^{\imath \mathbf{k}\cdot\mathbf{R}} = 1 \qquad \text{(A1.9.6)}$$

für alle Gitterpunkte $\mathbf{R}$ auf der Ebenenschar. Da die Punkte $\mathbf{R}$ aber die Punkte eines Bravais-Gitters sind, muss $\mathbf{k}_{110} = \mathbf{G}_{110}$ ein reziproker Gittervektor sein. Da $\mathbf{k}_{110}$ senkrecht auf den (110) Ebenen (Wellenfronten) steht, muss dies also auch für $\mathbf{G}_{110}$ gelten.

2 Strukturanalyse mit Beugungsmethoden

A2.1 Brillouin-Zonen

Die Brillouin-Zonen spielen bei der Diskussion der strukturellen Eigenschaften von Festkörpern und ihrer Untersuchung mit Hilfe von Beugungsmethoden eine wichtige Rolle.

(a) Was versteht man unter der 1. Brillouin-Zone?
(b) Welche Bedingung erfüllen Wellenvektoren, die auf dem Rand der Brillouin-Zonen liegen?
(c) Konstruieren Sie die 1. und 2. Brillouin-Zone des zweidimensionalen hexagonalen Gitters. Vergleichen Sie die Flächen der 1. und 2. Brillouin-Zone.

Lösung

(a) Die erste Brillouin-Zone ist die Wigner-Seitz-Zelle des reziproken Gitters. Entsprechend sind die Konstruktionsvorschriften für die 1. Brillouin-Zone und die Wigner-Seitz-Zellen vollkommen analog (vgl. Aufgabe A1.8).

(b) Wellenvektoren $\mathbf{k}$, die auf dem Rand einer Brillouin-Zone enden, erfüllen die von Laue-Bedingung $\mathbf{k}' - \mathbf{k} = \mathbf{G}$. Dies können wir zeigen, indem wir die von Laue-Bedingung in $\mathbf{k}' = \mathbf{k} + \mathbf{G}$ umschreiben und quadrieren:

$$(\mathbf{k}')^2 = \mathbf{k}^2 + 2\mathbf{k} \cdot \mathbf{G} + \mathbf{G}^2 \,. \tag{A2.1.1}$$

Hieraus ergibt sich für elastische Streuung wegen $|\mathbf{k}| = |\mathbf{k}'|$

$$2\mathbf{k} \cdot \mathbf{G} + \mathbf{G}^2 = 0 \,. \tag{A2.1.2}$$

Mit dem Einheitsvektor $\widehat{\mathbf{G}} = \mathbf{G}/|\mathbf{G}|$ und der Tatsache, dass auch $-\mathbf{G}$ ein reziproker Gittervektor ist, falls dies für $\mathbf{G}$ zutrifft, erhalten wir die äquivalente Form der von Laue Bedingung zu

$$\mathbf{k} \cdot \widehat{\mathbf{G}} = \frac{G}{2} \,. \tag{A2.1.3}$$

Wir sehen, dass die Projektion des Wellenvektors $\mathbf{k}$ auf $\widehat{\mathbf{G}}$ genau $G/2$ sein muss. Dies ist aber gerade für alle Punkte auf der Mittelebene zwischen zwei Gitterpunkten erfüllt, die durch den reziproken Gittervektor $\mathbf{G}$ verbunden werden. Vergleichen wir dies mit der Konstruktionsvorschrift der Brillouin-Zonen, so erhalten wir den wichtigen Sachverhalt, dass jeder Wellenvektor vom Zentrum zum Rand einer Brillouin-Zone die von

https://doi.org/10.1515/9783110782530-002

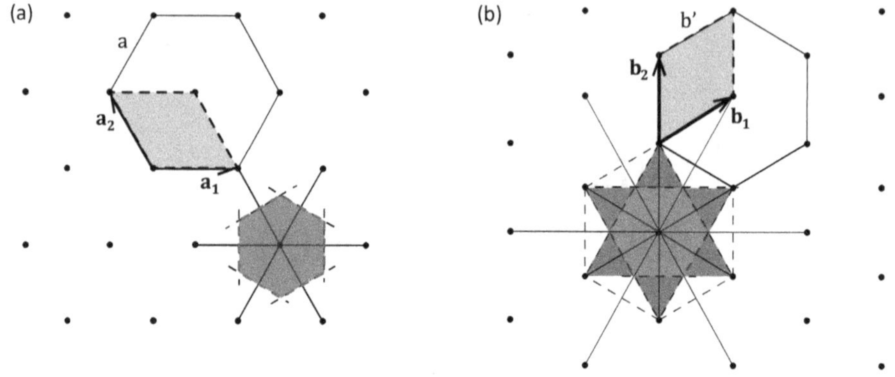

Abb. 2.1: (a) Zweidimensionales hexagonales Gitter. In (a) sind die konventionelle und die primitive Einheitszelle (gestrichelt, hellgrau), die durch die primitiven Gittervektoren $\mathbf{a}_1$ und $\mathbf{a}_2$ aufgespannt wird, sowie die Wigner-Seitz-Zelle (gestrichelt, grau) gezeigt. Das in (b) gezeigte reziproke Gitter des 2D hexagonalen Gitters ist wiederum ein hexagonales Bravais-Gitter. Die neue Gitterkonstante beträgt $b' = \frac{4\pi}{\sqrt{3}a}$. Die 1. Brillouin-Zone entspricht der Wigner-Seitz-Zelle des direkten Raums und ist wie diese grau dargestellt. Die 2. Brillouin-Zone ist dunkelgrau dargestellt.

Laue Bedingung erfüllt. Diese Tatsache erklärt die Verwendung der Bezeichnung ***Bragg-Flächen*** für die Begrenzungsflächen der Brillouin-Zonen.

(c) Die 1. und 2. Brillouin-Zone eines zweidimensionalen hexagonalen Gitters sind in Abb. 2.1 (b) dargestellt. Die Flächen der 1. und 2. Brillouin-Zone sind identisch.

A2.2 Volumen der Brillouin-Zone

Seien $\mathbf{a}_1, \mathbf{a}_2$ und $\mathbf{a}_3$ die primitiven Vektoren des Bravais-Gitters und $\mathbf{b}_1, \mathbf{b}_2$ und $\mathbf{b}_3$ diejenigen des reziproken Gitters. Zeigen Sie, dass

(a) $\mathbf{b}_1 \cdot (\mathbf{b}_2 \times \mathbf{b}_3) = \dfrac{(2\pi)^3}{\mathbf{a}_1 \cdot (\mathbf{a}_2 \times \mathbf{a}_3)}$

(b) und das Volumen der ersten Brillouin-Zone gleich $(2\pi)^3/V_c$ ist, wobei V_c das Volumen der primitiven Zelle des Kristalls ist.

Lösung

(a) Das Volumen des reziproken Gitters ist gegeben durch das Spatprodukt

$$V_{\text{c,reziprok}} = \mathbf{b}_1 \cdot (\mathbf{b}_2 \times \mathbf{b}_3) . \tag{A2.2.1}$$

Mit der Definition von $\mathbf{b}_1$ ergibt sich

$$\mathbf{b}_1 \cdot (\mathbf{b}_2 \times \mathbf{b}_3) = 2\pi \frac{\mathbf{a}_2 \times \mathbf{a}_3}{\mathbf{a}_1 \cdot (\mathbf{a}_2 \times \mathbf{a}_3)} \cdot (\mathbf{b}_2 \times \mathbf{b}_3) . \tag{A2.2.2}$$

Unter Benutzung der Lagrangeschen Vektoridentität $(\mathbf{a}_2 \times \mathbf{a}_3) \cdot (\mathbf{b}_2 \times \mathbf{b}_3) = (\mathbf{a}_2 \cdot \mathbf{b}_2)(\mathbf{a}_3 \cdot \mathbf{b}_3) - (\mathbf{a}_3 \cdot \mathbf{b}_2)(\mathbf{a}_2 \cdot \mathbf{b}_3)$ und der Orthogonalitätsrelation $\mathbf{a}_i \cdot \mathbf{b}_j = 2\pi\delta_{ij}$

($\delta_{ij} = 0$ für $i \neq j$ und $\delta_{ij} = 1$ für $i = j$) erhalten wir

$$\begin{aligned}
\mathbf{b}_1 \cdot (\mathbf{b}_2 \times \mathbf{b}_3) &= \frac{2\pi}{\mathbf{a}_1 \cdot (\mathbf{a}_2 \times \mathbf{a}_3)} [(\mathbf{a}_2 \cdot \mathbf{b}_2)(\mathbf{a}_3 \cdot \mathbf{b}_3) - (\mathbf{a}_3 \cdot \mathbf{b}_2)(\mathbf{a}_2 \cdot \mathbf{b}_3)] \\
&= \frac{2\pi}{\mathbf{a}_1 \cdot (\mathbf{a}_2 \times \mathbf{a}_3)} [(2\pi)(2\pi) - (0)(0)] \\
&= \frac{(2\pi)^3}{\mathbf{a}_1 \cdot (\mathbf{a}_2 \times \mathbf{a}_3)} \,. \qquad \text{(A2.2.3)}
\end{aligned}$$

(b) Aus der Vektorrechnung wissen wir, dass das Spatprodukt ja gerade das Volumen des aufgespannten Spats ist. Also erhalten wir direkt aus (A2.2.3) das Ergebnis für das Volumen der 1. Brillouin-Zone. Wir sehen auch, dass die Formel stimmt, wenn wir das Ergebnis von Aufgabe A2.3 nachprüfen. Wir zeigen noch zusätzlich, dass das Spatprodukt tatsächlich das Volumen ist. Das Volumen eines Parallelepipeds ist gegeben als $V = F \cdot h$ (vergleiche Abb. 2.2). Wir haben

$$\begin{aligned}
|\mathbf{a}_1 \cdot (\mathbf{a}_2 \times \mathbf{a}_3)| &= |(|\mathbf{a}_1| \cdot |\mathbf{a}_2 \times \mathbf{a}_3| \cdot \cos \angle (\mathbf{a}_1, \mathbf{a}_2 \times \mathbf{a}_3))| \\
&= |(|\mathbf{a}_1| \cdot |\mathbf{a}_2| \cdot |\mathbf{a}_3| \cdot \sin \angle (\mathbf{a}_2, \mathbf{a}_3) \cdot \cos(\mathbf{a}_1, \mathbf{a}_2 \times \mathbf{a}_3))| \\
&= |(|\mathbf{a}_2| \cdot |\mathbf{a}_3| \cdot \sin \angle (\mathbf{a}_2, \mathbf{a}_3) \cdot |\mathbf{a}_1| \cdot \cos \angle (\mathbf{a}_1, \mathbf{a}_2 \times \mathbf{a}_3))| \\
&= F \cdot h = V_c \,, \qquad \text{(A2.2.4)}
\end{aligned}$$

wenn wir uns den Parallelepiped auf der Grundfläche F, die durch $\mathbf{a}_2, \mathbf{a}_3$ gebildet wird, liegend denken (siehe Abb. 2.2).

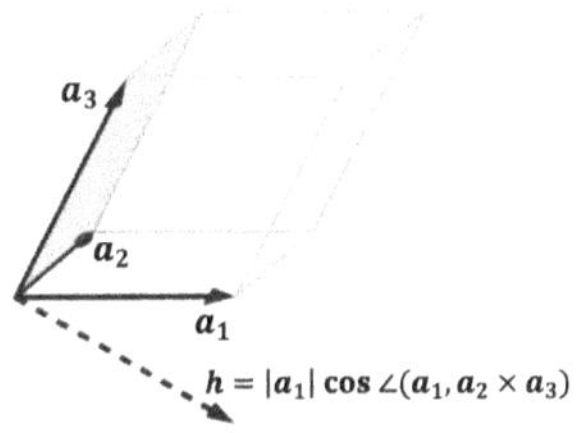

Abb. 2.2: Zur Ableitung des Volumens eines Parallelepipeds.

A2.3 Reziprokes Gitter eines hexagonalen Raumgitters

Betrachten Sie ein Raumgitter mit hexagonaler Symmetrie (Achsen und Winkel der gebräuchlichen Einheitszelle mit $|\mathbf{a}_1| = |\mathbf{a}_2| \neq |\mathbf{a}_3|$, $\alpha = \beta = 90°$, $\gamma = 120°$). Wählen Sie geeignete primitive Gittervektoren mit diesen Eigenschaften, wobei $\mathbf{a}_1$ und $\mathbf{a}_2$ einen Winkel von 60° zueinander einschließen. Benutzen Sie diese, um die primitiven Gittervektoren des reziproken Gitters zu berechnen. Es ist geschickt, $\mathbf{a}_1 \| \widehat{\mathbf{e}}_1$ und $\mathbf{a}_3 \| \widehat{\mathbf{e}}_3$ zu wählen, wobei $\widehat{\mathbf{e}}_1$ und $\widehat{\mathbf{e}}_3$ die Einheitsvektoren in $\mathbf{x}$- und $\mathbf{z}$-Richtung sind. Welche Translationssymmetrie besitzt das reziproke Gitter? Durch welche Symmetrieoperationen können wir das reziproke Gitter wieder in das Raumgitter überführen? Welche Volumina haben die primitiven Zellen des Raumgitters und des reziproken Gitters?

Lösung

Wir starten mit der expliziten Form für die Gittervektoren des hexagonalen Bravais-Gitters:

$$\mathbf{a}_1 = a\widehat{\mathbf{e}}_1 = a\begin{pmatrix}1\\0\\0\end{pmatrix}$$
$$\mathbf{a}_2 = \frac{a}{2}\widehat{\mathbf{e}}_1 + \frac{\sqrt{3}a}{2}\widehat{\mathbf{e}}_2 = \frac{a}{2}\begin{pmatrix}1\\\sqrt{3}\\0\end{pmatrix} \tag{A2.3.1}$$
$$\mathbf{a}_3 = c\widehat{\mathbf{e}}_3 = c\begin{pmatrix}0\\0\\1\end{pmatrix},$$

wobei $\widehat{\mathbf{e}}_1$, $\widehat{\mathbf{e}}_2$ und $\widehat{\mathbf{e}}_3$ die Einheitsvektoren in **x**-, **y**- und **z**-Richtung sind.

Die primitiven Gittervektoren des reziproken Gitters erhalten wir durch

$$\mathbf{b}_i = \frac{2\pi}{V_{\text{c,Bravais}}}\varepsilon_{ijk}\,\mathbf{a}_j \times \mathbf{a}_k\,, \quad i,j,k = 1,2,3\,, \tag{A2.3.2}$$

wobei

$$\varepsilon_{ijk} = \begin{cases} +1, & \text{falls } (i,j,k) \text{ eine gerade Permutation von } (1,2,3) \text{ ist,} \\ -1, & \text{falls } (i,j,k) \text{ eine ungerade Permutation von } (1,2,3) \text{ ist,} \\ 0, & \text{wenn mindestens zwei Indizes gleich sind} \end{cases} \tag{A2.3.3}$$

der völlig antisymmetrische (Levy-Civita-)Tensor ist. Mit

$$V_{\text{c,Bravais}} = \mathbf{a}_1 \cdot (\mathbf{a}_2 \times \mathbf{a}_3) = \frac{\sqrt{3}}{2}a^2 c \tag{A2.3.4}$$

ergibt sich im Einzelnen:

$$\mathbf{b}_1 = \frac{2\pi}{V_{\text{c,Bravais}}}\,\mathbf{a}_2 \times \mathbf{a}_3 = \frac{2\pi}{a}\frac{1}{\sqrt{3}}\begin{pmatrix}\sqrt{3}\\-1\\0\end{pmatrix} = \frac{a'}{2}\begin{pmatrix}\sqrt{3}\\-1\\0\end{pmatrix}$$
$$\mathbf{b}_2 = \frac{2\pi}{V_{\text{c,Bravais}}}\,\mathbf{a}_3 \times \mathbf{a}_1 = \frac{2\pi}{a}\frac{2}{\sqrt{3}}\begin{pmatrix}0\\1\\0\end{pmatrix} = a'\begin{pmatrix}0\\1\\0\end{pmatrix} \tag{A2.3.5}$$
$$\mathbf{b}_3 = \frac{2\pi}{V_{\text{c,Bravais}}}\,\mathbf{a}_1 \times \mathbf{a}_2 = \frac{2\pi}{c}\begin{pmatrix}0\\0\\1\end{pmatrix} = c'\begin{pmatrix}0\\0\\1\end{pmatrix},$$

mit den neuen Gitterkonstanten im reziproken Raum $a' = \frac{4\pi}{\sqrt{3}a}$ und $c' = \frac{2\pi}{c}$.

Eine alternative Herleitung der primitiven reziproken Gittervektoren können wir mit Hilfe der folgenden Matrizen **A** und **B** durchführen. Den primitiven Vektoren $\mathbf{a}_i$ und $\mathbf{b}_i$ mit $i =$

1, 2, 3 können wir Matrizen

$$\mathbf{A} = \begin{pmatrix} a_{1x} & a_{2x} & a_{3x} \\ a_{1y} & a_{2y} & a_{3y} \\ a_{1z} & a_{2z} & a_{3z} \end{pmatrix} = \begin{pmatrix} a & \frac{a}{2} & 0 \\ 0 & \frac{a}{2}\sqrt{3} & 0 \\ 0 & 0 & c \end{pmatrix} \tag{A2.3.6}$$

und

$$\mathbf{B} = \begin{pmatrix} b_{1x} & b_{2x} & b_{3x} \\ b_{1y} & b_{2y} & b_{3y} \\ b_{1z} & b_{2z} & b_{3z} \end{pmatrix} \tag{A2.3.7}$$

zuordnen. Mit Hilfe der Relation

$$\mathbf{A}^T \cdot \mathbf{B} = 2\pi \begin{pmatrix} 1 & 0 & 0 \\ 0 & 1 & 0 \\ 0 & 0 & 1 \end{pmatrix} \tag{A2.3.8}$$

ergibt sich

$$\mathbf{B} = 2\pi \left(\mathbf{A}^T\right)^{-1} = 2\pi \begin{pmatrix} a & 0 & 0 \\ \frac{a}{2} & \frac{a}{2}\sqrt{3} & 0 \\ 0 & 0 & c \end{pmatrix}^{-1} = 2\pi \begin{pmatrix} \frac{1}{a} & 0 & 0 \\ -\frac{1}{\sqrt{3}a} & \frac{2}{\sqrt{3}a} & 0 \\ 0 & 0 & \frac{1}{c} \end{pmatrix} . \tag{A2.3.9}$$

Hieraus lassen sich die Gittervektoren $\mathbf{b}_i$ mit $i = 1, 2, 3$ extrahieren.

Die primitiven Gittervektoren des reziproken Gitters $\mathbf{b}_i$ bilden ein hexagonales Gitter. Das heißt, das reziproke Gitter des hexagonalen Raumgitters ist wiederum ein hexagonales Gitter im reziproken Raum. Aus den Gleichungen (A2.3.2) und (A2.3.5) wird deutlich, dass $\mathbf{b}_3 \parallel \mathbf{a}_3$, $\mathbf{a}_1 \perp \mathbf{b}_2$ und $\mathbf{a}_2 \perp \mathbf{b}_1$. Außerdem ist die Orthogonalitätsrelation

$$\mathbf{a}_i \cdot \mathbf{b}_j = 2\pi\delta_{ij} \tag{A2.3.10}$$

erfüllt. Ferner ist $|\mathbf{b}_1| = |\mathbf{b}_2|$ und der Winkel zwischen $\mathbf{a}_1$ und $\mathbf{b}_1$ beträgt 30°. Das reziproke Gitter kann somit wie in Abb. 2.3(c) und (d) dargestellt, skizziert werden.

Abbildung 2.3 macht deutlich, dass das reziproke Gitter durch eine Drehung um 30° ($D_{\frac{\pi}{6}}$) kombiniert mit einer entsprechenden Stauchung (S) wieder in das Raumgitter überführt werden kann:

$$\mathbf{a}_i = \left(S\, D_{\frac{\pi}{6}}\, \mathbf{b}_i\right) = \left[\begin{pmatrix} \frac{a}{a'} & 0 & 0 \\ 0 & \frac{a}{a'} & 0 \\ 0 & 0 & \frac{c}{c'} \end{pmatrix} \begin{pmatrix} \cos\frac{\pi}{6} & -\sin\frac{\pi}{6} & 0 \\ \sin\frac{\pi}{6} & \cos\frac{\pi}{6} & 0 \\ 0 & 0 & 1 \end{pmatrix} \mathbf{b}_i \right] . \tag{A2.3.11}$$

Die Volumina sind durch die jeweiligen Spatprodukte gegeben:

$$V_{\mathrm{c,Bravais}} = \mathbf{a}_1 \cdot (\mathbf{a}_2 \times \mathbf{a}_3) = \frac{\sqrt{3}}{2} a^2 c \equiv \det \mathbf{A} \tag{A2.3.12}$$

und

$$V_{\mathrm{c,reziprok}} = \mathbf{b}_1 \cdot (\mathbf{b}_2 \times \mathbf{b}_3) = \frac{(2\pi)^3}{\frac{\sqrt{3}}{2} a^2 c} = \frac{(2\pi)^3}{V_{\mathrm{c,Bravais}}} \equiv \det \mathbf{B} . \tag{A2.3.13}$$

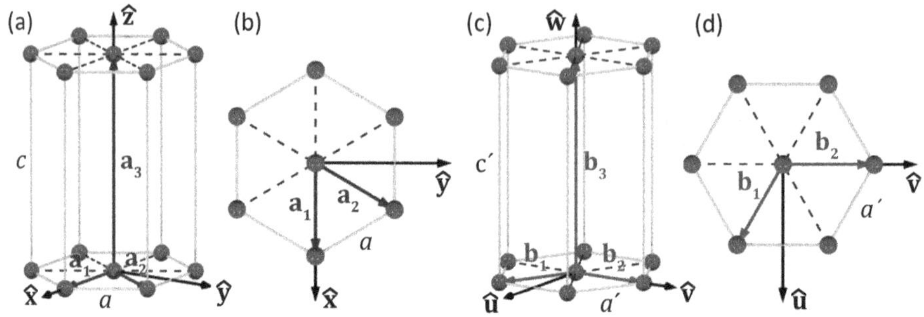

Abb. 2.3: (a), (b) Die primitiven Gittervektoren $\mathbf{a}_i$ mit $i = 1, 2, 3$ des hexagonalen Raumgitters. (c), (d) Die primitiven Gittervektoren $\mathbf{b}_i$ mit $i = 1, 2, 3$ des reziproken Gitters mit den neuen Gitterkonstanten $a' = 4\pi/\sqrt{3}a$ und $c' = 2\pi/c$.

A2.4 Ebenen und Vektoren im Raumgitter bzw. reziproken Gitter

Beweisen Sie mathematisch möglichst genau:

(a) Jeder Ebenenschar im Raumgitter mit Ebenenabstand d, die alle Punkte des dreidimensionalen Bravais-Gitters enthält, entsprechen zu diesen äquidistanten Ebenen senkrechte Gittervektoren $\mathbf{G}$ des reziproken Gitters, wobei der kürzeste dieser reziproken Gittervektoren die Länge $\frac{2\pi}{d}$ besitzt.

(b) *Umkehrung*: Zu jedem reziproken Gittervektor $\mathbf{G}$ gehört eine senkrecht auf $\mathbf{G}$ stehende Ebenenschar des Raumgitters, deren einzelne Ebenen jeweils den Abstand d haben und alle Punkte des Bravais-Gitters enthalten, wobei $\frac{2\pi}{d}$ die Länge des kürzesten reziproken Gittervektors parallel zu $\mathbf{G}$ ist.

Lösung

Zunächst erinnern wir uns an die Definition des reziproken Gitters. Es besteht gerade aus allen Wellenvektoren $\mathbf{G}$, die ebene Wellen mit gerade der Periodizität des vorgegebenen Bravais-Gitters aus Vektoren $\mathbf{R}$ ergeben. Also gilt für beliebige $\mathbf{r}$ und $\mathbf{R}$ aus der Menge der Bravais-Gitterpunkte:

$$e^{\imath\mathbf{G}\cdot(\mathbf{r}+\mathbf{R})} = e^{\imath\mathbf{G}\cdot\mathbf{r}} \quad \Rightarrow \quad e^{\imath\mathbf{G}\cdot\mathbf{R}} = 1\,. \tag{A2.4.1}$$

Weiterhin ist klar, dass eine ebene Welle auf Ebenen, die senkrecht zum Wellenvektor stehen, überall denselben Wert annimmt. Mehr noch, dies gilt auch auf allen dazu parallelen Ebenen mit Ebenenabstand $n\lambda$, wobei $n \in \mathbb{Z}\backslash\{0\}$ und λ die Wellenlänge ist.

(a) Zu der gegebenen Ebenenschar bilden wir den Ebeneneinheitsvektor $\widehat{\mathbf{n}}$. Gemäß den vorangegangenen Überlegungen ist $\mathbf{G} = \frac{2\pi}{d}\widehat{\mathbf{n}}$ ein Vektor mit der Periodizität des Raumgitters, denn die Wellenlänge ist ja gerade $\lambda = 2\pi/G = d$. Ein Gitterpunkt des Bravais-Gitters ist gerade der Ursprung ($\mathbf{R} = 0$), der in einer der Ebenen liegen muss. Also wird $e^{\imath\mathbf{G}\cdot\mathbf{R}} = 1$ überall in der Ebenenschar, d. h. $\mathbf{G}$ ist tatsächlich ein Vektor des reziproken Gitters. $\mathbf{G}$ ist aber auch der kürzeste reziproke Gittervektor. Würde es nämlich einen kürzeren Vektor geben, so würde die Wellenlänge ja größer als $\lambda = 2\pi/G > d$. Diese ebene Welle hätte dann nicht denselben Wert auf allen Ebenen, sie kann also insbesondere auch nicht 1 auf allen Bravais-Gitterpunkten sein und folglich kann der dazugehörige Wellenvektor auch kein Vektor des reziproken Gitters sein.

(b) ***Umkehrung***: Es sei nun $\mathbf{G}$ der kürzeste reziproke Gittervektor. Wir betrachten - ohne Beschränkung der Allgemeinheit - die Ebenenschar, in der $e^{i\mathbf{G}\cdot\mathbf{r}} = 1$ gilt. In einer dieser Ebenen liegt wieder der Ursprung ($\mathbf{R} = 0$). Die Ebenen stehen senkrecht auf $\mathbf{G}$ und haben den Abstand $\lambda = 2\pi/G \equiv d$. Da alle Bravais-Gittervektoren die Bedingung $e^{i\mathbf{G}\cdot\mathbf{R}} = 1$ für beliebige Punkte des reziproken Gitters erfüllen, enthalten diese Ebenen alle Punkte des Bravais-Gitters. Der Gitterabstand dieser Ebenen ist genau d. Es gibt aber auch keine Ebene, die keine Gitterpunkte enthält. Würde z. B. nur jede n-te Ebene Bravais-Gitterpunkte enthalten, dann gäbe es nach den obigen Überlegungen ja einen reziproken Gittervektor der Länge $2\pi/nd = G/n$. Dies wäre aber ein Widerspruch zu unserer Ausgangsannahme, dass $\mathbf{G}$ der kürzeste reziproke Gittervektor parallel zu $\mathbf{G}$ ist.

A2.5 Strukturanalyse von Kupfer

Kupfer hat ein kubisch flächenzentriertes Gitter mit einem Atom pro Gitterpunkt.

(a) Geben Sie die Anzahl der Atome in der kubischen Einheitszelle, sowie die Anzahl der nächsten Nachbarn jedes Atoms an (jeweils kurze Begründung).
(b) Bestimmen Sie den Abstand der nächsten Nachbarn in Einheiten der Kantenlänge a der kubischen Einheitszelle.
(c) Der Bragg-Peak 2. Ordnung an der (001)-Ebene unter Verwendung von Cu-K_α-Strahlung ($\lambda = 1.5413$ Å) erscheint bei einem Einfallswinkel von $\theta = 25.24°$. Bestimmen Sie hieraus die Gitterkonstante a von Cu.
(d) Warum tritt der (001)-Reflex 1. Ordnung nicht auf?
(e) Bestimmen Sie die Dichte von Kupfer ρ_{Cu} mit der Atommasse von Kupfer $m_{\mathrm{Cu}} = 63.55$ u ($\mathrm{u} = 1.66 \times 10^{-27}$ kg).

Lösung

(a) In Abb. 2.4 ist das fcc-Gitter gezeigt. Die konventionelle Zelle ist ein Würfel mit Kantenlänge a. Wir haben 6 Cu-Atome in den Mittelpunkten der Seitenflächen des Würfels, die mit einer Nachbarzelle geteilt werden und deshalb nur halb zählen, und 8 Cu-Atome

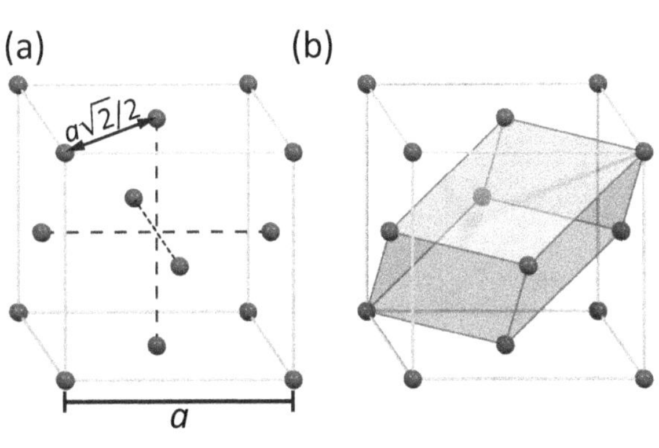

Abb. 2.4: Das fcc-Gitter: (a) konventionelle Zelle, (b) primitive Zelle (grau eingefärbt).

auf den Ecken des Würfels, die mit 8 Nachbarzellen geteilt werden und deshalb nur zu einem Achtel zählen. Die Anzahl der Atome in der konventionellen Zelle ist folglich $N_{\mathrm{konv}} = 6 \cdot \frac{1}{2} + 8 \cdot \frac{1}{8} = 4$. Die primitive Zelle enthält $N_{\mathrm{prim}} = 8 \cdot \frac{1}{8} = 1$ Atom.
Jedes Cu-Atom auf einer Würfelecke hat gemäß Abb. 2.4 drei nächste Nachbarn auf den Mittelpunkten der angrenzenden Seitenflächen. Für jedes dieser Atome auf der Würfelecke gibt es nun aber 8 angrenzende Würfel mit je drei nächsten Nachbaratomen. Da die Atome auf den Seitenflächen jeweils mit einem Nachbarwürfel geteilt werden, zählen sie nur halb. Wir erhalten also die Zahl der nächsten Nachbarn zu $NN = \frac{1}{2} \cdot 8 \cdot 3 = 12$. Wir können auch ein Cu-Atom im Zentrum einer Seitenfläche (z. B. der oberen) betrachten. Dieses Atom hat 4 nächste Nachbarn an den Ecken dieser Seitenfläche und 8 NN jeweils im Zentrum der acht angrenzenden Seitenflächen in dem gezeigten und dem darüberliegenden Würfel, also insgesamt 12 nächste Nachbarn.

(b) Der Abstand der nächsten Nachbaratome beträgt die Hälfte einer Seitendiagonalen des Würfels mit Kantenlänge a, also $a\sqrt{2}/2$.

(c) Aus der Bragg-Bedingung $2d \sin\theta = n\lambda$ und $d = a$ (Abstand der (001)-Ebenen) folgt mit $\lambda = 1.5413$ Å die Gitterkonstante $a = \lambda/\sin(25.24°) = 3.6146$ Å.

(d) Beim kubisch flächenzentrierten Gitter treten nur Reflexe auf, bei denen entweder alle Indizes gerade oder ungerade sind (siehe Abb. 2.5 und Aufgabe A2.9). Dass der (001)-Reflex 1. Ordnung verschwindet, wird anschaulich sofort aus Abb. 2.4 klar. Wir sehen, dass in der fcc-Struktur eine weitere Ebene von Cu-Atomen bei halbem Gitterabstand existiert. Die Bragg-Bedingung für diese (002)-Ebene mit Abstand $\widetilde{d} = a/2$ und $n = 1$ liefert $2\widetilde{d} \sin\theta = \lambda$, d. h. die reflektierten Wellen von dieser (002)-Ebene interferieren konstruktiv und der Beugungsreflex der (002)-Ebene ist nicht ausgelöscht. Für die (001)-Ebene mit $d = a = 2\widetilde{d}$ gilt allerdings $2\widetilde{d} \sin\theta = \lambda/2$. Die reflektierten Wellen von dieser (001)-Ebene interferieren damit destruktiv, was zur Auslöschung des Beugungsreflexes 1. Ordnung führt.

(e) Die Masse eines Cu-Atoms ist $m_{\mathrm{Cu}} = 63.55\,u = 1.055 \times 10^{-25}$ kg. Bei 4 Atomen pro Einheitszelle ist die Dichte $\rho_{\mathrm{Cu}} = 4m_{\mathrm{Cu}}/a^3 = 8.938\,\mathrm{g/cm^3}$.

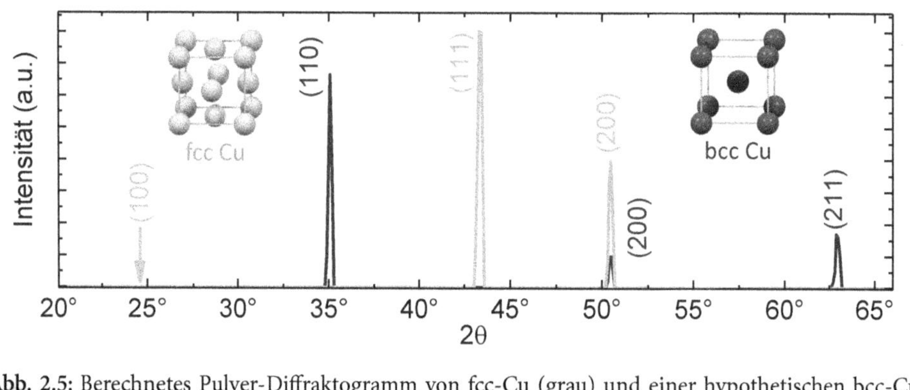

Abb. 2.5: Berechnetes Pulver-Diffraktogramm von fcc-Cu (grau) und einer hypothetischen bcc-Cu Modifikation (schwarz) unter Verwendung von Röntgenstrahlung mit $\lambda = 1.5413$ Å. Die 2θ-Position des (001)-Reflexes 1. Ordnung ist markiert. Außerdem ist zu erkennen, dass der (110)-Reflex für die fcc-Struktur ausgelöscht ist, während bei der Streuung an dieser Ebene einer bcc-Struktur eine endliche Intensität auftritt. Das Gegenteil ist bei der Streuung an der (111) Ebene zu beobachten.

A2.6 Laue- und Debye-Scherrer-Verfahren

Betrachten Sie die beiden Laue-Aufnahmen in Abbildung 2.6.

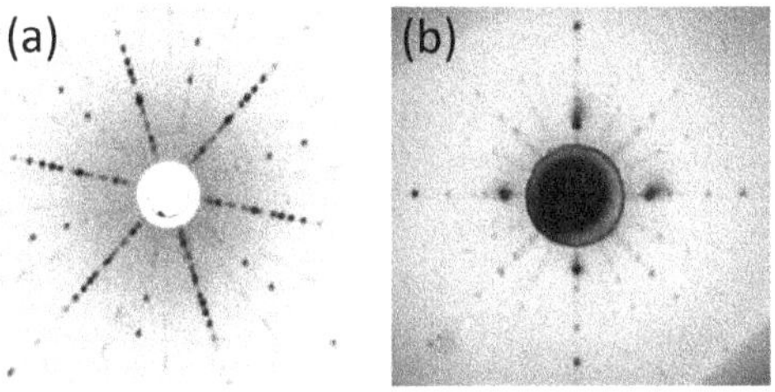

Abb. 2.6: Laue-Aufnahmen von zwei Kristallen mit unterschiedlicher Kristallstruktur.

(a) Um welche Kristallstrukturen handelt es sich? Sind eindeutige Aussagen über die Kristallstruktur möglich? Welche Größe muss man neben der Lage der Beugungsreflexe auswerten, um den Typ das Bravais-Gitters oder die Atompositionen zu bestimmen?
(b) Wie muss das Röntgen-Spektrum für eine Laue- bzw. eine Debye-Scherrer-Aufnahme beschaffen sein?
(c) Skizzieren Sie das Debye-Scherrer-Beugungsbild, das man mit einem ebenen Flächendetektor aufnimmt, der senkrecht zum Röntgen-Strahl steht wie in Abbildung 2.7 gezeigt ist.

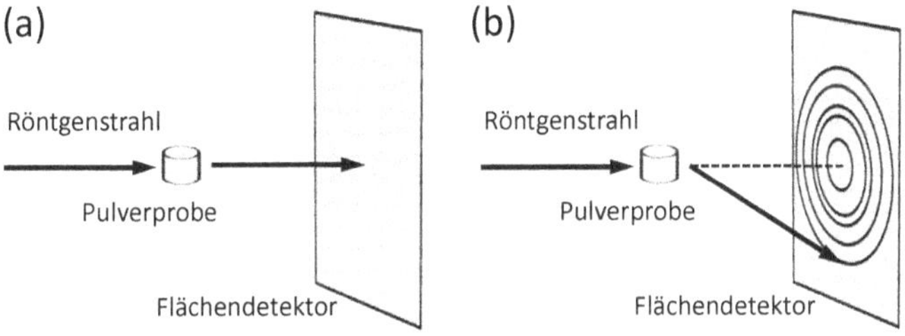

Abb. 2.7: (a) Schematische Darstellung der experimentellen Anordnung in einem Debye-Scherrer-Experiment mit (b) zu erwartendem Beugungsbild.

(d) Berechnen Sie die relativen Durchmesser von mindestens vier Debye-Scherrer-Ringen für ein Pulver aus einfach kubischen Kristallen und erläutern Sie, von welchen Netzebenen die Ringe kommen.

Lösung

(a) Die Laue-Aufnahme (a) zeigt eine 6-zählige Drehsymmetrie. Das zugrundeliegende Gitter kann somit eine hexagonale Symmetrie besitzen. Allerdings zeigt ein fcc-Gitter in [111]-Richtung ebenfalls eine 6-zählige Drehsymmetrie. Die Laue-Aufnahme in Abb. 2.6(b) zeigt eine 4-zählige Drehsymmetrie. Diese kann bei einem einfachen, raum- und flächenzentrierten kubischen, sowie bei einem tetragonalen System beobachtet werden. Auch orthorhombische Systeme sind i.a. nur durch quantitative Analyse zu identifizieren. Um den Typ des Bravais-Gitters oder die Positionen der Basisatome zu bestimmen, müssen wir nicht nur die Positionen der Beugungsreflexe, sondern auch ihre Intenstäten auswerten.

(b) Mit dem Laue-Verfahren werden Einkristalle mit vorgegebener Lage der Netzebenen untersucht. Um mit einem nahezu parallelen Röntgen-Strahl die Bragg-Bedingung zu erfüllen, brauchen wir deshalb ein kontinuierliches Röntgenspektrum. Mit dem Debye-Scherrer-Verfahren werden dagegen Pulverproben mit einer beliebigen Orientierung der Netzebenen untersucht. Die Bragg-Bedingung wird dann für monochromatische Röntgen-Strahlung von einer Folge von Netzebenen erfüllt, die für eine Auswahl von Mikrokristallen äquivalente, um die Strahlrichtung rotationssymmetrische Orientierungen haben.

(c) Die typische experimentelle Anordnung bei einem Debye-Scherrer-Experiment ist schematisch in Abb. 2.7 gezeigt.

(d) Die Bragg-Bedingung lautet

$$\sin\theta = \frac{n\lambda}{2d}, \qquad \text{(A2.6.1)}$$

wobei θ der Glanzwinkel ist und der Primärstrahl um 2θ abgelenkt wird. Den Zusammenhang zwischen dem Netzebenenabstand d und der Gitterkonstante a erhalten wir durch

$$|\mathbf{G}_{\min}| = \frac{2\pi}{d}. \qquad \text{(A2.6.2)}$$

Benutzen wir

$$|\mathbf{G}_{\min}|^2 = (h\mathbf{b}_1 + k\mathbf{b}_2 + l\mathbf{b}_3)\,(h\mathbf{b}_1 + k\mathbf{b}_2 + l\mathbf{b}_3) \qquad \text{(A2.6.3)}$$

$$= h^2|\mathbf{b}_1|^2 + k^2|\mathbf{b}_2|^2 + l^2|\mathbf{b}_3|^2 + 2hk|\mathbf{b}_1||\mathbf{b}_2|\cos A$$
$$+ 2kl|\mathbf{b}_2||\mathbf{b}_3|\cos B + 2hl|\mathbf{b}_1||\mathbf{b}_3|\cos\Gamma \qquad \text{(A2.6.4)}$$

und

$$|\mathbf{b}_1| = \frac{2\pi}{V_s}|\mathbf{a}_2 \times \mathbf{a}_3| = \frac{2\pi}{V_s}|\mathbf{a}_2||\mathbf{a}_3|\sin\alpha \qquad \text{(A2.6.5)}$$

$$|\mathbf{b}_2| = \frac{2\pi}{V_s}|\mathbf{a}_3 \times \mathbf{a}_1| = \frac{2\pi}{V_s}|\mathbf{a}_3||\mathbf{a}_1|\sin\beta \qquad \text{(A2.6.6)}$$

$$|\mathbf{b}_3| = \frac{2\pi}{V_s}|\mathbf{a}_1 \times \mathbf{a}_2| = \frac{2\pi}{V_s}|\mathbf{a}_1||\mathbf{a}_2|\sin\gamma \qquad \text{(A2.6.7)}$$

für ein kubisches Kristallsystem ($|\mathbf{a}_1| = |\mathbf{a}_2| = |\mathbf{a}_3| = a$ und $\sin\alpha = \sin\beta = \sin\gamma = 1$ bzw. $\cos A = \cos B = \cos\Gamma = 0$) erhalten wir

$$|\mathbf{b}_1| = |\mathbf{b}_2| = |\mathbf{b}_3| = \frac{2\pi}{a^3}a^2 = \frac{2\pi}{a} \qquad \text{(A2.6.8)}$$

und somit

$$|\mathbf{G}_{\min}|_{\text{cubic}} = \frac{2\pi}{a}\sqrt{h^2 + k^2 + l^3} = \frac{2\pi}{d_{\text{cubic}}} \qquad \text{(A2.6.9)}$$

bzw.

$$d_{\text{cubic}} = \frac{a}{\sqrt{h^2 + k^2 + l^2}}. \qquad \text{(A2.6.10)}$$

Für die (100) Ebenenschar ergibt sich damit $d_{\text{cubic}} = a$, also den größten Netzebenenabstand und damit kleinsten Ablenkungswinkel. Da sich für ein kubisch primitives Gitter durch den Strukturfaktor nur eine Abschwächung der Intensität einzelner Beugungsreflexe ergibt, aber keine Auslöschung, müssen wir hier den Strukturfaktor nicht betrachten. Für die (110) (und äquivalente Ebenen), (111) und (112) Ebenenscharen erhalten wir $a/\sqrt{2}$, $a/\sqrt{3}$ und $a/\sqrt{6}$. In der gegebenen Anordnung sind die Kreisdurchmesser proportional zu $\tan(2\theta)$ und das Verhältnis der Durchmesser der zwei innersten Ringe ist

$$\frac{D_{(100)}}{D_{(110)}} = \frac{\tan\left(2\arcsin(\frac{\lambda}{2a})\right)}{\tan\left(2\arcsin(\frac{\lambda\sqrt{2}}{2a})\right)} . \tag{A2.6.11}$$

Gleichung (A2.6.11) ist nur mit konkreten Zahlen lösbar (und wir können keine Verhältnisse ableiten), da hierbei der kleinste Winkel bereits 8° beträgt. Ein Ausweg ist, Röntgenstrahlung mit einer kleineren Wellenlänge zu verwenden. Die Winkel werden dann kleiner und wir können für die Tangens- und die Sinus-Funktion lineare Näherungen verwenden. Wir können z. B. Molybdän oder Wolfram K_α-Strahlung verwenden, die nach dem Moseleyschen Gesetz ($E = 10.2(N-1)^2$ eV und $\lambda[\text{Å}] = 12\,420/E[\text{eV}]$) eine Wellenlänge von 0.73 Å bzw. 0.23 Å hat. Im Fall von Mo ist der maximale Winkel 21° für W nur 6.5°, sodass die lineare Näherung gerechtfertigt ist. Die Durchmesser werden dann im gleichen Verhältnis größer wie die Netzebenenabstände abnehmen. Es gilt $D_{100} : D_{110} : D_{111} : D_{112} = 1 : \sqrt{2} : \sqrt{3} : \sqrt{6}$.

A2.7 Pulverdiffraktometrie

Sie untersuchen eine Pulverprobe eines kubischen Materials unter Verwendung von Cu-K_α-Strahlung mit einer Wellenlänge von $\lambda = 1.541$ Å. Sie erhalten Röntgen-Reflexe bei den Winkeln $2\theta_1 = 26.59°$, $2\theta_2 = 37.96°$ und $2\theta_3 = 46.95°$.

(a) Handelt es sich bei dem untersuchten Material um eine amorphe oder kristalline Substanz?
(b) Berechnen Sie den Abstand der Netzebenen, von denen die Beugungsreflexe stammen, unter der Annahme, dass es sich um Beugungsreflexe 1. Ordnung handelt.
(c) Welchen Flächen im Elementarwürfel des kubischen Materials entsprechen diese Netzebenen?

Lösung

(a) Da mehrere Beugungsreflexe auftreten, muss es sich um eine kristalline Probe handeln.
(b) Aus der Bragg-Bedingung $2d\sin\theta = n\lambda$ folgt mit $n = 1$ (Reflexe 1. Ordnung):

$$\theta_1 = 13.30° \quad \rightarrow \quad \sin\theta_1 = 0.2301$$
$$\theta_2 = 18.98° \quad \rightarrow \quad \sin\theta_2 = 0.3252$$
$$\theta_3 = 23.48° \quad \rightarrow \quad \sin\theta_3 = 0.3984$$

Dies führt auf die Netzebenenabstände $d_\mu = \lambda/2\sin\theta_\mu$ ($\mu = 1, 2, 3$)

$$d_1 = 3.350\,\text{Å}$$
$$d_2 = 2.369\,\text{Å}$$
$$d_3 = 1.934\,\text{Å}$$

(c) Die Gitterabstände verhalten sich wie $d_1 : d_2 : d_3 = 1 : 1/\sqrt{2} : 1/\sqrt{3}$. Dies ist ein starker Hinweis darauf, dass es sich bei den entsprechenden Gitterebenen um die (100), (010) oder (001) Flächen (entspricht den Seitenflächen eines Würfels), die (110), (011) oder (101) Flächen (entspricht den Flächen parallel zu den Diagonalen durch die Seitenflächen eines Würfels) und die (111) Flächen einer kubischen Struktur handelt (siehe Abb. 2.8).

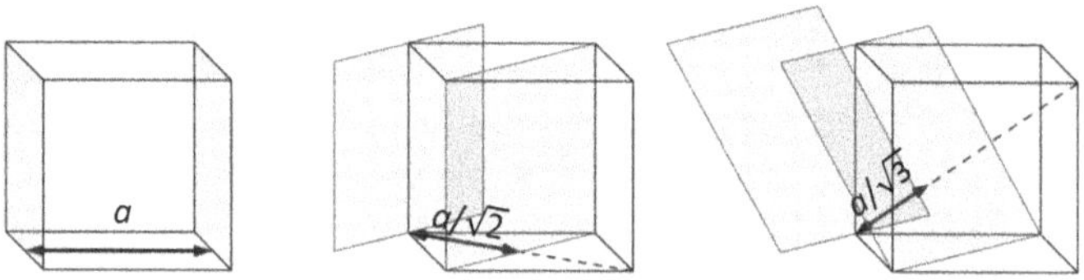

Abb. 2.8: Die (100), (110) und (111) Flächen in einem kubischen Kristall.

Das gemessene Beugungsspektrum gehört zu α-Polonium mit einer Gitterkonstaten von 3.35 Å (vergleiche Ashcroft & Mermin, Solid State Physics). α-Po ist das einzige Element, das in einfach kubischer Struktur kristallisiert (Name zu Ehren der aus Polen stammenden Entdeckerin Marie Curie). Pro Jahr werden etwa 100 g ^{210}Po in Kernreaktoren für medizinische Zwecke und als Energie- und Neutronenquelle hergestellt. Im Jahr 2006 wurde der ehemalige Agent Alexander Litwinenko mit ^{210}Po (strahlungsloser α-Zerfall) ermordet. Im Jahr 2013 haben schweizer Wissenschaftler Gewebe am Brustkorb und Bodenproben rund um das Grab des im November 2004 verstorbenen Palästinenserführer Jassir Arafat untersucht. Sie fanden stark erhöhte Polonium-Werte, weshalb jetzt darüber spekuliert wird, ob auch er mit Polonium vergiftet wurde.

A2.8 Begrenzungsfilter für Neutronen

Ein kollimierter Strahl von Reaktorneutronen mit breiter Energieverteilung fällt in einen Tubus, der mit einem Pulver aus kubischen, einatomigen Kristalliten gefüllt ist. Was passiert mit dem Neutronenstrahl und welche Energien werden die Neutronen haben, die aus dem Tubus austreten? Wie kann man das für Beugungsexperimente ausnutzen?

Lösung

Nach Bragg gilt die Streubedingung $2d\sin\theta = n\lambda$, wobei $\lambda = 2\pi/|\mathbf{k}|$ die Wellenlänge, θ der Winkel, den der Wellenvektor $\mathbf{k}$ mit einer Netzebenenschar des Kristalls einschließt, n eine ganze Zahl und d der Abstand der Netzebenen in der betreffenden Netzebenenschar ist. Da in einem Pulver Kristallite mit einer statistischen Verteilung der Netzebenenrichtungen vorhanden sind, ist auch der Einfallswinkel θ zufällig verteilt ($0 \le \theta \le \pi/2$). Aus diesem Grund werden Neutronen mit Wellenlängen $\lambda \le 2d$ auch in zufällige Richtungen gestreut.

Dagegen werden Neutronen mit größeren Wellenlängen durch das Pulver hindurchgehen. Größere Wellenlängen bedeuten aber nach

$$E = \frac{\hbar^2|\mathbf{k}|^2}{2M_n} = \frac{h^2}{2M_n\lambda^2} \tag{A2.8.1}$$

niedrigere Energien (λ: de Broglie-Wellenlänge, $M_n = 1.675 \times 10^{-27}$ kg, $h = 6.62 \times 10^{-34}$ Js). Die Bedingung $\lambda > 2d$ lässt sich umschreiben in

$$\lambda > \frac{h}{\sqrt{2M_nE}} = \frac{0.286\ldots}{\sqrt{E\,[\mathrm{eV}]}}\,\text{Å}\,. \tag{A2.8.2}$$

Aus $\lambda = h/\sqrt{2M_nE} > 2d$ folgt dann

$$E < \frac{h^2}{2M_n(2d)^2}\,. \tag{A2.8.3}$$

Wir haben also einen Tiefpass für Neutronenenergien vorliegen, den wir dafür einsetzen können, die Energie der Neutronen hinter dem Tubus einzuschränken. Die maximale Wellenlänge und damit minimale Energie der Neutronen, die noch aus dem Strahl herausgestreut werden, wird durch den maximalen Netzebenenabstand d bestimmt. Für ein kubisches Material ist dieser gerade durch die Gitterkonstante a gegeben.

Welche Vorteile bringt ein Tiefpassfilter für Neutronen? Durch das Aussortieren von Neutronen mit höheren Energien vermeidet er Streuprozesse höherer Ordnung, bei denen Neutronen mit der doppelten oder dreifachen Energie ungewollt in den Detektor streuen und dadurch das gemessene Signal künstlich erhöhen.

In der Praxis benutzt man Be-Filter. Beryllium hat eine hcp-Struktur mit den Gitterkonstanten $a = b = 2.2858$ Å und $c = 3.5843$ Å, für die sich aber ein zur oben diskutierten kubischen Struktur äquivalenter Begrenzungseffekt ergibt. Für Be werden Neutronen mit $\lambda > 3.96$ Å durchgelassen. Für diesen Fall ergeben sich aus der obigen Formel Neutronenenergien

$$E < 8.257\ldots \times 10^{-22}\,\mathrm{J} = 5.216\ldots\,\mathrm{meV}\,. \tag{A2.8.4}$$

Zusätzlich kann das Be dann noch auf 77 K gekühlt werden (Siedetemperatur des flüssigen Stickstoffs). Dadurch werden inelastische Streuprozesse an thermischen Phononen entsprechend dem Debye-Waller-Faktor reduziert.

A2.9 Strukturfaktor von Diamant

Als konventionelle Zelle für die Diamantstruktur benutzt man üblicherweise einen Würfel (siehe Abb. 2.9). Die konventionelle Zelle enthält dann insgesamt 8 Atome. Die Kristallstruktur ist fcc mit einer zweiatomigen Basis.

(a) Bestimmen Sie den Strukturfaktor $S_{hk\ell}$ der so gewählten Basis.
(b) Berechnen Sie die Millerschen Indizes, für die eine Auslöschung von Reflexen auftritt.
(c) Zeigen Sie ferner, dass die erlaubten Beugungsreflexe entweder die Bedingung (i) $h + k + \ell = 4n$ mit $n \in \mathbb{Z}$ erfüllen, wobei alle Indizes *gerade* sind, oder aber die Bedingung (ii) erfüllen, dass alle Indizes *ungerade* sind.
(d) Was ändert sich, wenn wir von einer Diamant zu einer Zinkblende-Struktur übergehen?

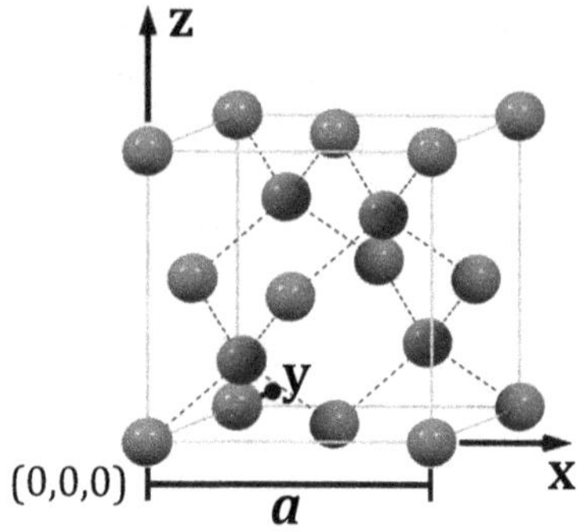

Abb. 2.9: Die konventionelle Zelle der Diamantstruktur.

Lösung

(a) Der Strukturfaktor kann mit den Positionen $\mathbf{r}_j$ der Basisatome

$$\mathrm{r}_j = \alpha_j \mathrm{a}_1 + \beta_j \mathrm{a}_2 + \gamma_j \mathrm{a}_3 \tag{A2.9.1}$$

mittels $S_{\mathbf{G}}^{\text{ges}} = \sum_j f_j \, \mathrm{e}^{-\imath \mathbf{G}\cdot\mathbf{r}_j}$ berechnet werden.
Die Diamantstruktur setzt sich aus einem fcc-Gitter mit zweiatomiger Basis mit gleichen Atomen zusammen. Mit Hilfe von Aufgabe A1.4 können wir Gl. (A2.9.1) wie folgt umschreiben [vgl. Gl. (A1.4.2)], um die Positionen der Atome in der konventionellen Zelle zu erhalten:

$$\begin{aligned}\mathbf{r}(u_\mu, v_\mu, w_\mu, x_j, y_j, z_j) &= a\{\underbrace{u_\mu \widehat{\mathbf{e}}_1 + v_\mu \widehat{\mathbf{e}}_2 + w_\mu \widehat{\mathbf{e}}_3}_{=\mathbf{p}_\mu/a} + \underbrace{x_j \widehat{\mathbf{e}}_1 + y_j \widehat{\mathbf{e}}_2 + z_j \widehat{\mathbf{e}}_3}_{=\mathbf{q}_j/a}\} \\ &= \mathbf{p}_\mu + \mathbf{q}_j \,. \end{aligned} \tag{A2.9.2}$$

Hierbei geben $\mathbf{p}_\mu$ ($\mu = 1, 2, 3, 4$) die Positionen der vier Basiseinheiten in der konventionellen Zelle und $\mathbf{q}_j$ ($j = 1, 2$) die Koordinaten innerhalb der Basis an. Für das fcc-Gitter gilt (siehe Abb. 1.9)

$$(u_\mu, v_\mu, w_\mu) = \begin{cases} (0,0,0) & \mu = 1 \\ (0, \frac{1}{2}, \frac{1}{2}) & \mu = 2 \\ (\frac{1}{2}, 0, \frac{1}{2}) & \mu = 3 \\ (\frac{1}{2}, \frac{1}{2}, 0) & \mu = 4 \end{cases} \tag{A2.9.3}$$

und für die Koordinaten der Basisatome in der gewählten Zelle können wir schreiben

$$(x_j, y_j, z_j) = \begin{cases} (0,0,0) & j = 1 \quad \text{erstes Basisatom} \\ (\frac{1}{4}, \frac{1}{4}, \frac{1}{4}) & j = 2 \quad \text{zweites Basisatom} \end{cases} \tag{A2.9.4}$$

Damit lässt sich die gesamte Strukturamplitude des Diamantgitters in der folgenden Form schreiben:

$$\begin{aligned} S_{\mathbf{G}}^{\text{ges}} &= f \sum_{\mu,j} \mathrm{e}^{-\imath \mathbf{G}\cdot(\mathbf{p}_\mu + \mathbf{q}_j)} \\ &= \underbrace{\sum_{\mu} \mathrm{e}^{-\imath \mathbf{G}\cdot\mathbf{p}_\mu}}_{S_{\mathbf{G}}^{\text{fcc}}} \underbrace{\sum_{j} f_j \, \mathrm{e}^{-\imath \mathbf{G}\cdot\mathbf{q}_j}}_{S_{\mathbf{G}}^{\text{Basis}}} \\ &= S_{\mathbf{G}}^{\text{fcc}} \cdot S_{\mathbf{G}}^{\text{Basis}} , \end{aligned} \tag{A2.9.5}$$

wobei f_j der Atomformfaktor des j-ten Atoms der Basis ist. Da wir bei der Diamantstruktur auf allen Gitterplätzen Kohlenstoffatome haben, ist $f_j = f$. Hierbei ist der Strukturfaktor des fcc-Gitters gegeben durch

$$\begin{aligned} S_{hk\ell}^{\text{fcc}} &= 1 + \mathrm{e}^{-\imath\pi(k+\ell)} + \mathrm{e}^{-\imath\pi(h+\ell)} + \mathrm{e}^{-\imath\pi(h+k)} \\ &= \begin{cases} 4 & \text{falls alle } h, k, \ell \text{ gerade oder ungerade} \\ 0 & \text{falls ein Index gerade und die} \\ & \text{anderen beiden ungerade oder umgekehrt} \end{cases} \end{aligned} \tag{A2.9.6}$$

und der Strukturfaktor der Basis durch

$$\begin{aligned} S_{hk\ell}^{\text{Basis}} &= f\left[1 + \mathrm{e}^{-\frac{\imath\pi}{2}(h+k+l)}\right] \\ &= \begin{cases} 2f & \text{falls } h+k+\ell = 4n \quad \text{mit } n \in \mathbb{Z} \\ 0 & \text{falls } h+k+\ell = 4n+2 \quad \text{mit } n \in \mathbb{Z} \\ f(1+\pm\imath) & \text{falls } h+k+\ell = 2n+1 \quad \text{mit } n \in \mathbb{Z} \end{cases} . \end{aligned} \tag{A2.9.7}$$

Der Strukturfaktor beschreibt den Effekt von Interferenzen, welche sich im Innern der nicht-primitiven Einheitszelle abspielen. Ist $S_{\mathrm{G}} = 0$, so interferieren sich die von den einzelnen Basisatomen der konventionellen Zelle auslaufenden Wellen gerade weg: die Summe der Phasenfaktoren in Gl. (A2.9.5) ergibt genau Null. Die für den nach dem Raumgitter erlaubten Reflex $(hk\ell)$ mit zugehörigem reziproken Gittervektor $\mathbf{G}$ beobachtete Intensität ($I \propto |S_{hk\ell}|^2$) ist damit ebenfalls Null. Wir sprechen von einer Auslöschung des Reflexes.

Zusatzbemerkung: Den obigen Sachverhalt können wir auch noch anders ableiten: Die Gitter-Funktion hat im Ortsraum und im reziproken Raum die Form

$$g^{\text{fcc}}(\mathbf{r}) = \sum_{\mu} \delta^3(\mathbf{r} - \mathbf{p}_\mu) \tag{A2.9.8}$$

$$\begin{aligned} \mathcal{FT}\{g^{\text{fcc}}(\mathbf{r})\} &= \int d^3 r \, \mathrm{e}^{-\imath \mathbf{G}\cdot\mathbf{r}} \, \delta^3(\mathbf{r} - \mathbf{p}_\mu) \\ &= \sum_{\mu} \mathrm{e}^{-\imath \mathbf{G}\cdot\mathbf{p}_\mu} \equiv S_{\mathbf{G}}^{\text{Gitter}} \end{aligned} \tag{A2.9.9}$$

$$\mathbf{p}_\mu = u_\mu \widehat{\mathbf{e}}_1 + v_\mu \widehat{\mathbf{e}}_2 + w_\mu \widehat{\mathbf{e}}_3 . \tag{A2.9.10}$$

Hierbei bezeichnet $\mathbf{p}_\mu$ die Position des μ-ten Gitterpunktes. Mit Hilfe von Gleichung (A2.9.3) ergibt sich somit für ein fcc-Gitter

$$S_{\mathbf{G}}^{\text{Gitter}} = S_{hk\ell}^{\text{fcc}} = 1 + e^{-\imath\pi(k+\ell)} + e^{-\imath\pi(h+\ell)} + e^{-\imath\pi(h+k)}$$
$$= \begin{cases} 4 & \text{falls alle } h,\, k,\, \ell \text{ gerade oder ungerade} \\ 0 & \text{falls ein Index gerade und die} \\ & \text{anderen beiden ungerade oder umgekehrt} \end{cases} . \tag{A2.9.11}$$

Wir sehen, dass beim fcc-Gitter keine Reflexe auftreten können, für die die Indizes teilweise gerade und ungerade sind.

Wir setzen nun auf jeden Gitterpunkt $\mathbf{p}_\mu$ eine Basis, die aus j-Atomen besteht. Bezeichnen wir die Position des j-ten Atoms in der Basis mit $\mathbf{q}_j = x_j\widehat{\mathbf{e}}_1 + y_j\widehat{\mathbf{e}}_2 + z_j\widehat{\mathbf{e}}_3$, so können wir die Basis-Funktion im Ortsraum und im reziproken Raum schreiben als

$$h^{\text{Basis}}(\mathbf{r}) = \sum_j \delta^3(\mathbf{r} - \mathbf{q}_j) \tag{A2.9.12}$$

$$\mathcal{FT}\{h^{\text{Basis}}(\mathbf{r})\} = \int d^3r\, e^{-\imath\mathbf{G}\cdot\mathbf{r}}\, \delta^3(\mathbf{r} - \mathbf{q}_j)$$
$$= \sum_j e^{-\imath\mathbf{G}\cdot\mathbf{q}_j} \equiv S_{\mathbf{G}}^{\text{h}} . \tag{A2.9.13}$$

Auf den Basispositionen $\mathbf{q}_j$ sitzen unterschiedliche Atome mit einer Ladungsverteilung $\rho(\mathbf{u}_j)$, wobei $\mathbf{u}_j$ der Abstand von der Position $\mathbf{q}_j$ des j-ten Basisatoms ist. Im reziproken Raum haben wir dann

$$\mathcal{FT}\{\rho(\mathbf{u}_j)\} = \int d^3u_j\, e^{-\imath\mathbf{G}\cdot\mathbf{u}_j}\rho(\mathbf{u}_j) \equiv f_j . \tag{A2.9.14}$$

Hierbei ist f_j der Atomformfaktor des j-ten Basisatoms. Der gesamte Strukturfaktor der Basis ergibt sich mit Hilfe des Faltungssatzes zu

$$S_{\mathbf{G}}^{\text{Basis}} = \mathcal{FT}\{h^{\text{Basis}} \otimes \rho\} = \sum_j f_j\, e^{-\imath\mathbf{G}\cdot\mathbf{q}_j} . \tag{A2.9.15}$$

Wir berücksichtigen jetzt, dass wir bei der Diamantstruktur eine zweiatomige Basis pro Gitterplatz mit den Atompositionen $(0,0,0)$ und $\left(\frac{1}{4}, \frac{1}{4}, \frac{1}{4}\right)$ haben, bzw. dass zwei gegeneinander verschobene fcc-Gitter vorliegen. Der Strukturfaktor der zweiatomigen Basis ist dann gegeben durch

$$S_{\mathbf{G}}^{\text{Basis}} = S_{hk\ell}^{\text{Basis}} = f \sum_j e^{-\imath\mathbf{G}\cdot\mathbf{q}_j} \tag{A2.9.16}$$
$$= f\left[1 + e^{-\imath\frac{\pi}{2}(h+k+\ell)}\right]$$
$$= \begin{cases} 2f & \text{falls } h+k+\ell = 4n \quad \text{mit } n \in \mathbb{Z} \\ 0 & \text{falls } h+k+\ell = 4n+2 \quad \text{mit } n \in \mathbb{Z} \\ f(1 \pm \imath) & \text{falls } h+k+\ell = 2n+1 \quad \text{mit } n \in \mathbb{Z} \end{cases} .$$

Die gesamte Strukturamplitude ergibt sich dann nach dem Faltungssatz zu

$$S_{\mathbf{G}}^{\text{ges}} = \mathcal{FT}\{g^{\text{fcc}} \otimes h^{\text{Basis}} \otimes \rho\}$$
$$= S_{\mathbf{G}}^{\text{fcc}} \cdot S_{\mathbf{G}}^{\text{h}} \cdot f = S_{\mathbf{G}}^{\text{fcc}} \cdot S_{\mathbf{G}}^{\text{Basis}} . \tag{A2.9.17}$$

(b) Wir sehen, dass Nullstellen, also eine Auslöschung von Reflexen wegen des fcc-Gitters immer schon dann vorliegen, wenn nicht alle Millerschen Indizes gerade oder ungerade sind [siehe Gl. (A2.9.6)]. Durch den Strukturfaktor der Basis [siehe Gleichung (A2.9.7)] verschwinden aber von diesen für das fcc-Gitter erlaubten Reflexen nochmals alle Reflexe mit den geraden Indizes, für die $h + k + \ell = 4n + 2$ mit $n \in \mathbb{Z}$ gilt.

(c) Für $h + k + \ell = 4n$ ist $S_{hk\ell} = 8f$. Ist $h + k + \ell$ dagegen eine ungerade Zahl und sind alle drei Millerschen Indizes ungerade, so ist $S_{hk\ell} = 4f(1 + \pm\imath)$. Wir erhalten also

$$\begin{aligned} S_{hk\ell} &= S_{hk\ell}^{\text{fcc}} \cdot S_{hk\ell}^{\text{Basis}} \\ &= \begin{cases} 8f & \text{falls } h, k, \ell \text{ gerade und } h+k+\ell = 4n \\ 0 & \text{falls } h, k, \ell \text{ gerade und } h+k+\ell = 4n+2 \\ 4f(1 + \pm\imath) & \text{falls } h, k, \ell \text{ ungerade} \end{cases} \\ &\text{mit } n \in \mathbb{Z}. \end{aligned} \tag{A2.9.18}$$

Betrachten wir beispielsweise den (222) Reflex, so erhalten wir für den Strukturfaktor der Basis: $S_{hk\ell}^{\text{Basis}} = 1 + e^{-\imath \frac{\pi}{2} 6} = 1 + e^{-\imath 3\pi} = 0$. Also ist ein solcher Reflex ausgelöscht. Das reziproke Gitter des fcc-Gitters ist ein bcc-Gitter. Die reziproken Gitterpunkte im Zentrum des Würfels gehören dabei jeweils zu den Reflexen mit $S_{hk\ell} = 4f(1 \pm \imath)$. Jeder zweite reziproke Gitterpunkt auf den Ecken des Würfels hat dagegen $S_{hk\ell} = 0$. Lassen wir diese Gitterpunkte weg, so haben wir unter Vernachlässigung der reziproken Gitterpunkte im Zentrum des Würfels wiederum eine fcc-Struktur vorliegen (siehe Abb. 2.10).

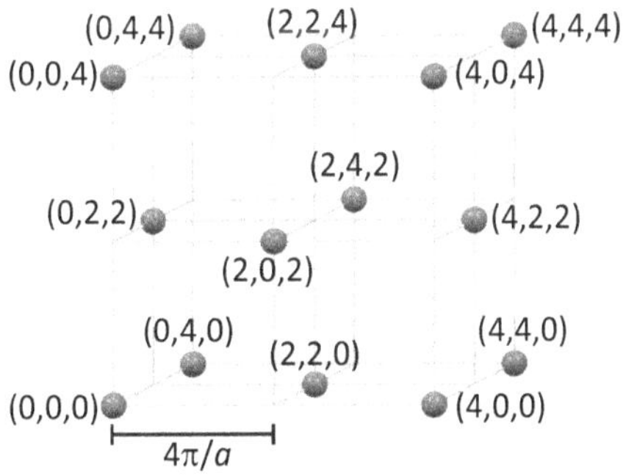

Abb. 2.10: Durch Stapeln von bcc-Gitterzellen und Weglassen der Gitterpunkte, für die $S_{hk\ell} = 0$ gilt, erhalten wir – unter Vernachlässigung der reziproken Gitterpunkte im Zentrum der Würfel – ein fcc-Gitter.

(d) Wenn wir von einer Diamant- zu einer Zinkblende-Struktur übergehen, so besteht die Basis nicht mehr aus zwei gleichen Atomen sondern aus zwei unterschiedlichen Atomen mit Atomformfaktor f_1 und f_2. Damit ergibt sich der Strukturfaktor der zweiatomigen Basis analog zu Gl. (A2.9.16) zu

$$\begin{aligned} S_{\mathbf{G}}^{\text{Basis}} &= S_{hk\ell}^{\text{Basis}} = \sum_j f_j \, e^{-\imath \mathbf{G}\cdot\mathbf{b}_j} \\ &= f_1 + f_2 \, e^{-\imath \frac{\pi}{2}(h+k+\ell)} \\ &= \begin{cases} f_1 + f_2 & \text{falls } h+k+\ell = 4n \quad \text{mit } n \in \mathbb{Z} \\ f_1 - f_2 & \text{falls } h+k+\ell = 4n+2 \quad \text{mit } n \in \mathbb{Z} \\ f_1 + \pm\imath f_2 & \text{falls } h+k+\ell = 2n+1 \quad \text{mit } n \in \mathbb{Z} \end{cases} . \end{aligned} \tag{A2.9.19}$$

Für den gesamten Strukturfaktor erhalten wir

$$S_{hk\ell} = S_{hk\ell}^{\text{fcc}} \cdot S_{hk\ell}^{\text{Basis}} \tag{A2.9.20}$$

$$= \begin{cases} 4(f_1 + f_2) & \text{falls alle } h, k, \ell \text{ gerade und } h + k + \ell = 4n \\ 4(f_1 - f_2) & \text{falls alle } h, k, \ell \text{ gerade und } h + k + \ell = 4n + 2 \\ 4(f_1 + \imath f_2) & \text{falls alle } h, k, \ell \text{ ungerade sind und } h + k + \ell = 2n + 1 \\ 0 & \text{falls ein Index gerade und die anderen} \\ & \text{beiden ungerade sind oder umgekehrt} \end{cases}$$

mit $n \in \mathbb{Z}$.

A2.10 Strukturfaktor von CsCl und CsI

CsCl und CsI haben beide eine einfach kubische Struktur. Bei der Röntgenbeugung von CsCl und CsI stellen Sie fest, dass bei CsI der (100) Reflex ausgelöscht ist, während er bei CsCl klar vorhanden ist. Wie kann man dieses experimentelle Ergebnis erklären?

Lösung

Mit den reziproken Gittervektoren $\mathbf{G} = h\mathbf{b}_1 + k\mathbf{b}_2 + \ell\mathbf{b}_3$ und den Positionen $\mathbf{r}_j = u_j\mathbf{a}_1 + v_j\mathbf{a}_2 + w_j\mathbf{a}_3$ der Basisatome erhalten wir unter Benutzung von $\mathbf{a}_i \cdot \mathbf{b}_j = 2\pi\delta_{ij}$ den Strukturfaktor

$$S_{hk\ell} = \sum_j f_j \, e^{-\imath \mathbf{G}\cdot\mathbf{r}_j} = \sum_j f_j \, e^{-\imath 2\pi(hu_j + kv_j + \ell w_j)} . \tag{A2.10.1}$$

Bei der CsCl (CsI) Struktur (siehe Abb. 2.11) enthält die primitive Zelle ein Molekül mit den Atompositionen (000) und $\left(\frac{1}{2}, \frac{1}{2}, \frac{1}{2}\right)$, d. h. $u_1 = v_1 = w_1 = 0$ und $u_2 = v_2 = w_2 = \frac{1}{2}$. Für $n = 1$ (Beugungsreflexe erster Ordnung) erhalten wir dann den Strukturfaktor

$$S_{hk\ell} = f_1 + f_2 \, e^{-\imath\pi(h+k+\ell)} \tag{A2.10.2}$$

$$= \begin{cases} f_1 + f_2 & \text{für} \quad h + k + \ell = \text{gerade} \\ f_1 - f_2 & \text{für} \quad h + k + \ell = \text{ungerade} \end{cases} .$$

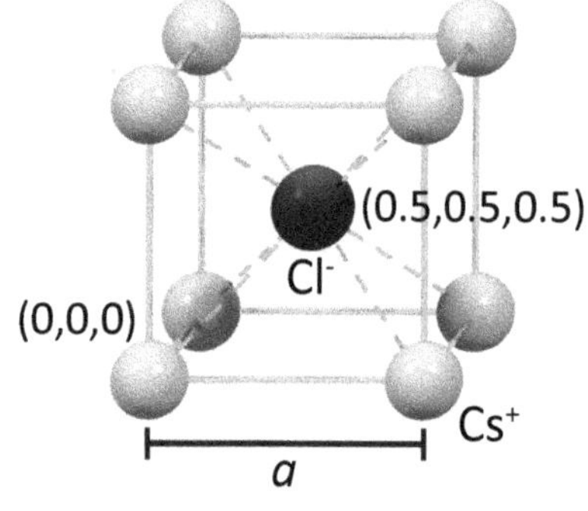

Abb. 2.11: Die konventionelle Zelle der CsCl-Struktur.

Wir sehen also, dass der (100)-Reflex für CsCl und CsI zwar abgeschwächt, aber eigentlich nicht ausgelöscht sein sollte. Warum verschwindet nun der Reflex bei CsI? Die Antwort ist einfach: Bei CsI hat das Cs^+- und das I^--Ion genau die gleiche Elektronenzahl, nämlich 54, und die Elektronenhülle der Ionen entspricht der Xe-Edelgaskonfiguration. Da für Röntgenlicht der Atomformfaktor von der Ladungsdichte der Elektronenhülle bestimmt wird, haben wir für CsI den Fall $f_1 = f_2$ vorliegen und der (100) Reflex wird in der Tat fast völlig ausgelöscht (siehe Abb. 2.12). Für CsCl besitzt die Elektronenhülle des Cl^--Ions dagegen eine Argon-Edelgaskonfiguration. Deshalb ist $f_1 \neq f_2$ und der (100) Beugungsreflex kann beobachtet werden.

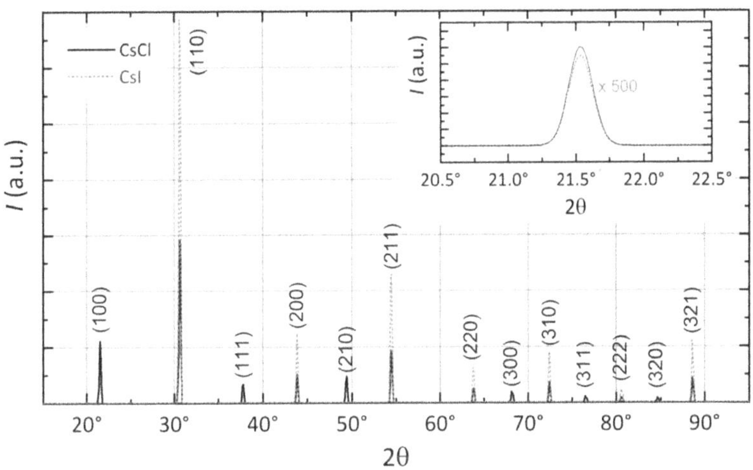

Abb. 2.12: Pulver-Diffraktogramm für CsCl (schwarze Linie) und CsI (grau gepunktete Linie) berechnet für $a_{CsCl} = a_{CsI} = 0.4126\,\text{nm}$. Das Teilbild zeigt eine Vergrößerung um den (100)-Reflex. Die Intensität von CsI wurde hierbei um einen Faktor 500 vergrößert.

Das CsI Kristallgitter kann aufgrund der Gleichheit der Eektronenkonfigurationen der beteiligten Ionen auch als bcc-Gitter aufgefasst werden. Aus Gleichung (A2.10.2) folgt, dass der Strukturfaktor der bcc-Kristallstruktur

$$S_{hk\ell}^{\text{bcc}} = f + f\,e^{-\imath\pi(h+k+\ell)} = \begin{cases} 2f & \text{für} \quad h+k+\ell = \text{gerade} \\ 0 & \text{für} \quad h+k+\ell = \text{ungerade} \end{cases} \tag{A2.10.3}$$

ist. Somit werden alle Reflexe mit $h + k + \ell$ = ungerade ausgelöscht.

Tatsächlich ist der (100)-Reflex für CsI nur in erster Näherung vollkommen ausgelöscht. Wie das Teilbild in Abb. 2.12 zeigt, ist seine Intensität endlich und um etwa einen Faktor 500 kleiner als diejenige des (100)-Reflexes von CsCl. Dies ist zu erwarten, da Cs^+- und I^--Ionen zwar genau die gleiche Elektronenzahl in der Hülle, aber eine unterschiedliche Kernladungszahl besitzen. Deshalb sollte die Elektronenhüllen der beiden Ionen nicht vollkommen identisch sein.

A2.11 Ein Debye-Scherrer Experiment

In einem Debye-Scherrer Pulverdiffraktionsexperiment haben wir mit monochromatischer Röntgen-Strahlung drei Proben A, B und C untersucht. Wir wissen schon, dass die drei untersuchten Materialien eine fcc-, bcc- und Diamantstruktur besitzen, wir wissen aber noch nicht, welche Probe welche Struktur hat. Unsere Debye-Scherrer-Aufnahmen der drei Proben zeigen bei folgenden Winkeln Diffraktionsringe:

Probe A	Probe B	Probe C
42.2°	28.8°	42.8°
49.2°	41.0°	73.2°
72.0°	50.8°	89.0°
87.3°	59.6°	115.0°

(a) Identifizieren Sie die Kristallstrukturen der Proben A, B und C. Nehmen Sie dazu an, dass die beobachteten Röntgenreflexe Beugungsreflexen 1. Ordnung entsprechen.

(b) Die Wellenlänge der Röntgenstrahlung sei $\lambda = 1.541$ Å (Cu-K_α-Strahlung). Welche Gitterkonstante a hat die konventionelle kubische Zelle?

Lösung

Die Geometrie eines Debye-Scherrer-Experiments ist in Abb. 2.13 skizziert. Die einfallende monochromatische Röntgenstrahlung mit Wellenvektor $\mathbf{k}$ und Wellenlänge $\lambda = 2\pi/k$ wird an der Pulverprobe gestreut. Wir beobachten Beugungsreflexe unter den Winkeln 2θ. Diese Beugungsreflexe gehören zu den Kristalliten in der pulverförmigen Probe, für die die Beugungsbedingung (von Laue-Bedingung)

$$\begin{aligned} \Delta\mathbf{k} &= \mathbf{k}' - \mathbf{k} = \mathbf{G} \\ (\mathbf{k} + \mathbf{G})^2 &= (\mathbf{k}')^2 \\ -2\mathbf{k}\cdot\mathbf{G} &\overset{|\mathbf{k}|=|\mathbf{k}'|}{\widehat{=}} |\mathbf{G}|^2 \end{aligned} \qquad \text{(A2.11.1)}$$

erfüllt ist.

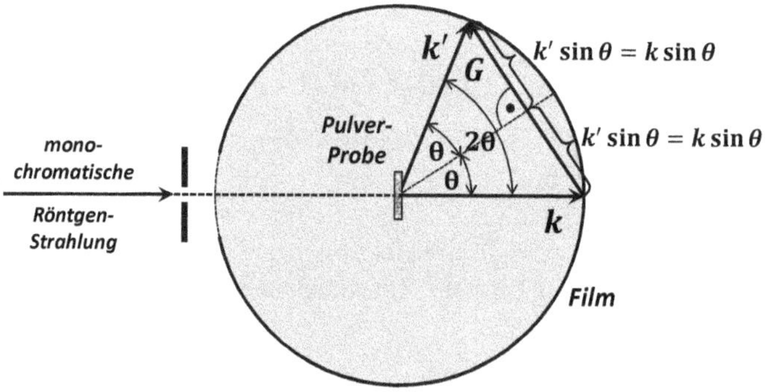

Abb. 2.13: Zur Geometrie eines Debye-Scherrer-Experiments.

Aus Abb. 2.13 folgt

$$2|\mathbf{k}|\sin\theta = |\mathbf{G}| = n|\mathbf{G}_{\min}| = n\,\frac{2\pi}{d}$$

$$\sin\theta \overset{n=1}{\widehat{=}} \frac{|\mathbf{G}_{\min}|}{2|\mathbf{k}|} = \frac{\lambda}{2d} \qquad \text{(A2.11.2)}$$

Hierbei ist $\mathbf{k}'$ der Wellenvektor der gestreuten Welle und $\mathbf{G}$ ein reziproker Gittervektor. Die letzte Zeile von Gl. (A2.11.2) ist uns als Bragg-Bedingung bekannt. Da die beobachteten Diffraktionsringe Beugungsreflexen 1. Ordnung entsprechen sollen, ist $G = G_{\min} = 2\pi/d$, wobei d der Abstand der Netzebenen ist.

(a) Durch die einfallende monochromatische Röntgenstrahlung ist die Wellenlänge festgelegt. Wir erhalten daher aus dem Experiment alle reziproken Gittervektoren $\mathbf{G}$, deren Betrag kleiner $2|\mathbf{k}|$ ist, da die Sinus-Funktion ja nicht größer als 1 werden kann. Wir können nun eine Tabelle anfertigen, in die wir die Werte für $\sin\theta$ (also für den einfachen Winkel θ) eintragen. Wir erhalten

Probe A		Probe B		Probe C	
Winkel 2θ	$\sin\theta$	Winkel 2θ	$\sin\theta$	Winkel 2θ	$\sin\theta$
42.2°	0.3599	28.8°	0.2487	42.8°	0.3649
49.2°	0.4163	41.0°	0.3502	73.2°	0.5962
72.0°	0.5878	50.8°	0.4289	89.0°	0.7009
87.3°	0.6903	59.6°	0.4970	115.0°	0.8434

Die Verhältnisse der verschiedenen $\sin\theta$-Werte geben uns nun gerade die Verhältnisse der Längen der zu den verschiedenen Netzebenenscharen gehörenden minimalen reziproken Gittervektoren an, für die der Strukturfaktor nicht verschwindet:

$$\frac{\sin\theta_\mu}{\sin\theta_\nu} = \frac{G_{\min,\mu}}{G_{\min,\nu}} = \frac{d_\nu}{d_\mu} \qquad \mu,\nu = 1,2,3,4 \qquad \text{(A2.11.3)}$$

Mit den Zahlenwerten aus der Tabelle können wir schreiben:

Probe A:

$$\sin\theta_1 : \sin\theta_2 : \sin\theta_3 : \sin\theta_4 = 0.865 : 1.0 : 1.412 : 1.658 \simeq \frac{\sqrt{3}}{2} : 1 : \sqrt{2} : \frac{\sqrt{11}}{2}$$

Probe B:

$$\sin\theta_1 : \sin\theta_2 : \sin\theta_3 : \sin\theta_4 = 0.710 : 1.0 : 1.225 : 1.419 \simeq \frac{1}{\sqrt{2}} : 1 : \sqrt{\frac{3}{2}} : \sqrt{2}$$

Probe C:

$$\sin\theta_1 : \sin\theta_2 : \sin\theta_3 : \sin\theta_4 = 0.612 : 1.0 : 1.175 : 1.414 \simeq \frac{\sqrt{3}}{2} : \sqrt{2} : \frac{\sqrt{11}}{2} : 2$$

Nun wissen wir, dass das reziproke Gitter des fcc-Raumgitters ein bcc-Gitter ist und umgekehrt. Wir betrachten deshalb die Längenverhältnisse der Gittervektoren in diesen Symmetrien.

- Für ein fcc-Gitter ist der Strukturfaktor gegeben durch

$$S_{hk\ell}^{\text{fcc}} = \begin{cases} 4f & \text{falls alle } h,\, k,\, \ell \text{ gerade oder ungerade} \\ 0 & \text{falls ein Index gerade und die} \\ & \text{anderen beiden ungerade oder umgekehrt} \end{cases} . \quad \text{(A2.11.4)}$$

Damit ergeben sich die Ebenenscharen mit endlichem Strukturfaktor zu (111), (200), (220), (311), (222), …. Für ein kubisches Kristallsystem mit Gitterkonstante a beträgt die Länge der aufeinander senkrecht stehenden primitiven reziproken Gittervektoren $\mathbf{b}_1$, $\mathbf{b}_2$ und $\mathbf{b}_3$ gerade $b = 2\pi/a$. Mit $\mathbf{G} = h\mathbf{b}_1 + k\mathbf{b}_2 + \ell\mathbf{b}_3$ erhalten wir die Länge des zu den jeweiligen Ebenen gehörigen kürzesten reziproken Gittervektors zu (siehe Aufgabe A2.7)

$$|\mathbf{G}_{\text{min}}| = \frac{2\pi}{a}\sqrt{h^2 + k^2 + \ell^2} . \quad \text{(A2.11.5)}$$

Somit ergeben sich folgende Längenverhältnisse für die Streuung an den genannten Ebenen:

$$\sqrt{3} : 2 : \sqrt{8} : \sqrt{11} : \sqrt{12} \quad \text{bzw.} \quad \frac{\sqrt{3}}{2} : 1 : \sqrt{2} : \frac{\sqrt{11}}{2} : \sqrt{3} . \quad \text{(A2.11.6)}$$

Diese Verhältnisse liegen gerade für Probe A vor, d. h. diese Probe besitzt ein fcc-Raumgitter.

- Für ein bcc-Gitter ist der Strukturfaktor gegeben durch

$$S_{hk\ell}^{\text{bcc}} = \begin{cases} 2f & \text{falls } h + k + \ell = \text{gerade} \\ 0 & \text{falls } h + k + \ell = \text{ungerade} \end{cases} . \quad \text{(A2.11.7)}$$

Damit ergeben sich die Ebenenscharen mit endlichem Strukturfaktor zu (110), (200), (121), (220), … mit den zugehörigen Längenverhältnissen für $\mathbf{G}_{\text{min}}$:

$$\sqrt{2} : 2 : \sqrt{6} : \sqrt{8} \quad \text{bzw.} \quad \frac{1}{\sqrt{2}} : 1 : \sqrt{\frac{3}{2}} : \sqrt{2} . \quad \text{(A2.11.8)}$$

Wir erkennen, dass diese Verhältnisse gerade für Probe B vorliegen, d. h. dass diese Probe ein bcc-Raumgitter besitzt.

- Für eine Diamantstruktur ist der Strukturfaktor gegeben durch (vergleiche Aufgabe A2.9)

$$S_{hk\ell}^{\text{Diamant}} = \begin{cases} 8f & \text{falls } h,\, k,\, \ell \text{ gerade und } h + k + \ell = 4n \\ 0 & \text{falls } h,\, k,\, \ell \text{ gerade und } h + k + \ell = 4n + 2 \\ 4f(1 + \imath) & \text{falls } h,\, k,\, \ell \text{ ungerade} \end{cases}$$

$$\text{mit } n \in \mathbb{Z} . \quad \text{(A2.11.9)}$$

Damit erhalten wir die Ebenenscharen mit endlichem Strukturfaktor zu (111), (220), (311), (400) ... mit den zugehörigen Längenverhältnissen für $\mathbf{G}_{\min}$:

$$\sqrt{3} : \sqrt{8} : \sqrt{11} : 4 \quad \text{bzw.} \quad \frac{\sqrt{3}}{2} : \sqrt{2} : \frac{\sqrt{11}}{2} : 2\,. \qquad \text{(A2.11.10)}$$

Offensichtlich besitzt also die Probe C eine Diamantstruktur.

In Abb. 2.14 ist ein berechnetes Pulverdiffraktogramm einer fcc-, bcc- und Diamantstruktur gezeigt.

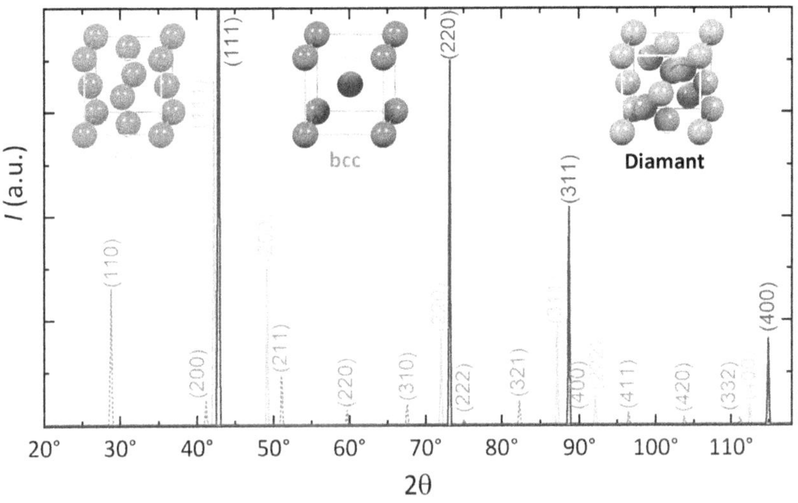

Abb. 2.14: Berechnetes Pulver-Diffraktogramm für eine fcc- (hellgrau), bcc- (grau, gepunktete Kurve) und Diamantstruktur (dunkelgrau) unter Verwendung der Gitterkonstanten der Proben A, B und C.

(b) Es gilt $k = 2\pi/\lambda$. Setzen wir $\lambda = 1.541$ Å ein, so ergibt Gleichung (A2.11.1)

$$\begin{aligned} a &= 3.71\,\text{Å} && \text{für Probe A} \\ a &= 4.40\,\text{Å} && \text{für Probe B} \\ a &= 3.65\,\text{Å} && \text{für Probe C}\,. \end{aligned} \qquad \text{(A2.11.11)}$$

A2.12 Beugungseffekte an einem eindimensionalen Gitter

Wir betrachten ein eindimensionales Gitter von $N \gg 1$ Gitterpunkten an den Positionen $x_n = na$. Hierbei ist n eine ganze Zahl und a die Gitterkonstante.

Wir nehmen nun an, dass auf den Gitterpunkten Atome sitzen, die kohärent von einer ebenen Welle $\Psi_Q = \Psi_{Q,0}\, e^{\imath(k_0 y - \omega t)}$ angeregt werden (die Quelle befindet sich in großer Entfernung senkrecht zum eindimensionalen Gitter, so dass sie beim Gitter als ebene Welle approximiert werden kann (siehe Abb. 2.15). Die Atome werden durch die einlaufende Welle

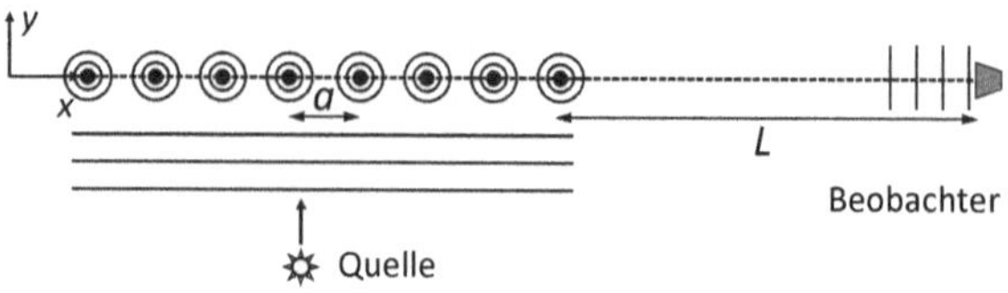

Abb. 2.15: Beugung an einem eindimensionalen Gitter.

angeregt und strahlen nun selbst Kugelwellen ab. Da wir eine kohärente Anregung vorausgesetzt haben, strahlen alle Atome kohärent und ohne Phasenschiebung (alle Atome des Gitters sitzen auf der gleichen Wellenfront der einlaufenden Welle) mit der Frequenz ω ab: $\Psi = \frac{\Psi_0}{r} \mathrm{e}^{\imath(\mathbf{k}\cdot\mathbf{r}-\omega t)}$. Wir können also die Anordnung als lineares Emissionsgitter betrachten. Wir wollen nun Folgendes wissen:

(a) Welche Intensität I wird mit einem Detektor gemessen, der sich weit weg vom Gitter im Abstand L auf der x-Achse befindet? Die am Detektor gemessene Intensität I zeigt als Funktion des Wellenvektors k bzw. der Wellenlänge λ charakteristische Maxima. Wie sieht $I(k)$ aus und für welche k treten Hauptmaxima auf?
(b) Wie groß ist die detektierte Intensität bei diesen Maxima?
(c) Wie groß ist die Halbwertsbreite der Maxima?
(d) Wie groß ist der Wert der über k integrierten Intensität für verschiedene N?

Vergleichen Sie die oben diskutierte Situation mit der in der Optik auftretenden Beugung am endlichen Gitter.

Lösung

Es sei vorausgeschickt, dass die Lösung des Problems unabhängig von der verwendeten Strahlungsart (elektromagnetische Wellen, Materiewellen) ist. Die Gesamtamplitude Ψ_g an der Position des Detektors erhalten wir durch Aufsummation der einzelnen, von den Gitteratomen auslaufenden Sekundärwellen. Da sich der Detektor weit weg befindet, können wir die Kugelwellen durch ebene Wellen $\Psi(x,t) = A\,\mathrm{e}^{\imath(kx-\omega t)}$ annähern. Wir definieren die Atompositionen durch

$$\begin{aligned} x = x_n &= L + (n-1)a \\ x_1 &= L \\ x_2 &= L + a \\ &\vdots \\ x_N &= L + (N-1)a\,. \end{aligned} \tag{A2.12.1}$$

Wir nehmen ferner an, dass der Abstand des Detektors groß ist ($L \gg Na$), so dass wir die am Detektor ankommenden, von den N Atomen ausgehenden Sekundärwellen als ebene Wellen mit gleicher Amplitude A approximieren können. Die Gesamtamplitude ist dann eine Überlagerung dieser ebenen Wellen und wir erhalten

$$\begin{aligned}\Psi_g(k,t) &= A\,\mathrm{e}^{-\imath\omega t}\sum_{n=1}^{N}\mathrm{e}^{\imath k x_n}\\ &= A\,\mathrm{e}^{-\imath\omega t}\sum_{n=1}^{N}\mathrm{e}^{\imath k[L+(n-1)a]}\\ &= A\,\mathrm{e}^{\imath kL-\imath\omega t}\sum_{n=1}^{N}\mathrm{e}^{\imath ka(n-1)}\,. \end{aligned}\qquad \text{(A2.12.2)}$$

Setzen wir $s = \mathrm{e}^{\imath ka}$, so lässt sich dies unter Ausnutzung der Eigenschaften von geometrischen Reihen schreiben als

$$\begin{aligned}\Psi_g &= A\,\mathrm{e}^{\imath kL-\imath\omega t}\sum_{n=1}^{N}s^{n-1}\\ &= A\,\mathrm{e}^{\imath kL-\imath\omega t}\,\frac{s^N-1}{s-1}\\ &= A\,\mathrm{e}^{\imath kL-\imath\omega t}\,\frac{\mathrm{e}^{\imath kaN}-1}{\mathrm{e}^{\imath ka}-1}\,. \end{aligned}\qquad \text{(A2.12.3)}$$

(a) Um die gesamte Intensität am Detektor zu erhalten, mitteln wir über die Zeitabhängigkeit und betrachten die Amplitudenquadrate:

$$I(k) = |\Psi_g|^2 = I_0\left|\frac{\mathrm{e}^{\imath kaN}-1}{\mathrm{e}^{\imath ka}-1}\right|^2\,, \qquad \text{(A2.12.4)}$$

wobei $I_0 = A^2$ gilt. Für die folgenden Rechnungen ist es von Vorteil, die Wellenzahl k auf die reziproke Gitterkonstante $b = 2\pi/a$ zu beziehen und zu der dimensionslosen Variable

$$\kappa = \frac{ka}{2\pi} = \frac{k}{b} \qquad \text{(A2.12.5)}$$

überzugehen. Dann können wir schreiben

$$\begin{aligned}I(\kappa) &= I_0\left|\frac{\mathrm{e}^{\imath 2\pi N\kappa}-1}{\mathrm{e}^{\imath 2\pi\kappa}-1}\right|^2\\ &= I_0\left|\frac{\mathrm{e}^{\imath\pi N\kappa}}{\mathrm{e}^{\imath\pi\kappa}}\,\frac{\mathrm{e}^{\imath\pi N\kappa}-\mathrm{e}^{-\imath\pi N\kappa}}{\mathrm{e}^{\imath\pi\kappa}-\mathrm{e}^{-\imath\pi\kappa}}\right|^2\\ &= I_0\left|\mathrm{e}^{\imath\pi(N-1)\kappa}\,\frac{\sin\pi N\kappa}{\sin\pi\kappa}\right|^2\\ &= I_0\,\frac{\sin^2\pi N\kappa}{\sin^2\pi\kappa}\,. \end{aligned}\qquad \text{(A2.12.6)}$$

Diese Intensitätsverteilung ist in Abb. 2.16 für $N = 5, 10$ gezeigt.

Es soll noch darauf hingewiesen werden, dass die betrachtete Situation der Beugung am endlichen Gitter in der Optik entspricht, falls der Einfallswinkel 0° und der Beugungswinkel $\theta = 90°$ entspricht. Der Laufunterschied von zwei Teilwellen benachbarter Atome ist in diesem Fall $\Delta s = a \sin\theta = a$. Falls der Beobachter nicht auf der x-Achse stehen würde, wäre $\theta \neq 90°$ und wir müssten in obigen Ausdrücken a durch $a \sin\theta$ ersetzen, wodurch wir den aus der Optik bekannten Ausdruck für die Beugung am endlichen Gitter erhalten würden. Weiterhin wollen wir anmerken, dass alle Hauptmaxima nur dann die gleiche Höhe haben, falls die einzelnen Atome (Strahler) als Punktquellen betrachtet werden können. Hätten die Strahler eine endliche Ausdehnung (entspricht Spaltbreite b bei der Beugung am Gitter), so würden wir als Einhüllende noch das Beugungsmuster eines Spalts der Breite b erhalten, das durch eine $\sin^2 x/x^2$ Funktion gegeben ist.

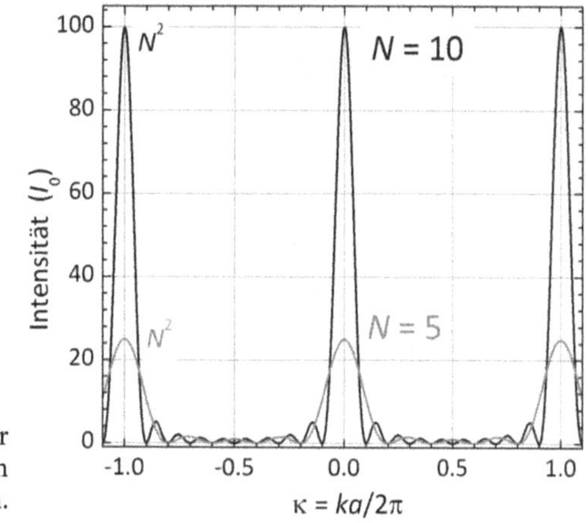

Abb. 2.16: Intensitätsverteilung bei der Beugung an einem eindimensionalen Gitter mit $N = 5$ und $N = 10$ Atomen.

(b) Eine der wichtigsten Botschaften von Abb. 2.16 ist, dass die Intensität $I(\kappa)$ scharfe Maxima für $\kappa = 0, \pm 1, \pm 2, \ldots$ aufweist, d. h. wenn $k = pb = p\,\frac{2\pi}{a}$ ein ganzzahliges Vielfaches p des reziproken Gittervektors ist. Da für $\kappa = p$ sowohl Zähler als auch Nenner verschwinden, müssen wir eine Grenzfallbetrachtung machen. Dazu ersetzen wir den Sinus in Zähler und Nenner jeweils durch das Argument und erhalten dann $I_{\max} = N^2 I_0$.

(c) Die Halbwertsbreite $\Delta\kappa$ von $I(\kappa)$ können wir berechnen, indem wir

$$I(\Delta\kappa) = I_0\,\frac{\sin^2 \pi N \Delta\kappa}{\sin^2 \pi \Delta\kappa} = \frac{1}{2}\,N^2 I_0 \qquad \text{(A2.12.7)}$$

setzen. Für große N wird $\Delta\kappa$ klein und wir können die Sinusfunktion im Nenner durch ihr Argument annähern. Wir erhalten

$$\begin{aligned} \sin^2 \pi\Delta\kappa &\simeq (\pi\Delta\kappa)^2 \\ \frac{\sin^2 \pi N\Delta\kappa}{(\pi\Delta\kappa)^2} &= \frac{1}{2} N^2 \\ \frac{\sin \pi N\Delta\kappa}{\pi N\Delta\kappa} &= \frac{1}{\sqrt{2}}\,. \end{aligned} \qquad \text{(A2.12.8)}$$

Diese transzendente Gleichung lässt sich graphisch lösen (siehe Abb. 2.17) und wir erhalten das Resultat $N\Delta\kappa = 0.4429\ldots$. Die gesuchte Halbwertsbreite ist somit

$$\Delta\kappa = \frac{0.4429}{N}\,. \tag{A2.12.9}$$

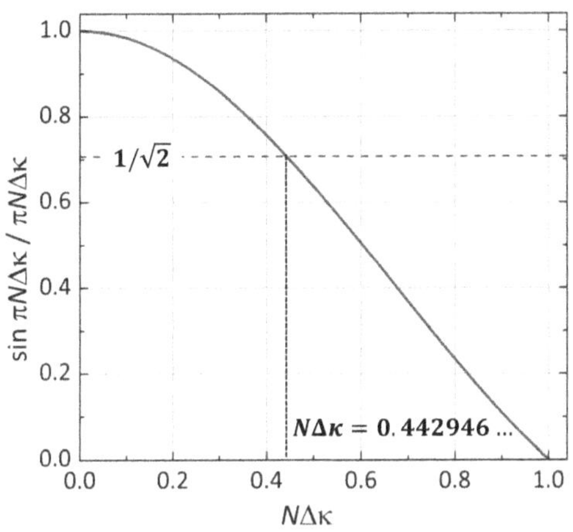

Abb. 2.17: Zur Lösung der transzendenten Gleichung (A2.12.8).

(d) Die integrierte Intensität ist näherungsweise gegeben durch Halbwertsbreite mal Peakhöhe, also durch $2\Delta\kappa \cdot N^2 I_0 \simeq N I_0$.

A2.13 Atomformfaktor von atomarem Wasserstoff

Für das Wasserstoffatom ist im Grundzustand die Elektronendichte durch $\rho_{\mathrm{H}}(r) = |\Psi_{100}(r)|^2 = \mathrm{e}^{-2r/a_{\mathrm{B}}}/\pi a_{\mathrm{B}}^3$ gegeben. Hierbei ist a_{B} der Bohrsche Radius. Zeigen Sie, dass der atomare Formfaktor $f(\mathbf{q})$ durch

$$f(\mathbf{q}) = \frac{1}{\left[1 + \left(\frac{q a_{\mathrm{B}}}{2}\right)^2\right]^2}$$

gegeben ist, wobei $\mathbf{q} = \Delta\mathbf{k} = \mathbf{k}' - \mathbf{k} = \mathbf{G}$ der Streuvektor ist.

Lösung

Der Atomformfaktor ist definiert als die Fourier-Transformierte der Elektronendichte $\rho_{\mathrm{H}}(\mathbf{r})$:

$$f(\mathbf{q}) = \int d^3r\, \rho_{\mathrm{H}}(\mathbf{r})\, \mathrm{e}^{-\imath\mathbf{q}\cdot\mathbf{r}}\,. \tag{A2.13.1}$$

Da $\rho_{\mathrm{H}}(\mathbf{r})$ sphärisch symmetrisch ist, empfiehlt sich die Verwendung von sphärischen Polarkoordinaten. Mit $d^3r = r^2 dr \sin\vartheta d\vartheta d\varphi$ erhalten wir

$$\begin{aligned} f(\mathbf{q}) &= \int_0^\infty dr\, r^2 \int_0^\pi d\vartheta \sin\vartheta \int_0^{2\pi} d\varphi\, \rho_{\mathrm{H}}(\mathbf{r})\, \mathrm{e}^{\imath qr\cos\vartheta} \\ &\overset{x=\cos\vartheta}{\widehat{=}} \int_0^\infty dr\, r^2 \int_{-1}^{+1} dx \int_0^{2\pi} d\varphi\, \rho_{\mathrm{H}}(\mathbf{r})\, \mathrm{e}^{\imath qrx} . \end{aligned} \tag{A2.13.2}$$

Die φ-Integration ergibt trivialerweise 2π und das Integral über $x = \cos\vartheta$ können wir wie folgt auswerten:

$$\int_{-1}^{+1} dx\, \mathrm{e}^{\imath qrx} = \left.\frac{\mathrm{e}^{\imath qrx}}{\imath qr}\right|_{-1}^{+1} = 2\,\frac{\mathrm{e}^{\imath qr} - \mathrm{e}^{-\imath qr}}{2\imath\, qr} = 2\,\frac{\sin qr}{qr} . \tag{A2.13.3}$$

Das Resultat für $f(\mathbf{q})$ lautet somit

$$f(\mathbf{q}) = 4\pi \int_0^\infty dr\, r^2\, \frac{\sin qr}{qr}\, \rho_{\mathrm{H}}(r) . \tag{A2.13.4}$$

Nach Einsetzen der Elektronendichte des Wasserstoffatoms, $\rho_{\mathrm{H}}(r)$, erhalten wir

$$\begin{aligned} f(\mathbf{q}) &= \frac{4}{q a_{\mathrm{B}}^3} \int_0^\infty dr\, r\, \mathrm{e}^{-\frac{2r}{a_{\mathrm{B}}}} \sin qr \\ &\overset{\xi=qr}{\widehat{=}} \frac{4}{(q a_{\mathrm{B}})^3} \int_0^\infty d\xi\, \xi\, \sin\xi\, \mathrm{e}^{-\frac{2\xi}{q a_{\mathrm{B}}}} . \end{aligned} \tag{A2.13.5}$$

Dieses Integral ist tabelliert (vgl. z. B. Bronstein-Semendjajew):

$$\begin{aligned} \int dx\, x \sin bx\, \mathrm{e}^{-ax} = &- \left(\frac{bx}{a^2+b^2} + \frac{2ab}{(a^2+b^2)^2} \right) \mathrm{e}^{-ax} \cos bx \\ &- \left(\frac{ax}{a^2+b^2} + \frac{a^2-b^2}{(a^2+b^2)^2} \right) \mathrm{e}^{-ax} \sin bx . \end{aligned}$$

An der oberen Grenze ($x \to \infty$) verschwinden die Terme $\propto \mathrm{e}^{-ax}$. An der unteren Grenze ($x = 0$) überlebt nur der zweite Term in der ersten runden Klammer. Wir erhalten also

$$\int dx\, x \sin bx\, \mathrm{e}^{-ax} = \frac{2ab}{(a^2+b^2)^2} .$$

Mit Hilfe von Gleichung (A2.13.5) können wir $a = 2/q a_{\mathrm{B}}$ identifizieren und wir erhalten als Endresultat für den atomaren Formfaktor

$$f(\mathbf{q}) = \frac{16}{\left[4 + (q a_{\mathrm{B}})^2\right]^2} = \frac{1}{\left[1 + \left(\frac{q a_{\mathrm{B}}}{2}\right)^2\right]^2} . \tag{A2.13.6}$$

Für $\mathbf{q} = 0$ wird $f(\mathbf{q})$ maximal ($f(\mathbf{q}) = 1$) und für $qa_B \gg 1$ ist $f(\mathbf{q}) \propto \frac{1}{q^4}$. Für die Streuung in Vorwärtsrichtung ($\mathbf{q} \to 0$)) ergibt sich $\sin qr/qr \approx 1$ und die Integration von Gleichung (A2.13.4) somit $f(\mathbf{q}) = Z$. Wir erhalten hier das bekannte Ergebnis $f = Z$, wobei Z die Atomladungszahl ist.

Man beachte, dass im Falle der Streuung an einem einzelnen Atom alle Streuvektoren $\mathbf{q}$ erlaubt sind. Im Gegensatz dazu erhalten wir im Kristall, wo die von Laue-Bedingung $\mathbf{q} = \Delta\mathbf{k} = \mathbf{G}$ gilt, nur Streureflexe für ganz bestimmte Streuvektoren

$$|\Delta\mathbf{k}| = 2k \sin\theta = \frac{4\pi}{\lambda}, \qquad \text{(A2.13.7)}$$

wobei θ der Glanzwinkel ist (siehe Abb. 2.18).

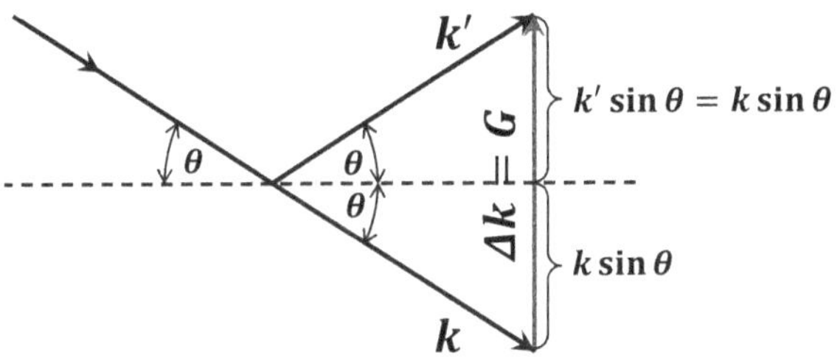

Abb. 2.18: Zur Ableitung der von Laue-Bedingung.

Mit der obigen Beziehung $\Delta k = 2k \sin\theta = (4\pi/\lambda)\sin\theta$ erhalten wir das Ergebnis $f(\Delta k) \propto 1/\sin^4\theta$. Dies ist das bekannte Ergebnis der Rutherford-Streuung. Man beachte hierbei, dass der Winkel θ bei unserer Diskussion nur der halbe Streuwinkel ist. Bei der Rutherford-Streuung wird aber der volle Streuwinkel verwendet, weshalb dort im Ausdruck für den Streuquerschnitt $1/\sin^4(\theta/2)$ auftritt.

A2.14 Formfaktor von Fullerenen

Die Moleküle der Zusammensetzung C_{60} bezeichnen wir als Fullerene. Durch Einbringen von anderen Atomen D in den Käfig der Kohlenstoffatome erhalten wir Moleküle der Form D_xC_{60}. Da die Form der C_{60}-Moleküle derjenigen eines Fußballs ähnlich ist, werden sie auch als Fußballmoleküle bezeichnet (siehe Abb. 2.19).

Mit diesen Fußballmolekülen können wir einen Festkörper aufbauen, z. B. einen fcc-Kristall. Interessanterweise wurde in einem aus D_xC_{60} Molekülen aufgebauten Festkörper zum ers-

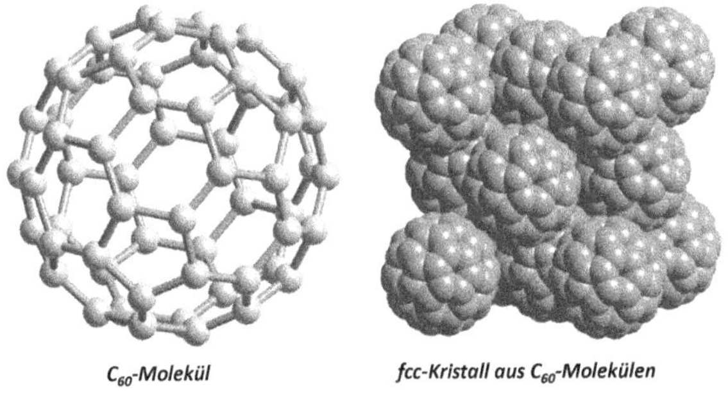

Abb. 2.19: C_{60}-Molekül und fcc-Kristall aus C_{60}-Molekülen.

ten Mal in einer organischen Verbindung Supraleitung gefunden, was einen beträchtlichen Boom in der Forschung an dieser Stoffgruppe ausgelöst hat. Der Festkörper besitzt eine fcc-Struktur mit einem Gitterabstand $a = 14.11$ Å. In röntgendiffraktometrischen Messungen zeigte sich, dass der (200) Reflex sehr schwach ist. Zur Analyse wollen wir annehmen, dass die Ladung auf der Oberfläche des Fußballs verteilt ist, wobei der Radius des Fußballs $R = 3.5$ Å beträgt. Berechnen Sie mit diesen Angaben den Formfaktor des C_{60}-Moleküls. Wie sieht die Intensität des (111) Reflexes aus?

Starthinweis: Die Ladungsverteilung auf dem Molekül können wir näherungsweise mit der Delta-Funktion $q(r) = q_0\,\delta(r-R)$ beschreiben. Den Faktor q_0 können wir ausrechnen, wenn wir berücksichtigen, dass jedes Kohlenstoffatom 6 Elektronen in der Hülle, also 6 Elementarladungen besitzt.

Lösung

Die Ladungsverteilung des C_{60}-Moleküls ist durch $q(\mathbf{r}) = q_0\delta(r-R)$ gegeben, wobei $R = 3.5$ Å und $r = |\mathbf{r}|$. Als erstes Ziel bestimmen wir die unbekannte Flächenladungsdichte q_0 aus der Bedingung, dass das C-Atom 6 Elektronen und somit das C_{60}-Molekül eine Gesamtladung $Q = 60 \cdot 6e = 360e$ aufweist. Wir können somit schreiben

$$\begin{aligned} Q = 360e &= \int d^3r\, q(\mathbf{r}) \\ &= q_0 \int_0^\infty dr r^2 \underbrace{\int_{-1}^{+1} d\cos\vartheta}_{=2} \underbrace{\int_0^{2\pi} d\varphi}_{=2\pi}\, \delta(r-R) = 4\pi R^2 q_0\,. \end{aligned} \tag{A2.14.1}$$

Daraus ergibt sich

$$q_0 = \frac{360e}{4\pi R^2}\,. \tag{A2.14.2}$$

Als zweites Ziel berechnen wir nun den Formfaktor (vgl. Aufgabe A2.13). Es gilt

$$\begin{aligned} f(\mathbf{q}) &= \int d^3r\, \rho(\mathbf{r})\, e^{-\imath\mathbf{q}\cdot\mathbf{r}} = \frac{1}{e}\int d^3r\, q(\mathbf{r})\, e^{-\imath\mathbf{q}\cdot\mathbf{r}} \\ &= \frac{1}{e}\int_0^\infty dr r^2 q(\mathbf{r}) \int_{-1}^{+1} dx \int_0^{2\pi} d\varphi\, e^{-\imath qrx}\,. \end{aligned} \tag{A2.14.3}$$

Wie in Aufgabe A2.13 gilt

$$\int_{-1}^{+1} dx\, e^{-\imath qrx} = 2\,\frac{\sin qr}{qr}$$

und wir erhalten

$$f(\mathbf{q}) = \frac{4\pi}{e}\int_0^\infty dr\, r^2\, \frac{\sin qr}{qr}\, \frac{360\,e}{4\pi R^2}\,\delta(r-R) = 360\,\frac{\sin qR}{qR}\,. \tag{A2.14.4}$$

Der Wellenvektor $\mathbf{q} = \Delta\mathbf{k}$ ist hier wieder mit dem Streuvektor $\Delta\mathbf{k} = \mathbf{G}$ zu identifizieren. Im Gegensatz zum Formfaktor für das Wasserstoffatom finden wir für das C_{60}-Molekül eine oszillierende Funktion, wobei die Amplitude für größere Streuvektoren $\Delta\mathbf{k}$ abnimmt.

Wir betrachten jetzt den (200) Beugungsreflex. Für diesen gilt $\Delta k = G = 2 \cdot \frac{2\pi}{a} = \frac{4\pi}{14.11}\,\text{Å}^{-1}$. Der Strukturfaktor $S_{hk\ell}$ für das von den C_{60}-Molekülen gebildete fcc-Gitter,

$$S_{hk\ell} = f\left[1 + \mathrm{e}^{-\imath\pi(k+\ell)} + \mathrm{e}^{-\imath\pi(h+\ell)} + \mathrm{e}^{-\imath\pi(h+k)}\right],$$

ist $4f$, falls die Millerschen Indizes h, k, ℓ alle gerade oder alle ungerade sind. Wir erhalten somit für den (200) Beugungsreflex den Strukturfaktor

$$S_{200} = 4f = 4 \cdot 360 \frac{\sin\left(\frac{4\pi}{a}R\right)}{\frac{4\pi}{a}R} = 1440 \frac{\sin\left(\frac{4\pi}{14.11}3.5\right)}{\frac{4\pi}{14.11}3.5} = 11.16\,. \qquad \text{(A2.14.5)}$$

Dieser Wert ist in der Tat sehr klein und resultiert aus dem oszillierenden Atomformfaktor, der für den betreffenden Wert $GR = 3.117$ sehr klein ist, da $GR \simeq \pi$. Vergleichen wir dies mit dem (111) Reflex, so ist hier $G = \sqrt{3}\,\frac{2\pi}{a} = \sqrt{3}\,\frac{2\pi}{14.11}\,\text{Å}^{-1}$ und damit $\sin(GR) = 0.428$. Da für h, k, ℓ ungerade der Strukturfaktor des fcc-Gitters ebenfalls $4f$ beträgt, erhalten wir $S_{111} = 229$. Der Strukturfaktor und damit die Streuamplitude ist also für diesen Reflex um etwa den Faktor 20 größer.

Für den Strukturfaktor des Wasserstoffatoms haben wir $f \propto 1/\Delta k^4$ erhalten. Im Gegensatz dazu ergibt sich für das C_{60}-Molekül $f \propto \sin\Delta k/\Delta k$, also eine oszillierende Funktion. Woran liegt das? Die Antwort lautet: an der radialen Form der Ladungsverteilung. Beim C_{60}-Molekül hat die von uns angenommene Ladungsverteilung einen scharfen Rand. Dieser scharfe Rand führt zu der oszillierenden Form der Fourier-Transformierten. Dies ist analog zur Beugung an der Lochblende. Deren Durchlassfunktion besitzt auch einen scharfen Rand und wir erhalten als Beugungsmuster ebenfalls eine oszillierende Funktion. Die Ladungsverteilung des Wasserstoffatoms hat dagegen aufgrund der e-Funktion einen weichen Rand. Für die Fourier-Transformierte erhalten wir eine Funktion ohne Oszillation. Weiteres Beispiel: die Fourier-Transformierte einer Gauß-Funktion (weicher Rand) ist wiederum eine Gauß-Funktion (also keine oszillierende Funktion).

3 Bindungskräfte in Festkörpern

A3.1 Bindungstypen

Obwohl wir zwischen verschiedenen Bindungstypen unterscheiden, treten diese in Festkörpern üblicherweise nicht in reiner Form auf. Diskutieren Sie, welche Bindungstypen in folgenden Festkörpern relevant sind und welcher Bindungstyp dominiert: Krypton, Kochsalz (NaCl), Natrium, Graphit, Diamant, Argon, Galliumarsenid (GaAs), Zinkoxid (ZnO), Quarz (SiO_2), Ammoniak (NH_3), Tetrafluormethan (CF_4).

Lösung

Krypton und Argon liegen in einer Edelgaskonfiguration vor, für die die ionische, kovalente und metallische Bindung verschwindend klein ist. Eine schwache Bindung kommt nur durch die Van der Waals-Bindung (induzierte Dipol-Dipol-Wechselwirkung) zustande. Da die Bindungsenergie gering ist, ist die Schmelztemperatur (Krypton: 115.79 K, Argon: 83.80 K) von Edelgas-Kristallen sehr niedrig.

In Kochsalz (NaCl) und Zinkoxid (ZnO) dominiert die ionische Bindung, da die beiden Bindungspartner durch Abgabe bzw. Aufnahme von Elektronen leicht in ein Ion mit Edelgaskonfiguration übergehen können (Na^+Cl^-, $Zn^{2+}O^{2-}$). In diesem Fall müssen wir wenig Energie aufwenden, um Na bzw. Zn ein bzw. zwei Elektronen wegzunehmen (geringe Ionisationsenergie I). Die Elektronen gehen auf den Bindungspartner über, der eine große Elektronenaffinität A besitzt, da er durch die Aufnahme der vom Bindungspartner abgegebenen Elektronen gerade in eine Edelgaskonfiguration übergehen kann. Die ionische Bindung ist nicht gerichtet und bevorzugt eine Kristallstruktur, die die Stärke der Coulomb-Wechselwirkung maximiert (Madelung-Konstante). Es werden deshalb dicht gepackte Gitter wie das hcp- und fcc-Gitter bevorzugt. Die ionische Bindung ist stark und führt zu hohen Schmelztemperaturen (NaCl: 1073 K, ZnO: 2247 K). Die ionische Bindung ist aber meist nicht vollkommen ionisch, sondern besitzt immer einen endlichen kovalenten Anteil, der z. B. bei ZnO größer als bei NaCl ist.

In GaAs, Graphit, Diamant, Ammoniak (NH_3), Quarz (SiO_2) und Tetrafluormethan (CF_4) dominiert die kovalente Bindung. Die beteiligten Atome haben meist nicht vollständig gefüllte p-Schalen. Durch Hybridisierung mit den s-Elektronen bilden sich häufig sp, sp^2 oder sp^3-Hybridorbitale aus, die zu stark gerichteten Bindungen führen und die ausgebildete Kristallstruktur bestimmen (z. B. führt das Vorliegen von sp^3- oder sp^2-Hybridorbitalen in Kohlenstoff zur Diamantstruktur oder Graphitstruktur). Die kovalente Bindung ist stark und führt zu hohen Schmelztemperaturen (Diamant: 3820 K, GaAs: 1511 K, SiO_2: 1985 K, Graphit sublimiert bei 4197 K). Sie enthält häufig auch einen endlichen ionischen Anteil. In Molekülen wie NH_3 oder CF_4 gehen die Hybridorbitale des N- oder C-Atoms starke ko-

https://doi.org/10.1515/9783110782530-003

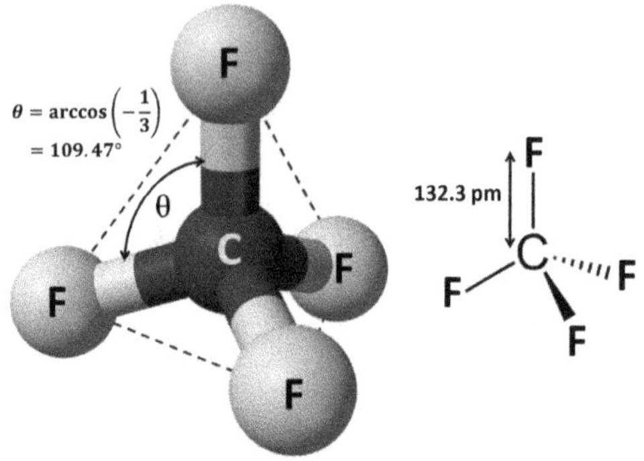

Abb. 3.1: Das CF_4-Molekül mit seiner charakteristischen Tetraederform.

valente Bindungen mit den H- oder F-Atomen ein. Die Form der Hybridorbitale bestimmt dabei die Form des Moleküls. Sehr bekannt ist die Tetraederform von CF_4-Molekülen (siehe Abb. 3.1), die durch die sp^3-Hybridorbitale des Kohlenstoffs bedingt ist. Die Bindungen sind bei CF_4 allerdings nicht rein kovalent, sondern haben einen endlichen ionischen Anteil. So besitzt in CF_4 das Kohlenstoff eine positive Partialladung von $0.76\,e$. Die Bindung zwischen den CF_4-Molekülen ist allerdings sehr schwach. So besitzt ein CF_4-Molekülkristall eine Schmelztemperatur von nur 90 K.

In Natrium dominiert die metallische Bindung. Da Natrium nur ein Valenzelektron in der äußersten, nicht vollständig gefüllten Schale besitzt, wird dieses gern ganz ans Gitter abgegeben. Durch die Delokalisierung des Valenzelektrons wird die kinetische Energie der Elektronen abgesenkt, was zu einer endlichen Bindungsenergie führt. Die metallische Bindung dominiert generell immer dann, wenn nur schwach gebundene Valenzelektronen vorliegen, die leicht vom Atom abgetrennt werden können. Die metallische Bindung ist nicht gerichtet und bevorzugt meist dicht gepackte Kristallstrukturen (bcc-, fcc- oder hcp-Gitter). Natrium ist kubisch raumzentriert und besitzt eine Schmelztemperatur von 370.87 K. Es gibt aber auch Metalle mit wesentlich höheren Schmelztemperaturen (z. B. Wolfram: 3694 K). Generell bezeichnet man Metalle als hochschmelzend, deren Schmelzpunkt über 2000 K bzw. über dem Schmelzpunkt von Platin (2045 K) liegt. Dazu gehören die Edelmetalle Ruthenium, Rhodium, Osmium und Iridium und Metalle der Gruppen IVB (Zirkonium, Hafnium), VB (Vanadium, Niob, Tantal), VIB (Chrom, Molybdän, Wolfram) und VIIB (Technetium, Rhenium).

A3.2 Zweiatomige Moleküle

Wir betrachten ein zweiatomiges Argon-Molekül. Die Bindungsenergie als Funktion des Abstands R der Atome ist gegeben durch das Lennard-Jones-Potenzial

$$U(R) = 4\epsilon\left[\left(\frac{\sigma}{R}\right)^{12} - \left(\frac{\sigma}{R}\right)^{6}\right],$$

wobei $\epsilon = 1.67 \times 10^{-21}$ J und $\sigma = 0.34$ nm. Die Atommasse M von Ar beträgt 40 u mit 1 u = 1.66×10^{-27} kg.

(a) Bestimmen Sie den Gleichgewichtsabstand R_0 in Abhängigkeit von den Parametern σ und ϵ.
(b) Berechnen Sie die Schwingungsfrequenz des zweiatomigen Argon-Moleküls in harmonischer Näherung.
(c) Diskutieren Sie die Kraft $F(R) = -\partial U/\partial R$. In welchem Abstand $R > R_0$ ist die Kraft maximal?

Lösung

Wir werden die Aufgabe lösen, indem wir den Ausdruck für das Paarwechselwirkungspotenzial $U(R)$ der Van der Waals Wechselwirkung zwischen den beiden Ar-Atomen um die Gleichgewichtslage R_0 in eine Taylor-Reihe entwickeln. Den erhaltenen Ausdruck vergleichen wir dann mit der Energie eines harmonischen Oszillators bzw. mit der einer ausgelenkten Feder nach dem Hooke'schen Gesetz. Brechen wir die Taylor-Entwicklung nach dem in der Auslenkung quadratischen Term ab, so erhalten wir die harmonische Näherung. Diese Näherung ist immer dann gut, wenn wir nur kleine Auslenkungen aus der Ruhelage betrachten. Für größere Auslenkungen müssen wir anharmonische Effekte berücksichtigen.

(a) Die allgemeine Form des Wechselwirkungspotenzials lautet

$$U(R) = 4\epsilon\left[\left(\frac{\sigma}{R}\right)^{12} - \left(\frac{\sigma}{R}\right)^{6}\right] . \tag{A3.2.1}$$

Zur Erinnerung wiederholen wir hier nochmals die Berechnung des Gleichgewichtsabstands R_0. Aus der Bedingung

$$\left.\frac{\partial U(R)}{R}\right|_{R=R_0} = 0 = 4\epsilon\left[-\frac{12}{R_0}\left(\frac{\sigma}{R_0}\right)^{12} + \frac{6}{R_0}\left(\frac{\sigma}{R_0}\right)^{6}\right] \tag{A3.2.2}$$

folgt

$$R_0 = 2^{1/6}\sigma \quad \leftrightarrow \quad \left(\frac{\sigma}{R_0}\right)^{6} = \frac{1}{2} \quad \leftrightarrow \quad \left(\frac{\sigma}{R_0}\right)^{12} = \frac{1}{4} \tag{A3.2.3}$$

Mit $\epsilon = 1.67 \times 10^{-21}$ J ergibt sich $R_0 \simeq 0.38$ nm.

(b) Wir wollen nun Schwingungen der Ar-Atome des Ar-Moleküls um ihre Ruhelage betrachten. Hierzu setzen wir

$$R = R_0 + \delta R \tag{A3.2.4}$$

und führen eine Taylor-Entwicklung von $U(R)$ um die Gleichgewichtslage $R = R_0$ durch:

$$\begin{aligned} U(R) &= \underbrace{U(R_0)}_{=U_0} + \underbrace{\frac{1}{1!}\left.\frac{\partial U(R)}{\partial R}\right|_{R=R_0}\delta R}_{=0} + \underbrace{\frac{1}{2!}\left.\frac{\partial^2 U(R)}{\partial R^2}\right|_{R=R_0}}_{\equiv k}(\delta R)^2 + \ldots \\ &= U_0 + \frac{1}{2}k(\delta R)^2 + \ldots . \end{aligned} \tag{A3.2.5}$$

Hier können wir die Größe $k = \mu\omega^2$ als Federkonstante der Molekülschwingung auffassen, wobei μ die reduzierte Masse

$$\mu = \frac{M_1 M_2}{(M_1 + M_2)} = \frac{1}{2}M \tag{A3.2.6}$$

ist. Die Berechnung von k ist einfach:

$$\begin{aligned}
\frac{\partial U(R)}{\partial R} &= 4\epsilon\left[-12\frac{\sigma^{12}}{R^{13}} + 6\frac{\sigma^6}{R^7}\right] \\
\frac{\partial^2 U(R)}{\partial R^2} &= 4\epsilon\left[12\cdot 13\frac{\sigma^{12}}{R^{14}} - 6\cdot 7\frac{\sigma^6}{R^8}\right] = \frac{4\epsilon}{R^2}\left[12\cdot 13\left(\frac{\sigma}{R}\right)^{12} - 6\cdot 7\left(\frac{\sigma}{R}\right)^6\right] \\
k = \left.\frac{\partial^2 U(R)}{\partial R^2}\right|_{R=R_0} &= \frac{4\epsilon}{R_0^2}\left[\frac{12\cdot 13}{4} - \frac{6\cdot 7}{2}\right] = \frac{72\epsilon}{R_0^2} \\
&= \frac{72}{2^{1/3}}\frac{\epsilon}{\sigma^2} = 57.146\ldots\cdot\frac{\epsilon}{\sigma^2}\,.
\end{aligned} \tag{A3.2.7}$$

Mit $k = \mu\omega^2$ erhalten wir für die Schwingungsfrequenz ω:

$$\omega^2 = \frac{k}{\mu} = \frac{2k}{M} = \frac{2\cdot 72\epsilon}{MR_0^2} = \frac{144}{2^{1/3}}\frac{\epsilon}{M\sigma^2} = 114.292\ldots\cdot\frac{\epsilon}{M\sigma^2}\,. \tag{A3.2.8}$$

Setzen wir die angegebenen Zahlenwerte ein, so erhalten wir

$$\begin{aligned}
\omega^2 &= 114.292\frac{1.67\times 10^{-21}\,\mathrm{J}}{6.64\times 10^{-26}\,\mathrm{kg}\cdot(0.34)^2\times 10^{-18}\,\mathrm{m}^2} \\
&\simeq 2.486\times 10^{25}\,\frac{1}{\mathrm{s}^2}\,.
\end{aligned} \tag{A3.2.9}$$

Für ω erhalten wir also $\omega \simeq 4.986\times 10^{12}\,\mathrm{s}^{-1}$, d. h. eine Schwingungsfrequenz im THz-Bereich, und eine Schwingungsperiode $T = \frac{2\pi}{\omega} \simeq 1.26\,\mathrm{ps}$.

(c) Um den Abstand $R_{\max}$ zu bestimmen, bei dem die Kraft $F(R) = -\partial U/\partial R$ für $R > R_0$ maximal wird, setzen wir $\partial^2 U(R)/\partial R^2 = 0$. Wir erhalten

$$\frac{\partial^2 U(R)}{\partial R^2} = 0 = \frac{4\epsilon}{R^2}\left[12\cdot 13\left(\frac{\sigma}{R}\right)^{12} - 6\cdot 7\left(\frac{\sigma}{R}\right)^6\right]. \tag{A3.2.10}$$

Auflösen nach R ergibt

$$R_{\max} = \left(\frac{26}{7}\right)^{1/6}\cdot\sigma = 1.2444\ldots\cdot\sigma \simeq 0.42\,\mathrm{nm}\,. \tag{A3.2.11}$$

Die Rückstellkraft verschwindet im Potenzialminimum bei $R_0 = 1.1224\,\sigma$ und steigt dann mit zunehmendem R an, bis sie bei $R_{\max} = 1.2444\,\sigma$ den maximalen Wert erreicht (siehe Abb. 3.2). Danach nimmt die Steigung von $U(R)$ und damit die Rückstellkraft $F(R) = -\partial U/\partial R$ wieder ab, da der Potenzialverlauf abflacht.

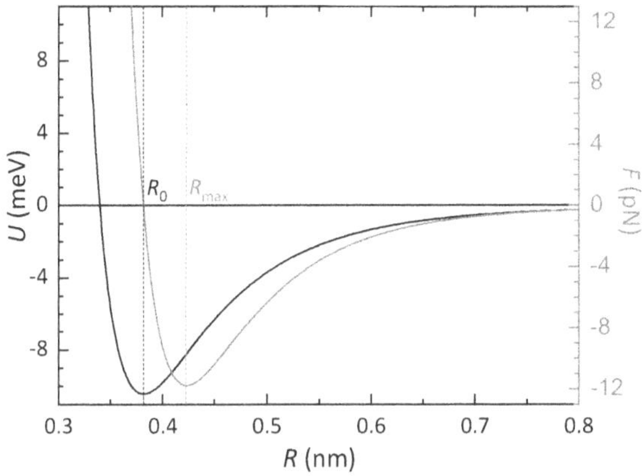

Abb. 3.2: Bindungsenergie U und Kraft F als Funktion des Abstands R für ein zweiatomiges Argon-Molekül.

A3.3 Bindungsenergien eines Neonkristalls mit bcc-, hcp- und fcc-Struktur

Berechnen Sie das Verhältnis der Bindungsenergien von Neonkristallen mit einer bcc-, hcp- und fcc-Struktur mit Hilfe des Lennard-Jones-Potenzials. Die Gittersummen sind mit $\alpha_{ij} = r_{ij}/R$ für das bcc-Gitter durch

$$A_{12} = \sum_{j,j\neq i} \alpha_{ij}^{-12} = 9.114; \qquad A_6 = \sum_{j,j\neq i} \alpha_{ij}^{-6} = 12.253\,,$$

für das hcp-Gitter durch

$$A_{12} = \sum_{j,j\neq i} \alpha_{ij}^{-12} = 12.1323; \qquad A_6 = \sum_{j,j\neq i} \alpha_{ij}^{-6} = 14.4549\,,$$

und für das fcc-Gitter durch

$$A_{12} = \sum_{j,j\neq i} \alpha_{ij}^{-12} = 12.1319; \qquad A_6 = \sum_{j,j\neq i} \alpha_{ij}^{-6} = 14.4539$$

gegeben. Welche Struktur erwartet man theoretisch für den Neonkristall? Experimentell stellt man fest, dass Neon in der fcc-Struktur kristallisiert und einen Gleichgewichtsabstand von $R_0 = 1.14\sigma$ besitzt. Vergleichen Sie dieses Ergebnis mit der theoretischen Vorhersage und diskutieren Sie eventuelle Abweichungen zwischen Theorie und Experiment. (Angaben zu Neon: $\sigma = 2.74\,\text{Å}$, $B(R_0) = 18.1 \times 10^8\,\text{N/m}^2$, $M = 3.35 \times 10^{-26}\,\text{kg}$)

Lösung

Zur Bestimmung der Bindungsenergie gehen wir von der empirischen Form des Lennard-Jones-Potenzials für die Paarwechselwirkung zweier Atome aus

$$U(R) = 4\epsilon\left[\left(\frac{\sigma}{R}\right)^{12} - \left(\frac{\sigma}{R}\right)^{6}\right]. \tag{A3.3.1}$$

Um die Bindungsenergie für den Kristall zu erhalten, müssen wir (unter Vernachlässigung der kinetischen Energie) über alle Atompaare im Kristall aufsummieren. Für N Atome

($N/2$ Paare) ergibt sich

$$U_{\text{tot}}(R) = \frac{N}{2} 4\epsilon \left[A_{12} \left(\frac{\sigma}{R} \right)^{12} - A_6 \left(\frac{\sigma}{R} \right)^{6} \right], \tag{A3.3.2}$$

wobei

$$A_k = \sum_{j,i \neq j} \frac{1}{\alpha_{ij}^k} \tag{A3.3.3}$$

mit $k = 6, 12$ die angegebenen Gittersummen sind.

Im Gleichgewichtszustand muss natürlich gelten, dass $\frac{\partial U_{\text{tot}}}{\partial R} = 0$, also

$$\left. \frac{\partial U_{\text{tot}}}{\partial R} \right|_{R=R_0} = 0 = -2N\epsilon \left[12 \cdot A_{12} \left(\frac{\sigma^{12}}{R_0^{13}} \right) - 6 \cdot A_6 \left(\frac{\sigma^6}{R_0^7} \right) \right]. \tag{A3.3.4}$$

Hieraus folgt der Gleichgewichtsatomabstand

$$R_0 = \left(2 \frac{A_{12}}{A_6} \right)^{1/6} \cdot \sigma \tag{A3.3.5}$$

und die Bindungsenergie

$$U_{\text{tot}}(R_0) = -\frac{1}{2} N\epsilon \frac{A_6^2}{A_{12}}. \tag{A3.3.6}$$

Setzen wir die Werte für die Gittersummen ein, so erhalten wir die Gleichgewichtsabstände

$$R_0 = \sigma \cdot \begin{cases} 1.06843826 & \text{bcc-Struktur} \\ 1.09017352 & \text{fcc-Struktur} \\ 1.09016694 & \text{hcp-Struktur} \end{cases} \tag{A3.3.7}$$

und die Energien

$$U_{\text{tot}}(R_0) = -N\epsilon \begin{cases} 8.23656 & \text{bcc-Struktur} \\ 8.61016 & \text{fcc-Struktur} \\ 8.61107 & \text{hcp-Struktur} \end{cases}. \tag{A3.3.8}$$

Betrachten wir die Verhältnisse der drei Energien, so erhalten wir hcp : fcc : bcc = 1 : 0.99989 : 0.95660. Theoretisch sollte also die hcp-Struktur am stabilsten sein, wobei die Unterschiede zwischen hcp und fcc sehr klein sind. Die bcc-Struktur hat die kleinste Bindungsenergie, weshalb Edelgaskristalle nicht in dieser Struktur vorkommen sollten.

Im Experiment beobachtet man für die Edelgase fcc-Strukturen, obwohl die hcp-Struktur etwas stabiler sein sollte. Ferner beobachtet man einen größeren Gleichgewichtsabstand ($R_0 = 1.14\sigma$ für Neon), als den theoretisch erwarteten Wert von $R_0 = 1.09\sigma$. Die Ursache dafür sind Nullpunktsschwingungen der Atome. Nähern wir das Lennard-Jones-Potenzial in der Nähe von $R = R_0$ durch ein harmonisches Potenzial an, so ist die quantenmechanische Grundzustandsenergie für dieses Potenzial

$$E_0 = \frac{1}{2}\hbar\omega \,. \tag{A3.3.9}$$

Klassisch gilt für den harmonischen Oszillator

$$E_{\mathrm{tot}} = E_{\mathrm{kin}} + E_{\mathrm{pot}} \,. \tag{A3.3.10}$$

Für die maximale Auslenkung ist $E_{\mathrm{kin}} = 0$ und $E_{\mathrm{pot}}(x_{\max}) = \frac{1}{2}kx_{\max}^2$. Hierbei ist k die Kraftkonstante, die über $k = M\omega^2$ mit der Atommasse M und der Schwingungsfrequenz ω zusammenhängt. Setzen wir $\frac{1}{2}kx_{\max}^2$ gleich der Grundzustandsenergie des harmonischen Oszillators, so erhalten wir

$$x_{\max}^2 = \frac{\hbar}{M\omega} = \frac{\hbar}{\sqrt{Mk}} \,. \tag{A3.3.11}$$

Nähern wir das Paarwechselwirkungspotenzial durch ein harmonisches Potenzial an, so ist

$$k = \frac{1}{N}\left.\frac{\partial^2 U(R)}{\partial R^2}\right|_{R=R_0} = \left.\frac{\partial^2 u(R)}{\partial R^2}\right|_{R=R_0} \,. \tag{A3.3.12}$$

Das Kompressionsmodul für das fcc-Gitter hat die Form (vgl. R. Gross und A. Marx, *Festkörperphysik*, 4. Auflage, Walter de Gruyter GmbH (2023), Abschnitt 3.2.4.1)

$$B = \frac{\sqrt{2}}{9}\,\frac{1}{R}\left.\frac{\partial^2 u(R)}{\partial R^2}\right|_{R=R_0} \,. \tag{A3.3.13}$$

Mit $R_0 = 1.09\sigma$ können wir für Neon mit $\sigma = 2.74$ Å und $B(R_0) = 18.1 \times 10^8\,\mathrm{N/m^2}$ die Kraftkonstante für Neon zu

$$k = \frac{9}{\sqrt{2}}\,1.09\sigma\,B(R_0) = 3.44\,\mathrm{N/m} \tag{A3.3.14}$$

abschätzen. Mit der Atomasse $M = 3.35 \times 10^{-26}$ kg von Neon erhalten wir damit

$$x_{\max}^2 = \frac{\hbar}{\sqrt{Mk}} = \frac{1.05459 \times 10^{-34}\,\mathrm{kg\,m^2/s}}{\sqrt{3.35 \times 10^{-26}\,\mathrm{kg} \cdot 3.44\,\frac{\mathrm{kg\,m}}{\mathrm{s^2}}\,\frac{1}{\mathrm{m}}}} = 3.1065\ldots 10^{-22}\,\mathrm{m^2} \tag{A3.3.15}$$

und somit $x_{\max} = 0.176$ Å. Nehmen wir an, dass der Abstand zweier Neonatome etwa dem zweifachen Atomradius von Neon (0.71 Å) entspricht, so sehen wir, dass $x_{\max}$ mehr als 10 % des Atomabstandes entspricht und damit einen beträchtlichen Einfluss hat.

Die Nullpunktsschwingungen erklären zwar, dass der Gleichgewichtsabstand größer als erwartet ist, die mit den Nullpunktsschwingungen verbundene Energie ist allerdings für eine fcc- und hcp-Struktur nahezu identisch. Das heißt, die Nullpunktsschwingungen können nicht als Erklärung für die Tatsache, dass Edelgaskristalle in einer fcc-Struktur kristallisieren, verwendet werden. Dies ist ein bis weit in die 1960er Jahre zurückreichendes Kristallstruktur-Paradoxon. Tatsächlich wurde erst kürzlich durch quantenmechanische Berechnungen von Edelgas-Trimeren unter Berücksichtigung von Dreikörper-Kräften gezeigt, dass damit die fcc-Struktur um 0.01 % energetisch stabiler ist als die hcp-Struktur.

A3.4 Ionenkristall aus identischen Atomen

Stellen Sie sich einen Kristall vor, der für seine Bindung die Coulomb-Anziehung zwischen dem negativen und positiven Ion des gleichen Atoms oder Moleküls R ausnutzt. Bei einigen organischen Molekülen tritt dies in der Tat auf, man findet aber keine Ionenkristalle R^+R^-, wenn R ein einzelnes Atom ist.

(a) Berechnen Sie die Bindungsenergie eines fiktiven Na^+Na^--Ionenkristalls, indem Sie annehmen, dass der Atomabstand in diesem Kristall demjenigen in metallischem Na ($R = 3.72$ Å) entspricht. Vergleichen Sie die erhaltene Bindungsenergie mit derjenigen von metallischem Natrium ($E_B = -1.13$ eV pro Atom).
(b) Vergleichen Sie die Stabilität des Na^+Na^--Ionenkristalls mit derjenigen eines Na^+Cl^--Ionenkristall, wobei beide Kristalle in der fcc-Struktur vorliegen sollen.

Zahlenwerte: Die Ionisationsenergie von Na beträgt $I = +5.14$ eV, die Elektronenaffinität etwa $A = -0.78$ eV für Na und -3.61 eV für Cl und die Madelung-Konstante der fcc-Struktur ist $\alpha = 1.747$. NaCl hat eine fcc-Struktur mit einer Gitterkonstanten von $a = 5.6402$ Å.

Lösung

(a) Bei der Bildung des Na^+Na^--Ionenkristalls müssen wir folgende chemischen Reaktionen betrachten:

(i) $Na + I \rightarrow Na^+ + e^-$
(ii) $Na + e^- \rightarrow Na^- + A$
(iii) $Na^+ + Na^- \rightarrow Na^+Na^- + E_{\mathrm{Mad}}$

Hierbei ist I die Ionisationsenergie und A die Elektronenaffinität von Natrium. Wir müssen jetzt noch die Madelung-Energie E_{mad} abschätzen. Sie ist pro Ionenpaar gegeben durch

$$\widetilde{U} = \frac{2}{N} U = -\alpha \frac{q^2}{4\pi\epsilon_0 R} + Z_{NN}\lambda e^{-R/\rho} \tag{A3.4.1}$$

gegeben. Vernachlässigen wir den abstoßenden Beitrag $Z_{NN}\lambda\, e^{-R/\rho}$ und setzen für R den Atomabstand in metallischem Na ($R = 3.72$ Å) ein, so erhalten wir mit $\epsilon_0 = 8.85 \times 10^{-12}$ As/Vm, $\alpha = 1.747$ und $q = 1.6 \times 10^{-19}$ As

$$\widetilde{U} = -1.08 \times 10^{-18}\,\mathrm{J} = -6.75\,\mathrm{eV}\,. \tag{A3.4.2}$$

Die Bindungsenergie folgt aus der Energiebilanz

$$E_B = E_{\mathrm{Mad}} + A + I = (-6.75 - 0.78 + 5.14)\,\mathrm{eV} = -2.39\,\mathrm{eV}\,. \tag{A3.4.3}$$

Diese Bindungsenergie bezieht sich auf ein Ionenpaar. Die Bindungsenergie pro Na-Atom beträgt nur die Hälfte, also etwa -1.2 eV. Das in der Wirklichkeit realisierte Na-Metall hat eine Bindungsenergie von -1.13 eV pro Na-Atom, also etwas weniger. Allerdings haben wir ja den abstoßenden Beitrag ($Z_{NN}\lambda\, e^{-R/\rho}$) in der potentiellen Energie des Ionenkristalls vernachlässigt, der durchaus etwa 10 % des attraktiven Beitrags ausmachen kann. Deshalb ist insgesamt die Bindungsenergie des fiktiven Ionenkristalls kleiner als diejenige des Na-Metalls.

(b) Vergleichen wir die Bindungsenergie des Na^+Na^--Ionenkristalls mit derjenigen eines Na^+Cl^--Ionenkristalls, so erhalten wir für Letzteren (bei gleicher Madelung-Energie) eine wesentlich höhere Bindungsenergie aufgrund der hohen Elektronenaffinität von Cl ($A = -3.61\,\mathrm{eV}$ für Cl im Vergleich zu $A = -0.78\,\mathrm{eV}$ für Na). Deshalb dominiert in NaCl die ionische Bindung und nicht die metallische wie in elementarem Natrium.

A3.5 Eindimensionaler Ionenkristall

Betrachten Sie eine Kette aus N Ionen ($N/2$ Ionenpaaren) mit der abwechselnden Ladung $\pm q$ und dem abstoßenden Potential A/R^n zwischen nächsten Nachbarn.

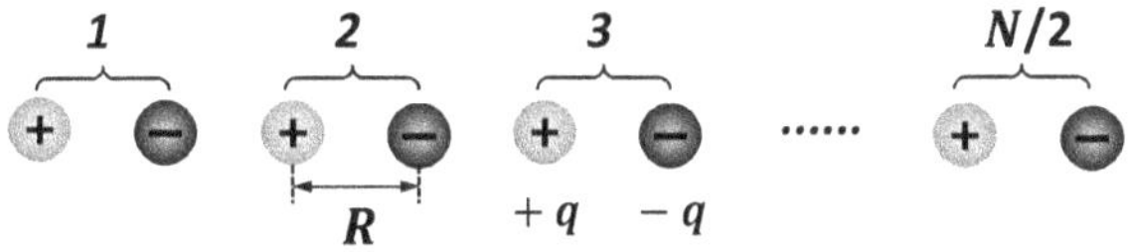

Abb. 3.3: Eindimensionaler Ionenkristall aus $N/2$ Ionenpaaren.

(a) Berechnen Sie zunächst die Madelung-Konstante für den unendlich ausgedehnten, eindimensionalen Ionenkristall.

(b) Zeigen Sie, dass für den Gleichgewichtsabstand des unendlich ausgedehnten Kristalls folgendes gilt

$$U(R_0) = -\ln 2 \frac{Nq^2}{4\pi\epsilon_0 R_0}\left(1 - \frac{1}{n}\right) . \qquad \text{(A3.5.1)}$$

(c) Betrachten Sie nun einen endlichen Kristall. Der Kristall soll zusammengedrückt werden, so dass $R_0 \to R_0 - \delta R$. Zeigen Sie, dass die Kompressionsarbeit pro Längeneinheit in erster Näherung durch den Term $2Nk(\delta R)^2/2$ bestimmt ist, wobei für die Kraftkonstante $k = (n-1)\alpha q^2/8\pi\epsilon_0 R_0^3$ gilt. Benutzen Sie hierzu den vollständigen Ausdruck für $U(R)$.

(d) Zeigen Sie, dass für NaCl der Exponent n gegeben ist durch

$$n = \frac{72\pi\epsilon_0 R_0^4 B}{\alpha e^2} .$$

Gehen Sie hierbei vom inversen Kompressionsmodul κ, dem Bulk-Modul B,

$$B = \frac{1}{\kappa} = V \left.\frac{\partial^2 U}{\partial V^2}\right|_{R=R_0}$$

aus. Berechnen Sie den Exponenten n für $B_{\mathrm{NaCl}} = 24 \times 10^9\,\mathrm{N/m^2}$, $\alpha = 1{,}75$ und $R_0 = 2{,}82\,\text{Å}$.

(e) Berechnen Sie mit den Ergebnissen der bisherigen Teilaufgaben die Bindungsenergie pro Ionenpaar $U(R_0)/(N/2)$ von NaCl. Vergleichen Sie die Bindungsenergie mit typischen Bindungsenergien einer van der Waals Bindung, einer metallischen Bindung und einer kovalenten Bindung.

Lösung

(a) Der Coulomb-Anteil des Wechselwirkungs-Potenzials in der linearen Kette lautet für $N/2$ Ionenpaare (N Ionen)

$$U^{\mathrm{C}}(R) = -\frac{N}{2}\frac{q^2}{4\pi\epsilon_0 R}\underbrace{\sum_{i,j\neq i}\frac{\pm 1}{\alpha_{ij}}}_{=\alpha} = -\frac{N}{2}\frac{\alpha q^2}{4\pi\epsilon_0 R}\,. \tag{A3.5.2}$$

Hierbei ist $\alpha_{ij} = r_{ij}/R$ mit dem Abstand r_{ij} der Ionen und dem nächsten Nachbarabstand R. Im Falle einer unendlich ausgedehnten Kette ist die Madelung-Konstante gegeben durch

$$\begin{aligned}\alpha &= \sum_{i,j\neq i}\frac{\pm 1}{\alpha_{ij}} = \sum_{i,j\neq i}\frac{\pm R}{r_{ij}}\\ &= 2\left[\frac{R}{R} - \frac{R}{2R} + \frac{R}{3R} - \frac{R}{4R} + \frac{R}{5R} - \frac{R}{6R} + \ldots\right]\\ &= 2\left[\frac{1}{1} - \frac{1}{2} + \frac{1}{3} - \frac{1}{4} + \frac{1}{5} - \frac{1}{6} + \ldots\right]\,.\end{aligned} \tag{A3.5.3}$$

Der Faktor 2 zwei resultiert dabei aus der Tatsache, dass jeweils 2 Ionen (links und rechts) im gleichen Abstand vorhanden sind. Um die Summe auszuwerten, benutzen wir die Reihenentwicklung

$$\begin{aligned}\ln(1+x) &= x - \frac{x^2}{2} + \frac{x^3}{3} - \frac{x^4}{4} + \frac{x^5}{5} - \frac{x^6}{6} + \ldots\\ \ln 2 &= 1 - \frac{1}{2} + \frac{1}{3} - \frac{1}{4} + \frac{1}{5} - \frac{1}{6} + \ldots\,.\end{aligned} \tag{A3.5.4}$$

Wir sehen, dass die Madelung-Konstante der eindimensionalen, unendlich langen Kette gerade $\alpha = 2\ln 2 = 1.386$ ist.

(b) Laut Voraussetzung ist der abstoßende Teil des Wechselwirkungspotenzials für $N/2$ Ionenpaare (N Ionen) von der Form:

$$U^{\mathrm{abst}}(R) = N\frac{A}{R^n} \tag{A3.5.5}$$

mit ganzzahligem n. Dies führt zum Gesamtpotenzial

$$U(R) = \frac{N}{2}\left[\frac{2A}{R^n} - \frac{\alpha q^2}{4\pi\epsilon_0 R}\right]\,. \tag{A3.5.6}$$

Der Gleichgewichts-Atomabstand R_0 lässt sich aus der Bedingung

$$\left.\frac{\partial U(R)}{\partial R}\right|_{R=R_0} = \frac{N}{2}\left[-\frac{2nA}{R_0^{n+1}} + \frac{\alpha q^2}{4\pi\epsilon_0 R_0^2}\right] = 0\,, \tag{A3.5.7}$$

berechnen. Es ergibt sich

$$R_0^n = \frac{8\pi\epsilon_0 nA}{\alpha q^2}R_0\,. \tag{A3.5.8}$$

Setzen wir dies in den Ausdruck für U ein, so erhalten wir

$$U(R_0) = -\frac{N}{2}\frac{\alpha q^2}{4\pi\epsilon_0 R_0}\left(1-\frac{1}{n}\right) = -\ln 2\,\frac{Nq^2}{4\pi\epsilon_0 R_0}\left(1-\frac{1}{n}\right). \quad \text{(A3.5.9)}$$

(c) Im Folgenden gehen wir davon aus, dass die endliche lineare Kette aus N entgegengesetzt geladenen Atompaaren leicht komprimiert wird, sodass der Atomabstand sich auf

$$R = R_0 - \delta R \quad \text{(A3.5.10)}$$

verringert. Um die bei diesem Kompressionsvorgang auftretende Arbeit zu berechnen, führen wir eine Taylor-Entwicklung des allgemeinen Ausdrucks für $U(R) = 2Nu(R)$ (hierbei ist $u(R)$ die auf ein Ion bezogene Gesamtenergie) um die Gleichgewichtslage $R = R_0$ durch:

$$u(R) = u(R_0) - \underbrace{\frac{1}{1!}\left.\frac{\partial u(R)}{\partial R}\right|_{R=R_0}\delta R}_{=0} + \underbrace{\frac{1}{2!}\left.\frac{\partial^2 u(R)}{\partial R^2}\right|_{R=R_0}}_{\equiv k}(\delta R)^2 - \ldots . \quad \text{(A3.5.11)}$$

Im Gleichgewichtszustand gilt natürlich $\left.\frac{\partial U}{\partial R}\right|_{R=R_0} = 0$, so dass das entsprechende Glied der Taylor-Reihe entfällt. Wir erhalten

$$\begin{aligned}\frac{\partial u(R)}{\partial R} &= \frac{1}{2}\left[-\frac{nA}{R^{n+1}} + \frac{\alpha q^2}{4\pi\epsilon_0 R^2}\right]\\ \frac{\partial^2 u(R)}{\partial R^2} &= \frac{1}{2}\left[\frac{n(n+1)A}{R^{n+2}} - \frac{2\alpha q^2}{4\pi\epsilon_0 R^3}\right]\\ &= \frac{1}{2R^2}\left[\frac{n(n+1)A}{R^n} - \frac{2\alpha q^2}{4\pi\epsilon_0 R}\right].\end{aligned} \quad \text{(A3.5.12)}$$

Benutzen wir den Ausdruck (A3.5.8) für R_0^n, so erhalten wir

$$k = \left.\frac{\partial^2 u(R)}{\partial R^2}\right|_{R=R_0} = \frac{1}{2R_0^2}\frac{\alpha q^2}{4\pi\epsilon_0 R_0}(n-1) = \frac{(n-1)\alpha q^2}{8\pi\epsilon_0 R_0^3}. \quad \text{(A3.5.13)}$$

Unter Vernachlässigung der höheren Terme in der Taylorentwicklung von $U(R)$ bestimmt dieser Term dann die Energie, die notwendig ist, um die Kette soweit zusammenzudrücken, dass der Gitterabstand auf $R = R_0 - \delta R$ verkürzt wird.

(d) Benutzen wir

$$\left.\frac{\partial^2 U(R)}{\partial R^2}\right|_{R=R_0} = \frac{N}{R^2}\left[+\frac{2nA(n+1)}{R^n} - \frac{2\alpha e^2}{4\pi\epsilon_0 R}\right]\Bigg|_{R=R_0} = 0\,, \quad \text{(A3.5.14)}$$

ergibt sich

$$\left.\frac{\partial^2 U(R)}{\partial R^2}\right|_{R=R_0} = \frac{N}{R_0^2}\frac{\alpha e^2}{4\pi\epsilon_0 R_0}(n-1)\,. \tag{A3.5.15}$$

Das Volumen des NaCl-Kristalls kann zu $V = 2NR_0^3$ bestimmt werden (ein Würfel nächster Nachbarn beinhaltet ein NaCl-Molekül). Somit ergibt sich mit $dV = 6NR_0^2 dR_0$

$$B = V\frac{\partial^2 U}{\partial V^2} = V\frac{\partial^2 U}{\partial R^2}\frac{\partial^2 R}{\partial V^2} = \frac{1}{18NR_0}\left.\frac{\partial^2 U(R)}{\partial R^2}\right|_{R=R_0} = \frac{\alpha e^2}{72\pi\epsilon_0 R_0}(n-1)\,. \tag{A3.5.16}$$

Wir erhalten somit

$$n = \frac{72\pi\epsilon_0 R_0^4 B}{\alpha e^2}\,. \tag{A3.5.17}$$

Mit den gegebenen Zahlenwerten erhalten wir $n \approx 6.77$.

(e) Mit den Ergebnissen aus den Teilaufgaben (b) und (d) erhalten wir

$$\frac{U(R_0)}{N/2} = -2\ln 2\frac{e^2}{4\pi\epsilon_0 R_0}\left(1-\frac{1}{n}\right) = 2\ln 2\frac{e^2}{4\pi\epsilon_0 R_0}\left(1-\frac{\alpha e^2}{72\pi\epsilon_0 R_0^4 B}\right) \tag{A3.5.18}$$

und somit eine Bindungsenergie pro Ionenpaar $\frac{U(R_0)}{N/2} = 9.66 \times 10^{-19}\,\mathrm{J} = 6.03\,\mathrm{eV}$.

A3.6 sp^2-Hybridisierung

Graphit besteht aus Kohlenstoffschichten, wobei die Bindungen innerhalb der Schichten wesentlich stärker sind als die Bindungen zwischen den Schichten. Die Kohlenstoffatome jeder Schicht (xy-Ebene) besetzen die Ecken regelmäßiger Sechsecke. Jedes Kohlenstoffatom besitzt also eine dreizählige Symmetrie bezüglich der z-Achse.

Durch Linearkombination der drei konventionellen Orbitale

$$|\phi_{2s}\rangle = \frac{1}{4\sqrt{2\pi}}\left(2-\frac{r}{a_\mathrm{B}}\right)\mathrm{e}^{-\frac{r}{2a_\mathrm{B}}}$$

und

$$|\phi_{2p_x}\rangle = \frac{1}{4\sqrt{2\pi}}\frac{r}{a_\mathrm{B}}\mathrm{e}^{-\frac{r}{2a_\mathrm{B}}}\sin\vartheta\cos\varphi$$

$$|\phi_{2p_y}\rangle = \frac{1}{4\sqrt{2\pi}}\frac{r}{a_\mathrm{B}}\mathrm{e}^{-\frac{r}{2a_\mathrm{B}}}\sin\vartheta\sin\varphi$$

lassen sich symmetrieadaptierte Bindungsorbitale bilden. Dies bezeichnet man als sp^2-Hybridisierung (r, ϑ und φ sind Kugelkoordinaten, wobei $\vartheta = 0$ die z-Achse ist). Die Bindungsorbitale müssen normiert und zueinander orthogonal sein. Symmetrieadaption bedeutet dann, dass die Konfiguration eine dreizählige Symmetrie besitzt, also eine Drehung um 120° nichts verändert.

Diskutieren Sie die folgenden Fragen: Sind die angegeben Orbitale schon normiert und orthogonal? Wählen Sie ein Hybrid-Bindungsorbital (Φ_1) so, dass es spiegelsymmetrisch zur xz-Ebene ist und geben sie die explizite Form der drei sp^2-Hybrid-Orbitale $|\Phi_i\rangle$, $i = 1, 2, 3$ an. Skizzieren Sie den Querschnitt der Orbitale $|\Phi_i\rangle$ in der xy-Ebene.

Lösung

Die angegebenen Orbitale sind zwar orthogonal aber noch nicht normiert. Es fehlt ein Faktor $1/a_B^{3/2}$. Außerdem handelt es sich um die Orbitale für $Z = 1$. Die richtigen Orbitale lauten:

$$|\phi_{2s}\rangle = \frac{1}{4\sqrt{2\pi}}\left(\frac{Z}{a_B}\right)^{3/2}\left(2 - \frac{Zr}{a_B}\right) e^{-Zr/2a_B} \tag{A3.6.1}$$

$$|\phi_{2p_x}\rangle = \frac{1}{4\sqrt{2\pi}}\left(\frac{Z}{a_B}\right)^{3/2} \frac{Zr}{a_B} e^{-Zr/2a_B} \sin\vartheta \cos\varphi \tag{A3.6.2}$$

$$|\phi_{2p_y}\rangle = \frac{1}{4\sqrt{2\pi}}\left(\frac{Z}{a_B}\right)^{3/2} \frac{Zr}{a_B} e^{-Zr/2a_B} \sin\vartheta \sin\varphi\,. \tag{A3.6.3}$$

Das erste sp^2-Hybrid-Orbital $|\Phi_1\rangle$ lässt sich wie folgt als Linearkombination aus den Atomorbitalen darstellen:

$$|\Phi_1\rangle = a_1|\phi_{2s}\rangle + a_2|\phi_{2p_x} + a_3|\phi_{2p_y}\rangle\,. \tag{A3.6.4}$$

Da die beiden weiteren sp^2-Hybrid-Orbitale relativ zum ersten um die Winkel $\alpha = 2\pi/3$ und $\alpha = -2\pi/3$ gedreht sind, untersuchen wir zunächst eine allgemeine Drehung der $2p$-Orbitale um die z-Achse, die durch die Drehmatrix $\mathbf{R}(\alpha)$ vermittelt wird:

$$\mathbf{R}(\alpha) = \begin{pmatrix} \cos\alpha & -\sin\alpha & 0 \\ \sin\alpha & \cos\alpha & 0 \\ 0 & 0 & 1 \end{pmatrix}. \tag{A3.6.5}$$

Man beachte, dass $\mathbf{R}(\alpha)$ für $\alpha > 0$ eine Drehung gegen den Uhrzeigersinn vermittelt. Wir benötigen für unsere Zwecke die Spezialfälle

$$\mathbf{R}\left(\frac{2\pi}{3}\right) = \begin{pmatrix} -\frac{1}{2} & -\frac{\sqrt{3}}{2} & 0 \\ \frac{\sqrt{3}}{2} & -\frac{1}{2} & 0 \\ 0 & 0 & 1 \end{pmatrix}, \quad \mathbf{R}\left(-\frac{2\pi}{3}\right) = \begin{pmatrix} -\frac{1}{2} & \frac{\sqrt{3}}{2} & 0 \\ -\frac{\sqrt{3}}{2} & -\frac{1}{2} & 0 \\ 0 & 0 & 1 \end{pmatrix}. \tag{A3.6.6}$$

Nun sei $|\Phi_{2p}\rangle$ der aus den drei $2p$-Zuständen gebildete Vektor

$$|\Phi_{2p}\rangle = \begin{pmatrix} |\phi_{2p_x}\rangle \\ |\phi_{2p_y}\rangle \\ |\phi_{2p_z}\rangle \end{pmatrix} \tag{A3.6.7}$$

mit der Eigenschaft

$$\mathbf{R}\left(\frac{2\pi}{3}\right)\cdot|\Phi_{2p}\rangle=\begin{pmatrix}-\frac{1}{2}|\phi_{2p_x}\rangle-\frac{\sqrt{3}}{2}|\phi_{2p_y}\rangle\\ \frac{\sqrt{3}}{2}|\phi_{2p_x}\rangle-\frac{1}{2}|\phi_{2p_y}\rangle\\ |\phi_{2p_z}\rangle\end{pmatrix}$$

$$\mathbf{R}\left(-\frac{2\pi}{3}\right)\cdot|\Phi_{2p}\rangle=\begin{pmatrix}-\frac{1}{2}|\phi_{2p_x}\rangle+\frac{\sqrt{3}}{2}|\phi_{2p_y}\rangle\\ -\frac{\sqrt{3}}{2}|\phi_{2p_x}\rangle-\frac{1}{2}|\phi_{2p_y}\rangle\\ |\phi_{2p_z}\rangle\end{pmatrix}. \tag{A3.6.8}$$

Dann lassen sich die beiden weiteren sp^2-Hybridzustände $|\Phi_2\rangle$ und $|\Phi_3\rangle$ in der Form

$$|\Phi_2\rangle=a_1|\Phi_{2s}\rangle+a_2\left\{\mathbf{R}\left(\frac{2\pi}{3}\right)\cdot|\Phi_{2p}\rangle\right\}_x+a_3\left\{\mathbf{R}\left(\frac{2\pi}{3}\right)\cdot|\Phi_{2p}\rangle\right\}_y$$

$$|\Phi_3\rangle=a_1|\Phi_{2s}\rangle+a_2\left\{\mathbf{R}\left(-\frac{2\pi}{3}\right)\cdot|\Phi_{2p}\rangle\right\}_x+a_3\left\{\mathbf{R}\left(-\frac{2\pi}{3}\right)\cdot|\Phi_{2p}\rangle\right\}_y \tag{A3.6.9}$$

ansetzen. Die Koeffizienten a_i $(i=1,2,3)$ der Linearkombinationen lassen sich nun aus den Orthonormalitätsrelationen für die Zustände $|\Phi_1\rangle$, $|\Phi_2\rangle$ und $|\Phi_3\rangle$ bestimmen. Im Einzelnen ergibt sich:

$$\langle\Phi_i|\Phi_i\rangle=1 \quad\rightarrow\quad a_1^2+a_2^2+a_3^2=1\,,\quad i=1,2,3$$

$$\langle\Phi_i|\Phi_j\rangle=0 \quad\rightarrow\quad a_1^2-\frac{a_2^2}{2}-\frac{a_3^2}{2}=0\,,\quad i\neq j\,. \tag{A3.6.10}$$

Es folgt sofort

$$a_3=0$$

$$a_1^2+a_2^2=1 \quad\text{und}\quad a_1^2-\frac{a_2^2}{2}=0 \quad\rightarrow\quad a_1=\frac{1}{\sqrt{3}}\,,\quad a_2=\sqrt{\frac{2}{3}}\,. \tag{A3.6.11}$$

Die Tatsache, dass der Koeffizient $a_3=0$ verschwindet, folgt auch aus der Beobachtung, dass ein Hybrid-Bindungsorbital spiegelsymmetrisch zur xz-Ebene sein muss. Dies ist gerade für das Orbital $|\Phi_1\rangle$ der Fall. Wenn wir dieses Orbital als Linearkombination $|\Phi_1\rangle = a_1|\phi_{2s}\rangle+a_2|\phi_{2p_x}+a_3|\phi_{2p_y}\rangle$ darstellen, dann muss a_3 gleich Null sein, da $|\phi_{2p_y}\rangle$ bei einer Spiegelung an der xz-Ebene das Vorzeichen wechselt. Beim Ausrechnen ist zu beachten, dass die Ausgangsbasis (Kugelflächenfunktionen) schon orthogonal und normalisiert ist, also z. B. $\langle\phi_{2s}|\phi_{2s}\rangle=1$ und $\langle\phi_{2s}|\phi_{2p_x}\rangle=0$.

Nun können wir die drei sp^2-Hybridorbitale als Linearkombination der Ausgangsbasis vollständig wie folgt beschreiben:

$$|\Phi_1\rangle=\frac{1}{\sqrt{3}}\left(|\phi_{2s}\rangle+\sqrt{2}|\phi_{2p_x}\rangle\right) \tag{A3.6.12}$$

$$|\Phi_2\rangle=\frac{1}{\sqrt{3}}\left(|\phi_{2s}\rangle-\frac{1}{\sqrt{2}}|\phi_{2p_x}\rangle-\sqrt{\frac{3}{2}}|\phi_{2p_y}\rangle\right) \tag{A3.6.13}$$

$$|\Phi_3\rangle=\frac{1}{\sqrt{3}}\left(|\phi_{2s}\rangle-\frac{1}{\sqrt{2}}|\phi_{2p_x}\rangle+\sqrt{\frac{3}{2}}|\phi_{2p_y}\rangle\right). \tag{A3.6.14}$$

Die geometrische Vorstellung für die Orbitale kann Abb. 3.4, in der $|\Phi|^2$ in einer Polardarstellung gezeigt ist ($\varphi = 0$ entspricht der x-Achse), entnommen werden. Es ist intuitiv klar, dass die drei Hybridorbitale zu einer zweidimensionalen Bindungsstruktur führen, wie sie z. B. bei Graphit vorliegt. Das Φ_{2p_z}-Orbital wird bei der sp^2-Hybridisierung nicht gebraucht. Dies ist bei Verbindungen wie z. B. CH_4 anders. Hier geht das Kohlenstoffatom anstelle von drei jetzt vier Bindungen ein. Die hierfür geeignete Hybridisierung ist die sp^3-Hybridisierung (vgl. Abb. 3.1).

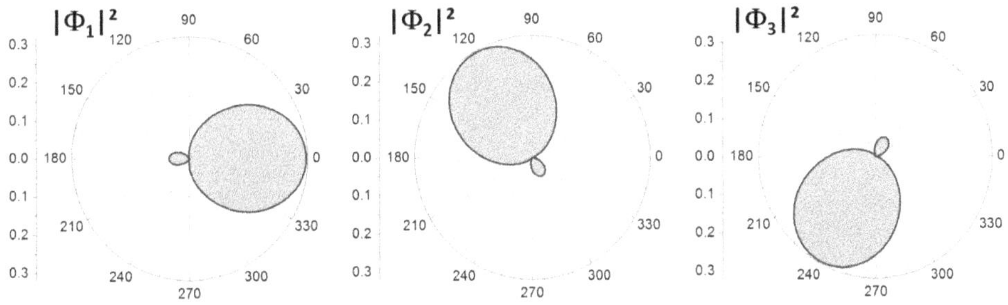

Abb. 3.4: Polardarstellung der Orbitale der sp^2-Hybridisierung. Der Winkel φ wird gegen die x-Achse gemessen.

Allgemeine Bemerkung: Die Funktionen ϕ bilden eine Basis für alle möglichen Zustände. Zur Beschreibung der Hybridisierung benutzt man eine geeignete neue Basis, in der die alten Basiszustände gemischt werden. Das Absolutquadrat der Wellenfunktion, $|\phi|^2$, können wir als Aufenthaltswahrscheinlichkeit der Elektronen interpretieren. Der Zustand ϕ_{2s} hat z. B. im Unterschied zum Zustand ϕ_{1s} zwei Maxima und eine echte Nullstelle beim radialen Abstand des doppelten Bohrschen Radius a_B. In Abb. 3.5 ist die radiale Aufenthaltswahrscheinlichkeit pro Kugeloberfläche, also $4\pi r^2|\phi|^2$, für das $2s$- und das $2p$-Orbital gezeigt. Diese gibt an, mit welcher Wahrscheinlichkeit wir ein Elektron in einer Kugelschale zwischen r und $r + dr$ finden.

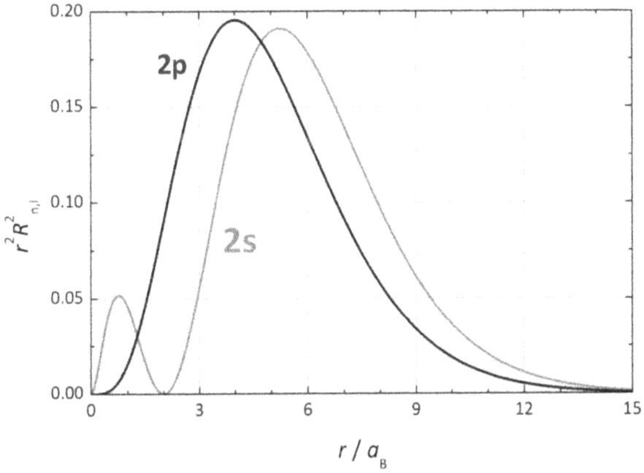

Abb. 3.5: Radiale Aufenthaltswahrscheinlichkeit pro Kugeloberfläche für das $2s$- und das $2p$-Orbital.

4 Elastische Eigenschaften von Festkörpern

A4.1 Elastische Eigenschaften von Festkörpern

Wir diskutieren zuerst einige grundlegende Größen, die wir zur Beschreibung der elastischen Eigenschaften von Festkörpern verwenden.

(a) Wie ist die Spannung $\boldsymbol{\sigma}$ definiert, welche Einheit besitzt sie? Wie viele unabhängige Komponenten besitzt der Spannungstensor für einen dreidimensionalen Festkörper? Begründen Sie ihre Antwort. Was verstehen wir unter Normal- und Schubspannung, wie viele Normal- und Schubspannungskomponenten gibt es?
(b) Welcher allgemeine Zusammenhang besteht zwischen den Komponenten des Spannungs- und Dehnungstensors in linearer Näherung (Hookescher Bereich)?
(c) Wie viele Komponenten besitzt der Elastizitätstensor im allgemeinen Fall für einen dreidimensionalen Festkörper? Auf wie viele unabhängige Komponenten kann diese Zahl aufgrund von allgemeinen Symmetrieüberlegungen für eine beliebige Kristallsymmetrie reduziert werden? Wie viele unabhängige Komponenten verbleiben schließlich für einen kubischen Kristall?
(d) In der Technik werden häufig polykristalline Materialien verwendet, die man hinsichtlich ihrer elastischen Eigenschaften in guter Näherung als isotrope Festkörper betrachten kann. Was versteht man unter den technischen Größen Young-Modul E, Poisson-Zahl ν, Kompressionsmodul B und Gleitmodul G? Wie sind diese Größen definiert? Sind diese Größen unabhängig voneinander?

Lösung:

(a) Die Definition der Spannung lautet

$$\boldsymbol{\sigma} \equiv \frac{\mathbf{F}}{A} = \frac{\text{Kraft}}{\text{Fläche}} . \tag{A4.1.1}$$

Sie besitzt die Einheit $\mathrm{N/m^2}$.
Die Spannung ist ein Tensor 2. Stufe, der 9 Komponenten besitzt. Man fordert allerdings, dass durch die wirkenden Spannungen keine Dreh- oder Translationsbewegungen verursacht werden dürfen (statisches Gleichgewicht). Wie Abb. 4.1 zeigt, müssen deshalb die auf entgegengesetzte Flächen eines Würfels wirkenden Spannungen gleich mit entgegengesetztem Vorzeichen sein. Damit kein Drehmoment auftritt, muss ferner

$$\sigma_{ij} = \sigma_{ji} \tag{A4.1.2}$$

https://doi.org/10.1515/9783110782530-004

gelten. Dadurch verbleiben von den 9 Tensorkomponenten 6 unabhängige Komponenten. Der Spannungstensor ist somit symmetrisch:

$$\sigma = \begin{pmatrix} \sigma_{xx} & \sigma_{xy} & \sigma_{xz} \\ \sigma_{xy} & \sigma_{yy} & \sigma_{yz} \\ \sigma_{xz} & \sigma_{yz} & \sigma_{zz} \end{pmatrix} . \tag{A4.1.3}$$

Bei einer Normalspannung steht die Kraft senkrecht auf der betreffenden Fläche, bei einer Schubspannung parallel dazu. Der symmetrische Tensor besitzt 3 Normal- (σ_{xx}, σ_{yy}, σ_{zz}) und 3 Schubspannungskomponenten (σ_{xy}, σ_{xz}, σ_{yz}).

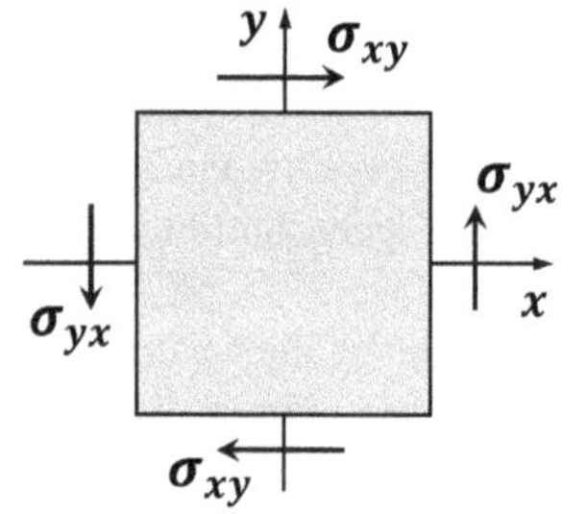

Abb. 4.1: Zur Veranschaulichung der Tatsache, dass für einen Festkörper im statischen Gleichgewicht $\sigma_{ij} = \sigma_{ji}$ gelten muss. Die Summe der Kräfte in x-Richtung verschwindet für $\sigma_{xy} = \sigma_{yx}$. Ebenso ist die Summe der Kräfte in y-Richtung null. Das Gesamtdrehmoment verschwindet ebenfalls für $\sigma_{xy} = \sigma_{yx}$.

(b) Zwischen den Komponenten des Spannungs- und Dehnungstensors besteht in linearer Näherung (Hookescher Bereich) der Zusammenhang

$$\sigma_{ij} = \sum_{kl} C_{ijkl}\, e_{kl} , \tag{A4.1.4}$$

wobei C_{ijkl} die Komponenten des Elastizitätstensors sind.

(c) Der Elastizitätstensor C_{ijkl} besitzt als Tensor 4. Stufe im Allgemeinen 81 Komponenten. Aufgrund der Symmetriebeziehungen $\sigma_{ij} = \sigma_{ji}$ und $e_{kl} = e_{lk}$ gilt aber $C_{ijkl} = C_{jikl} = C_{ijlk}$ (vergleiche Aufgabe A4.2), wodurch sich die Zahl der unabhängigen Komponenten auf 36 reduziert. Aus der quadratischen Abhängigkeit der elastischen Energie von der Verformung folgt ferner $C_{ijkl} = C_{klij}$ (vergleiche Aufgabe A4.2), wodurch nur noch 21 unabhängige Komponenten verbleiben. Eine weitere Reduktion erfolgt aufgrund der zugrunde liegenden Kristallsymmetrie. Für einen Kristall mit kubischer Symmetrie verbleiben nur noch 3 unabhängige Komponenten.

(d) Die technischen Größen Young-Modul E, Poisson-Zahl ν, Kompressionsmodul B und Gleitmodul G sind wie folgt definiert:

(i) Die Größe E gibt den Zusammenhang zwischen einer Spannung σ und der daraus resultierenden relativen Längenänderung $\frac{\Delta\ell}{\ell}$ in Richtung der Spannung an:

$$\sigma = E\,\frac{\Delta\ell}{\ell} . \tag{A4.1.5}$$

Der Elastizitätsmodul E ist für ein isotropes Medium kein Tensor mehr, sondern ein Skalar.

(ii) Die Poisson-Zahl ν gibt das Verhältnis von Querkontraktion zu Dehnung an:

$$\nu = \frac{-\Delta d/d}{\Delta\ell/\ell} . \tag{A4.1.6}$$

Eine Spannung σ resultiert nicht nur in einer Längenänderung $\Delta\ell$ in Richtung der Spannung, sondern auch in einer Kontraktion $-\Delta d$ quer zur wirkenden Spannung.

(iii) Der Kompressionsmodul B gibt den Zusammenhang zwischen Volumenänderung und einer gleichmäßig auf den Körper wirkenden Spannung, die z. B. durch hydrostatischen Druck realisiert werden kann, an

$$p = -\sigma = -B\frac{\Delta V}{V} . \tag{A4.1.7}$$

(iv) Der Schub-, Scher- oder Gleitmodul G gibt den Zusammenhang zwischen einer auf einen Körper wirkenden Schubspannung und dem daraus resultierenden Scherwinkel α an

$$\sigma = G\alpha . \tag{A4.1.8}$$

Für die Charakterisierung von isotropen Festkörpern reichen zwei unabhängige Größen aus. Die oben definierten vier technischen Größen sind also nicht unabhängig voneinander.

A4.2 Elastizitätstensor und Poisson-Zahl

Ein kubischer Kristall wird einer Dehnung in [100]-Richtung unterworfen. Finden Sie Ausdrücke für die Komponenten des Elastizitätstensors (engl. Young's modulus) und der Poisson-Zahl.

Lösung

Im Hookeschen Bereich sind die Dehnungskoeffizienten e_{kl} lineare Funktionen der Spannungskomponenten σ_{ij} und es gilt

$$e_{ij} = \sum_{kl} S_{ijkl}\,\sigma_{kl} \qquad \text{bzw.}$$

$$\sigma_{ij} = \sum_{kl} C_{ijkl}\,e_{kl} . \tag{A4.2.1}$$

Hierbei sind S_{ijkl} die elastischen Konstanten (elastic compliance constants) und C_{ijkl} (elastic stiffness constants) die Komponenten des ***Elastizitätstensors***. Sie werden auch als ***elastische Moduln*** bezeichnet. Die Dimension der Koeffizienten ist $\mathrm{N/m^2}$ oder äquivalent $\mathrm{J/m^3}$. Die Elastizitätsmoduln C_{ijkl} bilden einen Tensor 4. Stufe, die Spannungskomponenten σ_{ij} und die Dehnungskoeffizienten e_{kl} einen Tensor 2. Stufe.

Im Allgemeinen besitzt der Elastizitätstensor C_{ijkl} 81 Komponenten. Damit kein Drehmoment auftritt, muss $\sigma_{ij} = \sigma_{ji}$ gelten (vgl. Aufgabe A4.1). Der Spannungs- und Dehnungstensor ist somit symmetrisch. Mit $\sigma_{ij} = \sigma_{ji}$ und $e_{kl} = e_{lk}$ gilt aber $C_{ijkl} = C_{jikl} = C_{ijlk}$, wodurch sich die Zahl der unabhängigen Komponenten von C_{ijkl} auf 36 reduziert. Mit diesen Symmetriebeziehungen können wir eine verkürzte Notation, die ***Matrix-Notation*** (***Voigt-Notation***)

$$xx \to 1, \qquad yy \to 2, \qquad zz \to 3,$$

$$yz = zy \to 4, \qquad xz = zx \to 5, \qquad xy = yx \to 6, \tag{A4.2.2}$$

verwenden. Berechnen wir mit Hilfe von Gleichung (A4.2.1) und den genannten Symmetrieüberlegungen die Komponente σ_{xx} in Tensor-Notation

$$\begin{aligned}\sigma_{xx} &= C_{xxxx}e_{xx} + C_{xxxy}e_{xy} + C_{xxxz}e_{xz} + \\ &+ C_{xxyx}e_{yx} + C_{xxyy}e_{yy} + C_{xxyz}e_{yz} + \\ &+ C_{xxzx}e_{zx} + C_{xxzy}e_{zy} + C_{xxzz}e_{zz} \\ &= C_{xxxx}e_{xx} + C_{xxyy}e_{yy} + C_{xxzz}e_{zz} \\ &+ 2C_{xxyz}e_{yz} + 2C_{xxxz}e_{xz} + 2C_{xxxy}e_{xy}\end{aligned} \tag{A4.2.3}$$

und in obiger verkürzter Matrix-Notation

$$\sigma_1 = C_{11}e_1 + C_{12}e_2 + C_{13}e_3 + 2C_{14}e_4 + 2C_{15}e_5 + 2C_{16}e_6 \tag{A4.2.4}$$

so erkennen wir, dass durch zusätzliches Einführen von Faktoren beim Übergang der Tensor- in die Matrix-Notation des Dehnungstensors

$$\begin{pmatrix} e_{xx} & e_{xy} & e_{xz} \\ e_{yx} & e_{yy} & e_{yz} \\ e_{zx} & e_{zy} & e_{zz} \end{pmatrix} \rightarrow \begin{pmatrix} e_1 & \frac{1}{2}e_6 & \frac{1}{2}e_5 \\ \frac{1}{2}e_6 & e_2 & \frac{1}{2}e_4 \\ \frac{1}{2}e_5 & \frac{1}{2}e_4 & e_3 \end{pmatrix} . \tag{A4.2.5}$$

Gleichung (A4.2.1) in folgender kompakter Form geschrieben werden kann:

$$\sigma_m = \sum_{n=1}^{6} C_{mn}e_n . \tag{A4.2.6}$$

Die Anzahl unabhängigen Komponenten des Elastizitätstensor C_{ijkl} können durch Betrachtung der elastischen freien Energiedichte f_{el} weiter reduziert werden. Die elastische Energiedichte f_{el} ist eine quadratische Funktion der Dehnung e_n. Die Änderung δf_{el} ist in Matrixnotation gegeben durch

$$\delta f_{\mathrm{el}} = \sum_{m=1}^{6} \sigma_m \mathrm{d}e_m = \sum_{m=1}^{6}\sum_{n=1}^{6} C_{mn}e_n \mathrm{d}e_m . \tag{A4.2.7}$$

Wir erhalten somit

$$\sigma_m = \frac{\partial\, \delta f_{\mathrm{el}}}{\partial e_m} = \sum_{n=1}^{6} C_{mn}e_n , \tag{A4.2.8}$$

bzw.

$$C_{mn} = \frac{\partial^2 \delta f_{\mathrm{el}}}{\partial e_m \partial e_n} . \tag{A4.2.9}$$

Da die Reihenfolge der Differentiation beliebig ist, ergibt sich

$$C_{mn} = \frac{\partial^2 \delta f_{\mathrm{el}}}{\partial e_m \partial e_n} = \frac{\partial^2 \delta f_{\mathrm{el}}}{\partial e_n \partial e_m} = C_{nm} \tag{A4.2.10}$$

und

$$C_{mn} = C_{nm} \quad \text{bzw.} \quad S_{mn} = S_{nm} . \tag{A4.2.11}$$

Der Elastizitätstensor ist somit symmetrisch: $C_{ijkl} = C_{klij}$ bzw. $C_{mn} = C_{nm}$. Dies reduziert die Anzahl der unabhängigen Komponenten von 36 auf 21.

Elastizitätstensor eines kubischen Kristalls: Eine weitere Reduktion der unabhängigen Koeffizienten können wir aufgrund der zugrunde liegenden Kristallsymmetrie vornehmen. Wir zeigen dies im Folgenden für einen kubischen Kristall. Hierzu verwenden wir die Transformationseigenschaften eines Tensors

$$\widetilde{C}_{ijkl} = \sum_m \sum_n \sum_o \sum_p \alpha_{im}\alpha_{jn}\alpha_{ko}\alpha_{lp}C_{mnop} \qquad \text{(A4.2.12)}$$

mit $\{i, j, k, l, m, n, o, p\} = \{x, y, z\}$ und einer gegebenen Transformationsmatrix α. Da ein kubischer Kristall drei 4-zählige $\langle 100 \rangle$-Drehachsen besitzt, kann der Kristall durch eine Rotation um 90° entlang der z-Achse mit der Rotationsmatrix

$$\alpha^z = \begin{pmatrix} 0 & -1 & 0 \\ 1 & 0 & 0 \\ 0 & 0 & 1 \end{pmatrix} \qquad \text{(A4.2.13)}$$

in sich selbst überführt werden. Somit ist bei Anwendung dieser Transformation $\widetilde{C}_{ijkl} = C_{mnop}$. Mittels Gleichung (A4.2.12) können die einzelnen Komponenten $\widetilde{C}_{ijkl}$ berechnet werden. Dies ergibt

$$\begin{aligned}
\widetilde{C}_{xxxx} &= \alpha^z_{xy}\alpha^z_{xy}\alpha^z_{xy}\alpha^z_{xy}C_{yyyy} = C_{yyyy} \\
\widetilde{C}_{xxxy} &= \alpha^z_{xy}\alpha^z_{xy}\alpha^z_{xy}\alpha^z_{yx}C_{yyyx} = -C_{yyyx} \\
\widetilde{C}_{xxxz} &= \alpha^z_{xy}\alpha^z_{xy}\alpha^z_{xy}\alpha^z_{zz}C_{yyyx} = -C_{yyyz} \\
\widetilde{C}_{xxyx} &= \widetilde{C}_{xxxy} \\
\widetilde{C}_{xxyy} &= \alpha^z_{xy}\alpha^z_{xy}\alpha^z_{yx}\alpha^z_{yx}C_{yyxx} = C_{yyxx} \\
\widetilde{C}_{xxyz} &= \alpha^z_{xy}\alpha^z_{xy}\alpha^z_{yx}\alpha^z_{zz}C_{yyxz} = C_{yyxz} \\
&\vdots
\end{aligned} \qquad \text{(A4.2.14)}$$

bzw. in Matrix-Notation

$$\widetilde{C} = \begin{pmatrix} C_{22} & C_{21} & C_{23} & C_{25} & -C_{24} & -C_{26} \\ C_{21} & C_{11} & C_{13} & C_{15} & -C_{14} & -C_{16} \\ C_{23} & C_{13} & C_{33} & C_{35} & -C_{34} & -C_{36} \\ C_{25} & C_{15} & C_{35} & C_{55} & -C_{54} & -C_{56} \\ -C_{24} & -C_{14} & -C_{34} & -C_{54} & C_{44} & C_{46} \\ -C_{26} & -C_{16} & -C_{36} & -C_{56} & C_{46} & C_{66} \end{pmatrix}. \qquad \text{(A4.2.15)}$$

Vergleichen wir nun $\widetilde{C}$ mit

$$C = \begin{pmatrix} C_{11} & C_{12} & C_{13} & C_{14} & C_{15} & C_{16} \\ C_{21} & C_{22} & C_{23} & C_{24} & C_{25} & C_{26} \\ C_{31} & C_{32} & C_{33} & C_{34} & C_{35} & C_{36} \\ C_{41} & C_{42} & C_{43} & C_{44} & C_{45} & C_{46} \\ C_{51} & C_{52} & C_{53} & C_{54} & C_{55} & C_{56} \\ C_{61} & C_{62} & C_{63} & C_{64} & C_{65} & C_{66} \end{pmatrix}, \qquad \text{(A4.2.16)}$$

so erhalten wir

$$C_{11} = C_{22}\,, \quad C_{12} = C_{21}\,, \quad C_{13} = C_{23}\,, \quad C_{44} = C_{35}\,, \quad C_{16} = -C_{26} \tag{A4.2.17}$$

und

$$\begin{aligned} C_{14} &= C_{25} = -C_{14} = 0 \\ C_{15} &= -C_{24} = -C_{15} = 0 \\ C_{34} &= C_{35} = -C_{34} = 0 \\ &\vdots\,. \end{aligned} \tag{A4.2.18}$$

Dies ergibt dann

$$C = \begin{pmatrix} C_{11} & C_{12} & C_{13} & 0 & 0 & C_{16} \\ C_{12} & C_{11} & C_{13} & 0 & 0 & -C_{16} \\ C_{13} & C_{13} & C_{33} & 0 & 0 & 0 \\ 0 & 0 & 0 & C_{44} & 0 & 0 \\ 0 & 0 & 0 & 0 & C_{44} & C_{46} \\ C_{16} & -C_{16} & 0 & 0 & C_{46} & C_{66} \end{pmatrix}. \tag{A4.2.19}$$

Um die unabhängigen Komponenten dieser Matrix noch weiter zu reduzieren, können wir eine weitere Rotation des kubischen Kristalls entlang der x-Achse mit der Rotationsmatrix

$$\alpha^x = \begin{pmatrix} 1 & 0 & 0 \\ 0 & 0 & -1 \\ 0 & 1 & 0 \end{pmatrix} \tag{A4.2.20}$$

betrachten. Mittels Gleichung (A4.2.12) erhalten wir:

$$\begin{aligned} \widetilde{C}_{xxxx} &= \alpha^x_{xx}\alpha^x_{xx}\alpha^x_{xx}\alpha^x_{xx}C_{xxxx} = C_{xxxx} \\ \widetilde{C}_{xxxy} &= \alpha^x_{xx}\alpha^x_{xx}\alpha^x_{xx}\alpha^x_{yz}C_{xxxz} = 0 \\ \widetilde{C}_{xxxz} &= 0 \\ \widetilde{C}_{xxyx} &= \widetilde{C}_{xxxy} = 0 \\ \widetilde{C}_{xxyy} &= \alpha^x_{xx}\alpha^x_{xx}\alpha^x_{yz}\alpha^x_{yz}C_{xxzz} = C_{xxzz} \\ \widetilde{C}_{xxyz} &= \alpha^x_{xx}\alpha^x_{xx}\alpha^x_{yz}\alpha^x_{zy}C_{xxzy} = -C_{xxzy} = 0 \\ &\vdots \end{aligned} \tag{A4.2.21}$$

Dies resultiert in der bekannten Form des Elastizitätstensors für kubische Systeme in der Matrix-Notation:

$$C = \begin{pmatrix} C_{11} & C_{12} & C_{12} & 0 & 0 & 0 \\ C_{12} & C_{11} & C_{12} & 0 & 0 & 0 \\ C_{12} & C_{12} & C_{11} & 0 & 0 & 0 \\ 0 & 0 & 0 & C_{44} & 0 & 0 \\ 0 & 0 & 0 & 0 & C_{44} & 0 \\ 0 & 0 & 0 & 0 & 0 & C_{44} \end{pmatrix}. \tag{A4.2.22}$$

Es kann durch weitere Symmetriebetrachtungen gezeigt werden, dass die Anzahl der resultierenden unabhängigen Komponenten (C_{11}, C_{12}, C_{44}) nicht weiter reduziert werden kann und Gl. (A4.2.22) den Elastizitätstensors für kubische Systeme in Matrix-Notation wiedergibt.

Poisson-Zahl: Wir wollen mit dem Elastizitätstensor (A4.2.22) jetzt noch die ***Poisson-Zahl*** berechnen. Die Poisson-Zahl ν ist der Kehrwert der ***Querdehnungszahl*** μ. Sie gibt das Verhältnis von Querkontraktion $-\Delta d/d$ zu Längsdehnung $\Delta\ell/\ell$ an:

$$\nu = \frac{1}{\mu} \equiv \frac{-\Delta d/d}{\Delta\ell/\ell} \,. \qquad \text{(A4.2.23)}$$

Eine Spannung σ resultiert nicht nur in einer Längenänderung $\Delta\ell$ in Richtung der wirkenden Spannung, sondern auch in einer Kontraktion $-\Delta d$ quer zur wirkenden Spannung.

Für Kristalle ist die Poisson-Zahl durch die jeweilige Kristallsymmetrie richtungsabhängig (anisotrop) und allgemein definiert als

$$\nu_{nm} = \frac{-S_{mn}}{S_{nn}} \,, \qquad \text{(A4.2.24)}$$

wobei x_n die Richtung der longitudinalen Längenänderung und x_m die Richtung der Querdehnung ist. S_{mn} und S_{nn} sind die zugehörigen Komponenten des Compliance-Tensors (bezogen auf ein rechtshändiges Koordinatensystem). Nehmen wir z. B. x_1 als Richtung der longitudinalen Längenänderung, dann sind zwei Poisson-Zahlen durch die Querachsen x_2 und x_3 wie folgt definiert:

$$\nu_{12} = \frac{-S_{21}}{S_{11}} \qquad \nu_{31} = \frac{-S_{13}}{S_{11}} \,. \qquad \text{(A4.2.25)}$$

Die Beziehungen für die Poisson-Zahl können wir am einfachsten mit Hilfe der reziproken Steifigkeit (Compliance) S_{mn} angeben. Der reziproke Steifigkeitstensor eines kubischen Kristalls hat dieselbe Form wie der Elastizitätstensor. In Matrix-Notation ergibt sich

$$S = \begin{pmatrix} S_{11} & S_{12} & S_{12} & 0 & 0 & 0 \\ S_{12} & S_{11} & S_{12} & 0 & 0 & 0 \\ S_{12} & S_{12} & S_{11} & 0 & 0 & 0 \\ 0 & 0 & 0 & S_{44} & 0 & 0 \\ 0 & 0 & 0 & 0 & S_{44} & 0 \\ 0 & 0 & 0 & 0 & 0 & S_{44} \end{pmatrix} = C^{-1} \,. \qquad \text{(A4.2.26)}$$

S wird durch Inversion der Elastizitätsmatrix berechnet. Es gilt

$$C_{11} = \frac{S_{11} + S_{12}}{(S_{11} - S_{12})(S_{11} + 2S_{12})}$$

$$C_{12} = \frac{-S_{12}}{(S_{11} - S_{12})(S_{11} + 2S_{12})}$$

$$C_{44} = \frac{1}{S_{44}} \qquad \text{(A4.2.27)}$$

bzw.

$$S_{11} = \frac{C_{11} + C_{12}}{(C_{11} - C_{12})(C_{11} + 2C_{12})}$$
$$S_{12} = \frac{-C_{12}}{(C_{11} - C_{12})(C_{11} + 2C_{12})}$$
$$S_{44} = \frac{1}{C_{44}} . \tag{A4.2.28}$$

Für ein kubisches System gilt $S_{21} = S_{31}$ und wir erhalten mit Hilfe von Gl. (A4.2.27)

$$\nu_{21} = \nu_{31} = \frac{\frac{C_{12}}{(C_{11}-C_{12})(C_{11}+2C_{12})}}{\frac{C_{11}+C_{12}}{(C_{11}-C_{12})(C_{11}+2C_{12})}} = \frac{C_{12}}{C_{11} + C_{12}} . \tag{A4.2.29}$$

A4.3 Schwingungen in einem Aluminium-Zylinder

Wir regen einen 50 cm langen polykristallinen Aluminium-Zylinder zu longitudinalen Schwingungen an. Wir bestimmen für die Grundschwingung eine Resonanzfrequenz $f_0 = 5.2$ kHz. Aluminium besitzt eine Dichte von $\rho = 2.7\,\mathrm{g/cm^3}$, ein Elastizitätsmodul $E = 70.2$ GPa und eine Poisson-Zahl $\nu = 0.33$.

(a) Berechnen Sie die Schallgeschwindigkeit von Aluminium aus der gemessenen Resonanzfrequenz.
(b) Vergleichen Sie das Ergebnis mit dem Wert, den wir aus der Messung der longitudinalen Schallgeschwindigkeit mit Hilfe von Ultraschall erhalten würden.

Lösung

(a) Mit der gemessenen Resonanzfrequenz $f_0 = 5.2$ kHz der Grundschwingung und der Beziehung $\lambda/2 = L = 50$ cm für die Grundmode erhalten wir sofort die Schallgeschwindigkeit zu

$$v_s^{\mathrm{exp}} = f_0 \cdot \lambda = 5.2 \times 10^3\,\mathrm{s^{-1}} \cdot 1.0\,\mathrm{m} = 5200\,\mathrm{m/s} . \tag{A4.3.1}$$

(b) Wenn wir die longitudinale Schallgeschwindigkeit mit Hilfe einer Ultraschallmessung bestimmen, erwarten wir eigentlich dasselbe Ergebnis. Wir können nämlich von den gleichen elastischen Eigenschaften ausgehen, da wir uns selbst bei Frequenzen bis in den 100 MHz-Bereich immer noch im langwelligen Grenzfall befinden. Bei einer Frequenz von z. B. 500 MHz beträgt die Wellenlänge der longitudinalen Schallwelle etwa 10 μm und ist somit immer noch groß gegen den Atomabstand. Das bedeutet, dass die Kontinuumsnäherung für Ultraschalluntersuchungen eine sehr gute Näherung darstellt. Mit den angegebenen elastischen Materialparametern $E = 70.2\,\mathrm{GPa} = 7.02 \times 10^{10}\,\mathrm{N/m^2}$ und $\nu = 0.33$ können wir die Schallgeschwindigkeit auch anders berechnen. Hierzu bezeichnen wir die Längsachse des Zylinders mit der x-Achse und die Auslenkung in x-Richtung mit u_x. Wir erhalten dann die Kraftgleichung

$$\rho \frac{\partial^2 u_x}{\partial t^2} = \left(\frac{\partial \sigma_{xx}}{\partial x} + \frac{\partial \sigma_{xy}}{\partial y} + \frac{\partial \sigma_{xz}}{\partial z} \right) . \tag{A4.3.2}$$

Hierbei stehen auf der linken Seite die Trägkeitskraft auf ein infinitesimales Volumenelement mit Massendichte ρ und auf der rechten Seite die Rückstellkräfte aufgrund der elastischen Eigenschaften des Materials.
Zur Vereinfachung vernachlässigen wir zunächst die Querkontraktion des Stabes. Wir gehen also von einer über den Stabquerschnitt homogenen Deformation aus und nehmen an, dass keine Kräfte auf die Seitenflächen wirken. Dies können wir für einen langen Stab, dessen Durchmesser wesentlich kleiner als die Wellenlänge der durchlaufenden Schallwelle ist und elastisch nicht an die Umgebung angekoppelt ist, in guter Näherung tun. In einem isotropen Festkörper ist $\sigma_{xx} = Ee_{xx} = E\partial u_x/\partial x$ und wir erhalten

$$\frac{\partial^2 u_x}{\partial t^2} = \frac{E}{\rho}\frac{\partial^2 u_x}{\partial x^2} . \tag{A4.3.3}$$

Hierbei ist E der Elastizitätsmodul und e_{xx} die Dehnung in x-Richtung aufgrund einer in x-Richtung wirkenden Kraft. Wir erhalten eine eindimensionale Wellengleichung, deren Lösung eine longitudinale Schallwelle mit der Phasengeschwindigkeit

$$v_s^{\mathrm{el},d\ll\lambda} = \sqrt{\frac{E}{\rho}} = \sqrt{\frac{7.02\times 10^{10}}{2700}}\,\mathrm{m/s} = 5099\,\mathrm{m/s} \quad \text{für } d \ll \lambda \tag{A4.3.4}$$

ist. Dieser Wert liegt etwas unter dem aus der gemessenen Resonanzfrequenz bestimmten Wert v_s^{exp}. Die Ursache ist, dass der Zylinder einen relativ großen Durchmesser hat und somit die Vernachlässigung der Querkontraktion einen relativ großen Fehler verursacht.
Unter Berücksichtigung der Querkontraktion im Grenzfall $d \gg \lambda$ hat die Schallgeschwindigkeit dann eine leicht andere Form und hängt von der Poisson-Zahl ν ab (die etwas längliche Herleitung dieses Ausdrucks folgt weiter unten):

$$v_s^{\mathrm{el},d\gg\lambda} = \sqrt{\frac{E}{\rho}\frac{(1-\nu)}{(1+\nu)(1-2\nu)}} . \tag{A4.3.5}$$

Für $\nu = 0.33$ erhalten wir

$$v_s^{\mathrm{el},d\gg\lambda} = \sqrt{\frac{7.02\times 10^{10}}{2700}\cdot 1.5}\,\mathrm{m/s} = 6245\,\mathrm{m/s} \quad \text{für } d \gg \lambda , \tag{A4.3.6}$$

also eine höhere Schallgeschwindigkeit als diejenige, die wir im Grenzfall $d \ll \lambda$ abgeleitet haben. Vergleichen wir die gemessene Schallgeschwindigkeit v_s^{mes} mit den mittels den elastischen Konstanten abgeleiteten Geschwindigkeiten $v_s^{\mathrm{el},\,d\ll\lambda}$ und $v_s^{\mathrm{el},\,d\gg\lambda}$ so erkennen wir, dass der untersuchte Aluminium-Zylinder ein Durchmesser zu Wellenlängenverhältnis nahe des eindimensionalen Grenzfalles ($d \ll \lambda$) besitzt und somit die Länge L größer als der Durchmesser d ist.

Um das Ergebnis (A4.3.5) herzuleiten, gehen wir von der allgemeinen Bewegungsgleichung für Schallwellen aus (wir benutzen $\partial/\partial x_i \to \partial/\partial i$, $\partial/\partial x_j \to \partial/\partial j$, $\partial/\partial x_k \to \partial/\partial k$, $\partial/\partial x_l \to$

$\partial/\partial l$ und $s_x = u, s_y = v, s_z = w$):

$$\rho \frac{\partial^2 s_i}{\partial t^2} = \sum_j \frac{\partial \sigma_{ij}}{\partial j} . \tag{A4.3.7}$$

Mit

$$\sigma_{ij} = \sum_{kl} C_{ijkl} e_{kl} = \sum_k C_{ijkk} e_{kk} + \sum_{k \neq l} C_{ijkl} e_{kl} \tag{A4.3.8}$$

und

$$e_{kk} = \frac{\partial u_k}{\partial x_k} \quad \text{für } k = l \quad \text{bzw.} \quad e_{kl} = \frac{1}{2}\left(\frac{\partial u_k}{\partial x_l} + \frac{\partial u_l}{\partial x_k}\right) \quad \text{für } k \neq l \tag{A4.3.9}$$

erhalten wir

$$\rho \frac{\partial^2 s_i}{\partial t^2} = \sum_{jkl} C_{ijkl} \frac{\partial^2 s_l}{\partial j \partial k} . \tag{A4.3.10}$$

Parallel zu den Hauptachsen gilt für einen isotropen Festkörper

$$\sigma_{xx} = a e_{xx} + b e_{yy} + b e_{zz} \tag{A4.3.11}$$

$$\sigma_{yy} = b e_{xx} + a e_{yy} + b e_{zz} \tag{A4.3.12}$$

$$\sigma_{zz} = b e_{xx} + b e_{yy} + a e_{zz} . \tag{A4.3.13}$$

Wegen der Gleichwertigkeit aller Richtungen gibt es nur zwei elastische Konstanten, nämlich a für die Deformation parallel zur wirkenden Spannung und b senkrecht dazu. Üblicherweise werden die ***Laméschen Moduln***

$$\mu = \frac{a - b}{2} \qquad \lambda = b \tag{A4.3.14}$$

verwendet, mit denen wir

$$\sigma_{xx} = 2\mu e_{xx} + \lambda(e_{xx} + e_{yy} + e_{zz}) \tag{A4.3.15}$$

$$\sigma_{yy} = 2\mu e_{yy} + \lambda(e_{xx} + e_{yy} + e_{zz}) \tag{A4.3.16}$$

$$\sigma_{zz} = 2\mu e_{zz} + \lambda(e_{xx} + e_{yy} + e_{zz}) \tag{A4.3.17}$$

bzw.

$$\sigma_{ii} = 2\mu e_{ii} + \lambda \cdot \text{Spur}(\mathbf{e}) \tag{A4.3.18}$$

erhalten. Gehen wir vom Hauptachsensystem zu einem beliebigen orthogonalen Koordinatensystem über, so gilt

$$\widetilde{\sigma}_{ij} = 2\mu \widetilde{e}_{ij} + \lambda \cdot \text{Spur}(\widetilde{\mathbf{e}}) \tag{A4.3.19}$$

mit

$$\widetilde{e}_{ij} = \sum_{kl} \alpha_{ik} \alpha_{jl} e_{kl} = \sum_k \alpha_{ik} \alpha_{jk} e_{kk} , \tag{A4.3.20}$$

wobei $\alpha_{ik} = \cos \angle(x'_i, x_k)$ die Richtungskosinusse sind. Es kann gezeigt werden, dass $\sum_k \alpha_{ik}\alpha_{jk} = \delta_{ij}$ und $\mathrm{Spur}(\widetilde{\mathbf{e}}) = \mathrm{Spur}(\mathbf{e})$ gilt.[1] Es ergibt sich somit

$$\widetilde{\sigma}_{ij} = 2\mu\widetilde{e}_{ij} + \lambda\delta_{ij}\mathrm{Spur}(\mathbf{e}) \,.$$

Den Index können wir weglassen und erhalten

$$\sigma_{ij} = 2\mu e_{ij} + \lambda\delta_{ij} \cdot \mathrm{Spur}(\mathbf{e}) \,. \tag{A4.3.21}$$

Diese Beziehung stellt das Hookesche Gesetz für einen isotropen Festkörper dar. Mit diesem Zusammenhang können wir die allgemeine Bewegungsgleichung (A4.3.7) schreiben als

$$\rho \frac{\partial^2 s_i}{\partial t^2} = \sum_j^3 \frac{\partial \sigma_{ij}}{\partial j} = \sum_j^3 \frac{\partial}{\partial j}\left[2\mu e_{ij} + \lambda\delta_{ij}\mathrm{Spur}(\mathbf{e})\right] \,. \tag{A4.3.22}$$

Mit Gleichung (A4.3.9) und $s_x = u$ bzw. $i = x$ erhalten wir:

$$\begin{aligned}\rho \frac{\partial^2 u}{\partial t^2} &= \mu\left(\frac{\partial^2 u}{\partial x^2} + \frac{\partial^2 u}{\partial y^2} + \frac{\partial^2 u}{\partial z^2}\right) + \mu\left(\frac{\partial^2 u}{\partial x \partial x} + \frac{\partial^2 v}{\partial x \partial y} + \frac{\partial^2 w}{\partial x \partial z}\right) \\ &\quad + \lambda\left(\frac{\partial^2 u}{\partial x \partial x} + \frac{\partial^2 v}{\partial x \partial y} + \frac{\partial^2 w}{\partial x \partial z}\right) \\ &= \mu\underbrace{\left(\frac{\partial^2}{\partial x^2} + \frac{\partial^2}{\partial y^2} + \frac{\partial^2}{\partial z^2}\right)}_{\Delta} u + (\mu + \lambda)\frac{\partial}{\partial x}\underbrace{\left(\frac{\partial u}{\partial x} + \frac{\partial v}{\partial y} + \frac{\partial w}{\partial z}\right)}_{\nabla \cdot \mathbf{s}} \,.\end{aligned} \tag{A4.3.23}$$

---

1 Bei einer beliebigen Transformation von einem orthogonalen Koordinatensystem zu einem anderen sind die neun Koeffizienten α_{ij} der Transformationsmatrix

$$\alpha = \begin{pmatrix} \alpha_{xx} & \alpha_{xy} & \alpha_{xz} \\ \alpha_{yx} & \alpha_{yy} & \alpha_{yz} \\ \alpha_{zx} & \alpha_{zy} & \alpha_{zz} \end{pmatrix}$$

nicht unabhängig. Betrachten wir zum Beispiel die Anzahl der Freiheitsgrade, so sehen wir, dass drei Winkel ausreichen, um eine Transformation eindeutig zu beschreiben. Wir erwarten deshalb, dass sich die Anzahl der unabhängigen Koeffizienten der Transformationsmatirx α von 9 auf 6 reduzieren. Eine genauere Betrachten ergibt

$$\begin{aligned}\alpha_{xx}^2 + \alpha_{xy}^2 + \alpha_{xz}^2 &= 1 \\ &\vdots \\ \alpha_{yx}\alpha_{zx} + \alpha_{yy}\alpha_{zy} + \alpha_{yz}\alpha_{zz} &= 0 \\ &\vdots\end{aligned}$$

bzw.

$$\sum_k \alpha_{jk}\alpha_{ik} = \delta_{ij}$$

mit dem Kronecker delta δ_{ij}.

Analoge Ergebnisse erhalten wir für $i = 2$ und $i = 3$. Zusammengefasst ergibt sich somit die Bewegungsgleichung

$$\mu \Delta s_j + (\mu + \lambda) \frac{\partial}{\partial j}(\nabla \cdot \mathbf{s}) - \rho \frac{\partial^2 s_j}{\partial t^2} = 0 \qquad \forall\, j = x, y, z\,. \tag{A4.3.24}$$

Zur Lösung dieser Differentialgleichung machen wir den Ansatz

$$\begin{aligned} \mathbf{s}(\mathbf{r}, t) &= \mathbf{s}_0\, \mathrm{e}^{\imath(\mathbf{k}\cdot\mathbf{r} - \omega t)} \\ s_j &= s_{0j}\, \mathrm{e}^{\imath(k_x x + k_y y + k_z z - \omega t)}\,. \end{aligned} \tag{A4.3.25}$$

Setzen wir diesen Ansatz in die Bewegungsgleichung ein und verwenden

$$\Delta s_j = \frac{\partial^2 s_j}{\partial x^2} + \frac{\partial^2 s_j}{\partial y^2} + \frac{\partial^2 s_j}{\partial z^2} = -s_j(k_x^2 + k_y^2 + k_z^2) = -s_j k^2 \tag{A4.3.26}$$

$$\begin{aligned} \frac{\partial}{\partial j}(\nabla \cdot \mathbf{s}) &= \frac{\partial}{\partial j}\left(\frac{\partial u}{\partial x} + \frac{\partial v}{\partial y} + \frac{\partial w}{\partial z}\right) \\ &= \frac{\partial}{\partial j}\imath(u k_x + v k_y + w k_z) = -k_j(\mathbf{s}\cdot\mathbf{k}) \end{aligned} \tag{A4.3.27}$$

$$\frac{\partial^2 s_j}{\partial j^2} = -k_j^2 s_j \tag{A4.3.28}$$

$$\frac{\partial^2 s_j}{\partial t^2} = -\omega^2 s_j\,, \tag{A4.3.29}$$

so erhalten wir

$$\mu k^2 s_{0j} + (\mu + \lambda) k_j (\mathbf{k} \cdot \mathbf{s}) - \rho \omega^2 s_{0j} = 0 \qquad \forall\, j = x, y, z\,. \tag{A4.3.30}$$

Wir können dieses Gleichungssystem in Matrixform schreiben und erhalten

$$\underbrace{\begin{pmatrix} \mu k^2 + (\mu+\lambda)k_x^2 - \rho\omega^2 & (\mu+\lambda)k_x k_y & (\mu+\lambda)k_x k_z \\ (\mu+\lambda)k_y k_x & \mu k^2 + (\mu+\lambda)k_y^2 - \rho\omega^2 & (\mu+\lambda)k_y k_z \\ (\mu+\lambda)k_z k_x & (\mu+\lambda)k_z k_y & \mu k^2 + (\mu+\lambda)k_z^2 - \rho\omega^2 \end{pmatrix}}_{=\mathbf{M}} \begin{pmatrix} s_{0x} \\ s_{0y} \\ s_{0z} \end{pmatrix} = 0\,. \tag{A4.3.31}$$

Die Lösungen für ω erhalten wir, indem wir $\det \mathbf{M} = 0$ setzen. Wir betrachten nur die Ausbreitung in x-Richtung ($k_1 \neq 0$, $k_2 = k_3 = 0$), für die wir

$$\begin{vmatrix} (2\mu+\lambda)k_1^2 - \rho\omega^2 & 0 & 0 \\ 0 & \mu k_1^2 - \rho\omega^2 & 0 \\ 0 & 0 & \mu k_1^2 - \rho\omega^2 \end{vmatrix} = 0 \tag{A4.3.32}$$

und damit

$$\left[(2\mu+\lambda)k_1^2 - \rho\omega^2\right]\left[\mu k_1^2 - \rho\omega^2\right]^2 = 0 \tag{A4.3.33}$$

erhalten. Für die die Ausbreitung in x-Richtung ergibt sich

$$\begin{aligned}
\omega_1 &= \sqrt{\frac{2\mu+\lambda}{\rho}}\,k_x\,, & \mathbf{s}_0 &= (s_{0x},0,0) & &\text{(longitudinale Welle)} \\
\omega_2 &= \sqrt{\frac{\mu}{\rho}}\,k_x\,, & \mathbf{s}_0 &= (0,s_{0y},0) & &\text{(transversale Welle)} \\
\omega_3 &= \sqrt{\frac{\mu}{\rho}}\,k_x\,, & \mathbf{s}_0 &= (0,0,s_{0z}) & &\text{(transversale Welle)}
\end{aligned} \tag{A4.3.34}$$

Für die Phasengeschwindigkeit $v_s = \omega/|\mathbf{k}_{[100]}| = \omega/k_1$ erhalten wir

$$v_{s,x} = \sqrt{\frac{2\mu+\lambda}{\rho}}\,, \qquad v_{s,2} = v_{s,3} = \sqrt{\frac{\mu}{\rho}} \tag{A4.3.35}$$

Wir müssen jetzt noch den Zusammenhang zwischen den Laméschen Moduln und dem Elastizitätsmodul E und der Poisson-Zahl v herstellen. Dies können wir tun, indem wir eine Situation betrachten, bei der nur eine Kraft in x-Richtung wirkt. Wir erhalten mit Gl. (A4.3.21)

$$\begin{aligned}
\sigma_{xx} &= 2\mu e_{xx} + \lambda(e_{xx}+e_{yy}+e_{zz}) \\
\sigma_{yy} &= 0 = 2\mu e_{yy} + \lambda(e_{xx}+e_{yy}+e_{zz}) \\
\sigma_{zz} &= 0 = 2\mu e_{zz} + \lambda(e_{xx}+e_{yy}+e_{zz}) \\
\sigma_{yz} &= 0 = 2\mu e_{yz} \\
\sigma_{xz} &= 0 = 2\mu e_{xz} \\
\sigma_{xy} &= 0 = 2\mu e_{xy}\,,
\end{aligned} \tag{A4.3.36}$$

woraus

$$\begin{aligned}
e_{yy} &= e_{zz} = -\frac{\lambda}{2\mu}(e_{xx}+e_{yy}+e_{zz}) \\
e_{yz} &= e_{xz} = e_{xy} = 0 \\
e_{yy} &= -\frac{\lambda}{2\mu}\left(e_{xx} + -2\frac{\lambda}{2\mu}e_{yy}\right) = -\frac{\lambda}{2(\mu+\lambda)}e_{xx} \\
\mathrm{Spur}(\mathbf{e}) &= e_{xx}\left(1 - 2\frac{\lambda}{2(\mu+\lambda)}\right) = \frac{\mu}{\lambda+\mu}e_{xx}
\end{aligned} \tag{A4.3.37}$$

folgt. Damit erhalten wir

$$\sigma_{xx} = 2\mu e_{xx} + \lambda\frac{\mu}{\lambda+\mu}e_{xx} = \left(2\mu + \frac{\lambda\mu}{\lambda+\mu}\right)e_{xx} \equiv E\,e_{xx} \tag{A4.3.38}$$

und damit den Elastizitätsmodul

$$E = \frac{\mu(2\mu+3\lambda)}{\lambda+\mu}\,. \tag{A4.3.39}$$

Für die Poisson-Zahl erhalten wir

$$\nu = \frac{-e_{zz}}{e_{xx}} = \frac{-e_{yy}}{e_{xx}} = \frac{\lambda}{2(\lambda + \mu)} . \tag{A4.3.40}$$

Setzen wir diese Beziehungen in Gl. (A4.3.35) ein, so erhalten wir den Ausdruck (A4.3.5) für die Geschwindigkeit der longitudinalen Schwingung.

A4.4 Elastische Wellen in [111]-Richtung eines kubischen Kristalls

Zeigen Sie, dass die Geschwindigkeit von tranversalen Gitterschwingungen in [111]-Richtung eines kubischen Kristalls mit Massendichte ρ durch

$$v_s = \sqrt{\frac{1}{3}\,\frac{C_{11} - C_{12} + C_{44}}{\rho}}$$

gegeben ist. C_{11}, C_{12} und C_{44} sind die drei Komponenten des Elastizitätstensors eines kubischen Kristalls.

Lösung

Wir gehen wie in Aufgabe A4.3 von der allgemeinen Bewegungsgleichung für Schallwellen aus ($i, j, k, l = x, y, z$ mit $s_x = u, s_y = v, s_z = w$):

$$\rho \frac{\partial^2 s_i}{\partial t^2} = \sum_j \frac{\partial \sigma_{ij}}{\partial j} = \sum_{jkl} C_{ijkl} \frac{\partial^2 s_l}{\partial j \partial k} . \tag{A4.4.1}$$

Dies ergibt in Tensorschreibweise für $i = x$:

$$\begin{aligned} \rho \frac{\partial^2 u}{\partial t^2} &= C_{xxxx} \frac{\partial^2 u}{\partial x^2} + C_{xxxy} \frac{\partial^2 v}{\partial x^2} + C_{xxxz} \frac{\partial^2 w}{\partial x^2} \\ &= C_{xxyx} \frac{\partial^2 u}{\partial x \partial y} + C_{xxyy} \frac{\partial^2 v}{\partial x \partial y} + C_{xxyz} \frac{\partial^2 w}{\partial x \partial y} \\ &= C_{xxzx} \frac{\partial^2 u}{\partial x \partial z} + C_{xxyy} \frac{\partial^2 v}{\partial x \partial z} + C_{xxyz} \frac{\partial^2 w}{\partial x \partial z} \\ &\vdots . \end{aligned} \tag{A4.4.2}$$

Mit Hilfe von Aufgabe A4.2 vereinfacht sich dieses gekoppelte Differentialgleichungssystem für kubische Systeme in Matrixschreibweise zu

$$\begin{aligned} \rho \frac{\partial^2 u}{\partial t^2} &= C_{11} \frac{\partial^2 u}{\partial x^2} + C_{44} \left(\frac{\partial^2 u}{\partial y^2} + \frac{\partial^2 u}{\partial z^2} \right) \\ &\quad + (C_{12} + C_{44}) \left(\frac{\partial^2 v}{\partial x \partial y} + \frac{\partial^2 w}{\partial x \partial z} \right) \end{aligned} \tag{A4.4.3}$$

$$\rho \frac{\partial^2 v}{\partial t^2} = C_{11} \frac{\partial^2 v}{\partial y^2} + C_{44} \left(\frac{\partial^2 v}{\partial x^2} + \frac{\partial^2 v}{\partial z^2} \right) + (C_{12} + C_{44}) \left(\frac{\partial^2 u}{\partial x \partial y} + \frac{\partial^2 w}{\partial y \partial z} \right) \tag{A4.4.4}$$

$$\rho \frac{\partial^2 w}{\partial t^2} = C_{11} \frac{\partial^2 w}{\partial z^2} + C_{44} \left(\frac{\partial^2 w}{\partial x^2} + \frac{\partial^2 w}{\partial y^2} \right) + (C_{12} + C_{44}) \left(\frac{\partial^2 u}{\partial x \partial z} + \frac{\partial^2 v}{\partial y \partial z} \right) . \tag{A4.4.5}$$

Hierbei sind u, v, w die Komponenten des Verschiebungsvektors $\mathbf{s}$. Wir können Gl. (A4.4.3) mit Hilfe von

$$\Delta s_j = \frac{\partial^2 s_j}{\partial x^2} + \frac{\partial^2 s_j}{\partial y^2} + \frac{\partial^2 s_j}{\partial z^2} = -s_j (k_x^2 + k_y^2 + k_z^2) = -s_j k^2 \tag{A4.4.6}$$

umschreiben in

$$C_{44} \left(\Delta u - \frac{\partial^2 u}{\partial x^2} + \frac{\partial^2 v}{\partial x \partial y} + \frac{\partial^2 w}{\partial x \partial z} \right) + C_{12} \left(\frac{\partial^2 v}{\partial x \partial y} + \frac{\partial^2 w}{\partial x \partial z} + \frac{\partial^2 u}{\partial x^2} - \frac{\partial^2 u}{\partial x^2} \right) + C_{11} \frac{\partial^2 u}{\partial x^2} - \rho \frac{\partial^2 u}{\partial t^2} = 0 . \tag{A4.4.7}$$

Dies können wir weiter vereinfachen zu

$$\underbrace{C_{44}}_{=a} \Delta u + \underbrace{(C_{12} + C_{44})}_{=b} \frac{\partial}{\partial x} (\nabla \cdot \mathbf{u}) + \underbrace{(C_{11} - C_{12} - 2C_{44})}_{=c} \frac{\partial^2 u}{\partial x^2} - \rho \frac{\partial^2 u}{\partial t^2} = 0 . \tag{A4.4.8}$$

Analoge Ausdrücke erhalten wir für v und w. Wir können somit allgemein schreiben:

$$a \Delta s_j + b \frac{\partial}{\partial j} (\nabla \cdot \mathbf{s}) + c \frac{\partial^2 s_j}{\partial j^2} - \rho \frac{\partial^2 s_j}{\partial t^2} = 0 \qquad \forall j = x, y, z . \tag{A4.4.9}$$

Zur Lösung dieser Differentialgleichung machen wir den Ansatz

$$\mathbf{s}(\mathbf{r}, t) = \mathbf{s}_0 \, e^{\imath (\mathbf{k} \cdot \mathbf{r} - \omega t)}$$
$$s_j = s_{0j} \, e^{\imath (k_x x + k_y y + k_z z - \omega t)} . \tag{A4.4.10}$$

Setzen wir diesen Ansatz in die Bewegungsgleichung ein und verwenden

$$\frac{\partial}{\partial j} (\nabla \cdot \mathbf{s}) = \frac{\partial}{\partial j} \left(\frac{\partial u}{\partial x} + \frac{\partial v}{\partial y} + \frac{\partial w}{\partial z} \right) = \frac{\partial}{\partial j} \imath (u k_x + v k_y + w k_z) = -k_j (\mathbf{s} \cdot \mathbf{k}) \tag{A4.4.11}$$

$$\frac{\partial^2 s_j}{\partial j^2} = -k_j^2 s_j \tag{A4.4.12}$$

$$\frac{\partial^2 s_j}{\partial t^2} = -\omega^2 s_j , \tag{A4.4.13}$$

so erhalten wir

$$ak^2 s_{0j} + bk_j(\mathbf{k}\cdot\mathbf{s}_0) + ck_j^2 s_{0j} - \rho\omega^2 s_{0j} = 0 \qquad \forall\, j = x,y,z\,. \tag{A4.4.14}$$

Wir können dieses Gleichungssystem in Matrixform schreiben und erhalten

$$\underbrace{\begin{pmatrix} ak^2 + bk_x^2 + ck_x^2 - \rho\omega^2 & bk_xk_y & bk_xk_z \\ bk_yk_x & ak^2 + bk_y^2 + ck_y^2 - \rho\omega^2 & bk_yk_z \\ bk_zk_x & bk_zk_y & ak^2 + bk_z^2 + ck_z^2 - \rho\omega^2 \end{pmatrix}}_{=\mathbf{M}} \begin{pmatrix} s_{0x} \\ s_{0y} \\ s_{0z} \end{pmatrix} = 0\,. \tag{A4.4.15}$$

Durch Umformen der Matrix **M** erhalten wir mit der Abkürzung $\alpha = a + b + c$

$$\begin{pmatrix} k_x^2\alpha + a(k_y^2 + k_z^2) - \rho\omega^2 & bk_xk_y & bk_xk_z \\ bk_yk_x & k_y^2\alpha + a(k_x^2 + k_z^2) - \rho\omega^2 & bk_yk_z \\ bk_zk_x & bk_zk_y & k_z^2\alpha + a(k_x^2 + k_y^2) - \rho\omega^2 \end{pmatrix} \tag{A4.4.16}$$

Wir können nun $\alpha = a + b + c = C_{11}$, $a = C_{44}$, $b = C_{12} + C_{44}$ verwenden und erhalten

$$\begin{pmatrix} C_{11}k_x^2 + C_{44}(k_y^2 + k_z^2) - \rho\omega^2 & (C_{12} + C_{44})k_xk_y & (C_{12} + C_{44})k_xk_z \\ (C_{12} + C_{44})k_yk_x & C_{11}k_y^2 + C_{44}(k_x^2 + k_z^2) - \rho\omega^2 & (C_{12} + C_{44})k_yk_z \\ (C_{12} + C_{44})k_zk_x & (C_{12} + C_{44})k_zk_y & C_{11}k_z^2 + C_{44}(k_x^2 + k_y^2) - \rho\omega^2 \end{pmatrix} \tag{A4.4.17}$$

Die Lösungen für ω erhalten wir, indem wir $\det \mathbf{M} = 0$ setzen. Wir betrachten dabei verschiedene Ausbreitungsrichtungen (siehe Abb. 4.2):

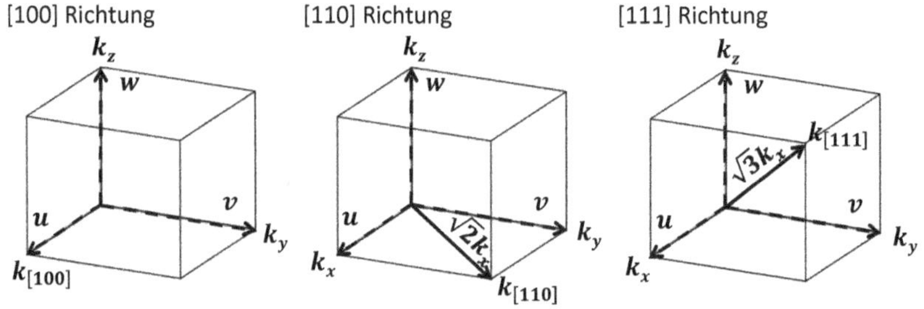

Abb. 4.2: Wellenvektoren k_j und Auslenkungen s_j bei der Ausbreitung von Gitterschwingungen in [100]-, [110]- und [111]-Richtung.

- Ausbreitung in [100]-Richtung ($k_x \neq 0$, $k_y = k_z = 0$):

  Wir erhalten

$$\begin{vmatrix} C_{11}k_x^2 - \rho\omega^2 & 0 & 0 \\ 0 & C_{44}k_x^2 - \rho\omega^2 & 0 \\ 0 & 0 & C_{44}k_x^2 - \rho\omega^2 \end{vmatrix} = 0$$

$$(C_{11}k_x^2 - \rho\omega^2)(C_{44}k_x^2 - \rho\omega^2)^2 = 0 \tag{A4.4.18}$$

und damit

$$\begin{aligned}
\omega_1 &= \sqrt{\frac{C_{11}}{\rho}}\, k_x\,, & \mathbf{s}_0 &= (s_{0x}, 0, 0) \quad \text{(longitudinale Welle)} \\
\omega_2 &= \sqrt{\frac{C_{44}}{\rho}}\, k_x\,, & \mathbf{s}_0 &= (0, s_{0y}, 0) \quad \text{(transversale Welle)} \\
\omega_3 &= \sqrt{\frac{C_{44}}{\rho}}\, k_x\,, & \mathbf{s}_0 &= (0, 0, s_{0z}) \quad \text{(transversale Welle)}
\end{aligned} \tag{A4.4.19}$$

Für die Phasengeschwindigkeit $v_s = \omega/|\mathbf{k}_{[100]}| = \omega/k_x$ ergibt sich

$$v_{s,x} = \sqrt{\frac{C_{11}}{\rho}}, \quad v_{s,y} = v_{s,z} = \sqrt{\frac{C_{44}}{\rho}}\,. \tag{A4.4.20}$$

- Ausbreitung in [110]-Richtung ($k_x = k_y \neq 0$, $k_z = 0$):

  Wir erhalten

$$\begin{vmatrix} (C_{11}+C_{44})k_x^2 - \rho\omega^2 & (C_{12}+C_{44})k_x^2 & 0 \\ (C_{12}+C_{44})k_x^2 & (C_{11}+C_{44})k_x^2 - \rho\omega^2 & 0 \\ 0 & 0 & 2C_{44}k_x^2 - \rho\omega^2 \end{vmatrix} = 0 \tag{A4.4.21}$$

  und damit

$$\begin{aligned}
\omega_1 &= \sqrt{\frac{C_{11}+C_{12}+2C_{44}}{\rho}}\, k_x\,, & \mathbf{s}_0 &= \frac{(s_{0x}, s_{0x}, 0)}{\sqrt{2}} \quad \text{(long. Welle)} \\
\omega_2 &= \sqrt{\frac{2C_{44}}{\rho}}\, k_x\,, & \mathbf{s}_0 &= (0, 0, s_{0z}) \quad \text{(transv. Welle)} \\
\omega_3 &= \sqrt{\frac{C_{11}-C_{12}}{\rho}}\, k_x\,, & \mathbf{s}_0 &= \frac{(-s_{0x}, s_{0x}, 0)}{\sqrt{2}} \quad \text{(transv. Welle)}
\end{aligned} \tag{A4.4.22}$$

  Für die Phasengeschwindigkeit $v_s = \omega/|\mathbf{k}_{[110]}| = \omega/\sqrt{2}k_x$ (siehe Abb. 4.2) ergibt sich

$$v_{s,x} = \sqrt{\frac{C_{44}}{\rho}}, \quad v_{s,y} = \sqrt{\frac{C_{11}-C_{12}}{2\rho}}, \quad v_{s,z} = \sqrt{\frac{C_{11}+C_{12}+2C_{44}}{2\rho}}\,. \tag{A4.4.23}$$

- Ausbreitung in [111]-Richtung ($k_x = k_y = k_z \neq 0$):

  Wir erhalten

$$\begin{vmatrix} (2C_{44}+C_{11})k_x^2 - \rho\omega^2 & (C_{12}+C_{44})k_x^2 & (C_{12}+C_{44})k_x^2 \\ (C_{12}+C_{44})k_x^2 & (2C_{44}+C_{11})k_x^2 - \rho\omega^2 & (C_{12}+C_{44})k_x^2 \\ (C_{12}+C_{44})k_x^2 & (C_{12}+C_{44})k_x^2 & (2C_{44}+C_{11})k_x^2 - \rho\omega^2 \end{vmatrix} = 0 \tag{A4.4.24}$$

und damit

$$\omega_1 = \sqrt{\frac{C_{11} + 2C_{12} + 4C_{44}}{\rho}} k_x\,, \qquad \mathbf{s}_0 = \frac{(s_{0x}, s_{0x}, s_{0x})}{\sqrt{3}} \quad \text{(long. Welle)}$$

$$\omega_2 = \sqrt{\frac{C_{11} + C_{44} - C_{12}}{\rho}} k_x\,, \qquad \mathbf{s}_0 = \frac{(-s_{0x}, 0, s_{0x})}{\sqrt{3}} \quad \text{(transv. Welle)}$$

(A4.4.25)

$$\omega_3 = \sqrt{\frac{C_{11} + C_{44} - C_{12}}{\rho}} k_x\,, \qquad \mathbf{s}_0 = \frac{(-s_{0x}, s_{0x}, 0)}{\sqrt{3}} \quad \text{(transv. Welle)}$$

Für die Phasengeschwindigkeit $v_s = \omega/|\mathbf{k}_{[111]}| = \omega/\sqrt{3}k_x$ (siehe Abb. 4.2) ergibt sich

$$v_{s,x} = \sqrt{\frac{C_{11} + 2C_{12} + 4C_{44}}{3\rho}}, \quad v_{s,y} = \sqrt{\frac{C_{11} + C_{44} - C_{12}}{3\rho}},$$

$$v_{s,z} = \sqrt{\frac{C_{11} + C_{44} - C_{12}}{3\rho}}\,. \qquad \text{(A4.4.26)}$$

Die Phasengeschwindigkeiten für die verschiedenen Ausbreitungsrichtungen sind in Tabelle 4.1 zusammengefasst.

Tabelle 4.1: Phasengeschwindigkeiten von Gitterschwingungen in kubischen Medien für die Ausbreitung in [100], [110] und [111] Richtung.

Richtung		[100]	[110]	[111]
longitudinal (Kompressionswelle)	L	$\sqrt{\frac{C_{11}}{\rho}}$	$\sqrt{\frac{C_{11}+C_{12}+2C_{44}}{2\rho}}$	$\sqrt{\frac{C_{11}+2C_{12}+4C_{44}}{3\rho}}$
transversal (Torsionswelle)	T_1	$\sqrt{\frac{C_{44}}{\rho}}$	$\sqrt{\frac{C_{44}}{\rho}}$	$\sqrt{\frac{C_{11}-C_{12}+C_{44}}{3\rho}}$
	T_2	$\sqrt{\frac{C_{44}}{\rho}}$	$\sqrt{\frac{C_{11}-C_{12}}{2\rho}}$	$\sqrt{\frac{C_{11}-C_{12}+C_{44}}{3\rho}}$

5 Dynamik des Kristallgitters

A5.1 Wellengleichung im Kontinuum

Betrachten Sie eine lineare monoatomare Kette aus äquidistanten Atomen der Masse M im Abstand a, die um ihre Gleichgewichtslage kleine Schwingungen ausführen können (longitudinale Polarisation, harmonische Näherung). Eine Wechselwirkung bestehe ausschließlich zwischen nächsten Nachbarn und sei durch die Federkonstante C charakterisiert. Die Position des n-ten Atoms sei durch $x_n(t) = na + u_n(t)$ beschrieben.

(a) Zeigen Sie, dass die Auslenkung $u_n(t)$ des n-ten Atoms der Differentialgleichung

$$M\,\frac{d^2u_n(t)}{dt^2} = -C\left[2u_n(t) - u_{n+1}(t) - u_{n-1}(t)\right]$$

genügt.

(b) Lösen Sie diese Gleichung mit dem Ansatz $u_n(t) = u_0 e^{\imath(qna-\omega t)}$ und leiten Sie eine Dispersionsrelation zwischen Frequenz ω und der Wellenzahl q ab.

(c) Diskutieren Sie den langwelligen Limes $qa \ll 1$ und zeigen Sie insbesondere, dass sich aus der obigen Differentialgleichung die Schall-Wellengleichung

$$\frac{\partial^2 u(x,t)}{\partial t^2} - v_s^2\,\frac{\partial^2 u(x,t)}{\partial x^2} = 0$$

ergibt, wenn man zur Kontinuumsbeschreibung $u_{n\pm1}(t) = u(x \pm a, t)$ übergeht.

Lösung

(a) Wir gehen bei unseren Rechnungen von der Position der Atome (siehe Abb. 5.1)

$$x_n(t) = na + u_n(t) \qquad \text{(A5.1.1)}$$

aus, bei der $u_n(t)$ eine kleine Auslenkung aus der Gleichgewichtslage na des n-ten Atoms bedeutet. Die Parameter dieser Beschreibung sind (i) die Masse M der Atome und (ii) die Kraftkonstanten C_p, die die Hookesche Kraft F_n zwischen dem n-ten und dem $(n+p)$-ten Atom beschreiben:

$$F_n = -\sum_{p\neq0} C_p\left[u_n(t) - u_{n+p}(t)\right]\,. \qquad \text{(A5.1.2)}$$

Die Newtonsche Bewegungsgleichung lautet dann für die Kette

$$M\,\frac{d^2u_n(t)}{dt^2} = F_n = \sum_{p\neq0} C_p\left[u_{n+p}(t) - u_n(t)\right]\,. \qquad \text{(A5.1.3)}$$

https://doi.org/10.1515/9783110782530-005

Unter der Annahme, dass $C_{-p} = C_p$ können wir die Summe über den Index p wie folgt umschreiben:

$$M\frac{d^2u_n(t)}{dt^2} = \sum_{p>0} C_p\left[u_{n+p} - u_n\right] - \underbrace{\sum_{p<0} C_p\left[u_{n+p} - u_n\right]}_{=\sum_{p>0} C_{-p}\left[u_{n-p}-u_n\right]}$$
$$= -\sum_{p>0} C_p\left[2u_n - u_{n+p} - u_{n-p}\right] . \tag{A5.1.4}$$

Für den Spezialfall nur nächster Nachbarnwechselwirkung ($C_1 = C_{-1} = C$ und $C_p = C_{-p} = 0$ für $p > 1$) ergibt sich

$$M\frac{d^2u_n(t)}{dt^2} = -C\left[u_n(t) - u_{n+1}(t)\right] - C\left[u_n(t) - u_{n-1}(t)\right]$$
$$= -C\left[2u_n(t) - u_{n+1}(t) - u_{n-1}(t)\right] . \tag{A5.1.5}$$

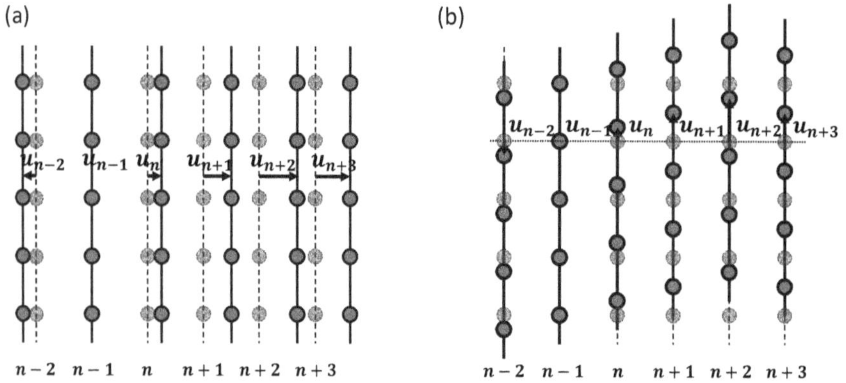

Abb. 5.1: Schematische Darstellung der Auslenkung u_n der Netzebenen bei einer (a) longitudinalen und (b) transversalen Gitterschwingung.

(b) Zur Lösung dieser Differentialgleichung verwenden wir nun den folgenden Lösungsansatz

$$u_n(t) = u_0\,\mathrm{e}^{\imath(qna-\omega t)} . \tag{A5.1.6}$$

Dies liefert mit Gleichung (A5.1.4)

$$-\omega^2 M = -\sum_{p>0} C_p\left[2 - \mathrm{e}^{\imath qpa} - \mathrm{e}^{-\imath qpa}\right]$$
$$= -2\sum_{p>0} C_p\left[1 - \cos(qpa)\right]$$
$$= -4\sum_{p>0} C_p \sin^2\left(\frac{qpa}{2}\right) \tag{A5.1.7}$$

und damit die Dispersionsrelation $\omega(q)$:

$$\omega^2(q) = \frac{4}{M}\sum_{p>0} C_p \sin^2\left(\frac{qpa}{2}\right) = \frac{2}{M}\sum_{p>0} C_p\left[1-\cos(qpa)\right] . \tag{A5.1.8}$$

Im Spezialfall nur nächster Nachbarwechselwirkung erhalten wir dann mit $C_1 = C_{-1} = C$

$$\omega^2(q) = \frac{4C}{M}\sin^2\left(\frac{qa}{2}\right) = \frac{2C}{M}\left[1-\cos(qa)\right] . \tag{A5.1.9}$$

Wir erhalten folgende Eigenschaften von $\omega(q)$:

- Periodizität:

$$\omega(q) = \omega\left(q + n\frac{2\pi}{a}\right) \qquad n = 0, \pm1, \pm2, \ldots \tag{A5.1.10}$$

Das bedeutet, dass die Dispersionsrelation $\omega(q)$ periodisch mit einer Periode $q = \frac{2\pi}{a}$ ist. Die Periodenlänge entspricht demzufolge der minimalen Länge eines reziproken Gittervektors. Es gilt deshalb ganz allgemein: $\omega(\mathbf{q}) = \omega(\mathbf{q}+\mathbf{G})$. Das heißt, dass die Betrachtung der Dispersionsrelation im Bereich eines reziproken Gittervektors völlig ausreicht. Im Allgemeinen wird hierfür die 1. Brillouin-Zone verwendet ($-\frac{\pi}{a} \le q \le \frac{\pi}{a}$, siehe Abb. 5.2).

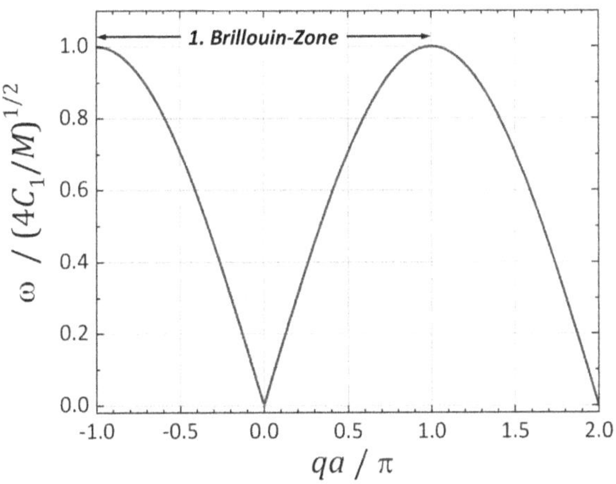

Abb. 5.2: Dispersionsrelation $\omega(q)$ der Gitterschwingungen einer monoatomaren Kette aus äquidistanten Atomen in harmonischer Näherung. Diese ist gleichbedeutend mit der Dispersionsrelation der Gitterschwingungen für ein Kristallgitter mit einatomiger Basis.

- Parität bezüglich $q \to -q$:

$$\omega(q) = \omega(-q) \tag{A5.1.11}$$

Die Parität zeigt, dass es sogar völlig ausreichend ist, die Dispersionsrelation nur in einem Oktanten der 1. Brillouin-Zone anzugeben.

- Maximum von $\omega(q)$:

$$\omega_{\max} = \max\{\omega(q)\} = \sqrt{\frac{2}{M}\sum_{p>0} C_p\left[1-(-1)\right]} \underbrace{=}_{\text{n.N.}} 2\sqrt{\frac{C}{M}} \tag{A5.1.12}$$

Das Maximum von $\omega(q)$ ist genau am Rand der 1. Brillouin-Zone bei $q = \pm\frac{\pi}{a}$ gegeben. Hier verschwindet die Gruppengeschwindigkeit und es bildet sich eine stehende Welle aus.

(c) Verhalten im langwelligen Limes $qa \to 0$ ($\lambda \gg a$):

In diesem Limes spielen sich räumliche Veränderungen auf Längenskalen ab, die groß gegen die Gitterkonstante a sind. Als Folge davon ist eine Kontinuumsbeschreibung möglich. Die Dispersion lautet in diesem Limes (wir benutzen $\cos x \simeq 1 - \frac{1}{2}x^2$)

$$\begin{aligned}\lim_{q\to 0} \omega(q) &= \sqrt{\frac{2}{M}\sum_{p>0} C_p \left[1 - \left(1 - \frac{(qpa)^2}{2}\right)\right]} \\ &= \underbrace{a\sqrt{\frac{1}{M}\sum_{p>0} C_p p^2}}_{=v_s} \cdot q = v_s \cdot q\,. \end{aligned} \tag{A5.1.13}$$

In diesem Grenzfall sind Phasen- ($v_{\text{ph}} = \omega/q$) und Gruppengeschwindigkeit ($v_{\text{gr}} = \partial\omega/\partial q$) identisch. Das bedeutet, dass die Wellenausbreitung dispersionsfrei ist.
Im Spezialfall nur nächster Nachbarwechselwirkung ($C_1 = C_{-1} = C$ und $C_p = C_{-p} = 0$ für $p > 1$) erhalten wir dann

$$v_s = a\sqrt{\frac{1}{M}\sum_{p>0} C_p p^2} = \sqrt{\frac{Ca^2}{M}}\,. \tag{A5.1.14}$$

Zur Ableitung einer Schallwellengleichung im langwelligen Limes kann $u_n(t)$ als kontinuierliche Funktion von einer reellen Variablen x aufgefasst werden:

$$u_n(t) \to u(x,t), \quad u_{n\pm p} \to u(x \pm pa, t)\,. \tag{A5.1.15}$$

Wir entwickeln den Ausdruck für die Auslenkung der Atome aus ihrer Ruhelage in eine Taylor-Reihe um die Gleichgewichtsposition

$$\begin{aligned} u_{n\pm p}(t) &= u(x \pm pa, t) \\ &= u(x,t) \pm \frac{\partial u(x,t)}{\partial x} pa + \frac{1}{2}\frac{\partial^2 u(x,t)}{\partial x^2}(pa)^2 \pm \ldots\,. \end{aligned} \tag{A5.1.16}$$

Diese Taylor-Entwicklung können wir nun in den Ausdruck für die Hookesche Kraft einsetzen und erhalten

$$\begin{aligned} F_n &= -\sum_{p>0} C_p \left[2u_n(t) - u_{n+p}(t) - u_{n-p}(t)\right] \\ &= -\sum_{p>0} C_p \left[2u(x,t) - u(x+pa,t) - u(x-pa,t)\right] \end{aligned}$$

$$
\begin{aligned}
&= -\sum_{p>0} C_p \left[-\frac{\partial u(x,t)}{\partial x} pa - \frac{1}{2} \frac{\partial^2 u(x,t)}{\partial x^2} (pa)^2 \right. \\
&\qquad \left. + \frac{\partial u(x,t)}{\partial x} pa - \frac{1}{2} \frac{\partial^2 u(x,t)}{\partial x^2} (pa)^2 + \dots \right] \\
&= M \underbrace{\frac{a^2}{M} \sum_{p>0} C_p p^2}_{=v_s^2} \frac{\partial^2 u(x,t)}{\partial x^2} = M v_s^2 \frac{\partial^2 u(x,t)}{\partial x^2} . \qquad \text{(A5.1.17)}
\end{aligned}
$$

Wir haben somit im langwelligen Limes (Kontinuumsnäherung) die eindimensionale Wellengleichung

$$
\frac{\partial^2 u(x,t)}{\partial t^2} = v_s^2 \frac{\partial^2 u(x,t)}{\partial x^2} \qquad \text{(A5.1.18)}
$$

für die lineare monoatomare Kette abgeleitet.

A5.2 Lineare Kette aus gleichen Atomen

Gegeben sei eine lineare, quasi-elastische Kette aus Atomen der Masse $M = 200\,\mathrm{u}$ mit $\mathrm{u} = 1.66 \times 10^{-27}\,\mathrm{kg}$. Der Abstand zwischen benachbarten Atomen sei $a = 4\,\text{Å}$. Wechselwirkung herrsche nur zwischen den nächsten Nachbarn.

(a) Die Schallgeschwindigkeit sei $v_s = 4000\,\mathrm{m/s}$. Wie groß ist die Kopplungskonstante C zwischen benachbarten Atomen? Benutzen Sie hierzu die Dispersionsrelation

$$
\omega^2(q) = \frac{4C}{M} \sin^2 \frac{qa}{2} \quad \leftrightarrow \quad \omega(q) = 2\sqrt{\frac{C}{M}} \left| \sin \frac{qa}{2} \right| . \qquad \text{(A5.2.1)}
$$

(b) Wie groß ist die maximale Frequenz einer ungedämpften Welle?

(c) Skizzieren Sie die Auslenkung einiger Atome für eine Welle mit $q = \frac{\pi}{a}$ und für eine Welle mit $q = \frac{\pi}{2a}$, jeweils für $\omega t = 0$ und $\omega t = \frac{\pi}{2}$.

Lösung

(a) Wir gehen von der Dispersionsrelation (siehe hierzu Aufgabe A5.1)

$$
\omega^2(q) = \frac{4C}{M} \sin^2 \frac{qa}{2} \quad \leftrightarrow \quad \omega(q) = 2\sqrt{\frac{C}{M}} \left| \sin \frac{qa}{2} \right| \qquad \text{(A5.2.2)}
$$

für eine eindimensionale Kette von Atomen aus. Die Schallgeschwindigkeit ist

$$
v_s = \left. \frac{\partial \omega(q)}{\partial q} \right|_{q \to 0} = 2\sqrt{\frac{C}{M}} \frac{a}{2} \cos \left. \frac{qa}{2} \right|_{q \to 0} = a\sqrt{\frac{C}{M}} \qquad \text{(A5.2.3)}
$$

Auflösen nach C ergibt

$$
C = \frac{M v_s^2}{a^2} . \qquad \text{(A5.2.4)}
$$

Einsetzen der angegebenen Werte für die Atommasse ($M = 200 \cdot 1.66 \times 10^{-27}\,\mathrm{kg} = 3.32 \times 10^{-25}\,\mathrm{kg}$) und die Schallgeschwindigkeit ($v_s = 4000\,\mathrm{m/s}$) liefert $C \simeq 33.2\,\mathrm{N/m}$.

(b) In der Dispersionsrelation kann der Sinus höchstens 1 werden. Mit $\sqrt{C/M} = v_s/a$ erhalten wir deshalb

$$\omega(q) = 2\sqrt{\frac{C}{M}}\left|\sin\frac{qa}{2}\right| \leq \omega_{\max} = 2\frac{v_s}{a}\,. \tag{A5.2.5}$$

Der Zahlenwert für die maximale Schwingungsfrequenz ist $\omega_{\max} \simeq 2 \times 10^{13}\,1/\mathrm{s}$ ($\omega_{\max}/2\pi \simeq 3\,\mathrm{THz}$).

(c) Die Lösungen der Bewegungsgleichungen für die eindimensionale Kette sind von der Form

$$u_n(t) = u_0\,\mathrm{e}^{\imath(nqa-\omega t)}\,, \tag{A5.2.6}$$

wobei a der Abstand benachbarter Atome und n eine ganze Zahl ist.
Am Rand der Brillouin-Zone ($q = \pi/a$) gilt (siehe Abb. 5.3):

$$u_n(\pi/a, t) = (-1)^n u_0\,\mathrm{e}^{-\imath\omega t} \tag{A5.2.7}$$

und somit für $\omega t = 0$ und $\omega t = \pi/2$

$$\begin{aligned} &(1) \quad u_n(\pi/a, 0) = (-1)^n u_0 \\ &(2) \quad u_n(\pi/a, \pi/2) = (-1)^n u_0(-\imath)\,. \end{aligned} \tag{A5.2.8}$$

Am Rand der Brillouin-Zone geht die Steigung der Dispersionsrelation und somit die Gruppengeschwindigkeit ($v_{gr} = \partial\omega/\partial q$) gegen Null. Es bildet sich eine stehende Welle aus, in der die Atome gegenphasig schwingen.

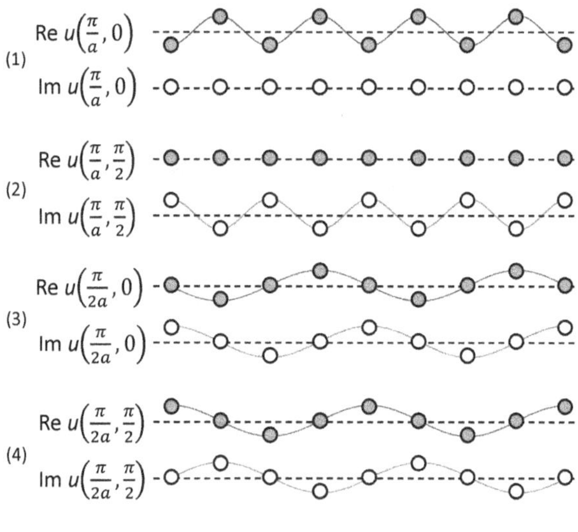

Abb. 5.3: Darstellung der Auslenkung der Atome für die Wellenvektoren $q = \pi/a$ (Rand der BZ) und $q = \pi/2a$ (Mitte zwischen Rand und Zentrum der Brillouin-Zone). Obwohl für ein eindimensionales System nur eine longitudinale Mode existiert, ist die Auslenkung der Atome zur besseren Veranschaulichung in transversaler Richtung gezeichnet.

In der Mitte zwischen Rand und Zentrum der Brillouin-Zone ($q = \pi/2a$) gilt (siehe Abb. 5.3):

$$u_n(\pi/2a, t) = (\imath)^n u_0 \, \mathrm{e}^{-\imath\omega t} \tag{A5.2.9}$$

und somit für $\omega t = 0$ und $\omega t = \pi/2$

$$\begin{aligned} &(3) \quad u_n(\pi/2a, 0) = (\imath)^n u_0 \\ &(4) \quad u_n(\pi/2a, \pi/2) = (\imath)^n u_0(-\imath)\,. \end{aligned} \tag{A5.2.10}$$

Bei $q = \pi/2a$ schwingen die übernächsten Atome gegenphasig. Im Zentrum der Brillouin-Zone ($q = 0$) haben alle die gleiche Phasenlage.

A5.3 Lineare Kette aus zweiatomigen Molekülen

Untersuchen Sie die Grundschwingungen einer linearen Kette aus zweiatomigen Molekülen, die aus gleichen Atomen der Masse M bestehen. Der Abstand der Atome im Molekül und der Abstand zwischen den Molekülen soll gleich sein und $a/2$ betragen (siehe Abb. 5.4). Die Kraftkonstanten zwischen den Atomen desselben Moleküls soll $C_1 = 10 \cdot C$ und zwischen Atomen zweier benachbarter Moleküle $C_2 = C$ betragen. Die Kopplung mit übernächsten Nachbarn soll vernachlässigt werden. Wir erhalten so eine lineare Kette aus Atomen mit Masse M und Abstand $a/2$, bei der die Federkonstante zwischen den einzelnen Atomen abwechselnd groß und klein ist. Diese Anordnung stellt ein einfaches Modell für einen Kristall aus zweiatomigen Molekülen wie z. B. H_2 dar.

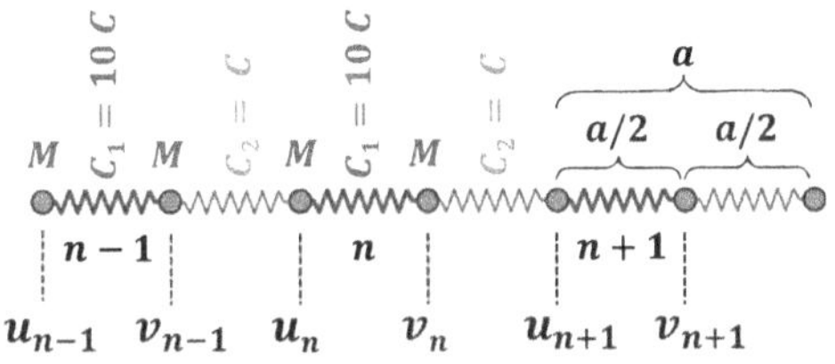

Abb. 5.4: Lineare Kette aus zweiatomigen Molekülen.

Bestimmen Sie $\omega(q)$ bei $q = 0$ und $q = \frac{\pi}{a}$. Fertigen Sie eine Skizze für die Dispersionsrelation an und diskutieren Sie diese.

Lösung

Wir betrachten eine Kette mit zwei unterschiedlichen Atomen, die allerdings gleiche Masse M haben sollen. Dabei sei u_n die Verschiebung des n-ten Atoms der einen Sorte und v_n die Verschiebung des n-ten Atoms der anderen Sorte. Die Bewegungsgleichung können wir dann wie folgt angeben:

$$M \frac{d^2 u_n}{dt^2} = C_1(v_n - u_n) + C_2(v_{n-1} - u_n) \tag{A5.3.1}$$

$$M \frac{d^2 v_n}{dt^2} = C_1(u_n - v_n) + C_2(u_{n+1} - v_n)\,. \tag{A5.3.2}$$

Zur Lösung dieses Differentialgleichungssystems machen wir den Ansatz

$$u_n(t) = u_0\, e^{\imath(qna-\omega t)} \tag{A5.3.3}$$

$$v_n(t) = v_0\, e^{\imath(qna-\omega t)}\,. \tag{A5.3.4}$$

Einsetzen ergibt das folgende algebraische Gleichungssystem:

$$\begin{aligned} 0 &= C_1(v_0 - u_0) + C_2(v_0\, e^{-\imath qa} - u_0) + M\omega^2 u_0 \\ 0 &= C_1(u_0 - v_0) + C_2(u_0\, e^{+\imath qa} - v_0) + M\omega^2 v_0\,. \end{aligned} \tag{A5.3.5}$$

Dies ist ein homogenes, lineares Gleichungssystem, für das eine nichttriviale Lösung existiert, wenn die Koeffizienten-Determinante verschwindet, also

$$\begin{vmatrix} (C_1 + C_2) - M\omega^2 & -(C_1 + C_2\, e^{-\imath qa}) \\ -(C_1 + C_2\, e^{\imath qa}) & (C_1 + C_2) - M\omega^2 \end{vmatrix} = 0 \tag{A5.3.6}$$

gilt. Dies können wir ausmultiplizieren und erhalten

$$\begin{aligned} [M\omega^2 - (C_1 + C_2)]^2 &= (C_1 + C_2\, e^{-\imath qa})(C_1 + C_2\, e^{\imath qa}) = C_1^2 + C_2^2 + 2C_1C_2 \cos qa \\ &= C_1^2 + C_2^2 + 2C_1C_2 - 2C_1C_2(1 - \cos qa) \\ &= (C_1 + C_2)^2 - 4C_1C_2 \sin^2 \frac{qa}{2}\,. \end{aligned} \tag{A5.3.7}$$

Die beiden Lösungen dieser quadratischen Gleichung lauten:

$$\begin{aligned} \omega_\pm^2 &= \frac{C_1 + C_2}{M} \pm \frac{1}{M}\sqrt{C_1^2 + C_2^2 + 2C_1C_2 \cos qa} \\ &= \frac{C_1 + C_2}{M} \pm \frac{1}{M}\sqrt{(C_1 + C_2)^2 - 4C_1C_2 \sin^2 \frac{qa}{2}}\,. \end{aligned} \tag{A5.3.8}$$

1. Wir untersuchen zunächst den langwelligen Limes $q \to 0$. In diesem Fall können wir eine Taylor-Entwicklung für die Wurzelfunktion[1] und die Sinus-Funktion[2] durchführen

$$\begin{aligned} \sqrt{(C_1 + C_2)^2 - 4C_1C_2 \sin^2 \frac{qa}{2}} &= (C_1 + C_2)\sqrt{1 - 4\frac{C_1C_2}{(C_1 + C_2)^2} \sin^2 \frac{qa}{2}} \\ &\simeq (C_1 + C_2)\left[1 - \frac{q^2a^2}{2}\frac{C_1C_2}{(C_1 + C_2)^2}\right] \end{aligned} \tag{A5.3.9}$$

und erhalten die beiden Lösungen

$$\omega_+^2 = 2\frac{C_1 + C_2}{M} - \frac{q^2a^2}{2M}\frac{C_1C_2}{C_1 + C_2} \qquad \text{(optischer Zweig)} \tag{A5.3.10}$$

$$\omega_-^2 = \frac{q^2a^2}{2M}\frac{C_1C_2}{C_1 + C_2} \qquad \text{(akustischer Zweig)} \tag{A5.3.11}$$

---

1 Es gilt: $\sqrt{1-x} \simeq 1 - \frac{1}{2}x$

2 Es gilt: $\sin^2 \frac{qa}{2} \simeq \frac{q^2a^2}{4}$

und damit für $q \to 0$ ($C_1 = 10\,C$, $C_2 = C$)

$$\omega_+ = \sqrt{\frac{2(C_1 + C_2)}{M}} = \sqrt{\frac{22\,C}{M}} \qquad \text{(optischer Zweig)} \tag{A5.3.12}$$

$$\omega_- = \sqrt{\frac{C_1 C_2 a^2}{2M(C_1 + C_2)}}\, q = \sqrt{\frac{10\,Ca^2}{22\,M}}\, q \qquad \text{(akustischer Zweig)} \tag{A5.3.13}$$

2. Im Fall $q = \pi/a$ gilt $\sin^2(qa/2) = 1$ und wir erhalten

$$\sqrt{(C_1 + C_2)^2 - 4C_1C_2 \sin^2 \frac{qa}{2}} = \sqrt{(C_1 + C_2)^2 - 4C_1C_2} = C_1 - C_2$$

$$\omega_\pm^2 = \frac{C_1 + C_2}{M} \pm \frac{C_1 - C_2}{M} \tag{A5.3.14}$$

und somit

$$\omega_+ = \sqrt{\frac{2C_1}{M}} = \sqrt{\frac{20\,C}{M}} \qquad \text{(optischer Zweig)} \tag{A5.3.15}$$

$$\omega_- = \sqrt{\frac{2C_2}{M}} = \sqrt{\frac{2C}{M}} \qquad \text{(akustischer Zweig)} \tag{A5.3.16}$$

In Abb. 5.5 ist der ungefähre Verlauf der Dispersionsrelation dargestellt. Für die eindimensionale Anordnung gibt es genau einen optischen und einen akustischen Zweig, zwischen denen eine Frequenzlücke bei $q = \pm\frac{\pi}{a}$ existiert. Die Bezeichnungen „akustisch" und „optisch" kommen daher, dass bei akustischen Schwingungen großer Wellenlänge auch alle Atome in Phase mitschwingen. Bei der optischen Schwingung ist die Auslenkung der beiden Atome dagegen gegenphasig, wobei der Schwerpunkt sich nicht bewegt. Bei Ionenkristallen (z. B. NaCl) koppeln optische Moden gut an elektromagnetische Wellen an, weshalb man sie optisch gut anregen kann.

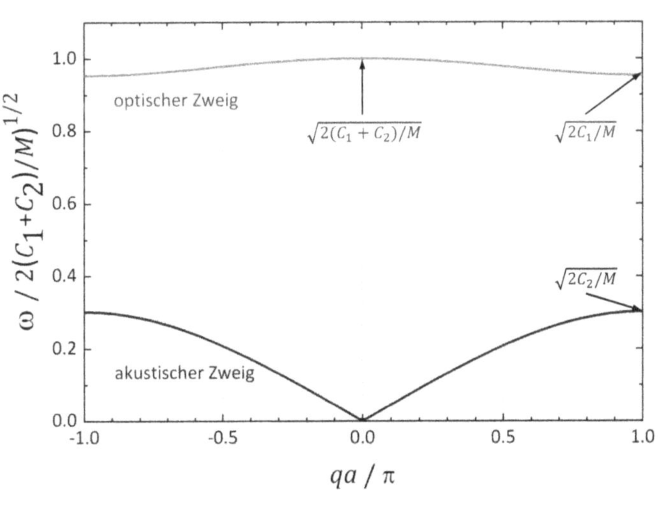

Abb. 5.5: Dispersionsrelation der akustischen und optischen Schwingungen für eine lineare Kette aus zweiatomigen Molekülen, die aus Atomen gleicher Masse M bestehen. Die Kraftkonstanten zwischen den Atomen sind $C_1 = 10C$ und $C_2 = C$.

Im allgemeinen dreidimensionalen Fall erhalten wir in einem Kristall mit r'-atomiger Basis 3 akustische Zweige (2 transversale und 1 longitudinaler Zweig) und $3r' - 3$ optische Zweige.

A5.4 Lineare Kette mit übernächster Nachbarwechselwirkung

Betrachten Sie eine lineare Kette aus identischen Atomen bei den Positionen $x_p = pa$, $p = 1, 2, \ldots$. Die Wechselwirkung sei quasi-harmonisch. Die Kopplungskonstante zwischen übernächsten Nachbarn sei $1/\nu$ mal so groß ($\nu = 2, 3, \ldots$) wie die Kopplungskonstante zwischen den nächsten Nachbarn. Nehmen Sie an, dass die Kopplung zu weiter voneinander entfernten Atomen vernachlässigbar ist.

(a) Bestimmen Sie die Dispersionsrelation $\omega(q)$ und skizzieren Sie diese.
(b) Für welche ganzzahligen Werte ν liegt das Maximum in der Dispersionskurve bei Wellenzahlen $q < \pi/a$?
(c) Wie groß ist die maximale Frequenz einer ungedämpften Welle? Diskutieren Sie insbesondere den Fall $\nu = 2$.
(d) Wie groß ist die Schallgeschwindigkeit?

Lösung

Wir setzen unser Bezugsatom auf den Gitterplatz $x_n = na = 0$, die Atome mit der Federkonstanten C auf die Plätze $-a$ und $+a$ und die Atome mit der Federkonstanten C/ν auf die Plätze $-2a$ und $+2a$ usw. Als Bewegungsgleichung ergibt sich unter Annahme eines harmonischen Potenzials

$$\begin{aligned} M\frac{d^2u_n}{dt^2} &= C[u_{n-1} - u_n] + C[u_{n+1} - u_n] + \frac{C}{\nu}[u_{n-2} - u_n] + \frac{C}{\nu}[u_{n+2} - u_n] \\ &= \frac{C}{\nu}\left[u_{n+2} + u_{n-2} - 2u_n\right] + C\left[u_{n+1} + u_{n-1} - 2u_n\right] . \end{aligned} \tag{A5.4.1}$$

(a) Mit dem Ansatz

$$u_n(t) = u_0\,\mathrm{e}^{\imath(qna - \omega t)} \tag{A5.4.2}$$

erhalten wir

$$\begin{aligned} -M\omega^2 &= \frac{C}{\nu}\left[\mathrm{e}^{2\imath qa} + \mathrm{e}^{-2\imath qa} - 2\right] + C\left[\mathrm{e}^{\imath qa} + \mathrm{e}^{-\imath qa} - 2\right] \\ M\omega^2 &= \frac{2C}{\nu}\left[1 - \cos 2qa\right] + 2C\left[1 - \cos qa\right] \\ \omega^2 &= \frac{4C}{\nu M}\sin^2 qa + \frac{4C}{M}\sin^2\frac{qa}{2} , \end{aligned} \tag{A5.4.3}$$

wobei wir die Identität $1 - \cos z = 2\sin^2 z/2$ benutzt haben. Die gesuchte Dispersionsrelation lautet somit

$$\omega^2(q) = \frac{4C}{M}\left[\sin^2\frac{qa}{2} + \frac{1}{\nu}\sin^2 qa\right] . \tag{A5.4.4}$$

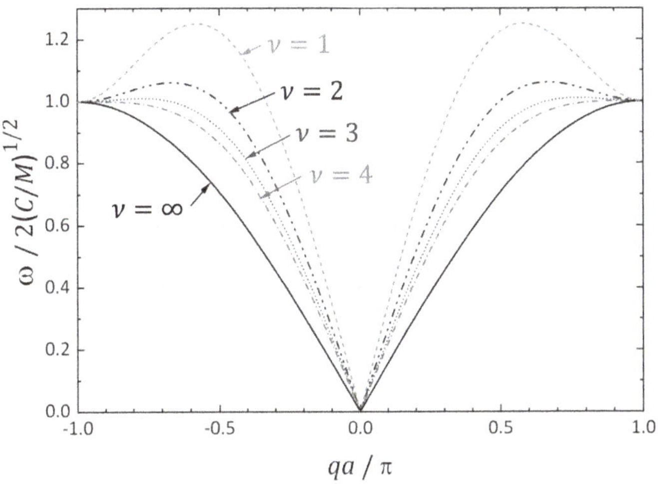

Abb. 5.6: Dispersionsrelation einer linearen Kette aus identischen Atomen mit endlicher Kopplung C/ν ($\nu = 1, 2, 3, 4$) zwischen übernächsten Nachbarn.

Schließlich verwenden wir noch $\sin z = 2\sin\frac{z}{2}\cos\frac{z}{2}$ und erhalten die Dispersionsrelation zu

$$\omega^2(q) = \frac{4C}{M}\sin^2\frac{qa}{2}\left[1+\frac{4}{\nu}\cos^2\frac{qa}{2}\right]$$

$$\omega(q) = 2\sqrt{\frac{C}{M}}\left|\sin\frac{qa}{2}\right|\sqrt{\left[1+\frac{4}{\nu}\cos^2\frac{qa}{2}\right]}. \tag{A5.4.5}$$

Diese Dispersionsrelation ist in Abb. 5.6 für verschiedene Werte von ν dargestellt. Im Spezialfall nur nächster Nachbarwechselwirkung ($\nu \to \infty$) erhalten wir das bekannte Ergebnis

$$\omega(q) \overset{\nu\to\infty}{\widehat{=}} 2\sqrt{\frac{C}{M}}\left|\sin\frac{qa}{2}\right|. \tag{A5.4.6}$$

(b) Das Maximum von $\omega(q)$ erhalten wir aus Gl. (A5.4.5), indem wir die Ableitung nach q gleich Null setzen. Mit $x = qa/2$ erhalten wir

$$f(x) = \sin^2 x\left[1+\frac{4}{\nu}\cos^2 x\right]$$

$$\frac{df}{dx} = 2\sin x\cos x\left[1+\frac{4}{\nu}\cos^2 x\right] - \sin^2 x\,\frac{4}{\nu}2\sin x\cos x$$

$$= 2\sin x\cos x\left[1+\frac{4}{\nu}\cos^2 x-\frac{4}{\nu}\sin^2 x\right]$$

$$= 2\sin x\cos x\left[1+\frac{4}{\nu}(1-2\sin^2 x)\right] = 0. \tag{A5.4.7}$$

Daraus folgt sofort

$$\sin^2 x = \frac{\nu}{8}\left(1+\frac{4}{\nu}\right) = \frac{4+\nu}{8}. \tag{A5.4.8}$$

Man beachte, dass die obigen Gleichungen eine Schlussfolgerung über die Existenz eines Maximums in der Dispersionskurve $\omega(q)$ für $q < \pi/a$ zulassen: aus $\max\{\sin^2 x\} = 1$ folgt nämlich, dass ν nur die Werte $\nu = 1, 2, 3, 4$ annehmen kann. Für $\nu = 5$ liegt das Maximum bei $q = \pi/a$, wie im Fall $\nu \to \infty$.

(c) Für die maximale Frequenz erhalten wir das Resultat[3]

$$\omega_{\max}^2 = \max\{\omega^2(q)\} = \frac{4C}{M}\frac{4+\nu}{8}\left[1 + \frac{4}{\nu}\frac{4-\nu}{8}\right] = 4\frac{C}{M}\frac{(4+\nu)^2}{16\nu}\,. \qquad \text{(A5.4.9)}$$

Wir erkennen, dass $\omega_{\max} > \omega(\pi/a) = 2\sqrt{C/M}$ für die Fälle $\nu = 1, 2, 3$, da der Faktor $(4+\nu)^2/16\nu > 1$ ist. Das heißt, das Maximum der Dispersionskurve liegt bei Wellenzahlen $q < \pi/a$. Im Spezialfall $\nu = 2$ ergibt sich

$$\omega_{\max} = \frac{3}{\sqrt{2}}\sqrt{\frac{C}{M}}\,. \qquad \text{(A5.4.10)}$$

(d) Die Schallgeschwindigkeit erhalten wir als Steigung der Dispersionskurve

$$\omega(q) = 2\sqrt{\frac{C}{M}}\left|\sin\frac{qa}{2}\right|\sqrt{\left[1 + \frac{4}{\nu}\cos^2\frac{qa}{2}\right]} \qquad \text{(A5.4.11)}$$

für $q \to 0$. Im Grenzfall $qa \ll 1$ können wir den Sinus durch sein Argument und den Kosinus durch 1 ersetzen und erhalten damit

$$\begin{aligned} \omega(q) &= 2\sqrt{\frac{C}{M}}\frac{qa}{2}\sqrt{1+\frac{4}{\nu}} = \sqrt{\frac{4+\nu}{\nu}}\sqrt{\frac{Ca^2}{M}}\,q \\ v_s &= \left.\frac{\partial\omega(q)}{\partial q}\right|_{q\to 0} = \sqrt{\frac{4+\nu}{\nu}}\sqrt{\frac{Ca^2}{M}} \overset{\nu=2}{\widehat{=}} \sqrt{3\frac{Ca^2}{M}}\,. \end{aligned} \qquad \text{(A5.4.12)}$$

Für den Spezialfall $\nu = 2$ erhalten wir $v_s = \sqrt{3Ca^2/M}$.

Wir sehen, dass die Schallgeschwindigkeit mit wachsender Federkonstante C zunimmt und mit wachsender Masse der Atome abnimmt. Mit größer werdendem ν, das heißt mit abnehmender Kopplung an die übernächsten Nachbarn, nimmt die Schallgeschwindigkeit ab. Dies können wir dadurch verstehen, dass die effektive Kopplungskonstante $C(4+\nu)/\nu$ mit zunehmendem ν kleiner wird.

A5.5 Ultraschallexperiment

In einem Ultraschallexperiment wird ein piezoelektrisches Element (Übertrager) mit einer der Grenzflächen eines quaderförmigen Kristalls in Kontakt gebracht (siehe Abb. 5.7). Ein Hochfrequenzimpuls am Übertrager erzeugt über den piezoelektrischen Effekt eine oszillierende Verformung, also einen Schallimpuls, der sich über den Kristall ausbreitet und an der dem Übertrager gegenüberliegenden Fläche reflektiert wird. Kehrt die Schallwelle zum Übertrager zurück, erzeugt sie, aufgrund des inversen piezoelektrischen Effekts, ein Spannungssignal, dessen Zeitverschiebung gegenüber dem Anregungsimpuls aufgezeichnet wird.

[3] Es gilt: $\max\left\{\cos^2 x\right\} = \max\left\{1 - \sin^2 x\right\} = \frac{4-\nu}{8}$.

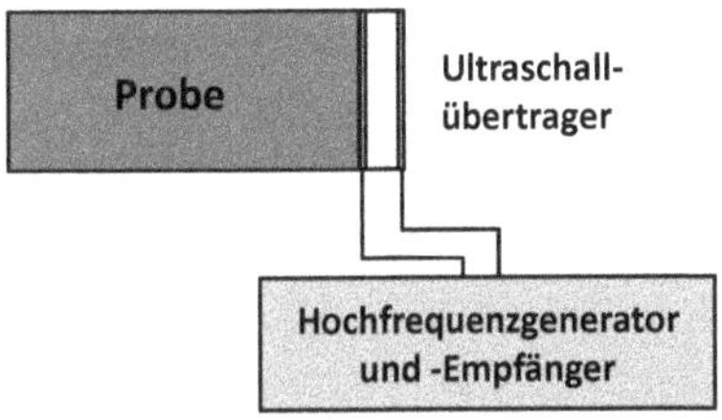

Abb. 5.7: Experimenteller Aufbau bei einem Ultraschallexperiment.

Der Kristall habe eine kubische Struktur und sei parallel zu den (100)-Ebenen geschnitten. In Ausbreitungsrichtung sei die Probe 1 cm lang. Es werde ein Impuls mit einer Frequenz von 100 MHz und 0.5 µs Dauer erzeugt. Die Reflexe treffen im Abstand von 16 µs am Übertrager ein.

(a) Berechnen Sie die Schallgeschwindigkeit v_s in der Probe.
(b) Welche Art von Phononen regt man in diesem Experiment an?
(c) Ist eine Frequenz von 100 MHz groß oder klein für Phononen in einen Festkörper? Wie lautet der Zusammenhang zwischen der Anregungsfrequenz ω, Wellenzahl q und Schallgeschwindigkeit v_s bei sehr kleinen Frequenzen?
(d) Welchem Gesetz $\omega(q)$ folgt die Dispersion in der ersten Brillouin-Zone zwischen $q = (0,0,0)$ und $(\pi/a,0,0)$ in harmonischer Näherung, wenn man nur die Wechselwirkung zwischen nächsten Nachbarn berücksichtigt?
(e) Berechnen Sie die Energie dieses Phononenzweiges am Rand der Brillouin-Zone mit den angegebenen Parametern und der Gitterkonstante $a = 5$ Å.

Lösung

(a) Da das Ultraschallsignal die Probenlänge $L = 1$ cm zweimal durchläuft, ist die Schallgeschwindigkeit gegeben durch

$$v_s = \frac{2L}{t} = \frac{2 \cdot 0.01}{16 \times 10^{-6}} \frac{\mathrm{m}}{\mathrm{s}} = 1250 \frac{\mathrm{m}}{\mathrm{s}} . \qquad \text{(A5.5.1)}$$

(b) Mit dem Ultraschallgeber werden longitudinale akustische Phononen angeregt, da der Ultraschallübertrager eine elastische Verformung in Ausbreitungsrichtung der Schallwelle erzeugt.
(c) Eine Frequenz von 100 MHz ist sehr klein für eine Phononenfrequenz in einem Festkörper. Typischerweise liegt die maximale Frequenz von longitudinal akustischen Phononen in Festkörpern bei mehreren THz. Selbst im Fall eines sehr weichen Materials wie zum Beispiel Pb liegen die Phononenfrequenzen am Rand der Brillouin-Zone bei etwa 2 THz, was einer Energie von etwa 8 meV entspricht. Die mit einer Frequenz von 100 MHz angeregten longitudinal akustischen Gitterschwingungen haben deshalb Wellenzahlen sehr nahe am Zentrum der Brillouin-Zone ($q \simeq 0$). In diesem Bereich liegt eine näherungsweise lineare Dispersionsrelation $\omega(q) = v_s q$ vor, wobei die Schallgeschwindigkeit v_s vom Zweig und von der Ausbreitungsrichtung abhängt. In dem durchgeführten Experiment wird also in sehr guter Näherung die Schallgeschwindigkeit gemessen.

Eine ausführliche Diskussion der Schallausbreitung im Grenzfall großer Wellenlängen (Kontinuumsgrenzfall) kann in den Aufgaben A4.3 und A4.4 gefunden werden.

(d) Im hier vorliegenden Fall einer longitudinalen Gitterschwingung in [100]-Richtung in einem kubischen Material gilt [vgl. hierzu Gl. (A5.1.9)]

$$\omega(q) = 2\sqrt{\frac{C}{M}}\left|\sin\frac{qa}{2}\right| \overset{qa\ll 1}{\widehat{\simeq}} \underbrace{a\sqrt{\frac{C}{M}}}_{v_s}|q| . \tag{A5.5.2}$$

(e) Nach Gl. (A5.5.2) können wir $a\sqrt{C/M}$ durch v_s ausdrücken und erhalten

$$\omega\left(q = \frac{\pi}{a}\right) = 2\sqrt{\frac{C}{M}} = \frac{2v_s}{a} . \tag{A5.5.3}$$

Mit $v_s = 1250\,\mathrm{m/s}$ und $a = 5\,\text{Å}$ erhalten wir

$$\omega\left(q = \frac{\pi}{a}\right) = \frac{2 \cdot 1250}{5 \times 10^{-10}}\,\mathrm{s}^{-1} = 5 \times 10^{12}\,\mathrm{s}^{-1} . \tag{A5.5.4}$$

Die dazugehörige Phononenenergie beträgt $\hbar\omega = 3.1\,\mathrm{meV}$. Der Wert von $\omega/2\pi = 0.796\,\mathrm{THz}$ liegt unter dem mit Neutronen gemessenen Wert von etwa 2 THz. Das liegt hier im Wesentlichen daran, dass bei der Ableitung der obigen Dispersionsrelation nur nächste Nachbarwechselwirkung berücksichtigt wurde und ferner auch daran, dass die Elektron-Phonon-Wechselwirkung wie z. B. in Pb stark sein kann.

A5.6 Massendefekt in linearer Atomkette

Wir betrachten eine lineare Atomkette aus Atomen der Masse m und Gitterabstand a. Die Federkonstante zwischen allen Atomen sei gleich und betrage C. Die Kopplung der Atome soll durch nächste Nachbarwechselwirkungen beschrieben werden (siehe Abb. 5.8). Wir nehmen an, dass ein Atom an der Position $p = 0$ durch ein anderes Atom der Masse M ersetzt ist.

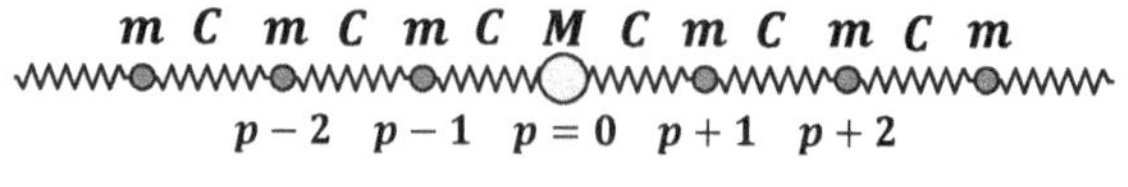

Abb. 5.8: Lineare Atomkette mit Massendefekt.

Berechnen Sie die Eigenfrequenz dieser linearen Kette und diskutieren Sie die Lösung. Gehen Sie dabei von dem Lösungsansatz

$$u_p(t) = A\,\mathrm{e}^{-q|p|a - \imath\omega t}$$

für die Auslenkung u_p des p-ten Atoms aus (lokalisierte Mode). Hierbei ist p eine ganze Zahl.

Lösung

Falls die Auslenkung des p-ten Atoms u_p ist, können wir die Bewegungsgleichung der Atome mit den Platznummern $p = -1, 0, +1$ wie folgt schreiben:

$$\begin{aligned} m\ddot{u}_{-1} &= C\left[u_{-2} + u_0 - 2u_{-1}\right] \\ M\ddot{u}_0 &= C\left[u_{-1} + u_1 - 2u_0\right] \\ m\ddot{u}_1 &= C\left[u_0 + u_2 - 2u_1\right] . \end{aligned} \tag{A5.6.1}$$

Dies lässt sich für beliebige Indizes $p \neq 0$ verallgemeinern zu

$$\begin{aligned} m\ddot{u}_p &= C\left[u_{p-1} + u_{p+1} - 2u_p\right] \\ M\ddot{u}_0 &= C\left[u_{-1} + u_1 - 2u_0\right] . \end{aligned} \tag{A5.6.2}$$

Zur Lösung dieser gekoppelten Gleichungen machen wir den Ansatz

$$u_p(t) = A\,\mathrm{e}^{-q|p|a - \imath\omega t} , \tag{A5.6.3}$$

welcher für positive Wellenzahlen $q > 0$ ein räumliches Abklingen der Amplitude mit der Entfernung vom Massendefekt antizipiert.

Für $p = 0$ erhalten wir dann

$$-M\omega^2 A = CA\left[\mathrm{e}^{-qa} + \mathrm{e}^{-qa} - 2\right] . \tag{A5.6.4}$$

Für $p > 0$ erhalten wir

$$\begin{aligned} -m\omega^2 A\,\mathrm{e}^{-q|p|a} &= CA\left[\mathrm{e}^{-q|p-1|a} + \mathrm{e}^{-q|p+1|a} - 2\,\mathrm{e}^{-q|p|a}\right] \\ -m\omega^2 A &= CA\left[\mathrm{e}^{+qa} + \mathrm{e}^{-qa} - 2\right] . \end{aligned} \tag{A5.6.5}$$

Für $p < 0$ erhalten wir

$$\begin{aligned} -m\omega^2 A\,\mathrm{e}^{-q|p|a} &= CA\left[\mathrm{e}^{-q|p+1|a} + \mathrm{e}^{-q|p-1|a} - 2\,\mathrm{e}^{-q|p|a}\right] \\ -m\omega^2 A &= CA\left[\mathrm{e}^{-qa} + \mathrm{e}^{+qa} - 2\right] , \end{aligned} \tag{A5.6.6}$$

also das gleiche Resultat wie im Fall $p > 0$. Die verbleibende Aufgabe ist somit die Lösung der gekoppelten Gleichungen (A5.6.4) und (A5.6.5). Hierzu setzen wir $z = \mathrm{e}^{qa}$ und können schreiben

$$-\omega^2 = \frac{C}{M} 2\left[\frac{1}{z} - 1\right] \quad \Rightarrow \quad -\omega^2 z = 2\frac{C}{M}\left[1 - z\right] \tag{A5.6.7}$$

$$-\omega^2 = \frac{C}{m}\left[z + \frac{1}{z} - 2\right] \quad \Rightarrow \quad -\omega^2 z = \frac{C}{m}\left[z^2 - 2z + 1\right] = \frac{C}{m}(1 - z)^2 . \tag{A5.6.8}$$

Division von (A5.6.8) durch (A5.6.7) ergibt dann sofort

$$\begin{aligned} 1 &= \frac{1}{2}\frac{M}{m}\left[1 - z\right] \quad \rightarrow \quad z = 1 - 2\frac{m}{M} \\ qa &= \ln\left(1 - 2\frac{m}{M}\right) . \end{aligned} \tag{A5.6.9}$$

Dieses Resultat können wir nun in Gl. (A5.6.8) einsetzen, um die Dispersion $\omega(q)$ zu erhalten:

$$-\omega^2 = \frac{C}{m}\frac{(1-z)^2}{z} \quad \to \quad \omega^2 = 4\frac{C}{m}\frac{\frac{m}{M}}{2-\frac{M}{m}} \tag{A5.6.10}$$

$$\omega = 2\sqrt{\frac{C}{m}}\sqrt{\frac{\frac{m}{M}}{2-\frac{M}{m}}}\,. \tag{A5.6.11}$$

Zur weiteren Diskussion der physikalischen Bedeutung dieser Dispersionsrelation definieren wir das Massenverhältnis $x = M/m$ und erhalten

$$\omega = \frac{2\sqrt{\frac{C}{m}}}{\sqrt{x(2-x)}} \tag{A5.6.12}$$

$$qa = \ln\left(\frac{x-2}{x}\right)\,. \tag{A5.6.13}$$

Abhängig vom Massenverhältnis x können wir nun eine Aufteilung in verschiedene Bereiche vornehmen:

1. $M > 2m$ oder $x > 2$:

   In diesem Fall ist

   $$\omega = \frac{2\sqrt{\frac{C}{m}}}{\imath\sqrt{x(x-2)}} = -\imath\Omega \tag{A5.6.14}$$

   $$qa = \ln\left(\frac{x-2}{x}\right) = -|q|a\,. \tag{A5.6.15}$$

   Das heißt, ω ist imaginär und q negativ und reell. Wir erhalten für die Amplitude u_p

   $$u_p(t) = A\,\mathrm{e}^{|qp|a-\Omega t} \tag{A5.6.16}$$

   mit $\Omega = \frac{2\sqrt{C/m}}{\sqrt{x(x-2)}}$. Dies bedeutet ein Anwachsen der Amplitude mit der Entfernung vom Massendefekt und ein exponentielles Abklingen mit der Zeit.
2. $m < M < 2m$ oder $1 < x < 2$:

   In diesem Fall können wir schreiben

   $$\omega = \frac{2\sqrt{\frac{C}{m}}}{\sqrt{x(2-x)}} \tag{A5.6.17}$$

   $$qa = \ln\left(-\frac{2-x}{x}\right) = \imath\pi + \ln\left(\frac{2-x}{x}\right) = \imath\pi - |Q|a\,. \tag{A5.6.18}$$

   Wir sehen, dass ω reell und q komplex ist. Für die Amplitude u_p erhalten wir damit

   $$u_p(t) = A\,\mathrm{e}^{-\imath\pi|p|+|Qp|a-\imath\omega t}\,. \tag{A5.6.19}$$

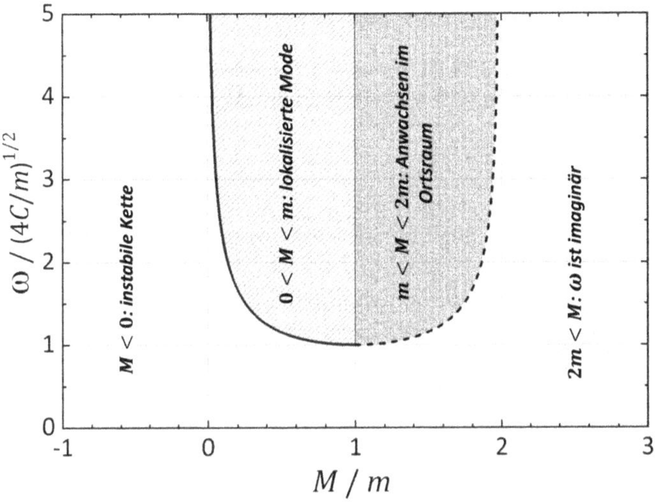

Abb. 5.9: Abhängigkeit der Eigenfrequenz einer linearen Kette von Atomen mit Masse m als Funktion der Masse M eines in die Kette eingebauten Massendefekts.

Dies bedeutet erneut ein Anwachsen der Amplitude mit der Entfernung vom Massendefekt und eine harmonische Zeitabhängigkeit.

3. $0 < M < m$ oder $0 < x < 1$:

   In diesem Fall gilt

$$\omega = \frac{2\sqrt{\frac{C}{m}}}{\sqrt{x(2-x)}} \tag{A5.6.20}$$

$$qa = \ln\left(-\frac{2-x}{x}\right) = \imath\pi + \ln\left(\frac{2-x}{x}\right) = \imath\pi + |Q|a \tag{A5.6.21}$$

   und wir erhalten für die Amplitude u_p

$$u_p(t) = A\,\mathrm{e}^{-\imath\pi|p|-|Qp|a-\imath\omega t}\,. \tag{A5.6.22}$$

Wir sehen, dass unser Ansatz nur für $0 < M < m$ sinnvoll ist. Die Abhängigkeit (A5.6.20) ist in Abb. 5.9 dargestellt. Die Zeitabhängigkeit ist hierbei harmonisch und die Ortsabhängigkeit eine abklingende Welle. Es sei darauf hingewiesen, dass die Oszillationsfrequenz $\omega \geq \sqrt{4C/m}$ ist, wohingegen für eine Kette ohne Defektatom $\omega = \sqrt{4C/m}$ gilt. Das heißt, die Oszillationsfrequenz der lokalisierten Mode liegt oberhalb der maximalen Frequenz der Schwingungsmoden des idealen Gitters. Dies ist zu erwarten, da eine kleinere Masse zu einer größeren Schwingungsfrequenz führen sollte. Anschaulich kann man sagen, dass das Gitter lokal aufgrund von $M < m$ mit einer höheren Frequenz schwingen kann, sich diese Mode aber nicht im Gitter ausbreiten kann. Somit kommt es zu einer lokalisierten Mode.

Hinweis: Um das Problem für andere Werte von M zu lösen, muss ein anderer Ansatz gewählt werden (siehe hierzu *Principles of the Theory of Solids*, J. M. Ziman, Cambridge University Press, Cambridge (1972) und *Solid State Theory*, W. A. Harrison, McGraw-Hill, New York (1970)).

A5.7 Zustandsdichte der Phononen einer eindimensionalen Kette

Unter der Voraussetzung, dass nur Kräfte zwischen direkt benachbarten Atomen wirken, lautet die Dispersionsrelation einer linearen Kette von Atomen mit Abstand a und Masse M

$$\omega = \omega_{\max} \left| \sin \frac{qa}{2} \right| .$$

Hierbei ist $\omega_{\max}$ die maximale Frequenz im longitudinalen Phononenspektrum der Kette.

(a) Berechnen Sie die Zustandsdichte $D(\omega)$ der longitudinalen Phononen. Skizzieren Sie den Verlauf der Funktion und vergleichen Sie das Ergebnis mit der Zustandsdichtefunktion, die wir im Fall der Debyeschen Kontinuumsnäherung erhalten.

(b) Welcher Zusammenhang besteht zwischen der Maximalfrequenz $\omega_{\max}$ des Phononenspektrums und der oberen Grenzfrequenz ω_D, welche in der Debyeschen Kontinuumsnäherung angesetzt wird?

Lösung

Zu Beginn sei an dieser Stelle wiederholt, dass die Moden in einer eindimensionalen linearen Kette der Länge $L = Na$ (bei Annahme periodischer Randbedingungen) gegeben sind durch

$$q = \frac{n}{N}\frac{2\pi}{a}, \quad -\frac{N}{2} \leq n \leq \frac{N}{2} . \tag{A5.7.1}$$

Die Zahl der Moden zwischen den Wellenzahlen q und $q + dq$ beträgt dann

$$dq = \frac{2\pi}{Na} dn = \frac{2\pi}{L} dn \quad \rightarrow \quad dn = \underbrace{\frac{L}{2\pi}}_{Z_1(q)} dq = Z_1(q) dq \tag{A5.7.2}$$

mit der Zustandsdichte $Z_1(q)$ im q-Raum. Dieser Sachverhalt kann bei der Berechnung von Summen über Wellenzahlen

$$\langle F \rangle = \sum_q F(q) = \sum_n F(n) \quad \rightarrow \quad \int_{-N/2}^{+N/2} dn\, F(n)$$
$$= \frac{L}{2\pi} \int_{-\pi/a}^{+\pi/a} dq\, F(q) = \int_{-\pi/a}^{+\pi/a} dq\, Z_1(q) F(q) = 2 \int_0^{+\pi/a} dq\, Z_1(q) F(q) \tag{A5.7.3}$$

benutzt werden. Als Spezialfall $F = 1$ ergibt sich mit $L = Na$

$$\langle 1 \rangle = \frac{Na}{2\pi} \int_{-\pi/a}^{+\pi/a} dq = \frac{Na}{2\pi} \left[\frac{\pi}{a} - \left(-\frac{\pi}{a} \right) \right] = \frac{L}{a} = N . \tag{A5.7.4}$$

Wir betrachten nun Phononen in dieser linearen Kette mit verschiedenen Dispersionsrelationen:

- Allgemeine Dispersion (vgl. Aufgabe A5.1):

$$\omega(q) = \omega_{\max}\left|\sin\frac{qa}{2}\right| . \tag{A5.7.5}$$

Für diese Dispersion erhalten wir im langwelligen Limes

$$\omega(q) \overbrace{=}^{q\to 0} v_s \cdot q, \quad v_s = \frac{a}{2}\omega_{\max} \tag{A5.7.6}$$

mit der Schallgeschwindigkeit v_s.

- Schalldispersion in der Debyeschen Kontinuumsnäherung:

$$\omega(q) = v_s \cdot q\,\Theta(\omega_{\mathrm{D}} - v_s \cdot q) \tag{A5.7.7}$$

mit ω_{D} der Debye-(Abschneide-)Frequenz und Θ der Heaviside-Sprungfunktion.

Bei gegebener Dispersionsrelation $\omega(q)$ ist es nun von Vorteil, die Wellenzahl-Summen $\langle F\rangle$ wie folgt in ein Integral über $\omega_q = \omega(q)$ umzuschreiben:

$$\langle F\rangle = 2\int_0^{+\pi/a} dq\, Z_1(q)F(q) = \int_0^{\omega_{\max}} d\omega_q \underbrace{\frac{dq}{d\omega_q}\,2Z_1(q)}_{=D(\omega_q)}\,F(\omega_q)$$

$$= \int_0^{\omega_{\max}} d\omega_q\, D(\omega_q)\, F(\omega_q)\,, \tag{A5.7.8}$$

wobei wir die Zustandsdichte im Frequenzraum

$$D(\omega_q) = 2Z_1(q)\,\frac{dq}{d\omega_q} = \frac{L}{\pi}\,\frac{dq}{d\omega_q}\,, \tag{A5.7.9}$$

definiert haben.

(a) Wir berechnen im Folgenden einige Beispiele für die Zustandsdichte im Frequenzraum.

- Allgemeine Dispersion (vgl. Aufgabe A5.1):

$$\begin{aligned} \omega_q &= \omega_{\max}\left|\sin\frac{qa}{2}\right| &&\to q = \frac{2}{a}\arcsin\frac{\omega_q}{\omega_{\max}} \\ \frac{dq}{d\omega_q} &= \frac{2}{a}\,\frac{1}{\sqrt{\omega_{\max}^2 - \omega_q^2}} &&\to D(\omega_q) = \frac{2L}{\pi a}\,\frac{1}{\sqrt{\omega_{\max}^2 - \omega_q^2}}\,. \end{aligned} \tag{A5.7.10}$$

Zur Kontrolle berechnen wir für diesen Fall $[F(\omega_q) = 1]$

$$\langle 1\rangle = \int_0^{\omega_{\max}} d\omega_q D(\omega_q) \tag{A5.7.11}$$

$$= \frac{2L}{\pi a}\int_0^{\omega_{\max}} \frac{d\omega_q}{\sqrt{\omega_{\max}^2 - \omega_q^2}} \overbrace{=}^{x=\omega/\omega_{\max}} \frac{2L}{\pi a}\int_0^1 \frac{dx}{\sqrt{1-x^2}} = \frac{L}{\pi} = N\,.$$

- Schalldispersion in der Debyeschen Kontinuumsnäherung:

$$\omega_q = v_s \cdot q \qquad \to q = \frac{\omega_q}{v_s}$$
$$\frac{dq}{d\omega_q} = \frac{1}{v_s} \qquad \to D(\omega_q) = \frac{L}{\pi v_s}\,. \tag{A5.7.12}$$

Zur Kontrolle berechnen wir auch hier

$$\langle 1 \rangle = \int_0^{\omega_\mathrm{D}} d\omega_q D(\omega_q) \tag{A5.7.13}$$

$$= \frac{L\omega_\mathrm{D}}{\pi v_s} \overset{v_s = \frac{a}{2}\omega_\mathrm{max}}{=} \frac{Na\omega_\mathrm{D}}{\pi \frac{a}{2}\omega_\mathrm{max}} = N\frac{2}{\pi}\frac{\omega_\mathrm{D}}{\omega_\mathrm{max}} = N\,. \tag{A5.7.14}$$

Der Verlauf der Zustandsdichtefunktionen in diesen beiden Fällen ist in Abb. 5.10 skizziert. Im Grenzfall $q \to 0$ müssen natürlich beide Funktionen übereinstimmen, da die beiden zugrundeliegenden Dispersionsrelationen in diesem Grenzfall identisch sind.

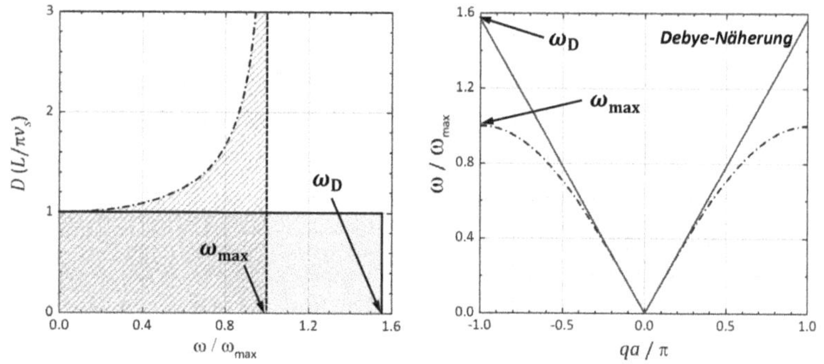

Abb. 5.10: Verlauf der Zustandsdichtefunktion $D(\omega_q)$ für die allgemeine Dispersion $\omega(q)$ (schraffiert) und die Debyesche Kontinuumsnäherung $\omega(q) = v_s q$ (grau). Rechts sind die zugehörigen Dispersionsrelationen $\omega(q)$ gezeigt.

Während der Verlauf beider Zustandsdichtefunktionen für $\omega \ll \omega_\mathrm{max}$ gut übereinstimmt, gibt es bei $\omega \simeq \omega_\mathrm{max}$ starke Abweichungen. Insbesondere weist die exakte Zustandsdichtefunktion bei $\omega = \omega_\mathrm{max}$ eine (van Hove) Singularität auf, wodurch sie sich von der Debye-Näherung grundlegend unterscheidet.

(b) Das Integral über die Zustandsdichtefunktion muss die Gesamtzahl N der Normalschwingungen ergeben. Deshalb müssen die schraffierte und graue Fläche in Abb. 5.10 gleich groß sein. Für die Debyeschen Kontinuumsnäherung resultiert diese Forderung nach (A5.7.14) in der Beziehung

$$N = \int_0^{\omega_\mathrm{D}} d\omega_q D(\omega_q) = N\frac{2}{\pi}\frac{\omega_\mathrm{D}}{\omega_\mathrm{max}} \tag{A5.7.15}$$

also in

$$\omega_D = \frac{\pi}{2}\omega_{\max} \,. \tag{A5.7.16}$$

A5.8 Singularität in der Zustandsdichte

Nehmen Sie an, dass ein optischer Phononenzweig im Dreidimensionalen nahe $q = 0$ eine Dispersionsrelation der Form $\omega_{\mathbf{q}} = \omega_0 - A\mathbf{q}^2$ hat. Zeigen Sie, dass dann gilt:

$$D(\omega) = \begin{cases} \left(\frac{L}{2\pi}\right)^3 \left(\frac{2\pi}{A^{3/2}}\right)\sqrt{\omega_0 - \omega_{\mathbf{q}}} & \text{für } \omega < \omega_0 \\ 0 & \text{für } \omega > \omega_0 \end{cases} .$$

Diskutieren Sie, unter welchen Bedingungen Singularitäten in der Zustandsdichte auftauchen.

Lösung

Gegeben ist eine Dispersionsrelation in $D = 3$ von der Form

$$\omega_{\mathbf{q}} = \omega_0 - A\mathbf{q}^2 \,. \tag{A5.8.1}$$

Auflösen nach $q = |\mathbf{q}|$ liefert

$$q = \sqrt{\frac{\omega_0 - \omega_{\mathbf{q}}}{A}} \quad \to \quad \left|\frac{dq}{d\omega_q}\right| = \frac{1}{2\sqrt{A}} \frac{1}{\sqrt{\omega_0 - \omega_{\mathbf{q}}}} \,. \tag{A5.8.2}$$

Die Dichte der Zustände $D(\omega_{\mathbf{q}})$ ist gegeben durch

$$\begin{aligned} D(\omega_{\mathbf{q}})d\omega_{\mathbf{q}} &= Z_3(\mathbf{q})d^3q = \frac{V}{(2\pi)^3}d^3q = \frac{V}{(2\pi)^3}4\pi q^2 dq \\ &= \underbrace{\frac{V}{(2\pi)^3}4\pi q^2 \left|\frac{dq}{d\omega_{\mathbf{q}}}\right|}_{D(\omega_{\mathbf{q}})} d\omega_{\mathbf{q}} \,. \end{aligned} \tag{A5.8.3}$$

Nach Einsetzen von $dq/d\omega_{\mathbf{q}}$ erhalten wir die Zustandsdichte für den Fall $\omega_q < \omega_0$ in der Form

$$D(\omega_{\mathbf{q}}) = \frac{V}{(2\pi)^3}\frac{2\pi}{A^{3/2}}\sqrt{\omega_0 - \omega_{\mathbf{q}}} \,. \tag{A5.8.4}$$

Für den umgekehrten Fall $\omega_{\mathbf{q}} > \omega_0$ verschwindet $D(\omega)$ für alle ω. Dann ist die Zustandsdichte nämlich rein imaginär. Wir erhalten somit einen Sprung in der Zustandsdichte bei $\omega = \omega_0$. An der Stelle $\omega_{\mathbf{q}} = \omega_0$ ist $d\omega_{\mathbf{q}}/dq = 0$, wodurch an dieser Stelle eine Singularität in $D(\omega_{\mathbf{q}})$ entsteht.

$D(\omega_{\mathbf{q}})$ gibt die Anzahl der Schwingungszustände pro Frequenzintervall an. Für genügend große N sind die Zustände im q-Raum dicht gepackt, so dass wir von einer quasi-kontinuierlichen Verteilung ausgehen können. Wir können dann die Zahl der Zustände in einem

Frequenzintervall $d\omega$ dadurch bestimmen, dass wir über das Volumen des $\mathbf{q}$-Raumes, das von den beiden Flächen $\omega(\mathbf{q})$ und $\omega(\mathbf{q}) + \Delta\omega(\mathbf{q})$ begrenzt wird, integrieren und mit der Zustandsdichte $Z_3(\mathbf{q})$ des q-Raumes multiplizieren. Wir erhalten

$$\int_{\omega(\mathbf{q})}^{\omega(\mathbf{q})+\Delta\omega(\mathbf{q})} D(\omega) d\omega \simeq D(\omega)\Delta\omega = \frac{V}{(2\pi)^3} \int_{\mathbf{q}(\omega)}^{\mathbf{q}(\omega+\Delta\omega)} d^3q\,. \tag{A5.8.5}$$

Die genaue Form der Fläche $\omega(\mathbf{q}) = \text{const}$ wird dabei durch die Dispersion $\omega(\mathbf{q})$ bestimmt. Im einfachsten Fall einer linearen Dispersion $\omega(\mathbf{q}) = v_s|\mathbf{q}|$ erhalten wir eine Kugeloberfläche.

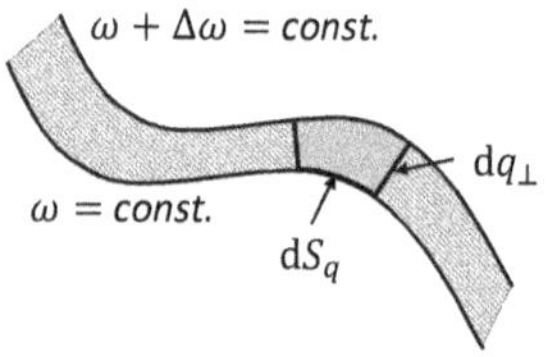

Abb. 5.11: Zur Herleitung der Zustandsdichte der Schwingungsmoden im Frequenzintervall zwischen $\omega(\mathbf{q})$ und $\omega(\mathbf{q}) + \Delta\omega(\mathbf{q})$.

Zur Ausführung der Integration in Gl. (A5.8.5) setzen wir $d^3q = dS_q\, dq_\perp$, wobei dS_q ein Flächenelement der Fläche $\omega(\mathbf{q}) = \text{const.}$ und $dq_\perp$ der jeweilige Abstand der Fläche $\omega(\mathbf{q}) + \Delta\omega(\mathbf{q}) = \text{const.}$ von der Fläche $\omega(\mathbf{q}) = \text{const}$ ist (siehe Abb. 5.11). Mit $\Delta\omega = |\nabla_{\mathbf{q}}\omega(\mathbf{q})| dq_\perp$ können wir d^3q schreiben als

$$d^3q = dS_q\, dq_\perp = \frac{dS_q}{|\nabla_{\mathbf{q}}\omega(\mathbf{q})|} \Delta\omega \tag{A5.8.6}$$

und erhalten damit die Zustandsdichte

$$D(\omega_{\mathbf{q}}) = \frac{V}{(2\pi)^3} \int_{\omega=\text{const}} \frac{dS_q}{|\nabla_{\mathbf{q}}\omega_{\mathbf{q}}|}\,. \tag{A5.8.7}$$

Der Gradient $|\nabla_{\mathbf{q}}\omega_{\mathbf{q}}|$ gibt die Änderung von ω senkrecht zur Fläche $\omega_{\mathbf{q}} = \text{const.}$ an. Wir sehen, dass $D(\omega_{\mathbf{q}})$ immer dann singulär wird, wenn die Dispersionsrelation $\omega_{\mathbf{q}} = \omega(\mathbf{q})$ eine waagerechte Tangente besitzt, also gerade dann, wenn die Gruppengeschwindigkeit $d\omega_{\mathbf{q}}/dq$ Null ist.

A5.9 Kohn-Anomalie

Wir nehmen an, dass die interplanare Kraftkonstante C_p zwischen zwei benachbarten Gitterebenen die Form

$$C_p = A_1 \frac{\sin Q\,pa}{p}$$

hat. Hierbei sind A_1 eine (Feder-)Konstante, Q eine konstante Wellenzahl und p durchläuft alle ganzen Zahlen. Eine solche Form erwarten wir für Metalle. Verwenden Sie die Dispersionsrelation

$$\omega_q^2 = \frac{2}{M} \sum_{p>0} C_p(1 - \cos qpa)\,,$$

um einen Ausdruck für ω_q^2 und $\partial\omega_q^2/\partial q$ zu finden. Beweisen Sie, dass für $q = Q$ der Ausdruck $\partial\omega_q^2/\partial q$ unendlich wird. Trägt man ω_q^2 oder ω gegen q auf, so ergibt sich bei Q eine vertikale Tangente: In der Phononendispersionsrelation $\omega(q)$ tritt bei Q ein Knick auf. Ein damit zusammenhängender Effekt wurde von W. Kohn vorhergesagt.

Lösung

Die Kohn-Anomalie [W. Kohn, *Image of the Fermi surface in the vibration spectrum of a metal*, Phys. Rev. Lett **2**, 393 (1959)] ist eine Diskontinuität in der Ableitung der Dispersionsrelation $\omega(q)$ der Phononen in Metallen, die an bestimmten Punkten hoher Symmetrie in der 1. Brillouin-Zone auftritt. Sie entsteht durch eine abrupte Änderung der Abschirmung von Gitterschwingungen durch die Leitungselektronen. Die Annahme, dass wir die Effekte, die durch die Leitungselektronen verursacht werden, bei der Behandlung der Gitterschwingungen vernachlässigen können, ist nämlich nicht richtig. Der Grund dafür ist letztlich, dass die Elektronen dazu führen, dass die langreichweitige Coulomb-Wechselwirkung der Ionen durch die Abschirmung der Elektronen unterdrückt wird.

Kohn-Anomalien treten zusammen mit den so genannten Friedel-Oszillationen auf, wenn wir die Lindhard-Näherung anstelle der Thomas-Fermi-Näherung verwenden, um einen Ausdruck für die dielektrische Funktion eines homogenen Elektronengases abzuleiten. Der Ausdruck für den Realteil der dielektrischen Funktion $\epsilon(q,\omega)$ enthält im Lindhard-Modell einen logarithmischen Term, der eine Singularität für $q = 2k_\mathrm{F}$ ergibt, wobei k_F die Fermi-Wellenzahl ist. Das Verhalten der Lindhard-Funktion für $\omega = 0$ und $q = 2k_\mathrm{F}$ führt zu Oszillationen der Elektronendichte als Funktion des Abstands r von einer Störladung, die durch periodische Funktionen mit Argument $2k_\mathrm{F}r$ beschrieben werden. Über die abgeschirmte Ion-Ion-Wechselwirkung wird dies in das Phononenspektrum übertragen. Das Resultat sind Knicke bei Werten von q, die den extremalen Durchmessern der Fermi-Oberfläche entsprechen ($q = 2k_\mathrm{F}$ für ein freies Elektronengas). Dies wurde auch tatsächlich gemessen [R. Stedman, L. Almquist, G. Nilsson, and G. Raunio, Phys. Rev. **162**, 545 (1967) oder B. N. Brockhouse *et al.*, Phys. Rev. **128**, 1099 (1962)].

Wir gehen von einer Kopplungskonstante der Form

$$C_p = C_0 \frac{\sin Qpa}{Q_0 pa} = A_1 \frac{\sin Qpa}{p}, \quad A_1 = \frac{C_0}{Q_0 a} \tag{A5.9.1}$$

aus. Hier sind C_0, Q_0 und A_1 Konstanten. Wir haben also für die Kraftkonstante ein oszillierendes Verhalten als Funktion des Abstandes pa zwischen den Atomen angenommen. Motiviert ist das dadurch, dass wir in Metallen Ionen vorliegen haben, deren Ladung zu Oszillationen der Elektronendichte als Funktion des Abstands r vom Ion führt, die durch eine periodische Funktionen der Form $\sin(Qr)/Qr$ mit $Q = 2k_\mathrm{F}$ beschrieben werden können.

Einsetzen in die Dispersionsrelation [vgl. hierzu Aufgabe A5.1, Gleichung (A5.1.8)]

$$\omega_q^2 = \frac{2}{M} \sum_{p>0} C_p \left[1 - \cos(qpa)\right] \tag{A5.9.2}$$

liefert

$$\omega_q^2 = \frac{2A_1}{M}\sum_{p>0}\frac{\sin Qpa}{p}\left[1-\cos(qpa)\right]$$
$$= \frac{4A_1}{M}\sum_{p>0}\frac{\sin Qpa}{p}\sin^2\frac{qpa}{2}$$
$$= \begin{cases} 0 & \text{für } q \le Q \\ \pi\frac{A_1}{M} & \text{für } q > Q \end{cases} . \tag{A5.9.3}$$

Dieses Ergebnis ist in Abb. 5.12 dargestellt. Differenzieren nach der Wellenzahl q ergibt

$$\frac{\partial\omega_q^2}{\partial q} = \frac{2A_1}{M}\sum_{p>0}\frac{\sin Qpa}{p}\,pa\,\sin qpa = \frac{2A_1}{M}a\sum_{p>0}\sin Qpa\,\sin qpa$$
$$= \frac{2A_1}{M}a\sum_{p>0}\frac{e^{\imath Qpa}-e^{-\imath Qpa}}{2\imath}\frac{e^{\imath qpa}-e^{-\imath qpa}}{2\imath}$$
$$= -\frac{A_1}{2M}a\sum_{p>0}\left[e^{\imath(Q+q)pa}+e^{\imath(-Q-q)pa}-e^{-\imath(-Q+q)pa}-e^{-\imath(Q-q)pa}\right]$$
$$= -\frac{A_1}{M}a\sum_{p>0}\left[\cos(Q+q)pa-\cos(Q-q)pa\right]$$
$$= \frac{A_1}{M}a\sum_{p>0}\left[\cos(Q-q)pa-\cos(Q+q)pa\right] . \tag{A5.9.4}$$

Wir erkennen sofort, dass

$$\lim_{q\to Q}\frac{\partial\omega_q^2}{\partial q} = \frac{A_1}{M}a\sum_{p>0}\underbrace{\left[1-\cos 2Qpa\right]}_{2\sin^2 Qpa}$$
$$= \frac{2A_1}{M}a\sum_{p>0}\sin^2 Qpa \tag{A5.9.5}$$

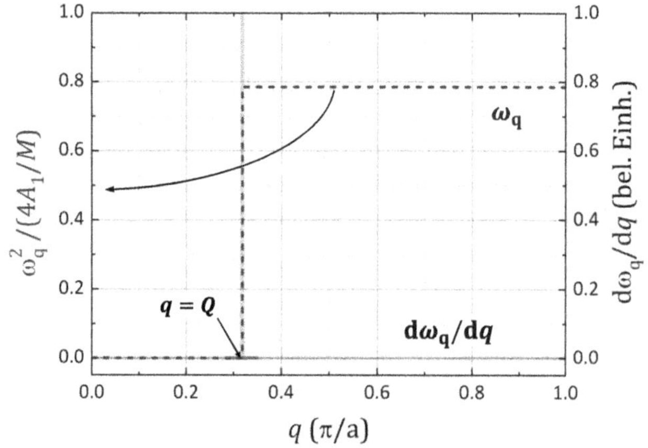

Abb. 5.12: Zur Veranschaulichung des Verlaufs der Dispersionsrelation $\omega_q = \omega(q)$ (gestrichelt) und der Divergenz von $\partial\omega_q^2/\partial q$ (durchgezogen, grau) bei $q = Q$.

und dass diese Summe bei $q = Q$ divergiert (siehe hierzu Abb. 5.12). Dies ist gerade die sogenannte Kohn-Anomalie.

Zusatz für besonders Interessierte: Um den obigen Sachverhalt besser verstehen zu können, betrachten wir noch den folgenden allgemeineren Ansatz für die p-Abhängigkeit der Kraftkonstanten C_p:

$$C_{p\nu} = C_0 \frac{\sin Qpa}{(Q_0 pa)^\nu} = A_\nu \frac{\sin Qpa}{p^\nu}, \quad A_1 = \frac{C_0}{(Q_0 a)^\nu}. \tag{A5.9.6}$$

Die obige Rechnung behandelt somit nur den exotischen langreichweitigen Grenzfall $\nu = 1$. Mit diesem Modell-Ansatz für die Kraftkonstante lautet die Dispersionsrelation für longitudinale Phononen

$$\omega^2(q) = \frac{2}{M} \sum_{p>0} C_{p\nu} \left[1 - \cos(qpa)\right] = 4 \frac{A_\nu}{M} \sum_{p>0} \frac{\sin Qpa}{p^\nu} \sin^2 \frac{qpa}{2}$$

$$\omega(q) = 2\sqrt{\frac{A_\nu}{M}} \sqrt{\sum_{p>0} \frac{\sin Qpa}{p^\nu} \sin^2 \frac{qpa}{2}}\,. \tag{A5.9.7}$$

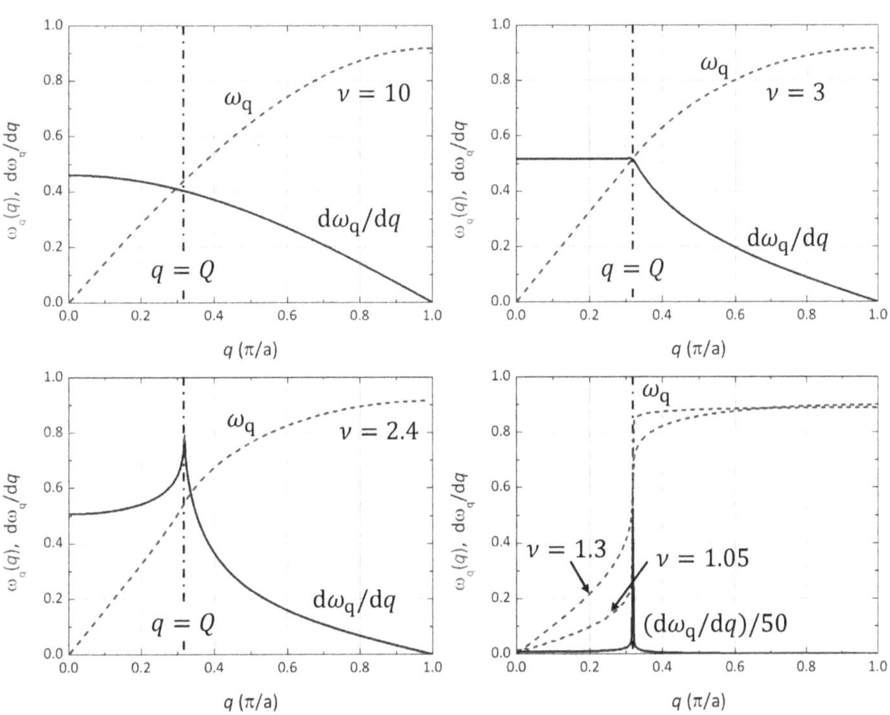

Abb. 5.13: Verlauf der Dispersionsrelation $\omega_q = \omega(q)$ (gestrichelt) und der Gruppengeschwindigkeit $d\omega_q/dq$ (durchgezogen) für verschiedene Werte des Parameters ν.

Die Ableitung der Dispersion nach der Wellenzahl lautet

$$\begin{aligned}\frac{\partial\omega_q}{\partial q} &= 2\sqrt{\frac{A_\nu}{M}}\,\frac{1}{2}\,\frac{\frac{d}{dq}\left[\sum_{p>0}\frac{\sin Qpa}{p^\nu}\sin^2\frac{qpa}{2}\right]}{\sqrt{\sum_{p>0}\frac{\sin Qpa}{p^\nu}\sin^2\frac{qpa}{2}}}\\ &= \sqrt{\frac{A_\nu}{M}}\,\frac{\sum_{p>0}\frac{\sin Qpa}{p^{\nu-1}}\,2\sin\frac{qpa}{2}\cos\frac{qpa}{2}\,\frac{qpa}{2}}{\sqrt{\sum_{p>0}\frac{\sin Qpa}{p^\nu}\sin^2\frac{qpa}{2}}}\\ &= \frac{a}{2}\sqrt{\frac{A_\nu}{M}}\,\frac{\sum_{p>0}\frac{\sin Qpa}{p^{\nu-1}}\sin qpa}{\sqrt{\sum_{p>0}\frac{\sin Qpa}{p^\nu}\sin^2\frac{qpa}{2}}}\,.\end{aligned} \tag{A5.9.8}$$

Die Dispersionsrelation $\omega(q)$ und das Ergebnis (A5.9.8) sind in Abb. 5.13 für unterschiedliche Werte von ν dargestellt. Offensichtlich erhalten wir qualitative Veränderungen (ein Weichwerden) der Phononendispersion mit fallender Potenz ν. Insbesondere markiert $\nu = 3$ den Grenzfall einer konstanten Gruppengeschwindigkeit für $0 \le q \le Q$. Für $\nu \le 3$ wächst die Gruppengeschwindigkeit im Bereich $0 \le q \le Q$ monoton an, um schließlich bei $q = Q$ eine Spitze zu entwickeln. Für $\nu = 1$ hat die Dispersion ω_q die Form einer Stufe, und die Gruppengeschwindigkeit divergiert bei $q = Q$.

6 Thermische Eigenschaften des Kristallgitters

A6.1 Mittlere thermische Ausdehnung einer Kristallzelle

Wir diskutieren die thermische Ausdehnung eines Natrium-Kristalls.

(a) Schätzen Sie für eine primitive Elementarzelle eines Natriumkristalls bei 300 K die mittlere thermische Volumenausdehnung $\Delta V/V$ ab. Nehmen Sie dazu den Kompressionsmodul zu $7 \times 10^9\ \mathrm{J/m^3}$ an. Beachten Sie, dass die Debye-Temperatur mit 158 K geringer als 300 K ist, so dass Sie eine klassische Betrachtung machen können.

(b) Benutzen Sie dieses Ergebnis, um die mittlere thermische Schwankung $\Delta a/a$ der Gitterkonstanten abzuschätzen.

Lösung

(a) Wir gehen von der Taylor-Entwicklung der Energie U um V_0 mit der Volumenänderung $\Delta V = V - V_0$ aus

$$U = U(V_0) + \frac{1}{2!}\left.\frac{\partial^2 U}{\partial V^2}\right|_{V=V_0} (\Delta V)^2 + \dots . \tag{A6.1.1}$$

Hierbei verschwindet der Term erster Ordnung (Gleichgewichtslage). Mit der Definition des isothermen Kompressionsmoduls

$$B = -V\left.\frac{\partial p}{\partial V}\right|_{T=\mathrm{const}} \tag{A6.1.2}$$

erkennen wir mit $dU = C_V dT - p dV$ bzw. $p = -\left.\frac{\partial U}{\partial V}\right|_{T=\mathrm{const}}$, dass

$$\left.\frac{\partial^2 U}{\partial V^2}\right|_{V=V_0} = \frac{B}{V_0} \tag{A6.1.3}$$

ist und wir somit die Änderung der Energie $\delta U(\Delta V)$ aufgrund der Volumenänderung ΔV zu

$$\delta U(\Delta V) = U - U(V_0) \simeq \frac{1}{2} B\,\frac{(\Delta V)^2}{V_0} \tag{A6.1.4}$$

erhalten. Dies entspricht der potentiellen Energie $\frac{1}{2}Cx^2$ einer gespannten Feder mit der Federkonstante C. Wir setzen nun $\delta U(\Delta V) = \frac{1}{2}k_B T$ und nicht gleich $\frac{3}{2}k_B T$, da wir bei

https://doi.org/10.1515/9783110782530-006

der reinen Volumenausdehnung nicht alle Freiheitsgrade angeregt haben. Die Freiheitsgrade, die zu Verscherungen (Schermodul) und Verdrehungen (Torsionsmodul) gehören, sind eingefroren. Der Ausdruck $\delta U(\Delta V) = \frac{1}{2} k_\mathrm{B} T$ lässt sich nun nach der relativen und der absoluten Volumenänderung auflösen:

$$\left(\frac{\Delta V}{V_0}\right)^2 = \frac{k_\mathrm{B} T}{B V_0} \quad \Rightarrow \quad \frac{\Delta V}{V_0} = \sqrt{\frac{k_\mathrm{B} T}{B V_0}}\,; \quad \Delta V = \sqrt{\frac{k_\mathrm{B} T V_0}{B}}\,. \tag{A6.1.5}$$

Wir benutzen $k_\mathrm{B} T = 4.14 \times 10^{-21}\,\mathrm{J} = 25.8\,\mathrm{meV}$ bei $300\,\mathrm{K}$, $B = 7 \times 10^9\,\mathrm{J/m^3}$ und $a = 4.225\,\text{Å} = 4.225 \times 10^{-10}\,\mathrm{m}$ für einen Natriumkristall. Mit $V_0 = a^3$ erhalten wir aus Gl. (A6.1.5) $(\Delta V)^2 = 4.46 \times 10^{-59}\,\mathrm{m^6}$ und daraus $\Delta V = 6.68 \times 10^{-30}\,\mathrm{m^3}$. Für die relative Änderung des Einheitszellenvolumens erhalten wir $\Delta V / V_0 \simeq 0.088$.

(b) Für isotrope und kubische Systeme gilt

$$\begin{aligned} \Delta V &= (a + \Delta a)^3 - a^3 = a^3 + 3a^2 \Delta a + \ldots - a^3 \overset{\Delta a \ll a}{\simeq} 3a^2 \Delta a \\ \frac{\Delta V}{V_0} &= \frac{3a^2 \Delta a}{a^3} = 3\,\frac{\Delta a}{a}\,. \end{aligned} \tag{A6.1.6}$$

Somit erhalten wir für die relative Längenänderung $\Delta a / a \simeq 0.029$.

A6.2 Spezifische Wärmekapazität

Die spezifische Wärmekapazität bei konstantem Volumen c_V eines (dreidimensionalen) Kristalls ist gegeben durch

$$c_V = \frac{C_V}{V} = \frac{1}{V} \sum_{\mathbf{q},r} \frac{\partial}{\partial T} \frac{\hbar \omega_{\mathbf{q}r}}{\mathrm{e}^{\frac{\hbar \omega_{\mathbf{q}r}}{k_B T}} - 1}\,.$$

Hierbei ist r die Zahl der Phononenzweige und $k_\mathrm{B} = 1.3807 \cdot 10^{-23}\,\mathrm{J/K}$ die Boltzmann-Konstante.

(a) Berechnen Sie den Hochtemperaturlimes ($\hbar \omega_{\mathbf{q}r} \ll k_\mathrm{B} T$) von c_V für ein Gitter mit einer einatomigen Basis.

(b) Wie hängt $c_V(T)$ in einem Isolator bei tiefen Temperaturen von T ab? Was bedeutet „tiefe Temperatur“ in diesem Zusammenhang? Was ist in einem Metall anders?

(c) Was besagt die Debyesche Näherung?

(d) Wie hängt die phononische Zustandsdichte $D(\omega)$ im Debye-Modell bei kleinen Energien (im dreidimensionalen Fall) von ω ab? Begründen Sie Ihre Antwort.

(e) Schätzen Sie die Debye-Wellenzahl q_D, die Debye-Frequenz ω_D und die Debye-Temperatur Θ_D für Silber ab. Hinweis: Silber hat eine kubisch flächenzentrierte Kristallstruktur mit Gitterkonstante $a = 4.09\,\text{Å}$ und eine mittlere Schallgeschwindigkeit von $2600\,\mathrm{m/s}$ ($\hbar = 1.054 \cdot 10^{-34}\,\mathrm{J\,s}$).

Lösung

(a) Wir starten mit dem allgemeinen Ausdruck für die mittlere Energie

$$\langle U\rangle = U^{\mathrm{eq}} + \sum_{\mathbf{q},r} \frac{1}{2}\hbar\omega_{\mathbf{q}r} + \sum_{\mathbf{q},r} \frac{\hbar\omega_{\mathbf{q}r}}{\mathrm{e}^{\frac{\hbar\omega_{\mathbf{q}r}}{k_\mathrm{B}T}} - 1} \,. \tag{A6.2.1}$$

Hieraus ergibt sich der allgemeine Ausdruck für die spezifische Wärme für ein dreidimensionales Gitter zu

$$c_V = \frac{C_V}{V} = \frac{1}{V}\left.\frac{\partial\langle U\rangle}{\partial T}\right|_V = \frac{1}{V}\sum_{\mathbf{q},r}\frac{\partial}{\partial T}\frac{\hbar\omega_{\mathbf{q}r}}{\mathrm{e}^{\frac{\hbar\omega_{\mathbf{q}r}}{k_\mathrm{B}T}} - 1} \,. \tag{A6.2.2}$$

Im Grenzfall hoher Temperaturen ist $x = \frac{\hbar\omega_{\mathbf{q}r}}{k_\mathrm{B}T} \ll 1$, so dass wir den Exponentialterm entwickeln können:[1]

$$\begin{aligned}\frac{1}{\mathrm{e}^x - 1} &\simeq \frac{1}{1 + x + \frac{1}{2}x^2 + \frac{1}{6}x^3 + \ldots - 1} = \frac{1}{x(1 + \frac{1}{2}x + \frac{1}{6}x^2 + \ldots)}\\ &= \frac{1}{x}\left[1 - \frac{1}{2}x + \frac{1}{12}x^2 - \ldots\right] .\end{aligned} \tag{A6.2.3}$$

Nach Einsetzen erhalten wir

$$\begin{aligned}c_V &= \frac{1}{V}\sum_{\mathbf{q},r}\frac{\partial}{\partial T}\frac{k_\mathrm{B}T}{\hbar\omega_{\mathbf{q}r}}\hbar\omega_{\mathbf{q}r}\left[1 - \frac{1}{2}\frac{\hbar\omega_{\mathbf{q}r}}{k_\mathrm{B}T} + \frac{1}{12}\left(\frac{\hbar\omega_{\mathbf{q}r}}{k_\mathrm{B}T}\right)^2 - \ldots\right]\\ &= \frac{1}{V}\sum_{\mathbf{q},r}\frac{\partial}{\partial T}\left[k_\mathrm{B}T - \frac{1}{2}\hbar\omega_{\mathbf{q}r} + \frac{1}{12}\frac{(\hbar\omega_{\mathbf{q}r})^2}{k_\mathrm{B}T} - \ldots\right]\\ &= \frac{1}{V}\sum_{\mathbf{q},r}k_\mathrm{B}\left[1 - \frac{1}{12}\left(\frac{\hbar\omega_{\mathbf{q}r}}{k_\mathrm{B}T}\right)^2 + \ldots\right]\\ &= \frac{3r'N}{V}k_\mathrm{B} - \left[\frac{1}{12V}\sum_{\mathbf{q},r}\left(\frac{\hbar\omega_{\mathbf{q}r}}{k_\mathrm{B}T}\right)^2 - \ldots\right]\\ &\simeq 3r'nk_\mathrm{B} \,.\end{aligned} \tag{A6.2.4}$$

Hierbei ist $3Nr'$ die Anzahl der Schwingungsmoden und r' die Anzahl der Atome pro Einheitszelle. Für ein Gitter mit einer einatomigen Basis erhalten wir deshalb $c_V = 3nk_\mathrm{B}$. Das Ergebnis ist gerade das klassische Dulong-Petit-Gesetz. Die erste Quantenkorrektur

---

1 Wir benutzen die Reihenentwicklungen

$$\mathrm{e}^x - 1 + x + \frac{1}{2}x^2 + \frac{1}{6}x^3 + \ldots$$

und

$$\frac{1}{a + bx + cx^2 + \ldots} = \frac{1}{a}\left[1 - \frac{b}{a}x + \left(\frac{b^2}{a^2} - \frac{c}{a}\right)x^2 + \ldots\right] .$$

ist quadratisch in $\frac{\hbar\omega_{\mathbf{q}r}}{k_B T}$ und ist im Hochtemperaturgrenzfall praktisch bedeutungslos. Der Term $\frac{1}{2}\hbar\omega_{\mathbf{q}r}$ in Gl. (A6.2.1) ist die Nullpunktsenergie und liefert natürlich keinen Beitrag zur spezifischen Wärme.

(b) Die Diskussion des Tieftemperaturverhaltens ist etwas schwieriger. Um einen einfachen Ausdruck abzuleiten, müssen wir Näherungen machen. Zunächst nehmen wir an, dass N groß ist (großer Kristall), so dass die Zustände im q-Raum dicht liegen. Wir können dann unter Benutzung der Zustandsdichte $Z_3(q)$ im $\mathbf{q}$-Raum die Summation über $\mathbf{q}$ in eine Integration überführen:

$$\sum_{\mathbf{q},r} \rightarrow \sum_r \int_{1.\mathrm{BZ}} d^3q\, Z_3(\mathbf{q}) = \sum_r \int_{1.\mathrm{BZ}} d^3q \frac{V}{(2\pi)^3} . \tag{A6.2.5}$$

Wir können zusätzlich für tiefe Temperaturen (i) nur die akustischen Moden betrachten, da die optischen Moden hohe Energien besitzen und deshalb ihre Besetzung vernachlässigbar klein ist. Die Summe $\sum_r$ über alle Phononenzweige können wir dann durch die Summe $\sum_{i=1}^{3}$ über die drei akustischen Zweige ersetzen. Für genügend tiefe Temperaturen können wir ferner (ii) die Dispersionskurven der akustischen Zweige durch Geraden $\omega_i(\mathbf{q}) = v_i q$ annähern. Hierbei sind v_i die Schallgeschwindigkeiten der drei akustischen Moden. Schließlich können wir (iii) das Integral über die 1. Brillouin-Zone durch ein Integral über alle q ersetzen. Da die Bose-Einstein-Verteilungsfunktion für große q wegen $k_B T \ll \hbar\omega$ sehr klein ist, ist der hierdurch gemachte Fehler vernachlässigbar klein. Mit diesen Näherungen erhalten wir

$$c_V = \frac{1}{(2\pi)^3} \frac{\partial}{\partial T} \sum_{i=1}^{3} \int d^3q \frac{\hbar v_i q}{e^{\hbar v_i q/k_B T} - 1} . \tag{A6.2.6}$$

Um das Integral auszuwerten, verwenden wir Kugelkoordinaten.[2] Mit den Abkürzungen $x \equiv \hbar v_i q/k_B T$ bzw. $dx \equiv dq\hbar v_i/k_B T$ erhalten wir

$$c_V = \frac{3}{2\pi^2} \frac{\partial}{\partial T} \frac{(k_B T)^4}{(\hbar v_s)^3} \int_0^\infty dx \frac{x^3}{e^x - 1} , \tag{A6.2.7}$$

wobei wir für die mittlere Schallgeschwindigkeit der drei akustischen Moden

$$\frac{1}{v_s^3} = \frac{1}{3} \sum_{i=1}^{3} \int \frac{d\Omega}{4\pi} \frac{1}{v_i^3} \tag{A6.2.8}$$

verwendet haben. Das Integral $\int_0^\infty dx[x^3/(e^x - 1)]$ ergibt $\pi^4/15$, so dass wir

$$c_V = \frac{2\pi^2}{5} k_B \left(\frac{k_B T}{\hbar v_s}\right)^3 \tag{A6.2.9}$$

---

2 Es gilt

$$\int d^3q = \int_0^\infty q^2\, dq \int_0^\pi \sin\vartheta\, d\vartheta \int_0^{2\pi} d\varphi$$

und das Integral über $d\Omega = \sin\vartheta\, d\vartheta\, d\varphi$ ergibt 4π.

erhalten. Dieses T^3-Verhalten ist in guter Übereinstimmung mit dem für Isolatoren erhaltenen experimentellen Ergebnis.

In einem Metall kommt zur spezifischen Wärme des Gitters noch der Beitrag $c_V^{\text{el}} = \gamma T$ der Elektronen dazu. Es gilt demnach $c_V = \gamma T + BT^3 + \ldots$, wobei γ der Sommerfeld-Koeffizient ist. Für $T \geq 10^{-1}\Theta_{\text{D}}$ spielt der elektronische Anteil zur spezifischen Wärme allerdings so gut wie keine Rolle. Dies liegt daran, dass fast alle Elektronen bei einer Temperaturerhöhung keine Energie aufnehmen können und somit zur Wärmekapazität beitragen können. Zustände weit unterhalb der Fermi-Energie sind nämlich alle besetzt und damit wegen des Pauli-Prinzips blockiert. Nur ein Anteil T/T_{F} aller Elektronen in der Nähe der Fermi-Energie kann beitragen. Da die Fermi-Temperatur T_{F} für Metalle allerdings im Bereich von einigen 10 000K liegt, ist T/T_{F} bei tiefen Temperaturen verschwindend gering.

(c) In der Debyeschen Näherung wird die Dispersion der akustischen Phononen durch einen linearen Zusammenhang, $\omega_i(\mathbf{q}) = v_i q$, mit $q \leq q_{\text{D}}$ und $i = T_1,\ T_2,\ L$ als Index für den jeweiligen Zweig (longitudinal: L, tranversal: T_1, T_2) angenähert. Die maximale Wellenzahl q_{D} ist durch die Debye-Wellenzahl gegeben, welche den Radius einer Hyperkugel im reziproken Raum beschreibt, die alle N möglichen q-Punkte enthält.

(d) Wir starten mit dem allgemeinen Ausdruck für die Zustandsdichte im Frequenzraum (vergleiche hierzu Gl. (A5.8.7), Aufgabe A5.8)

$$D(\omega) = \frac{V}{(2\pi)^3} \int\limits_{\omega=\text{const}} \frac{dS_q}{|\nabla_{\mathbf{q}}\omega(\mathbf{q})|}, \tag{A6.2.10}$$

die für jeden Phononenzweig gilt. In der Debyeschen Näherung gilt $\omega_i(\mathbf{q}) = v_i q$ bzw. $\omega(\mathbf{q}) = v_s q$, wenn wir die mittlere Schallgeschwindigkeit v_s der drei akustischen Moden verwenden. Mit $|\nabla_{\mathbf{q}}\omega(\mathbf{q})| = v_s$ erhalten wir

$$D(\omega) = \frac{V}{(2\pi)^3}\frac{1}{v_s} \int\limits_{\omega=\text{const}} dS_q = \frac{V}{(2\pi)^3}\frac{1}{v_s} 4\pi q^2 = \frac{V}{2\pi^2 v_s^3}\,\omega^2 . \tag{A6.2.11}$$

Die Zustandsdichte ist also proportional zu ω^2. Um die gesamte Zustandsdichte der drei akustischen Zweige zu erhalten, müssen wir Gl. (A6.2.11) mit dem Faktor 3 multiplizieren.

Das gleiche Ergebnis erhalten wir mit einer einfachen qualitativen Argumentation, wenn wir formal annehmen, dass die Zahl der Zustände pro Frequenzinterval ebenso wie die pro q-Intervall nicht von q abhängt. Wenn nun q von 0 anwächst, verändert sich die Oberfläche der Hyperkugel entweder nicht (1D), linear (2D) oder wie q^2 (3D). Das übersetzt sich wegen $\omega(\mathbf{q}) = v_s q$ gerade 1 : 1 in den Frequenzraum.

(e) Zur Bestimmung der Debye-Wellenzahl q_{D} zählen wir wie bei der Bestimmung der Fermi-Wellenzahl k_{F} die Zahl der Zustände im q-Raum ab und benutzen, dass sie gleich der Atomzahl (nicht der Elektronenzahl!) ist. Für die Atomzahl gilt

$$N = \frac{4}{3}\pi q_{\text{D}}^3\, Z_3(q) = \frac{4}{3}\pi q_{\text{D}}^3 \frac{V}{(2\pi)^3}, \tag{A6.2.12}$$

wobei V das Probenvolumen ist. Für die Dichte n ergibt sich

$$n = \frac{N}{V} = \frac{q_{\text{D}}^3}{6\pi^2} = \frac{N_{\text{EZ}}}{a^3}, \tag{A6.2.13}$$

wobei N_{EZ} die Zahl der Atome pro Einheitzelle ist. Für die Debye-Wellenzahl ergibt sich damit

$$q_{\mathrm{D}} = \sqrt[3]{6\pi^2 \left(\frac{N_{\mathrm{EZ}}}{a^3}\right)} = 1.24\sqrt[3]{N_{\mathrm{EZ}}}\left(\frac{\pi}{a}\right), \qquad \text{(A6.2.14)}$$

Silber hat eine kubisch-flächenzentrierte Kristallstruktur mit $N_{\mathrm{EZ}} = 4$ und Gitterkonstante $a = 4.09$ Å, sodass $q_{\mathrm{D}} = 1.51\,\text{Å}^{-1}$. Mit $k_{\mathrm{B}}\Theta_{\mathrm{D}} = \hbar v_s q_{\mathrm{D}}$ ergibt sich

$$\Theta_{\mathrm{D}} = \frac{\hbar}{k_{\mathrm{B}}} v_s q_{\mathrm{D}} = \frac{1.054 \times 10^{-34}}{1.3807 \times 10^{-23}} 2600 \cdot 1.51 \times 10^{10}\,\mathrm{K} \simeq 300\,\mathrm{K}. \qquad \text{(A6.2.15)}$$

Diese Debye-Temperatur ist etwas höher als der experimentell bestimmte Wert von 215 K, weil die mittlere Schallgeschwindigkeit v_s doch eine etwas einfache Abschätzung der gemittelten Gruppengeschwindigkeiten aller Zweige ist. Die Debye-Energie ist $k_{\mathrm{B}}\Theta_{\mathrm{D}} \simeq 26\,\mathrm{meV}$, die Debye-Frequenz $\omega_{\mathrm{D}} = k_{\mathrm{B}}\Theta_{\mathrm{D}}/\hbar \simeq 4.1 \times 10^{13}\,\mathrm{s}^{-1}$.

A6.3 Nullpunkts-Gitterauslenkung und Dehnung

Nullpunktsschwingungen spielen für viele Eigenschaften von Festkörpern eine nicht zu vernachlässigende Rolle.

(a) Zeigen Sie, dass in der Debye-Näherung am absoluten Nullpunkt das mittlere Auslenkungsquadrat eines Atoms aus seiner Ruhelage durch

$$\langle u^2 \rangle = \frac{3\hbar\omega_{\mathrm{D}}^2}{8\pi^2 \rho v_s^3}$$

gegeben ist, wobei v_s die Schallgeschwindigkeit ist. Zeigen Sie zunächst, dass die maximale quadratische Schwingungsamplitude durch $\langle u_{\max}^2 \rangle = \frac{\hbar}{\rho V}\langle \omega^{-1} \rangle_{\mathrm{D}}$ gegeben ist, wobei V das Probenvolumen, $\rho = mN/V = M/V$ die Massendichte und $\langle g(\omega) \rangle_{\mathrm{D}} = \sum_{\mathbf{q},r} g(\omega_{\mathbf{q},r})$ ist. Der Index D deutet dabei an, dass wir die Summen über Wellenzahlen $\mathbf{q}$ im Rahmen des Debye-Modells auswerten wollen. Leiten Sie daraus die mittlere quadratische Auslenkung $\langle u^2 \rangle = \langle u_{\max}^2 \rangle/2$ ab.

(b) Zeigen Sie, dass $\langle \omega^{-1} \rangle_{\mathrm{D}}$ und damit $\langle u^2 \rangle$ für ein eindimensionales Gitter (einatomige Basis, Auslenkung u) divergieren, dass jedoch das mittlere Dehnungsquadrat endlich ist. Gehen Sie dazu von der Form $\langle (\partial u/\partial x)^2 \rangle = \frac{1}{2}\sum_q q^2 u_{\max}^2$ für das mittlere Dehnungsquadrat aus und zeigen Sie, dass im Fall einer Kette aus N Atomen, von denen jedes die Masse m hat,

$$\left\langle \left(\frac{\partial u}{\partial x}\right)^2 \right\rangle = \frac{\hbar\omega_{\mathrm{D}}^2 L}{4\pi^2 m N v_s^3}$$

gilt, wenn nur longitudinale Zustände berücksichtigt werden. Die Divergenz von $\langle u^2 \rangle$ ist aber für keine einzige physikalische Messung signifikant.

Lösung

Um diese Aufgabe zu lösen, argumentieren wir wie in Aufgabe A3.3 und beginnen mit der Gesamtenergie E_{tot} eines klassischen dreidimensionalen harmonischen Oszillators:

$$E_{\text{tot}} = E_{\text{kin}} + E_{\text{pot}}\,, \quad E_{\text{kin}} = \frac{1}{2}m\dot{u}^2\,, \quad E_{\text{pot}} = \frac{1}{2}ku^2\,. \tag{A6.3.1}$$

Hierbei ist k die Kraftkonstante, die über $k = m\omega^2$ mit der Atommasse m und der Schwingungsfrequenz ω zusammenhängt. Für die maximale Auslenkung ist $E_{\text{kin}} = 0$ und $E_{\text{pot}}(u_{\text{max}}) = \frac{1}{2}ku_{\text{max}}^2$. Setzen wir $\frac{1}{2}ku_{\text{max}}^2$ gleich der Grundzustandsenergie $\hbar\omega/2$ des harmonischen Oszillators, so erhalten wir (vgl. Aufgabe A3.3)

$$u_{\text{max}}^2 = \frac{\hbar}{m\omega}\,. \tag{A6.3.2}$$

Das über alle $3N$ Schwingungsmoden gemittelte maximale Amplitudenquadrat erhalten wir dann in der Form

$$\langle u_{\text{max}}^2\rangle = \frac{1}{N}\sum_{\mathbf{q},i}\frac{\hbar}{m}\frac{1}{\omega_{\mathbf{q}i}} = \frac{\hbar}{M}\left\langle\frac{1}{\omega}\right\rangle_{\text{D}} = \frac{\hbar}{\rho V}\left\langle\frac{1}{\omega}\right\rangle_{\text{D}}\,. \tag{A6.3.3}$$

Hierbei haben wir die totale Masse $M = Nm$ sowie die Massendichte $\rho = M/V$ eingeführt. Der Index D bedeutet, dass wir die Summen über Wellenzahlen $\mathbf{q}$ im Rahmen des Debye-Modells auswerten. Allgemein gilt für eine Funktion $g(\omega)$ (vergleiche Aufgabe A5.7):

$$\langle g(\omega)\rangle_{\text{D}} = \sum_{\mathbf{q},i} g(\omega_{\mathbf{q}i}) = \sum_i \int_0^{q_{\text{D}}} d^3q\, Z_3(\mathbf{q}) g(\omega_{\mathbf{q}i}) = \sum_i \int_0^{\omega_{\text{D}}} d\omega\, D(\omega) g(\omega)\,. \tag{A6.3.4}$$

Mit

$$Z_3(\mathbf{q})\,d^3q = \frac{V}{(2\pi)^3}4\pi q^2\,dq = \frac{V}{2\pi^2}\frac{\omega^2}{v_i^3}\,d\omega = D(\omega)\,d\omega \tag{A6.3.5}$$

folgt in der Debye-Näherung mit $\frac{1}{v_s^3} = \frac{1}{3}\sum_i^3 \frac{1}{v_i^3}$

$$\langle g\rangle_{\text{D}} = \frac{3V}{2\pi^2 v_s^3}\int_0^{\omega_{\text{D}}} d\omega\, \omega^2 g(\omega)\,. \tag{A6.3.6}$$

Hierbei ist $\omega_{\text{D}} = v_s q_{\text{D}}$ die Debye-Frequenz, q_{D} die Debye-Wellenzahl und v_{s} die mittlere Schallgeschwindigkeit der longitudinalen und transversalen Moden.

(a) Auf unser Problem angewendet, haben wir nun auszuwerten

$$\left\langle\frac{1}{\omega}\right\rangle_{\text{D}} = \frac{3V}{2\pi^2 v_s^3}\int_0^{\omega_{\text{D}}} d\omega\omega = \frac{3V}{4\pi^2 v_s^3}\,\omega_{\text{D}}^2\,. \tag{A6.3.7}$$

Daraus erhalten wir sofort

$$\langle u_{\max}^2 \rangle = \frac{\hbar}{\rho V} \left\langle \frac{1}{\omega} \right\rangle_{\mathrm{D}} = \frac{3\hbar}{4\pi^2} \frac{\omega_{\mathrm{D}}^2}{\rho v_s^3}$$

$$\langle u^2 \rangle = \frac{1}{2} \langle u_{\max}^2 \rangle = \frac{3\hbar}{8\pi^2} \frac{\omega_{\mathrm{D}}^2}{\rho v_s^3} . \tag{A6.3.8}$$

(b) In einem eindimensionalen Gitter können wir für das mittlere Auslenkungsquadrat entsprechend Gl. (A6.3.3) schreiben als

$$\langle u^2 \rangle = \frac{1}{2} \langle u_{\max}^2 \rangle = \frac{1}{2} \frac{\hbar}{mN} \left\langle \frac{1}{\omega} \right\rangle_{\mathrm{D}} . \tag{A6.3.9}$$

Hierbei bezeichnet u die Auslenkung in einer Dimension. Für $D = 1$ gilt allgemein (vgl. Aufgabe A5.7):

$$\langle g \rangle_{\mathrm{D}} = \sum_q g(\omega_q) = \int_0^{\omega_{\mathrm{D}}} d\omega D_1(\omega) g(\omega)$$

$$D_1(\omega) d\omega_q = Z_1(q)\, 2dq = \frac{L}{2\pi}\, 2dq$$

$$\Rightarrow \quad D_1(\omega) = \frac{L}{\pi} \frac{dq}{d\omega_q} = \frac{L}{\pi v_s} \tag{A6.3.10}$$

und wir erkennen sofort, dass

$$\left\langle \frac{1}{\omega} \right\rangle_{\mathrm{D}} = \frac{L}{\pi v_s} \int_0^{\omega_{\mathrm{D}}} \frac{d\omega}{\omega} \tag{A6.3.11}$$

und damit $\langle u^2 \rangle$ an der unteren Grenze divergiert.
Anstelle des *mittleren Auslenkungsquadrats* $\langle u^2 \rangle$ können wir auch das *mittlere Dehnungsquadrat*

$$\left\langle \left(\frac{\partial u}{\partial x} \right)^2 \right\rangle = \frac{1}{2} \frac{1}{N} \sum_q q^2 u_{\max}^2 \tag{A6.3.12}$$

analysieren. Wir starten wieder von dem einfachen Ansatz

$$u_{\max}^2 = \frac{\hbar}{m\omega} \quad \Rightarrow \quad q^2 u_{\max}^2 = \frac{\hbar q^2}{m\omega} . \tag{A6.3.13}$$

Mitteln wir diesen Ausdruck über alle N Schwingungsmoden, so erhalten wir

$$q^2 u_{\max}^2 \rightarrow \frac{1}{N} \sum_q q^2 u_{\max}^2 = \frac{1}{N} \frac{\hbar}{m} \sum_q \frac{q^2}{\omega_q} = \frac{\hbar}{mNv_s} \langle q \rangle_{\mathrm{D}} \tag{A6.3.14}$$

und somit

$$\left\langle \left(\frac{\partial u}{\partial x}\right)^2 \right\rangle = \frac{1}{2}\frac{\hbar}{mNv_s}\langle q\rangle_\mathrm{D} = \frac{1}{2}\frac{\hbar}{mNv_s}\frac{L}{\pi v_s}\int_0^{\omega_\mathrm{D}} d\omega\,\frac{\omega}{v_s}$$
$$= \frac{\hbar\omega_\mathrm{D}^2}{4\pi(mN/L)v_s^3}\,. \qquad \text{(A6.3.15)}$$

A6.4 Spezifische Wärme eines eindimensionalen Gitters und eines Stapels aus zweidimensionalen Schichten

Wir analysieren die spezifische Wärme eines eindimensionalen Gitters aus identischen Atomen.

(a) Zeigen Sie, dass in der Debye-Näherung die spezifische Wärme eines eindimensionalen Gitters aus identischen Atomen für tiefe Temperaturen ($T \ll \Theta_\mathrm{D}$) proportional zu T/Θ_D ist. Hierbei ist $\Theta_\mathrm{D} = \hbar\omega_\mathrm{D}/k_\mathrm{B} = \hbar\pi v_s/k_\mathrm{B}a$ die für eine Dimension gültige Debye-Temperatur, k_B die Boltzmann-Konstante und a der Abstand der Gitteratome.

(b) Betrachten Sie einen dielektrischen Kristall, der aus einem Stapel von zweidimensionalen Atomschichten aufgebaut ist, wobei aneinandergrenzende Schichten nur schwach aneinander gebunden sein sollen. Wie sieht Ihrer Meinung nach der Ausdruck für die spezifische Wärme im Grenzfall sehr tiefer Temperaturen aus?

Lösung

(a) Wir starten von dem Ausdruck für die innere Energie U für ein eindimensionales System

$$U = U_0 + \int_0^{\omega_\mathrm{D}} d\omega D_1(\omega)\,\frac{\hbar\omega}{e^{\hbar\omega/k_\mathrm{B}T}-1}\,, \qquad \omega_\mathrm{D} = v_s\,\frac{\pi}{a}\,. \qquad \text{(A6.4.1)}$$

In einem eindimensionalen System ist die Zustandsdichte [vergleiche Gl. (A6.3.10)] in Debyescher Näherung ($d\omega/dq = v_s$) gegeben durch

$$D_1(\omega) = \frac{L}{\pi v_s} \qquad \text{(A6.4.2)}$$

und wir können schreiben:

$$U = U_0 + \frac{L}{\pi\hbar v_s}\int_0^{\hbar\omega_\mathrm{D}} d(\hbar\omega)\,\frac{\hbar\omega}{e^{\hbar\omega/k_\mathrm{B}T}-1}$$
$$\overset{x=\hbar\omega/k_\mathrm{B}T}{=} U_0 + L\,\frac{(k_\mathrm{B}T)^2}{\pi\hbar v_s}\underbrace{\int_0^{\hbar\omega_\mathrm{D}/k_\mathrm{B}T}\frac{dx\,x}{e^x-1}}_{=\pi^2/6 \text{ für } T\ll\Theta_\mathrm{D}=\hbar\omega_\mathrm{D}/k_\mathrm{B}}$$

$$\overset{T\ll\Theta_D}{\widehat{=}} \quad U_0 + L\frac{\pi(k_B T)^2}{6\hbar v_s} = U_0 + \frac{\pi^2}{6}\frac{L}{a}\frac{(k_B T)^2}{\hbar\omega_D}$$

$$= \quad U_0 + \frac{\pi^2}{6}\frac{L}{a}\frac{(k_B T)^2}{k_B\Theta_D} = U_0 + \frac{\pi^2}{6}N\frac{(k_B T)^2}{k_B\Theta_D}\,. \qquad \text{(A6.4.3)}$$

Hierbei ist $\Theta_D = \hbar\omega_D/k_B$ die Debye-Temperatur. Die Wärmekapazität erhalten wir durch Differenzieren nach der Temperatur zu

$$C_V = \left(\frac{\partial U}{\partial T}\right)_V \overset{T\ll\Theta_D}{\widehat{=}} \frac{\pi^2}{3}\frac{L}{a}k_B\left(\frac{T}{\Theta_D}\right) = \frac{\pi^2}{3}Nk_B\left(\frac{T}{\Theta_D}\right). \qquad \text{(A6.4.4)}$$

Die spezifische Wärmekapazität ist dann

$$c_V = \frac{C_V}{L} = \frac{\pi^2}{3}\frac{1}{a}k_B\left(\frac{T}{\Theta_D}\right) = \frac{\pi^2}{3}nk_B\left(\frac{T}{\Theta_D}\right), \qquad \text{(A6.4.5)}$$

wobei $n = N/L = 1/a$ die eindimensionale Teilchendichte ist.
Es sei noch darauf hingewiesen, dass die tatsächliche Zustandsdichte von derjenigen in Debyescher Näherung abweicht. Die Abweichungen sind umso größer, je größer der Unterschied zwischen der tatsächlichen Dispersionrelation der Phononen und der im Debye-Modell zugrundegelegten linearen Dispersion ist (siehe hierzu Aufgabe A5.7).

(b) Ein solcher Kristall ist im Wesentlichen ein lineares Gitter aus entkoppelten zweidimensionalen Lagen. Wir können deshalb das Ergebnis aus dem 1. Aufgabenteil auch hier verwenden. Wir erhalten also in gleicher Weise $c_V \propto T$ bei tiefen Temperaturen.

A6.5 Erzeugung akustischer Phononen mit einem Ultraschallgeber

Mit einem Ultraschallgeber erzeugen wir Phononen mit einer Frequenz von $f = 200\,\text{MHz}$ und einer Flächenleistung von $1\,\text{mW/cm}^2$. Wir koppeln mit dem Ultraschallgeber mit der Fläche $A = 1\,\text{cm}^2$ einen Phononenpuls der Dauer $10\,\mu\text{s}$ in einen würfelförmigen Siliziumkristall mit einem Volumen von $1\,\text{cm}^3$ ein ($a_{\text{Si}} = 5.43\,\text{Å}$, $\Theta_D = 640\,\text{K}$). Die Temperatur des Siliziumkristalls sei 4.2 K.

(a) Wie viele Phononen der Frequenz $f = 200\,\text{MHz}$ erzeugt ein einzelner Ultraschallpuls.
(b) Schätzen Sie die Temperaturerhöhung ab, die ein einzelner Ultraschallpuls nach erfolgter Thermalisierung der angeregten Phononen erzeugt hat.
(c) Schätzen Sie die Zunahme $\Delta N_{\text{ph}}/\Delta\omega$ der bei der Frequenz $f = 200\,\text{MHz}$ pro Frequenzintervall erzeugten Phononen nach erfolgter Thermalisierung der angeregten Phononen ab.

Lösung

(a) Die pro Ultraschallpuls der Länge $\tau = 10\,\mu\text{s}$ im Silizium-Kristall deponierte Energie erhalten wir mit der Fläche des Ultraschallgebers $A = 1\,\text{cm}^2$ zu

$$E_{\text{puls}} = P\cdot A\cdot\tau = 10^{-3}\cdot 1\cdot 10^{-5}\,\text{J} = 10^{-8}\,\text{J}\,. \qquad \text{(A6.5.1)}$$

Ein Phonon der Frequenz $f = 200\,\text{MHz}$ besitzt die Energie

$$hf = 6.628 \times 10^{-34} \cdot 2 \times 10^{8}\,\text{J} = 1.3252 \times 10^{-25}\,\text{J}\,. \tag{A6.5.2}$$

Damit erhalten wir die Zahl der erzeugten Phononen der Frequenz 200 MHz zu

$$N_{200\,\text{MHz}} = \frac{10^{-8}}{1.3252 \times 10^{-25}} = 7.546 \times 10^{16}\,. \tag{A6.5.3}$$

(b) Nach Thermalisierung der Phononen können wir die erzeugte Temperaturerhöhung unter Benutzung der Wärmekapazität von Silizium abschätzen. Mit der Definition der Wärmekapazität, $C_V = \left(\frac{\partial U}{\partial T}\right)_V$, erhalten wir für die Temperaturerhöhung

$$\Delta T = \frac{E_{\text{puls}}}{C_V}\,. \tag{A6.5.4}$$

Für die Probentemperatur von 4.2 K gilt $T \ll \Theta_\text{D}$ und wir können die Tieftemperaturnäherung für die Wärmekapazität benutzen (in Debyescher Näherung)

$$C_V^\text{D} = \frac{12\pi^4}{5} N k_\text{B} \left(\frac{T}{\Theta_\text{D}}\right)^3\,. \tag{A6.5.5}$$

Wir müssen jetzt noch die Zahl N bestimmen. Silizium kristallisiert in einer Diamantstruktur. Die Gitterkonstante der konventionellen kubischen fcc-Zelle beträgt $a_\text{Si} = 5.43\,\text{Å}$ und in jeder konventionellen fcc-Zelle befinden sich 4 Gitterpunkte mit je 2 Siliziumatomen. Da in der Debye-Näherung nur die akustischen Dispersionszweige betrachtet werden, erhalten wir

$$N = 2 \cdot 4 \cdot \frac{V}{V_\text{Zelle}} = 8 \cdot \frac{10^{-6}}{1.6010 \times 10^{-28}} = 4.997 \times 10^{22}\,. \tag{A6.5.6}$$

Mit diesem Wert für N, $k_\text{B} = 1.38 \times 10^{-23}\,\text{J/K}$, $T = 4.2\,\text{K}$ und $\Theta_\text{D} = 640\,\text{K}$ erhalten wir

$$C_V(4.2\,\text{K}) = 161.2 \cdot \left(\frac{4.2}{640}\right)^3 \frac{\text{J}}{\text{K}} \simeq 4.458 \times 10^{-5}\,\frac{\text{J}}{\text{K}} \tag{A6.5.7}$$

und damit für die Temperaturerhöhung den sehr kleinen Wert

$$\Delta T = \frac{10^{-8}\,\text{J}}{4.458 \times 10^{-5}\,\text{J/K}} \simeq 2.2 \times 10^{-4}\,\text{K}\,. \tag{A6.5.8}$$

(c) Die durch den kurzen Ultraschallpuls erzeugte Temperaturerhöhung beträgt $\Delta T \simeq 2.2 \times 10^{-4}\,\text{K}$ bei $T = 4.2\,\text{K}$. Mit diesem Wert können wir die Änderung der mittleren Besetzungswahrscheinlichkeit für Phononen der Frequenz $f_0 = \omega_0/2\pi = 200\,\text{MHz}$ bestimmen zu

$$\Delta n(\omega_0) = \frac{1}{e^{\hbar\omega_0/k_\text{B}(T+\Delta T)} - 1} - \frac{1}{e^{\hbar\omega_0/k_\text{B}T} - 1} \simeq 0.023\,. \tag{A6.5.9}$$

Zur Bestimmung der Zunahme $\Delta N_\text{ph}/\Delta\omega = D(\omega_0)\Delta n(\omega_0)$ der bei der Frequenz $\omega_0/2\pi = 200\,\text{MHz}$ pro Kreisfrequenzintervall erzeugten Phononen benötigen wir noch die Zustandsdichte bei dieser Frequenz. In Debyescher Näherung beträgt diese pro akustischem Zweig [vergleiche Gl. (A6.2.11) in Aufgabe A6.2]

$$D(\omega_0) = \frac{V}{2\pi^2 v_s^3}\omega_0^2 = \frac{2V}{v_s^3}f_0^2 \,. \tag{A6.5.10}$$

Die unbekannte Schallgeschwindigkeit v_s können wir in der Debyeschen Näherung aus der angegebenen Debye-Temperatur ableiten. Mit

$$\Theta_D = \frac{\hbar\omega_D}{k_B} = \frac{\hbar v_s q_D}{k_B} = \frac{\hbar v_s}{k_B}\left(6\pi^2\frac{N}{V}\right)^{1/3} \tag{A6.5.11}$$

erhalten wir

$$v_s^3 = \frac{\Theta_D^3 k_B^3}{6\pi^2\hbar^3}\frac{V}{N} \tag{A6.5.12}$$

und damit

$$D(\omega_0) = \frac{12\pi^2\hbar^3 N}{\Theta_D^3 k_B^3}\left(\frac{\omega_0}{2\pi}\right)^2 \,. \tag{A6.5.13}$$

Mit $N = 4.997 \times 10^{22}$ und $\Theta_D = 640\,\mathrm{K}$ erhalten wir für die drei akustischen Zweige

$$D(\omega_0) = 3\cdot\frac{12\pi^2\hbar^3 N}{\Theta_D^3 k_B^3}\left(\frac{\omega_0}{2\pi}\right)^2 \simeq 1.2\,\frac{1}{\mathrm{s}^{-1}} \,. \tag{A6.5.14}$$

Wir haben in Silizium bei der für Phononen relativ niedrigen Frequenz von 200 MHz also nur eine Zustandsdichte von etwa 1.2 Zuständen pro Kreisfrequenzintervall von $1\,\mathrm{s}^{-1}$ vorliegen. Mit diesem Wert erhalten wir $\Delta N_{\mathrm{ph}}/\Delta\omega = D(\omega_0)\Delta n \simeq 0.028\,\frac{1}{\mathrm{s}^{-1}}$. Von den ursprünglich mit dem kurzen Ultraschallpuls bei $f_0 = 200\,\mathrm{MHz}$ erzeugten 7.5×10^{16} Phononen verbleiben nach deren Thermalisierung also nur noch etwa 0.03 Phononen in einem Kreisfrequenzintervall der Breite $1\,\mathrm{s}^{-1}$ um diese Frequenz übrig.

7 Das freie Elektronengas

A7.1 Fermi-Gase in *d* Dimensionen

Geben Sie für ein d-dimensionales Fermi-Gas die Fermi-Wellenzahl k_F, die Fermi-Geschwindigkeit v_F, die Fermi-Energie ϵ_F und die Zustandsdichte an der Fermi-Kante $D_d(\epsilon)$ für beide Spin-Richtungen an.

Lösung:

Wir gehen von einem d-dimensionalen Hyperkubus mit der Kantenlänge L und dem Volumen L^d aus. Die Schrödinger-Gleichung für freie Elektronen hat die Form[1]

$$\frac{-\hbar^2}{2m}\left[\sum_{i=1}^{d}\frac{\partial^2}{\partial x_i^2}\right]\Psi(x_1,x_2,\ldots,x_d) = \varepsilon\,\Psi(x_1,x_2,\ldots,x_d)\,. \tag{A7.1.1}$$

Mit periodischen Randbedingungen sind ebene Elektronenwellen der Form

$$\Psi_k(x_1,x_2,\ldots,x_d) = \prod_{j=1}^{d} e^{\imath k_j x_j} \quad \text{mit } k_j = \frac{2\pi}{L}n_j \tag{A7.1.2}$$

Lösungen der Schrödinger-Gleichung. Wir bezeichnen die Anzahl der Zustände mit $\varepsilon \le \frac{\hbar^2 k^2}{2m}$ mit N_d und können sie mit Hilfe der Zustandsdichte $Z_d(k)$ im k-Raum schreiben als

$$N_d = 2Z_d(k)\,V_d = 2\left(\frac{L}{2\pi}\right)^d V_d\,. \tag{A7.1.3}$$

Hierbei wurden mit dem Faktor 2 die beiden Spin-Richtungen berücksichtigt.

Wir wollen im Folgenden das Volumen V_d der d-dimensionalen Hypersphäre berechnen. Allgemein korrespondiert eine d-dimensionale Hypersphäre mit einem Satz von Punkten, so dass

$$x_1^2 + x_2^2 + \ldots + x_d^2 \le R^2\,. \tag{A7.1.4}$$

Das Volumen dieser Hypersphäre ist gegeben durch die Integration des infinitesimalen Volumenelements $dV = dx_1 dx_2 \ldots dx_d$

$$V_d = \int \ldots \int_{x_1^2+x_2^2+\ldots+x_d^2\le R^2} dx_1 dx_2 \ldots dx_d = C_d R^d\,. \tag{A7.1.5}$$

---

1 Wir benutzen ε zur Bezeichnung der Energie, um Verwechslungen mit dem elektrischen Feld E zu vermeiden.

https://doi.org/10.1515/9783110782530-007

Andererseits kann das Volumen mittels infinitesimal dünnen, kugelförmigen Schalen mit Radius $0 \leq r \leq R$ aufgebaut werden

$$V_d = \int_0^R S_{d-1}(r)dr\,. \tag{A7.1.6}$$

Somit ist

$$S_{d-1}(R) = \frac{dV_d(R)}{dR} = d\,C_d R^{d-1}\,. \tag{A7.1.7}$$

Zur Berechnung von C_d betrachten wir zunächst die Funktion $f(x_1, x_2, \ldots, x_d) = \mathrm{e}^{-(x_1^2+x_2^2+\ldots+x_d^2)} = \mathrm{e}^{-r^2}$. Die Integration über den vollständigen d-dimensionalen Raum ergibt

$$\int_{-\infty}^{+\infty}\int_{-\infty}^{+\infty}\ldots\int_{-\infty}^{+\infty} \mathrm{e}^{-(x_1^2+x_2^2+\ldots+x_d^2)}dx_1 dx_2\ldots dx_d = \int_0^{+\infty} r^{d-1}\,\mathrm{e}^{-r^2}dr \int d\Omega_{d-1}\,, \tag{A7.1.8}$$

wobei sphärische Koordinaten $dx_1 dx_2 \ldots dx_d = r^{d-1}\,dr\,d\Omega_{d-1}$ verwendet wurden. Hierbei beinhaltet $d\Omega_{d-1}$ alle winkelabhängigen Faktoren: $d\Omega_d = d\theta_1\,\sin\theta_2\,d\theta_2\,\sin^2\theta_3\ldots$. Mit der Definition der Eulerschen Gamma-Funktion $\Gamma(z)$:

$$\Gamma(z) = \int_0^{+\infty} t^{z-1}\,\mathrm{e}^{-t}dt \overset{t=r^2}{=} 2\int_0^{+\infty} r^{2z-1}\,\mathrm{e}^{-r^2}dr \tag{A7.1.9}$$

und den Eigenschaften von $\Gamma(z)$

$$\begin{aligned}\Gamma\left(\frac{1}{2}\right) &= \sqrt{\pi}\\ \Gamma(z+1) &= z\Gamma(z)\\ \Gamma(1) &= 1\end{aligned} \tag{A7.1.10}$$

erhalten wir

$$\int_{-\infty}^{+\infty} \mathrm{e}^{-x^2}dx = 2\int_0^{+\infty} \mathrm{e}^{-x^2}dx = \Gamma\left(\frac{1}{2}\right) = \sqrt{\pi} \tag{A7.1.11}$$

und

$$\int_0^{+\infty} r^{d-1}\,\mathrm{e}^{-r^2}dr = \frac{1}{2}\Gamma\left(\frac{d}{2}\right)\,. \tag{A7.1.12}$$

Gleichung (A7.1.8) ergibt somit

$$\pi^{d/2} = \frac{1}{2}\Gamma\left(\frac{d}{2}\right)\int d\Omega_{d-1}\,. \tag{A7.1.13}$$

Betrachten wir die Gleichungen (A7.1.5) und (A7.1.6)

$$\int \cdots \int_{x_1^2+x_2^2+\ldots+x_d^2 \leq R^2} dx_1 dx_2 \ldots dx_d = \int_0^R r^{d-1} dr \int d\Omega_{d-1} = d\, C_d \int_0^R r^{d-1} dr\,, \tag{A7.1.14}$$

so erkennen wir mittels sphärischen Koordinaten, dass

$$\int d\Omega_{d-1} = d\, C_d\,. \tag{A7.1.15}$$

Somit ist

$$C_d = \frac{\pi^{d/2}}{\Gamma\left(1+\frac{d}{2}\right)} \tag{A7.1.16}$$

und

$$S_{d-1} = \frac{d\pi^{d/2} R^{d-1}}{\Gamma\left(1+\frac{d}{2}\right)} \quad \text{bzw.} \quad V_d = \frac{\pi^{d/2} R^d}{\Gamma\left(1+\frac{d}{2}\right)}\,. \tag{A7.1.17}$$

Es kann gezeigt werden, dass Gleichung (A7.1.17) nicht von der Wahl der Ausgangsfunktion abhängt und somit allgemein gültig ist.

Werten wir $\Gamma(z)$ für $z = d/2 + 1$ aus, so finden wir $\Gamma(3/2) = \sqrt{\pi}/2$, $\Gamma(4/2) = 2$, $\Gamma(5/2) = 3\sqrt{\pi}/4$ usw. Die damit erhaltenen Werte für das Volumen V_d und die Oberfläche S_d der d-dimensionalen Einheitskugel ($R = 1$) sind für die Dimensionen $d = 1, \ldots, 4$ gegeben durch:

d	S_d	V_d
1	2	2
2	2π	π
3	4π	$4\pi/3$
4	$2\pi^2$	$\pi^2/2$

Der allgemeine Verlauf von V_d und S_d als Funktion der Dimensionalität ist in Abb. 7.1 dargestellt.

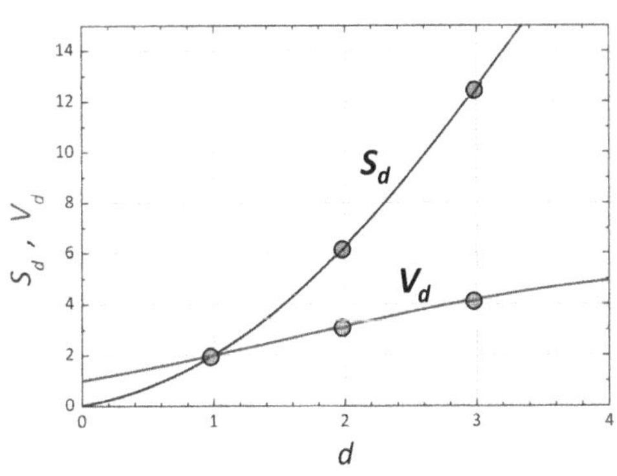

Abb. 7.1: Allgemeiner Verlauf von S_d und V_d als Funktion der Dimensionalität d.

Mit Hilfe von Gl. (A7.1.17) ergibt der Ausdruck (A7.1.3) für N_d unter Benutzung des Volumens $(L/2\pi)^d$ im k-Raum

$$N_d = 2\left(\frac{L}{2\pi}\right)^d V_d = 2\left(\frac{L}{2\pi}\right)^d \frac{\pi^{d/2} k^d}{\Gamma\left(1+\frac{d}{2}\right)} . \tag{A7.1.18}$$

Nehmen wir eine parabolische Dispersion $\varepsilon = \frac{\hbar^2 k^2}{2m}$ an, können wir Gleichung (A7.1.18) umschreiben in

$$N_d = 2\left(\frac{L}{2\pi}\right)^d \frac{\pi^{d/2}}{\Gamma\left(1+\frac{d}{2}\right)} \left(\frac{2m}{\hbar^2}\right)^{d/2} \varepsilon^{d/2} . \tag{A7.1.19}$$

Die Zustandsdichte im Energieraum ist definiert als die Anzahl der Zustände pro Energieintervall und gegeben durch

$$D_d(\varepsilon) = \frac{dN_d}{d\varepsilon} = d\left(\frac{L}{2\pi}\right)^d \frac{\pi^{d/2}}{\Gamma\left(1+\frac{d}{2}\right)} \left(\frac{2m}{\hbar^2}\right)^{d/2} \varepsilon^{(d/2)-1} . \tag{A7.1.20}$$

Die entsprechenden Ausdrücke für $D_d(\varepsilon)$ sowie die Zustandsdichte pro Volumen $D_d(\varepsilon)/L^d$ sind für $d = 1, 2, 3$ in Tabelle 7.1 zusammengefasst.

Tabelle 7.1: Zustandsdichte $D_d(\varepsilon)$ und Zustandsdichte pro Volumen $D_d(\varepsilon)/L^d$ für zwei Spin-Projektionen für ein Fermi-Gas mit parabolischer Dispersion in d Dimensionen.

Dimension d	$D_d(\varepsilon)$	$D_d(\varepsilon)/L^d$
1	$\frac{L}{\pi}\left(\frac{2m}{\hbar^2}\right)^{1/2} \varepsilon^{-1/2}$	$\frac{1}{\pi}\left(\frac{2m}{\hbar^2}\right)^{1/2} \varepsilon^{-1/2}$
2	$\frac{L^2}{2\pi}\left(\frac{2m}{\hbar^2}\right) \varepsilon^{0}$	$\frac{1}{2\pi}\left(\frac{2m}{\hbar^2}\right) \varepsilon^{0}$
3	$\frac{L^3}{2\pi^2}\left(\frac{2m}{\hbar^2}\right)^{3/2} \varepsilon^{1/2}$	$\frac{1}{2\pi^2}\left(\frac{2m}{\hbar^2}\right)^{3/2} \varepsilon^{1/2}$

Den Ausdruck für die Fermi-Energie in d-Dimensionen können wir aus der Tatsache ableiten, dass die Fermi-Energie ε_F bei $T = 0\,\text{K}$ die besetzten Zuständen $(\varepsilon \leq \varepsilon_F)$ von den unbesetzten $(\varepsilon > \varepsilon_F)$ trennt. Die Fermi-Energie kann deshalb aus der Gesamtanzahl der Teilchen $N = N_{d,F}$ berechnet werden:

$$N = \int_0^{\varepsilon_F} D_d(\varepsilon)\, d\varepsilon = 2\left(\frac{L}{2\pi}\right)^d \frac{\pi^{d/2}}{\Gamma\left(1+\frac{d}{2}\right)} \left(\frac{2m}{\hbar^2}\right)^{d/2} \varepsilon_F^{d/2} . \tag{A7.1.21}$$

Somit ergibt sich

$$\varepsilon_F = \frac{\hbar^2}{2m} 4\pi \left[\frac{1}{2}\Gamma\left(1+\frac{d}{2}\right) n_d\right]^{2/d} \tag{A7.1.22}$$

mit der Teilchendichte $n_d = N/L^d$. Die besetzten Zustände füllen dabei eine Hypersphäre mit Radius k_F aus:

$$k_F = \sqrt{4\pi} \left[\frac{1}{2}\Gamma\left(1+\frac{d}{2}\right) n_d\right]^{1/d} \tag{A7.1.23}$$

Die Fermi-Geschwindigkeit v_F ergibt sich zu

$$v_\mathrm{F} = \frac{\hbar k_\mathrm{F}}{m} = \sqrt{\frac{4\pi\hbar^2}{m^2}} \left[\frac{1}{2}\Gamma\left(1+\frac{d}{2}\right) n_d\right]^{1/d} . \tag{A7.1.24}$$

A7.2 Fermi-Gas mit linearer Dispersion

Wir betrachten ein Elektronengas, das bei der Fermi-Energie ε_F eine lineare Dispersion $\varepsilon(k) = \hbar k v_\mathrm{F}$ besitzt (dies trifft zum Beispiel auf Graphen zu). Berechnen Sie die Zustandsdichte an der Fermi-Kante $D_d(\varepsilon_\mathrm{F})$ für beide Spin-Richtungen für die Dimensionen $d = 1,2$ und 3 und vergleichen Sie das Ergebnis mit demjenigen, das für ein Fermi-Gas mit parabolischer Dispersion $\varepsilon(k) = \hbar^2 k^2/2m$ erhalten wird.

Lösung

Mittels Gleichung (A7.1.18) von Aufgabe A7.1 können wir die Zustandsdichte im Energieraum für eine lineare Dispersion $\varepsilon(k) = \hbar k v_\mathrm{F}$ direkt berechnen:

$$N_d = 2\left(\frac{L}{2\pi}\right)^d \frac{\pi^{d/2}}{\Gamma\left(1+\frac{d}{2}\right)} \left(\frac{\varepsilon}{\hbar v_\mathrm{F}}\right)^d$$

$$D_d(\varepsilon) = \frac{dN_d}{d\varepsilon} = 2d\left(\frac{L}{2\pi}\right)^d \frac{\pi^{d/2}}{\Gamma\left(1+\frac{d}{2}\right)} \left(\frac{1}{\hbar v_F}\right)^d \varepsilon^{d-1} . \tag{A7.2.1}$$

Für $d = 1,2$ und 3 erhalten wir die in Tabelle 7.2 zusammengefassten Beziehungen.

Tabelle 7.2: Zustandsdichte für zwei Spin-Projektionen für ein Fermi-Gas mit linearer und parabolischer Dispersion in d Dimensionen.

d	$D_d(\varepsilon)$	$D_d(\varepsilon)$
	lineare Dispersion: $\varepsilon(k) = \hbar v_\mathrm{F} k$	parabolische Dispersion: $\varepsilon(k) = \frac{\hbar^2 k^2}{2m}$
1	$\frac{2L}{\pi}\frac{1}{\hbar v_\mathrm{F}}\varepsilon^0$	$\frac{L}{\pi}\left(\frac{2m}{\hbar^2}\right)^{1/2}\varepsilon^{-1/2}$
2	$\frac{L^2}{\pi}\frac{1}{(\hbar v_\mathrm{F})^2}\varepsilon^1$	$\frac{L^2}{2\pi}\left(\frac{2m}{\hbar^2}\right)\varepsilon^0$
3	$\frac{L^3}{\pi^2}\frac{1}{(\hbar v_\mathrm{F})^3}\varepsilon^2$	$\frac{L^3}{2\pi^2}\left(\frac{2m}{\hbar^2}\right)^{3/2}\varepsilon^{1/2}$

In Abbildung 7.2 ist der Verlauf der Zustandsdichte für $d = 1,3$ und 3 als Funktion der Energie für eine parabolische und eine lineare Dispersion zum Vergleich graphisch dargestellt. Wir sehen, dass sich die für die lineare Dispersionsrelation erhaltenen Zustandsdichten deutlichen von denjenigen unterscheiden, die für eine parabolische Dispersion vorliegen. Insbesondere erhalten wir bei linearer Dispersion für den eindimensionalen Fall eine konstante Zustandsdichte, während wir dies bei parabolischer Dispersion für den zweidimensionalen Fall vorliegen haben.

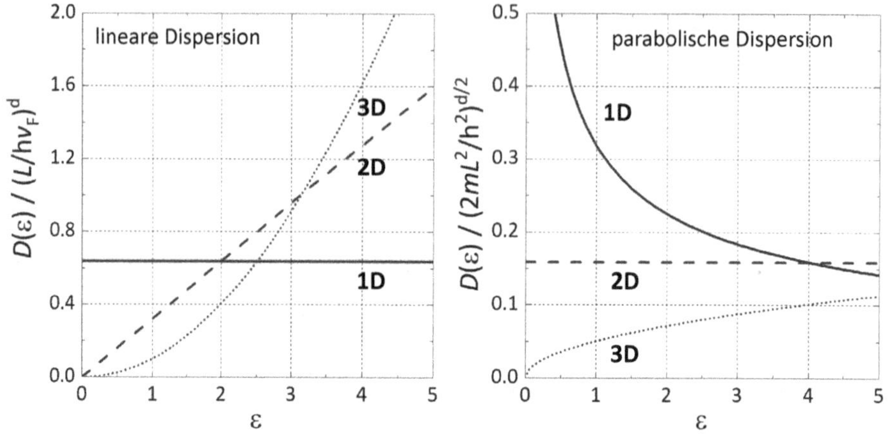

Abb. 7.2: Zustandsdichte für ein 1D-, 2D- und 3D-Elektronengas mit linearer und parabolischer Dispersion.

Für den dreidimensionalen Fall haben wir die Zustandsdichte bei linearer Dispersion bereits im Zusammenhang mit der Zustandsdichte der Phononen im Debye-Modell diskutiert [$D(\omega) \propto \omega^2$, vergleiche hierzu Gl. (A6.2.11) in Aufgabe A6.2], wo wir die Dispersionsrelation der akustischen Phononen mit einem linearen Verlauf angenähert haben.

A7.3 Chemisches Potenzial in zwei Dimensionen

Zeigen Sie, dass das chemische Potential eines Fermi-Gases in zwei Dimensionen gegeben ist durch die analytische Form

$$\mu(T) = k_B T \ln\left[\exp\left(\frac{\pi n_{2D}\hbar^2}{m k_B T}\right) - 1\right],$$

wobei n_{2D} die Anzahl der Elektronen pro Flächeneinheit ist. Beachten Sie, dass die Zustandsdichte pro Flächeneinheit eines zweidimensionalen Elektronengases mit parabolischer Dispersion nicht von der Energie abhängt ($D_{2D}(\varepsilon)/A = m/\pi\hbar^2$ = const.).

Lösung

Mit der Zustandsdichte pro Flächeneinheit eines zweidimensionalen Elektronengases $D_{2D}(\varepsilon)/A = m/\pi\hbar^2$ erhalten wir für die Anzahl der Elektronen pro Flächeneinheit n_{2D}:

Mit dem allgemeinen Resultat (A7.1.20) von Aufgabe A7.1 können wir für den Fall $d = 2$ schreiben:

$$n_{2D} = \frac{1}{L^2}\sum_{\mathbf{k}\sigma} f_{\mathbf{k}} = \int_0^\infty d\varepsilon_{\mathbf{k}} \underbrace{D_{2D}(\varepsilon_{\mathbf{k}})/A}_{m/\pi\hbar^2} f_{\mathbf{k}} = \frac{m}{\pi\hbar^2}\int_0^\infty \frac{d\varepsilon}{e^{\frac{\varepsilon(k)-\mu(T)}{k_B T}}+1}. \qquad \text{(A7.3.1)}$$

Hierbei ist $f_{\mathbf{k}} = \left[e^{\frac{\varepsilon(k)-\mu(T)}{k_B T}} + 1\right]^{-1}$ die Besetzungswahrscheinlichkeit der Zustände bei der Temperatur T. Dieses Integral ist tabelliert und wir finden

$$\int_0^\infty \frac{dx}{b + c\,e^{ax}} = \frac{1}{ab}\left[\ln(b+c) - \ln c\right] . \tag{A7.3.2}$$

In unserem Fall ist $a = 1/k_B T$, $b = 1$ und $c = e^{-\mu/k_B T}$ und wir erhalten

$$n_{2D} = \frac{m}{\pi\hbar^2}\left[\mu(T) + k_B T \ln\left(1 + e^{-\mu/k_B T}\right)\right] . \tag{A7.3.3}$$

Diese Gleichung müssen wir jetzt noch nach μ auflösen. Wir erhalten

$$\begin{aligned} \frac{n_{2D}\pi\hbar^2}{m k_B T} - \frac{\mu(T)}{k_B T} &= \ln\left(1 + e^{-\mu/k_B T}\right) \\ e^{-\mu/k_B T} &= \frac{1}{e^{-n_{2D}\pi\hbar^2/m k_B T} - 1} \end{aligned} \tag{A7.3.4}$$

und daraus schließlich

$$\mu(T) = k_B T \ln\left(e^{\frac{n_{2D}\pi\hbar^2}{m k_B T}} - 1\right) . \tag{A7.3.5}$$

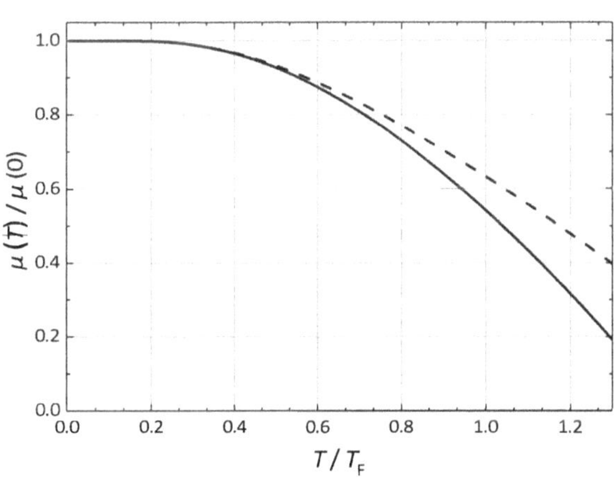

Abb. 7.3: Temperaturabhängigkeit des normierten chemischen Potenzials $\mu(T)/\mu(0)$ nach (A7.3.5) für ein zweidimensionales System freier Fermionen. Die gestrichelte Kurve ist die führende Korrektur zum Tieftemperaturlimes $\propto 1 - \frac{T}{T_F}\exp(-T_F/T)$ nach (A7.3.6).

Mit Hilfe der Beziehung $D_2/A = \varepsilon_F m/\pi\hbar^2 \equiv n_{2D}$ und $\varepsilon_F = \mu(0)$ lässt sich dieses Ergebnis noch wie folgt umschreiben[2]

$$\mu(T) = k_B T \ln\left(e^{\frac{\varepsilon_F}{k_B T}} - 1\right) = k_B T \ln\left(e^{\frac{\mu(0)}{k_B T}} - 1\right) = \mu(0)\,\frac{T}{T_F}\ln\left(e^{\frac{T_F}{T}} - 1\right)$$
$$= \mu(0)\left\{1 - \frac{T}{T_F}\left(e^{-\frac{T_F}{T}} + \frac{1}{2}e^{-\frac{2T_F}{T}} + \frac{1}{3}e^{-\frac{3T_F}{T}} + \ldots\right)\right\}. \qquad \text{(A7.3.6)}$$

Hierbei ist $T_F = \mu(0)/k_B$ die Fermi-Temperatur. Dieses Ergebnis ist in Abb. 7.3 dargestellt.

A7.4 Fermi-Gase in der Astrophysik

Das Modell freier Fermionen wird nicht nur in der Festkörperphysik sondern auch in verschiedenen anderen Gebieten der Physik verwendet. Übertragen Sie das für die Beschreibung des Verhaltens von Elektronen in Metallen entwickelte Modell des freien Elektronengases auf Fermi-Gase in der Astrophysik.

(a) Gegeben ist die Masse $M_\odot = 1.99 \times 10^{30}$ kg und der Radius $R_\odot = 6.96 \times 10^8$ m unserer Sonne. Schätzen Sie die Zahl der Elektronen in der Sonne ab.

(b) In etwa 5 Milliarden Jahren wird der Wasserstoffvorrat unserer Sonne aufgebraucht sein und die Sonne geht nach einem Zwischenstadium als Roter Riese, dessen Radius mit dem Bahnradius der Erde vergleichbar ist, in einen Weißen Zwerg ($M \simeq 0.5 \cdot M_\odot$, $R_\odot \simeq 10^7$ m) über. Da Weiße Zwerge eine Temperatur von etwa 10^7 K besitzen, sind die Heliumatome vollständig ionisiert und die Elektronen können näherungsweise als freie Elektronen betrachtet werden. Berechnen Sie die Fermi-Energie und die Fermi-Temperatur des Elektronengases. Handelt es sich dabei um ein entartetes Elektronengas?

(c) Die Energie eines Elektrons im relativistischen Grenzfall $\varepsilon \gg mc^2$ hängt mit der Wellenzahl k über $\varepsilon \cong pc = \hbar kc$ zusammen. Zeigen Sie, dass die Fermi-Energie in diesem Grenzfall ungefähr $\varepsilon_F \simeq \hbar c(3\pi^2 n)^{1/3}$ beträgt. Hierbei ist n die Elektronendichte und c die Lichtgeschwindigkeit.

(d) Der Druck des Elektronengases im Inneren eines Weißen Zwerges kann die auf dem Weißen Zwerg lastende Gravitationskraft nur dann kompensieren, wenn dieser eine Masse von weniger als 1.4 Sonnenmassen hat. Besitzt eine ausgebrannte Sonne eine höhere Masse, so wird sich der sterbende Stern stattdessen in einen Neutronenstern mit einem Radius von etwa 15 km umwandeln. Berechnen Sie die Fermi-Energie eines Neutronensterns mit der Masse $M = 1.5 \cdot M_\odot$.

---

[2] Wir benutzen

$$\mu(0)\,\frac{T}{T_F}\ln\left(e^{\frac{T_F}{T}} - 1\right) = \mu(0)\,\frac{T}{T_F}\ln\left(e^{\frac{T_F}{T}}\left[1 - e^{-\frac{T_F}{T}}\right]\right) = \mu(0)\,\frac{T}{T_F}\left\{\frac{T_F}{T} + \ln\left[1 - e^{-\frac{T_F}{T}}\right]\right\}.$$

Mit $\ln(1-z) = -z - z^2/2 - z^3/3 - \ldots$ erhalten wir dann

$$\mu(0)\,\frac{T}{T_F}\ln\left(e^{\frac{T_F}{T}} - 1\right) = \mu(0)\left\{1 - \frac{T}{T_F}\left[e^{-\frac{T_F}{T}} + \frac{1}{2}e^{-\frac{T_F}{T}} + \frac{1}{3}e^{-\frac{T_F}{T}} + \ldots\right]\right\}.$$

(e) Man glaubt, dass Pulsare eher aus Neutronen als aus Protonen und Elektronen bestehen. Dies liegt daran, dass der Energiegewinn der Reaktion $n \to p^+ + e^- + \overline{\nu}_e$ nur 0.77×10^6 eV beträgt. Überlegen Sie, bei welcher Elektronenkonzentration die Fermi-Energie des Elektronengases größer als dieser Wert wird. Wird der Zerfall der Neutronen dann noch fortschreiten?

Lösung

(a) Wir können für eine grobe Abschätzung annehmen, dass die Sonne nur aus Wasserstoff besteht. Die Anzahl der Elektronen N ist dann gleich der Anzahl der Nukleonen in der Sonne. Diese erhalten wir, indem wir die Masse der Sonne durch die atomare Masseneinheit teilen. Wir erhalten somit

$$N \simeq \frac{1.99 \times 10^{30}\,\text{kg}}{1.67 \times 10^{-27}\,\text{kg}} = 1.19 \times 10^{57} \,. \tag{A7.4.1}$$

(b) Ein weißer Zwerg mit Radius $R_\odot \simeq 10^7$ m hat ein Volumen $V = \frac{4\pi}{3}(10^7\,\text{m})^3 = 4.2 \times 10^{21}\,\text{m}^3$. Mit der Masse $M \simeq 0.5 \cdot M_\odot$ enthält der Weiße Zwerg in seinem Innern $N_{\text{He}} = M/m_{\text{He}} = 0.5 \cdot M_\odot/4u \simeq 1.50 \times 10^{56}$ Heliumatome. Da diese vollständig ionisiert sind, also zwei Elektronen liefern, ist die Elektronendichte

$$n = \frac{2N_{\text{He}}}{V} \simeq \frac{3.0 \times 10^{56}}{4.2 \times 10^{21}\,\text{m}^3} = 7.14 \times 10^{34}\,\text{m}^{-3} \,. \tag{A7.4.2}$$

Da die Fermi-Wellenzahl k_{F} und die Fermi-Energie ε_{F} nur von der Dichte der Fermionen abhängen, können wir diese sofort zu

$$k_{\text{F}} = (3\pi^2 n)^{1/3} = 1.28 \times 10^{12}\,\text{m}^{-1} \tag{A7.4.3}$$

$$\begin{aligned} \varepsilon_{\text{F}} &= \frac{\hbar^2}{2m_e}(3\pi^2 n)^{2/3} = 6.05 \times 10^{-39} \cdot 1.64 \times 10^{24}\,\text{J} = 9.9 \times 10^{-15}\,\text{J} \\ &= 6.19 \times 10^4\,\text{eV} \end{aligned} \tag{A7.4.4}$$

angeben, wobei wir $\hbar = 1.054 \times 10^{-34}$ Js und die Ruhemasse des Elektrons $m_e = 9.109 \times 10^{-31}$ kg verwendet haben. Der Wert der Fermi-Energie liegt noch weit unterhalb der Ruheenergie $m_e c^2 = 511$ keV der Elektronen, was die Verwendung des nicht-relativistischen Ausdrucks $\varepsilon_{\text{F}} = \frac{\hbar^2}{2m}(3\pi^2 n)^{2/3}$ für die Fermi-Energie rechtfertigt. Die Fermi-Temperatur $T_{\text{F}} = \varepsilon_{\text{F}}/k_{\text{B}}$ beträgt 7.17×10^8 K und übertrifft die Temperatur von etwa 10^7 K im Sterninnern deutlich. Das heißt, dass Weiße Zwerge ein nicht-relativistisch zu behandelndes entartetes Elektronengas besitzen, dessen Fermi-Druck mit der Gravitationskraft, welche auf den Teilchen lastet, im Gleichgewicht steht.

(c) Die Fermi-Wellenzahl k_{F} selbst ändert sich nicht beim Übergang vom nicht-relativistischen zum relativistischen Grenzfall. Wir müssen aber die relativistische Beziehung zwischen der kinetischen Energie und der Wellenzahl k eines Teilchens mit der Ruhemasse m_0 und dem Impuls $p = \hbar k$ verwenden. Diese lautet

$$\varepsilon(k) = \sqrt{(\hbar kc)^2 + (m_0 c^2)^2} - m_0 c^2 \,. \tag{A7.4.5}$$

Daraus lässt sich die Fermi-Energie $\varepsilon_F = \varepsilon(k_F)$ eines relativistischen Fermionengases durch Einsetzen der Fermi-Wellenzahl $k_F = (3\pi^2 n)^{1/3}$ berechnen.

Im klassischen Grenzfall $\varepsilon \ll m_0c^2$ können wir den obigen Ausdruck für $\varepsilon(k)$ entwickeln und wir erhalten den genäherten Ausdruck

$$\varepsilon(k) = m_0c^2 \underbrace{\sqrt{1 + \frac{(\hbar kc)^2}{(m_0c^2)^2}}}_{\simeq 1+\frac{1}{2}\frac{(\hbar kc)^2}{(m_0c^2)^2}} - m_0c^2 \simeq \frac{\hbar^2 k^2}{2m_0} \tag{A7.4.6}$$

und damit den bekannten nicht-relativistischen Ausdruck

$$\varepsilon_F \simeq \frac{\hbar^2}{2m_0}(3\pi^2 n)^{2/3} \tag{A7.4.7}$$

für die Fermi-Energie.

Im extrem relativistischen Grenzfall $\varepsilon \gg m_0c^2$ kann die Ruheenergie des Teilchens vernachlässigt werden, woraus sich

$$\varepsilon(k) \simeq \hbar kc \tag{A7.4.8}$$

ergibt. Mit $k_F = (3\pi^2 n)^{1/3}$ erhalten wir dann die Fermi-Energie

$$\varepsilon_F \simeq \hbar c(3\pi^2 n)^{1/3} . \tag{A7.4.9}$$

Wir sehen, dass die Energie-Wellenzahl-Beziehung im nicht-relativistischen Bereich einen quadratischen, im relativistischen Bereich dagegen einen linearen Verlauf besitzt.

Anmerkung: Die Dispersionsrelation von Graphen verläuft für Wellenvektoren in der Nähe der sechs Ecken der zweidimensionalen hexagonalen Brillouin-Zone (dies entspricht Energien nahe an der Fermi-Energie) linear. Die Elektronen und Löcher in der Nähe dieser Punkte verhalten sich deshalb wie relativistische Teilchen, die durch die Dirac-Gleichung für Spin-1/2 Teilchen (Fermionen) beschrieben werden. Wir bezeichnen diese Teilchen deshalb als Dirac-Fermionen und die sechs Punkte in der Brillouin-Zone als Dirac-Punkte. Die Dispersionsrelation in der Nähe der Dirac-Punkte lautet $\xi_(k) = \hbar v_F k$, wobei $v_F = 106\,\mathrm{m/s}$ und $k = \sqrt{k_x^2 + k_y^2}$ vom jeweiligen Dirac-Punkt aus gemessen wird (der Nullpunkt der Energieskala wird in den Dirac-Punkt gelegt).

(d) Ein Neutronenstern der Masse $M = 1.5 \cdot M_\odot$ besteht aus insgesamt $N = M/m_n = 1.5 \cdot M_\odot/m_n = 1.78 \times 10^{57}$ Neutronen ($m_n = 1.674 \times 10^{-27}$ kg). Bei einem Radius von 15 km berechnet sich daraus die Neutronendichte zu $n = 1.26 \times 10^{44}\,\mathrm{m}^{-3}$. Diese Dichte entspricht etwa der Nukleonendichte in Atomkernen. Im Gegensatz zu Atomkernen wird der Zusammenhalt von Neutronensternen aber nicht durch die starke Wechselwirkung gewährleistet, sondern durch die Gravitationskraft. Die Fermi-Wellenzahl $k_F = (3\pi^2 n)^{1/3} = 1.55 \times 10^{15}\,\mathrm{m}^{-1}$ der Neutronen liefert unter der Annahme einer nicht-relativistischen $\varepsilon(k)$ Beziehung für Teilchen der Ruhemassen $m_0 = m_n$ eine Fermi-Energie von

$$\varepsilon_F = \frac{\hbar^2 k_F^2}{2m_n} = 7.98 \times 10^{-12}\,\mathrm{J} \simeq 50\,\mathrm{MeV} . \tag{A7.4.10}$$

Diese Energie liegt erheblich unter der Ruheenergie $m_n c^2 = 941\,\text{MeV}$ von Neutronen. Die entsprechende Fermi-Temperatur $T_F = \varepsilon_F/k_B$ beträgt $T_F = 5.79 \times 10^{11}\,\text{K}$. Diese Temperatur wird von Neutronensternen bei weitem nicht erreicht. Das Fermi-Gas eines Neutronensterns stellt deshalb ein stark entartetes Quantengas dar.

(e) Bei einer vollständigen Umwandlung des Neutronensterns in Protonen und Elektronen würde jedes Neutron ein Elektron erzeugen. Die Elektronendichte würde also der in der vorangegangenen Teilaufgabe berechneten Neutronendichte entsprechen, was in einer Fermi-Wellenzahl der Elektronen von $k_F = (3\pi^2 n)^{1/3} = 1.55 \times 10^{15}\,\text{m}^{-1}$ resultieren würde. Würden wir wiederum die Fermi-Energie in nicht-relativistischer Näherung berechnen, so würden wir einen Wert erhalten, der weit oberhalb der Ruheenergie der Elektronen liegen würde. Wir müssen also die relativistische Näherung verwenden. In dieser erhalten wir

$$\varepsilon_F = \hbar k_F c = 306\,\text{MeV}\,. \tag{A7.4.11}$$

Da beim Zerfall des Neutrons nur eine Energie von 0.77 MeV frei wird, muss davon ausgegangen werden, dass Neutronensterne nur zu einem unbedeutend geringen Anteil Protonen und Elektronen enthalten. Der Zerfall von Neutronen in Protonen und Elektronen wird nämlich nur so lange fortgesetzt, bis die Fermi-Energie der Elektronen etwa die Zerfallsenergie erreicht. Nach der relativistischen $\varepsilon(k)$ Beziehung ist dies bei $k_F \simeq 6 \times 10^{12}\,\text{m}^{-1}$ der Fall. Wegen $N \propto k_F^3$ können wir das Verhältnis von Elektronen und Neutronen in einem Neutronenstern zu

$$\frac{N_e}{N_n} = \frac{k_{F,e}^3}{k_{F,n}^3} \simeq 5 \times 10^{-8} \tag{A7.4.12}$$

angeben.

Der Nachweis dafür, dass Neutronensterne wirklich existieren, wurde 1967 mit der Entdeckung von Pulsaren erbracht. Bei Pulsaren handelt es sich um rasch rotierende Neutronensterne, welche in Folge eines im Sterninnern verankerten Magnetfeldes von bis zu 10^8 Tesla in regelmäßiger Folge kurze Strahlungsimpulse aussenden. Die Periodendauer dieser Signale liegt dabei typischerweise im Bereich zwischen 0.03 und 3 s.

A7.5 Flüssiges ^{3}He als Fermi-Gas

^{3}He besitzt einen Kernspin $I = 1/2$ und ist deshalb ein Fermion. Aufgrund der durch die kleine Atommasse verursachten großen Nullpunktsfluktuationen wird ^{3}He selbst bei $T = 0\,\text{K}$ nicht fest. Es bildet deshalb eine Fermi-Flüssigkeit mit einer Dichte von $\rho = 0.08\,\text{g/cm}^3$ und einer effektiven Masse von $m^\star = 2.8 m_{^3\text{He}}$.

(a) Bestimmen Sie die Fermi-Energie ε_F, Fermi-Temperatur T_F und die Fermi-Geschwindigkeit v_F. Vergleichen Sie diese Werte mit denjenigen, die typischerweise für Elektronengase in Metallen erhalten werden. Wieso stellt flüssiges ^{3}He ein ideales Modellsystem für das Studium von Fermi-Gasen dar, welche Vorteile bestehen gegenüber Elektronengasen in Metallen?

(b) Berechnen Sie die spezifische Wärme von flüssigem ^{3}He für $T \ll T_F$. Berücksichtigen Sie dabei die Tatsache, dass die effektive Masse der ^{3}He-Atome in der Flüssigkeit etwa

2.8-mal so groß ist wie diejenige der freien Atome. Vergleichen Sie den für $T = 20\,\text{mK}$ erhaltenen Wert mit dem von Kupfer, das eine Elektronendichte von $8.45 \times 10^{28}\,\text{m}^{-3}$ besitzt.

Lösung

Wir betrachten ^{3}He vereinfachend als nichtwechselwirkendes Gas von Fermionen. Die Masse von ^{3}He-Atomen beträgt $m_{^3\text{He}} = 3.0160293\,\text{u}$ mit der atomaren Masseneinheit $\text{u} = 1.660538 \times 10^{-27}\,\text{kg}$. Aus der angegebenen Dichte von $\rho = 0.08\,\text{g/cm}^3 = 80\,\text{kg/m}^3$ können wir die Dichte des Fermi-Gases berechnen zu

$$n_{^3\text{He}} = \frac{\rho}{m_{^3\text{He}}} = \frac{80}{3.016 \cdot 1.660 \times 10^{-27}}\,\text{m}^{-3} = 1.598 \times 10^{28}\,\text{m}^{-3}\,. \tag{A7.5.1}$$

Zur weiteren Lösung der Aufgabe verwenden wir ferner die reduzierte Planck-Konstante $\hbar = 1.054 \times 10^{-34}\,\text{Js}$, die Boltzmann-Konstante $k_\text{B} = 1.380 \times 10^{-23}\,\text{J/K}$ und die Elektronenmasse $m_e = 9.109 \times 10^{-31}\,\text{kg}$.

(a) Da wir ^{3}He als ideales Fermi-Gas betrachten, ist die Fermi-Energie gegeben durch

$$\varepsilon_\text{F} = \mu(0) = \frac{\hbar^2}{2m_{^3\text{He}}}(3\pi^2 n_{^3\text{He}})^{2/3} = 6.736 \times 10^{-23}\,\text{J} = 0.421\,\text{meV}\,. \tag{A7.5.2}$$

Für die Fermi-Temperatur und die Fermi-Geschwindigkeit ergeben sich

$$T_\text{F} = \frac{\varepsilon_\text{F}}{k_\text{B}} = 4.8814\,\text{K} \tag{A7.5.3}$$

$$v_\text{F} = \sqrt{2\varepsilon_\text{F}/m_{^3\text{He}}} = 164.0\,\text{m/s}\,. \tag{A7.5.4}$$

Durch die endliche Wechselwirkung der Atome stellt flüssiges ^{3}He kein ideales Fermi-Gas sondern eine Fermi-Flüssigkeit mit einer effektiven Masse $m^\star = 2.8 m_{^3\text{He}}$ dar. Dadurch ergeben sich die modifizierten Werte

$$\varepsilon_\text{F}^\star = \frac{\varepsilon_\text{F}}{2.8} = 2.405 \times 10^{-23}\,\text{J} = 0.150\,\text{meV} \tag{A7.5.5}$$

$$T_\text{F}^\star = \frac{T_\text{F}}{2.8} = 1.743\,\text{K} \tag{A7.5.6}$$

$$v_\text{F}^\star = \frac{v_\text{F}}{2.8} = 58.5\,\text{m/s}\,. \tag{A7.5.7}$$

Die Fermi-Energie, -Temperatur und -Geschwindigkeit werden durch die Dichte n der Fermionen und deren Masse m bestimmt. Während die Atomdichte in flüssigem ^{3}He die gleiche Größenordnung wie die Elektronendichte in Metallen hat (die Elektronendichte in Kupfer beträgt z. B. $n_e = 8.45 \times 10^{28}\,\text{m}^{-3}$), ist die Masse der ^{3}He-Atome um mehr als drei Größenordnungen höher als die Elektronenmasse. Da die Fermi-Energie und -Temperatur proportional zu $1/m$ skalieren, besitzt flüssiges ^{3}He eine im Vergleich zu einem Elektronengas viel niedrigere Fermi-Energie (Fermi-Temperatur). Während wir für Metalle Fermi-Energien (Fermi-Temperaturen) im Bereich einiger eV (10 000 K) haben, beträgt diese für ^{3}He weniger als 1 meV (10 K). Dies bietet große Vorteile beim Studium von Fermi-Gasen bzw. Fermi-Flüssigkeiten. Da die Fermi-Temperatur von Elektronengasen weit oberhalb der Schmelztemperatur von Metallen liegt, kann der Übergang von einem entarteten Quantengas bei $T < T_F$ zu einem klassischen Teilchengas bei $T > T_F$ mit Metallen prinzipiell nicht studiert werden. Für flüssiges ^{3}He mit $T_F^\star \simeq 1.7$ K ist dies dagegen leicht möglich. Der entsprechende Temperaturbereich ist mit etablierten Kühltechniken leicht zu erreichen. Zusätzlich kann ^{3}He sehr rein hergestellt werden.

(b) Um die spezifische Wärme von flüssigem ^{3}He für $T \ll T_F$ zu berechnen, benutzen wir die Tieftemperaturnäherung der spezifischen Wärme eines idealen Fermi-Gases [vgl. Aufgabe A7.9, Gl. (A7.9.12)]:

$$c_V = \frac{C_V}{V} = \frac{\pi^2}{2} n_{^3\mathrm{He}} k_B \frac{T}{T_F^\star} . \tag{A7.5.8}$$

Um die endlichen Wechselwirkungseffekte zu berücksichtigen, verwenden wir die effektive Fermi-Temperatur $T_F^\star = 1.743$ K. Damit erhalten wir für $T = 20$ mK

$$\begin{aligned} c_V(20\,\mathrm{mK}) &= 4.935 \cdot 1.598 \times 10^{28} \cdot 1.38 \times 10^{-23} \cdot \frac{0.02}{1.743} \frac{\mathrm{J}}{\mathrm{m^3K}} \\ &= 1.249 \times 10^4 \frac{\mathrm{J}}{\mathrm{m^3K}} . \end{aligned} \tag{A7.5.9}$$

Wir vergleichen diesen Wert nun mit der elektronischen spezifischen Wärme von Kupfer, die wir mit der gleichen Formel berechnen können. Für die Fermi-Temperatur von Kupfer erhalten wir mit der Elektronendichte $n_e = 8.45 \times 10^{28}\,\mathrm{m}^{-3}$

$$T_F = \frac{\hbar^2}{2m_e k_B}(3\pi^2 n_e)^{2/3} = 8.14 \times 10^4\,\mathrm{K} . \tag{A7.5.10}$$

Mit diesem Wert ergibt sich die spezifische Wärme von Kupfer zu

$$\begin{aligned} c_V(20\,\mathrm{mK}) &= 4.935 \cdot 8.45 \times 10^{28} \cdot 1.38 \times 10^{-23} \cdot \frac{0.02}{8.14 \times 10^4} \frac{\mathrm{J}}{\mathrm{m^3K}} \\ &= 1.413 \frac{\mathrm{J}}{\mathrm{m^3K}} . \end{aligned} \tag{A7.5.11}$$

Wir sehen, dass dieser Wert um etwa 4 Größenordnungen kleiner ist als derjenige von flüssigem ^{3}He. Ursache dafür ist wiederum die wesentlich kleinere Fermi-Temperatur.

A7.6 Mittlere Energie, Druck und Kompressibilität eines zweidimensionalen Fermi-Gases

Wir betrachten ein zweidimensionales Gas freier Elektronen.

(a) Berechnen Sie die mittlere Energie $\langle E \rangle = U/N$ eines Elektrons bei $T = 0$ K.

(b) Aus der inneren Energie $U(S, A, N)$ eines Systems, welche als Funktion der Entropie S, der Fläche A und der Teilchenzahl N gegeben ist, lässt sich durch partielles Ableiten nach dem Volumen der im System herrschende Druck berechnen:

$$p = -\left(\frac{\partial U}{\partial A}\right)_{S,N} .$$

Welchen Fermi-Druck besitzt das zweidimensionale Elektronensystem bei $T = 0$?

(c) Bestimmen Sie die isotherme Kompressibilität

$$\kappa_T = -\frac{1}{A}\left(\frac{\partial A}{\partial p}\right)_T .$$

Diese gibt Auskunft über die relative Änderung der Fläche A des zweidimensionalen Systems, welche durch eine infinitesimale Änderung des Druckes bei konstanter Temperatur bewirkt wird.

Lösung

(a) Wir berechnen zunächst die innere Energie U des gesamten Elektronensystems. Mit der Zustandsdichte $Z_2(k) = \frac{L^2}{(2\pi)^2} = \frac{A}{(2\pi)^2}$ im zweidimensionalen k-Raum erhalten wir

$$\begin{aligned} U &= \sum_{\mathbf{k}\sigma} \varepsilon_{\mathbf{k}} = \frac{A}{(2\pi)^2} \sum_{\sigma} \int d^2k\, \varepsilon_{\mathbf{k}} \\ &= 2\frac{A}{(2\pi)^2} \int_0^{k_F} dk\, 2\pi k\, \frac{\hbar^2 k^2}{2m} = 2\frac{A}{2\pi}\frac{\hbar^2}{2m}\frac{k_F^4}{4} \\ &= \frac{A}{4\pi}\frac{\hbar^2}{2m} k_F^4 = \varepsilon_F \frac{A k_F^2}{4\pi} . \end{aligned} \tag{A7.6.1}$$

Die Größe der Fermi-Wellenzahl können wir aus dem Ausdruck für die Gesamtelektronenzahl N gewinnen. N ist gegeben durch die Fläche des Fermi-Kreises mal der Zustandsdichte mal der Spin-Entartung, also durch (wir benutzen die Heaviside-Funktion Θ)

$$\begin{aligned} N &= \sum_{\mathbf{k}\sigma} \Theta(k_F - |\mathbf{k}|) = 2 \cdot \frac{A}{(2\pi)^2} \cdot \int_0^{k_F} dk\, 2\pi k \\ &= 2\frac{A}{2\pi}\frac{k_F^2}{2} = \frac{A}{2\pi} k_F^2 \\ n_{2D} &= \frac{N}{A} = \frac{k_F^2}{2\pi} . \end{aligned} \tag{A7.6.2}$$

Daraus erhalten wir die Fermi-Wellenzahl

$$k_F = \sqrt{2\pi n_{2D}} \tag{A7.6.3}$$

und die Fermi-Energie

$$\varepsilon_F = \frac{\hbar^2 k_F^2}{2m} = \frac{\hbar^2}{2m} 2\pi n_{2D} . \tag{A7.6.4}$$

Mit diesen Ausdrücken ergibt sich die mittlere Energie $\langle E \rangle$ der Elektronen zu

$$\langle E \rangle = \frac{U}{N} = \varepsilon_F \frac{Ak_F^2}{4\pi} \frac{2\pi}{Ak_F^2} = \frac{1}{2}\varepsilon_{F2} . \tag{A7.6.5}$$

(b) Mit der inneren Energie

$$U = \varepsilon_F \frac{Ak_F^2}{4\pi} = \frac{\hbar^2 \left(2\pi \frac{N}{A}\right)}{2m} \frac{A\left(2\pi \frac{N}{A}\right)}{4\pi} = \pi \frac{\hbar^2}{2m} \frac{N^2}{A} \tag{A7.6.6}$$

erhalten wir für ein zweidimensionales System (der Druck hat hier die Einheit N/m und nicht N/m² wie bei einem dreidimensionalen System)

$$\begin{aligned} p &= -\left(\frac{\partial U}{\partial A}\right)_{S,N} \\ &= \pi \frac{\hbar^2}{2m} \frac{N^2}{A^2} = \frac{1}{2} \underbrace{2\pi \frac{\hbar^2}{2m} n_{2D}}_{=\varepsilon_{F2}} n_{2D} = \frac{1}{2}\varepsilon_{F2} n_{2D} . \end{aligned} \tag{A7.6.7}$$

Da $\frac{1}{2}\varepsilon_{F2} n_{2D}$ gerade die Gesamtenergiedichte des zweidimensionalen Elektronengassystems ist, erhalten wir

$$p = -\left(\frac{\partial U}{\partial A}\right)_{S,N} = \frac{U}{A} . \tag{A7.6.8}$$

(c) Aus der Abhängigkeit $p(A)$ können wir als nächsten Schritt die isotherme Kompressibilität κ_T und das Kompressionsmodul $B = \kappa_T^{-1}$ berechnen:

$$\kappa_T = -\frac{1}{A}\left(\frac{\partial A}{\partial p}\right)_T \equiv \frac{1}{B} . \tag{A7.6.9}$$

Wir erhalten

$$B = -A \frac{\partial}{\partial A}\left[\frac{1}{2}\varepsilon_{F2} \frac{N}{A}\right] = -A\left[\frac{1}{2} \frac{\partial \varepsilon_{F2}}{\partial A} \frac{N}{A} - \frac{1}{2}\varepsilon_{F2} \frac{\partial}{\partial A} \frac{N}{A}\right] . \tag{A7.6.10}$$

Nun ist

$$\frac{\partial \varepsilon_{F2}}{\partial A} = \frac{\hbar^2}{2m} 2\pi \frac{\partial}{\partial A} \frac{N}{A} = -\frac{\hbar^2}{2m} 2\pi \frac{N}{A^2} = -\frac{\varepsilon_{F2}}{A} \tag{A7.6.11}$$

und wir erhalten

$$\begin{aligned} B &= -A\left[-\frac{1}{2}\varepsilon_{F2} \frac{N}{A^2} - \frac{1}{2}\varepsilon_{F2} \frac{N}{A^2}\right] \\ &= A\left[\varepsilon_{F2} \frac{N}{A^2}\right] = \varepsilon_{F2} \frac{N}{A} = \varepsilon_{F2} n_{2D} = 2p . \end{aligned} \tag{A7.6.12}$$

Für die isotherme Kompressibilität können wir dann schreiben

$$\kappa_T = \frac{1}{B} = \frac{1}{\varepsilon_{F2} n_{2D}} = \frac{1}{2p} . \tag{A7.6.13}$$

A7.7 Sommerfeld-Entwicklung

Bei der Berechnung zahlreicher physikalischer Größen von Festkörpern treten Integrale der Form $A(T) = \int_0^\infty d\varepsilon_k\, D(\varepsilon_k) a(\varepsilon_k) f(\varepsilon_k)$ auf, wobei $D(\varepsilon_k)$ die Zustandsdichte und $f(\varepsilon_k)$ die Fermi-Verteilungsfunktion ist. Beispiele sind die innere Energie $[a(\varepsilon_k) = \varepsilon_k$, vgl. Aufgabe A7.9] und die Teilchenzahl $[a(\varepsilon_k) = 1$, vgl. Aufgabe A7.8]. Für Metalle kann zur Berechnung dieser Integrale wegen $T \ll T_F$ die so genannte Sommerfeld-Entwicklung verwendet werden.

Zeigen Sie, dass das Integral

$$A(T) = \int_0^\infty d\varepsilon_k\, D(\varepsilon_k) a(\varepsilon_k) f(\varepsilon_k)$$

über die 3D-Zustandsdichte $D(\varepsilon_k) = V(m/\pi^2\hbar^3)\sqrt{2m\varepsilon_k}$ eines Elektronengases und die Fermi-Funktion $f(\varepsilon_k) = \{\exp[(\varepsilon_k - \mu(T))/k_B T] + 1\}^{-1}$ bei endlichen Temperaturen folgende Tieftemperaturentwicklung (Sommerfeld-Entwicklung) hat:

$$\lim_{T\to 0} A(T) = \int_0^{\mu(T)} d\varepsilon_k a(\varepsilon_k) D(\varepsilon_k) + \frac{(\pi k_B T)^2}{6} \left(\frac{d}{d\varepsilon_k} [D(\varepsilon_k) a(\varepsilon_k)] \right)_{\varepsilon_k = \mu(T)} .$$

Hinweis: Substituieren Sie $[\varepsilon_k - \mu(T)]/k_B T = x$ und verwenden Sie $\int_0^\infty \frac{dx\, x}{e^x + 1} = \frac{\pi^2}{12}$.

Berechnen Sie ferner das Integral

$$B(T) = \int_0^\infty d\varepsilon_k\, D(\varepsilon_k) a(\varepsilon_k) \left(-\frac{\partial f(\varepsilon_k)}{\partial \varepsilon_k} \right)$$

über die Energieableitung der Fermi-Dirac-Verteilung

$$-\frac{\partial f(\varepsilon_k)}{\partial \varepsilon_k} = \frac{1}{4 k_B T} \frac{1}{\cosh^2 \frac{\varepsilon_k - \mu}{2 k_B T}} .$$

Lösung

Die physikalische Größe

$$A(T) = \int_0^\infty d\varepsilon_k\, D(\varepsilon_k) a(\varepsilon_k) f(\varepsilon_k) \tag{A7.7.1}$$

stellt eine Impulssumme dar, bei der wir über alle möglichen **k** gewichtet mit der Zustandsdichte $D(\varepsilon_{\mathbf{k}})$ und der Besetzungswahrscheinlichkeit $f(\varepsilon_{\mathbf{k}})$ aufsummieren. Da die Zustände im Impuls- und Energieraum üblicherweise dicht liegen, können wir diese Summation unter Verwendung einer entsprechenden Zustandsdichte in eine Integration überführen. Beispiele sind die Teilchenzahl N eines Elektronengases, wobei $a(\varepsilon_{\mathbf{k}}) = 1$, oder seine innere Energie U, wobei $a(\varepsilon_{\mathbf{k}}) = \varepsilon_{\mathbf{k}}$.

Mit der Abkürzung $C(\varepsilon_{\mathbf{k}}) = D(\varepsilon_{\mathbf{k}})a(\varepsilon_{\mathbf{k}})$ und Verwendung der Energie $\xi_{\mathbf{k}} = \varepsilon_{\mathbf{k}} - \mu$ bezogen auf das chemische Potenzial μ erhalten wir

$$\begin{aligned} A(T) &= \int_{-\mu}^{\infty} d\xi_{\mathbf{k}}\, C(\mu + \xi_{\mathbf{k}}) f(\xi_{\mathbf{k}}) \\ &= \underbrace{\int_{-\mu}^{0} d\xi_{\mathbf{k}}\, C(\mu + \xi_{\mathbf{k}}) f(\xi_{\mathbf{k}})}_{I} + \underbrace{\int_{0}^{\mu} d\xi_{\mathbf{k}}\, C(\mu + \xi_{\mathbf{k}}) f(\xi_{\mathbf{k}})}_{II} + \underbrace{\int_{\mu}^{\infty} d\xi_{\mathbf{k}}\, C(\mu + \xi_{\mathbf{k}}) f(\xi_{\mathbf{k}})}_{III} . \end{aligned} \tag{A7.7.2}$$

Ersetzen wir $\xi_{\mathbf{k}}$ durch $-\xi_{\mathbf{k}}$, so können wir Integral I wie folgt umschreiben[3]

$$\begin{aligned} I &= \int_{0}^{\mu} d\xi_{\mathbf{k}}\, C(\mu - \xi_{\mathbf{k}}) f(-\xi_{\mathbf{k}}) = \int_{0}^{\mu} d\xi_{\mathbf{k}}\, C(\mu - \xi_{\mathbf{k}})[1 - f(\xi_{\mathbf{k}})] \\ &= \underbrace{\int_{0}^{\mu} d\xi_{\mathbf{k}}\, C(\mu - \xi_{\mathbf{k}})}_{IV} - \underbrace{\int_{0}^{\mu} d\xi_{\mathbf{k}}\, C(\mu - \xi_{\mathbf{k}}) f(\xi_{\mathbf{k}})}_{V} . \end{aligned}$$

Wir formen ferner Integral IV wie folgt um

$$IV \underbrace{=}_{\xi_{\mathbf{k}} \to -\xi_{\mathbf{k}} - \mu} \int_{-\mu}^{0} d\xi_{\mathbf{k}}\, C(\mu + \xi_{\mathbf{k}}) \underbrace{=}_{\mu + \xi_{\mathbf{k}} = \varepsilon_{\mathbf{k}}} \int_{0}^{\mu} d\varepsilon_{\mathbf{k}}\, C(\varepsilon_{\mathbf{k}}) .$$

Damit erhalten wir

$$\begin{aligned} A(T) = &\underbrace{\int_{0}^{\mu} d\varepsilon_{\mathbf{k}}\, C(\varepsilon_{\mathbf{k}})}_{IV} + \int_{0}^{\mu} d\xi_{\mathbf{k}} \left[\underbrace{C(\mu + \xi_{\mathbf{k}})}_{II} - \underbrace{C(\mu - \xi_{\mathbf{k}})}_{V} \right] f(\xi_{\mathbf{k}}) \\ &+ \underbrace{\int_{\mu}^{\infty} d\xi_{\mathbf{k}}\, C(\mu + \xi_{\mathbf{k}}) f(\xi_{\mathbf{k}})}_{III} . \end{aligned} \tag{A7.7.3}$$

[3] Aus der Teilchenzahlerhaltung folgt, dass die Fermi-Verteilungsfunktion $f(\varepsilon_{\mathbf{k}}, T)$ punktsymmetrisch um den Punkt $f(\mu, T)$ sein muss. Somit gilt $f(-\xi_{\mathbf{k}}) = 1 - f(\xi_{\mathbf{k}})$.

Wegen[4]

$$\int_{\mu}^{\infty} d\xi_{\mathbf{k}}\, f(\xi_{\mathbf{k}}) = k_{\mathrm{B}} T \ln\left[1 + \mathrm{e}^{-\mu/k_{\mathrm{B}}T}\right] = k_{\mathrm{B}} T \sum_{n=1}^{\infty} \frac{(-1)^{n+1}}{n}\, \mathrm{e}^{-n\mu/k_{\mathrm{B}}T}$$
$$= k_{\mathrm{B}} T \cdot O\left[\mathrm{e}^{-\mu/k_{\mathrm{B}}T}\right]$$

ist das Integral III exponentiell klein und kann daher vernachlässigt werden. Wir können weiter für $\xi_{\mathbf{k}} \ll \mu$ eine Taylor-Entwicklung durchführen

$$C(\mu + \xi_{\mathbf{k}}) - C(\mu - \xi_{\mathbf{k}}) = 2 \sum_{n=0}^{\infty} \frac{\xi_{\mathbf{k}}^{2n+1}}{(2n+1)!} \left\{ \frac{d^{2n+1} C(\varepsilon_{\mathbf{k}})}{d\varepsilon_{\mathbf{k}}^{2n+1}} \right\}_{\varepsilon_{\mathbf{k}}=\mu}$$

und erhalten

$$\int_{0}^{\mu} d\xi_{\mathbf{k}} [C(\mu + \xi_{\mathbf{k}}) - C(\mu - \xi_{\mathbf{k}})] f(\xi_{\mathbf{k}}) =$$
$$2 \sum_{n=0}^{\infty} \frac{1}{(2n+1)!} \left. \frac{d^{2n+1} C(\varepsilon_{\mathbf{k}})}{d\varepsilon_{\mathbf{k}}^{2n+1}} \right|_{\varepsilon_{\mathbf{k}}=\mu} \int_{0}^{\mu} d\xi_{\mathbf{k}}\, \xi_{\mathbf{k}}^{2n+1} f(\xi_{\mathbf{k}})\,. \tag{A7.7.4}$$

Mit der Abkürzung $x = \xi_{\mathbf{k}}/k_{\mathrm{B}} T$ erhalten wir dann

$$\int_{0}^{\mu} d\xi_{\mathbf{k}} [C(\mu + \xi_{\mathbf{k}}) - C(\mu - \xi_{\mathbf{k}})] f(\xi_{\mathbf{k}}) =$$
$$2 \sum_{n=0}^{\infty} \frac{(k_{\mathrm{B}} T)^{2n+2}}{(2n+1)!} \left. \frac{d^{2n+1} C(\varepsilon_{\mathbf{k}})}{d\varepsilon_{\mathbf{k}}^{2n+1}} \right|_{\varepsilon_{\mathbf{k}}=\mu} \underbrace{\int_{0}^{\mu/k_{\mathrm{B}}T} dx\, \frac{x^{2n+1}}{\mathrm{e}^{x} + 1}}_{B_{2n+1}(T)}\,. \tag{A7.7.5}$$

Für $A(T)$ erhalten wir damit das allgemeine Ergebnis

$$A(T) = \int_{0}^{\mu} d\varepsilon_{\mathbf{k}}\, D(\varepsilon_{\mathbf{k}}) a(\varepsilon_{\mathbf{k}}) + 2 \sum_{n=0}^{\infty} B_{2n+1} \frac{(k_{\mathrm{B}} T)^{2n+2}}{(2n+1)!} \left. \frac{d^{2n+1} C(\varepsilon_{\mathbf{k}})}{d\varepsilon_{\mathbf{k}}^{2n+1}} \right|_{\varepsilon_{\mathbf{k}}=\mu}\,. \tag{A7.7.6}$$

Hierbei entspricht das erste Integral auf der rechten Seite der Größe $A(T = 0)$. Mit

$$\lim_{T \to 0} B_{2n+1}(T) = \int_{0}^{\infty} \frac{dx\, x^{2n+1}}{\mathrm{e}^{x} + 1} \quad \Rightarrow \quad B_1 = \frac{\pi^2}{12}, \quad B_3 = \frac{7\pi^4}{120}, \quad \ldots \tag{A7.7.7}$$

folgt für die Korrektur in führender Ordnung

$$A(T) = \int_{0}^{\mu} d\varepsilon_{\mathbf{k}}\, D(\varepsilon_{\mathbf{k}}) a(\varepsilon_{\mathbf{k}}) + \frac{(\pi k_{\mathrm{B}} T)^2}{6} \left. \frac{d[D(\varepsilon_{\mathbf{k}}) a(\varepsilon_{\mathbf{k}})]}{d\varepsilon_{\mathbf{k}}} \right|_{\varepsilon_{\mathbf{k}}=\mu}\,. \tag{A7.7.8}$$

4 Wir verwenden die Reihenentwicklung $\ln(1 + x) = x - \frac{x^2}{2} + \ldots$.

Mit der Abkürzung $C(\varepsilon_\mathbf{k}) = D(\varepsilon_\mathbf{k})a(\varepsilon_\mathbf{k})$ erhalten wir für die Größe $B(T) = \int_0^\infty d\varepsilon_\mathbf{k}\, C(\varepsilon_\mathbf{k})\left(-\frac{\partial f(\varepsilon_\mathbf{k})}{\partial \varepsilon_\mathbf{k}}\right)$

$$B(T) = \frac{1}{4k_\mathrm{B}T}\int_0^\infty d\varepsilon_\mathbf{k}\,\frac{C(\varepsilon_\mathbf{k})}{\cosh^2\frac{\varepsilon_\mathbf{k}-\mu}{2k_\mathrm{B}T}} \underbrace{=}_{\varepsilon_\mathbf{k}=\mu+\xi_\mathbf{k}} \frac{1}{4k_\mathrm{B}T}\int_{-\mu}^\infty d\xi_\mathbf{k}\,\frac{C(\mu+\xi_\mathbf{k})}{\cosh^2\frac{\xi_\mathbf{k}}{2k_\mathrm{B}T}}\,. \tag{A7.7.9}$$

Eine Taylor-Entwicklung von $C(\varepsilon_\mathbf{k})$ an der Fermi-Kante ergibt

$$C(\mu+\xi_\mathbf{k}) = C(\mu) + \frac{\xi_\mathbf{k}}{1!}\left.\frac{\partial C}{\partial \varepsilon_\mathbf{k}}\right|_{\varepsilon_\mathbf{k}=\mu} + \frac{\xi_\mathbf{k}^2}{2!}\left.\frac{\partial^2 C}{\partial \varepsilon_\mathbf{k}^2}\right|_{\varepsilon_\mathbf{k}=\mu} + \ldots\,. \tag{A7.7.10}$$

Setzen wir diese Entwicklung in (A7.7.9) ein, so erhalten wir unter Verwendung der Abkürzung $x = \xi_\mathbf{k}/2k_\mathrm{B}T$

$$\begin{aligned} B(T) &= C(\mu) + \frac{1}{2!}\left.\frac{\partial^2 C}{\partial \varepsilon_\mathbf{k}^2}\right|_{\varepsilon_\mathbf{k}=\mu} \frac{1}{4k_\mathrm{B}T}\int_{-\mu}^\infty d\xi_\mathbf{k}\,\frac{\xi_\mathbf{k}^2}{\cosh^2\frac{\xi_\mathbf{k}}{2k_\mathrm{B}T}} + \ldots \\ &= C(\mu) + \frac{1}{2!}\left.\frac{\partial^2 C}{\partial \varepsilon_\mathbf{k}^2}\right|_{\varepsilon_\mathbf{k}=\mu} \frac{(2k_\mathrm{B}T)^2}{2}\int_{-\mu/2k_\mathrm{B}T}^\infty dx\,\frac{x^2}{\cosh^2 x} + \ldots\,. \end{aligned} \tag{A7.7.11}$$

Für $T \to 0$ können wir $\int_{-\mu/2k_\mathrm{B}T}^\infty = \int_{-\infty}^\infty = 2\int_0^\infty$ verwenden und erhalten schließlich

$$\begin{aligned} B(T) &= C(\mu) + \frac{(2k_\mathrm{B}T)^2}{2!}\left\{\frac{\partial^2 C}{\partial \varepsilon_\mathbf{k}^2}\right\}_{\varepsilon_\mathbf{k}=\mu} \underbrace{\int_0^\infty dx\,\frac{x^2}{\cosh^2 x}}_{\pi^2/12} + \ldots \\ &= C(\mu) + \frac{(\pi k_\mathrm{B}T)^2}{6}\left\{\frac{\partial^2 C}{\partial \varepsilon_\mathbf{k}^2}\right\}_{\varepsilon_\mathbf{k}=\mu} + \ldots\,. \end{aligned} \tag{A7.7.12}$$

A7.8 Temperaturabhängigkeit des chemischen Potenzials

Wenden Sie das Resultat von Aufgabe A7.7 auf den Spezialfall $a(\varepsilon_\mathbf{k}) = 1$, d. h. auf die Berechnung der gesamten Teilchendichte $A = n = N/V$ an und zeigen Sie, dass für die Temperaturabhängigkeit des chemischen Potentials $\mu(T)$

$$\mu(T) = \mu(0)\left[1 - \frac{1}{12}\left(\frac{\pi k_\mathrm{B}T}{\mu(0)}\right)^2 + \ldots\right]$$

gilt.

Lösung

Wir behandeln den Spezialfall $a(\varepsilon_\mathbf{k}) = 1$ von Gleichung (A7.7.8). In diesem Fall gilt $C(\varepsilon_\mathbf{k}) = D(\varepsilon_\mathbf{k})$ und wir erhalten

$$N = \underbrace{\int_0^\mu d\varepsilon_\mathbf{k}\, D(\varepsilon_\mathbf{k})}_{I} + \frac{(\pi k_\mathrm{B} T)^2}{6} \underbrace{\left\{\frac{dD(\varepsilon_\mathbf{k})}{d\varepsilon_\mathbf{k}}\right\}_{\varepsilon_\mathbf{k}=\mu}}_{II} . \tag{A7.8.1}$$

Für die beiden Beiträge I und II erhalten wir

$$I = \underbrace{\frac{m}{\pi^2\hbar^3}\sqrt{2m}}_{D_0} \int_0^\mu d\varepsilon_\mathbf{k} \sqrt{\varepsilon_\mathbf{k}} = \frac{2}{3} D_0 \mu^{3/2} \tag{A7.8.2}$$

$$II = D_0 \left\{\frac{d\sqrt{\varepsilon_\mathbf{k}}}{d\varepsilon_\mathbf{k}}\right\}_{\varepsilon_\mathbf{k}=\mu} = \frac{1}{2}\frac{D_0}{\sqrt{\mu}} = \frac{1}{2}\frac{D_0}{\mu^2}\mu^{3/2} , \tag{A7.8.3}$$

wobei

$$D_0 = \frac{V}{2\pi^2}\left(\frac{2m}{\hbar^2}\right)^{3/2}$$

ist. Damit ergibt sich

$$\begin{aligned} N &= D_0 \mu^{3/2}\left[\frac{2}{3} + \frac{1}{12}\left(\frac{\pi k_\mathrm{B} T}{\mu}\right)^2\right] \\ &= \frac{2}{3} D_0 \mu^{3/2}\left[1 + \frac{1}{8}\left(\frac{\pi k_\mathrm{B} T}{\mu}\right)^2\right] \equiv \frac{2}{3} D_0 \mu_0^{3/2} . \end{aligned} \tag{A7.8.4}$$

Hierbei ist $\mu_0 = \mu(0) = \varepsilon_\mathrm{F}$. Wir erhalten somit[5]

$$\mu^{3/2} = \frac{\mu_0^{3/2}}{1 + \frac{1}{8}\left(\frac{\pi k_\mathrm{B} T}{\mu}\right)^2} \simeq \mu_0^{3/2}\left[1 - \frac{1}{8}\left(\frac{\pi k_\mathrm{B} T}{\mu_0}\right)^2\right] . \tag{A7.8.5}$$

[5] Wir benutzen

$$\frac{1}{1+x} = 1 - x + x^2 - \dots .$$

Daraus erhalten wir schließlich die Temperaturabhängigkeit des chemischen Potentials zu[6]

$$\mu(T) = \mu_0 \left[1 - \frac{2}{3}\frac{1}{8}\left(\frac{\pi k_B T}{\mu_0}\right)^2 \right] = \mu_0 \left[1 - \frac{1}{12}\left(\frac{\pi k_B T}{\mu(0)}\right)^2 \right] . \tag{A7.8.6}$$

A7.9 Elektronische spezifische Wärmekapazität von Kupfer

Wir diskutieren einige thermische Eigenschaften des Elektronensystems von Kupfer.

(a) Berechnen Sie im Modell freier Elektronen für Kupfer den elektronischen Beitrag zur spezifischen Wärmekapazität $c_{V,\mathrm{el}}$ bei der Temperatur $T = 300\,\mathrm{K}$.
(b) Schätzen Sie den Beitrag der Phononen $c_{V,\mathrm{ph}}$ bei dieser Temperatur ab.
(c) Bei welcher Temperatur gilt $c_{V,\mathrm{el}} = c_{V,\mathrm{ph}}$?
(d) Berechnen Sie für Kupfer die Sommerfeld-Konstante $\gamma = c_{V,\mathrm{el}}/T$ und vergleichen Sie diese mit dem hierfür experimentell ermittelten Wert $\gamma_{\mathrm{exp}} = 97.53\,\mathrm{J/(m^3K^2)}$.

Benutzen Sie für Kupfer die Elektronendichte $n = N/V = 8.45 \times 10^{28}\,\mathrm{m^{-3}}$ und die Debye-Temperatur $\Theta_D = 343\,\mathrm{K}$.

Lösung

(a) Der elektronische Beitrag zur spezifischen Wärmekapazität $c_{V,\mathrm{el}}(T)$ ist gegeben durch die Ableitung der inneren Energie eines freien Elektronengases bei konstantem Volumen:

$$c_{V,\mathrm{el}}(T) = \frac{1}{V}\left.\frac{\partial U}{\partial T}\right|_V . \tag{A7.9.1}$$

Die innere Energie eines freien Elektronengases erhalten wir, indem wir über alle Energiezustände $\varepsilon_{\mathbf{k}}$ multipliziert mit ihrer Besetzungswahrscheinlichkeit $f(\varepsilon_{\mathbf{k}})$ aufsummieren:

$$U = \sum_{\mathbf{k},\sigma} \varepsilon_{\mathbf{k}} f(\varepsilon_{\mathbf{k}}) . \tag{A7.9.2}$$

Mit Hilfe der Zustandsdichte $D(\varepsilon)$ können wir die Summation über alle $\mathbf{k}$ durch eine Integration über die Energie ersetzen:

$$U = \int_0^\infty \varepsilon D(\varepsilon) f(\varepsilon)\, d\varepsilon = \frac{V}{2\pi^2}\left(\frac{2m}{\hbar^2}\right)^{3/2} \int_0^\infty \frac{\varepsilon^{3/2}}{e^{(\varepsilon-\mu)/k_B T} + 1}\, d\varepsilon . \tag{A7.9.3}$$

---

6 Wir benutzen

$$(1-x)^{2/3} = 1 - \frac{2}{3}x - \frac{1}{9}x^2 - \frac{4}{81}x^3 - \ldots .$$

Zur Auswertung des Integrals verwenden wir die Sommerfeld-Entwicklung (vergleiche hierzu Aufgabe A7.7). Wir benutzen Gleichung (A7.7.8) und erhalten

$$U(T) = \int_0^{\mu} D(\varepsilon)\varepsilon\, d\varepsilon + \frac{(\pi k_B T)^2}{6} \left.\frac{d[D(\varepsilon)\varepsilon]}{d\varepsilon}\right|_{\varepsilon=\mu} + \ldots . \tag{A7.9.4}$$

Den ersten Term können wir unter Verwendung von $\varepsilon_F \approx \mu$ zu

$$\int_0^{\mu} D(\varepsilon)\varepsilon\, d\varepsilon \approx \int_0^{\varepsilon_F} \varepsilon D(\varepsilon) d\varepsilon + (\mu - \varepsilon_F)\, D(\varepsilon_F)\varepsilon_F \tag{A7.9.5}$$

berechnen. Wir können nun $\int_0^{\varepsilon_F} \varepsilon D(\varepsilon) d\varepsilon$ als $U(T=0)$ identifizieren und für $(\mu - \varepsilon_F)$ das Ergebnis (A7.8.6) aus Aufgabe A7.8, $(\mu - \varepsilon_F) = -\frac{\varepsilon_F}{12}(\pi k_B T/\varepsilon_F)^2$ verwenden. Damit erhalten wir für den ersten Term der Sommerfeld-Entwicklung (A7.9.4)

$$\int_0^{\mu} D(\varepsilon)\varepsilon\, d\varepsilon \simeq U(T=0) - \frac{(\pi k_B)^2}{12} T^2 D(\varepsilon_F) . \tag{A7.9.6}$$

Der zweite Term der Sommerfeld-Entwicklung ergibt

$$\frac{(\pi k_B T)^2}{6} \left.\frac{d[D(\varepsilon)\varepsilon]}{d\varepsilon}\right|_{\varepsilon=\mu} = \frac{\pi^2}{6}(k_B T)^2 \left(D(\mu) + \mu \left.\frac{dD}{d\varepsilon}\right|_{\varepsilon=\mu} \right) . \tag{A7.9.7}$$

Mit der Zustandsdichte $D(\varepsilon) = \frac{V}{2\pi^2}\left(\frac{2m}{\hbar^2}\right)^{3/2}\sqrt{\varepsilon}$ eines 3D-Elektronengases erhalten wir

$$\left.\frac{dD}{d\varepsilon}\right|_{\varepsilon=\mu} = \frac{V}{2\pi^2}\left(\frac{2m}{\hbar^2}\right)^{3/2} \frac{1}{2}\frac{1}{\sqrt{\mu}} = \frac{1}{2}\frac{D(\mu)}{\mu} \tag{A7.9.8}$$

und damit

$$\frac{(\pi k_B T)^2}{6} \left.\frac{d[D(\varepsilon)\varepsilon]}{d\varepsilon}\right|_{\varepsilon=\mu} = \frac{\pi^2}{6}(k_B T)^2 \frac{3}{2} D(\mu) . \tag{A7.9.9}$$

In Gleichung (A7.9.9) können wir die Temperaturabhängigkeit des chemischen Potentials vernachlässigen und in guter Näherung $\mu \simeq \varepsilon_F$ benutzen. Wir erhalten dann

$$\frac{(\pi k_B T)^2}{6} \left.\frac{d[D(\varepsilon)\varepsilon]}{d\varepsilon}\right|_{\varepsilon=\mu} = \frac{\pi^2}{6}(k_B T)^2 \frac{3}{2} D(\varepsilon_F) . \tag{A7.9.10}$$

Somit ergibt die Sommerfeld-Entwicklung unter Vernachlässigung von Termen höherer Ordnung

$$U(T) \approx U(T=0) + \frac{(\pi k_B)^2}{6} D(\varepsilon_F) T^2 . \tag{A7.9.11}$$

Für die spezifische Wärmekapazität erhalten wir damit

$$c_{V,\mathrm{el}}(T) = \frac{1}{V}\frac{\pi^2}{3}\underbrace{D(\varepsilon_\mathrm{F})}_{\frac{3}{2}\frac{N}{\varepsilon_\mathrm{F}}} k_\mathrm{B}^2 T = \frac{\pi^2}{2} n \frac{k_\mathrm{B}^2 T}{\varepsilon_\mathrm{F}} = \frac{\pi^2}{2} n k_\mathrm{B} \frac{T}{T_\mathrm{F}} . \qquad \text{(A7.9.12)}$$

Die Wärmekapazität des Elektronengases ist also proportional zu T/T_F. Da üblicherweise $T \ll T_\mathrm{F}$, kann nur ein kleiner Bruchteil T/T_F aller Elektronen aus einem Energieintervall der Breite $k_\mathrm{B}T$ um die Fermi-Energie zur Wärmekapazität beitragen. Elektronen mit Energien weit unterhalb der Fermi-Energie können nicht in energetisch höher liegende Zustände umverlagert werden, da diese bereits besetzt sind. Wir sagen deshalb, dass diese elektronischen Zustände Pauli-blockiert sind.
Die Fermi-Temperatur T_F lässt sich aus der angegebenen Elektronendichte n berechnen zu

$$T_\mathrm{F} = \frac{\varepsilon_\mathrm{F}}{k_\mathrm{B}} = \frac{\hbar^2}{2mk_\mathrm{B}}\left(3\pi^2 n\right)^{\frac{2}{3}} = 8.1487 \times 10^4\,\mathrm{K} . \qquad \text{(A7.9.13)}$$

Daraus ergibt sich sofort

$$c_{V,\mathrm{el}}(T) = 70.65\,\frac{\mathrm{J}}{\mathrm{m^3K}} \cdot T\,[\mathrm{K}] . \qquad \text{(A7.9.14)}$$

Für $T = 300\,\mathrm{K}$ erhalten wir schließlich

$$c_{V,\mathrm{el}}(T = 300\,\mathrm{K}) = 2.12 \times 10^4\,\frac{\mathrm{J}}{\mathrm{m^3\,K}} . \qquad \text{(A7.9.15)}$$

(b) Als nächstes schätzen wir den Phononen-Beitrag zur spezifischen Wärmekapazität ab. Bei $T = 300\,\mathrm{K}$, also $T \simeq \Theta_\mathrm{D}$, gilt die klassische Näherung

$$c_{V,\mathrm{ph}}^{\mathrm{kl}} = 3nk_\mathrm{B} = 3.5 \times 10^6\,\frac{\mathrm{J}}{\mathrm{m^3K}} . \qquad \text{(A7.9.16)}$$

Bei $T = 300\,\mathrm{K}$ ergibt sich das Verhältnis der beiden spezifischen Wärmen zu

$$\frac{c_{V,\mathrm{el}}(T = 300\,\mathrm{K})}{c_{V,\mathrm{ph}}^{\mathrm{kl}}} = 6.06 \times 10^{-3} . \qquad \text{(A7.9.17)}$$

Der Beitrag des Elektronensystems beträgt also weniger als 1 %.

(c) Die Temperatur T_0, bei der die Beiträge zur spezifischen Wärme von den Phononen und den Elektronen übereinstimmen, können wir wie folgt aus dem Tieftemperaturlimes von $c_{V,\mathrm{ph}}$ (vergleiche hierzu Aufgabe A6.2) abschätzen:

$$c_{V,\mathrm{ph}}(T_0) \overset{T\ll\theta_\mathrm{D}}{=} \frac{12}{5}\pi^4 n k_\mathrm{B}\left(\frac{T_0}{\Theta_\mathrm{D}}\right)^3 = c_{V,\mathrm{el}}(T_0) = \frac{\pi^2}{2} n k_\mathrm{B} \frac{T_0}{T_\mathrm{F}} . \qquad \text{(A7.9.18)}$$

Daraus folgt, dass beide spezifischen Wärmen für

$$T_0^2 = \Theta_\mathrm{D}^2 \cdot \frac{5}{24\pi^2}\frac{\Theta_\mathrm{D}}{T_\mathrm{F}} \approx (3.233\,\mathrm{K})^2 , \qquad \text{(A7.9.19)}$$

also bei $T_0 = 3.233\,\mathrm{K}$ übereinstimmen.

Anmerkung: Es gibt auch eine Übereinstimmung der beiden spezifischen Wärmekapazitäten bei einer hohen Temperatur weit oberhalb der Schmelztemperatur T_s:

$$c_{V,\mathrm{el}}(T) = 70.65\,\frac{\mathrm{J}}{\mathrm{m^3K}} \cdot T_0\,[\mathrm{K}] = c^{\mathrm{kl}}_{V,\mathrm{ph}} = 3nk_\mathrm{B} = 3.5 \times 10^6\,\frac{\mathrm{J}}{\mathrm{m^3K}} \tag{A7.9.20}$$

Wir erhalten $T_0 \approx 49\,000\,\mathrm{K} \gg T_s \approx 1360\,\mathrm{K}$. Diese Temperatur ist experimentell natürlich nicht zugänglich, da Kupfer hier als kristalliner Festkörper nicht mehr existiert.

(d) Die Sommerfeld-Konstante für Kupfer ergibt sich zu

$$\gamma = \frac{c_{V,\mathrm{el}}(T)}{T} = 70.65\,\frac{\mathrm{J}}{\mathrm{m^3K^2}} \qquad \left(\gamma_\mathrm{exp} = 97.53\,\frac{\mathrm{J}}{\mathrm{m^3K^2}}\right). \tag{A7.9.21}$$

Die Diskrepanz zwischen dem theoretischen und dem experimentellen Wert rührt daher, dass die Elektronen nicht wirklich *frei* sind, wie es im Sommerfeld-Modell angenommen wird. Bandstruktur- und (Fermi-Flüssigkeits-)Wechselwirkungs-Effekte lassen sich jedoch manchmal in einer renormierten effektiven („*thermischen*") Masse $m^\star_\mathrm{th}$ zusammenfassen:

$$T^*_\mathrm{F} = \frac{\varepsilon^*_\mathrm{F}}{k_\mathrm{B}} = \frac{\hbar^2}{2m^\star_\mathrm{th}k_\mathrm{B}}\left(3\pi^2 n\right)^{\frac{2}{3}} = \frac{m}{m^\star_\mathrm{th}}T^\mathrm{frei}_\mathrm{F}$$

$$\gamma^* = \frac{m^\star_\mathrm{th}}{m}\gamma^\mathrm{frei}. \tag{A7.9.22}$$

Für Cu würde man dann

$$m^\star_\mathrm{th} = 1.337m \tag{A7.9.23}$$

erhalten.

A7.10 Frequenzabhängigkeit der elektrischen Leitfähigkeit eines Metalls

Gegeben sei ein Metall mit Volumen V und N Elektronen der Masse m und der Dichte $n = N/V$. Die (technische) elektrische Stromdichte $\mathbf{J}_q$ ist mit der Driftgeschwindigkeit $\mathbf{v}$ von positiven Ladungsträgern über $\mathbf{J}_q = nq\mathbf{v}$ verknüpft. Für Elektronen mit $q = -e$ gilt deshalb $\mathbf{J}_q = -ne\mathbf{v}$. In Anwesenheit eines elektrischen Feldes $\mathbf{E}(t)$ genügt $\mathbf{v}(t)$ der Relaxationsgleichung

$$m\left(\frac{\partial}{\partial t} + \frac{1}{\tau}\right)\mathbf{v}(t) = -e\mathbf{E}(t)$$

mit der Impulsrelaxationszeit τ.

(a) Berechnen Sie die zeitabhängige Stromdichte $\mathbf{J}_q(t)$ für den Fall einer harmonischen Zeitabhängigkeit von $\mathbf{E}(t) = \mathbf{E}_0 \exp(-\imath\omega t)$ und leiten Sie einen Ausdruck für die dynamische Leitfähigkeit $\sigma(\omega) = \delta\mathbf{J}_q/\delta\mathbf{E}$ im Limes $t/\tau \to \infty$ ab.

(b) Benutzen Sie das Resultat für $\sigma(\omega)$, um mit Hilfe der Maxwell-Gleichungen die frequenzabhängige dielektrische Funktion $\epsilon(\omega)$ eines Metalls abzuleiten. Hinweis: Gehen Sie hierbei von der Definition (harmonische Zeitabhängigkeit $\partial/\partial t \to -\imath\omega$)

$$\epsilon_0\epsilon(\omega)\mathbf{E} = \epsilon_0\mathbf{E} + \frac{\mathbf{J}_q}{-\imath\omega}$$

aus.

(c) Berechnen Sie die frequenzabhängige elektromagnetische Eindringtiefe (Skin-Tiefe) $\delta(\omega)$ für die elektrische (**E**) und magnetische (**B**) Feldstärke.
(d) Wie lautet der Zusammenhang zwischen $\delta(\omega)$ und $\epsilon(\omega)$?

Lösung

Zu Beginn seien an dieser Stelle noch einmal die Maxwell-Gleichungen der Elektrodynamik wiederholt. Sie lauten in SI-Einheiten ($\varepsilon = \mu = 1$)

$$\nabla \times \mathbf{H} = \frac{\partial \mathbf{D}}{\partial t} + \mathbf{J}_q , \quad \mathbf{D} = \epsilon_0 \mathbf{E} \tag{A7.10.1}$$

$$\nabla \times \mathbf{E} = -\frac{\partial \mathbf{B}}{\partial t} , \quad \mathbf{B} = \mu_0 \mathbf{H} \tag{A7.10.2}$$

$$\nabla \cdot \mathbf{B} = 0 \tag{A7.10.3}$$

$$\nabla \cdot \mathbf{D} = \rho_q . \tag{A7.10.4}$$

Für Elektronen mit Ladung $q = -e$ ist die Ladungsträgerdichte $\rho_q = -en = -eN/V$ und die elektrische Stromdichte $\mathbf{J}_q = qn\mathbf{v} = -en\mathbf{v}$. Die Bewegungsrichtung der Elektronen ist also antiparallel zur elektrischen Stromdichte. Die Maxwell-Gleichungen werden ergänzt durch die konstitutive Relation (Ohmsches Gesetz)

$$\mathbf{J}_q = \sigma \cdot \mathbf{E} , \tag{A7.10.5}$$

welche die Stromdichte $\mathbf{J}_q$ mit der elektrischen Feldstärke **E** über die elektronische Leitfähigkeit σ verknüpft. Aus Gleichung (A7.10.1) können wir durch Bildung der Divergenz ($\nabla \cdot \ldots$) die Kontinuitätsgleichung (vergleiche hierzu Aufgabe A9.1)

$$\frac{\partial \rho_q}{\partial t} + \nabla \cdot \mathbf{J}_q = 0 \tag{A7.10.6}$$

für die Ladungsdichte ρ_q ableiten.

Bilden wir dagegen die Rotation von Gleichung (A7.10.1) ($\nabla \times \ldots$), so erhalten wir

$$\begin{aligned}
\nabla \times (\nabla \times \mathbf{H}) &= -\nabla^2 \mathbf{H} + \nabla(\nabla \cdot \mathbf{H}) \quad = -\left(\nabla^2 - \nabla : \nabla\right) \mathbf{H} \\
-\left(\nabla^2 - \nabla : \nabla\right) \mathbf{H} &= \frac{\partial}{\partial t} \nabla \times \mathbf{D} + \nabla \times \mathbf{J}_q \\
&= \epsilon_0 \frac{\partial}{\partial t} \nabla \times \mathbf{E} + \nabla \times \mathbf{J}_q \\
&\overset{\text{(A7.10.2)}}{=} -\epsilon_0 \frac{\partial^2 \mathbf{B}}{\partial t^2} + \nabla \times \mathbf{J}_q \\
&= -\mu_0 \epsilon_0 \frac{\partial^2 \mathbf{H}}{\partial t^2} + \nabla \times \mathbf{J}_q .
\end{aligned} \tag{A7.10.7}$$

Dies führt mit Hilfe von $\mu_0 \epsilon_0 = 1/c^2$ auf die Gleichung

$$\left[\nabla^2 - \nabla : \nabla - \frac{1}{c^2} \frac{\partial^2}{\partial t^2}\right] \mathbf{B} = -\mu_0 \nabla \times \mathbf{J}_q , \tag{A7.10.8}$$

die wir, wie wir noch sehen werden, als Abschirmgleichung für das Magnetfeld interpretieren können, aus der die magnetische Abschirmlänge (Skin-Tiefe) berechnet werden kann.

Bilden wir schließlich die Rotation von Gleichung (A7.10.2) ($\nabla \times \ldots$) so ergibt sich

$$\begin{aligned}\nabla \times (\nabla \times \mathbf{E}) &= -\frac{\partial}{\partial t}\nabla \times \mathbf{B} = -\nabla^2\mathbf{E} + \nabla(\nabla \cdot \mathbf{E})\\ -\left(\nabla^2 - \nabla : \nabla\right)\mathbf{E} &= -\mu_0 \frac{\partial}{\partial t}\nabla \times \mathbf{H}\\ &= -\mu_0\epsilon_0 \frac{\partial^2 \mathbf{E}}{\partial t^2} - \mu_0 \frac{\partial \mathbf{J}_q}{\partial t}\,. \end{aligned} \tag{A7.10.9}$$

Dies lässt sich zu folgender Gleichung zusammenfassen:

$$\left[\nabla^2 - \nabla : \nabla - \frac{1}{c^2}\frac{\partial^2}{\partial t^2}\right]\mathbf{E} = \mu_0 \frac{\partial \mathbf{J}_q}{\partial t}\,. \tag{A7.10.10}$$

(a) Um die Gleichungen (A7.10.8) und (A7.10.10) weiter behandeln zu können, benötigen wir den Zusammenhang zwischen der Stromdichte $\mathbf{J}_q$ und der elektrischen Feldstärke $\mathbf{E}$. Hierzu müssen wir die Relaxationsgleichung

$$\left(\frac{\partial}{\partial t} + \frac{1}{\tau}\right)\mathbf{v}(t) = q\,\frac{\mathbf{E}(t)}{m} \tag{A7.10.11}$$

lösen. Für Elektronen mit $\mathbf{J}_q = -ne\mathbf{v}$ und $q = -e$ ergibt sich

$$\left(\frac{\partial}{\partial t} + \frac{1}{\tau}\right)J_q(t) = \frac{ne^2}{m}\,\mathbf{E}(t)\,. \tag{A7.10.12}$$

Die allgemeine Lösung dieser inhomogenen Differentialgleichung 1. Ordnung lässt sich wie folgt angeben:

$$\mathbf{J}_q(t) = \mathbf{J}_q(0)\,e^{-\frac{t}{\tau}} + \frac{ne^2}{m}\,e^{-\frac{t}{\tau}}\underbrace{\int_0^t dt'\mathbf{E}(t')\,e^{\frac{t'}{\tau}}}_{(*)}\,. \tag{A7.10.13}$$

Mit der Annahme eines elektrischen Wechselfeldes der Form $\mathbf{E}(t) = \mathbf{E}_0\exp(-\imath\omega t)$ können wir den Term (*) auswerten:

$$(*) = \mathbf{E}_0\int_0^t dt'\,e^{(-\imath\omega+\frac{1}{\tau})t'} = \frac{\mathbf{E}_0}{-\imath\omega+\frac{1}{\tau}}\left[e^{(-\imath\omega+\frac{1}{\tau})t} - 1\right]. \tag{A7.10.14}$$

Einsetzen in den Ausdruck für die Stromdichte liefert

$$\begin{aligned}\mathbf{J}_q(t) &= \mathbf{J}_q(0)\,e^{-\frac{t}{\tau}} + \frac{ne^2}{m}\,\frac{\mathbf{E}_0}{-\imath\omega+\frac{1}{\tau}}\,e^{-\frac{t}{\tau}}\left[e^{(-\imath\omega+\frac{1}{\tau})t} - 1\right]\\ &= \left[\mathbf{J}_q(0) - \frac{ne^2}{m\left(-\imath\omega+\frac{1}{\tau}\right)}\mathbf{E}_0\right]e^{-\frac{t}{\tau}} + \frac{ne^2}{m\left(-\imath\omega+\frac{1}{\tau}\right)}\mathbf{E}(t)\,. \end{aligned} \tag{A7.10.15}$$

Im Grenzfall $t \gg \tau$ erhalten wir für die Stromdichte

$$\mathbf{J}_q(t) \overset{t\gg\tau}{=} \frac{ne^2}{m\left(-\imath\omega + \frac{1}{\tau}\right)}\mathbf{E}(t)\,. \tag{A7.10.16}$$

Mit der Beziehung $\mathbf{J}_q = \sigma(\omega)\,\mathbf{E}$ können wir folgende Größe als frequenzabhängige Leitfähigkeit identifizieren:

$$\sigma(\omega) = \frac{ne^2}{m\left(-\imath\omega + \frac{1}{\tau}\right)} = \frac{ne^2\tau}{m\,(1-\imath\omega\tau)} = \frac{\sigma_0}{1-\imath\omega\tau}\,, \qquad \sigma_0 = \frac{ne^2\tau}{m}\,. \tag{A7.10.17}$$

Damit können wir die Stromdichte in der endgültigen Form

$$\mathbf{J}_q(t) = \left[\mathbf{J}_q(0) - \sigma(\omega)\mathbf{E}_0\right] e^{-\frac{t}{\tau}} + \sigma(\omega)\mathbf{E}(t) \overset{t\gg\tau}{=} \sigma(\omega)\mathbf{E}(t) \tag{A7.10.18}$$

schreiben. Der Real- und Imaginärteil der komplexen Leitfähigkeit

$$\sigma_\mathrm{r} = \frac{\sigma_0}{1+\omega^2\tau^2}$$
$$\sigma_\mathrm{i} = \frac{\sigma_0\,\omega\tau}{1+\omega^2\tau^2} \tag{A7.10.19}$$

sind in Abb. 7.4 dargestellt.

(b) Mit dem Resultat (A7.10.18) können wir nun die dielektrische Funktion des Elektronensystems ableiten. Wir können nämlich definieren:

$$\epsilon_0\mathbf{E} + \frac{\mathbf{J}_q}{-i\omega} \equiv \epsilon_0\epsilon(\omega)\mathbf{E}\,. \tag{A7.10.20}$$

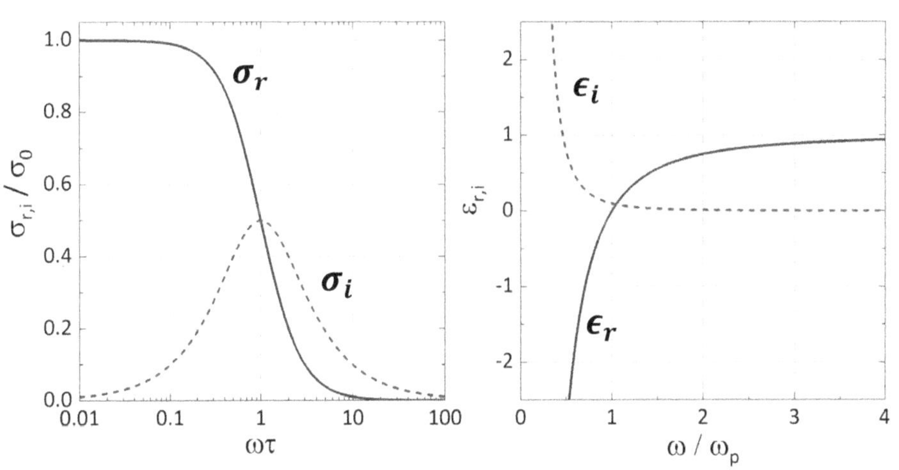

Abb. 7.4: Real- und Imaginärteil der elektrischen Leitfähigkeit (links) und der dielektrischen Funktion (rechts) von Metallen. Bei der Berechnung der dielektrischen Funktion wurde eine Streurate $\tau^{-1} = 0.1\omega_p$ angenommen.

Mit der konstitutiven Relation $\mathbf{J}_q = \sigma(\omega)\mathbf{E}$ wird daraus

$$\begin{aligned}
\epsilon_0\epsilon(\omega)\mathbf{E} &= \epsilon_0\mathbf{E} + \frac{\imath\sigma(\omega)}{\omega}\mathbf{E} \\
&= \underbrace{\epsilon_0\left(1 + \frac{\imath\sigma(\omega)}{\omega\epsilon_0}\right)}_{=\epsilon(\omega)}\mathbf{E} \\
\epsilon(\omega) &= 1 + \frac{\imath\sigma(\omega)}{\omega\epsilon_0}\,. \qquad \text{(A7.10.21)}
\end{aligned}$$

Durch Einsetzen der dynamischen Leitfähigkeit $\sigma(\omega)$ wird daraus

$$\begin{aligned}
\epsilon(\omega) &= 1 - \frac{1}{\omega^2}\underbrace{\frac{ne^2}{m\epsilon_0}}_{=\omega_p^2}\frac{-\imath\omega\tau}{1-\imath\omega\tau} \\
&= 1 - \frac{\omega_p^2}{\omega^2}\frac{-\imath\omega\tau}{1-\imath\omega\tau} \qquad \text{mit } \omega_p^2 = \frac{ne^2}{m\epsilon_0}\,. \qquad \text{(A7.10.22)}
\end{aligned}$$

Hierbei ist ω_p die Plasmafrequenz des Elektronensystems. Der Real- und Imaginärteil der dielektrischen Funktion:

$$\begin{aligned}
\epsilon_r &= 1 - \frac{\omega_p^2}{\omega^2}\frac{\omega^2\tau^2}{1+\omega^2\tau^2} \\
\epsilon_i &= \frac{\omega_p^2}{\omega^2}\frac{\omega\tau}{1+\omega^2\tau^2} \qquad \text{(A7.10.23)}
\end{aligned}$$

ist in Abb. 7.4 dargestellt. Für $\omega\tau \ll 1$ ist der Imaginärteil ϵ_i sehr viel größer als der Realteil ϵ_r. In diesem Limes ist der Reflexionskoeffizient nahe 1 (Totalreflexion) und eine elektromagnetische Welle fällt im Metall innerhalb der charakteristischen Längenskala δ auf $1/e$ ab. Diese Strecke wird als Skin-Tiefe bezeichnet.

(c) Zur Berechnung der Skin-Eindringtiefe setzen wir $\mathbf{J}_q = \sigma(\omega)\mathbf{E}$ in Gleichung (A7.10.8) ein und erhalten

$$\begin{aligned}
\left[\nabla^2 - \nabla : \nabla + \frac{\omega^2}{c^2}\right]\mathbf{B} &= -\mu_0\nabla\times\mathbf{J}_q = -\mu_0\sigma(\omega)\nabla\times\mathbf{E} \\
&= \underbrace{-\imath\omega\sigma(\omega)\mu_0}_{=1/\delta^2(\omega)}\mathbf{B} = \frac{\mathbf{B}}{\delta^2(\omega)}\,. \qquad \text{(A7.10.24)}
\end{aligned}$$

Wir können daher als Magnetfeld-Eindringtiefe (Skin-Tiefe) folgende Größe identifizieren:

$$\delta^2(\omega) = \frac{1}{-\imath\omega\sigma(\omega)\mu_0} = \underbrace{\frac{m}{\mu_0 ne^2}}_{=\delta_\infty^2}\frac{1-\imath\omega\tau}{-\imath\omega\tau} = \delta_\infty^2\frac{1-\imath\omega\tau}{-\imath\omega\tau}\,. \qquad \text{(A7.10.25)}$$

Man beachte, dass die Skin-Tiefe δ_∞ (stoßloser Limes) vermittels der Relation $\mu_0\epsilon_0 = 1/c^2$ auch durch die Plasmafrequenz ω_p ausgedrückt werden kann:

$$\delta_\infty^2 = \frac{m}{\mu_0 n e^2} = \frac{c^2}{\omega_\mathrm{p}^2} \,. \tag{A7.10.26}$$

Wir können Gleichung (A7.10.24) nun noch auf die Form einer Wellengleichung für **B** bringen

$$\left[\nabla^2 - \nabla : \nabla + \mu_0\epsilon_0\omega^2 \underbrace{\left(1 - \frac{\omega_\mathrm{p}^2}{\omega^2}\frac{-\imath\omega\tau}{1-\imath\omega\tau}\right)}_{=\epsilon(\omega)}\right]\mathbf{B} = 0 \tag{A7.10.27}$$

und erkennen, dass die Berücksichtigung der Stromdichte $\mathbf{J}_q$ auf der rechten Seite von (A7.10.24) wieder zu der Ersetzung $\epsilon_0 \to \epsilon_0\epsilon(\omega)$ führt.
Um zu zeigen, dass die elektrische Feldstärke **E**, genau wie **B**, einer Wellengleichung (A7.10.27) genügt, setzen wir die Stromdichte in Gleichung (A7.10.10) ein und erhalten

$$\left[\nabla^2 - \nabla : \nabla + \frac{\omega^2}{c^2}\right]\mathbf{E} = \mu_0\frac{\partial \mathbf{J}_q}{\partial t} = \underbrace{-\imath\omega\mu_0\sigma(\omega)}_{1/\delta^2(\omega)}\mathbf{E} = \frac{\mathbf{E}}{\delta^2(\omega)} \,. \tag{A7.10.28}$$

Dies lässt sich umschreiben in eine Gleichung, die mit (A7.10.27) bis auf die Ersetzung $\mathbf{B} \leftrightarrow \mathbf{E}$ identisch ist.

$$\left[\nabla^2 - \nabla : \nabla + \frac{\omega^2}{c^2}\underbrace{\left(1 + \frac{\imath\sigma(\omega)}{\omega\epsilon_0}\right)}_{=\epsilon(\omega)}\right]\mathbf{E} = 0 \,. \tag{A7.10.29}$$

Dieses Resultat bedeutet, dass auch das **E**-Feld aus dem Inneren des Metalls abgeschirmt wird und zwar mit derselben Abschirmlänge $\delta(\omega)$ wie das **B**-Feld.

(d) Der Zusammenhang zwischen der dielektrischen Funktion $\epsilon(\omega)$ und der elektromagnetischen Skin-Tiefe $\delta(\omega)$ lautet

$$\begin{aligned}\epsilon(\omega) &= 1 - \frac{\omega_\mathrm{p}^2}{\omega^2}\frac{-\imath\omega\tau}{1-\imath\omega\tau} \\ &= 1 - \frac{c^2}{\omega^2}\underbrace{\frac{\omega_\mathrm{p}^2}{c^2}}_{=1/\delta_\infty^2}\frac{-\imath\omega\tau}{1-\imath\omega\tau} = 1 - \frac{c^2}{\omega^2}\underbrace{\frac{1}{\delta_\infty^2}\frac{-\imath\omega\tau}{1-\imath\omega\tau}}_{=1/\delta^2(\omega)} \\ &= 1 - \frac{c^2}{\omega^2}\frac{1}{\delta^2(\omega)} \,. \end{aligned} \tag{A7.10.30}$$

A7.11 Leitfähigkeitstensor

Zeigen Sie, dass für einen tetragonalen Kristall die elektrische Leitfähigkeit in der Ebene senkrecht zur c-Achse isotrop ist.

Lösung

Für ein anisotropes Medium können wir allgemein

$$\mathbf{J}_q = \widehat{\boldsymbol{\sigma}} \cdot \mathbf{E}$$

schreiben, wobei $\widehat{\boldsymbol{\sigma}}$ der Leitfähigkeitstensor ist. Um das Anisotropieverhalten der Leitfähigkeit eines tetragonalen Kristalls zu untersuchen, führen wir Drehungen um die z- und x-Achse durch, die das tetragonale Gitter in sich selbst überführen. Solche Symmetrieoperationen sind im allgemeinen Drehungen um einen Winkel θ und um eine Achse $\mathbf{n}$, die wir durch die Rotationsmatrix

$$\begin{aligned} \mathbf{R}_{\mu\nu}(\mathbf{n},\theta) &= \cos\theta\delta_{\mu\nu} + (1-\cos\theta)\hat{\mathbf{n}}_\mu\hat{\mathbf{n}}_\nu - \sin\theta\epsilon_{\mu\nu\lambda}\hat{\mathbf{n}}_\lambda \\ &= \begin{pmatrix} \cos\theta + (1-\cos\theta)\hat{\mathbf{n}}_x^2 & -\sin\theta\hat{\mathbf{n}}_z & \sin\theta\hat{\mathbf{n}}_y \\ \sin\theta\hat{\mathbf{n}}_z & \cos\theta + (1-\cos\theta)\hat{\mathbf{n}}_y^2 & -\sin\theta\hat{\mathbf{n}}_x \\ -\sin\theta\hat{\mathbf{n}}_y & \sin\theta\hat{\mathbf{n}}_x & \cos\theta + (1-\cos\theta)\hat{\mathbf{n}}_z^2 \end{pmatrix}_{\mu\nu} \end{aligned} \tag{A7.11.1}$$

beschreiben können. Hierbei ist $\epsilon_{\mu\nu\lambda}$ der vollständig antisymmetrische Tensor: $\epsilon_{\mu\nu\lambda} = \pm 1$ für gerade [(123), (231), (312)] bzw. ungerade [(213) etc.] Permutationen von $\mu\nu\lambda$ und 0 sonst, insbesondere wenn 2 oder mehr Indizes gleich sind. Die inverse Matrix entspricht der inversen Drehung:

$$\begin{aligned} \mathbf{R}^{-1}(\mathbf{n},\theta) &= \mathbf{R}(\mathbf{n},-\theta) = \mathbf{R}^T(\mathbf{n},\theta) \\ &= \begin{pmatrix} \cos\theta + (1-\cos\theta)\hat{\mathbf{n}}_x^2 & \sin\theta\hat{\mathbf{n}}_z & -\sin\theta\hat{\mathbf{n}}_y \\ -\sin\theta\hat{\mathbf{n}}_z & \cos\theta + (1-\cos\theta)\hat{\mathbf{n}}_y^2 & \sin\theta\hat{\mathbf{n}}_x \\ \sin\theta\hat{\mathbf{n}}_y & -\sin\theta\hat{\mathbf{n}}_x & \cos\theta + (1-\cos\theta)\hat{\mathbf{n}}_z^2 \end{pmatrix}. \end{aligned} \tag{A7.11.2}$$

Spezialfälle hiervon stellen Drehungen um die $\hat{\mathbf{z}}$-Achse

$$\mathbf{R}(\hat{\mathbf{z}},\theta) \equiv \mathbf{U}_\theta^z = \begin{pmatrix} \cos\theta & -\sin\theta & 0 \\ \sin\theta & \cos\theta & 0 \\ 0 & 0 & 1 \end{pmatrix} \tag{A7.11.3}$$

und um die $\hat{\mathbf{x}}$-Achse

$$\mathbf{R}(\hat{\mathbf{x}},\theta) \equiv \mathbf{U}_\theta^x = \begin{pmatrix} 1 & 0 & 0 \\ 0 & \cos\theta & -\sin\theta \\ 0 & \sin\theta & \cos\theta \end{pmatrix} \tag{A7.11.4}$$

dar. Für einen Kristall gegebener Symmetrie können wir jetzt Transformationen untersuchen, welche denselben invariant lassen:

$$\mathbf{J}_q' = \mathbf{U}_\theta^{\hat{\mathbf{n}}} \cdot \mathbf{J}_q\,, \quad \mathbf{E}' = \mathbf{U}_\theta^{\hat{\mathbf{n}}} \cdot \mathbf{E} \tag{A7.11.5}$$

Damit transformiert sich die elektronische Leitfähigkeit gemäß:

$$\boldsymbol{\sigma}' = \mathbf{U}_\theta^{\hat{\mathbf{n}}} \cdot \boldsymbol{\sigma} \cdot \{\mathbf{U}_\theta^{\hat{\mathbf{n}}}\}^{-1} = \boldsymbol{\sigma} \,. \tag{A7.11.6}$$

Die letzte Gleichheit entspricht dem Fall, dass die Symmetrieoperation einer Gittersymmetrie entspricht. Für tetragonale Kristalle gibt es zwei solche Symmetrieoperationen (90°-Drehungen um die z-Achse: vierzählige Symmetrieachse und 180°-Drehungen um die x-Achse: zweizählige Symmetrieachse)

$$\boldsymbol{\sigma} = \mathbf{U}_\pi^x \cdot \boldsymbol{\sigma} \cdot \{\mathbf{U}_\pi^x\}^{-1} \tag{A7.11.7}$$

$$\boldsymbol{\sigma} = \mathbf{U}_{\frac{\pi}{2}}^z \cdot \boldsymbol{\sigma} \cdot \{\mathbf{U}_{\frac{\pi}{2}}^z\}^{-1} \,. \tag{A7.11.8}$$

Aus der Bedingung (A7.11.7) ergibt sich

$$\begin{aligned}
\boldsymbol{\sigma} &= \begin{pmatrix} 1 & 0 & 0 \\ 0 & -1 & 0 \\ 0 & 0 & -1 \end{pmatrix} \cdot \begin{pmatrix} \sigma_{xx} & \sigma_{xy} & \sigma_{xz} \\ \sigma_{yx} & \sigma_{yy} & \sigma_{yz} \\ \sigma_{zx} & \sigma_{zy} & \sigma_{zz} \end{pmatrix} \cdot \begin{pmatrix} 1 & 0 & 0 \\ 0 & -1 & 0 \\ 0 & 0 & -1 \end{pmatrix} \\
&= \begin{pmatrix} 1 & 0 & 0 \\ 0 & -1 & 0 \\ 0 & 0 & -1 \end{pmatrix} \cdot \begin{pmatrix} \sigma_{xx} & -\sigma_{xy} & -\sigma_{xz} \\ \sigma_{yx} & -\sigma_{yy} & -\sigma_{yz} \\ \sigma_{zx} & -\sigma_{zy} & -\sigma_{zz} \end{pmatrix} \\
&= \begin{pmatrix} \sigma_{xx} & -\sigma_{xy} & -\sigma_{xz} \\ -\sigma_{yx} & \sigma_{yy} & \sigma_{yz} \\ -\sigma_{zx} & \sigma_{zy} & \sigma_{zz} \end{pmatrix} .
\end{aligned} \tag{A7.11.9}$$

Daraus folgen sofort die Bedingungen

$$\sigma_{xy} = -\sigma_{xy} = 0 \tag{A7.11.10}$$

$$\sigma_{yx} = -\sigma_{yx} = 0 \tag{A7.11.11}$$

$$\sigma_{xz} = -\sigma_{xz} = 0 \tag{A7.11.12}$$

$$\sigma_{zx} = -\sigma_{zx} = 0 \tag{A7.11.13}$$

und der Leitfähigkeitstensor reduziert sich auf die Form

$$\boldsymbol{\sigma} = \begin{pmatrix} \sigma_{xx} & 0 & 0 \\ 0 & \sigma_{yy} & \sigma_{yz} \\ 0 & \sigma_{zy} & \sigma_{zz} \end{pmatrix} \tag{A7.11.14}$$

Aus der zweiten Bedingung (A7.11.8) ergibt sich

$$\begin{aligned}
\boldsymbol{\sigma} &= \begin{pmatrix} 0 & -1 & 0 \\ 1 & 0 & 0 \\ 0 & 0 & 1 \end{pmatrix} \cdot \begin{pmatrix} \sigma_{xx} & \sigma_{xy} & \sigma_{xz} \\ \sigma_{yx} & \sigma_{yy} & \sigma_{yz} \\ \sigma_{zx} & \sigma_{zy} & \sigma_{zz} \end{pmatrix} \cdot \begin{pmatrix} 0 & 1 & 0 \\ -1 & 0 & 0 \\ 0 & 0 & 1 \end{pmatrix} \\
&= \begin{pmatrix} 0 & -1 & 0 \\ 1 & 0 & 0 \\ 0 & 0 & 1 \end{pmatrix} \cdot \begin{pmatrix} -\sigma_{xy} & \sigma_{xx} & \sigma_{xz} \\ -\sigma_{yy} & \sigma_{yx} & \sigma_{yz} \\ -\sigma_{zy} & \sigma_{zx} & \sigma_{zz} \end{pmatrix} \\
&= \begin{pmatrix} \sigma_{yy} & -\sigma_{yx} & -\sigma_{yz} \\ -\sigma_{xy} & \sigma_{xx} & \sigma_{xz} \\ -\sigma_{zy} & \sigma_{zx} & \sigma_{zz} \end{pmatrix}
\end{aligned} \tag{A7.11.15}$$

Dies liefert die zusätzlichen Bedingungen

$$\sigma_{yy} = \sigma_{xx} \tag{A7.11.16}$$

$$\sigma_{yz} = \sigma_{xz} = 0 \tag{A7.11.17}$$

$$\sigma_{zy} = \sigma_{zx} = 0\,, \tag{A7.11.18}$$

so dass wir folgenden Leitfähigkeitstensor erhalten:

$$\boldsymbol{\sigma} = \begin{pmatrix} \sigma_{xx} & 0 & 0 \\ 0 & \sigma_{xx} & 0 \\ 0 & 0 & \sigma_{zz} \end{pmatrix} \tag{A7.11.19}$$

Der so gefundene Leitfähigkeitstensor eines Metalls mit tetragonaler Gittersymmetrie ist also isotrop in der xy-Ebene.

A7.12 Ladungstransport bei Vorhandensein von zwei Ladungsträgersorten

Betrachten Sie ein metallisches System mit zwei Ladungsträgersorten. Die Ladungsträger sollen die gleiche Dichte n aber entgegengesetzte Ladung ($q_1 = e$ und $q_2 = -e$) und ferner unterschiedliche Massen m_1 und m_2 sowie unterschiedliche Streuzeiten τ_1 und τ_2 besitzen. Berechnen Sie

(a) den Hall-Koeffizienten R_{H} und
(b) den Magnetwiderstand $\Delta\rho(B_z) = \rho(B_z) - \rho(0)$, wobei B_z das in der z-Richtung angelegte Magnetfeld ist. Das magnetische Feld B_z sei genügend klein, so dass die Zyklotronfrequenz $\omega_c = eB_z/m$ wesentlich kleiner ist als die elektronische Relaxationsrate $1/\tau$ ($\omega_c\tau \ll 1$).

Lösung

Zu Beginn sei hier noch einmal kurz auf die Ableitung des gewöhnlichen Hall-Effektes für Ladungsträger mit $q = e$ im Rahmen des Drude-Modells eingegangen. In Gegenwart eines Magnetfeldes $\mathbf{B}$ (Lorentz-Kraft) verallgemeinert sich die Relaxationsgleichung für die elektronische Stromdichte $\mathbf{J}_q$ (vgl. Aufgabe A7.10) zu

$$\left[-i\omega + \frac{1}{\tau}\right]\mathbf{J}_q = \frac{ne^2}{m}\left[\mathbf{E} + \mathbf{v} \times \mathbf{B}\right]\,, \tag{A7.12.1}$$

wobei wir eine harmonische Zeitabhängigkeit ($\partial/\partial t \to -\imath\omega$) der Felder angenommen haben. Durch die Einführung der vektoriellen Zyklotronfrequenz

$$\boldsymbol{\omega}_c = \frac{e\mathbf{B}}{m} \tag{A7.12.2}$$

vereinfacht sich dies mit $\mathbf{J}_q = en\mathbf{v}$ zu:

$$\left[-\imath\omega + \frac{1}{\tau}\right]\mathbf{J}_q + \boldsymbol{\omega}_c \times \mathbf{J}_q = \frac{ne^2}{m}\mathbf{E}\,. \tag{A7.12.3}$$

Im Limes $\omega\tau \ll 1$ lässt sich diese Relaxationsgleichung auf die Form

$$\mathbf{J}_q = \sigma_0 \mathbf{E} + \mathbf{J}_q \times \mathbf{s}_c$$
$$\sigma_0 = \frac{1}{\rho_0} = \frac{ne^2\tau}{m}$$
$$\mathbf{s}_c = \boldsymbol{\omega}_c \tau \tag{A7.12.4}$$

bringen. Diese Gleichung lässt sich einfach lösen, indem wir das vektorielle Produkt

$$\begin{aligned}\mathbf{J}_q \times \mathbf{s}_c &= \sigma_0 \mathbf{E} \times \mathbf{s}_c + (\mathbf{J}_q \times \mathbf{s}_c) \times \mathbf{s}_c \\ &= \sigma_0 \mathbf{E} \times \mathbf{s}_c - \mathbf{s}_c^2 \mathbf{J}_q + \mathbf{s}_c(\mathbf{s}_c \cdot \mathbf{J}_q)\end{aligned} \tag{A7.12.5}$$

berechnen. Dies führt sofort auf das Resultat

$$\begin{aligned}\mathbf{J}_q &= \frac{\sigma_0}{1+\mathbf{s}_c^2}\{\mathbf{E} - \mathbf{s}_c \times \mathbf{E} + \mathbf{s}_c(\mathbf{s}_c \cdot \mathbf{E})\} \\ &\overset{\mathbf{B}=B_z\hat{\mathbf{z}}}{=} \frac{\sigma_0}{1+s_c^2}\begin{pmatrix} 1 & s_c & 0 \\ -s_c & 1 & 0 \\ 0 & 0 & 1+s_c^2 \end{pmatrix} \cdot \mathbf{E},\end{aligned} \tag{A7.12.6}$$

wobei $s_c = eB_z\tau/m = \omega_c\tau$ definiert wurde. Für den Hall-Effekt ist die transversale Stromdichte relevant:

$$\begin{aligned}\mathbf{J}_{q\perp} &= \begin{pmatrix} J_{qx} \\ J_{qy} \end{pmatrix} = \frac{\sigma_0}{1+s_c^2}\begin{pmatrix} 1 & s_c \\ -s_c & 1 \end{pmatrix} \cdot \begin{pmatrix} E_x \\ E_y \end{pmatrix} \\ &= \begin{pmatrix} \sigma_{xx} & \sigma_{xy} \\ \sigma_{yx} & \sigma_{yy} \end{pmatrix} \cdot \mathbf{E}_\perp = \boldsymbol{\sigma} \cdot \mathbf{E}_\perp\end{aligned} \tag{A7.12.7}$$

$$\sigma_{xx} = \sigma_{yy} = \frac{\sigma_0}{1+s_c^2}\,; \qquad \sigma_{xy} = -\sigma_{yx} = \frac{\sigma_0 s_c}{1+s_c^2}\,. \tag{A7.12.8}$$

Der inverse Zusammenhang zwischen $\mathbf{E}_\perp$ und $\mathbf{J}_{q\perp}$ lautet

$$\mathbf{E}_\perp = \boldsymbol{\sigma}^{-1} \cdot \mathbf{J}_{q\perp} \equiv \boldsymbol{\rho} \cdot \mathbf{J}_{q\perp}\,. \tag{A7.12.9}$$

Dies definiert den Tensor des spezifischen Widerstands zu

$$\begin{aligned}\boldsymbol{\rho} &= \begin{pmatrix} \rho_{xx} & \rho_{xy} \\ \rho_{yx} & \rho_{yy} \end{pmatrix} = \frac{1}{|\boldsymbol{\sigma}|}\begin{pmatrix} \sigma_{yy} & -\sigma_{xy} \\ -\sigma_{yx} & \sigma_{xx} \end{pmatrix} = \frac{1}{\sigma_{xx}^2 + \sigma_{xy}^2}\begin{pmatrix} \sigma_{xx} & -\sigma_{xy} \\ +\sigma_{xy} & \sigma_{xx} \end{pmatrix} \\ |\boldsymbol{\sigma}| &= \sigma_{xx}\sigma_{yy} - \sigma_{xy}\sigma_{yx} = \sigma_{xx}^2 + \sigma_{xy}^2\,.\end{aligned} \tag{A7.12.10}$$

Mit diesen Ergebnissen können wir den Hall-Effekt und den longitudinalen spezifischen Widerstand diskutieren:

- Das Hall-Feld E_y, welches wir unter der Bedingung $J_{q,y} = 0$ bekommen, ist gegeben durch:

$$E_y = \rho_{yx} J_{q,x}\,, \quad \rho_{yx} = -\frac{\sigma_{yx}}{|\boldsymbol{\sigma}|} = \frac{\sigma_{xy}}{\sigma_{xx}^2 + \sigma_{xy}^2} \equiv R_\mathrm{H} B_z\,. \tag{A7.12.11}$$

Diese Relation definiert den Hall-Koeffizienten

$$R_H \equiv \frac{\rho_{yx}}{B_z} = \frac{1}{B_z} \frac{\sigma_{xy}}{\sigma_{xx}^2 + \sigma_{xy}^2} . \qquad \text{(A7.12.12)}$$

Durch Einsetzen von σ_{xx} und σ_{xy} erhalten wir für den Hall-Koeffizienten

$$R_H = \frac{s_c}{\sigma_0 B_z} = \frac{1}{ne} . \qquad \text{(A7.12.13)}$$

- Der longitudinale spezifische Widerstand ρ_{xx} ist definiert durch

$$E_x = \rho_{xx} J_{q,x} , \quad \rho_{xx} = +\frac{\sigma_{yy}}{|\boldsymbol{\sigma}|} = \frac{\sigma_{xx}}{\sigma_{xx}^2 + \sigma_{xy}^2} . \qquad \text{(A7.12.14)}$$

Durch Einsetzen von σ_{xx} und σ_{xy} finden wir für ρ_{xx} das bekannte Resultat

$$\rho_{xx} = \frac{1}{\sigma_0} = \rho_0 , \qquad \text{(A7.12.15)}$$

d. h. ρ_{xx} hängt für eine Ladungsträgersorte nicht vom Magnetfeld ab.
Man beachte, dass die Magnetfeldunabhängigkeit von ρ_{xx} für eine Ladungsträgersorte nur dadurch zustande kommt, dass in Querrichtung kein Strom fließen kann ($J_{q,y} = 0$). In diesem Fall kompensieren sich die Querkraft auf die Ladungsträger aufgrund des Hall-Feldes und die Lorentz-Kraft durch das angelegte Magnetfeld gerade. Würde man eine Probengeometrie verwenden, bei der das Hall-Feld kurzgeschlossen ist (eine solche Probengeometrie stellt z. B. eine Corbino-Scheibe dar), so würde sich ein anderes Resultat ergeben. Aus der dann vorliegenden Randbedingung $E_y = 0$ würde sich mit $J_{q,x} \neq 0$ aus (A7.12.11) sofort $\rho_{xy} = \sigma_{xy} = 0$ ergeben. Für den Längswiderstand ergibt sich nach (A7.12.14) dann

$$\rho_{xx} = \frac{\sigma_{xx}}{\sigma_{xx}^2 + \sigma_{xy}^2} = \frac{1}{\sigma_{xx}} = \frac{1 + s_c^2}{\sigma_0} = \rho_0 [1 + (\omega_c \tau)^2] . \qquad \text{(A7.12.16)}$$

Da $\omega_c \propto B_z$, nimmt der Längswiderstand also proportional zu B_z^2 zu.

Wir betrachten nun den Fall, dass in einem System zwei Ladungsträgersorten vorhanden sind, die durch die Größen n_i, q_i, m_i und τ_i $(i = 1, 2)$ charakterisiert sind. In diesem Fall lassen sich alle bisher abgeleiteten Resultate verallgemeinern, indem wir die Beziehung

$$\mathbf{J}_{q\perp} = \mathbf{J}_{q1\perp} + \mathbf{J}_{q2\perp} = (\boldsymbol{\sigma}_1 + \boldsymbol{\sigma}_2) \cdot \mathbf{E}_\perp \qquad \text{(A7.12.17)}$$

benutzen.

(a) Für die Komponenten des Leitfähigkeitstensors $\widehat{\sigma}$ können wir $\sigma_{xx} = \sum_i \sigma_{i,xx}$ und $\sigma_{xy} = \sum_i \sigma_{i,xy}$ verwenden. Wir erhalten dann für den Hall-Koeffizienten bei Vorhandensein mehrerer Ladungsträgertypen allgemein

$$R_H = \frac{1}{B_z} \frac{\sum_i \sigma_{i,xy}}{\left(\sum_i \sigma_{i,xx}\right)^2 + \left(\sum_i \sigma_{i,xy}\right)^2} . \qquad \text{(A7.12.18)}$$

Für den häufig vorliegnden Fall $\omega_c\tau = s_c \ll 1$ können wir alle Terme höherer Ordnungen in s_c vernachlässigen, wodurch sich die weitere Diskussion wesentlich vereinfacht. Mit den Näherungen $1/(1+s_{ci}^2) \simeq 1$ und $s_{ci}/(1+s_{ci}^2) \simeq s_{ci}$ erhalten wir

$$R_\mathrm{H} = \frac{1}{B_z}\frac{\sum_i \sigma_{0i}s_{ci}}{\left(\sum_i \sigma_{0i}\right)^2}, \tag{A7.12.19}$$

wobei wir $\sigma_{0i} = n_i q_i^2 \tau_i/m_i$ benutzt haben und das Vorzeichen von $s_{ci} = \omega_{ci}\tau_i = q_i B_z \tau_i/m_i = R_{\mathrm{H}i}\sigma_{0i}B_z$ davon abhängt, ob wir Ladungsträger mit positiver oder negativer Ladung, d. h., ob wir eine positive oder negative Hall-Konstante $R_{\mathrm{H}i} = 1/n_i q_i$ vorliegen haben.
Für den Fall von zwei Ladungsträgertypen erhalten wir

$$\begin{aligned} R_\mathrm{H} &= \frac{1}{B_z}\frac{\sigma_{01}s_{c1}+\sigma_{02}s_{c2}}{(\sigma_{01}+\sigma_{02})^2} = \frac{R_{\mathrm{H}1}\sigma_{01}^2 + R_{\mathrm{H}2}\sigma_{02}^2}{(\sigma_{01}+\sigma_{02})^2} \\ &= \frac{R_{\mathrm{H}1}\frac{\sigma_{01}^2}{\sigma_{01}\sigma_{02}} + R_{\mathrm{H}2}\frac{\sigma_{02}^2}{\sigma_{01}\sigma_{02}}}{(\sigma_{01}+\sigma_{02})^2/(\sigma_{01}\sigma_{02})} = \frac{R_{\mathrm{H}1}\rho_{02}^2 + R_{\mathrm{H}2}\rho_{01}^2}{(\rho_{01}+\rho_{02})^2}\,. \end{aligned} \tag{A7.12.20}$$

Hierbei haben wir $\rho_{0i} = 1/\sigma_{0i}$ verwendet. Wir sehen, dass der Hall-Koeffizient R_H für den Fall $n_1 = n_2 = n$ und $q_1 = -q_2$, d. h., $R_{\mathrm{H}2} = -R_{\mathrm{H}2}$ verschwindet, wenn die elektrischen Leitfähigkeiten σ_{0i} bzw. spezifischen Widerstände ρ_{0i} gleich sind.
Da σ_{0i} und ρ_{0i} durch die Streuzeiten τ_i und effektiven Massen m_i bestimmt werden, welche die Beweglichkeiten

$$\mu_i = \frac{|q_i|\tau_i}{m_i}, \quad i = 1,2 \tag{A7.12.21}$$

der beiden Ladungsträgersorten definieren, wollen wir den Hall-Koeffizienten noch durch die Beweglichkeiten μ_i ausdrücken. Benutzen wir $\sigma_{0i} = n_i|q_i|\mu_i$, so können wir (A7.12.20) umschreiben in

$$\begin{aligned} R_\mathrm{H} &= \frac{R_{\mathrm{H}1}n_1^2q_1^2\mu_1^2 + R_{\mathrm{H}2}n_2^2q_2^2\mu_2^2}{(n_1|q_1|\mu_1 + n_2|q_2|\mu_2)^2} \\ &\overset{n_1=n_2=n}{\widehat{=}} \frac{R_{\mathrm{H}1}q_1^2\mu_1^2 + R_{\mathrm{H}2}q_2^2\mu_2^2}{(|q_1|\mu_1 + |q_2|\mu_2)^2} \\ &\overset{R_{\mathrm{H}1}=-R_{\mathrm{H}2}=1/ne}{\widehat{=}} \frac{1}{ne}\frac{\mu_1^2-\mu_2^2}{(\mu_1+\mu_2)^2}\,. \end{aligned} \tag{A7.12.22}$$

Wir erkennen wiederum, dass der Hall-Koeffizient R_H für den Fall $n_1 = n_2 = n, q_1 = -q_2 = e$ verschwindet, wenn die Beweglichkeiten der beiden Ladungsträgersorten gleich sind. Dieses Ergebnis haben wir natürlich intuitiv erwartet.

(b) Schließlich berechnen wir die Magnetfeld-Abhängigkeit des longitudinalen spezifischen Widerstands ρ_{xx}, die wie folgt definiert werden kann:

$$\begin{aligned} \Delta\rho(B_z) &= \rho_{xx}(B_z) - \rho_{xx}(0) \\ &= \frac{\sum_i \sigma_{i,xx}}{\left(\sum_i \sigma_{i,xx}\right)^2 + \left(\sum_i \sigma_{i,xy}\right)^2} - \frac{1}{\sum_i \sigma_{i,xx}(0)} \end{aligned} \tag{A7.12.23}$$

Zur Vereinfachung der Rechnung definieren wir

$$\tilde{\sigma}_{0i} = \frac{\sigma_{oi}}{1 + s_{ci}^2}\,, \qquad i = 1,2 \tag{A7.12.24}$$

und erhalten

$$\begin{aligned}
\Delta\rho(B_z) &= \frac{\tilde{\sigma}_{01} + \tilde{\sigma}_{02}}{(\tilde{\sigma}_{01} + \tilde{\sigma}_{02})^2 + (\tilde{\sigma}_{01}s_{c1} + \tilde{\sigma}_{02}s_{c2})^2} - \frac{1}{\sigma_{01} + \sigma_{02}} \\
&= \frac{1}{\tilde{\sigma}_{01} + \tilde{\sigma}_{02} + \frac{(\tilde{\sigma}_{01}s_{c1} + \tilde{\sigma}_{02}s_{c2})^2}{\tilde{\sigma}_{01} + \tilde{\sigma}_{02}}} - \frac{1}{\tilde{\sigma}_{01} + \tilde{\sigma}_{02} + \tilde{\sigma}_{01}s_{c1}^2 + \tilde{\sigma}_{02}s_{c2}^2} \\
&= \frac{1}{\tilde{\sigma}_{01} + \tilde{\sigma}_{02}} \left\{ \frac{1}{1 + \frac{(\tilde{\sigma}_{01}s_{c1} + \tilde{\sigma}_{02}s_{c2})^2}{(\tilde{\sigma}_{01} + \tilde{\sigma}_{02})^2}} - \frac{1}{1 + \frac{\tilde{\sigma}_{01}s_{c1}^2 + \tilde{\sigma}_{02}s_{c2}^2}{(\tilde{\sigma}_{01} + \tilde{\sigma}_{02})}} \right\} \\
&= \frac{1}{\tilde{\sigma}_{01} + \tilde{\sigma}_{02}} \frac{\frac{\tilde{\sigma}_{01}s_{c1}^2 + \tilde{\sigma}_{02}s_{c2}^2}{\tilde{\sigma}_{01} + \tilde{\sigma}_{02}} - \frac{(\tilde{\sigma}_{01}s_{c1} + \tilde{\sigma}_{02}s_{c2})^2}{(\tilde{\sigma}_{01} + \tilde{\sigma}_{02})^2}}{\left(1 + \frac{(\tilde{\sigma}_{01}s_{c1} + \tilde{\sigma}_{02}s_{c2})^2}{(\tilde{\sigma}_{01} + \tilde{\sigma}_{02})^2}\right)\left(1 + \frac{\tilde{\sigma}_{01}s_{c1}^2 + \tilde{\sigma}_{02}s_{c2}^2}{(\tilde{\sigma}_{01} + \tilde{\sigma}_{02})}\right)} \\
&= \frac{\tilde{\sigma}_{01}\tilde{\sigma}_{02}(s_{c1} - s_{c2})^2}{(\tilde{\sigma}_{01} + \tilde{\sigma}_{02})^3} \frac{1}{\left(1 + \frac{(\tilde{\sigma}_{01}s_{c1} + \tilde{\sigma}_{02}s_{c2})^2}{(\tilde{\sigma}_{01} + \tilde{\sigma}_{02})^2}\right)\left(1 + \frac{\tilde{\sigma}_{01}s_{c1}^2 + \tilde{\sigma}_{02}s_{c2}^2}{(\tilde{\sigma}_{01} + \tilde{\sigma}_{02})}\right)} \\
&\overset{s_{ci} \ll 1}{\widehat{=}} \frac{\sigma_{01}\sigma_{02}(s_{c1} - s_{c2})^2}{(\sigma_{01} + \sigma_{02})^3} = \frac{1}{\sigma_{01} + \sigma_{02}} \frac{\sigma_{01}\sigma_{02}}{(\sigma_{01} + \sigma_{02})^2}(\mu_1 - \mu_2)^2 B_z^2\,.
\end{aligned} \tag{A7.12.25}$$

Dieses Resultat lässt sich noch ein wenig umformen, indem wir die spezifischen Widerstände

$$\begin{aligned}
\rho_{0i} &= \frac{1}{\sigma_{0i}}\,, \qquad i = 1,2 \\
\rho_0 &= \frac{1}{\sigma_{01} + \sigma_{02}} = \frac{\rho_{01}\rho_{02}}{\rho_{01} + \rho_{02}}
\end{aligned} \tag{A7.12.26}$$

einführen. Dann erhalten wir als Resultat

$$\Delta\rho(B_z) = \rho_0 \frac{\rho_{01}\rho_{02}}{(\rho_{01} + \rho_{02})^2}(\mu_1 - \mu_2)^2 B_z^2\,. \tag{A7.12.27}$$

Wir sehen, dass der Magnetwiderstand immer positiv ist und für kleine Felder proportional zu B_z^2 ansteigt. Für $\mu_1 = \mu_2$ verschwindet der Magnetwiderstand.

8 Energiebänder

A8.1 Fermi-Flächen und Brillouin-Zonen

Wir betrachten ein zweidimensionales rechteckiges Kristallgitter mit Gitterkonstanten a und b, auf dem gleichartige Atome mit jeweils 5 Valenzelektronen angeordnet sind.

(a) Konstruieren Sie die ersten 5 Brillouin-Zonen.
(b) Wie sieht die Fermi-Fläche aus, wenn wir von völlig freien Elektronen ausgehen? Wie ändert sich die Form der Fermi-Fläche qualitativ, wenn ein schwach periodisches Potenzial wirksam ist?

Lösung

(a) Die 1. Brillouin–Zone eines zweidimensionalen rechtwinkligen Gitters mit Gitterkonstante a und b ist wiederum ein Rechteck mit Seitenlänge $2\pi/a$ und $2\pi/b$. In Abb. 8.1 sind die ersten 5 Brillouin-Zonen (BZ) des rechteckigen Gitters gezeigt. Zur Veranschaulichung sind die ersten 5 Bragg-Ebenen eingezeichnet. Die n-te BZ wird „außen" von der n-ten, nach „innen" von Bragg-Ebenen mit niedrigeren Indizes begrenzt und von keiner Bragg-Ebene geschnitten. Alle BZ sind flächengleich, was wir durch Verschieben um einen reziproken Gittervektor in die 1. BZ leicht zeigen können.

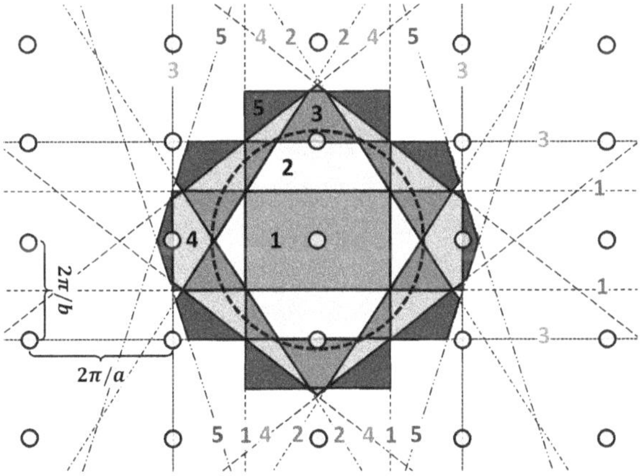

Abb. 8.1: Die ersten 5 Brillouin-Zonen eines rechteckigen Gitters mit Gitterkonstanten a und b ($b > a$). Es sind die ersten 5 Bragg-Ebenen eingezeichnet und nummeriert. Der gestrichelte Kreis entspricht der Fermi-Fläche aus Aufgabenteil (b), sie liegt in der 3. und 4. Brillouin-Zone.

(b) Wenn wir von völlig freien Elektronen ausgehen, ist die Fermi-Fläche für ein zweidimensionales (2D) Elektronengas ein Kreis, dessen Radius durch die Fermi-Wellenzahl k_F gegeben ist. Der Fermi-Kreis besitzt also die Fläche

$$\Omega_{F2} = \pi k_F^2 \,. \tag{A8.1.1}$$

https://doi.org/10.1515/9783110782530-008

Um die Größe der Fermi-Wellenzahl zu bestimmen, betrachten wir die Anzahl der möglichen Zustände innerhalb des Fermi-Kreises. Sie ist gegeben durch das Produkt aus Fermi-Fläche Ω_{F2} und Zustandsdichte im k-Raum $Z_2(k) = A/(2\pi)^2$, wobei A die Probenfläche ist. Ferner müssen wir noch einen Faktor 2 für die Spin-Entartung berücksichtigen. Wir erhalten also

$$N = 2 \cdot \frac{A}{(2\pi)^2} \cdot \pi k_F^2 \quad \Rightarrow \quad \frac{N}{A} = \frac{1}{2\pi} k_F^2 . \tag{A8.1.2}$$

Andererseits beträgt die Elektronendichte bei 5 Elektronen pro Einheitszelle der Größe $A_{\text{Zelle}} = ab$ gerade

$$\frac{N}{A} = \frac{5}{A_{\text{Zelle}}} = \frac{5}{ab} . \tag{A8.1.3}$$

Gleichsetzen von (A8.1.2) und (A8.1.3) ergibt

$$k_F^2 = \frac{5}{2\pi} \left(\frac{2\pi}{a}\right)\left(\frac{2\pi}{b}\right) \tag{A8.1.4}$$

bzw.

$$k_F = 0.892 \sqrt{\left(\frac{2\pi}{a}\right)\left(\frac{2\pi}{b}\right)} . \tag{A8.1.5}$$

Ein Kreis mit diesem Radius ist in Abb. 8.1 eingezeichnet.
Der Einfluss eines schwachen periodischen Potenzials auf die Form der Fermi-Fläche wird in Aufgabe A8.2(d) ausführlich diskutiert. Qualitativ können wir sagen, dass die Fermi-Fläche den Rand der Brillouin-Zonen immer senkrecht schneiden muss. Dies führt zu einer Verzerrung des für völlig freie Elektronen erhaltenen Fermi-Kreises.
Es ist interessant sich zu überlegen, was mit der Fermi-Wellenzahl und der Fermi-Energie passieren würde, wenn wir den Abstand der Atome verdoppeln würden. Da nach Gl. (A8.1.5) $k_F \propto 1/\sqrt{ab}$, würden wir eine Halbierung der Fermi-Wellenzahl erhalten. Die Fermi-Energie $\epsilon_F \propto k_F^2$ würde auf ein Viertel schrumpfen.

A8.2 Ebenes quadratisches Gitter

Wir betrachten ein einfaches quadratisches Gitter mit Gitterkonstante a in zwei Dimensionen.

(a) Zeigen Sie, dass die kinetische Energie eines freien Elektrons an einer Ecke der ersten Brillouin-Zone doppelt so groß ist wie die eines Elektrons im Mittelpunkt einer Seitenfläche der Zone.
(b) Wie groß ist dieses Verhältnis für ein einfaches kubischen Gitter in drei Dimensionen?
(c) Welche Bedeutung könnte das Ergebnis von (b) für die elektrische Leitfähigkeit von zweiwertigen Metallen haben?
(d) Konstruieren Sie die ersten drei Brillouin-Zonen eines ebenen quadratischen Gitters und markieren Sie für die ersten drei Energiebänder eines zweidimensionalen freien

Elektronengases die von den Elektronen besetzten Zustände. Nehmen Sie dazu die Energiedispersion $\epsilon(k) = \frac{\hbar^2 k^2}{2m}$ von freien Elektronen und den Radius der Fermi-Kugel zu $k_F = 1.2\pi/a$ an. Was ändert sich, wenn anstelle eines freien Elektronengases ein Elektronengas betrachtet wird, welches sich in einem schwachen periodischen Potenzial befindet?

Lösung

(a) Die 1. Brillouin-Zone eines zweidimensionalen quadratischen Gitters mit Gitterkonstante a ist wiederum ein Quadrat mit Seitenlänge $2\pi/a$. Die Länge des Wellenvektors vom Zentrum des Quadrats zu einer Ecke ist um einen Faktor $\sqrt{2}$ länger als der Wellenvektor vom Zentrum zur Mitte einer Seite. Das heißt, es gilt $k_{\text{Ecke}} = \sqrt{2}k_{\text{Mitte}}$. Für ein freies Elektron ist die kinetische Energie gegeben durch

$$\varepsilon_{\text{Ecke}} = \frac{\hbar^2 k_{\text{Ecke}}^2}{2m} = \frac{\hbar^2(\sqrt{2}k_{\text{Mitte}})^2}{2m} = 2E_{\text{Mitte}} \,. \tag{A8.2.1}$$

Damit ist die kinetische Energie eines Elektrons mit einem **k**-Vektor vom Zentrum zu einer Ecke der 1. Brillouin-Zone um einen Faktor 2 größer als die kinetische Energie eines Elektrons mit einem **k**-Vektor vom Zentrum zum Mittelpunkt einer Seitenfläche.

(b) Die 1. Brillouin-Zone eines einfach kubischen Gitters (sc) ist ein Würfel. Für einen Würfel gilt, dass ein **k**-Vektor vom Mittelpunkt des Würfels zu einer Würfelecke um einen Faktor $\sqrt{3}$ größer ist als ein Vektor vom Zentrum zum Mittelpunkt einer Seitenfläche ($k_{\text{Ecke}} = \sqrt{3}k_{\text{Mitte}}$). Damit ist die Energie des entsprechenden Elektrons dann auch 3-mal so groß ($\epsilon_{\text{Ecke}} = 3\epsilon_{\text{Mitte}}$).

(c) Wir überlegen zuerst nochmals, wie viele Zustände wir pro Energieband haben. Diese Zahl ist durch die Anzahl der durch die Randbedingungen (endliches Kristallvolumen) erlaubten **k**-Vektoren in der 1. Brillouin-Zone gegeben. Für einen einfach kubischen Kristall ist das Volumen der 1. Brillouin-Zone gerade $(2\pi/a)^3$. Ein Zustand nimmt im **k**-Raum das Volumen $(2\pi)^3/V$ ein, wobei V das Volumen des betrachteten Kristalls ist. Die Zahl der erlaubten **k**-Werte in der 1. Brillouin-Zone ist damit

$$N = \frac{\left(\frac{2\pi}{a}\right)^3}{\frac{(2\pi)^3}{V}} = \frac{V}{a^3} = \frac{V}{V_{\text{Zelle}}} \,. \tag{A8.2.2}$$

Wir sehen, dass die Zahl der möglichen Zustände gerade durch die Anzahl N der Einheitszellen in dem betrachteten Kristall gegeben ist. Wegen der Spin-Entartung haben wir dann insgesamt $2N$ Zustände pro Energieband.

Haben wir als Basis des kubischen Gitters ein Element vorliegen, dessen Elektronenzahl ungerade ist (z. B. Natrium), so können wir zwar einige Bänder mit $2N$ Elektronen ganz auffüllen, das oberste Band können wir aber aufgrund der ungeraden Elektronenzahl immer nur mit N Elektronen, also gerade halb füllen. Der so erhaltene Festkörper wird also ein Metall sein.

Haben wir als Basis des kubischen Gitters dagegen ein Element vorliegen, dessen Elektronenzahl gerade ist (z. B. Erdalkali-Metalle), so können wir auch das oberste Band mit 2 Elektronen, also vollständig füllen. Deshalb ist zu erwarten, dass wir für $T \to 0$ einen Isolator vorliegen haben. Ein Isolator (oder Halbleiter) liegt aber nur dann vor, wenn es keine Bandüberschneidungen gibt. In dem betrachteten System ist dies der Fall, wenn die Bandlücke in der Mitte einer Seitenfläche der 1. Brillouin-Zone größer ist als die Energiedifferenz zwischen diesem Punkt und der Ecke. Bei Erdalkalimetallen ist dies aber nicht der Fall. Aufgrund von Bandüberschneidungen erhalten wir ein (wenn auch nicht besonders gutes) Metall und keinen Isolator.

(d) Das erweiterte und reduzierte Zonenschema eines zweidimensionalen freien Elektronengases ist in Abb. 8.2 gezeigt. Es handelt sich um ein quasikontinuierliches Energiespektrum mit parabelförmigem Verlauf. Die Fermi-Energie $\epsilon_\mathrm{F} = \epsilon(k_\mathrm{F})$ stellt die oberste Energie für die Besetzung mit Elektronen bei $T = 0\,\mathrm{K}$ dar. Für $k_\mathrm{F} = 1.2\pi/a$ sind die Zustände der 1. Brillouin-Zone fast vollständig und diejenigen der 2. Brillouin-Zone teilweise besetzt. Die höheren Energiebänder sind vollkommen leer. Zustände der 2. und 3. Brillouin-Zone im ausgedehnten Zonenschema lassen sich durch Addition der reziproken Gittervektoren $\mathbf{G} = (\pm 2\pi/a, 0)$ und $\mathbf{G} = (0, \pm 2\pi/a)$ auf äquivalente Zustände in der 1. Brillouin-Zone abbilden. Die teilweise Besetzung des 1. Bandes erkennen wir nicht, wenn wir $\epsilon(\mathbf{k})$ nur entlang der k_x- oder k_y-Richtung plotten, da entlang dieser Richtungen alle Zustände des 1. Bandes besetzt sind. Es sind nur einige Zustände in den Ecken der 1. Brillouin-Zone nicht besetzt.

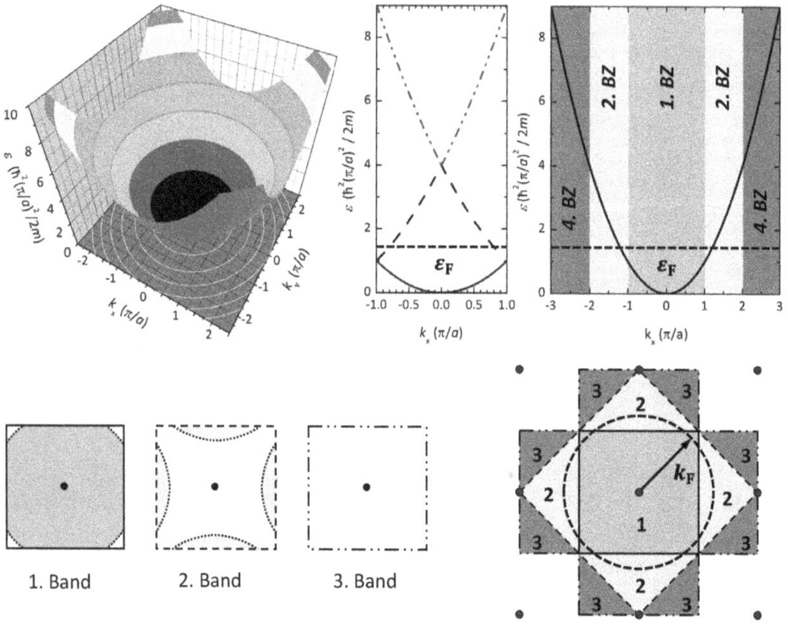

Abb. 8.2: Parabolischer Bandverlauf eines zweidimensionalen freien Elektronengases in einem einfachen quadratischen Gitter (oben links) sowie Schnitt in k_x-Richtung im reduzierten (oben Mitte) und ausgedehnten Zonenschema (oben rechts). Unten sind die ersten drei Brillouin-Zonen im reduzierten (links) und ausgedehnten Zonenschema (rechts) gezeigt. Der Radius des gestrichelt eingezeichneten Fermi-Kreises beträgt $1.2\pi/a$. Die daraus resultierende Füllung der Brillouin-Zonen ist grau markiert.

Der Einfluss eines schwachen periodischen Potenzials äußert sich im Wesentlichen darin, dass sich die Energieparabel des Elektronengases an den Grenzen der Brillouin-Zonen aufspaltet und so zwischen den einzelnen Energiebändern verbotene Zonen auftreten. Außerdem schneiden die Flächen konstanter Energie die Grenzen der Brillouin-Zonen stets senkrecht (siehe Abb. 8.3). Dies resultiert aus der Tatsache, dass für **k**-Vektoren auf dem Rand der Brillouin-Zonen die Bragg-Bedingung erfüllt ist und sich somit stehende Wellen ausbilden. Da die Ausbreitungsgeschwindigkeit der Elektronenwellen proportional zu $\partial\epsilon/\partial\mathbf{k}$ ist, muss auf dem Zonenrand stets $\partial\epsilon/\partial\mathbf{k} = 0$ gelten.

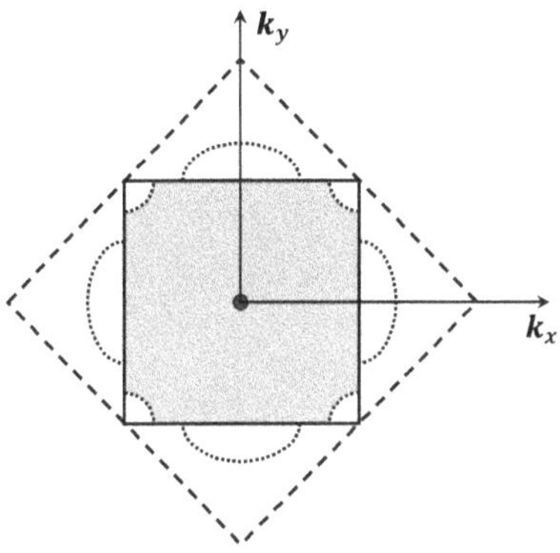

Abb. 8.3: Qualitativer Verlauf der Fermi-Flächen von Kristallelektronen für ein einfaches quadratisches Gitter. Gezeigt sind die 1. (dunkelgrau) und die 2. Brillouin-Zone (hellgrau). Der Rand der 1. BZ ist mit der durchgezogenen, der Rand der 2. BZ mit der gestrichelten Linie gezeichnet.

A8.3 Reduziertes Zonenschema

Betrachten Sie die Energiebänder von freien Elektronen in einem fcc-Kristall in der Näherung des leeren Gitters und zwar im reduzierten Zonenschema. Dabei sind alle **k**-Vektoren so transformiert, dass sie in der ersten Brillouin-Zone liegen. Skizzieren Sie in der [111]-Richtung die Energien aller Bänder bis zum Sechsfachen der niedrigsten Bandenergie an der Zonengrenze bei

$$\mathbf{k} = \left(\frac{\pi}{a}, \frac{\pi}{a}, \frac{\pi}{a}\right) .$$

Nehmen Sie diesen Wert als Energieeinheit. Diese Aufgabe zeigt, warum Bandkanten nicht unbedingt in der Zonenmitte liegen müssen. Diskutieren Sie qualitativ, was passiert, wenn ein endliches Kristallpotenzial berücksichtigt wird.

Lösung

Ausgangspunkt für unsere Betrachtungen ist ein fcc-Gitter, charakterisiert durch die Gittervektoren

$$\mathbf{a}_1 = \frac{a}{2}\{0,1,1\} , \quad \mathbf{a}_2 = \frac{a}{2}\{1,0,1\} , \quad \mathbf{a}_3 = \frac{a}{2}\{1,1,0\} . \tag{A8.3.1}$$

Das zum fcc-Raumgitter zugehörige reziproke bcc-Gitter wird von den Vektoren

$$\mathbf{b}_1 = \frac{2\pi}{a}\{-1,1,1\} , \quad \mathbf{b}_2 = \frac{2\pi}{a}\{1,-1,1\} , \quad \mathbf{b}_3 = \frac{2\pi}{a}\{1,1,-1\} \tag{A8.3.2}$$

aufgespannt. Daher lautet die allgemeine Form des reziproken Gittervektors

$$\mathbf{G}_{hkl} = \frac{2\pi}{a}\left\{h(-\hat{\mathbf{e}}_1 + \hat{\mathbf{e}}_2 + \hat{\mathbf{e}}_3) + k(\hat{\mathbf{e}}_1 - \hat{\mathbf{e}}_2 + \hat{\mathbf{e}}_3) + \ell(\hat{\mathbf{e}}_1 + \hat{\mathbf{e}}_2 - \hat{\mathbf{e}}_3)\right\}$$

$$= \frac{2\pi}{a}\begin{pmatrix} -h + k + \ell \\ +h - k + \ell \\ +h + k - \ell \end{pmatrix} . \tag{A8.3.3}$$

Die möglichen **k**-Werte in der (111)-Richtung vom Zentrum bis zum Rand der 1. Brillouin-Zone können wir durch

$$\mathbf{k} = \frac{2\pi}{a}\{1,1,1\}\cdot x\,, \qquad x \in \left[0, \frac{1}{2}\right] \tag{A8.3.4}$$

parametrisieren. Wir betrachten freie Elektronen, für welche die Energiedispersion

$$\epsilon(\mathbf{k}) = \frac{\hbar^2\mathbf{k}^2}{2m} \tag{A8.3.5}$$

lautet. Die Energiebänder lassen sich mit der Parametrisierung durch die Variable x wie folgt klassifizieren:

$$\epsilon_G(\mathbf{k}) = \frac{\hbar^2}{2m}(\mathbf{k} + \mathbf{G}_{hk\ell})^2 \equiv \epsilon_{hk\ell}(x) \tag{A8.3.6}$$

$$= \frac{\hbar^2}{2m}\left(\frac{2\pi}{a}\right)^2\left[(x - h + k + \ell)^2 + (x + h - k + \ell)^2 + (x + h + k - \ell)^2\right]$$

$$= \frac{\hbar^2}{2m}\left(\frac{2\pi}{a}\right)^2\left[3x^2 + 2x(h + k + \ell) + 3\left(h^2 + k^2 + \ell^2\right) - 2(hk + h\ell + k\ell)\right] .$$

Das unterste Energieband ergibt sich für $h = k = \ell = 0$:

$$\epsilon_{000}(x) \equiv \epsilon_1(x) = \frac{\hbar^2\mathbf{k}^2}{2m} = \frac{\hbar^2}{2m}\left(\frac{2\pi}{a}\right)^2 3x^2 . \tag{A8.3.7}$$

Der Maximalwert von $\epsilon_1(x)$ ergibt sich für $x = 1/2$:

$$\epsilon_1\left(\frac{1}{2}\right) = \frac{3}{4}\frac{\hbar^2}{2m}\left(\frac{2\pi}{a}\right)^2 . \tag{A8.3.8}$$

In Abb. 8.4 sind die in der Tabelle 8.1 zusammengefassten Energiebänder als Funktion des Parameters $x = (a/2\pi)k$ graphisch dargestellt.

Nota bene: Die Parabelschnittpunkte S_1 und S_2 in Abb. 8.4 entsprechen weiteren Brillouin-Zonengrenzen. Für einen Schnittpunkt gilt

$$(\mathbf{k} + \mathbf{G}_1)^2 = (\mathbf{k} + \mathbf{G}_2)^2 . \tag{A8.3.9}$$

Tabelle 8.1: Millersche Indizes, Bandindex, Entartung und Energien der untersten sieben Energiebänder als Funktion des Parameters $x = (a/2\pi)k$ für ein kubisch flächenzentriertes Raumgitter (kubisch raumzentriertes reziprokes Gitter).

$hk\ell$	$\epsilon_{hk\ell}(x)/\epsilon_1\left(\frac{1}{2}\right)$	$\epsilon_{hk\ell}(0)/\epsilon_1\left(\frac{1}{2}\right)$	$\epsilon_{hkl}(\frac{1}{2})/\epsilon_1\left(\frac{1}{2}\right)$	Entartung	Band-Index
000	$4x^2$	0	1	1	1
100 010 001	$\frac{4}{3}[3x^2 + 2x + 3]$	4	$\frac{19}{3}$	3	5
110 101 011	$\frac{4}{3}[3x^2 + 4x + 4]$	$\frac{16}{3}$	9	3	7
111	$4(1 + x)^2$	4	9	1	6
$\bar{1}00$ $0\bar{1}0$ $00\bar{1}$	$\frac{4}{3}[3x^2 - 2x + 3]$	4	$\frac{11}{3}$	3	3
$\bar{1}\bar{1}0$ $\bar{1}0\bar{1}$ $0\bar{1}\bar{1}$	$\frac{4}{3}[3x^2 - 4x + 4]$	$\frac{16}{3}$	$\frac{11}{3}$	3	4
$\bar{1}\bar{1}\bar{1}$	$4(1 - x)^2$	4	1	1	2

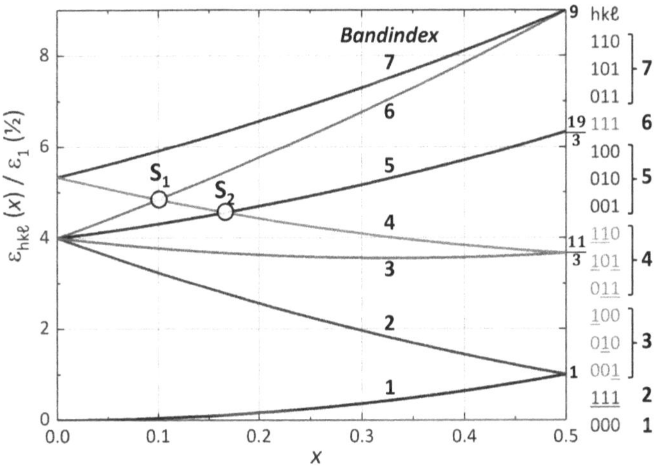

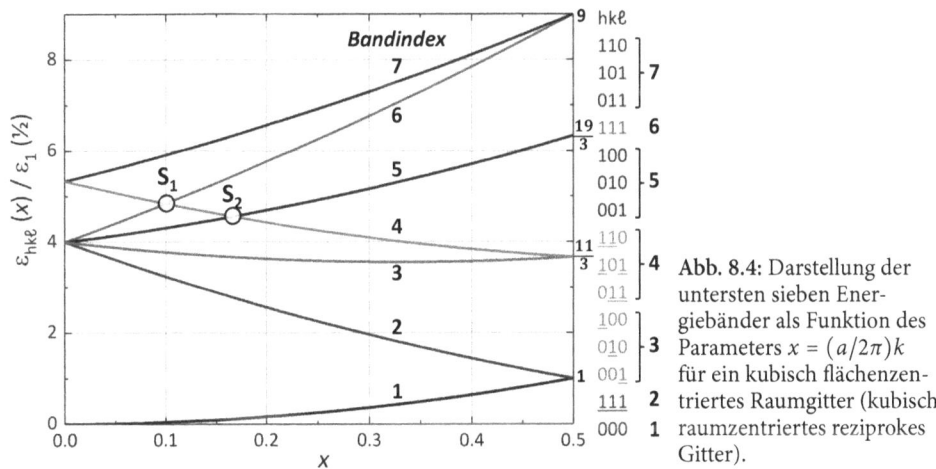

Abb. 8.4: Darstellung der untersten sieben Energiebänder als Funktion des Parameters $x = (a/2\pi)k$ für ein kubisch flächenzentriertes Raumgitter (kubisch raumzentriertes reziprokes Gitter).

Setzen wir

$$\mathbf{k}' = \mathbf{k} + \mathbf{G}_2 \quad \text{und} \quad \mathbf{G}' = \mathbf{G}_1 - \mathbf{G}_2 \,, \tag{A8.3.10}$$

so erhalten wir folgende Bedingung für die Ränder der Brillouin-Zonen

$$(\mathbf{k}' + \mathbf{G}')^2 = \mathbf{k}'^2 \,. \tag{A8.3.11}$$

Wir erkennen also, dass Brillouin-Zonengrenzen nicht immer an den Rändern des reduzierten Zonenschemas liegen müssen.

A8.4 Zweidimensionales System stark gebundener Elektronen

Wir betrachten ein einfach quadratisches Gitter mit Gitterkonstante a und einer Tight-binding-Bandstruktur der Elektronen,

$$\varepsilon_{\mathbf{k}} = -t[\cos(k_x a) + \cos(k_y a) - 2]\,. \tag{A8.4.1}$$

(a) Skizzieren Sie das reziproke Gitter und die erste Brillouin-Zone.
(b) Wo liegen das Minimum und das Maximum des Bandes? Wie groß ist die Bandbreite in Einheiten von t?
(c) Zeichnen Sie qualitativ den Verlauf des Bandes längs der Linie (0,0)-(π/a, 0)-(π/a, π/a)-(0,0). Geben Sie bei der Beschriftung der y-Achse die Energie in Einheiten von t an.
(d) Geben Sie den funktionalen Zusammenhang für die Gruppengeschwindigkeit der Elektronen $\mathbf{v}(\mathbf{k})$, und die Beträge $|\mathbf{v}(\mathbf{k})|$ für die [10] und die [11]-Richtung an. Wo ist die Geschwindigkeit maximal?
(e) Zeichnen Sie in der Brillouin-Zone die Verbindungslinie von $(\pi/a, 0)$ nach $(0, \pi/a)$ und geben Sie einen funktionalen Zusammenhang für diese Linie im reziproken Raum an.
(f) Berechnen Sie die Energie längs der Linie aus Aufgabe (e).
(g) Das Band liege oberhalb des letzten vollständig gefüllten Bandes und habe keinen Überlapp mit anderen Bändern. Wie groß ist die Bandfüllung für $\epsilon_F = 2t$? Begründen Sie Ihre Antwort.
(h) Berechnen Sie für eine Füllung von 0.1 Elektronen pro Elementarzelle die Fermi-Wellenzahl, die Fermi-Energie, sowie deren Zahlenwerte für $t = 1\,\text{eV}$ und $a = 4\,\text{Å}$. Hinweis: Verwenden Sie die quadratische Näherung für die Kosinus-Funktionen am Bandminimum.

Lösung

(a) Das reziproke Gitter und sowie die 1. und 2. Brillouin-Zone sind in Abb. 8.5 gezeigt. Wir haben ein quadratisches Gitter mit Gitterabstand $2\pi/a$ vorliegen.
(b) Das Bandminimum liegt im Zentrum der Brillouin-Zone bei $\mathbf{k} = (0, 0)$ und einer Energie $\epsilon_{\min} = 0$. Das Bandmaximum liegt bei $\mathbf{k} = \left(\pm\frac{\pi}{a}, \pm\frac{\pi}{a}\right)$ und einer Energie $\epsilon_{\max} = 4t$. Die Bandbreite ist demnach $W = \epsilon_{\max} - \epsilon_{\min} = 4t$.

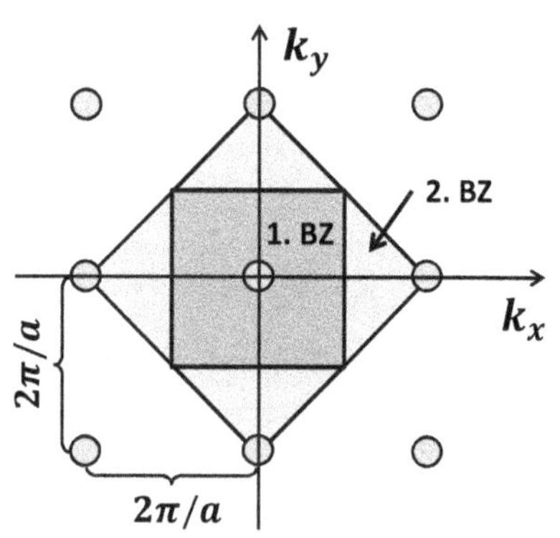

Abb. 8.5: Das reziproke Gitter und die beiden ersten Brillouin-Zonen eines zweidimensionalen einfach quadratischen Gitters mit Gitterkonstante a.

(c) Die Dispersion entlang der vorgegebenen Linie kann leicht aus der angegebenen Bandstruktur $\varepsilon_{\mathbf{k}} = -t[\cos(k_x a) + \cos(k_y a) - 2]$ berechnet werden und ist in Abb. 8.6 grafisch dargestellt.

(d) Die vektorielle Gruppengeschwindigkeit ist gegeben durch

$$\mathbf{v}(\mathbf{k}) = \frac{1}{\hbar}\nabla_{\mathbf{k}}\epsilon_{\mathbf{k}} = \frac{ta}{\hbar}\begin{pmatrix}\sin(k_x a)\\ \sin(k_y a)\end{pmatrix} . \tag{A8.4.2}$$

Die Beträge sind durch die Wurzel aus den quadrierten Vektorkomponenten für die entsprechenden Richtungen gegeben. In [10]-Richtung verschwindet die y-Komponente und es gilt

$$|\mathbf{v}_{[10]}(\mathbf{k})| = \frac{ta}{\hbar}|\sin(k_x a)| . \tag{A8.4.3}$$

Für die Richtung längs [11] müssen wir beachten, dass $k_x = k_y$. Wir erhalten

$$|\mathbf{v}_{[11]}(\mathbf{k})| = \frac{ta}{\hbar}\sqrt{2\sin^2(k_x a)} = \frac{\sqrt{2}\,ta}{\hbar}\sin(k_x a) . \tag{A8.4.4}$$

Wir entnehmen diesem Resultat, dass die Geschwindigkeit laut Gleichung (A8.4.4) für $k_x = \pi/2a$, also in der Mitte der Flächendiagonale maximal wird, weil dort die Sinusfunktion 1 wird und die Steigung aus Symmetriegründen (siehe hierzu auch Abb. 8.6) nirgends größer ist. Außerdem ist die Maximalgeschwindigkeit um $\sqrt{2}$ größer als in [10]-Richtung.

(e) Wir bezeichnen die Verbindungslinie von $\left(\frac{\pi}{a}, 0\right)$ nach $\left(0, \frac{\pi}{a}\right)$ mit $\boldsymbol{\ell}(k_x, k_y)$ und es gilt $\boldsymbol{\ell} = (k_x, \pi/a - k_x)$.

(f) Mit der angegebenen Bandstruktur erhalten wir längs der Linie $\boldsymbol{\ell} = (k_x, \pi/a - k_x)$

$$\begin{aligned}\epsilon(\boldsymbol{\ell}) &= -t[\cos(k_x a) + \cos(\pi - k_x a) - 2]\\ &= -t[\cos(k_x a) + \cos(k_x a) - 2] = 2t = \text{const} .\end{aligned} \tag{A8.4.5}$$

Dieser Sachverhalt kann dem in Abb. 8.7 gezeigten Energiespektrum der Elektronen entnommen werden.

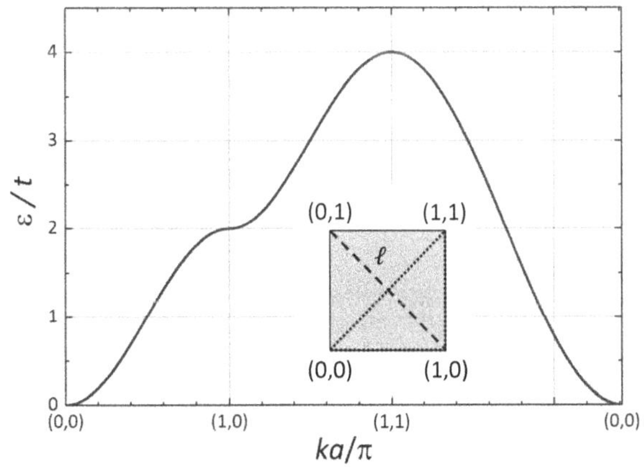

Abb. 8.6: Tight-binding-Bandstruktur der Elektronen in einem zweidimensionalen einfach quadratischen Gitter. In den Hochsymmetriepunkten $(0, 0)$, $\left(\frac{\pi}{a}, 0\right)$ und $\left(\frac{\pi}{a}, \frac{\pi}{a}\right)$ besitzt die Dispersionskurve eine waagrechte Tangente, so dass hier die Gruppengeschwindigkeit $v_g = \frac{1}{\hbar}\frac{\partial\epsilon(k)}{\partial k} = 0$. Als Inset ist ein Quadrant der 1. Brillouin-Zone gezeigt. Der Pfad für die dargestellte Dispersion ist gepunktet, die Linie $\boldsymbol{\ell}$ ist gestrichelt gezeichnet.

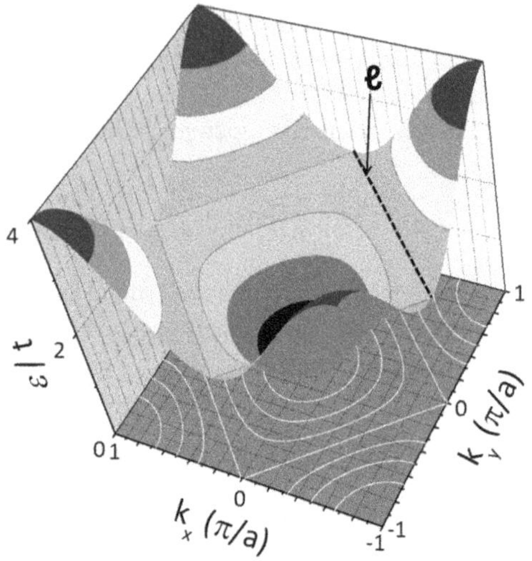

Abb. 8.7: Energiespektrum der Elektronen in einem zweidimensionalen einfach quadratischen Gitter mit Gitterkonstante a. Die Verbindungslinie ℓ von $\left(\frac{\pi}{a},0\right)$ nach $\left(0,\frac{\pi}{a}\right)$ ist gestrichelt eingezeichnet.

(g) Wenn wir das Band von 0 bis $2t = \epsilon_F$ füllen, erreichen wir gerade die Linie ℓ und halbe Bandfüllung (1 Elektron pro Elementarzelle), weil die Fermi-Fläche, welche die besetzten von den unbesetzten Zuständen trennt, die Brillouin-Zone genau halbiert (vergleiche Aufgabenteil (f) und Abb. 8.6 und 8.7). Da die Zustände im k-Raum eine konstante Dichte haben, hängt die Füllung nur von der im k-Raum eingenommenen Fläche, nicht aber vom genauen Verlauf der Dispersion ab.

(h) Die Gesamtzahl der Zustände in einem zweidimensionalen System ist für 2 Spin-Projektionen gegeben durch

$$N = 2 \cdot \underbrace{\pi k_F^2}_{k\text{-Raum Fläche}} \cdot \underbrace{\frac{A}{(2\pi)^2}}_{Z_2(\mathbf{k})} . \tag{A8.4.6}$$

Hierbei ist A die Probenfläche. Für die Elektronendichte gilt dann bei einer Füllung von 0.1 Elektronen pro Elementarzelle

$$n = \frac{N}{A} = \frac{k_F^2}{2\pi} = 0.1\,\frac{1}{a^2} . \tag{A8.4.7}$$

Durch Auflösen nach k_F erhalten wir

$$k_F^2 = \frac{2}{\pi}\,0.1\left(\frac{\pi}{a}\right)^2 . \tag{A8.4.8}$$

Mit $a = 4\,\text{Å}$ ergibt sich $k_F \simeq 0.25\left(\frac{\pi}{a}\right) = 0.22\,\text{Å}^{-1}$. Wir sehen also, dass die Fermi-Fläche weit innerhalb der 1. Brillouin-Zone nahe am Γ-Punkt liegt und somit die Annahme freier Elektronen bzw. der k-Raum Fläche πk_F^2 gerechtfertigt ist.

Wir nähern nun die Dispersion in der Nähe des Bandminimums mit Hilfe einer Reihenentwicklung der Kosinus-Funktion durch

$$\epsilon_\mathbf{k} \simeq -t\left[1 - \frac{1}{2}(k_x a)^2 + 1 - \frac{1}{2}(k_y a)^2 - 2\right] = \frac{ta^2}{2}\left[k_x^2 + k_y^2\right] \tag{A8.4.9}$$

an. Mit $k_y^2 = k_F^2 - k_x^2$ und $t = 1\,\text{eV}$ erhalten wir

$$\epsilon_F \simeq \frac{ta^2}{2} k_F^2 = 0.1\pi t = 0.314\,\text{eV} . \qquad \text{(A8.4.10)}$$

Alternativ hätten wir auch über die 2D-Zustandsdichte für zwei Spin-Projektionen, $D_2(\epsilon_\mathbf{k})/V = m/(\pi\hbar^2) = \text{const}$ integrieren können. Wir erhalten

$$n = \int_0^{\epsilon_F} d\epsilon_\mathbf{k} \frac{m}{\pi\hbar^2} = \frac{0.1}{a^2} \quad \Rightarrow \quad \epsilon_F = \frac{0.1\pi\hbar^2}{ma^2} . \qquad \text{(A8.4.11)}$$

Mit der Bandnäherung wie oben gilt

$$\epsilon_\mathbf{k} \simeq \frac{1}{2} t a^2 k^2 = \frac{\hbar^2 k^2}{2m} \quad \Rightarrow \quad m = \frac{\hbar^2}{ta^2} , \qquad \text{(A8.4.12)}$$

woraus wir durch Einsetzen in (A8.4.11)

$$\epsilon_F = 0.1\pi t , \qquad \text{(A8.4.13)}$$

also unmittelbar das Resultat (A8.4.10) erhalten.

A8.5 Dreidimensionales System stark gebundener Elektronen

Die Bandstruktur des vereinfachten Tight-binding-Modells hat die Form

$$\epsilon(\mathbf{k}) = \epsilon_0 - t \sum_j e^{\imath \mathbf{k}\cdot\mathbf{R}_j}$$

wobei die Summe über solche Vektoren des Bravais-Gitters läuft, die den Ursprung mit seinen nächsten Nachbarn verbinden. Die Größe t ist das für alle nächsten Nachbarn als gleich angenommene Überlappungsintegral.

(a) Berechnen Sie $\epsilon(\mathbf{k})$ für ein fcc-Gitter.
(b) In der Nähe des Γ-Punktes (Zentrum der 1. Brillouin-Zone) kann man eine Taylor-Entwicklung von $\epsilon(\mathbf{k})$ nach $\mathbf{k}$ durchführen und erhält so einen Zusammenhang mit dem Spektrum *freier* Elektronen der effektiven Masse $m^\star$. Wie hängt die effektive Masse $m^\star$ vom Überlappungsintegral t und der Gitterkonstanten a ab?
(c) Wie groß muss t für $a = 3$ Å sein, damit die effektive Masse gleich der Masse der freien Elektronen ist?
(d) Für ein orthorhombisches Gitter ergäbe eine Tight-binding Rechnung die Bandstruktur $\epsilon(\mathbf{k}) = \epsilon_0 - 2[t_1 \cos k_x a_1 + t_2 \cos k_y a_2 + t_3 \cos k_z a_3]$, wobei die Längen a_1, a_2 und a_3 die Abmessungen der Einheitszelle darstellen. Berechnen Sie die Komponenten des Vektors der Gruppengeschwindigkeit

$$\mathbf{v}_\mathbf{k} = \frac{1}{\hbar} \nabla_\mathbf{k} \epsilon(\mathbf{k})$$

und zeigen Sie, dass der Tensor der effektiven Masse

$$\left\{\mathbf{M}^{-1}(\mathbf{k})\right\}_{\mu\nu} = \frac{1}{\hbar^2}\frac{\partial^2\epsilon(\mathbf{k})}{\partial k_\mu \partial k_\nu}$$

für alle Vektoren **k** diagonal ist. Diskutieren Sie ferner den Spezialfall, dass **k** in einer Umgebung des Zentrums Γ der Brillouin-Zone liegt.

Lösung

Unser Ausgangspunkt ist die allgemeine Form der *Tight-binding*-Bandstruktur

$$\epsilon(\mathbf{k}) = \epsilon_0 - t\sum_j \mathrm{e}^{\imath\mathbf{k}\cdot\mathbf{R}_j} . \tag{A8.5.1}$$

Hierbei sind t das Überlappungsintegral und $\mathbf{R}_j$ die Verbindungsvektoren vom Ursprung zu allen nächsten Nachbarn.

(a) Im fcc-Gitter gibt es 12 nächste Nachbarn auf den Positionen

$$\mathbf{R}_j = \frac{a}{2}\{\pm1,\pm1,0\}\,,\ \frac{a}{2}\{\pm1,0,\pm1\}\,,\ \frac{a}{2}\{0,\pm1,\pm1\}\ . \tag{A8.5.2}$$

Daraus lässt sich $\epsilon(\mathbf{k})$ berechnen. Das Resultat lautet

$$\epsilon(\mathbf{k}) = \epsilon_0 - 4t\left\{\cos\frac{k_x a}{2}\cos\frac{k_y a}{2} + \cos\frac{k_x a}{2}\cos\frac{k_z a}{2} + \cos\frac{k_y a}{2}\cos\frac{k_z a}{2}\right\} . \tag{A8.5.3}$$

(b) Eine Taylor-Entwicklung um den Γ-Punkt liefert

$$\begin{aligned}\epsilon(\mathbf{k}) &= \epsilon_0 - 4t\left(1-\frac{k_x^2a^2}{8}\right)\left(1-\frac{k_y^2a^2}{8}\right)\\ &\quad - 4t\left(1-\frac{k_x^2a^2}{8}\right)\left(1-\frac{k_z^2a^2}{8}\right)\\ &\quad - 4t\left(1-\frac{k_y^2a^2}{8}\right)\left(1-\frac{k_z^2a^2}{8}\right)\\ &= \epsilon_0 - 4t\left\{3-\frac{a^2\mathbf{k}^2}{4}+O(\mathbf{k}^4)\right\} \simeq \epsilon_0 - 12t + ta^2\cdot\mathbf{k}^2 .\end{aligned} \tag{A8.5.4}$$

Der Vergleich mit dem Energiespektrum freier Elektronen liefert

$$ta^2 \equiv \frac{\hbar^2}{2m^*} \tag{A8.5.5}$$

und somit die effektive Masse der Elektronen im *Tight-binding*-Band:

$$\frac{m^*}{m} = \frac{1}{t}\frac{\hbar^2}{2ma^2} = \frac{|V_0|}{t}\left(\frac{a_\mathrm{B}}{a}\right)^2 \tag{A8.5.6}$$

mit dem Bohrschen Radius $a_\mathrm{B} = \hbar^2/me^2 = 0.53$ Å und der Ionisationsenergie des Wasserstoffatoms $|V_0| = me^4/2\hbar^2 = 13.6$ eV. Wir sehen, dass die effektive Masse mit abnehmendem Überlappungsintegral t (abnehmender Bandbreite) größer wird.
Das Überlappungsintegral lässt sich dann wie folgt durch die effektive Masse ausdrücken

$$t = V_0 \frac{m}{m^*} \left(\frac{a_\mathrm{B}}{a}\right)^2 . \qquad \text{(A8.5.7)}$$

(c) Die Situation $m^* = m$ erhalten für folgenden Wert des Überlappungsintegrals:

$$t = V_0 \left(\frac{a_\mathrm{B}}{a}\right)^2 = 13.6 \left(\frac{0.53}{3}\right)^2 \text{eV} = 0.42\,\text{eV} . \qquad \text{(A8.5.8)}$$

(d) Unser Ausgangspunkt ist eine *Tight-binding* Bandstruktur für ein orthorhombisches Gitter (nur Überlapp zwischen nächsten Nachbarn berücksichtigt):

$$\epsilon(\mathbf{k}) = \epsilon_0 - 2\left[t_1 \cos k_x a_1 + t_2 \cos k_y a_2 + t_3 \cos k_z a_3\right] . \qquad \text{(A8.5.9)}$$

Wir berechnen zunächst die Ableitungen

$$\frac{\partial \epsilon(\mathbf{k})}{\partial k_\mu} = 2 t_\mu a_\mu \sin k_\mu a_\mu . \qquad \text{(A8.5.10)}$$

Daraus ergibt sich der Vektor $\mathbf{v_k}$ der Gruppengeschwindigkeit zu

$$\mathbf{v_k} = \frac{1}{\hbar} \nabla \epsilon(\mathbf{k}) = \frac{2}{\hbar} \begin{pmatrix} t_1 a_1 \sin k_1 a_1 \\ t_2 a_2 \sin k_2 a_2 \\ t_3 a_3 \sin k_3 a_3 \end{pmatrix} . \qquad \text{(A8.5.11)}$$

Die zweiten Ableitungen der Bandstruktur ergeben sich in der Form

$$\frac{\partial^2 \epsilon(\mathbf{k})}{\partial k_\mu \partial k_\nu} = 2 t_\mu a_\mu^2 \cos k_\mu a_\mu \delta_{\mu\nu} . \qquad \text{(A8.5.12)}$$

Gemischte Ableitungen treten also nicht auf. Folglich ist der Tensor der effektiven Masse für diese Bandstruktur diagonal:

$$\begin{aligned} \left\{\mathbf{M}^{-1}(\mathbf{k})\right\}_{\mu\nu} &= \frac{2 t_\mu a_\mu^2}{\hbar^2} \cos k_\mu a_\mu \delta_{\mu\nu} = \frac{1}{m_\mu} \cos k_\mu a_\mu \delta_{\mu\nu} \\ &= \begin{pmatrix} \frac{1}{m_1} \cos k_1 a_1 & 0 & 0 \\ 0 & \frac{1}{m_2} \cos k_2 a_2 & 0 \\ 0 & 0 & \frac{1}{m_3} \cos k_3 a_3 \end{pmatrix} \\ m_\mu &= \frac{\hbar^2}{2 t_\mu a_\mu^2} . \end{aligned} \qquad \text{(A8.5.13)}$$

Das Vorhandensein von nicht-diagonal Elementen würde z. B. beim Anlegen eines elektrischen Feldes an den Kristall in eine Richtung eine Beschleunigung der Elektronen in

eine andere Richtung bewirken. Es kann allerdings gezeigt werden, dass der Tensor der effektiven Masse durch eine geeignete Koordinatentransformation *immer* diagonalisiert werden kann, d. h. durch Wahl eines geeigneten Koordinatensystems ist der Tensor der effektiven Masse immer diagonal. Er hängt jedoch von **k** ab.
Eine Taylor-Entwicklung nach **k** in einer Umgebung des Γ-Punktes der Brillouin-Zone liefert

$$\begin{aligned}\varepsilon(\mathbf{k}) &= \varepsilon_0 - 2(t_1 + t_2 + t_3) + t_1 a_1^2 k_1^2 + t_2 a_2^2 k_2^2 + t_3 a_3^2 k_3^2 \\ &= \varepsilon_0 - 2(t_1 + t_2 + t_3) + \frac{\hbar^2}{2}\mathbf{k} \cdot \mathbf{M}^{-1}(0) \cdot \mathbf{k} + O(\mathbf{k}^4)\,. \end{aligned} \tag{A8.5.14}$$

Daraus ergibt sich die Gruppengeschwindigkeit $\mathbf{v}_\mathrm{k}$ als

$$\mathbf{v}_\mathrm{k} = \frac{2}{\hbar}\begin{pmatrix} t_1 a_1^2 k_1 \\ t_2 a_2^2 k_2 \\ t_3 a_3^2 k_3 \end{pmatrix} = \hbar \mathbf{M}^{-1}(0) \cdot \mathbf{k} + O(\mathbf{k}^3)\,. \tag{A8.5.15}$$

Schließlich bekommen wir für die effektive Masse das Resultat

$$\mathbf{M}^{-1}(\mathbf{k}) = \mathbf{M}^{-1}(0) + O(\mathbf{k}^2)\,. \tag{A8.5.16}$$

A8.6 Bandüberlappung

Zeigen Sie, dass für ein eindimensionales System keine Bandüberlappung auftreten kann.

Lösung

Die Schrödinger-Gleichung in einer Dimension ist eine gewöhnliche Differentialgleichung 2. Ordnung. Im Gegensatz dazu haben wir es für zwei- oder dreidimensionale Systeme mit partiellen Differentialgleichungen zu tun. Differentialgleichungen 2. Ordnung haben für einen vorgegebenen Satz von Parametern (z. B. für feste Energie) nur zwei linear unabhängige Lösungen. Nach dem Bloch-Theorem ist die Wellenzahl eine gute Quantenzahl. Solange die Zeitumkehrsymmetrie nicht verletzt ist, muss ferner $\epsilon(\mathbf{k}) = \epsilon(-\mathbf{k})$ gelten. Das heißt, es können keine weiteren Lösungen für diese Energie existieren und damit ist ein Bandüberlapp unmöglich.

9 Dynamik von Kristallelektronen

A9.1 Maxwell-Gleichungen

Leiten Sie aus den Maxwell-Gleichungen der Elektrodynamik für Ladungsträger mit Ladung q, der Dichte ρ_q und der Stromdichte $\mathbf{J}_q$ die Kontinuitätsgleichung

$$\frac{\partial \rho_q(\mathbf{r},t)}{\partial t} + \nabla \cdot \mathbf{J}_q(\mathbf{r},t) = 0$$

und die Magnetfeld-Abschirmgleichung

$$\left[\nabla^2 - \mu_0\epsilon_0 \frac{\partial^2}{\partial t^2}\right]\mathbf{B}(\mathbf{r},t) = -\mu_0 \nabla \times \mathbf{J}_q(\mathbf{r},t)$$

ab.

Lösung

Zur Lösung der Aufgabe gehen wir von den Maxwell-Gleichungen der Elektrodynamik aus (vergleiche hierzu auch Aufgabe A7.10). Sie lauten in SI-Einheiten ($\epsilon = \mu = 1$)

$$\nabla \times \mathbf{H} = \frac{\partial \mathbf{D}}{\partial t} + \mathbf{J}_q\,, \quad \mathbf{D} = \epsilon_0 \mathbf{E} \tag{A9.1.1}$$

$$\nabla \times \mathbf{E} = -\frac{\partial \mathbf{B}}{\partial t}\,, \quad \mathbf{B} = \mu_0 \mathbf{H} \tag{A9.1.2}$$

$$\nabla \cdot \mathbf{B} = 0 \tag{A9.1.3}$$

$$\nabla \cdot \mathbf{D} = \rho_q\,. \tag{A9.1.4}$$

Hierbei ist ρ_q die Ladungsdichte und $\mathbf{J}_q$ die elektrische Stromdichte. Für Elektronen in Metallen gilt: $q = -e$, $\rho_q = -en$, $n = N/V$.

Wir bilden nun die Divergenz von Gleichung (A9.1.1) und erhalten

$$\underbrace{\nabla \cdot (\nabla \times \mathbf{H})}_{=0} = \frac{\partial}{\partial t}\nabla \cdot \mathbf{D} + \nabla \cdot \mathbf{J}_q \tag{A9.1.5}$$

und erhalten die Kontinuitätsgleichung

$$\frac{\partial \rho_q}{\partial t} + \nabla \cdot \mathbf{J}_q = 0 \tag{A9.1.6}$$

https://doi.org/10.1515/9783110782530-009

für die Ladungsdichte ρ_q.

Wir bilden nun die Rotation von Gleichung (A9.1.1) ($\nabla \times \ldots$) und erhalten dadurch

$$\begin{aligned}
\nabla \times (\nabla \times \mathbf{H}) &= -\nabla^2 \mathbf{H} + \nabla \underbrace{(\nabla \cdot \mathbf{H})}_{=0} = -\nabla^2 \mathbf{H} \\
-\nabla^2 \mathbf{H} &= \frac{\partial}{\partial t} \nabla \times \mathbf{D} + \nabla \times \mathbf{J}_q \\
&= \epsilon_0 \frac{\partial}{\partial t} \nabla \times \mathbf{E} + \nabla \times \mathbf{J}_q \\
&\overset{(A9.1.2)}{=} -\epsilon_0 \frac{\partial^2 \mathbf{B}}{\partial t^2} + \nabla \times \mathbf{J}_q \\
&= -\mu_0 \epsilon_0 \frac{\partial^2 \mathbf{H}}{\partial t^2} + \nabla \times \mathbf{J}_q \,.
\end{aligned} \tag{A9.1.7}$$

Dies führt mit Hilfe von $\mu_0 \epsilon_0 = 1/c^2$ auf die Gleichung

$$\left[\nabla^2 - \frac{1}{c^2} \frac{\partial^2}{\partial t^2} \right] \mathbf{B} = -\mu_0 \nabla \times \mathbf{J}_q \,, \tag{A9.1.8}$$

die wir als Magnetfeldabschirmgleichung interpretieren können.

A9.2 Elektromagnetische Skin-Tiefe im Drude-Modell

Für Elektronen in Metallen ($q = -e$, $\rho_q = -en$, $n = N/V$, $\mathbf{J}_q = \mathbf{J}_e$) gelte das Drude-Gesetz für die lineare Antwort der elektrischen Stromdichte auf ein elektrisches Feld $\mathbf{E}(\mathbf{r}, t) = \mathbf{E}_0(\mathbf{r}, t)\, e^{-\imath \omega t}$ mit harmonischer Zeitabhängigkeit (vergleiche hierzu Aufgabe A7.10):

$$\mathbf{J}_q = \sigma(\omega) \mathbf{E} \,, \qquad \sigma(\omega) = \frac{ne^2}{m} \frac{1}{-\imath\omega + 1/\tau} \,.$$

(a) Zeigen Sie, dass die Magnetfeld-Abschirmgleichung für diesen Fall

$$\left[\nabla^2 + \mu_0 \epsilon_0 \omega^2 \right] \mathbf{B} = \frac{\mathbf{B}}{\delta^2(\omega)}$$

lautet, wobei $\delta(\omega)$ die elektromagnetische Skin-Tiefe ist.

(b) Diskutieren Sie den (i) hydrodynamischen Grenzfall $\omega \ll 1/\tau$ und (ii) den stoßlosen Grenzfall $\omega \gg 1/\tau$.

Lösung

Zur Lösung der Aufgabe gehen wir wieder von den Maxwell-Gleichungen der Elektrodynamik aus (vergleiche Aufgabe A9.1). Die Maxwell-Gleichungen werden ergänzt durch die konstitutive Relation

$$\mathbf{J}_q = \sigma(\omega) \mathbf{E} \,, \qquad \sigma(\omega) = \frac{ne^2}{m} \frac{1}{-\imath\omega + 1/\tau} \,, \tag{A9.2.1}$$

welche die elektrische Stromdichte $\mathbf{J}_q$ mit der elektrischen Feldstärke $\mathbf{E}$ über die elektronische Leitfähigkeit σ verknüpft.

(a) Bilden wir die Rotation von Gleichung (A9.1.1) ($\nabla \times \dots$), so erhalten wir

$$\begin{aligned}
\nabla \times (\nabla \times \mathbf{H}) &= -\nabla^2\mathbf{H} + \nabla \underbrace{(\nabla \cdot \mathbf{H})}_{=0} = -\nabla^2\mathbf{H} \\
-\nabla^2\mathbf{H} &= \frac{\partial}{\partial t}\nabla \times \mathbf{D} + \nabla \times \mathbf{J}_q \\
&= \epsilon_0 \frac{\partial}{\partial t}\nabla \times \mathbf{E} + \nabla \times \mathbf{J}_q \\
&\overset{(A9.1.2)}{=} -\epsilon_0 \frac{\partial^2 \mathbf{B}}{\partial t^2} + \nabla \times \mathbf{J}_q \\
&= -\mu_0\epsilon_0 \frac{\partial^2 \mathbf{H}}{\partial t^2} + \nabla \times \mathbf{J}_q
\end{aligned} \tag{A9.2.2}$$

Dies führt mit Hilfe von $\mu_0\epsilon_0 = 1/c^2$ auf die Gleichung

$$\left[\nabla^2 - \frac{1}{c^2}\frac{\partial^2}{\partial t^2}\right]\mathbf{B} = -\mu_0\nabla \times \mathbf{J}_q\,. \tag{A9.2.3}$$

Einsetzen von $\mathbf{J}_q = \sigma(\omega)\mathbf{E}$ in Gleichung (A9.2.3) liefert

$$\left[\nabla^2 + \frac{\omega^2}{c^2}\right]\mathbf{B} = -\mu_0\nabla \times \mathbf{J}_q = -\mu_0\sigma(\omega)\nabla \times \mathbf{E} = \underbrace{-\imath\omega\sigma(\omega)\mu_0}_{=1/\delta^2(\omega)}\mathbf{B}\,. \tag{A9.2.4}$$

Wir erhalten also die Magnetfeld-Abschirmgleichung

$$\left[\nabla^2 + \frac{\omega^2}{c^2}\right]\mathbf{B} = \frac{\mathbf{B}}{\delta^2(\omega)} \tag{A9.2.5}$$

mit der Magnetfeld-Eindringtiefe (Skin-Tiefe)

$$\delta^2(\omega) = \frac{1}{-\imath\omega\sigma(\omega)\mu_0} = \underbrace{\frac{m}{\mu_0 n e^2}}_{=\delta_\infty^2}\frac{1-\imath\omega\tau}{-\imath\omega\tau} = \delta_\infty^2\frac{1-\imath\omega\tau}{-\imath\omega\tau}\,. \tag{A9.2.6}$$

(b) Im stoßlosen Grenzfall ($\omega\tau \gg 1$) erhalten wir

$$\delta^2(\omega) = \frac{m}{\mu_0 n e^2} = \delta_\infty^2\,. \tag{A9.2.7}$$

Man beachte, dass die Skin-Tiefe δ_∞ in diesem Fall mit Hilfe von $\mu_0\epsilon_0 = 1/c^2$ durch die Plasmafrequenz ω_p ausgedrückt werden kann:

$$\delta_\infty^2 = c^2\frac{\epsilon_0 m}{\mu_0 n e^2} = \frac{c^2}{\omega_\mathrm{p}^2}\,. \tag{A9.2.8}$$

Im hydrodynamischen Limes ($\omega\tau \ll 1$) erhalten wir

$$\delta^2(\omega) = \frac{m}{\mu_0 n e^2}\,\frac{\imath}{\omega\tau} = \delta_\infty^2\,\frac{\imath}{\omega\tau}\,. \tag{A9.2.9}$$

Die Magnetfeldabschirmlänge nimmt also proportional zu $1/\sqrt{\omega}$ mit zunehmender Frequenz ab.

A9.3 Elektrische und thermische Leitfähigkeit

In einem Au-Draht nimmt der spezifische Widerstand von $\rho = 3\,\mu\Omega\mathrm{cm}$ bei Raumtemperatur auf $\rho = 1\times10^{-3}\,\mu\Omega\mathrm{cm}$ bei 4 K ab. Bei einem Draht aus einer AuPd-Legierung (50/50) wird ein in etwa temperaturunabhängiger spezifischer Widerstand von $\rho = 50\,\mu\Omega\mathrm{cm}$ gemessen.

(a) Berechnen Sie die mittlere freie Weglänge der Elektronen in den beiden Proben bei Raumtemperatur und 4 K ($k_\mathrm{F} = 1.2\times10^{10}\,\mathrm{m}^{-1}$, $m^\star = 1.1 m_e$).
(b) Welche Streuprozesse dominieren bei welcher Temperatur in den beiden Proben?
(c) Schätzen Sie die Wärmeleitfähigkeit der beiden Proben bei einer Temperatur von 4 K ab.

Lösung

Zur Lösung der Aufgabe nehmen wir an, dass die Fermi-Wellenzahl für die reine Au-Probe und die AuPd-Legierung gleich sind. Aus der angegebenen Fermi-Wellenzahl $k_\mathrm{F} = (3\pi^2 n)^{1/3} = 1.2\times10^{10}\,\mathrm{m}^{-1}$ können wir die Ladungsträgerdichte bestimmen zu

$$n = \frac{k_\mathrm{F}^3}{3\pi^2} = \frac{(1.2\times10^{10})^3}{3\pi^2}\,\mathrm{m}^{-3} = 5.84\times10^{28}\,\mathrm{m}^{-3}\,. \tag{A9.3.1}$$

Mit der effektiven Masse $m^\star = 1.1 m$ ergibt sich daraus die Fermi-Geschwindigkeit

$$v_\mathrm{F} = \frac{\hbar k_\mathrm{F}}{m^\star} = \frac{1.05\times10^{-34}\cdot 1.2\times10^{10}}{1.1\cdot 9.1\times10^{-31}}\,\mathrm{m/s} = 1.26\times10^6\,\mathrm{m/s}\,. \tag{A9.3.2}$$

(a) Die mittlere freie Weglänge ℓ bestimmen wir aus der Drude-Leitfähigkeit

$$\sigma = \frac{ne^2\tau}{m^\star} = \frac{ne^2\ell}{m^\star v_\mathrm{F}} \tag{A9.3.3}$$

unter Verwendung von $\sigma = 1/\rho$ (dies ist für polykristalline Materialien eine gute Näherung) zu

$$\ell = \frac{m^\star v_\mathrm{F}}{ne^2\rho} = \frac{3\pi^2\hbar}{k_\mathrm{F}^2 e^2\rho}\,. \tag{A9.3.4}$$

Einsetzen der angegebenen Werte liefert

$$\text{Au: } \ell(300\,\mathrm{K}) = 2.8\times10^{-8}\,\mathrm{m}\,, \qquad \ell(4\,\mathrm{K}) = 8.4\times10^{-5}\,\mathrm{m}$$
$$\text{AuPd: } \ell(300\,\mathrm{K}) \simeq \ell(4\,\mathrm{K}) = 1.7\times10^{-9}\,\mathrm{m}\,.$$

(b) In der reinen Au-Probe dominiert bei Raumtemperatur die Streuung an Phononen. Da diese mit abnehmender Temperatur ausfrieren, nimmt der spezifische Widerstand dieser Probe stark ab. Bei 4 K beträgt die mittlere freie Weglänge fast 100 μm. Falls der Drahtdurchmesser in dieser Größenordnung sein sollte, kann in sehr reinen Proben bei dieser Temperatur bereits die Streuung an der Probenoberfläche eine dominierende Rolle spielen. Für größere Drahtdurchmesser dominiert je nach Reinheit der Probe entweder die Streuung an Defekten und Verunreinigungen oder die Streuung an Phononen. Der Streuquerschnitt für die Elektron-Elektron-Streuung skaliert proportional zu $(T/T_\mathrm{F})^2$ und ist wegen der hohen Fermi-Temperatur (etwa 100 000 K) um etwa den Faktor 10^{-10} geringer als derjenige für die Elektron-Verunreinigungsstreuung. Elektron-Elektron-Streuung spielt bei tiefen Temperaturen also nur in hochreinen Proben eine dominierende Rolle.
In der AuPd-Probe spielen die Pd-Atome die Rolle von Verunreinigungen. Die mittlere freie Weglänge ist deshalb sehr kurz und liegt mit etwa 2 nm im Bereich der Atomabstände. Bei dieser Probe dominiert deshalb im gesamten Temperaturbereich die Elektron-Verunreinigungsstreuung, was zu einem fast temperaturunabhängigen spezifischen Widerstand führt.

(c) Da die Phononen stark durch die Elektronen gestreut werden, ist die phononische Wärmeleitfähigkeit in Metallen im Vergleich zu Isolatoren klein. In Metallen überwiegt deshalb üblicherweise die elektronische Wärmeleitfähigkeit deutlich. Mit Hilfe des Wiedemann-Franz Gesetzes erhalten wir für die elektronische Wärmeleitfähigkeit

$$\kappa = L T \frac{1}{\rho}, \qquad L = 2.44 \times 10^{-8}\,\mathrm{W\Omega/K^2}, \tag{A9.3.5}$$

wobei L die Lorenz-Zahl ist.
Da in der reinen Au-Probe der spezifische Widerstand mit der Temperatur stark (üblicherweise stärker als linear in T) abnimmt, erwarten wir, dass die Wärmeleitfähigkeit dieser Probe mit sinkender Temperatur zunimmt. Bei genügend tiefen Temperaturen dominiert dann die Verunreinigungsstreuung und wir erhalten hier $\rho \simeq \mathrm{const}$. Die Wärmeleitfähigkeit κ nimmt entsprechend in diesem Temperaturbereich mit sinkender Temperatur proportional zu T ab.
In der AuPd-Probe ist $\rho(T) \simeq \mathrm{const}$ und wir erwarten nach (A9.3.5) eine etwa lineare Abnahmen von κ mit sinkender Temperatur. Allerdings kann in stark verunreinigten Proben und Legierungen die elektronische Wärmeleitfähigkeit so stark unterdrückt sein, dass hier die Gesamtwärmeleitfähigkeit durch die phononische Wärmeleitfähigkeit dominiert wird. Auch in diesem Fall erwarten wir eine Abnahme von κ mit T.

A9.4 Linearisierte Boltzmann-Transportgleichung

Leiten Sie die linearisierte Boltzmann-Transportgleichung für Elektronen in Metallen ab. Gehen Sie bei der Herleitung von den (Nichtgleichgewichts-)Phasenraum-Verteilungsfunktionen

$$f_\mathbf{k}(\mathbf{r},t) = f(\hbar\mathbf{k},\mathbf{r},t)$$
$$\epsilon_\mathbf{k}(\mathbf{r},t) = \epsilon(\hbar\mathbf{k},\mathbf{r},t)$$

aus.

Lösung

Das totale Differential der Verteilungsfunktion $f_\mathbf{k}$ lautet (wir verwenden $\mathbf{p} = \hbar\mathbf{k}$):

$$\begin{aligned} df_\mathbf{k} &= \frac{\partial f_\mathbf{k}}{\partial t} dt + (\nabla_\mathbf{r} f_\mathbf{k}) \cdot d\mathbf{r} + (\nabla_\mathbf{p} f_\mathbf{k}) \cdot d\mathbf{p} \\ \frac{df_\mathbf{k}}{dt} &= \frac{\partial f_\mathbf{k}}{\partial t} + (\nabla_\mathbf{r} f_\mathbf{k}) \cdot \frac{d\mathbf{r}}{dt} + (\nabla_\mathbf{p} f_\mathbf{k}) \cdot \frac{d\mathbf{p}}{dt} . \end{aligned} \tag{A9.4.1}$$

Im quasi-klassischen Limes gelten die Hamilton-Bewegungsgleichungen ($\mathbf{p} = \hbar\mathbf{k}$)

$$\frac{d\mathbf{r}}{dt} = \nabla_\mathbf{p} \varepsilon = \mathbf{v}_\mathbf{p} \tag{A9.4.2}$$

$$\frac{d\mathbf{p}}{dt} = -\nabla_\mathbf{r} \varepsilon . \tag{A9.4.3}$$

Daraus ergibt sich die kinetische Gleichung

$$\frac{\partial f_\mathbf{k}}{\partial t} + \mathbf{v}_\mathbf{p} \cdot \nabla_\mathbf{r} f_\mathbf{k} - (\nabla_\mathbf{p} f_\mathbf{k}) \cdot (\nabla_\mathbf{r} \varepsilon_\mathbf{k}) = I_\mathbf{k} . \tag{A9.4.4}$$

Hierbei gibt das Stoßintegral $I_\mathbf{k}$ die Änderung der Verteilungsfunktion $f_\mathbf{k}$ aufgrund von Streuprozessen an.

Die Linearisierung dieser Gleichung mit

$$f_\mathbf{k} = f_\mathbf{k}^0 + \delta f_\mathbf{k}, \qquad \nabla_\mathbf{r} f_\mathbf{k} = \nabla_\mathbf{r} \delta f_\mathbf{k}, \qquad \nabla_\mathbf{p} f_\mathbf{k} \simeq \frac{\partial f_\mathbf{k}}{\partial \varepsilon_\mathbf{k}} \nabla_\mathbf{p} \varepsilon_\mathbf{k} = \mathbf{v}_\mathbf{p} \frac{\partial f_\mathbf{k}}{\partial \varepsilon_\mathbf{k}} \tag{A9.4.5}$$

$$\varepsilon_\mathbf{k} = \varepsilon_\mathbf{k}^0 + \delta \varepsilon_\mathbf{k}, \qquad \nabla_\mathbf{r} \varepsilon_\mathbf{k} = \nabla_\mathbf{r} \delta \varepsilon_\mathbf{k} , \tag{A9.4.6}$$

wobei $\delta f_\mathbf{k}$ eine Störung erster Ordnung bezüglich den äußeren Feldern darstellt (also klein im Vergleich zur Gleichgewichtsverteilungsfunktion $f_\mathbf{k}^0$ ist), führt auf

$$\frac{\partial}{\partial t} \delta f_\mathbf{k} + \mathbf{v}_\mathbf{k} \cdot \nabla_\mathbf{r} \left[\delta f_\mathbf{k}(\mathbf{r}, t) - \frac{\partial f_\mathbf{k}}{\partial \varepsilon_\mathbf{k}} \delta \varepsilon_\mathbf{k} \right] = \delta I_\mathbf{k} . \tag{A9.4.7}$$

Hierbei haben wir $\mathbf{v}_\mathbf{p} = \nabla_\mathbf{p} \varepsilon = \nabla_\mathbf{k} \varepsilon / \hbar = \mathbf{v}_\mathbf{k}$ verwendet.

A9.5 Teilchen-, Ladungs-, Energie-, Entropie- und Wärmestrom

Diskutieren Sie den Teilchen-, Ladungs-, Energie-, Entropie- und Wärmestrom in einem Festkörper im Rahmen der Boltzmann-Transporttheorie.

Lösung

Wir wollen die verschiedenen Ströme aus der Boltzmann-Gleichung für freie Ladungsträger mit Ladung q (für Elektronen gilt $q = -e$), welche für die linearisierte Phasenraum-Verteilungsfunktion $\delta f_\mathbf{k}(\mathbf{r}, t)$ wie folgt lautet [vergleiche Gleichung (A9.4.7) in Aufgabe A9.4]

$$\frac{\partial}{\partial t} \delta f_\mathbf{k}(\mathbf{r}, t) + \mathbf{v}_\mathbf{k} \cdot \nabla_\mathbf{r} \left[\delta f_\mathbf{k}(\mathbf{r}, t) - \frac{\partial f_\mathbf{k}}{\partial \varepsilon_\mathbf{k}} \delta \varepsilon_\mathbf{k} \right] = \delta I_\mathbf{k} . \tag{A9.5.1}$$

Hierbei ist $\mathbf{v}_\mathbf{k} = \partial\varepsilon_\mathbf{k}/\partial\hbar\mathbf{k}$ die Gruppengeschwindigkeit der Elektronen und $\delta I_\mathbf{k}$ das so genannte Stoßintegral. Für Letzteres verwenden wir die Relaxationszeitnäherung

$$\delta I_\mathbf{k} = -\frac{1}{\tau}\left[\delta f_\mathbf{k} - \delta f_\mathbf{k}^{\mathrm{loc}}\right] . \tag{A9.5.2}$$

Hierbei ist $\delta f_\mathbf{k} = f_\mathbf{k} - f_\mathbf{k}^0$, τ eine gemittelte Stoßzeit und

$$\begin{aligned} \delta f_\mathbf{k}^{\mathrm{loc}} &= f_\mathbf{k}^{\mathrm{loc}} - f_\mathbf{k}^0 = \frac{1}{\exp\left(\frac{(\varepsilon_\mathbf{k}+\delta\varepsilon_\mathbf{k})-(\mu+\delta\mu)}{k_\mathrm{B}(T+\delta T)}\right)+1} - f_\mathbf{k}^0 \\ &\overset{\text{Taylor}}{\widehat{=}} \frac{\partial f_\mathbf{k}}{\partial\varepsilon_\mathbf{k}}\left[\delta\varepsilon_\mathbf{k} - \delta\mu - \frac{\xi_\mathbf{k}}{T}\delta T\right] \\ &= -\underbrace{\frac{1}{4k_\mathrm{B}T\cosh^2\frac{\xi_\mathbf{k}}{2k_\mathrm{B}T}}}_{\varphi_\mathbf{k}}\left[\delta\varepsilon_\mathbf{k} - \delta\mu - \frac{\xi_\mathbf{k}}{T}\delta T\right] \end{aligned} \tag{A9.5.3}$$

eine Verteilungsfunktion, welche lokale äußere Störungen durch die beiden elektromagnetischen Potenziale $\phi(\mathbf{r},t)$ (skalar) und $\mathbf{A}(\mathbf{r},t)$ (vektoriell)[1]

$$\delta\varepsilon_\mathbf{k} = q\phi(\mathbf{r},t) + q\mathbf{v}_\mathbf{k}\cdot\mathbf{A}(\mathbf{r},t) \tag{A9.5.4}$$

sowie Effekte der lokalen Änderung der Temperatur $\delta T(\mathbf{r},t)$ und des chemischen Potenzials $\delta\mu(\mathbf{r},t)$ enthält. Hierbei ist $\xi_\mathbf{k} = \varepsilon_\mathbf{k} - \mu$ die Energie bezogen auf das chemische Potenzial μ. Für den Fall einer sphärischen Fermi-Fläche sind zwei Summen über die Funktion $\varphi_\mathbf{k}$ wichtig:

$$\frac{1}{V}\sum_{\mathbf{k}\sigma}\varphi_\mathbf{k} = N_\mathrm{F} \tag{A9.5.5}$$

$$\frac{1}{V}\sum_{\mathbf{k}\sigma}\varphi_\mathbf{k}v_{\mathbf{k}i}v_{\mathbf{k}j} = \frac{n}{m}\delta_{ij} . \tag{A9.5.6}$$

Hierbei ist $N_\mathrm{F} = D(\varepsilon_\mathrm{F})/V$ die Zustandsdichte bei der Fermi-Energie und $n = N/V$ die Teilchendichte.

Die für ein System aus Fermionen relevanten physikalischen Größen sind:

1. ***Teilchendichte:***

$$\begin{aligned} \delta n(\mathbf{r},t) &= \frac{1}{V}\sum_{\mathbf{k}\sigma}\delta f_\mathbf{k}(\mathbf{r},t) \\ &\overset{\text{lokal}}{\widehat{=}} \frac{1}{V}\sum_{\mathbf{k}\sigma}\varphi_\mathbf{k}\left[\delta\mu(\mathbf{r},t) - q\phi(\mathbf{r},t)\right] \\ &= N_\mathrm{F}\left[\delta\mu(\mathbf{r},t) - q\phi(\mathbf{r},t)\right] . \end{aligned} \tag{A9.5.7}$$

[1] Es gilt $\nabla_r\delta\varepsilon = q(\nabla_r\phi + \partial\mathbf{A}/\partial t) = -q\mathbf{E}$ mit der eichinvarianten Form der elektrischen Feldstärke $\mathbf{E} = -\nabla_r\phi - \partial\mathbf{A}/\partial t$.

2. ***Ladungsdichte:***

$$\delta\rho_q(\mathbf{r},t) = \frac{1}{V}\sum_{\mathbf{k}\sigma} q\,\delta f_{\mathbf{k}}(\mathbf{r},t) = q\,\delta n(\mathbf{r},t)\,. \tag{A9.5.8}$$

3. ***Energiedichte:***

$$\delta\varepsilon(\mathbf{r},t) = \frac{1}{V}\sum_{\mathbf{k}\sigma} \varepsilon_{\mathbf{k}}\delta f_{\mathbf{k}}(\mathbf{r},t) = \mu\,\delta n(\mathbf{r},t) + T\delta\sigma(\mathbf{r},t)\,. \tag{A9.5.9}$$

4. ***Entropiedichte:***

$$\begin{aligned} T\delta\sigma(\mathbf{r},t) &= \frac{1}{V}\sum_{\mathbf{k}\sigma} \xi_{\mathbf{k}}\delta f_{\mathbf{k}}(\mathbf{r},t) \\ &\overset{\text{lokal}}{=} \underbrace{\frac{1}{V}\sum_{\mathbf{k}\sigma} \varphi_{\mathbf{k}}\frac{\xi_{\mathbf{k}}^2}{T}}_{c_V(T)}\,\delta T(\mathbf{r},t) = c_V(T)\,\delta T(\mathbf{r},t)\,. \end{aligned} \tag{A9.5.10}$$

Die hierzu korrespondierenden Stromdichten erhalten wir durch die Ableitung der Erhaltungssätze für Teilchenzahl, Ladung und Energie aus der Boltzmann-Transportgleichung (A9.5.1) zu

1. ***Teilchenstromdichte:***

$$\begin{aligned} \frac{1}{V}\sum_{\mathbf{k}\sigma}\delta I_{\mathbf{k}}(\mathbf{r},t) &= \frac{\partial}{\partial t}\delta n(\mathbf{r},t) + \nabla\cdot\mathbf{J}(\mathbf{r},t) \\ \mathbf{J}(\mathbf{r},t) &= \frac{1}{V}\sum_{\mathbf{k}\sigma}\mathbf{v}_{\mathbf{k}}\left[\delta f_{\mathbf{k}} - \frac{\partial f_{\mathbf{k}}}{\partial\varepsilon_{\mathbf{k}}}\delta\varepsilon_{\mathbf{k}}\right]. \end{aligned} \tag{A9.5.11}$$

2. ***Ladungsstromdichte:***

$$\begin{aligned} \mathbf{J}_q(\mathbf{r},t) = q\mathbf{J}(\mathbf{r},t) &= \frac{1}{V}\sum_{\mathbf{k}\sigma} q\mathbf{v}_{\mathbf{k}}\left[\delta f_{\mathbf{k}} - \frac{\partial f_{\mathbf{k}}}{\partial\varepsilon_{\mathbf{k}}}\delta\varepsilon_{\mathbf{k}}\right] \\ &= \frac{1}{V}\sum_{\mathbf{k}\sigma} q\mathbf{v}_{\mathbf{k}}\delta f_{\mathbf{k}} - \frac{ne^2}{m}\mathbf{A}\,. \end{aligned} \tag{A9.5.12}$$

Die letzte Gleichheit gilt hierbei für eine sphärische Fermi-Fläche.

3. ***Energiestromdichte:***

$$\begin{aligned} \frac{1}{V}\sum_{\mathbf{k}\sigma}\varepsilon_{\mathbf{k}}\delta I_{\mathbf{k}}(\mathbf{r},t) &= \frac{\partial}{\partial t}\delta\varepsilon(\mathbf{r},t) + \nabla\cdot\mathbf{J}_\varepsilon(\mathbf{r},t) \\ \mathbf{J}_\varepsilon(\mathbf{r},t) &= \frac{1}{V}\sum_{\mathbf{k}\sigma}\varepsilon_{\mathbf{k}}\mathbf{v}_{\mathbf{k}}\left[\delta f_{\mathbf{k}} - \frac{\partial f_{\mathbf{k}}}{\partial\varepsilon_{\mathbf{k}}}\delta\varepsilon_{\mathbf{k}}\right] = \mu\mathbf{J}(\mathbf{r},t) + T\mathbf{J}_\sigma(\mathbf{r},t)\,. \end{aligned} \tag{A9.5.13}$$

4. ***Entropiestromdichte:***

$$\mathbf{J}_\sigma(\mathbf{r},t) = \frac{1}{V}\sum_{\mathbf{k}\sigma}\frac{\xi_{\mathbf{k}}}{T}\mathbf{v}_{\mathbf{k}}\left[\delta f_{\mathbf{k}} - \frac{\partial f_{\mathbf{k}}}{\partial\varepsilon_{\mathbf{k}}}\delta\varepsilon_{\mathbf{k}}\right] = \frac{1}{V}\sum_{\mathbf{k}\sigma}\frac{\xi_{\mathbf{k}}}{T}\mathbf{v}_{\mathbf{k}}\delta f_{\mathbf{k}}\,. \tag{A9.5.14}$$

5. ***Wärmestromdichte:***

$$\mathbf{J}_h(\mathbf{r},t) = T\mathbf{J}_\sigma(\mathbf{r},t) = \frac{1}{V}\sum_{\mathbf{k}\sigma} \xi_\mathbf{k}\mathbf{v}_\mathbf{k}\left[\delta f_\mathbf{k} - \frac{\partial f_\mathbf{k}}{\partial \varepsilon_\mathbf{k}}\delta\varepsilon_\mathbf{k}\right]$$
$$= \frac{1}{V}\sum_{\mathbf{k}\sigma} \xi_\mathbf{k}\mathbf{v}_\mathbf{k}\delta f_\mathbf{k}\,. \tag{A9.5.15}$$

Wir haben oben immer angenommen, dass die Beiträge vom Stoßintegral $\delta I_\mathbf{k}$ zu den Kontinuitätsgleichungen für die Dichten der Teilchenzahl, Ladung und Energie verschwinden. Aus der expliziten Form des Stoßintegrals

$$\delta I_\mathbf{k} = -\frac{1}{\tau}\left\{\delta f_\mathbf{k} - \varphi_\mathbf{k}\left[q\mathbf{v}_\mathbf{k}\cdot\mathbf{A} + \frac{\delta n}{N_\mathrm{F}} + \xi_\mathbf{k}\frac{\delta\sigma}{c_V}\right]\right\} \tag{A9.5.16}$$

erhalten wir im Einzelnen:

1. ***Teilchenzahl- und Ladungserhaltung:***

$$\frac{1}{V}\sum_{\mathbf{k}\sigma}\delta I_\mathbf{k} = -\frac{1}{\tau}\left\{\delta n - N_\mathrm{F}[\delta\mu - q\phi]\right\} = 0\,. \tag{A9.5.17}$$

2. ***Energieerhaltung:***

$$\frac{1}{V}\sum_{\mathbf{k}\sigma}\xi_\mathbf{k}\delta I_\mathbf{k} = -\frac{1}{\tau}\left\{T\delta\sigma - c_V\delta T\right\} = 0\,. \tag{A9.5.18}$$

Zur Beschreibung des Transports von Impuls (elektrische Leitfähigkeit) und Energie (Wärmeleitfähigkeit) müssen wir eine Gradientenentwicklung in der Boltzmann-Gleichung (A9.5.1) durchführen. Zu diesem Zweck ist es günstig, zu einer neuen Verteilungsfunktion $\delta g_\mathbf{k}$ überzugehen, die definiert ist durch

$$\delta g_\mathbf{k} = \delta f_\mathbf{k} - \varphi_\mathbf{k}\left[q\mathbf{v}_\mathbf{k}\cdot\mathbf{A} + \frac{\delta n}{N_\mathrm{F}} + \frac{\xi_\mathbf{k}}{T}\delta T\right]. \tag{A9.5.19}$$

Man beachte, dass die Beschreibung durch $\delta g_\mathbf{k}$ die erhaltenen Observablen herausprojiziert und sich somit auf die relevanten dissipativen Ströme konzentriert, die sich wie folgt durch $\delta g_\mathbf{k}$ ausdrücken lassen:

$$\mathbf{J}_q = \frac{1}{V}\sum_{\mathbf{k}\sigma} q\mathbf{v}_\mathbf{k}\delta g_\mathbf{k} \tag{A9.5.20}$$

$$\mathbf{J}_\sigma = \frac{1}{V}\sum_{\mathbf{k}\sigma}\frac{\xi_\mathbf{k}}{T}\mathbf{v}_\mathbf{k}\delta g_\mathbf{k}\,. \tag{A9.5.21}$$

Die Boltzmann-Gleichung für $\delta g_\mathbf{k}$ lautet

$$\left[\frac{\partial}{\partial t} + \mathbf{v}_\mathbf{k}\cdot\nabla\right]\delta g_\mathbf{k} + \varphi_\mathbf{k}\frac{\partial}{\partial t}\left[q\mathbf{v}_\mathbf{k}\cdot\mathbf{A} + \frac{\delta n}{N_\mathrm{F}} + \frac{\xi_\mathbf{k}}{T}\delta T\right]$$
$$+ \varphi_\mathbf{k}\mathbf{v}_\mathbf{k}\cdot\nabla\left[q\phi + \frac{\delta n}{N_\mathrm{F}} + \frac{\xi_\mathbf{k}}{T}\delta T\right] = -\frac{\delta g_\mathbf{k}}{\tau}\,. \tag{A9.5.22}$$

Wir erkennen, dass die durchgeführte Transformation zu einer eichinvarianten Form der elektrischen Feldstärke

$$\mathbf{E}(\mathbf{r},t) = -\nabla\phi(\mathbf{r},t) - \frac{\partial \mathbf{A}(\mathbf{r},t)}{\partial t} \tag{A9.5.23}$$

führt, die als Kraftterm in der Boltzmann-Gleichung auftritt:

$$\left[\frac{\partial}{\partial t} + \frac{1}{\tau} + \mathbf{v_k}\cdot\nabla\right]\delta g_{\mathbf{k}} + \varphi_{\mathbf{k}}\frac{\partial}{\partial t}\left[\frac{\delta n}{N_{\mathrm{F}}} + \frac{\xi_{\mathbf{k}}}{T}\delta T\right]$$
$$= \varphi_{\mathbf{k}}\mathbf{v_k}\cdot\left[q\mathbf{E} - \nabla\frac{\delta n}{N_{\mathrm{F}}} - \frac{\xi_{\mathbf{k}}}{T}\nabla\delta T\right]. \tag{A9.5.24}$$

Vernachlässigen wir in dieser Gleichung höhere Ordnungen in $\tau(\partial/\partial t)$ und in den Gradienten $\tau\mathbf{v_k}\cdot\nabla$, so ergibt sich die Transportgleichung

$$\delta g_{\mathbf{k}} = \tau\varphi_{\mathbf{k}}\mathbf{v_k}\cdot\left[q\mathbf{E} - \nabla\frac{\delta n}{N_{\mathrm{F}}} - \frac{\xi_{\mathbf{k}}}{T}\nabla\delta T\right]. \tag{A9.5.25}$$

In dieser Form kann die Boltzmann-Gleichung als Ausgangspunkt für die Berechnung der elektrischen und der diffusiven thermischen Leitfähigkeit sowie deren (thermoelektrischer) Kopplung dienen.

A9.6 Freies Elektronengas im Magnetfeld

Wir betrachten ein freies Elektronengas mit einer Dichte von $n = 2.54 \times 10^{22}\,\mathrm{cm}^{-3}$ (Natrium) und einem Volumen von $L_x L_y L_z = 1 \times 1 \times 1\,\mathrm{cm}^3$.

(a) Berechnen Sie aus der Anzahl N der Elektronen die Anzahl Z_{F} der im $\mathbf{k}$-Raum besetzten Zustände, den Radius k_{F} der Fermi-Kugel und die Anzahl Z_0 der in der Ebene $k_z = 0$ von Elektronen besetzten Zustände.

(b) Wir legen nun ein Magnetfeld $B = 1\,\mathrm{T}$ in z-Richtung an. Berechnen Sie die Anzahl der Kreise konstanter Energie $\epsilon(n, k_z = 0)$, die sich innerhalb der ursprünglichen Grenzen der Fermi-Kugel befinden. Zeigen Sie, dass der Entartungsgrad p eines solchen Kreises durch

$$p = \frac{L_x L_y\, eB}{2\pi\hbar}$$

gegeben ist und berechnen Sie den entsprechenden Wert. Welchen Radius besitzen die Extremalbahnen im Ortsraum?

(c) Bestimmen Sie die Flussdichte B_0, bei welcher der Landau-Zylinder $n = 1$ die ursprüngliche Fermi-Kugel verlässt. Bis zu welchem Wert $|k_z|$ sind die Zustände des Landau-Zylinders $n = 0$ besetzt? Vergleichen Sie den Wert von B_0 mit technisch realisierbaren Magnetfeldern.

(d) Wie groß muss die mittlere Stoßzeit der Elektronen mindestens sein, damit de Haas-van Alphen-Oszillationen bei $B = 1\,\mathrm{T}$ gut messbar sind?

Lösung

(a) Aufgrund der Quantisierung der erlaubten **k**-Werte in Einheiten der Größe $\frac{2\pi}{L_x}$, $\frac{2\pi}{L_y}$ und $\frac{2\pi}{L_z}$ entfällt auf jeden Zustand im **k**-Raum das Volumen $(2\pi)^3/L_xL_yL_z$ (siehe Abb. 9.1). Für die Dichte der Zustände im dreidimensionalen **k**-Raum erhalten wir damit

$$Z(\mathbf{k}) = \frac{L_xL_yL_z}{(2\pi)^3} = \frac{V}{(2\pi)^3}\,. \tag{A9.6.1}$$

Hierbei haben wir die Spin-Entartung außer Acht gelassen. Nach dem Pauli-Prinzip darf aber jeder Zustand mit zwei Elektronen entgegengesetzter Spin-Richtung besetzt werden. Bei einem Volumen von 1 cm^3 und einer Elektronendichte von $n = \frac{N}{V} = 2.54 \times 10^{22}$ cm^{-3} weist damit die Fermi-Kugel insgesamt $Z_\mathrm{F} = N/2 = 1.27 \times 10^{22}$ von Elektronen besetzte Zustände auf. Der Radius der Fermi-Kugel ergibt sich mit

$$N = 2\,Z(\mathbf{k})\,V_{k_\mathrm{F}} = 2\,\frac{V}{(2\pi)^3}\,\frac{4}{3}\pi k_\mathrm{F}^3 \tag{A9.6.2}$$

zu

$$k_\mathrm{F} = (3\pi^2 n)^{1/3}\,. \tag{A9.6.3}$$

Für die angegebene Elektronendichte erhalten wir $k_\mathrm{F} = 9.09 \times 10^9$ m^{-1}.

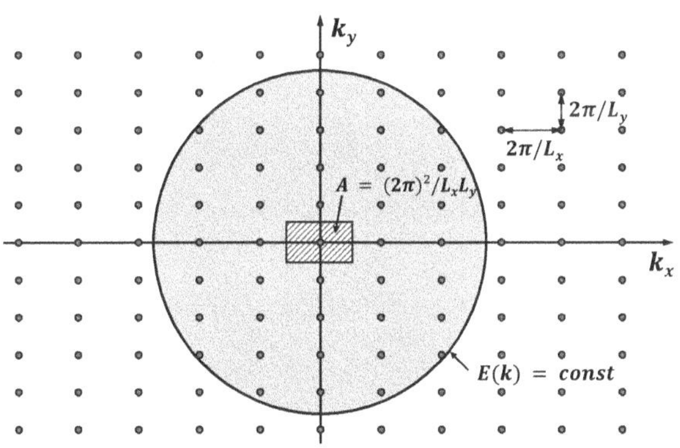

Abb. 9.1: Erlaubte Zustände im zweidimensionalen k-Raum und k-Raumfläche pro Zustand.

Da die Komponente k_z aller erlaubten Zustände im **k**-Raum immer ein ganzzahliges Vielfaches von $2\pi/L_z$ sein muss, können wir die Größe $2\pi/L_z$ als Dicke von Schichten mit k_z = const im **k**-Raum ansehen. Die Zahl der in der Schicht mit $k_z = 0$ mit Elektronen besetzten Zustände ergibt sich damit zu

$$Z_0 = Z(\mathbf{k}) \cdot \pi k_\mathrm{F}^2 \cdot \frac{2\pi}{L_z} = \frac{L_xL_y}{4\pi}\,k_\mathrm{F}^2 = 6.58 \times 10^{14}\,. \tag{A9.6.4}$$

(b) In Anwesenheit eines Magnetfeldes ordnen sich die Zustände im **k**-Raum auf konzentrischen Landau-Zylindern an (siehe Abb. 9.2 und 9.3), die wir mit einer Quantenzahl n charakterisieren können. Mit

$$\epsilon_n = \left(n + \frac{1}{2}\right)\hbar\omega_c = \hbar^2 k_\perp^2(n)/2m\,, \qquad \omega_c = eB/m \tag{A9.6.5}$$

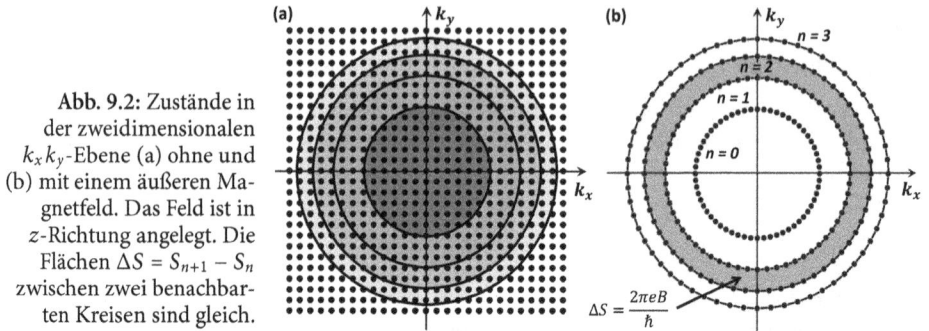

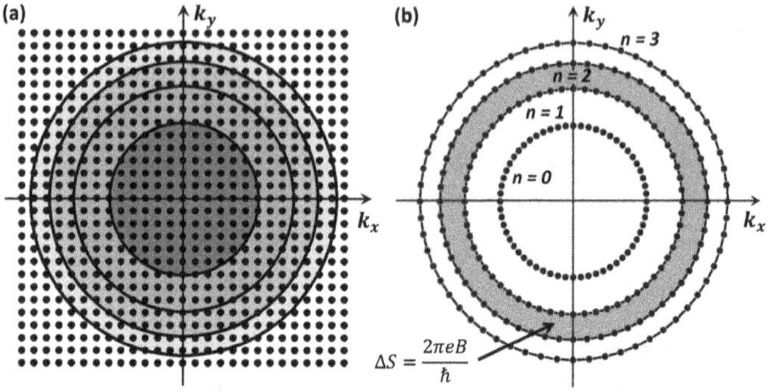

Abb. 9.2: Zustände in der zweidimensionalen $k_x k_y$-Ebene (a) ohne und (b) mit einem äußeren Magnetfeld. Das Feld ist in z-Richtung angelegt. Die Flächen $\Delta S = S_{n+1} - S_n$ zwischen zwei benachbarten Kreisen sind gleich.

($m_c = m$ für ein freies Elektronengas) erhalten wir den Radius der Landau-Zylinder zu

$$k_\perp(n) = \sqrt{\left(n + \frac{1}{2}\right)\frac{2eB}{\hbar}}\,. \tag{A9.6.6}$$

Mit dem Ansatz $k_\perp(n_{\max}) = k_F$ erhalten wir mit $k_F = 9.09 \times 10^9\,\mathrm{m}^{-1}$ aus (A9.6.6)

$$n_{\max} = \frac{\hbar k_F^2}{2eB} - \frac{1}{2}\,. \tag{A9.6.7}$$

Unter Benutzung von

$$\omega_c = 1.756\,792\,923 \times 10^{11}\,\mathrm{Hz} \cdot B\,[\mathrm{T}] \tag{A9.6.8}$$

ergibt sich für $B = 1\,\mathrm{T}$ der Zahlenwert

$$n_{\max} = 27\,216\,. \tag{A9.6.9}$$

Unter der Voraussetzung, dass jeder Kreis denselben Entartungsgrad p aufweist, folgt für den Entartungsgrad eines einzelnen Kreises der Wert

$$p = \frac{Z_0}{n_{\max}} = \frac{\frac{L_x L_y}{(2\pi)^2}\frac{\pi k_F^2}{2}}{\frac{\hbar k_F^2}{2eB} - \frac{1}{2}} \simeq \frac{L_x L_y}{2\pi}\frac{eB}{\hbar} = \frac{\Phi}{\tilde{\Phi}_0} = 2.42 \times 10^{10}\,, \tag{A9.6.10}$$

wobei $\Phi = L_x L_y B$ der magnetische Fluss durch die Probe und $\tilde{\Phi}_0 = h/e$ das „normalleitende" magnetische Flussquant ist.[2]
Für eine alternative Herleitung des analytischen Ausdrucks für p betrachten wir die von einem Landau-Zylinder umschlossene Fläche in der $k_x k_y$-Ebene (siehe Abb. 9.2)

$$S_n = \pi k_\perp^2(n) = \left(n + \frac{1}{2}\right)\frac{2\pi eB}{\hbar}\,. \tag{A9.6.11}$$

[2] Die Fluss-Quantisierung wurde zuerst in Supraleitern mit gepaarten Ladungsträgern (Cooper-Paare) entdeckt. Deshalb wurde das Fluss-Quant als $\Phi_0 = h/2e$ definiert.

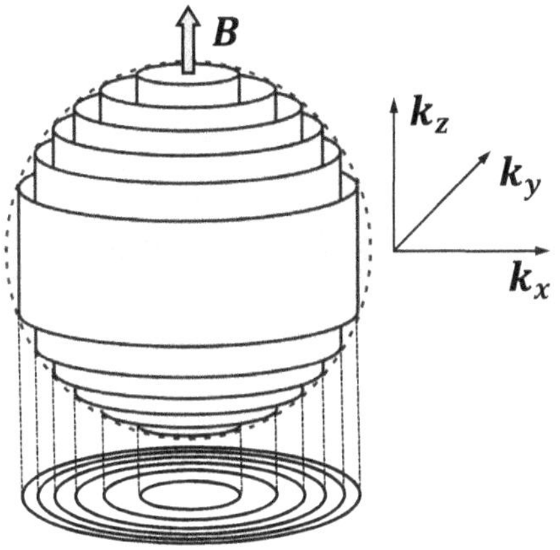

Abb. 9.3: Landau-Zylinder für freie Ladungsträger. Die ohne Magnetfeld im dreidimensionalen k-Raum gleichmäßig verteilten Zustände innerhalb der Fermi-Kugel werden durch das Magnetfeld auf Zylinder gezwungen. Die Fläche zwischen aufeinander folgenden Zylindern ist $\Delta S = 2\pi eB/\hbar = \text{const.}$

Die Fläche $\Delta S = S_{n+1} - S_n$ zwischen zwei benachbarten Zylindern ist offenbar eine von der Quantenzahl unabhängige Größe:

$$\Delta S = \frac{2\pi eB}{\hbar} . \tag{A9.6.12}$$

Damit folgt für den Entartungsgrad eines beliebigen, zur $k_x k_y$-Ebene parallelen Kreises konstanter Energie in einem Landau-Zylinder

$$p = Z(\mathbf{k}) \cdot \Delta S \cdot \frac{2\pi}{L_z} = \frac{L_x L_y L_z}{(2\pi)^3} \cdot \frac{2\pi eB}{\hbar} \cdot \frac{2\pi}{L_z} = \frac{L_x L_y}{2\pi} \frac{eB}{\hbar} = \frac{\Phi}{\tilde{\Phi}_0} . \tag{A9.6.13}$$

Der Radius der Extremalbahn im Ortsraum lässt sich aus der Bewegungsgleichung eines Elektrons ($q = -e$) im Magnetfeld

$$\hbar \frac{d\mathbf{k}}{dt} = -e \frac{d\mathbf{r}}{dt} \times \mathbf{B} \tag{A9.6.14}$$

berechnen. Das Bahnelement Δr bzw. die Fläche im Ortsraum A senkrecht zum Magnetfeld ergibt sich zu

$$\Delta r = \frac{\hbar}{eB} \Delta k \tag{A9.6.15}$$

$$A = \left(\frac{\hbar}{eB} \right)^2 S . \tag{A9.6.16}$$

Hieraus lässt sich der Radius r der Extremalbahnen im Ortsraum zu $r = \sqrt{A/\pi}$ berechnen.

Für Experimente ist interessant zu wissen, welche Feldänderung ΔB zur gleichen Größe S von zwei aufeinanderfolgenden Flächen, d. h. $S_n = S_{n+1} = S$ führt. Aus $S = (n + \gamma + 1) \frac{2\pi q}{\hbar} B_{n+1} = (n + \gamma) \frac{2\pi q}{\hbar} B_n$ bzw. $1/B_{n+1} = (n + \gamma + 1) \frac{2\pi q}{\hbar S}$ und $1/B_n = (n + \gamma) \frac{2\pi q}{\hbar S}$ erhalten wir

$$\Delta \left(\frac{1}{B} \right) = \left(\frac{1}{B_{n+1}} - \frac{1}{B_n} \right) = \frac{2\pi q}{\hbar S} . \tag{A9.6.17}$$

Wir erhalten also durch gleiche Zunahmen in $1/B$ gleiche Bahnen im **k**-Raum. Aufgrund dieser Tatsache zeigen physikalische Größen, die von der Dichte der Zustände an der Fermi-Energie abhängen, ein magnetooszillatorisches Verhalten mit einer konstanten „Frequenz" auf einer $1/B$-Skala. In Aufgabe A9.7 wird dies anhand des de Haas-van Alphen-Effekts (Oszillationen der Magnetisierung eines Metalls) diskutiert.

(c) Der Wert für die magnetische Flussdichte B_0, für die $k_\perp(n = 1) = k_\mathrm{F}$ wird, erhalten wir mit (A9.6.7) zu

$$B_0 = \frac{\hbar k_\mathrm{F}^2}{3e} = 18\,143\,\mathrm{T}\,. \qquad \text{(A9.6.18)}$$

Der nun vollständig besetzte Landau-Zylinder mit $n = 0$ besitzt nach (A9.6.13) den Entartungsgrad

$$p = \frac{\frac{L_x L_y}{4\pi} k_\mathrm{F}^2}{\frac{\hbar k_\mathrm{F}^2}{2eB_0} - \frac{1}{2}} = \frac{L_x L_y}{4\pi} k_\mathrm{F}^2 = 6.58 \times 10^{14}\,. \qquad \text{(A9.6.19)}$$

Da ferner die Gesamtzahl der von Elektronen besetzten Zustände durch

$$Z_\mathrm{F} = \frac{N}{2} = \frac{L_x L_y L_z}{(2\pi)^3} \frac{4}{3} \pi k_\mathrm{F}^3 \qquad \text{(A9.6.20)}$$

gegeben ist, enthält der entsprechende Landau-Zylinder insgesamt

$$\alpha = \frac{N}{2p} = \frac{2L_z}{3\pi} k_\mathrm{F} = 1.93 \times 10^7 \qquad \text{(A9.6.21)}$$

von Elektronen besetzte Kreise konstanter Energie. Die Gesamtlänge des von Elektronen besetzten Abschnittes des Landau-Zylinders erhalten wir, indem wir diese Zahl mit der Dicke $2\pi/L_z$ der Schichten mit $k_z = \mathrm{const}$ multiplizieren und erhalten $\alpha \cdot (2\pi/L_z) = \frac{4}{3}k_\mathrm{F}$. Dies entspricht besetzten Zuständen im Bereich $-\frac{2}{3}k_\mathrm{F} \leq k_z \leq +\frac{2}{3}k_\mathrm{F}$.

Die Durchführung eines Experiments, bei dem die Elektronen eines Metalls alle auf den Landau-Zylinder niedrigster Ordnung gezwungen werden, würde Felder in der Größenordnung von einigen 10 000 T erfordern, die technisch nicht realisierbar sind. Mit gepulsten Magnetfeldern können heute nur etwa 100 T erreicht werden. Höhere Felder bis etwa 2500 T können zwar mit Hilfe von Implosionstechniken erzielt werden, bei denen Magnetfelder mit Hilfe von Sprengstoff komprimiert werden, allerdings erlaubt diese Technik dann nur sehr kurze Messzeiten und führt zu einer Zerstörung der untersuchten Probe. Gleichung (A9.6.18) zeigt, dass wir eine Realisierung bei niedrigeren Feldern erreichen können, wenn wir Materialien mit einer kleinen Fermi-Wellenzahl k_F oder äquivalent mit einer kleinen Elektronendichte n verwenden. Heute können mit Halbleiter-Heterostrukturen zweidimensionale Elektronengase mit niedriger Ladungsträgerdichte realisiert werden, bei denen mit Feldern im Bereich von einigen Tesla alle Elektronen auf den Landau-Kreis niedrigster Ordnung gezwungen werden können.

(d) Damit de Haas-van Alphen-Oszillationen (siehe Aufgabe A9.7) gut beobachtbar sind, muss die Bedingung

$$\omega_c \tau = \frac{eB}{m} \tau \geq 1 \quad \Rightarrow \quad \tau \geq \frac{m}{eB} \qquad \text{(A9.6.22)}$$

erfüllt sein. Diese Bedingung bedeutet, dass Elektronen zwischen zwei Stößen ein geschlossenes Orbit durchlaufen können. Bei einem Magnetfeld von $B = 1\,\mathrm{T}$ ergibt dies $\tau \geq 5.69 \times 10^{-12}$ s. Ferner muss

$$\frac{\hbar\omega_c}{k_B T} \geq 1 \quad \Rightarrow \quad \frac{B}{T} \geq \frac{mk_B}{e\hbar} = 0.74\left[\frac{\mathrm{T}}{\mathrm{K}}\right] \tag{A9.6.23}$$

gelten. Wir müssen also Experimente bei hohen Magnetfeldern und tiefen Temperaturen durchführen.

A9.7 De Haas-van Alphen-Effekt

Die Messung der magnetischen Suszeptibilität $\chi = \mu_0 \partial M/\partial B$ von reinen Metallen zeigt bei tiefen Temperaturen eine oszillierende Abhängigkeit vom angelegten Magnetfeld. Die Oszillationen sind periodisch in $1/B$. Dieser Effekt wird de Haas-van Alphen-Effekt genannt. Mit Hilfe der Beziehung [vgl. Gl. (A9.6.17)]

$$\Delta\left(\frac{1}{B}\right) = \left(\frac{1}{B_{n+1}} - \frac{1}{B_n}\right) = \frac{2\pi e}{\hbar S}$$

erlaubt die Messung des de Haas-van Alphen-Effekts die Bestimmung der Extremalflächen S der Fermi-Fläche, welche im **k**-Raum von Elektronenbahnen senkrecht zur Richtung des magnetischen Feldes umschlossen werden.

(a) Betrachten Sie das Elektronengas von Gold als ein System freier Elektronen mit der Dichte $n = 5.9 \times 10^{22}\,\mathrm{cm}^{-3}$ und schätzen Sie ab, welche Größe für die Extremalfläche der Fermi-Kugel zu erwarten ist.
(b) Im Experiment beobachten wir für ein Feld parallel zur [001]-Richtung eines Gold-Einkristalls Oszillationen mit einer Periode von $\Delta(1/B) = 1.95 \times 10^{-5}\,\mathrm{T}^{-1}$. Ist das Magnetfeld dagegen parallel zur [111]-Richtung, so werden zwei sich überlagernde Oszillationen mit den Perioden $2.05 \times 10^{-5}\,\mathrm{T}^{-1}$ und $6 \times 10^{-4}\,\mathrm{T}^{-1}$ beobachtet. Berechnen Sie jeweils die Größe der dazugehörigen Extremalfläche S und interpretieren Sie die Ergebnisse anhand der Fermi-Fläche von Gold (siehe Abb. 9.4).
(c) Berechnen Sie die Periode $\Delta(1/B)$ für Natrium im Rahmen eines freien Elektronengasmodells. Welchen Radius besitzen die Extremalbahnen im Ortsraum bei $B = 10\,\mathrm{T}$? Natrium bestizt ein bcc-Gitter mit einer Gitterkonstanten von $a = 4.29$ Å.

Lösung

(a) Für ein freies Elektronengas ist die Fermi-Fläche eine Kugeloberfläche, deren Extremalfläche durch die maximale Querschnittsfläche $S = \pi \mathbf{k}_F^2$ gegeben ist, die für alle Richtungen gleich ist. Die Fermi-Wellenzahl ist im Modell freier Elektronen durch

$$k_F = (3\pi^2 n)^{1/3} \tag{A9.7.1}$$

gegeben. Setzen wir $n = 5.9 \times 10^{22}\,\mathrm{cm}^{-3}$ ein, so erhalten wir $k_F = 1.2 \times 10^8\,\mathrm{cm}^{-1}$ und damit die Größe der Extremalfläche zu $S(k_F) = S_F = 4.56 \times 10^{16}\,\mathrm{cm}^{-2}$.

(b) Die Größe einer Extremalfläche lässt sich über die Beziehung (vgl. Gl. (A9.6.17) in Aufgabe A9.6)

$$\Delta\left(\frac{1}{B}\right) = \left(\frac{1}{B_{n+1}} - \frac{1}{B_n}\right) = \frac{2\pi e}{\hbar S} \tag{A9.7.2}$$

aus der gemessenen Magnetfeldperiode $\Delta(1/B)$ bestimmen. Mit dem Zahlenwert

$$\frac{\hbar}{e} = 6.58 \cdot 10^{-12}\,\mathrm{T\,cm^2}$$

erhalten wir für die [001]-Richtung mit der beobachteten Periode von $1.95 \times 10^{-5}\,\mathrm{T^{-1}}$ die Extremalfläche

$$S_\mathrm{F}^{[001]} = \frac{2\pi}{6.58 \cdot 10^{-12}} \frac{1}{1.95 \cdot 10^{-5}}\,\mathrm{cm^{-2}} = 4.89 \cdot 10^{16}\,\mathrm{cm^{-2}}\,.$$

Diese Fläche stimmt gut mit der im Rahmen der Näherung des freien Elektronengases bestimmten Fläche $S_\mathrm{F} = 4.56 \times 10^{16}\,\mathrm{cm^{-2}}$ überein.
Für die [111]-Richtung erhalten wir für die Periode $2.05 \times 10^{-5}\,\mathrm{T^{-1}}$ die Extremalfläche

$$S_\mathrm{F}^{[111]} = \frac{2\pi}{6.58 \cdot 10^{-12}} \frac{1}{2.05 \cdot 10^{-5}}\,\mathrm{cm^{-2}} = 4.66 \cdot 10^{16}\,\mathrm{cm^{-2}}\,,$$

die wiederum der im Rahmen des freien Elektronengases bestimmten Fläche sehr nahe kommt. Die Ursache dafür ist, dass die beiden Extremalflächen den Querschnittsflächen einer nur leicht verformten Fermi-Kugel entsprechen (siehe Abb. 9.4). Die zusätzliche

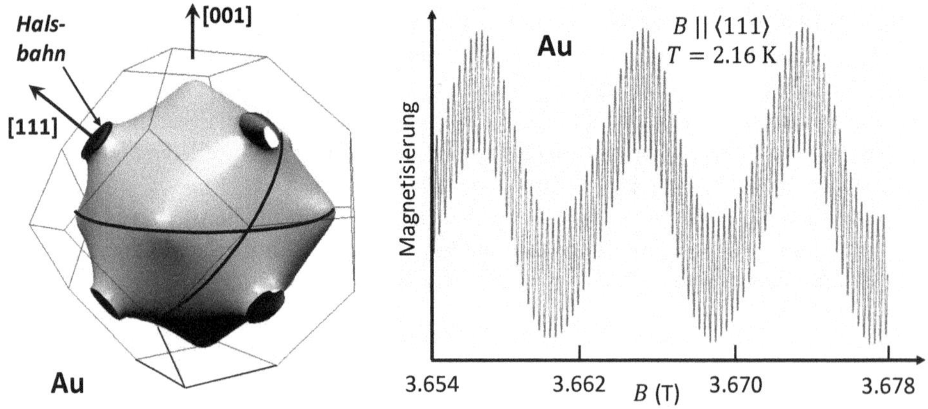

Abb. 9.4: Links: Extremalbahnen für die Fermi-Fläche von Gold für ein in [111]- und [001]-Richtung angelegtes Magnetfeld. Gold besitzt ein kubisch flächenzentriertes (fcc) Raumgitter und damit ein kubisch raumzentriertes (bcc) reziprokes Gitter. Die erste Brilloiun-Zone ist ein abgestumpfter Oktaeder mit 8 Sechsecken und 6 Quadraten (Quelle: T.-S. Choy, J. Naset, J. Chen, S. Hershfield, C. Stanton, *A database of Fermi surface in virtual reality modeling language (vrml)*, Bull. Am. Phys. Soc. **45**, L36 42 (2000)). Rechts: Magnetische Suszeptibilität $\chi = \mu_0 \partial M/\partial B$ als Funktion der Magnetfeldstärke B entlang der [111]-Richtung (Quelle: B. Lengeler, Springer Tracts Mod. Phys. **82**, 1 (1978)).

Periode von $6 \times 10^{-4}\,\mathrm{T}^{-1}$ entspricht einer wesentliche kleineren Extremalfläche von

$$S_F^{\mathrm{Hals}} = \frac{2\pi}{6.58 \cdot 10^{-12}} \frac{1}{6 \cdot 10^{-4}}\,\mathrm{cm}^{-2} = 0.16 \cdot 10^{16}\,\mathrm{cm}^{-2} .$$

Diese Fläche entspricht den so genannten Halsbahnen, die durch die in [111]-Richtung verlaufenden Ausläufer der Fermi-Fläche entstehen.
In Abb. 9.4 resultieren die langsamen Oszillationen aus den Halsbahnen, da hier die magnetische Suszeptibilität gegen B und nicht gegen $1/B$ aufgetragen ist. Da $\delta B = B_{n+1} - B_n \ll B_n$, können wir schreiben

$$\left(\frac{1}{B_{n+1}} - \frac{1}{B_n}\right) = \frac{-\delta B}{B_{n+1} B_n} \simeq \frac{-\delta B}{B_n^2} = \frac{2\pi e}{\hbar S_F} . \tag{A9.7.3}$$

Das heißt, es gilt in guter Näherung $|\delta B| \propto 1/S_F$. Die kleine Halsquerschnittsfläche S_F^{Hals} führt somit zu einer großen Oszillationsperiode $|\delta B|$, während die große Querschnittsfläche $S_F^{[111]}$ zu einer kleinen führt.

(c) Bei völlig freien Elektronen würde der Radius der Fermi-Kugel gerade

$$k_F = \left(3\pi^2 \frac{N}{V}\right)^{1/3} \tag{A9.7.4}$$

betragen. Da wir bei einer bcc-Struktur in jeder konventionellen Zelle 2 Natriumatome haben, gilt ferner

$$\frac{N}{V} = \frac{2}{a^3} . \tag{A9.7.5}$$

Setzen wir diesen Wert in (A9.7.4) ein, so erhalten wir

$$k_F = \left(\frac{6\pi^2}{a^3}\right)^{1/3} \simeq \frac{3.898}{a} = 0.9085\,\text{Å}^{-1} . \tag{A9.7.6}$$

Der kürzeste Abstand des Zentrums der 1. Brillouin-Zone zum Zonenrand beträgt für die 1. Brillouin-Zone eines fcc-Gitters (das reziproke Gitter eines bcc-Gitters ist ein fcc-Gitter) gerade $\frac{1}{4}\frac{4\pi}{a}\sqrt{2} \simeq \frac{4.44}{a}$ (siehe Abb. 9.5). Wir sehen, dass dieser Wert größer ist als k_F. Das heißt, die Fermi-Kugel der völlig freien Elektronen berührt den Zonenrand der 1. Brillouin-Zone nicht. Deshalb sollte die Fermi-Fläche der Kristallelektronen von Natrium derjenigen der freien Elektronen sehr ähnlich sein, da ja große Abweichungen nur in der Nähe des Zonenrandes auftreten. Wie Abb. 9.6 zeigt, ist dies für Natrium in der Tat der Fall.
Mit $S(k_F) = S_F = \pi k_F^2 = 2.59 \times 10^{20}\,\mathrm{m}^{-2}$ und Gl. (A9.7.2) erhalten wir

$$\Delta\left(\frac{1}{B}\right) = \left(\frac{1}{B_{n+1}} - \frac{1}{B_n}\right) = \frac{2\pi e}{\hbar}\frac{1}{S_F} = 3.68 \times 10^{-5}\,\mathrm{T}^{-1} . \tag{A9.7.7}$$

Mittels der Bewegungsgleichung eines Elektrons der Ladung $q = -e$ im Magnetfeld

$$\hbar \frac{d\mathbf{k}}{dt} = -e \frac{d\mathbf{r}}{dt} \times \mathbf{B} \tag{A9.7.8}$$

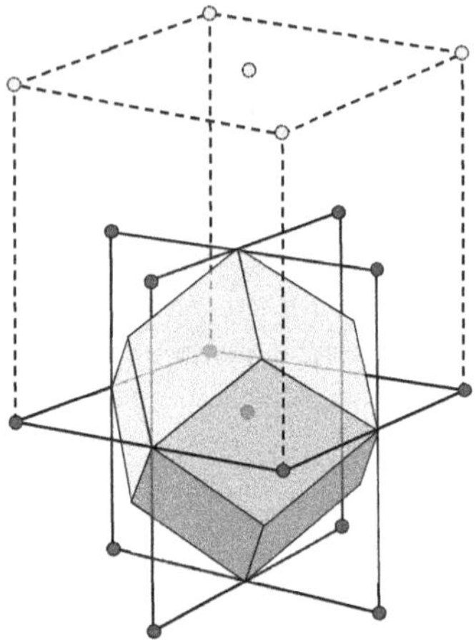

Abb. 9.5: Die 1. Brillouin-Zone eines bcc-Gitters. Sie entspricht der Wigner-Seitz-Zelle eines fcc-Gitters im direkten Raum.

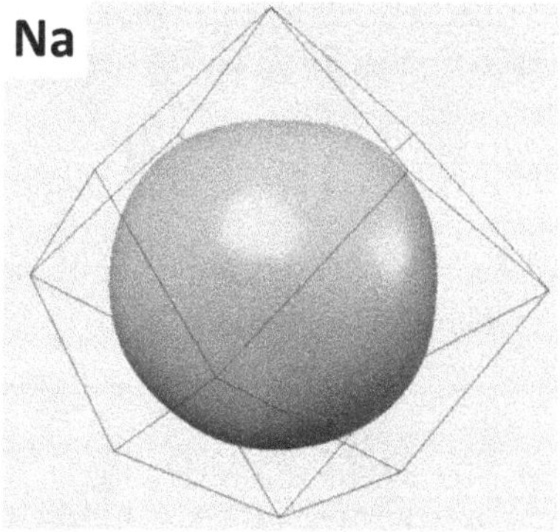

Abb. 9.6: Fermi-Fläche von Natrium. Natrium besitzt ein kubisch raumzentriertes (bcc) Raumgitter und damit ein kubisch flächenzentriertes (fcc) reziprokes Gitter. Die erste Brillouin-Zone ist ein rhombisches Dodekaeder (Quelle: T.-S. Choy, J. Naset, J. Chen, S. Hershfield, C. Stanton, *A database of Fermi surface in virtual reality modeling language (vrml)*, Bull. Am. Phys. Soc. **45**, L36 42 (2000)).

kann das Bahnelement Δr bzw. die Fläche im Ortsraum A senkrecht zum Magnetfeld berechnet werden:

$$\Delta r = \frac{\hbar}{eB}\Delta k \tag{A9.7.9}$$

$$A = \left(\frac{\hbar}{eB}\right)^2 S\,. \tag{A9.7.10}$$

Mit dieser Beziehung zwischen der Bahnfläche A im Ortsraum und S im $\mathbf{k}$-Raum erhalten wir für $B = 10\,\mathrm{T}$ und $S(k_\mathrm{F}) = S_\mathrm{F} = \pi k_\mathrm{F}^2 = 2.59 \times 10^{20}\,\mathrm{m}^{-2}$

$$\begin{aligned} A_\mathrm{F} &= \left(\frac{\hbar}{eB}\right)^2 S_\mathrm{F} \\ &= \left(\frac{1.05 \times 10^{-34}}{1.6 \times 10^{-19} \cdot 10}\right)^2 2.59 \times 10^{20}\,\mathrm{m}^2 = 1.12 \times 10^{-12}\,\mathrm{m}^2 \end{aligned} \tag{A9.7.11}$$

und damit den Radius der Extremalbahn im Ortsraum zu $r = 5.98 \times 10^{-7}$ m.

A9.8 Extremalbahnen im reziproken Raum

In einem homogenen Magnetfeld B bewegen sich Kristallelektronen im $\mathbf{k}$-Raum auf Bahnen, die auf Flächen konstanter Energie verlaufen und deren Bahnfläche senkrecht zum angelegten Magnetfeld ist. Für geschlossene Bahnen ist die Umlaufzeit durch

$$T(\epsilon, \mathbf{k}) = \frac{\hbar^2}{eB}\frac{\partial S_\varepsilon}{\partial \varepsilon}$$

gegeben, wobei S_ϵ die von der Elektronenbahn im $\mathbf{k}$-Raum umschlossene Fläche konstanter Energie ε senkrecht zu $\mathbf{B}$ ist.

(a) Begründen Sie qualitativ, warum im Experiment (zum Beispiel beim de Haas-van Alphen-Effekt oder der Zyklotronresonanz) immer nur extremale Bahnen von Elektronen, die sich auf Flächen konstanter Energie bewegen, beobachtet werden.

(b) Welche Form besitzen die Extremalbahnen im $\mathbf{k}$-Raum, wenn für die Elektronen eine isotrope $\epsilon(k)$ Beziehung

$$\epsilon(k) = \frac{\hbar^2}{2m^\star}\mathbf{k}^2$$

angenommen wird. Berechnen Sie die resultierende Zyklotronfrequenz $\omega_c = eB/m_c$ und zeigen Sie, dass für den angenommenen Spezialfall die Zyklotronmasse m_c mit der effektiven Masse $m^\star$ übereinstimmt.

(c) Betrachten Sie Flächen konstanter Energie, die Rotationsellipsoide

$$\varepsilon(k) = \hbar^2\left(\frac{k_x^2 + k_y^2}{2m_t} + \frac{k_z^2}{2m_l}\right)$$

mit den transversalen und longitudinalen effektiven Massen m_t und m_l darstellen. Berechnen Sie die Zyklotronfrequenz ω_c für $\mathbf{B}\|z$ und leiten Sie daraus die Zyklotronmasse m_c ab. Was passiert, wenn wir das Magnetfeld senkrecht zur z-Richtung anlegen?

Lösung

(a) Um die Frage zu diskutieren, warum sich im Experiment nur Extremalbahnen von Elektronen beobachten lassen, betrachten wir die in Abb. 9.7 gezeigte Fläche konstanter Energie.

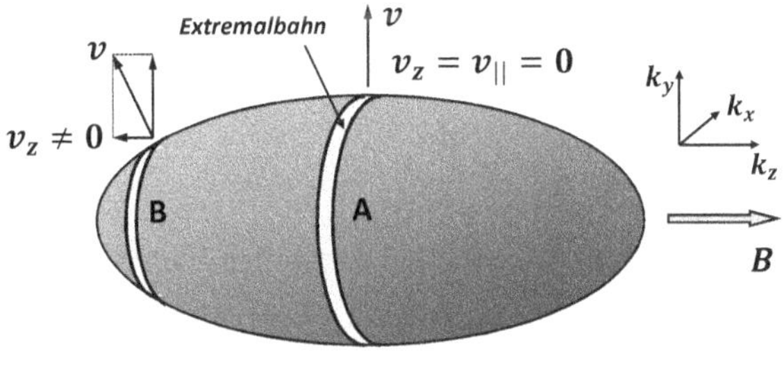

Abb. 9.7: Elliptischer Fermi-Körper zur Veranschaulichung von Extremalbahnen.

Benachbarte Bahnen, die unterschiedliche Wellenzahlkomponenten $k_\parallel$ parallel zum anliegenden Magnetfeld haben, besitzen mehr oder weniger stark voneinander abweichende Umlaufzeiten T. Das Besondere der Extremalbahnen ist die Tatsache, dass hier die Änderung der Umlaufzeit infolge einer Änderung von $k_\parallel$ verschwindet. Die Beiträge von benachbarten Bahnen in der Umgebung der Extremalbahn, die phasengleich durchlaufen werden, verstärken sich somit und führen zu einem experimentell beobachtbaren Messsignal. Im Fall der Zyklotronresonanz tragen zum Beispiel die Elektronen im Bereich des mit A gekennzeichneten Bereichs zur Zyklotronresonanz bei. Die Bahnen im mit B gekennzeichneten Bereich besitzen alle stark voneinander abweichende Umlaufzeiten, so dass sich ihre Beiträge gegenseitig kompensieren. Die Elektronen aus diesem Bereich führen also zu keiner Resonanzerscheinung.

(b) Für eine isotrope $\varepsilon(\mathbf{k})$-Beziehung

$$\varepsilon(\mathbf{k}) = \frac{\hbar^2 \mathbf{k}^2}{2m^\star} \qquad \text{(A9.8.1)}$$

sind die Flächen konstanter Energie Kugeloberflächen, wobei der Radius der Kugel durch

$$k(\varepsilon) = \frac{1}{\hbar}\sqrt{2m^\star \varepsilon} \qquad \text{(A9.8.2)}$$

gegeben ist. Das bedeutet, dass die Flächen S_ε konstanter Energie ϵ auch Flächen $S_\mathbf{k}$ mit einem konstanten Betrag k der Wellenzahl entsprechen. Für die Umlaufzeit erhalten wir

$$T(\varepsilon, k) = \frac{\hbar^2}{eB}\left.\frac{\partial S(\varepsilon)}{\partial \varepsilon}\right|_{\varepsilon=\text{const.}} = 2\pi\frac{m^\star}{eB}\,. \qquad \text{(A9.8.3)}$$

Wir sehen, dass die Umlaufzeit T unabhängig von ε und k ist. Für die Zyklotronfrequenz erhalten wir

$$\omega_c = \frac{2\pi}{T_\varepsilon} = \frac{eB}{m^\star}\,. \qquad \text{(A9.8.4)}$$

Durch Vergleich dieses Ausdrucks mit der Definition $\omega_c = eB/m_c$ der Zyklotronfrequenz sehen wir sofort, dass für den betrachteten Spezialfall $m_c = m^\star$ gilt.

(c) Die Beziehung

$$\varepsilon(\mathbf{k}) = \frac{\hbar^2(k_x^2 + k_y^2)}{2m_t} + \frac{\hbar^2 k_z^2}{2m_l} \qquad \text{(A9.8.5)}$$

lässt sich in

$$1 = \frac{k_x^2}{2m_t\varepsilon/\hbar^2} + \frac{k_y^2}{2m_t\varepsilon/\hbar^2} + \frac{k_z^2}{2m_l\varepsilon/\hbar^2} \qquad \text{(A9.8.6)}$$

umformen. Dies ist die Bestimmungsgleichung eines Ellipsoids mit den Halbachsen

$$a = b = \frac{1}{\hbar}\sqrt{2m_t\varepsilon} \qquad c = \frac{1}{\hbar}\sqrt{2m_l\varepsilon}\,. \qquad \text{(A9.8.7)}$$

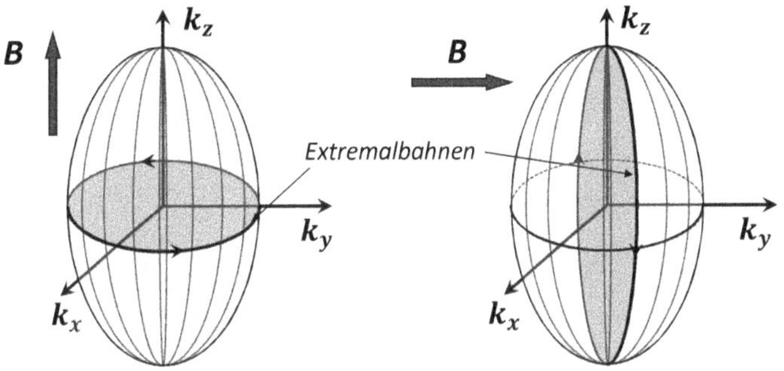

Abb. 9.8: Zur Veranschaulichung der Extremalbahnen bei Vorliegen eines elliptischen Fermi-Körpers.

Für $\mathbf{B}\|\hat{\mathbf{z}}$ umschließen die Extremalbahnen der Ladungsträger eine kreisförmige Fläche der Größe (siehe Abb. 9.8)

$$S_{\mathbf{k}} = \pi a^2 = \frac{2\pi}{\hbar^2} m_t \varepsilon \,. \tag{A9.8.8}$$

Mit (A9.8.3) und (A9.8.4) folgt daraus die Zyklotronfrequenz

$$\omega_c = \frac{eB}{m_t} \,. \tag{A9.8.9}$$

Wir sehen, dass in diesem Fall die Zyklotronmasse mit der transversalen effektiven Masse m_t übereinstimmt.
Für $\mathbf{B} \perp \hat{\mathbf{z}}$ umschließen die Extremalbahnen der Ladungsträger eine Ellipsenfläche der Größe

$$S_{\mathbf{k}} = \pi a c = \frac{2\pi}{\hbar^2} \sqrt{m_t m_l}\, \varepsilon \,. \tag{A9.8.10}$$

Die resultierende Zyklotronfrequenz ist

$$\omega_c = \frac{eB}{\sqrt{m_t m_l}} \,. \tag{A9.8.11}$$

In diesem Fall hat also die Zyklotronmasse den Wert $m_c = \sqrt{m_t m_l}$. Die entsprechenden Extremalbahnen im reziproken Raum sind in Abb. 9.8 dargestellt.

10 Halbleiter

A10.1 Hall-Effekt und elektrische Leitfähigkeit von Halbleitern

Durch die Messung der elektrischen Leitfähigkeit und des Hall-Effekts als Funktion der Temperatur lassen sich zahlreiche charakteristische Parameter von Halbleitern bestimmen.

Da der Ladungstransport in Halbleitern sowohl durch die Elektronen im Leitungsband als auch die Löcher im Valenzband erfolgt, muss für den Hall-Koeffizienten der Zweiband-Ausdruck (vergleiche hierzu Aufgabe A7.12)

$$R_{\mathrm{H}} = \frac{\sigma_h \mu_h - \sigma_e \mu_e}{(\sigma_e + \sigma_h)^2} \; .$$

verwendet werden, wobei $\tau_{e,h}$ und $m^\star_{e,h}$ die Streuzeiten und effektiven Massen der beiden Ladungsträgersorten (Elektronen und Löcher) und $\sigma_e = n_c e^2 \tau_e / m_e^\star$ bzw. $\sigma_h = p_v e^2 \tau_h / m_h^\star$ die mit den beiden Ladungsträgertypen verbundenen elektrischen Leitfähigkeiten sind. Hierbei ist p_v die Dichte der Löcher im Valenzband und n_c die Dichte der Elektronen im Leitungsband.

(a) Leiten Sie den Ausdruck für R_{H} her und drücken Sie den Hall-Koeffizienten als Funktion der Beweglichkeiten und der Ladungsträgerdichten aus.
(b) Leiten Sie Ausdrücke für den Hall-Koeffizienten eines Halbleiters bei reiner Eigenleitung und bei reiner Störstellenleitung (für n- und p-Halbleiter) her und diskutieren Sie das Vorzeichen des Hall-Koeffizienten.
(c) Wie lassen sich durch Messung der Temperaturabhängigkeit des Hall-Koeffizienten die Energielücke E_g eines Halbleiters sowie bei einem n-Typ Halbleiter der Abstand E_d des Donatorniveaus von der Leitungsbandkante bzw. bei einem p-Typ Halbleiter der Abstand E_a des Akzeptorniveaus von der Valenzbandkante bestimmen?
(d) Lässt sich durch Messung des Hall-Effekts die Dichte n_D der Donatoren in einem n-Typ Halbleiter bzw. die Dichte n_A der Akzeptoren in einem p-Typ Halbleiter bestimmen? Wenn ja, in welchem Temperaturbereich muss die Messung stattfinden?
(e) Wie kann man durch Messung der Hall-Konstanten und der elektrischen Leitfähigkeit die Beweglichkeiten μ_e und μ_h im Fall reiner Störstellenleitung und im Fall reiner Eigenleitung bestimmen?
Hinweis: Nehmen Sie an, dass Sie die effektiven Massen $m_e^\star$ bzw. $m_h^\star$ bereits durch Messung der Zyklotronresonanz bestimmt haben.

Lösung

(a) Um den Zweiband-Modell-Ausdruck für den Hall-Koeffizienten abzuleiten, müssen wir nur beachten, dass sich die Ströme von Elektronen und Löchern addieren. Wir wieder-

https://doi.org/10.1515/9783110782530-010

holen zunächst die Ableitung des Hall-Koeffizienten R_H im Einband-Modell (gewöhnlicher Hall-Effekt) im Rahmen des Drude-Modells. Unter Berücksichtigung der Lorentz-Kraft verallgemeinert sich die Relaxationsgleichung für die elektrische Stromdichte $\mathbf{J}_q$ [vergleiche hierzu Aufgabe A7.10, Gleichung (A7.10.11)]:

$$\left(\frac{\partial}{\partial t}+\frac{1}{\tau}\right)\mathbf{J}=\frac{nq^2}{m^*}\left[\mathbf{E}+\mathbf{v}\times\mathbf{B}\right] . \tag{A10.1.1}$$

Unter Benutzung einer harmonischen Zeitabhängigkeit der Stromdichte $\mathbf{J}(t)=\mathbf{J}_q\exp(-\imath\omega t)$ ergibt sich

$$\left(-\imath\omega+\frac{1}{\tau}\right)\mathbf{J}_q=\frac{nq^2}{m^*}\left[\mathbf{E}+\mathbf{v}\times\mathbf{B}\right] . \tag{A10.1.2}$$

Mittels der Zyklotronfrequenz $\boldsymbol{\omega}_c=\frac{q\mathbf{B}}{m^*}$ und der Stromdichte $\mathbf{J}_q=qn\mathbf{v}$ erhalten wir im Limes $\omega\tau\ll 1$:

$$\mathbf{J}_q=\frac{nq^2\tau}{m^*}\mathbf{E}+\mathbf{J}_q\times\boldsymbol{\omega}_c\tau , \tag{A10.1.3}$$

bzw. mit der Leitfähigkeit $\sigma_0=\frac{nq^2\tau}{m^*}$ und $\mathbf{s}_c=\boldsymbol{\omega}_c\tau$

$$\mathbf{J}_q=\sigma_0\mathbf{E}+\mathbf{J}_q\times\mathbf{s}_c . \tag{A10.1.4}$$

Erweitern wir diese Gleichung mit dem Kreuzprodukt $\times\mathbf{s}_c$

$$\begin{aligned}\mathbf{J}_q\times\mathbf{s}_c&=\sigma_0\mathbf{E}\times\mathbf{s}_c+\left(\mathbf{J}_q\times\mathbf{s}_c\right)\times\mathbf{s}_c\\&=\sigma_0\mathbf{E}\times\mathbf{s}_c-\mathbf{s}_c^2\mathbf{J}_q+\mathbf{s}_c\left(\mathbf{s}_c\cdot\mathbf{J}_q\right) ,\end{aligned} \tag{A10.1.5}$$

führt dies auf

$$\mathbf{J}_q=\frac{\sigma_0}{1+\mathbf{s}_c^2}\left[\mathbf{E}-\mathbf{s}_c\times\mathbf{E}+\mathbf{s}_c\left(\mathbf{s}_c\cdot\mathbf{E}\right)\right] . \tag{A10.1.6}$$

Mit $\mathbf{B}=B_z\mathbf{z}$ ergibt sich daraus

$$\mathbf{J}_q=\widehat{\sigma}\cdot\mathbf{E}=\frac{\sigma_0}{1+(\omega_c\tau)^2}\begin{pmatrix}1&+\omega_c\tau&0\\-\omega_c\tau&1&0\\0&0&1+(\omega_c\tau)^2\end{pmatrix}\cdot\mathbf{E} . \tag{A10.1.7}$$

Der inverse Zusammenhang zwischen $\mathbf{E}$ und $\mathbf{J}_q$ liefert den Widerstandstensor $\widehat{\rho}$

$$\mathbf{E}=\widehat{\sigma}^{-1}\cdot\mathbf{J}_q=\widehat{\rho}\cdot\mathbf{J}_q . \tag{A10.1.8}$$

Hierbei ist

$$\begin{aligned}\widehat{\rho}&=\frac{1}{\sigma_{xx}^2\sigma_{zz}+\sigma_{xy}^2\sigma_{zz}}\begin{pmatrix}\sigma_{xx}\sigma_{zz}&-\sigma_{xy}\sigma_{zz}&0\\+\sigma_{xy}\sigma_{zz}&\sigma_{xx}\sigma_{zz}&0\\0&0&\sigma_{xy}^2-\sigma_{zz}^2\end{pmatrix}\\&=\frac{1}{\sigma_{xx}^2+\sigma_{xy}^2}\begin{pmatrix}1&+\omega_c\tau&0\\-\omega_c\tau&1&0\\0&0&1\end{pmatrix} .\end{aligned} \tag{A10.1.9}$$

Nehmen wir an, dass $\mathbf{J}_q = J_x\mathbf{x}$, so folgt aus $\mathbf{E} = \widehat{\rho} \cdot \mathbf{J}_q$

$$E_y = \rho_{yx} J_x = R_\mathrm{H} B_z J_x \,, \tag{A10.1.10}$$

mit dem Hall-Koeffizienten

$$R_\mathrm{H} \equiv \frac{\rho_{yx}}{B_z} = \frac{1}{B_z} \frac{\sigma_{xy}}{\sigma_{xx}^2 + \sigma_{xy}^2} \,. \tag{A10.1.11}$$

Üblicherweise ist $\omega_c \tau \ll 1$ und wir können die Näherungen $\sigma_{xx} \simeq \sigma_0$ und $\sigma_{xy} \simeq \sigma_0 \omega_c \tau$ verwenden. Dadurch vereinfacht sich Gl. (A10.1.11) zu

$$R_\mathrm{H} = \frac{\sigma_0 \omega_c \tau}{\sigma_0^2} = \frac{q B_z / m^*}{n q^2 \tau / m^*} = \frac{1}{nq} \,. \tag{A10.1.12}$$

Wir betrachten nun den Fall, dass in einem Halbleiter sowohl Elektronen $q = -e$ als auch Löcher $q = +e$ zur Leitfähigkeit beitragen (Zweiband-Modell). In diesem Fall müssen wir die Ströme der Elektronen und der Löcher addieren:

$$\mathbf{J} = \mathbf{J}_e + \mathbf{J}_h = (\widehat{\sigma_e} + \widehat{\sigma_h}) \cdot \mathbf{E} \,. \tag{A10.1.13}$$

Für die Komponenten des Leitfähigkeitstensors $\widehat{\sigma} = \widehat{\sigma_e} + \widehat{\sigma_h}$ ergibt sich dann

$$\sigma_{xx} = \sigma_{xx,e} + \sigma_{xx,h} \,, \qquad \sigma_{xy} = \sigma_{xy,e} + \sigma_{xy,h} \,. \tag{A10.1.14}$$

Setzen wir dies unter Benutzung von Gl. (A10.1.7) in Gl. (A10.1.11) ein, erhalten wir für den Hall-Koeffizienten

$$\begin{aligned} R_\mathrm{H} &= \frac{1}{B_z} \frac{\sigma_{xy,e} + \sigma_{xy,h}}{\left(\sigma_{xx,e} + \sigma_{xx,h}\right)^2 + \left(\sigma_{xy,e} + \sigma_{xy,h}\right)^2} \\ &= \frac{1}{B_z} \frac{\sigma_h (1 + s_{c,e}^2) s_{c,h} + \sigma_e s_{c,e} (1 + s_{c,h}^2)}{\sigma_h^2 (1 + s_{c,e}^2) + 2\sigma_e (\sigma_h + \sigma_h s_{c,e} s_{c,h}) + \sigma_e^2 (1 + s_{c,h}^2)} \,, \end{aligned} \tag{A10.1.15}$$

wobei wir die Beziehungen

$$\begin{aligned} s_{c,e} &= -\mu_e B_z = \omega_{c,e} \tau_e & s_{c,h} &= \mu_h B_z = \omega_{c,h} \tau_h \\ \sigma_e &= \sigma_{0,e} = n_c e \mu_e = \frac{n_c e^2 \tau_e}{m_e^*} & \sigma_h &= \sigma_{0,h} = p_v e \mu_h = \frac{p_v e^2 \tau_h}{m_h^*} \\ \mu_e &= \frac{e \tau_e}{m_e^*} & \mu_h &= \frac{e \tau_h}{m_h^*} \end{aligned}$$

benutzt haben. Hierbei ist p_v die Dichte der Löcher im Valenzband und n_c die Dichte der Elektronen im Leitungsband und $\mu_{e,h}$ sind die Beweglichkeiten der Elektronen und Löcher.

Für den Fall $\omega_c \tau = s_c \ll 1$ können wir alle Terme höherer Ordnung in $s_{c,e}$ und $s_{c,h}$ vernachlässigen und erhalten aus Gl. (A10.1.15)

$$R_\mathrm{H} \simeq \frac{1}{B_z} \frac{\sigma_e s_{c,e} + \sigma_h s_{c,h}}{(\sigma_e + \sigma_h)^2} = \frac{\sigma_h \mu_h - \sigma_e \mu_e}{(\sigma_e + \sigma_h)^2} = \frac{p_v \mu_h^2 - n_c \mu_e^2}{e (p_v \mu_h + n_c \mu_e)^2} \,. \tag{A10.1.16}$$

(b) Bei reiner Eigenleitung ist $n_c = p_v = n_i$ und für die Hall-Konstante ergibt sich

$$R_{H,i} = \frac{1}{n_i e} \frac{\mu_h - \mu_e}{\mu_h + \mu_e} . \qquad \text{(A10.1.17)}$$

Wir sehen, dass die Hall-Konstante positiv oder negativ sein kann, je nachdem ob $\mu_h > \mu_e$ oder $\mu_h < \mu_e$.
Bei reiner Störstellenleitung können wir jeweils eine Ladungsträgersorte vernachlässigen und es ergibt sich aus (A10.1.17)

$$R_{H,e} = -\frac{1}{n_c e} \qquad \text{oder} \qquad R_{H,h} = +\frac{1}{p_v e} , \qquad \text{(A10.1.18)}$$

je nachdem ob reine n-Leitung (p_v vernachlässigbar) oder reine p-Leitung (n_c vernachlässigbar) vorliegt. Dieser Ausdruck entspricht dem bekannten Ergebnis für den Hall-Koeffizienten, das wir bei Vorliegen nur einer Ladungsträgersorte (Einband-Modell) erhalten.

(c) Wir wollen nun noch diskutieren, wie wir durch Messung von R_H als Funktion der Temperatur die Größen E_g, E_d und E_a bestimmen können:

- Zur Erinnerung sei hier angemerkt, dass bei intrinsischen Halbleitern die Dichte der Elektronen im Leitungsband $n_c(T)$ und der Löcher im Valenzband $p_v(T)$ gegeben sind durch

$$n_c(T) = n_c^{\text{eff}}\, e^{-\frac{E_c - \mu}{k_B T}} \propto T^{\frac{3}{2}}\, e^{-\frac{E_c - \mu}{k_B T}} \qquad \text{(A10.1.19)}$$

$$p_v(T) = p_v^{\text{eff}}\, e^{\frac{E_v - \mu}{k_B T}} \propto T^{\frac{3}{2}}\, e^{\frac{E_v - \mu}{k_B T}} , \qquad \text{(A10.1.20)}$$

mit den effektiven Ladungsträgerdichten

$$n_c^{\text{eff}} = 2\left(\frac{m^*_{e,\text{DOS}} k_B T}{2\pi\hbar^2}\right)^{3/2} \qquad \text{(A10.1.21)}$$

$$p_v^{\text{eff}} = 2\left(\frac{m^*_{h,\text{DOS}} k_B T}{2\pi\hbar^2}\right)^{3/2} .$$

Hierbei bezeichnet $m^*_{e,\text{DOS}}$ und $m^*_{h,\text{DOS}}$ die effektiven Zustandsdichtemassen $m^*_{\text{DOS}} = p^{2/3}(m_1^* m_2^* m_3^*)^{1/3}$ mit dem Entartungsfaktor p. Bilden wir das Produkt aus n_c und p_v, so lässt sich das chemische Potenzial eliminieren:

$$n_c(T) \cdot p_v(T) = 4\left(\frac{k_B T}{2\pi\hbar^2}\right)^3 \left(m^*_{e,\text{DOS}}\, m^*_{h,\text{DOS}}\right)^{3/2} e^{-\frac{E_g}{k_B T}} . \qquad \text{(A10.1.22)}$$

Hierbei ist $E_g = E_c - E_v$. Für intrinsische Halbleiter gilt $n_v = p_v = n_i$ und wir können schreiben

$$n_i(T) = \sqrt{n_c(T) \cdot p_v(T)} \qquad \text{(A10.1.23)}$$

$$= 2\left(\frac{k_B T}{2\pi\hbar^2}\right)^{3/2} \left(m^*_{e,\text{DOS}}\, m^*_{h,\text{DOS}}\right)^{3/4} e^{-\frac{E_g}{2k_B T}} .$$

Zur Bestimmung der Energielücke E_g messen wir $R_{\mathrm{H},i}(T)$ [vgl. Gl. (A10.1.17)] als Funktion der Temperatur im Bereich hoher Temperaturen, wo die Dichte der Ladungsträger durch die thermisch aus dem Valenzband ins Leitungsband angeregten Ladungsträger dominiert wird (Eigenleitung). Für diese Temperaturabhängigkeit der intrinsischen Ladungsträgerdichte gilt somit

$$n_i(T) \propto T^{\frac{3}{2}}\, \mathrm{e}^{-\frac{E_g}{2k_\mathrm{B}T}} \,. \tag{A10.1.24}$$

Der Term $(\mu_h - \mu_e)/(\mu_h + \mu_e)$ in Gl. (A10.1.17) zeigt keine Temperaturabhängigkeit, da sich diese durch die Quotientenbildung heraushebt. Wir erhalten dann

$$R_{\mathrm{H},i}(T) \propto \frac{\mathrm{e}^{\frac{E_g}{2k_\mathrm{B}T}}}{T^{\frac{3}{2}}} \tag{A10.1.25}$$

oder

$$\ln\left[|R_{\mathrm{H},i}(T)|T^{\frac{3}{2}}\right] = \mathrm{const} + \frac{E_g}{2k_\mathrm{B}T} \,. \tag{A10.1.26}$$

Tragen wir also $\ln[|R_{\mathrm{H},i}(T)|T^{\frac{3}{2}}]$ gegen $1/T$ auf, so erhalten wir eine Gerade mit der Steigung $E_g/2k_\mathrm{B}$.

- Zur Bestimmung der Ionisationsenergie E_d der Donatoren in einem n-Halbleiter mit Hilfe des Hall-Effekts müssen wir den Hall-Effekt bei tiefen Temperaturen messen. In diesem Bereich können wir die thermisch aus dem Valenzband ins Leitungsband angeregten Ladungsträger vernachlässigen. Die Ladungsträgerdichte wird hier durch das Ausfrieren der Ladungsträger, die aus den Donatorniveaus ins Leitungsband angeregt sind, dominiert (Störstellenreserve). Wir dürfen für $n_c(T)$ dann den Ausdruck [vergleiche hierzu Gl. (A10.2.8) in Aufgabe A10.2]

$$n_c(T) = \frac{2n_D}{1+\sqrt{1+4\frac{n_D}{n_c^{\mathrm{eff}}}\,\mathrm{e}^{\frac{E_d}{k_\mathrm{B}T}}}} \overset{T\to 0}{\simeq} \sqrt{n_D n_c^{\mathrm{eff}}}\,\mathrm{e}^{-\frac{E_d}{2k_\mathrm{B}T}} \propto T^{\frac{3}{4}}\,\mathrm{e}^{-\frac{E_d}{2k_\mathrm{B}T}} \tag{A10.1.27}$$

verwenden und erhalten

$$\ln\left[|R_{\mathrm{H},e}(T)|T^{\frac{3}{4}}\right] = \mathrm{const} + \frac{E_d}{2k_\mathrm{B}T} \,. \tag{A10.1.28}$$

Tragen wir wiederum $\ln[|R_{\mathrm{H},e}(T)|T^{\frac{3}{4}}]$ gegen $1/T$ auf, so erhalten wir eine Gerade mit der Steigung $E_d/2k_\mathrm{B}$. Eine analoge Betrachtung gilt für die Bestimmung der Ionisierungsenergie E_a der Akzeptoren in einem p-Halbleiter.

(d) In einem n-Halbleiter, der keine Akzeptoren enthält, ist in einem weiten mittleren Temperaturbereich die Ladungsträgerdichte

$$n_c(T) = \frac{2n_D}{1+\sqrt{1+4\frac{n_D}{n_c^{\mathrm{eff}}}\,\mathrm{e}^{\frac{E_d}{k_\mathrm{B}T}}}} \overset{k_\mathrm{B}T>E_d}{\simeq} n_D = \mathrm{const} \,. \tag{A10.1.29}$$

In diesem Temperaturbereich sind alle Donatoren ionisiert und die intrinsische Ladungsträgerdichte kann noch vernachlässigt werden (Störstellenerschöpfung). Nach Gl. (A10.1.25) gilt für diesen Bereich dann

$$n_D = -\frac{1}{R_{\mathrm{H},e}\, e}\,. \qquad \text{(A10.1.30)}$$

Für einen reinen p-Halbleiter ohne Donatoren gilt entsprechend

$$n_A = +\frac{1}{R_{\mathrm{H},h}\, e}\,. \qquad \text{(A10.1.31)}$$

(e) Die Beweglichkeiten μ_e und μ_h hängen über die Streuzeiten τ_e und τ_h von der Temperatur ab. Für den Temperaturbereich, in dem reine Störstellenleitung vorliegt, erhalten wir die Beweglichkeiten durch eine kombinierte Messung von $R_{\mathrm{H},e}$ bzw. $R_{\mathrm{H},h}$ und σ. Aus Gl. (A10.1.25) folgt

$$\mu_e = R_{\mathrm{H},e}\sigma \qquad \text{und} \qquad \mu_h = R_{\mathrm{H},h}\sigma\,. \qquad \text{(A10.1.32)}$$

Bei genügend hohen Temperaturen, wo reine Eigenleitung ($n_c = p_v = n_i$) vorliegt, gilt ferner

$$\sigma = e(n_c\mu_e + p_v\mu_h) = en_i(\mu_e + \mu_h)\,, \qquad \text{(A10.1.33)}$$

woraus sich mit Hilfe von Gl. (A10.1.17) die Beziehung

$$R_{\mathrm{H},i}\sigma = \mu_h - \mu_e \qquad \text{(A10.1.34)}$$

ergibt. Um aus den beiden Gleichungen (A10.1.33) und (A10.1.34) die Beweglichkeiten μ_e und μ_h zu berechnen, benötigen wir außer den gemessenen Größen $R_{\mathrm{H},i}$ und σ noch die Elektronendichte $n_i(T)$ bei Eigenleitung. Diese können wir aus [vergleiche Gl. (A10.1.23)]

$$\begin{aligned} n_i(T) &= \sqrt{n_c(T)\cdot p_v(T)} \\ &= 2\left(\frac{k_\mathrm{B}T}{2\pi\hbar^2}\right)^{3/2}\left(m^\star_{e,\mathrm{DOS}}\, m^\star_{h,\mathrm{DOS}}\right)^{3/4} \mathrm{e}^{-\frac{E_g}{2k_\mathrm{B}T}} \end{aligned} \qquad \text{(A10.1.35)}$$

berechnen, wenn wir neben der Energielücke E_g noch die effektiven Massen $m_e^\star$ und $m_h^\star$ kennen. Letztere können z. B. mit Hilfe der Zyklotron-Resonanz bestimmt werden.

Insgesamt sehen wir, dass wir durch Messung der elektrischen Leitfähigkeit und des Hall-Effekts sowie durch die Bestimmung der effektiven Massen mit Hilfe der Zyklotronresonanz alle relevanten Halbleiterparameter wie E_g, E_a, E_d, n_D, n_A, μ_e oder μ_h bestimmen können.

A10.2 Ladungsträgerdichte von Halbleitern

Betrachten Sie einen Halbleiter mit einer Donatorkonzentration von $10^{19}\,\mathrm{m}^{-3}$. Die Ionisationsenergie der Donatoren soll $E_d = 1\,\mathrm{meV}$ und die effektive Masse der Elektronen im Leitungsband $m^\star = 0.01\, m_e$ betragen. Schätzen Sie die Konzentration der Leitungselektronen bei 4 und 300 K ab. Welchen Wert hat der Hall-Koeffizient? Nehmen Sie bei der Rechnung an, dass keine Akzeptoratome vorhanden sind und dass $E_g \gg k_\mathrm{B}T$ ist.

Lösung

Für den Fall $E_g \gg k_B T$ können wir die thermisch aus dem Valenzband ins Leitungsband angeregten Ladungsträger vernachlässigen. In diesem Fall ist die Dichte n_c der Elektronen im Leitungsband gleich der Dichte n_D^+ der ionisierten Donatoren. Das heißt, es gilt $n_c = n_D^+$.

Für die Dichte n_D^0 der besetzten Donatorniveaus gilt

$$n_D^0 = \frac{n_D}{e^{(E_D-\mu)/k_B T} + 1}, \tag{A10.2.1}$$

woraus wir $n_D^+ = n_D - n_D^0$ erhalten und damit

$$n_c \simeq n_D^+ = n_D - n_D^0 = n_D \left(1 - \frac{1}{e^{(E_D-\mu)/k_B T} + 1}\right) = \frac{n_D}{1 + e^{\frac{\mu - E_D}{k_B T}}}. \tag{A10.2.2}$$

Mit Hilfe der Beziehung

$$n_c = 2\left(\frac{m^\star_{e,\mathrm{DOS}} k_B T}{2\pi\hbar^2}\right)^{3/2} e^{-(E_c-\mu)/k_B T} = n_c^{\mathrm{eff}}\, e^{-(E_c-\mu)/k_B T} \tag{A10.2.3}$$

können wir das chemische Potenzial durch

$$e^{\mu/k_B T} = \frac{n_c}{n_c^{\mathrm{eff}}}\, e^{E_c/k_B T} \tag{A10.2.4}$$

ausdrücken und erhalten nach Einsetzen in Gl. (A10.2.2)

$$n_c(T) \simeq \frac{n_D}{1 + \frac{n_c}{n_c^{\mathrm{eff}}}\, e^{E_d/k_B T}}. \tag{A10.2.5}$$

Hierbei haben wir den Abstand $E_d = E_c - E_D$ des Donatorniveaus E_D von der Leitungsbandkante E_c benutzt. Aus (A10.2.5) erhalten wir die quadratische Gleichung

$$n_c + \frac{n_c^2}{n_c^{\mathrm{eff}}}\, e^{E_d/k_B T} \simeq n_D, \tag{A10.2.6}$$

die sich mit der Abkürzung $n_d = n_c^{\mathrm{eff}} \exp(-E_d/k_B T)$ wie folgt umformen lässt:

$$n_c^2 + n_d n_c - n_D n_d \simeq 0$$

$$n_c \simeq \frac{n_d}{2}\left[\sqrt{1 + 4\frac{n_D}{n_d}} - 1\right] = \frac{2n_D}{1 + \sqrt{1 + 4\frac{n_D}{n_d}}}. \tag{A10.2.7}$$

Dies können wir durch Einsetzen von n_d auf die endgültige Form

$$n_c(T) \simeq \frac{2n_D}{1 + \sqrt{1 + 4\frac{n_D}{n_c^{\mathrm{eff}}}\, e^{E_d/k_B T}}} \tag{A10.2.8}$$

bringen. Setzen wir die angegebenen Werte ein und verwenden $m^\star_{e,\mathrm{DOS}} = m^\star$, so erhalten wir die Konzentrationen

$$\begin{aligned} n_c(4\,\mathrm{K}) &= 3.67 \times 10^{18}\,\mathrm{m}^{-3} \\ n_c(77\,\mathrm{K}) &= 0.99 \times 10^{19}\,\mathrm{m}^{-3} \\ n_c(300\,\mathrm{K}) &= 1.00 \times 10^{19}\,\mathrm{m}^{-3}\,. \end{aligned}$$

Wir sehen, dass bereits bei 77 K aufgrund des kleinen Abstands $E_d = 1\,\mathrm{meV}$ des Donatorniveaus von der Leitungsbandkante alle Donatoren ionisiert sind, so dass $n_c \simeq n_D$.

Es sei darauf hingewiesen, dass bei einer Energielücke von $E_g = 1\,\mathrm{eV}$ die intrinsische Ladungsträgerdichte

$$n_i(T) = \sqrt{n_c(T)p_v(T)} = 2\left(\frac{k_\mathrm{B}T}{2\pi\hbar^2}\right)^{3/2} (m^\star_{e,\mathrm{DOS}} m^\star_{h,\mathrm{DOS}})^{3/4}\, \mathrm{e}^{-E_g/2k_\mathrm{B}T} \qquad \text{(A10.2.9)}$$

aufgrund des immer noch sehr kleinen Exponentialfaktors bei 300 K nur etwa 10^{14}–$10^{15}\,\mathrm{m}^{-3}$ beträgt (je nach Wert der effektiven Zustandsdichtemassen) und damit immer noch vernachlässigbar ist. Das heißt, dass die Ladungsträgerdichte des dotierten Halbleiters in einem weiten Temperaturbereich von weniger als 77 K bis weit oberhalb von Raumtemperatur in etwa konstant bleibt. Die in diesem Temperaturbereich beobachtete Variation des elektrischen Widerstands resultiert deshalb fast ausschließlich auf der Variation der Beweglichkeit.

Der Hall-Koeffizient R_H ist in dem Bereich reiner Störstellenleitung gegeben als $R_\mathrm{H} = -1/n_c e$. Also $R_\mathrm{H}(4\,\mathrm{K}) \approx -2.27\,\frac{\mathrm{m}^3}{\mathrm{C}}$, $R_\mathrm{H}(77\,\mathrm{K}) \approx -0.63\,\frac{\mathrm{m}^3}{\mathrm{C}}$ und $R_\mathrm{H}(300\,\mathrm{K}) \approx -0.625\,\frac{\mathrm{m}^3}{\mathrm{C}}$.

A10.3 *p-n* Übergang

Wir betrachten eine Siliziumdiode mit einer Dotierung von $n_D = 2 \times 10^{16}\,\mathrm{cm}^{-3}$ und $n_A = 2 \times 10^{17}\,\mathrm{cm}^{-3}$ und einer Fläche von $1\,\mathrm{mm}^2$. Berechnen Sie die Kapazität der Raumladungszone dieser *p-n* Diode ($\epsilon_\mathrm{Si} = 11.7$). Wie ändert sich die Kapazität unter dem Einfluss einer angelegten Spannung?

Lösung

Zur Lösung der Aufgabe benutzen wir das Schottky-Modell (vgl. R. Gross und A. Marx, *Festkörperphysik*, 4. Auflage, Walter de Gruyter GmbH (2023), Abschnitt 10.2.1). Wir gehen von einem abrupten p-n-Übergangs aus, bei dem sich die Konzentration der Dotieratome an der Grenzfläche, die senkrecht zur x-Achse verläuft, abrupt ändert:

$$n_A(x) = \begin{cases} n_A & \text{für} \quad x < 0 \\ 0 & \text{für} \quad x > 0 \end{cases} \qquad \text{(A10.3.1)}$$

$$n_D(x) = \begin{cases} 0 & \text{für} \quad x < 0 \\ n_D & \text{für} \quad x > 0 \end{cases} \qquad \text{(A10.3.2)}$$

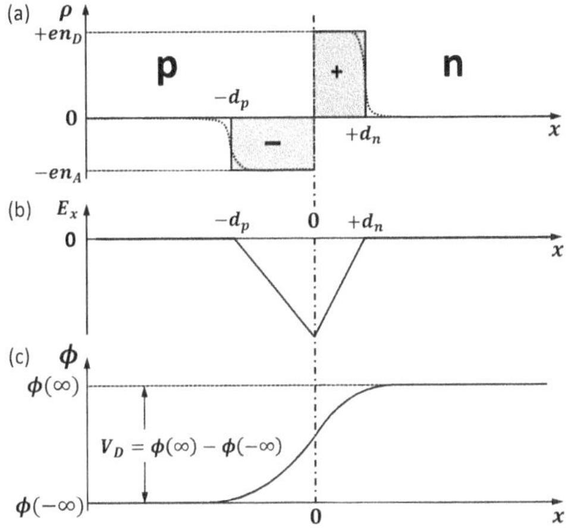

Abb. 10.1: Schottky-Modell der Raumladungszone eines p-n-Übergangs: (a) Raumladungsdichte $\rho(x)$ (gestrichelt ist die realistische Form von $\rho(x)$ angegeben, die im Rahmen des Schottky-Modells durch eine Stufenfunktion approximiert wird). (b) Verlauf des elektrischen Feldes E_x und (c) des Makropotenzials $\phi(x)$. Die potentielle Energie der Elektronen (Ladung $-e$) beträgt $-e\phi(x)$.

Nehmen wir an, dass alle Akzeptoren und Donatoren ionisiert sind, so ergibt sich die Ladungsdichte zu (siehe hierzu auch Abb. 10.1):

$$\rho(x<0) = e\left[-n_A - n(x) + p(x)\right] \qquad \text{(A10.3.3)}$$

$$\rho(x>0) = e\left[+n_D - n(x) + p(x)\right]\,. \qquad \text{(A10.3.4)}$$

Die ortsabhängigen Ladungsträgerkonzentrationen $n(x)$ und $p(x)$ hängen vom Abstand der jeweiligen Bandkante vom chemischen Potenzial μ ab. Obwohl sich dieser Abstand nur langsam ändert, bewirkt die Fermi-Verteilungsfunktion, dass sich die Besetzungswahrscheinlichkeit innerhalb eines sehr schmalen Energiefensters von etwa $2k_\mathrm{B}T \simeq 50\,\mathrm{meV}$, das viel kleiner als der Bandabstand $E_g = 1.12\,\mathrm{eV}$ von Silizium ist, von Null auf den maximalen Wert ändert. Vernachlässigen wir nun diese schmalen Übergangsbereiche, in denen diese Änderung erfolgt, so können wir die Konzentrationen n_D^+ und n_A^- der geladenen Donatoren und Akzeptoren, die nicht durch freie Ladungsträger kompensiert werden, durch einfache Stufenfunktionen annähern (siehe Abb. 10.1). In dieser Näherung können wir die Raumladungsdichte schreiben als

$$\rho(x) = \begin{cases} 0 & \text{für} \quad x < -d_p \\ -en_A & \text{für} \quad -d_p < x < 0 \\ +en_D & \text{für} \quad 0 < x < d_n \\ 0 & \text{für} \quad x > d_n \end{cases}\,. \qquad \text{(A10.3.5)}$$

Hierbei geben die Längen d_p und d_n die Ausdehnung der Raumladungszone im p- und n-Halbleiter an. Mit dieser stückweise konstanten Raumladungsdichte erhalten wir die Poisson-Gleichung $-\nabla^2\phi(\mathbf{r}) = \rho(\mathbf{r})/\epsilon\epsilon_0$ zu

$$\frac{\partial^2\phi}{\partial x^2} = \begin{cases} 0 & \text{für} \quad x < -d_p \\ \frac{+en_A}{\epsilon\epsilon_0} & \text{für} \quad -d_p < x < 0 \\ \frac{-en_D}{\epsilon\epsilon_0} & \text{für} \quad 0 < x < d_n \\ 0 & \text{für} \quad x > d_n \end{cases}\,. \qquad \text{(A10.3.6)}$$

Durch Integration ergibt sich

$$\phi(x) = \begin{cases} \phi(-\infty) & \text{für} \quad x < -d_p \\ \phi(-\infty) + \left(\frac{en_A}{2\epsilon\epsilon_0}\right)(d_p + x)^2 & \text{für} \quad -d_p < x < 0 \\ \phi(+\infty) - \left(\frac{en_D}{2\epsilon\epsilon_0}\right)(d_n - x)^2 & \text{für} \quad 0 < x < d_n \\ \phi(+\infty) & \text{für} \quad x > d_n \end{cases} . \tag{A10.3.7}$$

Der Verlauf von $\phi(x)$ und seiner 2. Ableitung (Raumladungsdichte) ist in Abb. 10.1 dargestellt.

Die Randbedingungen (Stetigkeit von $\phi(x)$ und seiner 1. Ableitung) werden von der Lösung bei $x = d_n$ und $x = -d_p$ explizit erfüllt. Damit die 1. Ableitung von $\phi(x)$ auch bei $x = 0$ stetig ist, muss

$$n_D d_n = n_A d_p \tag{A10.3.8}$$

gelten. Diese Forderung stellt sicher, dass die negative Raumladung im p-Halbleiter mit der positiven im n-Halbleiter übereinstimmt. Damit $\phi(x)$ bei $x = 0$ stetig ist, muss

$$\frac{e}{2\epsilon\epsilon_0}\left(n_D d_n^2 + n_A d_p^2\right) = \phi(+\infty) - \phi(-\infty) = V_D \tag{A10.3.9}$$

gelten.

Aus Gl. (A10.3.8) und (A10.3.9) können wir bei bekannten Konzentrationen der Dotieratome die Ausdehnung der Raumladungszone berechnen. Wir erhalten

$$d_n = \left(\frac{2\epsilon\epsilon_0 V_D}{e}\,\frac{n_A/n_D}{n_A + n_D}\right)^{1/2} \tag{A10.3.10}$$

$$d_p = \left(\frac{2\epsilon\epsilon_0 V_D}{e}\,\frac{n_D/n_A}{n_A + n_D}\right)^{1/2} . \tag{A10.3.11}$$

Für Silizium können wir bei Raumtemperatur $eV_D \simeq E_g = 1.12\,\text{eV}$ verwenden. Zusammen mit den angegebenen Konzentrationen der Dotieratome von $n_A = 2 \times 10^{17}\,\text{cm}^{-3}$ und $n_D = 2 \times 10^{16}\,\text{cm}^{-3}$ sowie der elektrischen Feldkonstante $\epsilon_0 = 8.854 \times 10^{-12}\,\text{As/Vm}$ und der Permittivität von Silizium $\epsilon_{\text{Si}} = 11.7$ erhalten wir dann

$$d_n = 257\,\text{nm}$$
$$d_p = 25.7\,\text{nm} .$$

Für die Berechnung der Kapazität der Raumladungszone benutzen wir die einfache Formel für einen Plattenkondensator. Dass wir dies tun dürfen, ist auf den ersten Blick nicht offensichtlich, da ja die Raumladung über die gesamte Dicke der Verarmungszone verteilt ist. Wir müssen aber berücksichtigen, dass wir zum Messen der Kapazität eine kleine Wechselspannung anlegen müssen, durch die Ladung nur an den Rändern der Verarmungszone hinzugefügt und entfernt wird, so dass die gemessene Kapazität nur durch die Permittivität des Halbleitermaterials, die Kontaktfläche und die Breite der Verarmungszone bestimmt wird. Bei einer Fläche von $A = 1\,\text{mm}^2$ ergibt sich für die Kapazität der Raumladungszone

$$C_R = \frac{\epsilon_{Si}\epsilon_0 A}{d_p + d_n} = 3.66 \times 10^{-10}\,\text{F}\,.$$

Wir können mit den obigen Werten noch die in der Raumladungszone herrschende elektrische Feldstärke zu

$$E = \frac{V_D}{d_p + d_n} = 3.96 \times 10^6\,\text{V/m} = 3.96 \times 10^4\,\text{V/cm}$$

abschätzen.

Wir wollen nun noch diskutieren, wie sich die Kapazität der Raumladungszone bei Anlegen einer Gleichspannung U_0 ändert. Wir haben gesehen, dass im thermischen Gleichgewicht am p-n Übergang eine Verarmungszone mit einer Breite von etwa 300 nm entsteht. Aufgrund der sehr geringen Ladungsträgerdichte in dieser Zone können wir in guter Näherung annehmen, dass im Fall einer angelegten Spannung diese vollkommen über die Verarmungszone abfällt. Das bedeutet, dass sich der Bandverlauf nur in dem Bereich der Raumladungszone ändert. Außerhalb der Raumladungszone verlaufen die Bänder und das Potenzial $\phi(x)$ horizontal. Die Potenzialänderung über die Raumladungszone erhält mit der angelegten Spannung U_0 den Wert

$$\phi(\infty) - \phi(-\infty) = V_D - U_0\,. \tag{A10.3.12}$$

Die angelegte Spannung U_0 verändert also die Breite der Raumladungszone, da die Größe V_D in (A10.3.10) und (A10.3.11) durch $V_D - U_0$ ersetzt werden muss. Wir erhalten

$$d_n = d_n(U = 0)\left(1 - \frac{U_0}{V_D}\right)^{1/2} \tag{A10.3.13}$$

$$d_p = d_p(U = 0)\left(1 - \frac{U_0}{V_D}\right)^{1/2}\,. \tag{A10.3.14}$$

Wir sehen, dass die Breite der Raumladungszone für positive Spannungen (***Durchlassrichtung***) abnimmt, während sie für negative Spannungen (***Sperrrichtung***) zunimmt.

Um die Kapazität der Raumladungszone bei einer angelegten Gleichspannung U_0 abzuschätzen, müssen wir wieder überlegen, welche Ladungsmenge durch eine kleine Wechselspannung δU an den Rändern der Verarmungszone hinzugefügt und entfernt wird. Die Ladungsmenge ist gegeben durch

$$\delta Q_R = en_D A \left.\frac{d\,d_n}{dU}\right|_{U_0} \delta U + en_A A \left.\frac{d\,d_p}{dU}\right|_{U_0} \delta U\,. \tag{A10.3.15}$$

Hierbei können wir δQ_R als diejenige Ladungsmenge betrachten, die durch die Wechselspannung mit Amplitude δU auf einen Plattenkondensator der Fläche A geschoben wird. Wir können dann die spannungsabhängige Kapazität des p-n-Übergangs schreiben als

$$C_R(U_0) = \left|\frac{d\,\delta Q_R}{dU}\right| = \left[en_D A d_n(0) + en_A A d_p(0)\right] \left|\frac{d}{dU}\left(1 - \frac{U}{V_D}\right)^{1/2}\right|_{U_0}\,. \tag{A10.3.16}$$

Mit den Ausdrücken (A10.3.10) und (A10.3.13) erhalten wir

$$C_R(U_0) = A\left(\frac{n_A n_D}{n_A + n_D}\,\frac{e\epsilon\epsilon_0}{(V_D - U_0)}\right)^{1/2} . \tag{A10.3.17}$$

Wir sehen, dass wir durch Messung der Raumladungskapazität C_R als Funktion der angelegten Gleichspannung Informationen über die Konzentrationen der Dotieratome gewinnen können. Für $n_A \gg n_D$ erhalten wir

$$\frac{1}{C_R^2} = \frac{1}{A^2}\,\frac{1}{n_D}\,\frac{(V_D - U_0)}{e\epsilon\epsilon_0} . \tag{A10.3.18}$$

Wir können deshalb $1/C_R^2$ gegen U_0 auftragen und aus der Steigung n_D bestimmen. Ferner können wir durch Extrapolation auf $U_0 = 0$ die Diffusionsspannung V_D bestimmen.

A10.4 Solarzelle

Wir betrachten eine Silizium-Solarzelle, in deren Raumladungszone durch Lichtbestrahlung 0.01 Ladungsträger pro Sekunde und Si-Atom erzeugt werden.

(a) Berechnen Sie den Kurzschlussstrom und die Leerlaufspannung. Nehmen Sie hierzu eine Dicke der Raumladungszone von $d = 100\,\mu\text{m}$ und keine Rekombinationsverluste an.
(b) Berechnen Sie die optimale Arbeitsspannung bei einer Temperatur von 20 °C.

Des Weitern verwenden Sie zur Lösung der Aufgabe folgende Materialparameter von Silizium: Dichte $\rho = 2336\,\text{kg/m}^3$, Atommasse $M_{\text{Si}} = 4.662 \times 10^{-26}\,\text{kg}$, Atomdichte $n_{\text{Si}} = \rho/M_{\text{Si}} = 5.01 \times 10^{28}\,\text{m}^{-3}$.

Lösung

(a) Zur Berechnung der Kurzschlussstromdichte J_{L} benutzen wir $d = 100\,\mu\text{m}$ und nehmen zur Vereinfachung ferner an, dass alle erzeugten Ladungsträger eingesammelt werden, dass also keine Rekombinationsverluste auftreten.[1] Mit dieser Annahme und der angegebenen Ladungsträgererzeugungsrate von $r = 0.01\,\text{s}^{-1}$ pro Si-Atom erhalten wir

$$\begin{aligned} J_{\text{L}} &= e\,r\,n_{\text{Si}}\,d = 1.602 \times 10^{-19} \cdot 0.01 \cdot 5.01 \times 10^{28} \times 10^{-4}\,\text{A/m}^2 \\ &= 8 \times 10^3\,\text{A/m}^2 . \end{aligned} \tag{A10.4.1}$$

Mit einem AM 1.5 Spektrum, das in etwa die Sonnenbestrahlung in Deutschland wiedergibt, wird in Si-Solarzellen eine theoretisch mögliche Kurzschlussstromdichte von nur $460\,\text{A/m}^2$ erzeugt. Für die angegebene Erzeugungsrate von 0.01 Ladungsträgern pro Sekunde und Si-Atom müsste man deshalb eine sehr starke Lichtquelle verwenden.

[1] Da Si ein indirekter Halbleiter ist, muss die Breite der Raumladungszone typischerweise größer als etwa 100 μm sein, um das einfallende Licht möglichst vollständig in der Raumladungszone zu absorbieren.

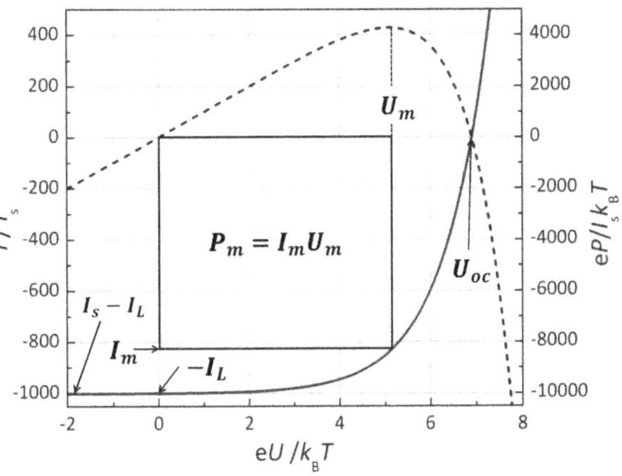

Abb. 10.2: Strom-Spannungs-Kennlinie einer Solarzelle für $I_L/I_s = 1000$. Die Leistung $P = U \cdot I$ ist gestrichelt eingezeichnet. Sie besitzt ein Maximum bei der Spannung U_m. Die maximale Leistung der Solarzelle ergibt sich aus der grau eingezeichneten maximalen Fläche $P_m = I_m \cdot U_m$.

Zur Bestimmung der Leerlaufspannung U_{oc} setzen wir die Gesamtstromdichte J (siehe Strom-Spannungs-Kennlinie in Abb. 10.2) durch die Solarzelle Null

$$J = 0 = J_s \left(\mathrm{e}^{eU_{\text{oc}}/k_B T} - 1 \right) - J_L \,. \tag{A10.4.2}$$

Die Gesamtstromdichte setzt sich aus dem Diodenstrom $J_s[\exp(eU_{\text{oc}}/k_B T) - 1]$ und der durch die Beleuchtung generierten Stromdichte J_L zusammen, die in Sperrrichtung fließt. Durch Auflösen nach U_{oc} erhalten wir

$$U_{\text{oc}} = \frac{k_B T}{e} \ln\left(\frac{J_L}{J_s} + 1\right) \simeq \frac{k_B T}{e} \ln\left(\frac{J_L}{J_s}\right) . \tag{A10.4.3}$$

Hierbei ist J_s die Sättigungsstromdichte, die bei nicht allzu hohen Temperaturen üblicherweise wesentlich kleiner als die durch die Beleuchtung verursachte Kurzschlussstromdichte J_L ist. Wir sehen aber, dass bei einer durch die Beleuchtungsstärke vorgegebenen Kurzschlussstromdichte die Kurzschlussspannung durch Erniedrigung der Sättigungsstromdichte erhöht werden kann.
Die Sättigungsstromdichte (vgl. R. Gross und A. Marx, *Festkörperphysik*, 4. Auflage, Walter de Gruyter GmbH (2023))

$$J_s = \left(\frac{eD_p}{L_p} p_n + \frac{eD_n}{L_n} n_p \right) \tag{A10.4.4}$$

ist durch die Minoritätsladungsträgerdichten n_p (Elektronen im p-Halbleiter) und p_n (Löcher im n-Halbleiter) sowie die zugehörigen Diffusionskonstanten und Diffusionslängen gegeben. Wir benutzen $p_n n_n = n_i^2$ und $p_p n_p = n_i^2$ (Massenwirkungsgesetz) sowie

$n_n \simeq n_D$ und $p_p \simeq n_A$, so dass wir

$$\begin{aligned} J_s &= \left(\frac{eD_p}{L_p n_D} + \frac{eD_n}{L_n n_A} \right) n_i^2 \\ &= \left(\frac{eD_p}{L_p n_D} + \frac{eD_n}{L_n n_A} \right) 4 \left(\frac{k_B T}{2\pi\hbar^2} \right)^3 (m^\star_{\mathrm{e,DOS}} m^\star_{\mathrm{h,DOS}})^{3/2} \, \mathrm{e}^{-E_g/k_B T} \\ &= C T^\gamma \, \mathrm{e}^{-E_g/k_B T} \end{aligned} \tag{A10.4.5}$$

erhalten. Hierbei ist C eine temperaturunabhängige Materialkonstante und $\gamma \simeq 3$, da die Diffusionskonstanten und Diffusionslängen meist nur eine schwache Temperaturabhängigkeit besitzen. Für U_{oc} erhalten wir mit diesem Ausdruck

$$U_{\mathrm{oc}} = \frac{k_B T}{e} \left[\ln J_{\mathrm{L}} - \ln C - \gamma \ln T + \frac{E_g}{k_B T} \right] . \tag{A10.4.6}$$

Bei Raumtemperatur beträgt $\frac{k_B T}{e} \gamma \ln T = 0.442\,\mathrm{V}$, so dass wir für eine Silizium-Solarzelle ($V_g = E_g/e = 1.12\,\mathrm{V}$) die Leerlaufspannung $U_{\mathrm{oc}} \simeq 0.678\,\mathrm{V} + 0.0258\,\mathrm{V}(\ln J_{\mathrm{L}} - \ln C)$ erhalten. Die Leerlaufspannung hängt also auch von der Kurzschlussstromdichte J_{L} ab, die wiederum durch die Beleuchtungsstärke gegeben ist. Wir erwarten eine Zunahme von U_{oc} mit dem Logarithmus der Bestrahlungsstärke. Für Solarzellen auf der Basis von kristallinem Silizium werden Werte bis zu 0.730 V für ein AM 1.5 Spektrum gemessen.

Für die Temperaturabhängigkeit der Leerlaufspannung erhalten wir

$$\frac{dU_{\mathrm{oc}}}{dT} = -\frac{k_B}{e} \gamma (1 + \ln T) + \frac{dV_g}{dT} . \tag{A10.4.7}$$

Die Temperaturabhängigkeit der Bandlücke können wir mit der Varshni-Formel

$$E_g(T) = E_g(0) - \frac{aT^2}{T + b} \tag{A10.4.8}$$

abschätzen (Si: $a = 4.73 \times 10^{-4}\,\mathrm{eV/K}$, $b = 636\,\mathrm{K}$; Ge: $a = 4.774 \times 10^{-4}\,\mathrm{eV/K}$, $b = 235\,\mathrm{K}$, GaAs: $a = 5.405 \times 10^{-4}\,\mathrm{eV/K}$, $b = 204\,\mathrm{K}$). Für Si-Solarzellen erhalten wir bei Raumtemperatur $dU_{\mathrm{oc}}/dT \approx -2\,\mathrm{mV/K}$.

(b) Um die optimale Arbeitsspannung U_m zu bestimmen, betrachten wir die von der Solarzelle abgegebene Leistung

$$P = UI = UI_s \left(\mathrm{e}^{eU/k_B T} - 1 \right) - UI_L \tag{A10.4.9}$$

und setzen ihre Ableitung gleich Null:

$$\frac{dP}{dU} = 0 = I_s \, \mathrm{e}^{eU_m/k_B T} + I_s \frac{eU_m}{k_B T} \mathrm{e}^{eU_m/k_B T} - I_s - I_L . \tag{A10.4.10}$$

Daraus ergibt sich

$$I_s\left(1+\frac{eU_m}{k_BT}\right)e^{eU_m/k_BT} = I_s\left(1+\frac{I_L}{I_s}\right)$$
$$\ln\left(1+\frac{eU_m}{k_BT}\right)+\frac{eU_m}{k_BT} = \ln\left(1+\frac{I_L}{I_s}\right)$$
$$U_m = \frac{k_BT}{e}\ln\left(\frac{1+\frac{I_L}{I_s}}{1+\frac{eU_m}{k_BT}}\right). \qquad \text{(A10.4.11)}$$

Verwenden wir den Ausdruck (A10.4.3) für U_{oc}, so können wir dies umschreiben in

$$U_m = U_{\text{oc}} - \frac{k_BT}{e}\ln\left(\frac{eU_m}{k_BT}+1\right). \qquad \text{(A10.4.12)}$$

Wir sehen, dass die optimale Arbeitsspannung U_m um einige $k_BT/e = 25.8\,\text{mV}$ bei $T = 300\,\text{K}$ unterhalb der Kurzschlussspannung U_{oc} liegt. Ersetzen wir in dem logarithmischen Term U_m näherungsweise durch U_{oc} und verwenden $U_{\text{oc}} \simeq 700\,\text{mV}$, so erhalten wir $U_m \simeq 610\,\text{mV}$.

A10.5 Elektrischer Transport und Wärmetransport in Metallen und Halbleitern

Vergleichen Sie Metalle und Halbleiter hinsichtlich ihrer elektrischen und thermischen Transporteigenschaften:

(a) Skizzieren Sie die Temperaturabhängigkeit des elektrischen Widerstands für ein Metall und für einen intrinsischen Halbleiter. Welches sind die charakteristischen Temperaturabhängigkeiten, die Größenordnungen der Absolutwerte und welches sind die physikalischen Ursachen für die unterschiedlichen Beiträge?

(b) Diskutieren Sie dasselbe für die thermische Leitfähigkeit von Metallen und Halbleitern bzw. Isolatoren.

Lösung

(a) **Metall:** Bei sehr tiefen Temperaturen wird der spezifische Widerstand ρ in Metallen konstant, da hier die temperaturunabhängige Streuung der Ladungsträger an Verunreinigungen dominiert. Mit ansteigender Temperatur wird dann die Streuung an Phononen wichtig. Für $T < \Theta_D$ gilt $\rho = \text{const} + T^\alpha$ mit α im Bereich zwischen 2 und 5. Bei hohen Temperaturen gilt $\rho \propto T$, weil die Zahl der Phononen und damit die Elektron-Phonon-Streuung proportional zu T zunimmt. Typische Werte des spezifischen Widerstands von „guten" Metallen liegen bei Raumtemperatur im Bereich weniger $\mu\Omega\,\text{cm}$.
Halbleiter: Für die meisten Halbleiter ist die Energielücke E_g groß gegen k_BT. Für undotierte Halbleiter ist deshalb die Ladungsträgerdichte $n_i \propto e^{-E_g/2k_BT}$. Diese starke Temperaturabhängigkeit der Ladungsträgerdichte dominiert die Temperaturabhängigkeit des spezifischen Widerstands $\rho = 1/\sigma = 1/n_ie\mu \propto e^{2E_g/k_BT}$. Die Temperaturabhängigkeit der Beweglichkeit μ kann gegen die exponentielle Abhängigkeit durch die Ladungsträgerdichte bei intrinsischen Halbleitern vernachlässigt werden. Sie wird aber

bei dotierten Halbleitern wichtig, wo die Ladungsträgerdichte in einem weiten Temperaturbereich konstant ist (vergleiche hierzu Aufgabe A10.1 und A10.2). Der spezifische Widerstand von intrinsischen Halbleitern liegt bei Raumtemperatur typischerweise oberhalb von 1 Ω cm.

(b) **Metall:** Das Wiedemann-Franz-Gesetz, $\kappa = L \cdot \sigma T$ (L = Lorenz-Zahl), sagt eine lineare Temperaturabhängigkeit der thermischen Leitfähigkeit bei tiefen Temperaturen voraus, da hier $\sigma = 1/\rho = \text{const}$. Oberhalb von Θ_D ist $\sigma = 1/\rho \propto 1/T$ und damit κ konstant. Der Anteil der Phononen an der thermischen Leitfähigkeit kann bei Metallen üblicherweise wegen der starken Streuung der Phononen an den Elektronen vernachlässigt werden. Die maximale Wärmeleitfähigkeit von reinen Metallen liegt im Bereich 100 bis 1000 W/mK.

Halbleiter/Isolator: Die thermische Leitfähigkeit von Halbleitern oder Isolatoren wird aufgrund der geringen Ladungsträgerdichte durch die Phononen dominiert. Bei hohen Temperaturen ($T \gg \Theta_D$) ist $\kappa \propto 1/T$, weil die Zahl der Phononen proportional zu T zunimmt und dadurch die mittlere freie Weglänge der Phononen aufgrund der zunehmenden Phonon-Phonon-Streuung abnimmt. Bei sehr tiefen Temperaturen wird die mittlere freie Weglänge konstant (die Streuung an Verunreinigungen oder an Probenoberfläche dominiert). Die Wärmeleitfähigkeit variiert in diesem Temperaturbereich proportional zu T^3, da die Anzahl der Phononen proportional zu T^3 mit steigender Temperatur zunimmt. Hochreine Halbleiter und Isolatoren können Wärmeleitfähigkeiten oberhalb von 1000 W/mK besitzen, also ähnliche Werte wie die besten Metalle. Allerdings basiert bei Metallen die Wärmeleitfähigkeit auf dem Elektronensystem, bei Halbleitern und Isolatoren dagegen auf dem Phononensystem.

A10.6 Quantentrog in AlAs-GaAs-Heterostruktur

An der Grenzfläche der in der Abb. 10.3 gezeigten Struktur lässt sich mittels einer angelegten Spannung $U > 0$ eine hochleitfähige zweidimensionale Elektronenschicht aufbauen. Das elektrische Feld in der GaAs-Schicht an der Grenzfläche zum AlAs sei $E_0 = 2 \times 10^5$ V/cm und die Dichte der Elektronen sei $n_{2D} = 1 \times 10^{12}$ cm^{-2}.

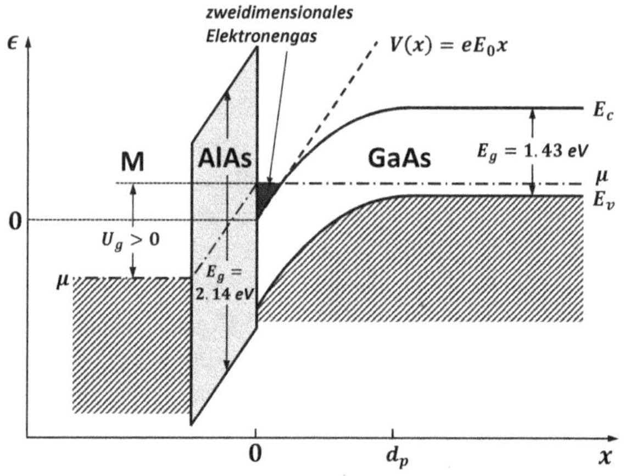

Abb. 10.3: Verlauf des Leitungs- und Valenzbandes in einer AlAs/GaAs-Heterostruktur mit metallischer Gate-Elektrode. An die Gate-Elektrode ist eine Spannung $U_g > 0$ angelegt, was einer Absenkung der potentiellen Energie der Elektronen um $(-e)U_g$ entspricht.

(a) Berechnen Sie die Energiezustände der Elektronen in dem dreieckförmigen Potenzialtopf

$$V(x) = \begin{cases} \infty & \text{für } x \leq 0 \\ eE_0 x & \text{für } x > 0 \end{cases} .$$

Das in Abb. 10.3 gezeigte endliche Grenzflächenpotenzial an der AlAs-GaAs Grenzfläche wird zur Vereinfachung als unendlich hoch angenommen.

(b) Berechnen Sie die Fermi-Energie des zweidimensionalen Elektronengases, das sich im Potenzialtopf bildet.

(c) Wie beeinflussen die Elektronen das Potenzial und welche Auswirkungen hat dies für die Eigenenergien?

Lösung

(a) Die Schrödinger-Gleichung für unser eindimensionales Problem lautet:

$$\left[-\frac{\hbar^2}{2m^\star}\frac{d^2}{dx^2} + eE_0 x\right]\Psi = \varepsilon_n \Psi . \tag{A10.6.1}$$

Durch Umformen erhalten wir

$$\frac{d^2\Psi}{dx^2} - \left[\frac{2m^\star eE_0}{\hbar^2}x - \frac{2m^\star \varepsilon_n}{\hbar^2}\right]\Psi = 0 . \tag{A10.6.2}$$

Mit den Abkürzungen $a = \frac{2m^\star eE_0}{\hbar^2}$ und $b_n = -\frac{2m^\star \varepsilon_n}{\hbar^2}$ wird daraus

$$\frac{d^2\Psi}{dx^2} - (ax + b_n)\Psi = 0 . \tag{A10.6.3}$$

Man beachte, dass für die Einheiten von a und b_n gilt: $[a] = \mathrm{m}^{-3}$ und $[b_n] = \mathrm{m}^{-2}$. Wir substituieren nun

$$\begin{aligned} \xi &= a^{1/3}x + a^{-2/3}b_n \\ x &= a^{-1/3}\xi - a^{-1}b_n \\ ax + b_n &= a^{2/3}\xi \\ \frac{d^2}{dx^2} &= a^{2/3}\frac{d^2}{d\xi^2} \end{aligned} \tag{A10.6.4}$$

und erhalten

$$a^{2/3}\frac{d^2\Psi(\xi)}{d\xi^2} - a^{2/3}\xi\Psi(\xi) = 0 . \tag{A10.6.5}$$

Wir können also Gleichung (A10.6.2) umschreiben in

$$\frac{\partial^2\Psi(\xi)}{\partial\xi^2} - \xi\Psi(\xi) = 0 . \tag{A10.6.6}$$

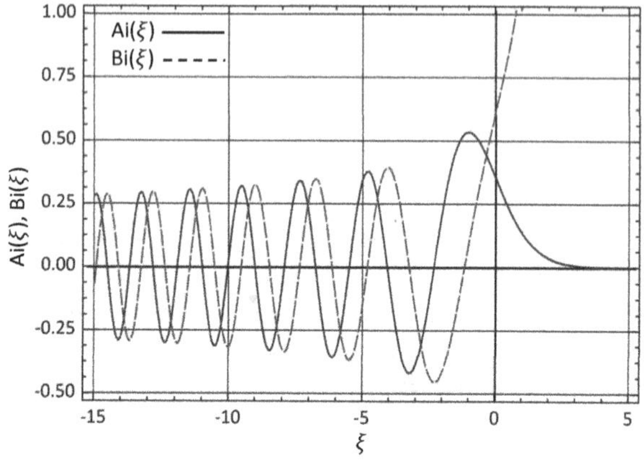

Abb. 10.4: Die Airy-Funktionen Ai und Bi.

Die allgemeine Lösung dieser Gleichung lautet

$$\Psi(\xi) = C_1 \operatorname{Ai}(\xi) + C_2 \operatorname{Bi}(\xi)\,. \tag{A10.6.7}$$

Hierbei sind Ai und Bi die Airy-Funktionen (siehe hierzu Abb. 10.4), die auf den englischen Mathematiker und Astronomen George Bidell Airy (1801–1892) zurückgehen, C_1 und C_2 sind Integrationskonstanten. Die Definitionen für Ai und Bi lauten

$$\operatorname{Ai}(\xi) = \frac{1}{\pi}\int_0^\infty \mathrm{d}t\,\cos\left(\frac{t^3}{3} + \xi t\right) \tag{A10.6.8}$$

$$\operatorname{Bi}(\xi) = \frac{1}{\pi}\int_0^\infty \mathrm{d}t\left[\exp\left(-\frac{t^3}{3} + \xi t\right) + \sin\left(\frac{t^3}{3} + \xi t\right)\right]. \tag{A10.6.9}$$

Die Funktion $\operatorname{Bi}(\xi)$ ist für große ξ divergent und somit unphysikalisch. Damit erhalten wir

$$\Psi(\xi) = C_1 \operatorname{Ai}(\xi) = C_1 \operatorname{Ai}(a^{1/3}x + a^{-2/3}b_n)\,. \tag{A10.6.10}$$

Da das Grenzflächenpotenzial an der AlAs-GaAs Grenzfläche als unendlich hoch angenommen wird, muss $\Psi(x = 0) = 0$ gelten. Die Eigenwerte der Energie ϵ_n sind damit durch die Nullstellen (Knoten) der Airy-Funktionen gegeben:

$$\begin{aligned} x &= a^{-1/3}\xi - a^{-1}b_n = 0 \\ \xi &= a^{-2/3}b_n = -\frac{\varepsilon_n}{\left(\frac{\hbar^2}{2m^\star}e^2E_0^2\right)^{1/3}} \equiv -c_n\,. \end{aligned} \tag{A10.6.11}$$

Wir erkennen, dass die Nullstellen der Airy-Funktion auf der negativen reellen Achse bei $\xi = -c_n$ der Quantisierungsbedingung

$$\varepsilon_n = c_n \cdot \left(\frac{\hbar^2 e^2 E_0^2}{2m^\star}\right)^{1/3} \tag{A10.6.12}$$

entsprechen. Die ersten Nullstellen der Airy-Funktion $\mathrm{Ai}(\xi = -c_n)$ lauten

$$\begin{aligned} c_1 &= 2.33811 \\ c_2 &= 4.08795 \\ c_3 &= 5.52056 \\ c_4 &= 6.78671 \\ c_5 &= 7.94413 \\ &\vdots \end{aligned}$$

Mit diesen Werten und $m^{\star}_{\mathrm{GaAs}} = 0.07\, m_e$ sowie $E_0 = 2 \times 10^5\,\mathrm{V/cm}$ erhalten wir die beiden untersten Energieniveaus zu $\varepsilon_1 = 0.140\,\mathrm{eV}$ und $\varepsilon_2 = 0.245\,\mathrm{eV}$.
Für große n lassen sich die Nullstellen in der asymptotischen Form

$$c_n = t_n \left(1 + \frac{5}{48}\frac{1}{t_n^3} + \ldots\right)$$
$$t_n = \left[\frac{3\pi}{2}\left(n - \frac{1}{4}\right)\right]^{2/3}$$

darstellen.
Eine einfachere Abschätzung der Eigenenergien können wir mit Hilfe der JWKB-Näherung (nach Harold Jeffreys, 1923 sowie Wentzel, Kramers und Brillouin, 1916) für die Schrödinger-Gleichung[2]

$$-\frac{\hbar^2}{2m^{\star}}\frac{d^2\Psi(x)}{dx^2} = [\varepsilon_n - V(x)]\,\Psi(x) \tag{A10.6.13}$$

unter Benutzung der Bohr-Sommerfeld-Quantisierung vornehmen. Zur Erinnerung sei hier angemerkt, dass die WKB-Näherung von dem Ansatz

$$\Psi(x) = a\, \mathrm{e}^{\imath S(x)/\hbar} \tag{A10.6.14}$$

ausgeht, in dem $S(x)$ ein skalares Wirkungsfeld darstellt. Einsetzen in die Schrödinger-Gleichung liefert

$$\frac{S'^2(x) - \imath\hbar S''(x)}{2m^{\star}} = \varepsilon_n - V(x)\,. \tag{A10.6.15}$$

Hier bedeutet $S' = dS(x)/dx$ und $S'' = d^2S(x)/dx^2$. Setzen wir für $S(x)$ folgende Entwicklung nach Potenzen in der Planckschen Konstante $\hbar$ an

$$S(x) = S_0(x) + \frac{\hbar}{\imath}S_1(x) + \left(\frac{\hbar}{\imath}\right)^2 S_2(x) + \left(\frac{\hbar}{\imath}\right)^3 S_3(x) + \ldots\,, \tag{A10.6.16}$$

so erhalten wir in führender Ordnung

$$\frac{S_0'^2(x) - \imath\hbar\,[S_0''(x) + 2S_0'(x)S_1'(x)]}{2m^{\star}} = \epsilon_n - V(x) \tag{A10.6.17}$$

[2] siehe hierzu zum Beispiel *Quantenmechanik*, L. D. Landau, E. M. Lifschitz, Band III, Akademie-Verlag Berlin, (1979), Seite 159 ff.

mit

$$S_0'(x) = \sqrt{2m^\star\left[\epsilon_n - V(x)\right]} \equiv p(x)$$
$$S_0(x) = \int dx\, p(x)$$
$$S_1'(x) = -\frac{S_0''(x)}{2S_0'(x)} = -\frac{p'(x)}{2p(x)}$$
$$S_1(x) = -\frac{1}{2}\ln p(x)\,. \qquad \text{(A10.6.18)}$$

Damit lautet die Wellenfunktion in führender Ordnung der quasi-klassischen Näherung

$$\Psi(x) = \frac{C_1}{\sqrt{p(x)}}\, e^{\frac{i}{\hbar}\int dx p(x)} + \frac{C_2}{\sqrt{p(x)}}\, e^{-\frac{i}{\hbar}\int dx p(x)}\,. \qquad \text{(A10.6.19)}$$

Mit $\varepsilon_n = eE_0x_n$ können wir dann die Bohr-Sommerfeld-Quantisierung in der folgenden Form schreiben[3]

$$\oint \mathbf{p}\cdot d\mathbf{r} = 2\int_0^{x_n} dx\, p(x) = 2\int_0^{x_n} dx\sqrt{2m^\star\left[\varepsilon_n - V(x)\right]} = (n+\gamma)2\pi\hbar$$
$$\pi(n+\gamma) = \int_0^{x_n} dx\sqrt{\frac{2m^\star}{\hbar^2}\left[\varepsilon_n - eE_0x\right]}\,. \qquad \text{(A10.6.20)}$$

Der Phasenfaktor γ beschreibt die quantenmechanische Nullpunktsbewegung und es gilt $\gamma = 1/2$ für das Oszillatorpotenzial $V(x) = m\omega^2x^2/2$ und $\gamma = -1/4$ für das lineare Potenzial $V(x) = eE_0x$. Setzen wir [vergleiche Gl. (A10.6.12)]

$$\varepsilon_n = c_n^{\mathrm{WKB}}\cdot\left(\frac{\hbar^2e^2E_0^2}{2m^\star}\right)^{1/3}, \qquad \text{(A10.6.21)}$$

so erhalten wir

$$\pi(n+\gamma) = \int_0^{x_n} dx\sqrt{a^{2/3}c_n^{\mathrm{WKB}} - ax} = a^{1/3}\int_0^{x_n} dx\sqrt{c_n^{\mathrm{WKB}} - a^{1/3}x}\,. \qquad \text{(A10.6.22)}$$

Unter Benutzung von

$$\int dx\,\sqrt{\alpha x + \beta} = \frac{2}{3\alpha}(\alpha x + \beta)^{3/2}$$

ergibt sich

$$\pi(n+\gamma) = a^{1/3}\left\{\frac{2}{3a^{1/3}}\left[(c_n^{\mathrm{WKB}})^{3/2} - \underbrace{\left(c_n^{\mathrm{WKB}} - a^{1/3}x_n\right)^{3/2}}_{=0}\right]\right\}$$
$$= \frac{2}{3}(c_n^{\mathrm{WKB}})^{3/2} \qquad \text{(A10.6.23)}$$

3 siehe hierzu zum Beispiel *The Physics of Low Dimensional Semiconductors*, J. H. Davies, Cambridge University Press, Cambridge (1998).

bzw.

$$c_n^{\mathrm{WKB}} = \left[\frac{3\pi}{2}(n+\gamma)\right]^{2/3} \equiv t_n \tag{A10.6.24}$$

Mit der Identifikation $\gamma = -1/4$ haben wir somit gezeigt, dass die Bohr-Sommerfeld-Quantisierung auf

$$c_n^{\mathrm{WKB}} \equiv t_n = \left[\frac{3\pi}{2}\left(n - \frac{1}{4}\right)\right]^{2/3} \tag{A10.6.25}$$

führt und somit der Näherung für die Nullstellen der Airy-Funktion $\mathrm{Ai}(\xi = -c_n) = 0$ für große n entspricht. Die niedrigsten Werte für die genäherten Nullstellen c_n^{WKB} lauten:

$$\begin{aligned} c_1^{\mathrm{WKB}} &= 2.32025\,(0.766\,\%)\\ c_2^{\mathrm{WKB}} &= 4.08181\,(0.150\,\%)\\ c_3^{\mathrm{WKB}} &= 5.51716\,(0.061\,\%)\\ c_4^{\mathrm{WKB}} &= 6.78445\,(0.032\,\%)\\ c_5^{\mathrm{WKB}} &= 7.94248\,(0.020\,\%)\\ &\vdots \end{aligned}$$

In Klammern ist jeweils der relative Fehler $(c_n - c_n^{\mathrm{WKB}})/c_n$ angegeben. Wir erkennen, dass die WKB-Näherung eine relative Genauigkeit im Sub-Prozentbereich liefert. Für $n = 1$ und $n = 2$ erhalten wir aus Gl. (A10.6.12) die Werte $\varepsilon_1 = 0.1434\,\mathrm{eV}$ und $\varepsilon_2 = 0.2504\,\mathrm{eV}$.

(b) Mit der Dichte $(L/2\pi)^2$ der Zustände im zweidimensionalen $\mathbf{k}$-Raum und der Fläche πk_{F}^2 des Fermi-Kreises erhalten wir unter Berücksichtigung der Spin-Entartung

$$2\left(\frac{L}{2\pi}\right)^2 \pi k_{\mathrm{F}}^2 = N \tag{A10.6.26}$$

und damit

$$k_{\mathrm{F}} = \sqrt{\frac{2\pi N}{L^2}} = \sqrt{2\pi n_{2\mathrm{D}}}\,. \tag{A10.6.27}$$

Hieraus erhalten wir die Fermi-Energie

$$\varepsilon_{\mathrm{F}} = \frac{\hbar^2 k_{\mathrm{F}}^2}{2m^\star} = \frac{\pi n_{2\mathrm{D}}\hbar^2}{m^\star}\,. \tag{A10.6.28}$$

Mit $n_{2\mathrm{D}} = 10^{12}\,\mathrm{cm}^{-3}$ und $m^\star_{\mathrm{GaAs}} = 0.07\,m_e$ erhalten wir $\varepsilon_{\mathrm{F}} = 0.0342\,\mathrm{eV}$. Das Fermi-Niveau liegt also um $0.0342\,\mathrm{eV}$ über dem Grundzustandsniveau $\varepsilon_1 = 0.140\,\mathrm{eV}$. Da der nächst höhere Zustand bei $\varepsilon_2 = 0.245\,\mathrm{eV}$ liegt, ist nur ein 2D-Subband besetzt (siehe hierzu Abb. 10.5).

(c) Für die Bestimmung der Eigenenergien ε_n müssen wir die exakte Form des Potenzials $V(x)$ kennen. Bei Halbleitern muss dabei die Existenz von Raumladungen berücksichtigt werden. Das bedeutet, dass $V(x)$ von der Dichte der freien Elektronen und der ionisierten Dotieratome abhängt und deshalb die Wahrscheinlichkeitsdichte $|\Psi(x)|^2$ in das

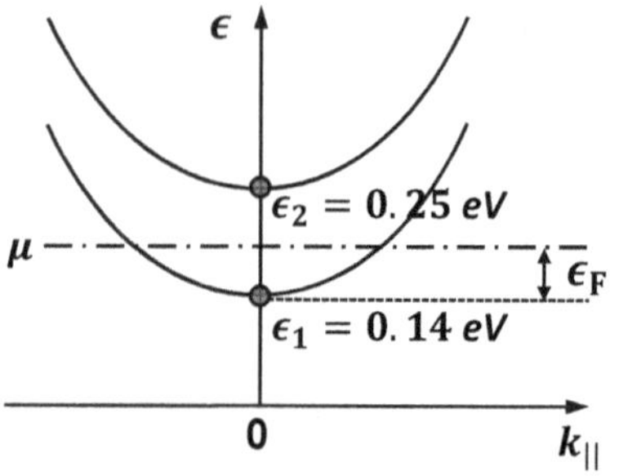

Abb. 10.5: Energieparabeln der 2D-Subbänder. Da das Fermi-Niveau nur 0.0342 eV über dem Grundzustandsniveau $\varepsilon_1 = 0.14$ eV liegt, ist nur ein Subband besetzt.

Potenzial über die Elektronendichte eingeht. Wir müssen deshalb ein selbstkonsistentes Lösungsverfahren wählen. In einfachster Näherung sind wir oben von einem reinen Dreieckspotenzial ausgegangen. Wir wollen jetzt noch den Einfluss der Elektronendichte auf das Potenzial in einem Korrekturschritt erster Ordnung berücksichtigen.
Wir können das durch die Elektronen selbst erzeugte elektrische Feld mit Hilfe des Gaußschen Theorems bestimmen. Hierzu starten wir mit der Poisson-Gleichung

$$-\triangle\,\phi(\mathbf{r}) = \frac{\rho(\mathbf{r})}{\epsilon\epsilon_0}\,, \qquad \text{(A10.6.29)}$$

die uns den Zusammenhang zwischen einer Ladungsdichte ρ und dem resultierenden elektrostatischen Potenzial ϕ angibt. Mit $\triangle = \nabla\cdot\nabla$ und $E = -\nabla\,\phi$ erhalten wir folgende Gleichung

$$\int_V \nabla\cdot\mathbf{E}\,dV = \int_V \frac{\rho(\mathbf{r})}{\epsilon\epsilon_0}\,dV\,. \qquad \text{(A10.6.30)}$$

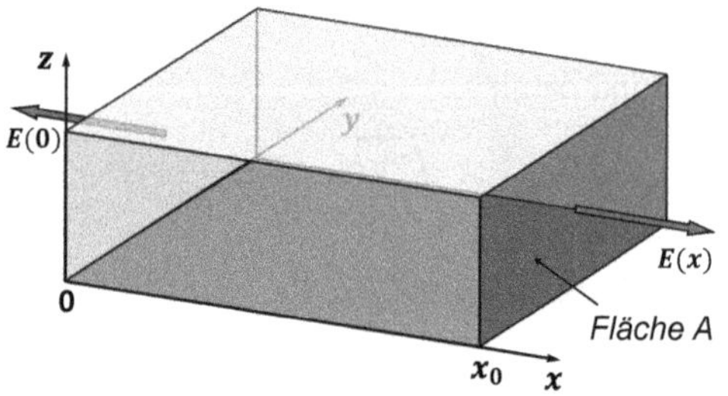

Abb. 10.6: Zur Ableitung der Form des Potenzials unter Berücksichtigung der Existenz von Raumladungen.

Wir können nun den Gaußschen Satz verwenden und das Integral auf der linken Seite in ein Oberflächenintegral umwandeln. Da wir in unserem eindimensionalen Problem $\mathbf{E}\|x$ haben, müssen wir nur die Flächen senkrecht zur x-Richtung bei $x = 0$ und $x = x_0$ berücksichtigen (siehe hierzu Abb. 10.6). Die Ladungsdichte können wir schreiben als $e|\Psi|^2 n_{2\mathrm{D}}$, wobei $n_{2\mathrm{D}}$ die Ladungsdichte senkrecht zur x-Richtung angibt, und das

Volumenelement als $dV = Adx$. Damit erhalten wir

$$\oint_A \mathbf{E} \cdot d\mathbf{A} = \int_0^{x_0} \frac{e|\Psi(x)|^2 n_{2D}}{\epsilon\epsilon_0} Adx$$

$$E(x_0)A - E(0)A = \int_0^{x_0} \frac{e|\Psi(x)|^2 n_{2D}}{\epsilon\epsilon_0} Adx\,. \tag{A10.6.31}$$

Mit $E(x_0) = -E(0)$ erhalten wir

$$E(x_0) = \frac{en_{2D}}{2\epsilon\epsilon_0} \int_0^{x_0} |\Psi(x)|^2\, dx\,. \tag{A10.6.32}$$

Der resultierende Verlauf des Potenzials ist in Abb. 10.7 schematisch dargestellt.

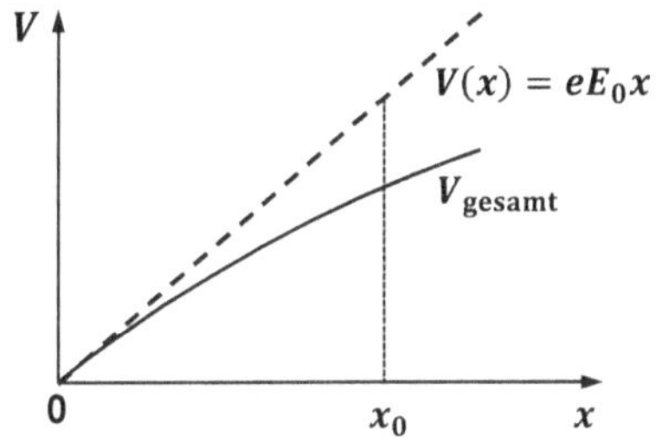

Abb. 10.7: Verlauf des exakten Potenzials $V(x)$ im Vergleich zu einem reinen dreieckförmigen Potenzialtopf $V(x) = eE_0x$.

A10.7 Quantum Confinement und Halbleiter-Laser

Der III-V-Halbleiter GaAs besitzt eine Energielücke von 1.43 eV. Sie wollen mit diesem Material mittels Quantum Confinement einen Laser herstellen, dessen Emission im roten Spektralbereich bei 1.62 eV liegt. Nehmen Sie an, dass das Quantum Confinement in z-Richtung durch zwei unendlich hohe Potenzialbarrieren mit Abstand L erfolgt und es sich bei dem Laser-Übergang um einen elektronischen Übergang aus einem Elektronenzustand im Leitungsband ($m_e^\star = 0.07\, m_e$) in einen schweren Lochzustand ($m_{hh}^\star = 0.68\, m_e$) im Valenzband handelt. Wie groß muss die Breite L des Quantentopfs sein?

Lösung

Der Potenzialverlauf in einem (Al,Ga)As-GaAs Laser mit Quantum Confinement ist schematisch in Abb. 10.8 gezeigt. Die optisch aktive Zone stellt einen Potenzialtopf für Elektronen und Löcher dar. Für unsere Rechnung verwenden wir den in Abb. 10.8 rechts gezeigten Potenzialverlauf, d. h. wir betrachten einen Potenzialtopf der Breite L in z-Richtung mit unendlich hohen Wänden. Aus der Randbedingung $n\,\frac{\lambda}{2} = L$ ergeben sich die erlaubten Wellenzahlen zu

$$k_z = n\,\frac{\pi}{L} \qquad n = 1, 2, 3, \ldots\,. \tag{A10.7.1}$$

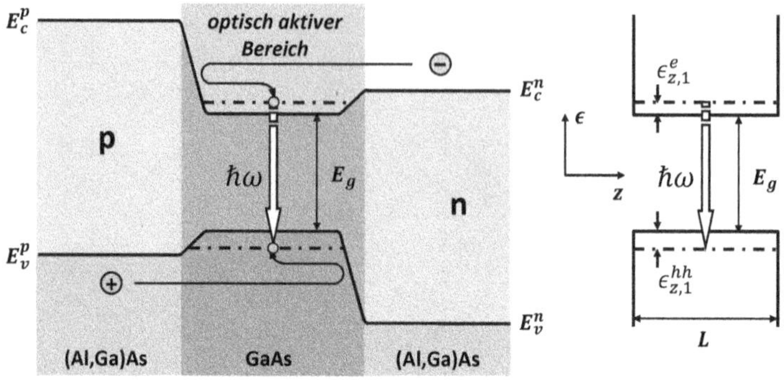

Abb. 10.8: Schematische Darstellung des Bandverlaufs in einem Halbleiter-Laser mit einer optisch aktiven Zone der Breite L. Die optisch aktive Zone in der Mitte ist getönt markiert. Rechts ist der zur Lösung der Aufgabe angenommene idealisierte Potenzialverlauf mit unendlich hohen Potenzialbarrieren an den (Al,Ga)As-GaAs Grenzflächen gezeigt.

Damit erhalten wir die Confinement-Energie für den Elektronenzustand (wir legen den Energienullpunkt in die Bandmitte)

$$\varepsilon_{z,1}^{e} = \frac{E_g}{2} + \frac{\hbar^2}{2m_e^\star}\left(\frac{\pi}{L}\right)^2 \tag{A10.7.2}$$

und äquivalent für den Lochzustand

$$\varepsilon_{z,1}^{hh} = -\frac{E_g}{2} - \frac{\hbar^2}{2m_{hh}^\star}\left(\frac{\pi}{L}\right)^2 . \tag{A10.7.3}$$

Der energetische Abstand zwischen den beiden Zuständen ergibt sich somit zu

$$\Delta\varepsilon = E_g + \frac{\hbar^2}{2m_e^\star}\left(\frac{\pi}{L}\right)^2 + \frac{\hbar^2}{2m_{hh}^\star}\left(\frac{\pi}{L}\right)^2 . \tag{A10.7.4}$$

Lösen wir diese Gleichung nach L auf, so erhalten wir

$$\begin{aligned} L^2 &= \pi^2 \frac{m_e^\star + m_{hh}^\star}{2m_e^\star m_{hh}^\star} \frac{\hbar^2}{\Delta\varepsilon - E_g} \\ &= \pi^2 \frac{0.07 + 0.68}{2m_e \cdot 0.07 \cdot 0.68} \frac{\hbar^2}{\Delta\varepsilon - E_g} . \end{aligned} \tag{A10.7.5}$$

Mit $\Delta\varepsilon - E_g = 0.19\,\text{eV}$ erhalten wir $L = 5.58\,\text{nm}$. Bei einer Gitterkonstanten $a = 5.6\,\text{Å}$ von GaAs entspricht dies gerade einer Potenzialtopfbreite von etwa 10 Gitterkonstanten.

A10.8 MOSFET

Ein n-Kanal MOSFET (metal-oxide-semiconductor field effect transistor) auf einem p-Typ Silizium-Wafer (siehe Abb. 10.9) soll eine Oxidschichtdicke von $d = 12\,\text{nm}$ besitzen. Die Dotierung des p-Siliziums sei homogen und habe den Wert $2 \times 10^{16}\,\text{cm}^{-3}$. Die Bandlücke beträgt $E_g = 1.15\,\text{eV}$, die Dielektrizitätskonstanten von Si und SiO_2 sind $\epsilon = 11.9$ und 4, die longitudinale und transversale effektive Masse der Elektronenzustände im Leitungsband beträgt $m_{el} = 0.19m_e$ und $m_{et} = 0.98m_e$, diejenige der schweren und leichten Löcher im Valenzband $m_{hh} = 0.54m_e$ und $m_{lh} = 0.15m_e$.

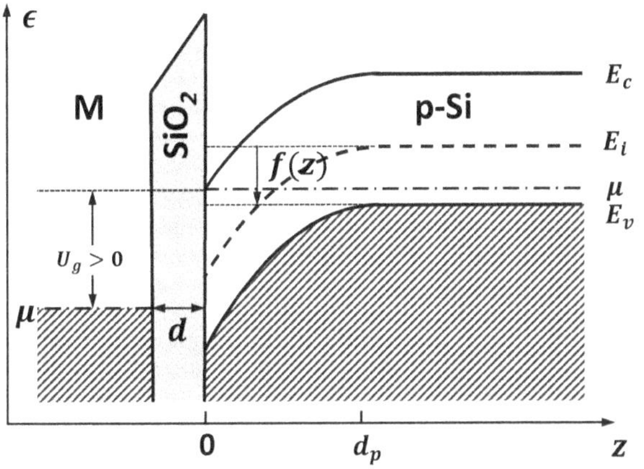

Abb. 10.9: Verlauf des Leitungs- und Valenzbandes in einem MOSFET. An die metallische Gate-Elektrode ist eine Spannung $U_g > 0$ angelegt, was einer Absenkung der potentiellen Energie der Elektronen um $(-e)U_g$ entspricht.

(a) Berechnen Sie die Gate-Spannung U_g, die notwendig ist, um die Leitungsbandkante an der Grenzfläche Si/SiO_2 auf die Höhe des chemischen Potenzials μ zu bringen.
(b) Berechnen Sie die elektrische Feldstärke an der Si/SiO_2-Grenzfläche und die Breite d_p der Raumladungszone im p-Silizium?

Lösung

Wir betrachten die in der Abbildung gezeigte ideale Metall-Isolator-Halbleiter (MIS) Struktur. Bei Verwendung von SiO_2 wird diese auch MOS-Diode genannt.

(a) Zur Lösung der Aufgabe betrachten wir zunächst die Lage des chemischen Potentials μ. Wir legen hierzu den Energienullpunkt in die Oberkante des Valenzbands, d. h. $E_v = 0$, wodurch sich für die Unterkante des Leitungsbandes zu $E_c = E_g$ ergibt. Mit der Dichte der Elektronen im Leitungsband

$$n_c = n_c^{\text{eff}} \, e^{-(E_c-\mu)/k_B T} , \tag{A10.8.1}$$

wobei n_c^{eff} mit der mittleren Elektronenmasse $m_e^\star$ und der Entartung der sechs Leitungsbandtäler (Valley-Entartung) in Si ($p = 6$) (siehe hierzu Abb. 10.10) durch

$$n_c^{\text{eff}} = 2 \cdot p \cdot \left(\frac{m_e^\star k_B T}{2\pi\hbar^2} \right)^{3/2} \tag{A10.8.2}$$

gegeben ist, können wir die Lage des Fermi-Niveaus zu

$$\mu = E_g + k_B T \ln \frac{n_c}{n_c^{\text{eff}}} \tag{A10.8.3}$$

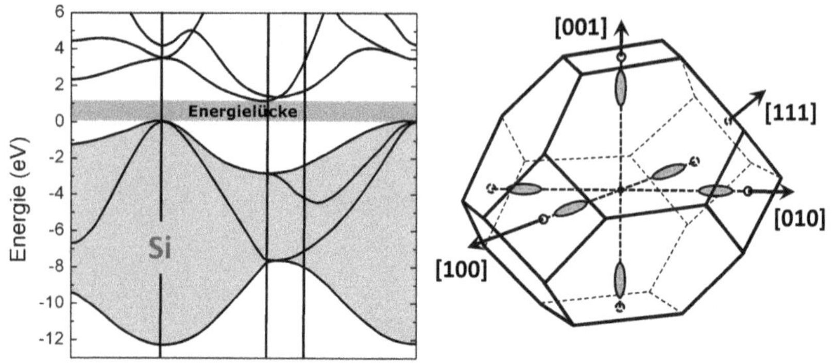

Abb. 10.10: Berechnete Bandstruktur von Si. Die vier Valenzbänder (unteres sp^3-Subband) sind grau hinterlegt. Rechts sind die Flächen konstanter Energie in der Nähe des Minimums des Leitungsbandes gezeigt. Aus Gründen der Symmetrie treten mehrere Bandminima in äquivalente Richtungen des k-Raums auf. Für Si sind dies die $\{001\}$-Richtungen.

angeben. Die Ladungsträgerkonzentration n_c kann mittels des Massenwirkungsgesetzes

$$n_c \cdot p_v = n_c^{\mathrm{eff}} p_v^{\mathrm{eff}} \, \mathrm{e}^{-E_g/k_\mathrm{B}T} \tag{A10.8.4}$$
$$= 4 \cdot p \cdot \left(\frac{m_e^\star k_\mathrm{B} T}{2\pi\hbar^2}\right)^{3/2} \left(\frac{m_h^\star k_\mathrm{B} T}{2\pi\hbar^2}\right)^{3/2} \mathrm{e}^{-E_g/k_\mathrm{B}T}$$

berechnet werden. Hierbei haben wir für die Dichte der Löcher im Valenzband die Beziehung

$$p_v = \left(p_{v,hh}^{\mathrm{eff}} + p_{v,lh}^{\mathrm{eff}}\right) \mathrm{e}^{-\mu/k_\mathrm{B}T} = \left(\frac{m_h^\star k_\mathrm{B} T}{2\pi\hbar^2}\right)^{3/2} \mathrm{e}^{-\mu/k_\mathrm{B}T} \tag{A10.8.5}$$

verwendet, wobei

$$m_h^\star = \left(m_{hh}^{\star\,3/2} + m_{lh}^{\star\,3/2}\right)^{2/3} \tag{A10.8.6}$$

die mittlere Lochmasse ist. Wir nehmen nun zur Vereinfachung an, dass alle Akzeptoren ionisiert sind:

$$p_v \approx n_A = 2 \times 10^{16}\,\mathrm{cm}^{-3}\,. \tag{A10.8.7}$$

Dies ist bei Raumtemperatur nur eine grobe Näherung, da die Akzeptor-Energie

$$E_{A,n} = \frac{m^\star}{m_e \epsilon^2} E_{H,n} = \frac{m_h^\star e^4}{2(4\pi\epsilon\epsilon_0\hbar)^2} \frac{1}{n^2} \tag{A10.8.8}$$

in unserem Fall für $n = 1$ und $\epsilon = 11.9$ den Wert $E_{A,1} = 56.6\,\mathrm{meV}$ ergibt. Hierbei sind $E_{H,n}$ die Energieniveaus des Wasserstoffatoms, m_e die freie Elektronenmasse und ϵ die Dielektrizitätskonstante.

Mit der Vereinfachung $p_v \approx n_A$ ergibt sich

$$n_c = \frac{n_c^{\text{eff}} p_v^{\text{eff}}}{n_A} \, e^{-E_g/k_B T} \tag{A10.8.9}$$
$$= 4 \cdot p \cdot \frac{\left(\frac{m_e^\star k_B T}{2\pi\hbar^2}\right)^{3/2} \left(\frac{m_h^\star k_B T}{2\pi\hbar^2}\right)^{3/2}}{n_A} \, e^{-E_g/k_B T} \, .$$

Unter Berücksichtigung der leichten und schweren Löcher im Valenzband des p-Siliziums mit den effektiven Massen $m_{lh}^\star$ und $m_{hh}^\star$ kann die mittlere Löchermasse $m_h^\star$ zu

$$m_h^\star = \left(m_{hh}^{\star\;3/2} + m_{lh}^{\star\;3/2}\right)^{2/3} \simeq 0.59\, m_e \tag{A10.8.10}$$

berechnet werden. Des Weiteren erhalten wir die mittlere effektive Elektronenmasse $m_e^\star$ mit den angegebenen longitudinalen und transversalen effektiven Massen $m_{el} = 0.19 m_e$ und $m_{et} = 0.98 m_e$ zu

$$m_e^\star = \left(m_{el}^\star \cdot m_{et}^{\star\;2}\right)^{1/3} \simeq 0.57\, m_e \, . \tag{A10.8.11}$$

Setzen wir die Werte für diese mittleren effektiven Massen, die Bandlücke und $n_A = 2 \times 10^{16}\,\text{cm}^{-3}$ in Gleichung (A10.8.9) ein, so erhalten wir für $T = 300\,\text{K}$

$$n_c \simeq 1.7 \times 10^3\,\text{cm}^{-3} \ll p_v \, . \tag{A10.8.12}$$

Mittels Gleichung (A10.8.3) ergibt sich somit

$$\mu = E_g + k_B T \ln \frac{n_c}{n_c^{\text{eff}}} \simeq 0.163\,\text{eV} \, . \tag{A10.8.13}$$

Um die Leitungsbandkante an der Grenzfläche SiO_2/Si auf die Höhe des chemischen Potenzials zu bringen, müssen wir durch die angelegte Spannung U_g eine Potenzialdifferenz $(E_g - \mu)/e \simeq 0.974\,\text{V}$ erzeugen. Bei tiefer Temperatur stimmt diese Spannung, die wir unten noch berechnen, mit der Schwellenspannung des MOSFETs überein. Wir weisen noch darauf hin, dass das chemische Potential μ auch auf direkterem Wege durch Auflösen von Gl. (A10.8.5) nach μ erhalten werden kann.

(b) Zur Berechnung der Raumladungszone verwenden wir die Poisson-Gleichung

$$-\nabla^2 \phi = -\frac{\partial^2 \phi(z)}{\partial z^2} = \frac{\rho(z)}{\epsilon\epsilon_0} \, . \tag{A10.8.14}$$

Hierbei ist die Ladungsdichte gegeben durch

$$\rho(z) = e\left[n_D^+(z) - n_A^-(z) - n_c(z) + p_v(z)\right] . \tag{A10.8.15}$$

Die Neutralisationsbedingung für $z = \infty$ lautet

$$n_D^+ - n_A^- = n_c - p_v \simeq -n_A^- \, . \tag{A10.8.16}$$

Für die Ladungsträgerdichte als Funktion des Makropotenzials $\phi(z)$ können wir schreiben:

$$n_c(z) = n_c^{\text{eff}} \exp\left(-\frac{E_c - e\phi(z) - \mu}{k_B T}\right) = n_c(0) \exp\left(+\frac{e\phi(z)}{k_B T}\right) \tag{A10.8.17}$$

$$p_v(z) = p_v^{\text{eff}} \exp\left(-\frac{\mu - E_v + e\phi(z)}{k_B T}\right) = p_v(0) \exp\left(-\frac{e\phi(z)}{k_B T}\right) . \tag{A10.8.18}$$

Setzen wir diese Ausdrücke zusammen mit $n_D^+ - n_A^- = n_c(0) - p_v(0)$ und der Näherung $p_v(0) = n_A$ in die Poisson-Gleichung ein, so erhalten wir

$$\begin{aligned} -\frac{\partial^2 \phi(z)}{\partial z^2} &= \frac{e}{\epsilon\epsilon_0}\left\{p_v(0)\left[\exp\left(-\frac{e\phi(z)}{k_B T}\right) - 1\right] - n_c(0)\left[\exp\left(+\frac{e\phi(z)}{k_B T}\right) - 1\right]\right\} \\ &\simeq \frac{e}{\epsilon\epsilon_0}\left[-p_v(0)\right] \simeq \frac{e}{\epsilon\epsilon_0}\left[-n_A\right] . \end{aligned} \tag{A10.8.19}$$

Hierbei haben wir angenommen, dass $\exp(-e\phi(z)/k_B T) \ll 1$ und dass ferner $n_c(0)\exp(+e\phi(z)/k_B T) \ll p_v$. Letztere Annahme ist nur gültig, solange $\phi(z) < E_c - \mu$. Nur unter dieser Bedingung erhalten wir die einfache Näherung aus (A10.8.19). Ansonsten müssen wir den Exponentialterm mitnehmen, wodurch die nachfolgende Integration etwas schwieriger wird. Dies soll hier aber nicht getan werden.
Wir erhalten also als Näherung für den Verarmungsfall (wenn wir wieder annehmen, dass alle Akzeptoren ionisiert sind)

$$\frac{\partial^2 \phi(z)}{\partial z^2} = \begin{cases} +\frac{e n_A}{\epsilon\epsilon_0} & \text{für } 0 < z < d_p \\ 0 & \text{für } z \geq d_p \end{cases} . \tag{A10.8.20}$$

Integrieren wir dies auf, so erhalten wir

$$\frac{\partial \phi(z)}{\partial z} = -E(z) = -\frac{e n_A}{\epsilon\epsilon_0}(d_p - z) \tag{A10.8.21}$$

$$\phi(z) = \frac{e n_A}{\epsilon\epsilon_0}\frac{(d_p - z)^2}{2} . \tag{A10.8.22}$$

Für $z = 0$ erhalten wir, wenn wir mit der angelegten Spannung die Leitungsbandkante auf die Höhe des chemischen Potenzials gebracht haben (der Energienullpunkt ist hierbei zu $E_v = 0$ gewählt, so dass $E_c = E_g$)

$$e\phi(z = 0) = \frac{e^2 n_A d_p^2}{2\epsilon\epsilon_0} = E_g - \mu = 0.987\,\text{eV} . \tag{A10.8.23}$$

Lösen wir diese Gleichung nach d_p auf, so erhalten wir für die Breite der Verarmungszone

$$d_p = \sqrt{\frac{2\epsilon\epsilon_0}{e^2 n_A}(E_g - \mu)} = 238\,\text{nm} . \tag{A10.8.24}$$

Für die Feldstärke an der Grenzfläche erhalten wir

$$E(0) = \frac{en_A}{\epsilon\epsilon_0} d_p = 7.29 \times 10^4\,\mathrm{V/cm}\,. \tag{A10.8.25}$$

Die Spannung, die wir an die Gate-Elektrode anlegen müssen, ist gegeben durch

$$U_g = U_i + \phi(0)\,, \tag{A10.8.26}$$

wobei U_i die über dem Isolator abfallende Spannung ist. Aus der Neutralitätsbedingung $Q_M = Q_S$, wobei Q_M die Flächenladung auf der Metall- und Q_S die Flächenladung auf der Halbleiterseite ist, erhalten wir zum einen [hierbei benutzen wir die Näherung $(-\partial\phi/\partial z)_{z=0} \simeq \phi(0)/d_p = E(0)$]

$$Q_s = \frac{\epsilon_0\epsilon_{\mathrm{Si}}}{d_p} A\,E(0)\,d_p = \epsilon_0\epsilon_{\mathrm{Si}}\,A\,E(0) \tag{A10.8.27}$$

und zum anderen

$$Q_s = \frac{\epsilon_0\epsilon_{\mathrm{SiO_2}}}{d_{\mathrm{SiO_2}}} A\,U_i\,. \tag{A10.8.28}$$

Hieraus ergibt sich

$$\epsilon_0\epsilon_{\mathrm{Si}}\,A\,E(0) = \frac{\epsilon_0\epsilon_{\mathrm{SiO_2}}}{d_{\mathrm{SiO_2}}} A\,U_i \tag{A10.8.29}$$

bzw.

$$U_i = \frac{\epsilon_{\mathrm{Si}}}{\epsilon_{\mathrm{SiO_2}}} E(0)\,d_{\mathrm{SiO_2}} \tag{A10.8.30}$$

und schließlich

$$U_g = E(0)d_{\mathrm{SiO_2}}\,\frac{\epsilon_{\mathrm{Si}}}{\epsilon_{\mathrm{SiO_2}}} + \phi(0) = 0.26\,\mathrm{V} + 0.87\,\mathrm{V} = 1.13\,\mathrm{V}\,. \tag{A10.8.31}$$

11 Dielektrische Eigenschaften

A11.1 Polarisierbarkeit von atomarem Wasserstoff

Betrachten Sie ein Wasserstoffatom in einem äußeren elektrischen Feld, das senkrecht zur Bahnebene steht (semiklassische Betrachtungsweise). Zeigen Sie, dass in diesem Fall für die elektronische Polarisierbarkeit des Wasserstoffatoms $\alpha_{el} = 4\pi a_0^3$ gilt, wobei a_0 der Radius der ungestörten Bahn ist. Nehmen Sie an, dass das angelegte Feld in x-Richtung zeigt und die Bahnebene in der yz-Ebene liegt. Die Auslenkung x soll außerdem klein gegenüber a_0 sein.

Anmerkung: Die x-Komponente des Kernfeldes an der ausgelenkten Position der Elektronenbahn muss gleich dem angelegten Feld sein.

Lösung

Die elektronische Polarisierbarkeit des Wasserstoffatoms α_{el} erhalten wir aus der Definition des elektrischen Dipolmomentes

$$\mathbf{p}_{\mathrm{el}} = \epsilon_0 \alpha_{el} \mathbf{E} . \tag{A11.1.1}$$

Das elektrische Dipolmoment lässt sich wie folgt berechnen: Eine Ladung erfährt im elektrischen Feld $\mathbf{E}_{\mathrm{ext}}$ die Kraft $\mathbf{F} = q\mathbf{E}_{\mathrm{ext}}$. Zwei punktförmige Ladungen q_1 und q_2 üben aufeinander die Kraft

$$\mathbf{F} = \frac{1}{4\pi\epsilon_0} \frac{q_1 q_2}{r^2} \cdot \widehat{\mathbf{r}} \tag{A11.1.2}$$

aus. Hierbei ist $\widehat{\mathbf{r}}$ der Einheitsvektor in Richtung von $\mathbf{r}$. Wir nehmen nun an, dass sich das Proton mit Ladung $q_1 = e$ (siehe Abb. 11.1) im Ursprung befindet. Durch das in x-Richtung angelegte elektrische Feld $E_{\mathrm{ext},x}$ entsteht auf das Proton in x-Richtung die Kraft $+eE_{\mathrm{ext},x}$ und auf das Elektron die Kraft $-eE_{\mathrm{ext},x}$. Dadurch werden der negative und der positive Ladungsschwerpunkt des Atoms in x-Richtung gegeneinander verschoben. Um die Gleichgewichtsverschiebung x zu bestimmen, müssen wir die Kraft aufgrund des angelegten Feldes der rücktreibenden Kraft aufgrund der Anziehung der beiden Ladungen gleichsetzen. Für die x-Komponente ergibt sich

$$eE_{\mathrm{ext},x} = \frac{1}{4\pi\epsilon_0} \frac{e^2}{r^2} \frac{x}{r} . \tag{A11.1.3}$$

Damit erhalten wir das elektrische Dipolmoment

$$p_{\mathrm{el},x} = ex = E_{\mathrm{ext},x} 4\pi\epsilon_0 r^3 \tag{A11.1.4}$$

https://doi.org/10.1515/9783110782530-011

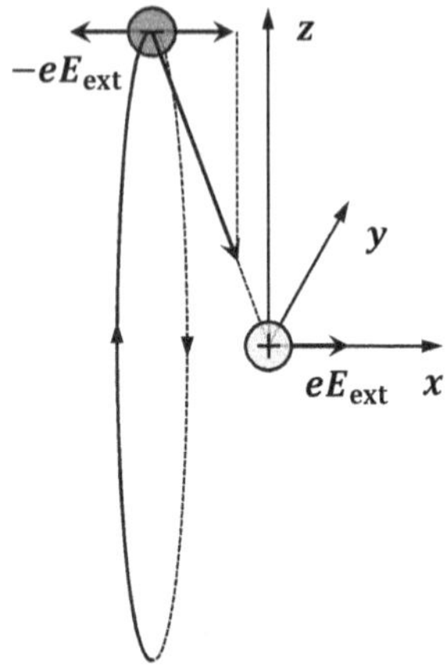

Abb. 11.1: Zur Ableitung der elektronischen Polarisierbarkeit des Wasserstoffatoms.

und für das elektrische Feld

$$E_{\mathrm{ext},x} = \frac{1}{4\pi\epsilon_0}\frac{ex}{r^3} = \frac{1}{4\pi\epsilon_0}\frac{p_x^{\mathrm{el}}}{r^3} \,. \tag{A11.1.5}$$

Das elektrische Dipolmoment weist in positive x-Richtung (wir können uns entweder die Ladung $-e$ in negativer x-Richtung oder die Ladung $+e$ in positiver x-Richtung verschoben denken).

Da $x \ll a_0$ sein soll, können wir benutzen, dass

$$r^3 = \left(x^2 + y^2 + z^2\right)^{3/2} \approx \left(y^2 + z^2\right)^{3/2} = \left(a_0^2\right)^{3/2} = a_0^3$$

gilt, und wir erhalten

$$p_{\mathrm{el},x} = ex = E_{\mathrm{ext},x}\, 4\pi\epsilon_0\, a_0^3 \,. \tag{A11.1.6}$$

Vergleichen wir nun die Definition des elektrischen Dipolmoments (A11.1.1) mit Gl. (A11.1.6), so erhalten wir

$$\alpha_{\mathrm{el}} = \frac{p_{\mathrm{el},x}}{\epsilon_0 E_{\mathrm{ext},x}} = 4\pi a_0^3 \,. \tag{A11.1.7}$$

Wichtig ist, dass die Polarisierbarkeit α_{el} eines Atoms über das lokale, am Ort des Atoms wirkende elektrische Feld E_{lok} definiert wird. In dieser Aufgabe ist das lokale Feld natürlich gleich dem äußeren Feld, da wir nur ein einzelnes Atom betrachtet haben und die Wirkung der Dipolfelder benachbarter Atome dann nicht berücksichtigen müssen.

A11.2 Makroskopisches elektrisches Feld

Wird ein ellipsoidförmiger dielektrischer Festkörper in ein homogenes elektrisches Feld $\mathbf{E}_{\mathrm{ext}}$ gebracht, so wird dieser homogen polarisiert und wir erhalten im Inneren des Festkörpers ein makroskopisches elektrisches Feld der Stärke $\mathbf{E}_{\mathrm{mak}} = \mathbf{E}_{\mathrm{ext}} + \mathbf{E}_N$ mit dem Depolarisationsfeld $\mathbf{E}_N = -N\mathbf{P}/\epsilon_0$. Die Größe N ist dabei der Depolarisationsfaktor der Probe, der im allgemeinsten Fall einen Tensor 2. Stufe darstellt, und $\mathbf{P}$ die in der Probe vorliegende homogene Polarisation.

(a) Zwischen den Hauptkomponenten des Depolarisationstensors besteht die Beziehung $N_{xx} + N_{yy} + N_{zz} = 1$. Welche Werte müssen die Hauptkomponenten für einen langen Stab, eine Kugel und eine dünne Scheibe annehmen?
(b) Leiten Sie einen Ausdruck für das in der Probe herrschende makroskopische elektrische Feld $\mathbf{E}_{\text{mak}}$ her.
(c) Welcher Zusammenhang besteht in diesem Fall zwischen der dielektrischen Verschiebungsdichte $\mathbf{D}$ und dem extern angelegten elektrischen Feld $\mathbf{E}_{\text{ext}}$?
(d) Berechnen Sie das Verhältnis $E_{\text{mak}}/E_{\text{ext}}$ für einen Festkörper mit einer Dielektrizitätskonstante von $\epsilon = 2.5$, wenn dieser die Form eines langen Stabes, einer Kugel oder einer dünnen Scheibe besitzt. Das externe elektrische Feld soll dabei parallel zum Stab bzw. senkrecht zur Scheibe angelegt sein.

Lösung

Nur im Falle eines einzelnen Atoms entspricht das von außen angelegte externe Feld $\mathbf{E}_{\text{ext}}$ auch dem am Ort des Atoms wirkenden lokalen Feld $\mathbf{E}_{\text{lok}}$. In einem Festkörper ergibt sich das lokale elektrische Feld aus dem von außen angelegten Feld und der Summe aller Dipolfelder der einzelnen Atome im Festkörper. Für das lokale elektrische Feld $\mathbf{E}_{\text{lok}}$ gilt hierbei in „linear response"

$$\mathbf{E}_{\text{lok}} = \mathbf{E}_{\text{mak}} + \mathbf{E}_{\text{L}} = \mathbf{E}_{\text{ext}} + \mathbf{E}_{\text{N}} + \mathbf{E}_{\text{L}} \tag{A11.2.1}$$

mit dem makroskopischen Feld

$$\mathbf{E}_{\text{mak}} = \mathbf{E}_{\text{ext}} + \mathbf{E}_{\text{N}} , \tag{A11.2.2}$$

wobei $\mathbf{E}_{\text{L}} = \frac{\mathbf{P}}{3\epsilon_0}$ das Lorentz-Feld und $\mathbf{E}_{\text{N}} = -\frac{N\mathbf{P}}{\epsilon_0}$ das Depolarisationsfeld bezeichnet mit dem Depolarisations- oder Entelektrisierungsfaktor N (siehe Abb. 11.2). Das Depolarisationsfeld

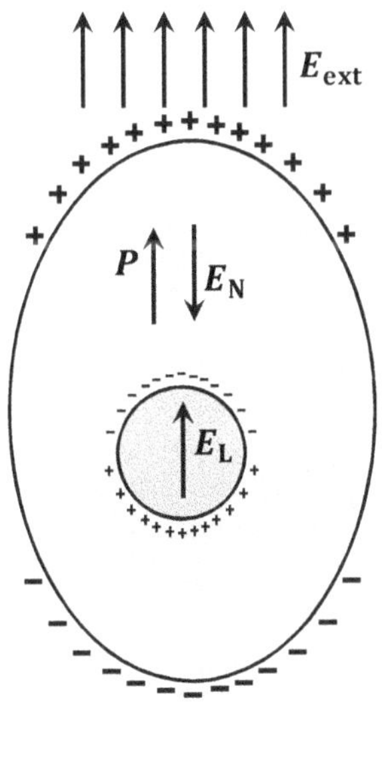

Abb. 11.2: Zur Diskussion des Depolarisationsfelds $\mathbf{E}_{\text{N}}$, des Lorentz-Felds $\mathbf{E}_{\text{L}}$ und des lokalen Felds $\mathbf{E}_{\text{lok}}$, das sich aus der Summe von äußerem Feld $\mathbf{E}_{\text{ext}}$, Lorentz-Feld $\mathbf{E}_{\text{L}}$ und Depolarisationsfeld $\mathbf{E}_{\text{N}}$ ergibt.

entsteht dadurch, dass durch die von $\mathbf{E}_{ext}$ erzeugte endliche Polarisation $\mathbf{P}$ Oberflächenladungen entstehen, die zu einem der Polarisation entgegengesetzten elektrischen Feld $\mathbf{E}_N$ führen.

(a) Für eine *Kugel* müssen aus Symmetriegründen die drei Hauptkomponente des Depolarisationstensors gleich sein (eine homogene Kugel vorausgesetzt). Es gilt dann $N_{xx} = N_{yy} = N_{zz} = 1/3$.
Für einen *Stab*, dessen Länge als unendlich angenommen wird, tritt in dessen Längsrichtung keine Depolarisation auf. Falls die Längsrichtung die z-Richtung ist, gilt $N_{zz} = 0$. Aufgrund der Zylindersymmetrie in der xy-Ebene müssen die beiden verbleibenden Komponenten wiederum gleich sein, d. h. es gilt $N_{xx} = N_{yy} = 1/2$. Für eine in der xy-Ebene unendlich ausgedehnte *Scheibe* tritt innerhalb der Ebene keine Depolarisation auf. Das heißt, es gilt $N_{xx} = N_{yy} = 0$. Damit muss für die dritte Hauptkomponente $N_{zz} = 1$ gelten.
Reale Proben besitzen immer endliche Abmessungen, weshalb die für den Stab und die Scheibe ermittelten Werte nur Näherungen darstellen.

(b) Wir gehen von einem linearen Zusammenhang $\mathbf{P} = \epsilon_0 \chi \mathbf{E}_{mak}$ zwischen Polarisation und makroskopischem elektrischem Feld aus. Es gilt dann:

$$\mathbf{E}_{mak} = \mathbf{E}_{ext} + \mathbf{E}_N = \mathbf{E}_{ext} - N \frac{\mathbf{P}}{\epsilon_0} = \mathbf{E}_{ext} - N\chi \mathbf{E}_{mak} \,. \tag{A11.2.3}$$

Lösen wir nach $\mathbf{E}_{mak}$ auf, so erhalten wir

$$\mathbf{E}_{mak} = \frac{\mathbf{E}_{ext}}{1 + N\chi} = \frac{\mathbf{E}_{ext}}{1 + N(\epsilon - 1)} = \frac{\mathbf{E}_{ext}}{1 - N + N\epsilon} \,. \tag{A11.2.4}$$

Das heißt, das makroskopische elektrische Feld im Inneren eines Festkörpers hängt linear von der Stärke des externen Feldes ab. Da $0 \leq N \leq 1$ und χ stets positiv ist, können wir folgern, dass die Stärke des makroskopischen Feldes im Dielektrikum stets kleiner oder gleich der Stärke des externen Feldes ist.

(c) Der allgemeine Zusammenhang zwischen der dielektrischen Verschiebungsdichte $\mathbf{D}$ und dem makroskopischen elektrischen Feld $\mathbf{E}_{mak}$ lautet

$$\mathbf{D} = \epsilon_0 \mathbf{E}_{mak} + \mathbf{P} \,. \tag{A11.2.5}$$

Mit $\mathbf{P} = \epsilon_0 \chi \mathbf{E}_{mak}$ folgt daraus

$$\begin{aligned} \mathbf{D} &= \epsilon_0 \mathbf{E}_{mak} + \epsilon_0 \chi \mathbf{E}_{mak} = (1 + \chi)\epsilon_0 \mathbf{E}_{mak} \\ &= \epsilon\epsilon_0 \mathbf{E}_{mak} \,. \end{aligned} \tag{A11.2.6}$$

Setzen wir jetzt noch Gl. (A11.2.4) ein, so erhalten wir

$$\mathbf{D} = (1 + \chi)\epsilon_0 \mathbf{E}_{mak} = \frac{1 + \chi}{1 + N\chi} \epsilon_0 \mathbf{E}_{ext} \,. \tag{A11.2.7}$$

(d) Für einen Festkörper mit $\epsilon = 2.5$ erhalten wir die elektrische Suszeptibilität zu $\chi = \epsilon - 1 = 1.5$.

Für einen *langen Stab* beträgt für die Feldrichtung parallel zum Stab der Depolarisationsfaktor $N = 0$ und damit nach Gl. (A11.2.4)

$$\mathbf{E}_{\text{mak}} = \mathbf{E}_{\text{ext}} .$$

Das heißt, das elektrische Feld im Innern des Stabes stimmt mit dem von außen angelegten Feld überein.
Bei einer *dünnen Scheibe* ist für ein äußeres Feld senkrecht zur Scheibe $N = 1$ und damit

$$\mathbf{E}_{\text{mak}} = \frac{\mathbf{E}_{\text{ext}}}{1+\chi} = \frac{\mathbf{E}_{\text{ext}}}{\epsilon} .$$

Das bedeutet, dass das externe Feld im Innern der Scheibe auf $\mathbf{E}_{\text{ext}}/\epsilon$ abgeschwächt wird. Diese Situation liegt üblicherweise für ein dünnes Dielektrikum, das zwischen zwei Kondensatorplatten eingebracht wird, vor. Für das betrachtete Dielektrikum entspricht die Absenkung gerade einem Faktor $1/2.5 = 0.4$.
Für die *kugelförmige Probe* ist $N = 1/3$ und damit das Feldstärkeverhältnis

$$\mathbf{E}_{\text{mak}} = \frac{\mathbf{E}_{\text{ext}}}{1+\frac{\chi}{3}} = \frac{1}{1+\frac{\epsilon-1}{3}}\mathbf{E}_{\text{ext}} = \frac{2}{3}\mathbf{E}_{\text{ext}} .$$

A11.3 Polarisation einer Kugel

Betrachten Sie eine isolierende Kugel mit der Dielektrizitätskonstanten ϵ in einem homogenen elektrischen Feld E_{ext}.

(a) Welchen Wert hat das über das gesamte Volumen der Kugel gemittelte elektrische Feld E innerhalb der Kugel?
(b) Welchen Wert hat die Polarisation P in der Kugel? Setzen Sie bei der Rechnung voraus, dass das Feld E_{ext} beim Einbringen der Kugel unverändert bleibt. (Hinweis: Es ist hier nicht nötig das lokale elektrische Feld E_{lok} zu berechnen.)

Lösung

Die effektive Feldstärke in einem Kondensator ist bei teilweiser Ausfüllung mit einem Dielektrikum kleiner (oder höchstens gleich) der effektiven Feldstärke bei gesamter Ausfüllung des Kondensators. Dies bezeichnet man als Depolarisation oder Entelektrisierung. Handelt es sich um einen Rotationsellipsoid, so ist das Feld im Innenraum des Körpers homogen. Dies ist ein Resultat, das aus der klassischen Elektrodynamik bekannt ist (siehe hierzu Abb. 11.3).

(a) Es gilt $\mathbf{E}_{\text{mak}} = \mathbf{E}_{\text{ext}} + \mathbf{E}_N$, wobei $\mathbf{E}_{\text{mak}}$ das effektive Feld im Inneren der Kugel, $\mathbf{E}_{\text{ext}}$ das angelegte Feld und $\mathbf{E}_N$ das durch die Polarisation des Kugelmaterials erzeugte Depolarisationsfeld ist. Weiterhin gilt $\mathbf{E}_N = -N\mathbf{P}/\epsilon_0$ mit $\mathbf{P} = \epsilon_0\chi\mathbf{E}_{\text{mak}}$. Der Depolarisationsfaktor einer Kugel ist $N = \frac{1}{3}$. Damit erhalten wir

$$\mathbf{E}_{\text{mak}} = \mathbf{E}_{\text{ext}} - \frac{1}{3}\frac{\epsilon_0\chi\mathbf{E}_{\text{mak}}}{\epsilon_0} = \mathbf{E}_{\text{ext}} - \frac{\chi}{3}\mathbf{E}_{\text{mak}} \tag{A11.3.1}$$

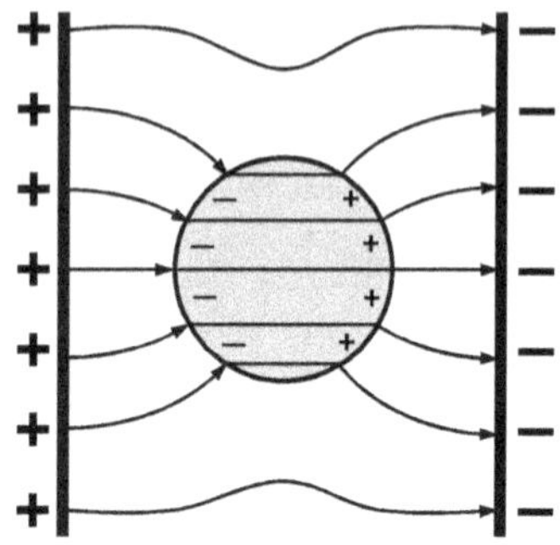

Abb. 11.3: Isolierende Kugel in einem homogenen elektrischen Feld.

und damit

$$\mathbf{E}_{\mathrm{mak}} = \frac{\mathbf{E}_{\mathrm{ext}}}{1+\frac{\chi}{3}} \,. \qquad \text{(A11.3.2)}$$

(b) Die Polarisation können wir einfach angeben, ohne ein lokales Feld berechnen zu müssen, da das elektrische Feld in einem Rotationsellipsoiden homogen ist. Da $\mathbf{P} = \epsilon_0 \chi \mathbf{E}_{\mathrm{mak}}$, gilt

$$\mathbf{P} = \frac{\epsilon_0 \chi}{1+\frac{\chi}{3}} \mathbf{E}_{\mathrm{ext}} \,. \qquad \text{(A11.3.3)}$$

A11.4 Plasmafrequenz, elektrische Leitfähigkeit und Reflexionsvermögen von Metallen

Mit optischen Messungen bestimmen Sie die Plasmafrequenz eines organischen Leiters zu $\omega_{\mathrm{p}} = 1.8 \times 10^{15}\,\mathrm{s}^{-1}$. Die Relaxationszeit der Elektronen in diesem Material beträgt bei Raumtemperatur $\tau = 2.83 \times 10^{-15}\,\mathrm{s}$.

(a) Berechnen Sie aus diesen Daten die elektrische Leitfähigkeit σ. Gehen Sie dabei von einer verschwindend kleinen elektronischen Polarisierbarkeit des Materials aus. Hinweis: Die effektive Masse der Ladungsträger ist nicht bekannt und wird hier auch nicht benötigt.

(b) Aus der Kristallstruktur und chemischen Zusammensetzung der Basis erhält man die Dichte der Leitungselektronen zu $n = 4.7 \times 10^{21}\,\mathrm{cm}^{-3}$. Berechnen Sie mit diesem Wert die effektive Masse $m^\star$ der Elektronen.

In einem Metall sollen die Bedingungen $\omega\tau \ll 1$ und $\sigma(0) \gg \epsilon_0\omega$ erfüllt sein, wobei $\sigma(0) = ne^2\tau/m^\star$ die Gleichstrom-Leitfähigkeit ist.

(a) Zeigen Sie, dass die komplexe Dielektrizitätskonstante dieses Metalls durch $\epsilon = \imath\sigma(0)/\epsilon_0\omega$ gegeben ist.

(b) Berechnen Sie den komplexen Brechungsindex und zeigen Sie, dass im infraroten Wellenlängenbereich das Reflexionsvermögen durch

$$R \simeq 1 - \sqrt{\frac{8\epsilon_0\omega}{\sigma(0)}}$$

gegeben ist.

Lösung

Da die elektronische Polarisation des Materials verschwindend klein sein soll, können wir $\chi_{\mathrm{el}} = 0$ und damit $\epsilon_{\mathrm{el}} = 1 + \chi_{\mathrm{el}} = 1$ setzen. Dies ist in vielen Fällen eine gute Näherung. Damit können wir für die Plasmafrequenz den Ausdruck

$$\omega_p = \sqrt{\frac{ne^2}{\epsilon_0 \epsilon_{\mathrm{el}} m^\star}} = \sqrt{\frac{ne^2}{\epsilon_0 m^\star}} \qquad \text{(A11.4.1)}$$

verwenden.

(a) Die elektrische Leitfähigkeit σ bei der Frequenz $\omega = 0$ ist gegeben durch

$$\sigma(0) = \frac{ne^2\tau}{m^\star} = \frac{ne^2}{\epsilon_0 m^\star}\epsilon_0\tau = \omega_p^2\,\epsilon_0\tau\,. \qquad \text{(A11.4.2)}$$

Mit $\epsilon_0 = 8.85 \times 10^{-12}$ As/Vm und den angegebenen Werten für ω_p und τ erhalten wir, $\sigma = 8.11 \times 10^4\,\Omega^{-1}\,\mathrm{m}^{-1}$ oder $\rho = 1.23 \times 10^{-5}\,\Omega$m.

(b) Lösen wir den Ausdruck für die Plasmafrequenz nach $m^\star$ auf, so erhalten wir

$$m^\star = \frac{ne^2}{\epsilon_0\omega_p^2}\,. \qquad \text{(A11.4.3)}$$

und damit $m^\star = 4.19 \times 10^{-30}$ kg oder $m^\star/m_e = 4.61$. Man beachte, dass $m^\star$ nur dann mit der effektiven Masse identisch ist, wenn die Fermi-Oberfläche eine Kugel ist. Ansonsten erhält man die effektive Masse im niederfrequenten Bereich, während im hochfrequenten Bereich für beliebige Fermi-Oberflächen eine sogenannte optische effektive Masse eingeführt wird.

Zur Lösung des zweiten Aufgabenteils gehen wir von der dielektrischen Funktion eines freien Elektronengases aus (vgl. R. Gross und A. Marx, *Festkörperphysik*, 4. Auflage, Walter de Gruyter GmbH (2023), Abschnitt 11.6). Die gesamte dielektrische Funktion erhalten wir hierbei als Summe aus dem Beitrag der gebundenen $\epsilon_{\mathrm{el}}(\omega)$ und vollkommen freien Elektronen $\chi_{\mathrm{L}}(\omega)$:

$$\epsilon(\omega) = 1 + \chi_{\mathrm{el}}(\omega) + \chi_{\mathrm{L}}(\omega) = \epsilon_{\mathrm{el}}(\omega) + \chi_{\mathrm{L}}(\omega) \qquad \text{(A11.4.4)}$$

mit

$$\chi_{\mathrm{L}}(\omega) = -\frac{\omega_{\mathrm{p}}^2}{\omega}\frac{1}{\left(\omega + \frac{\imath}{\tau}\right)} \qquad \text{(A11.4.5)}$$

Aus Gleichung (A11.4.4) und (A11.4.5) ergibt sich

$$\epsilon(\omega) = \epsilon_{\mathrm{el}}(\omega)\left[1 - \omega_{\mathrm{p}}^2\tau^2\,\frac{1 - \frac{\imath}{\omega\tau}}{1 + \omega^2\tau^2}\right]. \qquad \text{(A11.4.6)}$$

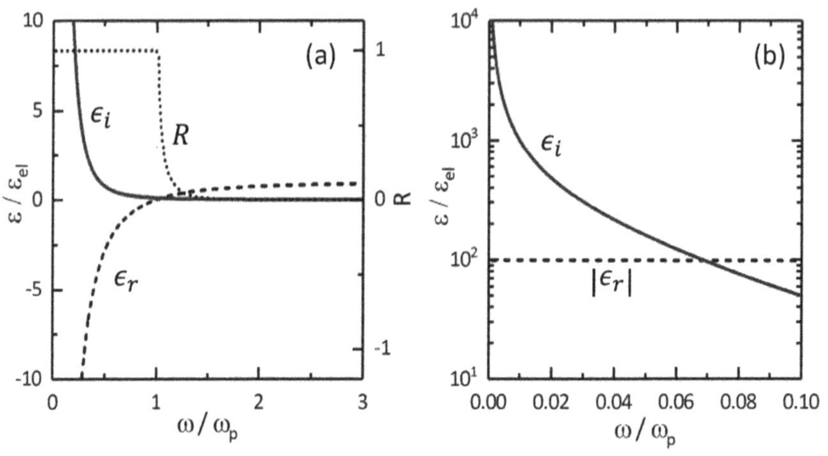

Abb. 11.4: (a) Realteil ϵ_r und Imaginärteil ϵ_i der dielektrischen Funktion sowie Reflexionsvermögen R eines freien Elektronengases. (b) Niedrigfrequenter Bereich der dielektrischen Funktion. Für Metalle mit Ladungsträgerdichten im Bereich von $10^{22}\,\mathrm{cm}^{-3}$ liegt die Plasmafrequenz im Bereich von $\omega_\mathrm{p} \approx 10^{15} - 10^{16}$ Hz und die Streuzeit τ typischerweise im Bereich von $10^{-13} - 10^{-14}$ s.

Teilen wir diese Gleichung in Real- und Imaginärteil auf, so erhalten wir (siehe Abb. 11.4)

$$\epsilon_r(\omega) = \epsilon_\mathrm{el}(\omega)\left(1 - \frac{\omega_p^2}{\omega^2}\,\frac{\omega^2\tau^2}{1+\omega^2\tau^2}\right) = \epsilon_\mathrm{el}(\omega)\left(1 - \frac{\sigma(0)}{\epsilon_0\epsilon_\mathrm{el}(\omega)\omega}\,\frac{\omega\tau}{1+\omega^2\tau^2}\right) \quad \text{(A11.4.7)}$$

$$\epsilon_i(\omega) = \epsilon_\mathrm{el}(\omega)\left(\frac{\omega_p^2}{\omega^2}\,\frac{\omega\tau}{1+\omega^2\tau^2}\right) = \epsilon_\mathrm{el}(\omega)\left(\frac{\sigma(0)}{\epsilon_0\epsilon_\mathrm{el}(\omega)\omega}\,\frac{1}{1+\omega^2\tau^2}\right) \quad \text{(A11.4.8)}$$

und können damit die angegebenen Grenzfälle betrachten.

(a) Für $\omega\tau \ll 1$ und $\sigma(0) \gg \epsilon_0\omega$ (niederfrequenter Bereich), wobei $\sigma(0) = ne^2\tau/m^\star$ die Gleichstrom-Leitfähigkeit ist, ist der Imaginärteil der dielektrischen Funktion wesentlich größer als der Realteil. Aus Gl. (A11.4.8) erhalten wir

$$\epsilon_i(\omega) = \epsilon_\mathrm{el}(\omega)\left(\frac{\sigma(0)}{\epsilon_0\epsilon_\mathrm{el}(\omega)\omega}\,\frac{1}{1+\omega^2\tau^2}\right) \simeq \frac{\sigma(0)}{\epsilon_0\omega}\,. \quad \text{(A11.4.9)}$$

Für die dielektrische Funktion des Metalls ergibt sich also $\epsilon(\omega) = \imath\epsilon_i(\omega) = \imath\sigma(0)/\epsilon_0\omega$.

(b) Das Quadrat des komplexen Brechungsindex $\widetilde{n} = n + \imath\kappa$ ist gegeben durch $\widetilde{n}^2 = n^2 + 2\imath n\kappa - \kappa^2 = \epsilon_r(\omega) + \imath\epsilon_i(\omega)$. Da der Realteil der dielektrischen Funktion vernachlässigbar klein ist, ergibt sich daraus sofort näherungsweise $n^2 \simeq \kappa^2$ und $2\imath n\kappa \simeq 2\imath\kappa^2 = \imath\epsilon_i(\omega) \simeq \imath\sigma(0)/\epsilon_0\omega$, also

$$n \simeq \kappa \simeq \sqrt{\frac{\sigma(0)}{2\epsilon_0\omega}}\,. \quad \text{(A11.4.10)}$$

Das Reflexionsvermögen

$$R = \left|\frac{\widetilde{n}-1}{\widetilde{n}+1}\right|^2 = \frac{(n-1)^2+\kappa^2}{(n+1)^2+\kappa^2} = 1 - \frac{4n}{(n+1)^2+\kappa^2} \tag{A11.4.11}$$

können wir für $n \simeq \kappa \gg 1$ durch $R \simeq 1 - 2/n$ annähern. Wir erhalten dann mit $n^2 \simeq \kappa^2 \simeq \sigma(0)/2\epsilon_0\omega$ die sogenannte ***Hagen-Rubens-Relation*** (siehe Abb. 11.4)

$$R \simeq 1 - \sqrt{\frac{8\epsilon_0\omega}{\sigma(0)}} \,. \tag{A11.4.12}$$

Wir sehen, dass die Abweichung vom idealen Reflexionsvermögen $R = 1$ umso geringer ist, je höher die Leitfähigkeit eines Metalls ist. Für Silber mit einer Leitfähigkeit von $6.25 \times 10^7\ \Omega^{-1}\,\mathrm{m}^{-1}$ erhalten wir im Infraroten bei einer Frequenz von $10^{13}\ \mathrm{s}^{-1}$ ein Reflexionsvermögen von $R = 0.997$, also einen Wert sehr nahe bei eins. Selbst im sichtbaren Bereich ist $R > 0.96$. Wir können deshalb versilberte Flächen gut als Spiegel verwenden.

A11.5 Plasmafrequenz von Indium-dotiertem Zinkoxid (ITO)

Indium-dotiertes Zinkoxid (ITO) ist elektrisch leitend und im sichtbaren Bereich transparent. Es besitzt deshalb eine große Bedeutung für die Bildschirmtechnik.

(a) Eine ITO-Schicht soll eine Ladungsträgerdichte von $5 \times 10^{21}\ \mathrm{cm}^{-3}$ haben. Bis zu welcher Wellenlänge ist sie transparent? Nehmen Sie $m^\star = m_e$ und $\epsilon_\infty = 3.84$ an.
(b) Bei welcher Wellenlänge ist die Reflektivität minimal?

Lösung

Wir betrachten ITO als ein Metall mit einer geringen Ladungsträgerdichte.

(a) Um abzuschätzen, bis zu welcher Wellenlänge ITO transparent ist, bestimmen wir zunächst seine Plasmafrequenz ω_p. Mit dem Ausdruck für ein freies Elektronengas

$$\omega_\mathrm{p} = \sqrt{\frac{ne^2}{\epsilon_0\epsilon_\mathrm{el}m^\star}} \tag{A11.5.1}$$

erhalten wir mit $m^\star = m_e$, $\epsilon_\mathrm{el} = 3.84$, $\epsilon_0 = 8.85 \times 10^{-12}$ As/Vm und $n = 5 \times 10^{21}\ \mathrm{cm}^{-3}$ folgende Werte:

$$\omega_\mathrm{p} = 2 \times 10^{15}\ \mathrm{s}^{-1}\,, \quad f_\mathrm{p} = \frac{\omega_\mathrm{p}}{2\pi} = 3 \times 10^{14}\ \mathrm{Hz}\,, \quad \lambda_\mathrm{p} = \frac{c}{f_\mathrm{p}} = 1\ \mu\mathrm{m}\,. \tag{A11.5.2}$$

Im Frequenzbereich $\omega > \omega_\mathrm{p}$ wird der Realteil der dielektrischen Funktion positiv. Da in diesem Frequenzbereich gleichzeitig $\omega\tau \gg 1$, wird der Imaginärteil vernachlässigbar klein. Wir erhalten [vergleiche Gl. (A11.4.7)]

$$\widetilde{n} \simeq \sqrt{\epsilon_\mathrm{el}(\omega)}\,. \tag{A11.5.3}$$

ITO wird, da gleichzeitig der Absorptionskoeffizient $\kappa \simeq 0$ ist, für elektromagnetische Strahlung mehr oder weniger transparent mit einem Absorptionskoeffizienten [vergleiche Gl. (A11.4.8)]

$$K \equiv \frac{\epsilon_i \omega}{c} \simeq \frac{\omega_p^2}{\omega^2 \tau c} \ll 1 \,. \qquad \text{(A11.5.4)}$$

Für $\omega < \omega_p$ wird eine auf ITO auftreffende elektromagnetische Welle dagegen totalreflektiert, da der Realteil der dielektrischen Funktion hier negativ wird. Da für ITO $f_p = \omega_p/2\pi$ gerade knapp unterhalb des sichtbaren Frequenzbereichs liegt, wird sichtbares Licht nur wenig reflektiert, Infrarotstrahlung dagegen sehr stark. Dieses ideale Verhalten wird üblicherweise für Metalle nicht beobachtet, da sich der Antwort des Elektronensystems durch Intraband-Übergänge auch immer noch Beiträge durch Interbandübergänge überlagern, die zu einem endlichen Wert des Imaginärteils der dielektrischen Funktion führen. Da solche Interbandübergänge bei ITO erst bei etwa 2.8 eV einsetzen, was knapp oberhalb des sichtbaren Frequenzbereichs liegt, ist ITO im Sichtbaren sehr gut transparent, im Infraroten dagegen stark reflektierend.

Dies kann z. B. zur Reduktion von Wärmestrahlung durch Fensterscheiben verwendet werden. Sichtbares Licht wird durch die Scheiben sehr gut durchgelassen. Die von Gegenständen mit Raumtemperatur abgegebene Infrarotstrahlung wird dagegen von den Fensterscheiben stark reflektiert und damit im Raum gehalten. Somit werden Wärmeverluste durch Entweichen von Infrarotstrahlung durch die Fenster stark reduziert.

(b) Das Reflexionsvermögen von ITO wird für $\widetilde{n} \simeq \sqrt{\epsilon_r(\omega)} = 1$ also für $\epsilon_r(\omega) = 1$ minimal. Wir benutzen [vergleiche Gl. (A11.4.7)]

$$\epsilon_r(\omega) = \epsilon_\infty \left(1 - \frac{\omega_p^2}{\omega^2} \frac{\omega^2 \tau^2}{1 + \omega^2 \tau^2}\right) \qquad \text{(A11.5.5)}$$

und berücksichtigen, dass im Bereich optischer Frequenzen $\omega\tau \gg 1$ eine gute Näherung ist. Setzen wir $\epsilon_r(\omega) = 1$ und lösen nach der Frequenz auf, so erhalten wir

$$\omega = \omega_p \sqrt{\frac{\epsilon_\infty}{\epsilon_\infty - 1}} \,. \qquad \text{(A11.5.6)}$$

Mit $\epsilon_\infty = 3.84$ und $\omega_p = 2 \times 10^{15}\,\mathrm{s}^{-1}$ erhalten wir das Minimum der Reflektivität für $\omega = 2.32 \times 10^{15}\,\mathrm{s}^{-1}$. Dies entspricht einer Wellenlänge von 810 nm.

A11.6 Plasmonen-Schwingung einer metallischen Kugel

Die Frequenz der langwelligen Plasmonenschwingung einer metallischen Kugel (homogene Verschiebung der Elektronen gegenüber den Ionenrümpfen innerhalb der gesamten Kugel) wird durch das Depolarisationsfeld $\mathbf{E}_\mathrm{N} = -N\mathbf{P} = -\mathbf{P}/3\epsilon_0$ mit $N = 1/3$ für eine Kugel bestimmt. Die Polarisation beträgt dabei $\mathbf{P} = n(-e)\mathbf{r}$, wobei $\mathbf{r}$ die mittlere Auslenkung der Elektronen mit der Dichte n ist. Zeigen Sie, dass sich aus $\mathbf{F} = (-e)\mathbf{E} = m\ddot{\mathbf{r}}$ die Resonanzfrequenz des freien Elektronengases zu $\omega_0^2 = \frac{ne^2}{3\epsilon_0 m}$ ergibt. Weil alle Elektronen an der Schwingung beteiligt sind, bezeichnen wir eine solche Anregung als kollektive Anregung oder kollektive Schwingung des Elektronengases und die zugehörige quantisierte Anregung als Plasmon.

Lösung

Wir wollen mit einer allgemeinen Betrachtung von longitudinalen und transversalen Moden der Polarisation in einem dielektrischen Festkörper beginnen. Nehmen wir an, dass die Atome eine Auslenkung in **r**-Richtung erfahren, so stellt

$$\mathbf{P}_{\parallel} = \mathbf{P}_{0\parallel}\, \mathrm{e}^{\imath(\mathbf{q}\cdot\mathbf{r}-\omega t)} \tag{A11.6.1}$$

eine longitudinale Polarisationswelle und

$$\mathbf{P}_{\perp} = \mathbf{P}_{0\perp}\, \mathrm{e}^{\imath(\mathbf{q}\cdot\mathbf{r}-\omega t)} \tag{A11.6.2}$$

eine transversale Welle dar. Die longitudinale Welle muss die Bedingung

$$\nabla \times \mathbf{P}_{\parallel} = \imath\mathbf{q} \times \mathbf{P}_{0\parallel}\, \mathrm{e}^{\imath(\mathbf{q}\cdot\mathbf{r}-\omega t)} = 0 \tag{A11.6.3}$$

$$\nabla \cdot \mathbf{P}_{\parallel} = \imath\mathbf{q} \cdot \mathbf{P}_{0\parallel}\, \mathrm{e}^{\imath(\mathbf{q}\cdot\mathbf{r}-\omega t)} \neq 0 \tag{A11.6.4}$$

erfüllen, während die transversale Welle der Bedingung

$$\nabla \times \mathbf{P}_{\perp} = \imath\mathbf{q} \times \mathbf{P}_{0\perp}\, \mathrm{e}^{\imath(\mathbf{q}\cdot\mathbf{r}-\omega t)} \neq 0 \tag{A11.6.5}$$

$$\nabla \cdot \mathbf{P}_{\perp} = \imath\mathbf{q} \cdot \mathbf{P}_{0\perp}\, \mathrm{e}^{\imath(\mathbf{q}\cdot\mathbf{r}-\omega t)} = 0 \tag{A11.6.6}$$

genügen muss.

In einem elektrisch neutralen dielektrischen Medium wie einem Metall (Raumladungsdichte $\rho = 0$) muss die Divergenz der dielektrischen Verschiebung verschwinden. Wir benutzen

$$\begin{aligned} \mathbf{D} &= \epsilon_0 \mathbf{E}_{\mathrm{mak}} + \mathbf{P} = \epsilon_0 \epsilon(\omega) \mathbf{E}_{\mathrm{mak}} \\ \text{mit } \mathbf{P} &= \chi(\omega)\epsilon_0 \mathbf{E}_{\mathrm{mak}} = [\epsilon(\omega) - 1]\, \epsilon_0 \mathbf{E}_{\mathrm{mak}} \\ \text{sowie } \epsilon_0 \mathbf{E}_{\mathrm{mak}} &= \frac{\mathbf{P}}{\epsilon(\omega) - 1} \end{aligned} \tag{A11.6.7}$$

und erhalten

$$\nabla \cdot \mathbf{D} = \rho = \epsilon_0 \epsilon(\omega)\, \nabla \cdot \mathbf{E}_{\mathrm{mak}} = \frac{\epsilon(\omega)}{\epsilon(\omega) - 1}\, \nabla \cdot \mathbf{P} = 0\,. \tag{A11.6.8}$$

Da für eine longitudinale Welle aber $\nabla \cdot \mathbf{P}_{\parallel} \neq 0$ gelten muss, kann Gl. (A11.6.8) nur für

$$\epsilon(\omega) = 0\,, \qquad \omega = \omega_{\parallel} \tag{A11.6.9}$$

erfüllt werden. Das heißt, eine longitudinale Schwingungsmode kann nur für eine Eigenfrequenz $\omega_{\parallel}$ existieren, für die die dielektrische Funktion verschwindet. Solche longitudinalen Moden können nicht mit transversalen elektromagnetischen Wellen wechselwirken und deshalb nicht mit elektromagnetischer Strahlung angeregt werden. Eine Anregung der longitudinalen Moden kann z. B. durch Beschuss mit hochenergetischen Elektronen erfolgen.

Wir sehen, dass die Bedingung $\epsilon(\omega) = 0$ die Eigenfrequenz $\omega_{\parallel}$ der longitudinalen Schwingungsmode festlegt. Wir betrachten nun den langwelligen Fall ($q \to 0$ bzw. $\lambda = 2\pi/q \to \infty$), also eine einheitliche Auslenkung des gesamten Elektronengases mit mittlerer Auslenkung **r**. Für diesen Grenzfall haben wir in der Aufgabe A7.10 die dielektrische Funktion eines Metalls berechnet. Das Resultat war [vergleiche Gl. (A7.10.22)][1]

$$\epsilon(\omega) = 1 + \frac{\imath\sigma(\omega)}{\omega\epsilon_0} = 1 - \frac{\omega_p^2}{\omega^2}\,\frac{-\imath\omega\tau}{1-\imath\omega\tau} \overset{\omega\tau\gg 1}{\simeq} 1 - \frac{\omega_p^2}{\omega^2}\,. \tag{A11.6.10}$$

Für ein solches Metall folgt aus der Bedingung $\epsilon(\omega) = 0$ sofort, dass $\omega = \omega_\parallel = \omega_p$. Dies bedeutet, dass wir eine freie longitudinale Schwingung des Elektronengases mit der Plasmafrequenz ω_p erhalten. Die Quanten dieser Anregungen bezeichnen wir als Plasmonen. Die zugehörige Bewegungsgleichung lautet

$$m\,\frac{d^2\mathbf{r}}{dt^2} = -e\mathbf{E}_N = \frac{eN\mathbf{P}}{\epsilon_0} = -N\,\frac{ne^2}{\epsilon_0}\,\mathbf{r} = -\frac{ne^2}{3\epsilon_0}\,\mathbf{r}\,. \tag{A11.6.11}$$

Dies ist die Bewegungsgleichung eines harmonischen Oszillators mit der Eigenfrequenz

$$\omega_0^2 = N\,\frac{ne^2}{\epsilon_0 m} = \frac{ne^2}{3\epsilon_0 m}\,. \tag{A11.6.12}$$

Diese Eigenfrequenz unterscheidet sich von der Plasmafrequenz einer dünnen Metallplatte um den Faktor $1/3$. Dies resultiert daraus, dass der Depolarisationsfaktor einer dünnen Platte $N = 1$ (in Richtung parallel zur Platte) und derjenige einer Kugel nur $N = 1/3$ ist.

A11.7 Abschirmung von Ladungen in Metallen und Halbleitern

Wir beschreiben das System der Leitungselektronen in einem Metall und einem n-Typ Halbleiter mit einem räumlich homogenen freien Elektronengas. Wir bringen in dieses Elektronengas eine Testladung Q ein und diskutieren im Rahmen des Thomas-Fermi-Modells, auf welcher Längenskala diese Testladung bei Raumtemperatur abgeschirmt wird.

(a) Welche Unterschiede müssen wir bei der Behandlung der Abschirmung in Metallen und Halbleitern machen?

(b) Wie groß ist die charakteristische Abschirmlänge in Kupfer? Die Elektronendichte in Kupfer beträgt $n = 8.45 \times 10^{28}\ \mathrm{m}^{-3}$.

(c) Wie groß ist die Abschirmlänge in n-dotiertem Silizium mit einer Donatordichte $n_D = 2 \times 10^{22}\mathrm{m}^{-3}$ bei Raumtemperatur? Nehmen Sie dazu an, dass bei Raumtemperatur alle Donatoren ionisiert sind.

Nehmen Sie in beiden Fällen der Einfachheit halber an, dass die effektive Masse der Ladungsträger der freien Elektronenmasse entspricht.

---

[1] Man beachte, dass wir hier den Beitrag der an die Ionen gebundenen Elektronen vernachlässigen, d. h., wir setzen $\chi_{el} = 0$ bzw. $\epsilon_{el} = 1$. Vergleiche hierzu auch Gl. (A11.4.6) in Aufgabe A11.4.

Lösung

Um die gesamte Ladungsdichte $\rho^{\text{ges}}(\mathbf{r})$ zu erhalten, müssen wir die Schrödinger-Gleichung[2]

$$-\frac{\hbar^2}{2m^*}\nabla^2\Psi_{\mathbf{k}}(\mathbf{r}) - e\phi^{\text{ges}}(\mathbf{r})\,\Psi_{\mathbf{k}}(\mathbf{r}) = \varepsilon_k\Psi_{\mathbf{k}}(\mathbf{r}) \tag{A11.7.1}$$

lösen. Hierbei ist das Gesamtpotenzial $\phi^{\text{ges}} = \phi^{\text{ext}} + \phi^{\text{ind}}$ mit der gesamten Ladungsdichte $\rho^{\text{ges}} = \rho^{\text{ext}} + \rho^{\text{ind}}$ über die Poisson-Gleichung verbunden, die wir im reziproken Raum schreiben können als

$$q^2\phi^{\text{ext}}(\mathbf{q}) = \frac{\rho^{\text{ext}}(\mathbf{q})}{\epsilon_0}\,, \qquad q^2\phi^{\text{ges}}(\mathbf{q}) = \frac{\rho^{\text{ges}}(\mathbf{q})}{\epsilon_0} \tag{A11.7.2}$$

Die induzierte Ladungsdichte ρ^{ind} ist die durch die äußere Störung (Einbringen der Testladung Q) am Ort $\mathbf{r}$ induzierte Ladung. Wenn wir einen linearen Zusammenhang zwischen ϕ^{ges} und ρ^{ind} annehmen (lineare Antwort), gilt (vgl. R. Gross und A. Marx, *Festkörperphysik*, 4. Auflage, Walter de Gruyter GmbH (2023))

$$q^2[\epsilon_r(\mathbf{q}) - 1]\phi^{\text{ges}}(\mathbf{q}) = \frac{\rho^{\text{ind}}(\mathbf{q})}{\epsilon_0}\,. \tag{A11.7.3}$$

Hierbei ist $\epsilon_r(\mathbf{q})$ die von der Wellenzahl abhängige dielektrische Funktion des betrachteten Materials.

Wir können nun durch Lösen der Schrödinger-Gleichung die Wellenfunktionen $\Psi_{\mathbf{k}}(\mathbf{r})$ und daraus die Ladungsdichte zu $\rho^{\text{ges}}(\mathbf{r}) = -e\sum_{\mathbf{k}}|\Psi_{\mathbf{k}}(\mathbf{r})|^2$ bestimmen. Dies muss selbstkonsistent erfolgen, da das Gesamtpotenzial $\phi^{\text{ges}} = \phi^{\text{ext}} + \phi^{\text{ind}}$ von der Ladungsverteilung und damit den Lösungen der Schrödinger-Gleichung selbst abhängt. Da dies aufwändig ist, werden wir im Folgenden die Thomas-Fermi-Näherung verwenden. Hier wird vereinfachend angenommen, dass $\phi^{\text{ges}}(\mathbf{r})$ nur langsam als Funktion von $\mathbf{r}$ variiert. In diesem Fall können wir in guter Näherung für die lokale $\varepsilon(\mathbf{k})$ Beziehung

$$\varepsilon(\mathbf{r},\mathbf{k}) = \frac{\hbar^2k^2}{2m^*} - e\phi^{\text{ges}}(\mathbf{r}) \tag{A11.7.4}$$

benutzen. Wir sehen, dass in dieser Näherung die lokale Energie der Elektronen vom Wert der freien Elektronen gerade um das lokale Gesamtpotenzial abweicht. Für eine positive Störladung Q wird sie abgesenkt, für eine negative angehoben. Im Rahmen der Thomas-Fermi-Näherung nähern wir also die exakten Lösungen der Schrödinger-Gleichung mit einem System von freien Elektronen, das die einfache, durch Gl. (A11.7.4) beschriebene Energieverteilung besitzt. Die Thomas-Fermi-Näherung ist natürlich nur dann zulässig, wenn das Potenzial langsam im Vergleich zur charakteristischen Wellenlänge der Ladungsträger (bei Metallen ist dies die Fermi-Wellenlänge λ_{F}) variiert.

Bringen wir die Testladung Q in das räumlich homogene Elektronengas ein, so können wir die lokal induzierte Ladungsdichte schreiben als

$$\rho^{\text{ind}}(\mathbf{r}) = \rho^{\text{ges}}(\mathbf{r}) - \rho_0 = -e\left[n(\mathbf{r}) - n_0\right] = -e\delta n(\mathbf{r})\,, \tag{A11.7.5}$$

[2] Da wir Metalle oder n-Typ Halbleiter betrachten, setzen wir $q = -e$.

wobei $\rho_0 = -en_0$ die homogene Ladungsdichte des ungestörten Systems mit der homogenen Elektronendichte n_0 ist. Um die lokale Ladungsdichte zu erhalten, die mit einem Elektronensystem mit der Energieverteilung (A11.7.4) zusammenhängt, müssen wir die lokale Elektronendichte $n(\mathbf{r}) = n[\phi^{\text{ges}}(\mathbf{r})]$ berechnen. Diese ist durch das Integral der Zustandsdichte $Z(k) = 1/4\pi^3$ multipliziert mit der lokalen Besetzungswahrscheinlichkeit $f(\mathbf{r},\mathbf{k})$ gegeben:

$$n(\mathbf{r}) = \frac{1}{4\pi^3} \int f(\mathbf{r},\mathbf{k})\, d^3k\,. \tag{A11.7.6}$$

(a) Aufgrund der hohen Elektronendichte in Metallen müssen aufgrund des Pauli-Prinzips die verfügbaren Zustände bis zu sehr hohen Energien besetzt werden, und zwar bei $T = 0$ bis zur Fermi-Energie

$$\varepsilon_{\text{F}} = \frac{\hbar^2}{2m}(3\pi^2 n)^{2/3} \tag{A11.7.7}$$

Für Kupfer mit $n = 8.45 \times 10^{28}\,\text{m}^{-3}$ erhalten wir $\varepsilon_{\text{F}} = 6.97\,\text{eV}$, was einer Fermi-Temperatur T_{F} von etwa 80 000 K entspricht. Für das n-dotierte Silizium mit einer Ladungsträgerdichte $n \simeq n_{\text{D}} = 2 \times 10^{22}\,\text{m}^{-3}$ beträgt die Fermi-Energie dagegen nur $\varepsilon_{\text{F}} = 0.27\,\text{meV}$. Bei Raumtemperatur ($k_{\text{B}}T \sim 25\,\text{meV}$) stellt das Elektronensystem von Kupfer ($\varepsilon_{\text{F}} \gg k_{\text{B}}T$) deshalb ein entartetes fermionischen Quantengas dar, während wir das Elektronensystem in n-dotiertem Silizium ($\varepsilon_{\text{F}} \ll k_{\text{B}}T$) in sehr guter Näherung als klassisches Teilchengas beschreiben können. Dies müssen wir durch Verwendung der geeigneten Besetzungswahrscheinlichkeiten in Gl. (A11.7.6) berücksichtigen. Für Kupfer müssen wir eine Fermi-Dirac-Verteilung verwenden, während wir für das n-dotierte Silizium eine klassische Maxwell-Boltzmann-Verteilung verwenden können.

(b) Aufgrund des hohen Werts der Fermi-Energie gilt für Metalle üblicherweise $e\phi^{\text{ges}} \ll \mu$ ($\mu \simeq \varepsilon_{\text{F}}$ ist das chemische Potenzial). Wir können dann die lineare Näherung

$$\rho^{\text{ind}}(\mathbf{r}) = -e\,\{n[\mu + e\phi^{\text{ges}}(\mathbf{r})] - n_0\} \simeq -e\,\frac{\partial n_0}{\partial \mu}\bigg|_{\mu=\varepsilon_{\text{F}}} \cdot e\phi^{\text{ges}}(\mathbf{r}) \tag{A11.7.8}$$

verwenden. Mit der Zustandsdichte bei der Fermi-Energie $D(\varepsilon_{\text{F}})/V = (\partial n_0/\partial\mu)_{\mu=\varepsilon_{\text{F}}}$ erhalten wir dann

$$\rho^{\text{ind}}(\mathbf{r}) = -e^2\,\frac{D(\varepsilon_{\text{F}})}{V}\,\phi^{\text{ges}}(\mathbf{r})\,. \tag{A11.7.9}$$

Vergleichen wir dieses Ergebnis mit Gl. (A11.7.3), so folgt

$$\epsilon_r(q) = 1 + \frac{e^2}{\epsilon_0 q^2}\,\frac{D(\varepsilon_{\text{F}})}{V}\,. \tag{A11.7.10}$$

Benutzen wir den Thomas-Fermi-Wellenvektor

$$k_s = \sqrt{\frac{e^2}{\epsilon_0}\,\frac{D(\varepsilon_{\text{F}})}{V}} \tag{A11.7.11}$$

so erhalten wir das einfache Ergebnis

$$\epsilon_r(q) = 1 + \frac{k_s^2}{q^2}\,. \tag{A11.7.12}$$

Wir sehen, dass wir für $q \to 0$ (langwelliger Grenzfall) $\epsilon_r(q) \to \infty$ erhalten. Aus Gleichung (A11.7.3) folgt dann, dass für $q \to 0$ bei fest vorgegebenem $\phi^{\text{ext}} \neq 0$ das Gesamtpotenzial $\phi^{\text{ges}} \to 0$. Das heißt, dass ein räumlich langsam variierendes (langwelliges) äußeres Potenzial vollständig durch Verschiebung der freien Ladungsträger abgeschirmt wird. Die charakteristische Abschirmlänge $1/k_s$ bezeichnen wir als Thomas-Fermi-Abschirmlänge. Für Kupfer mit einer großen Zustandsdichte $D(\varepsilon_{\text{F}})/V = 1.2 \times 10^{22}\,\text{cm}^{-3}\,\text{eV}^{-1}$ ergibt sich mit $1/k_s = 0.55\,\text{Å}$ ein sehr kleiner Wert. Für Halbleiter ergeben sich, wie wir weiter unten sehen werden, wesentlich größere Werte.

(c) In Halbleitern gilt häufig $\varepsilon_{\text{F}} < k_{\text{B}}T$. In dem betrachteten Fall ($n \simeq n_{\text{D}} = 2 \times 10^{22}\,\text{m}^{-3}$, $T = 300\,\text{K}$) ist $\varepsilon_{\text{F}}/k_{\text{B}}T \simeq 0.01$ und wir können das Elektronengas als klassisches Teilchengas behandeln. Wir können dann in Gl. (A11.7.6) an Stelle der Fermi-Verteilung eine klassische Maxwell-Boltzmann Verteilung $f_{\text{MB}}(\varepsilon) = A(T)\exp(-\varepsilon/k_{\text{B}}T)$ mit $A(T) = (2m\pi k_{\text{B}}T)^{-3/2}$ verwenden und erhalten

$$\begin{aligned} n(\mathbf{r}) &= \frac{1}{4\pi^3}\int \frac{A(\varepsilon,T)}{\mathrm{e}^{[\varepsilon - e\phi^{\text{ges}}(\mathbf{r})]/k_{\text{B}}T}}d^3k \\ &= n_0[\varepsilon - e\phi^{\text{ges}}(\mathbf{r})] \simeq n_0\,\mathrm{e}^{e\phi^{\text{ges}}(\mathbf{r})/k_{\text{B}}T} . \end{aligned} \tag{A11.7.13}$$

Damit ergibt sich die lokal induzierte Ladungsdichte zu

$$\rho^{\text{ind}}(\mathbf{r}) = -e\delta n(\mathbf{r}) = -en_0\left[\mathrm{e}^{e\phi^{\text{ges}}(\mathbf{r})/k_{\text{B}}T} - 1\right] \simeq -en_0\,\frac{e\phi^{\text{ges}}(\mathbf{r})}{k_{\text{B}}T} , \tag{A11.7.14}$$

wobei wir beim 2. Term auf der rechte Seite die einschränkende Annahme $e\phi^{\text{ges}} \ll k_{\text{B}}T$ verwendet haben. Analog zur Thomas-Fermi-Abschirmung in Metallen erhalten wir dann die Debye-Hückel-Formel

$$k_s = \sqrt{\frac{e^2 n_0}{\epsilon_0 k_{\text{B}}T}} . \tag{A11.7.15}$$

Da bei $T = 300\,\text{K}$ die intrinsische Ladungsträgerdichte in Silizium wegen $\varepsilon_g \gg k_{\text{B}}T$ vernachlässigbar klein ist und alle Donatoren ionisiert sein sollen, können wir $n_0 \simeq n_{\text{D}} = 2 \times 10^{22}\text{m}^{-3}$ verwenden und erhalten die Abschirmlänge $1/k_s = 85\,\text{Å}$. Sie ist um mehr als einen Faktor 100 größer als diejenige in Kupfer.

Um Gl. (A11.7.11) mit (A11.7.15) zu vergleichen, verwenden wir in Gl. (A11.7.11) die Zustandsdichte

$$\frac{D(\varepsilon_{\text{F}})}{V} = \frac{3}{2}\frac{n_0}{\varepsilon_{\text{F}}} = \frac{3}{2}\frac{n_0}{k_{\text{B}}T_{\text{F}}} . \tag{A11.7.16}$$

Wir sehen, dass unter der Annahme, dass die Elektronen eines freien Elektronengases eine sehr hohe Temperatur der Größenordnung T_{F} haben, das quantenmechanische Ergebnis [vgl. Gl. (A11.7.11)] für die Abschirmlänge k_s dem klassischen Debye-Hückel-Ausdruck (A11.7.15) äquivalent ist. Dieser Zusammenhang ist evident, da die Fermionen des freien Elektronengases wegen des Pauli-Verbots ja Zustände bis zu sehr hohen Energien $k_{\text{B}}T_{\text{F}} \gg k_{\text{B}}T$ besetzen müssen.

A11.8 Ausbreitung von polarisiertem Licht in ionisiertem Medium – Magnetooptik

Polarisiertes Licht breite sich in einem vollkommen ionisierten, isotropen Medium mit Ladungsträgerdichte $n = N/V$ entlang der z-Achse aus. Das Medium soll sich in einem externen Magnetfeld $\mathbf{B}_{\text{ext}} = (0, 0, B)$ parallel zur z-Achse befinden.

(a) Leiten Sie zunächst die dielektrische Funktion, den Brechungsindex und den Absorptionskoeffizienten für den Fall $\mathbf{B}_{\text{ext}} = 0$ für linear und zirkular polarisiertes Licht her.
(b) Wie sehen die entsprechenden Ausdrücke für den Fall $\mathbf{B}_{\text{ext}} \neq 0$ aus?
(c) Wie groß ist die Phasengeschwindigkeit für den Fall $\mathbf{B}_{\text{ext}} = 0$ und $\mathbf{B}_{\text{ext}} \neq 0$?
(d) Diskutieren sie, was mit der Polarisationsebene einer linear polarisierten Welle beim Durchgang durch ein Medium der Dicke d passiert?
(e) Welche Effekte beobachtet man bei der Reflexion einer linear polarisierten Welle?

Lösung

Polarisation von Licht: Wir diskutieren zunächst die Polarisation von Licht. Elektromagnetische Wellen sind Transversalwellen, das heißt, die Vektoren des elektrischen und magnetischen Feldes stehen senkrecht aufeinander und senkrecht zur Ausbreitungsrichtung. Von linear polarisiertem Licht sprechen wir, wenn das elektrische Feld immer in nur einer Richtung in der Ebene senkrecht zur Ausbreitungsrichtung schwingt. Für eine linear polarisierte Welle mit Wellenvektor $\mathbf{k} = (0, 0, k)$, die sich in z-Richtung ausbreitet, können wir schreiben

$$\mathbf{E}(\mathbf{r}, t) = \widehat{\mathbf{e}} E_0 \, \mathrm{e}^{\imath(kz-\omega t)} . \tag{A11.8.1}$$

Hierbei ist E_0 die Amplitude des elektrischen Feldes und $\widehat{\mathbf{e}} \perp \mathbf{k}$ der Einheitsvektor senkrecht zur Ausbreitungsrichtung.

Wir sprechen von elliptisch polarisiertem Licht, wenn sich die Spitze des E-Feldvektors in der Ebene senkrecht zur Ausbreitungsrichtung auf einer Ellipse bewegt. Diese Bewegung kommt durch die Überlagerung zweier linear polarisierter Wellen zustande, die zueinander senkrecht mit einer Phasendifferenz $\Delta\varphi$ zwischen 0 und $\pi/2$ schwingen. Für eine elliptisch polarisierte Welle, die sich in z-Richtung ausbreitet, können wir schreiben

$$\mathbf{E}_{\pm}(\mathbf{r}, t) = \frac{1}{\sqrt{2}} E_0 \left(\widehat{\mathbf{x}} \pm \widehat{\mathbf{y}} \, \mathrm{e}^{\imath\Delta\varphi}\right) \mathrm{e}^{\imath(kz-\omega t)} \tag{A11.8.2}$$

mit den Einheitsvektoren $\widehat{\mathbf{x}}$ und $\widehat{\mathbf{y}}$ in x- und y-Richtung. Wir können dies in Matrixform durch

$$\begin{pmatrix} \mathbf{E}_+ \\ \mathbf{E}_- \end{pmatrix} = \frac{1}{\sqrt{2}} \begin{pmatrix} 1 & \mathrm{e}^{\imath\Delta\varphi} \\ 1 & -\mathrm{e}^{\imath\Delta\varphi} \end{pmatrix} \begin{pmatrix} \mathbf{E}_x \\ \mathbf{E}_y \end{pmatrix} \tag{A11.8.3}$$

ausdrücken mit

$$\mathbf{E}_x(\mathbf{r}, t) = \widehat{\mathbf{x}} E_0 \, \mathrm{e}^{\imath(kz-\omega t)} , \qquad \mathbf{E}_y(\mathbf{r}, t) = \widehat{\mathbf{y}} E_0 \, \mathrm{e}^{\imath(kz-\omega t)} . \tag{A11.8.4}$$

Wir sprechen von rechts- ($\mathbf{E}_+$) und linkselliptisch ($\mathbf{E}_-$) polarisiertem Licht, je nachdem ob sich der E-Feldvektor im oder gegen den Uhrzeigersinn bewegt. Beträgt der Phasenunterschied $\Delta\varphi$ zwischen den beiden Schwingungen gerade $\Delta\varphi = \pi/2$ und sind die Amplituden des elektrischen Feldes gleich groß, so beschreibt die Spitze des E-Feldvektors einen Kreis. In diesem speziellen Fall erhalten wir zirkular polarisiertes Licht:

$$\mathbf{E}_\pm(\mathbf{r},t) = \frac{1}{\sqrt{2}} E_0 (\widehat{\mathbf{x}} \pm \imath \widehat{\mathbf{y}})\, \mathrm{e}^{\imath(kz-\omega t)} \tag{A11.8.5}$$

oder in Matrixform

$$\begin{pmatrix} \mathbf{E}_+ \\ \mathbf{E}_- \end{pmatrix} = \frac{1}{\sqrt{2}} \begin{pmatrix} 1 & +\imath \\ 1 & -\imath \end{pmatrix} \begin{pmatrix} \mathbf{E}_x \\ \mathbf{E}_y \end{pmatrix} . \tag{A11.8.6}$$

Wir sehen ferner leicht, dass wir umgekehrt linear polarisiertes Licht durch Überlagerung von rechts- und linkszirkular polarisiertem Licht erhalten können. Für eine in x- bzw. y-Richtung linear polarisierte Welle können wir schreiben

$$\mathbf{E}_x(\mathbf{r},t) = \frac{1}{\sqrt{2}} (E_+ + E_-)\, \mathrm{e}^{\imath(kz-\omega t)} \tag{A11.8.7}$$

$$\mathbf{E}_y(\mathbf{r},t) = \frac{1}{\imath\sqrt{2}} (E_+ - E_-)\, \mathrm{e}^{\imath(kz-\omega t)} . \tag{A11.8.8}$$

In Matrixform lautet dieser Zusammenhang

$$\begin{pmatrix} \mathbf{E}_x \\ \mathbf{E}_y \end{pmatrix} = \frac{1}{\sqrt{2}} \begin{pmatrix} 1 & 1 \\ -\imath & +\imath \end{pmatrix} \begin{pmatrix} \mathbf{E}_+ \\ \mathbf{E}_- \end{pmatrix} . \tag{A11.8.9}$$

(a) Als Beispiel für ein völlig ionisiertes Medium betrachten wir ein Metall mit Ladungsträgerdichte $n = N/V$. Die Elektronen des Metalls sind nicht mehr an die Ionenrümpfe gebunden und frei beweglich. Es treten also keine Rückstellkräfte auf. Wir betrachten zunächst den Fall $B_{\text{ext}} = 0$ für linear polarisiertes Licht mit $\mathbf{E}(\mathbf{r},t) = \widehat{\mathbf{x}} E_0\, \mathrm{e}^{\imath(kz-\omega t)}$, das sich in z-Richtung ausbreitet $[\mathbf{k} = (0,0,k)]$. Die Bewegungsgleichung für die Metallelektronen lautet

$$m^\star \frac{d^2x}{dt^2} + \frac{m^\star}{\tau}\frac{dx}{dt} = -eE(t) . \tag{A11.8.10}$$

Hierbei ist x die homogene Auslenkung der Elektronen mit effektiver Masse $m^\star$ in x-Richtung gegenüber den positiven Ionenrümpfen. Der Term auf der rechten Seite beschreibt die antreibende Kraft, der erste Term auf der linken Seite den Trägheitsterm und der zweite einen Reibungs- bzw. Dämpfungsterm. Dieser kommt durch Stoßprozesse der Elektronen mit der mittleren Stoßzeit τ zustande. Die Lösung von Gl. (A11.8.10) lautet

$$x(t) = \frac{e}{m^\star} \frac{1}{\omega\left(\omega + \frac{\imath}{\tau}\right)} E(t) . \tag{A11.8.11}$$

Die sich aus der Verschiebung $x(t)$ der Leitungselektronen relativ zu den positiven Ionenrümpfen ergebende Polarisation ist

$$P_L(t) = -enx(t) = -\frac{ne^2}{m^\star} \frac{1}{\omega\left(\omega + \frac{\imath}{\tau}\right)} E(t) . \tag{A11.8.12}$$

Für den Beitrag der Leitungelektronen zur elektrischen Suszeptibilität erhalten wir damit

$$\chi_L(\omega) = \frac{P_L}{\epsilon_0 E} = -\frac{ne^2}{\epsilon_0 m^\star}\frac{1}{\omega\left(\omega + \frac{\imath}{\tau}\right)}\,. \tag{A11.8.13}$$

Die gesamte dielektrische Funktion eines Metalls erhalten wir als Summe aus dem Beitrag der gebundenen und vollkommen freien Elektronen zu

$$\epsilon(\omega) = 1 + \chi_{\rm el}(\omega) + \chi_L(\omega)\,. \tag{A11.8.14}$$

Hierbei ist $\chi_{\rm el}$ der Beitrag der an die Ionenrümpfe gebundenen Elektronen und χ_L derjenige der völlig freien Leitungselektronen. Im Bereich des sichtbaren Lichts ist der Beitrag $\chi_{\rm el}$ üblicherweise sehr klein und wir werden ihn im Folgenden vernachlässigen, d. h. wir verwenden $\chi_{\rm el} = 0$ bzw. $\epsilon_{\rm el} = 1$ [vergleiche hierzu auch Gl. (A11.4.6) in Aufgabe A11.4]. Wir erhalten dann die komplexe dielektrische Funktion

$$\epsilon(\omega) = \epsilon_r + \imath\epsilon_i = 1 - \frac{ne^2}{\epsilon_0 m^\star}\frac{1}{\omega\left(\omega + \frac{\imath}{\tau}\right)} = 1 - \omega_{\rm p}^2\tau^2\,\frac{1 - \frac{\imath}{\omega\tau}}{1+\omega^2\tau^2} \tag{A11.8.15}$$

mit

$$\epsilon_r(\omega) = 1 - \frac{\omega_p^2}{\omega^2}\frac{\omega^2\tau^2}{1+\omega^2\tau^2} = 1 - \frac{\sigma(0)}{\epsilon_0\omega}\frac{\omega\tau}{1+\omega^2\tau^2} \tag{A11.8.16}$$

$$\epsilon_i(\omega) = \frac{\omega_p^2}{\omega^2}\frac{\omega\tau}{1+\omega^2\tau^2} = \frac{\sigma(0)}{\epsilon_0\omega}\frac{1}{1+\omega^2\tau^2}\,. \tag{A11.8.17}$$

Hierbei ist

$$\omega_{\rm p} = \sqrt{\frac{ne^2}{\epsilon_0 m^\star}} = \sqrt{\frac{\sigma(0)}{\epsilon_0\tau}} \tag{A11.8.18}$$

die ***Plasmafrequenz***, wobei $\sigma(0) = \omega_{\rm p}^2\epsilon_0\tau$ die elektrische Leitfähigkeit bei der Frequenz $\omega = 0$ ist. Für gute Metalle wie Kupfer, Silber oder Gold liegt die Plasmafrequenz im UV-Bereich. Für Metalle mit niedriger Ladungsträgerdichte oder stark dotierte Halbleiter (vergleiche hierzu Aufgabe A11.5) kann sie aber auch im sichtbaren oder sogar im infraroten Bereich liegen.

Fall 1: $\omega < \omega_{\rm p}$ und $\omega\tau \ll 1$.

Für $\omega < \omega_{\rm p}$ und nicht allzu reine Materialien ($\omega\tau \ll 1$) ist der Realteil der dielektrischen Funktion negativ und wesentlich kleiner als der Imaginärteil. Der komplexe Brechungsindex $\widetilde{n} = n + \imath\kappa = \sqrt{\epsilon}$ ist also rein imaginär. Wir erwarten deshalb $n^2 - \kappa^2 = 0$, das heißt $n \simeq \kappa$, und ferner $2n\kappa \simeq 2\kappa^2 \simeq \epsilon_i$. Für $\omega\tau \ll 1$ können wir die dielektrische Funktion des Metalls mit

$$\epsilon_i(\omega) = \frac{\omega_{\rm p}^2\tau}{\omega} = \frac{\sigma(0)}{\epsilon_0\omega} \tag{A11.8.19}$$

annähern. Den daraus resultierenden Reflexions- und Absorptionskoeffizienten haben wir bereits in Aufgabe A11.4 abgeleitet. Wir erhielten dort

$$n \simeq \kappa \simeq \sqrt{\frac{\epsilon_i}{2}} = \sqrt{\frac{\sigma(0)}{2\epsilon_0 \omega}} \gg 1\,. \tag{A11.8.20}$$

Daraus ergibt sich der Reflexionskoeffizient (***Hagen-Rubens-Relation***)

$$\begin{aligned} R &= \left|\frac{\widetilde{n}-1}{\widetilde{n}+1}\right|^2 = \frac{(n-1)^2+\kappa^2}{(n+1)^2+\kappa^2} = 1 - \frac{4n}{(n+1)^2+\kappa^2} \simeq 1 - \frac{2}{n} \\ &= 1 - \sqrt{\frac{8\epsilon_0 \omega}{\sigma(0)}}\,. \end{aligned} \tag{A11.8.21}$$

Die Abweichung vom idealen Reflexionsvermögen $R = 1$ ist umso geringer, je höher die Leitfähigkeit des Metalls ist. Der Absorptionskoeffizient ergibt sich zu

$$K = \frac{2\kappa\omega}{c} \simeq \sqrt{\frac{2\sigma(0)\omega}{\epsilon_0 c^2}}\,. \tag{A11.8.22}$$

Fall 2: $\omega < \omega_\mathrm{p}$ und $\omega\tau \gg 1$.
Für genügend hohe Frequenzen und/oder reine Materialien ($\omega\tau \gg 1$) können wir den Real- und Imaginärteil der dielektrischen Funktion mit

$$\epsilon_r(\omega) \simeq 1 - \frac{\omega_\mathrm{p}^2}{\omega^2} \tag{A11.8.23}$$

$$\epsilon_i(\omega) \simeq \frac{\omega_\mathrm{p}^2}{\omega^3\tau} \tag{A11.8.24}$$

annähern. Da $\epsilon_r < 0$ für $\omega < \omega_\mathrm{p}$, wird $\widetilde{n}$ rein imaginär und wir erhalten wieder $n^2 - \kappa^2 = 0$ und ferner $2n\kappa \simeq 2\kappa^2 \simeq \epsilon_i$. Daraus ergibt sich

$$n \simeq \kappa \simeq \sqrt{\frac{\epsilon_i}{2}} = \frac{\omega_\mathrm{p}^2}{2\omega^3\tau} \tag{A11.8.25}$$

und somit für Frequenzen nicht allzu nahe bei ω_p

$$n \simeq \kappa \simeq \sqrt{\frac{\sigma(0)}{2\epsilon_0\omega}\,\frac{1}{\omega\tau}}\,. \tag{A11.8.26}$$

Fall 3: $\omega > \omega_\mathrm{p}$ und $\omega\tau \gg 1$.
Für $\omega > \omega_\mathrm{p}$ befinden wir uns bei typischen Metallen bereits oberhalb des sichtbaren Spektralbereichs ($\omega \simeq 3 \times 10^{15}\,\mathrm{s}^{-1}$ für grünes Licht). Da die typischen Streuzeiten von Metallen in der Regel größer als 10^{-15} s sind, gilt in diesem Bereich ferner $\omega\tau \gg 1$ und wir erhalten den Real- und Imaginärteil der dielektrischen Funktion zu

$$\epsilon_r(\omega) \simeq 1 - \frac{\omega_\mathrm{p}^2}{\omega^2} \tag{A11.8.27}$$

$$\epsilon_i(\omega) \simeq \frac{\omega_\mathrm{p}^2}{\omega^3\tau}\,. \tag{A11.8.28}$$

Daraus erhalten wir

$$n^2 - \kappa^2 = \epsilon_r(\omega) \simeq 1 - \frac{\omega_\mathrm{p}^2}{\omega^2} \qquad \text{(A11.8.29)}$$

$$2n\kappa = \epsilon_i(\omega) \simeq \frac{\omega_\mathrm{p}^2}{\omega^3 \tau} \,. \qquad \text{(A11.8.30)}$$

Da typischerweise $\kappa \ll 1$, erhalten wir näherungsweise folgenden Brechungsindex und Extinktionskoeffizienten

$$n \simeq \sqrt{\epsilon_r(\omega)} \simeq \sqrt{1 - \frac{\omega_\mathrm{p}^2}{\omega^2}} = \sqrt{1 - \frac{\sigma(0)}{\epsilon_0 \omega^2 \tau}} \qquad \text{(A11.8.31)}$$

$$\kappa \simeq \frac{\omega_\mathrm{p}^2}{2\omega^3 \tau} \frac{1}{\sqrt{1 - \frac{\omega_\mathrm{p}^2}{\omega^2}}} \simeq \frac{\sigma(0)}{2\epsilon_0 \omega^3 \tau^2} \ll 1 \,. \qquad \text{(A11.8.32)}$$

Wir sehen, dass mit zunehmender Frequenz $n \to 1$ und $\kappa \to 0$. Das Reflexionsvermögen nimmt deshalb mit zunehmender Frequenz auf Null ab. Das heißt, das Metall wird immer transparenter und immer weniger absorbierend.

Wir sind in der bisherigen Diskussion von linear polarisiertem Licht ausgegangen. Für ein vollkommen isotropes Medium ($\epsilon_{xx} = \epsilon_{yy} = \epsilon$) erhalten wir in dem verwendeten kartesischen Koordinatensystem

$$\begin{pmatrix} \mathbf{D}_x \\ \mathbf{D}_y \end{pmatrix} = \begin{pmatrix} \epsilon_{xx} & 0 \\ 0 & \epsilon_{yy} \end{pmatrix} \begin{pmatrix} \mathbf{E}_y \\ \mathbf{E}_y \end{pmatrix} = \begin{pmatrix} \epsilon & 0 \\ 0 & \epsilon \end{pmatrix} \begin{pmatrix} \mathbf{E}_x \\ \mathbf{E}_y \end{pmatrix} . \qquad \text{(A11.8.33)}$$

Um den Fall von rechts- und linkszirkular polarisiertem Licht zu diskutieren, verwenden wir die zirkulare Basis

$$\begin{pmatrix} \widehat{\mathbf{r}}_+ \\ \widehat{\mathbf{r}}_- \end{pmatrix} = \frac{1}{\sqrt{2}} \begin{pmatrix} 1 & +\imath \\ 1 & -\imath \end{pmatrix} \begin{pmatrix} \widehat{\mathbf{x}} \\ \widehat{\mathbf{y}} \end{pmatrix} \qquad \text{(A11.8.34)}$$

$$\begin{pmatrix} \mathbf{E}_+ \\ \mathbf{E}_- \end{pmatrix} = \frac{1}{\sqrt{2}} \begin{pmatrix} 1 & +\imath \\ 1 & -\imath \end{pmatrix} \begin{pmatrix} \mathbf{E}_x \\ \mathbf{E}_y \end{pmatrix} , \qquad \text{(A11.8.35)}$$

wobei $\mathbf{E}_\pm$ gerade rechts- ($\mathbf{E}_+$) und linkszirkular polarisiertes ($\mathbf{E}_-$) Licht beschreibt [vergleiche Gl. (A11.8.5)]. Die bisher verwendeten kartesischen Koordinaten und Feldvektoren können wir in dem zirkularen System wie folgt ausdrücken:

$$\begin{pmatrix} \widehat{\mathbf{x}} \\ \widehat{\mathbf{y}} \end{pmatrix} = \frac{1}{\sqrt{2}} \begin{pmatrix} 1 & 1 \\ -\imath & +\imath \end{pmatrix} \begin{pmatrix} \widehat{\mathbf{r}}_+ \\ \widehat{\mathbf{r}}_- \end{pmatrix} \qquad \text{(A11.8.36)}$$

$$\begin{pmatrix} \mathbf{E}_x \\ \mathbf{E}_y \end{pmatrix} = \frac{1}{\sqrt{2}} \begin{pmatrix} 1 & 1 \\ -\imath & +\imath \end{pmatrix} \begin{pmatrix} \mathbf{E}_+ \\ \mathbf{E}_- \end{pmatrix} . \qquad \text{(A11.8.37)}$$

Setzen wir dies in Gl. (A11.8.33) ein, so erhalten wir

$$\begin{pmatrix} \mathbf{D}_+ \\ \mathbf{D}_- \end{pmatrix} = \begin{pmatrix} \epsilon_+ & 0 \\ 0 & \epsilon_- \end{pmatrix} \begin{pmatrix} \mathbf{E}_+ \\ \mathbf{E}_- \end{pmatrix} = \begin{pmatrix} \epsilon & 0 \\ 0 & \epsilon \end{pmatrix} \begin{pmatrix} \mathbf{E}_+ \\ \mathbf{E}_- \end{pmatrix} . \qquad \text{(A11.8.38)}$$

Der Dielektrizitätstensor ist also auch in der zirkularen Basis diagonal und es gilt $\epsilon_+ = \epsilon_- = \epsilon$. Das heißt, wir erhalten für rechts- und linkszirkular polarisiertes Licht genau das gleiche Ergebnis wie für linear polarisiertes Licht. Dies war zu erwarten, da wir eine zirkular polarisierte Lichtwelle als lineare Superposition zweier linear polarisierter Wellen auffassen können und wir ein völlig isotropes Medium vorausgesetzt haben.

(b) Wir betrachten nun den Fall, dass ein externes Magnetfeld $\mathbf{B}_{\text{ext}}$ angelegt ist. In der Bewegungsgleichung (A11.8.10) müssen wir jetzt zusätzlich die Lorentz-Kraft auf die durch das elektrische Feld beschleunigten Elektronen berücksichtigen und erhalten

$$m^\star \frac{d^2\mathbf{r}}{dt^2} + \frac{m^\star}{\tau}\frac{d\mathbf{r}}{dt} = -e\mathbf{E}(t) - e\frac{d\mathbf{r}}{dt} \times \mathbf{B}_{\text{ext}} . \tag{A11.8.39}$$

Für $\mathbf{B}_{\text{ext}} = (0,0,B)$ und $\mathbf{E}(t) = (E_x(t), E_y(t), 0)$, das heißt die Polarisationsebene der elektromagnetischen Welle steht senkrecht auf dem angelegten Magnetfeld, lauten die drei Komponenten der Bewegungsgleichung:

$$\frac{d^2x}{dt^2} + \frac{1}{\tau}\frac{dx}{dt} = -eE_x(t) - \omega_c\frac{dy}{dt} \tag{A11.8.40}$$

$$\frac{d^2y}{dt^2} + \frac{1}{\tau}\frac{dy}{dt} = -eE_y(t) + \omega_c\frac{dx}{dt} \tag{A11.8.41}$$

$$\frac{d^2z}{dt^2} + \frac{1}{\tau}\frac{dz}{dt} = 0 . \tag{A11.8.42}$$

Hierbei ist $\omega_c = eB/m^\star$ die Zyklotronfrequenz. Wir sehen, dass die x- und y-Komponente der Bewegungsgleichung gekoppelt sind. Weil die Bewegungsgleichungen jedoch rotationsinvariant bezüglich der z-Achse sind, lassen sich die beiden Gleichungen durch Verwendung neuer Koordinaten für die Raum- und E-Feldvektoren entkoppeln. Wir verwenden die oben eingeführte zirkulare Basis [siehe hierzu Gl. (A11.8.34) bis (A11.8.37)]. Damit können wir die Differentialgleichungen (A11.8.40) und (A11.8.41) umschreiben in

$$\frac{d^2\mathbf{r}_+}{dt^2} + \left(\frac{1}{\tau} + \omega_c\right)\frac{d\mathbf{r}_+}{dt} = -\frac{e}{m^\star}\mathbf{E}_+ \tag{A11.8.43}$$

$$\frac{d^2\mathbf{r}_-}{dt^2} + \left(\frac{1}{\tau} - \omega_c\right)\frac{d\mathbf{r}_-}{dt} = -\frac{e}{m^\star}\mathbf{E}_- . \tag{A11.8.44}$$

Die Lösung dieser Gleichungen lautet

$$\mathbf{r}_\pm(t) = \frac{e}{m^\star}\frac{1}{\omega\left[\omega + \imath\left(\frac{1}{\tau} \pm \omega_c\right)\right]}\mathbf{E}_\pm(t) . \tag{A11.8.45}$$

Analog zu (A11.8.15) erhalten wir daraus die dielektrische Funktion zu

$$\begin{aligned}\epsilon_\pm(\omega) &= 1 - \frac{ne^2}{\epsilon_0 m^\star}\frac{1}{\omega\left[\omega + \imath\left(\frac{1}{\tau} \pm \omega_c\right)\right]} \\ &= 1 - \omega_{\text{p}}^2\frac{1}{\omega^2 + \imath\left(\frac{\omega}{\tau} \pm \omega\omega_c\right)} .\end{aligned} \tag{A11.8.46}$$

Spalten wir diese in Real- und Imaginärteil auf, so ergibt sich

$$\epsilon_{r,\pm}(\omega) = 1 - \frac{\omega_p^2}{\omega^2} \frac{\omega^2\tau^2}{1+\omega^2\tau^2 \pm 2\omega_c\tau + \omega_c^2\tau^2} \tag{A11.8.47}$$

$$\epsilon_{i,\pm}(\omega) = \frac{\omega_p^2}{\omega^2} \frac{\omega\tau(1 \pm \omega_c\tau)}{1+\omega^2\tau^2 \pm 2\omega_c\tau + \omega_c^2\tau^2} . \tag{A11.8.48}$$

Vergleichen wir diese Ausdrücke mit dem Ergebnis (A11.8.15) für $\mathbf{B}_{\text{ext}} = 0$, so erkennen wir, dass wir jetzt sowohl für den Real- als auch den Imaginärteil Korrekturen erhalten, deren Vorzeichen von der Polarität des zirkular polarisierten Lichts abhängt. Da für realistische Magnetfelder für Metalle $\omega_c\tau \ll 1$ gilt, sind die Korrekturen allerdings klein.
Fall 1: $\omega < \omega_p$ und $\omega\tau \ll 1$.
Der Realteil der dielektrischen Funktion ist für $\omega < \omega_p$ negativ und wesentlich kleiner als der Imaginärteil. Der komplexe Brechungsindex $\widetilde{n} = \sqrt{\epsilon}$ ist also insgesamt rein imaginär. Wie für den Fall ohne Magnetfeld erhalten wir

$$n_\pm \simeq \kappa_\pm \simeq \sqrt{\epsilon_{i,\pm}/2} . \tag{A11.8.49}$$

Da $\omega\tau \ll 1$ und $\omega_c\tau \ll 1$, erhalten wir mit

$$\epsilon_{i,\pm}(\omega) \overset{\omega\tau\gg1}{\overbrace{=}} \frac{\omega_p^2\tau}{\omega}(1 \pm \omega_c\tau) \tag{A11.8.50}$$

unter Benutzung von $\omega_p^2 = \sigma(0)/\epsilon_0\tau$

$$n_\pm \simeq \kappa_\pm \simeq \sqrt{\frac{\sigma(0)}{2\epsilon_0\omega}}\sqrt{(1 \pm \omega_c\tau)} \overset{\omega_c\tau\ll1}{\overbrace{\simeq}} n\left(1 \pm \frac{1}{2}\omega_c\tau\right) . \tag{A11.8.51}$$

Für den Reflexionskoeffizienten ergibt sich daraus nach (A11.8.21)

$$R_\pm \simeq 1 - \frac{2}{n_\pm} = 1 - \frac{2}{n\left(1 \pm \frac{1}{2}\omega_c\tau\right)} , \tag{A11.8.52}$$

woraus

$$R_+ - R_- \simeq -\frac{2\omega_c\tau}{n\left(1+\frac{\omega_c\tau}{2}\right)^2} \overset{\omega_c\tau\ll1}{\overbrace{\simeq}} -\frac{2\omega_c\tau}{n} \tag{A11.8.53}$$

folgt. Für den Absorptionskoeffizienten erhalten wir

$$K_\pm = \frac{2\kappa_\pm\omega}{c} = \sqrt{\frac{2\sigma(0)\omega}{\epsilon_0 c^2}}\sqrt{(1 \pm \omega_c\tau)} \overset{\omega_c\tau\ll1}{\overbrace{\simeq}} K\left(1 \pm \frac{1}{2}\omega_c\tau\right) , \tag{A11.8.54}$$

woraus sich

$$K_+ - K_- = K\,\omega_c\tau \tag{A11.8.55}$$

ergibt. Sowohl für den Reflexions- als auch den Absorptionskoeffizienten wächst die Differenz $R_+ - R_-$ bzw. $K_+ - K_-$ proportional zu $\omega_c \tau$, also proportional zum angelegten Magnetfeld an.

Fall 2: $\omega > \omega_\mathrm{p}$ und $\omega\tau \gg 1$.

Wir erhalten aus Gl. (A11.8.47) und (A11.8.48) die Näherungen

$$\epsilon_{r,\pm}(\omega) \simeq 1 - \frac{\omega_\mathrm{p}^2}{\omega^2} \frac{1}{1 \pm 2\omega_c \tau / \omega^2 \tau^2} \tag{A11.8.56}$$

$$\epsilon_{i,\pm}(\omega) = \frac{\omega_\mathrm{p}^2}{\omega^3 \tau} (1 \pm \omega_c \tau) \, . \tag{A11.8.57}$$

Damit ergeben sich

$$n_\pm \simeq n \sqrt{\frac{1}{1 \pm 2\omega_c \tau / \omega^2 \tau^2}} \overbrace{\simeq}^{\omega_c \tau \ll 1} n \left(1 \pm \frac{\omega_c \tau}{\omega^2 \tau^2} \right) \tag{A11.8.58}$$

und

$$\kappa_\pm = \kappa (1 \pm \omega_c \tau) \, , \tag{A11.8.59}$$

wobei n und κ durch Gl. (A11.8.31) und (A11.8.32) gegeben sind. Wir sehen, dass auch in diesem Fall der Unterschied von n und κ für rechts- und linkszirkular polarisiertes Licht proportional zu $\omega_c \tau$, also proportional zum angelegten Magnetfeld anwächst.

In der zirkularen Basis gilt für die dielektrische Verschiebung

$$\begin{pmatrix} \mathbf{D}_+ \\ \mathbf{D}_- \end{pmatrix} = \begin{pmatrix} \epsilon_+ & 0 \\ 0 & \epsilon_- \end{pmatrix} \begin{pmatrix} \mathbf{E}_+ \\ \mathbf{E}_- \end{pmatrix} \, . \tag{A11.8.60}$$

Der Dielektrizitätstensor ist also in dieser Basis diagonal. Wir können nun in die kartesischen Koordinaten zurücktransformieren. Mit $\mathbf{E}_x = \frac{1}{\sqrt{2}}(\mathbf{E}_+ + \mathbf{E}_-)$, $\mathbf{E}_y = \frac{1}{\imath\sqrt{2}}(\mathbf{E}_+ - \mathbf{E}_-)$ und den entsprechenden Ausdrücken für $\mathbf{D}_x$ und $\mathbf{D}_y$ erhalten wir

$$\begin{aligned} \begin{pmatrix} \mathbf{D}_x \\ \mathbf{D}_y \end{pmatrix} &= \begin{pmatrix} (\epsilon_+ + \epsilon_-)/2 & \imath(\epsilon_+ - \epsilon_-)/2 \\ -\imath(\epsilon_+ - \epsilon_-)/2 & (\epsilon_+ + \epsilon_-)/2 \end{pmatrix} \begin{pmatrix} \mathbf{E}_y \\ \mathbf{E}_y \end{pmatrix} \\ &= \begin{pmatrix} \epsilon_{xx} & \epsilon_{xy} \\ \epsilon_{yx} & \epsilon_{yy} \end{pmatrix} \begin{pmatrix} \mathbf{E}_x \\ \mathbf{E}_y \end{pmatrix} \, . \end{aligned} \tag{A11.8.61}$$

Offensichtlich hängt $\mathbf{D}_x$ auch von $\mathbf{E}_y$ bzw. $\mathbf{D}_y$ von $\mathbf{E}_x$ ab. Der Dielektrizitätstensor ist im kartesischen Koordinatensystem nicht mehr diagonal und besitzt eine magnetfeldinduzierte Anisotropie.

Wir erkennen aus Gl. (A11.8.61) sofort, dass $\epsilon_{yx} = -\epsilon_{xy}$. Die durch das Magnetfeld induzierte Anisotropie bewirkt also einen antisymmetrischen Anteil des 2×2 dielektrischen Tensors. Dies ist eine direkte Folge der Zeitumkehrsymmetrie. Führen wir eine Zeitumkehrsymmetrieoperation durch, so bleiben die Vektoren **D** und **E** unverändert, während das Magnetfeld **B** sein Vorzeichen ändert. Die Onsagerschen Reziprozitätsbeziehungen liefern dann $\epsilon_{ij}(E, B) = \epsilon_{ji}(E, -B)$. Entwickeln wir ϵ_{ij} in eine Reihe bis zu linearer Ordnung in E und B, so sehen wir sofort, dass der antisymmetrische Anteil durch B erzeugt

wird. Das Magnetfeld ist natürlich nur eine Möglichkeit, die Zeitumkehrsymmetrie zu brechen. Im Allgemeinen erzeugt aber jede Größe, welche die Zeitumkehrsymmetrie bricht, antisymmetrische Beiträge zum Dielektrizitätstensor.
Wir können schließlich die Beschränkung, dass $B_{\text{ext}} = (0, 0, B)$ aufgeben und beliebige Feldrichtungen zulassen. Für diesen allgemeinen Fall lässt sich der dielektrische Tensor für ein ohne Feld isotropes Medium ($\epsilon_{xx} = \epsilon_{yy} = \epsilon_{zz} = \epsilon_{\text{sym}}$) durch

$$\widehat{\epsilon} = \epsilon_{\text{sym}} \begin{pmatrix} 1 & +\imath Q_z & -\imath Q_y \\ -\imath Q_z & 1 & +\imath Q_x \\ +\imath Q_y & -\imath Q_x & 1 \end{pmatrix} \qquad \text{(A11.8.62)}$$

ausdrücken. Hierbei ist $\mathbf{Q} = (Q_x, Q_y, Q_z)$ der sogenannte ***Voigt-Vektor***, der parallel zur Richtung des angelegten Magnetfeldes ist. Der Betrag von $\mathbf{Q}$ wird als Voigt-Konstante bezeichnet. Aufgrund der endlichen Absorption ist der Voigt-Vektor im Allgemeinen komplex. Für die Brechungsindizes der rechts- und linkszirkular polarisierten Wellen erhalten wir dann

$$n_\pm = n\left(1 \pm \frac{1}{2}\mathbf{Q}\cdot\widehat{\mathbf{k}}\right) . \qquad \text{(A11.8.63)}$$

Hierbei ist $\widehat{\mathbf{k}}$ der Einheitsvektor in Ausbreitungsrichtung der Wellen.

(c) Wir diskutieren nun die Phasengeschwindigkeit für endliches und verschwindendes Magnetfeld. Mit dem komplexen Brechungsindex $\widetilde{n}_\pm = n_\pm + \imath\kappa_\pm$ für rechts- und linkszirkular polarisiertes Licht erhalten wir den komplexen Wellenvektor der in z-Richtung laufenden rechts- und linkszirkular polarisierten Welle zu

$$\widetilde{k}_\pm = k_{\pm,r} + \imath k_{\pm,i} = \widetilde{n}_\pm \frac{\omega}{c} = n_\pm \frac{\omega}{c} + \imath\kappa_\pm \frac{\omega}{c} . \qquad \text{(A11.8.64)}$$

Für $B_{\text{ext}} = 0$ ist $n_+ = n_- = n$ und $\kappa_+ = \kappa_- = \kappa$. Wir erhalten dann für beide Polarisationen die gleiche Phasengeschwindigkeit

$$v_{\pm,\text{ph}} = v_{\text{ph}} = c/n \qquad \text{(A11.8.65)}$$

und den gleichen Absorptionskoeffizienten

$$K_\pm = 2\kappa \frac{\omega}{c} . \qquad \text{(A11.8.66)}$$

Für $\omega < \omega_{\text{p}}$ wird allerdings der Brechungsindex $\widetilde{n}$ von Metallen rein imaginär. In diesem Fall kann sich die elektromagnetische Welle nicht im Metall ausbreiten.
Für $\mathbf{B}_{\text{ext}} \neq 0$ haben wir oben abgeleitet, dass unterschiedliche komplexe Brechungsindizes $\widetilde{n}_\pm = n_\pm + \imath\kappa_\pm$ für rechts- und linkszirkular polarisiertes Licht vorliegen. Wir können allgemein

$$n_\pm = n(1 \pm a) , \qquad \kappa_\pm = \kappa(1 \pm b) \qquad \text{(A11.8.67)}$$

schreiben, wobei die frequenzabhängigen Konstanten a und b proportional zu B_{ext} und im Allgemeinen klein gegen eins sind. Für die komplexe Wellenzahl der in z-Richtung laufenden rechts- und linkszirkular polarisierten Welle gilt dann $\widetilde{k}_+ \neq \widetilde{k}_-$. Wir erhalten deshalb für rechts- und linkszirkular polarisierte Wellen unterschiedliche Phasengeschwindigkeiten

$$v_{\pm,\mathrm{ph}} = c/n_\pm \tag{A11.8.68}$$

und unterschiedliche Absorptionskoeffizienten

$$K_\pm = 2\kappa_\pm \frac{\omega}{c} \,. \tag{A11.8.69}$$

(d) Wir diskutieren nun, was mit der Polarisationsebene einer in z-Richtung propagierenden und in x-Richtung linear polarisierten Welle beim Durchgang durch ein Medium der Dicke d passiert. Schreiben wir die linear polarisierte Welle als Superposition einer rechts- und linkszirkular polarisierten Welle, so erhalten wir

$$\mathbf{E}_x(d,t) = \frac{1}{\sqrt{2}}\left[\mathbf{E}_+ \mathrm{e}^{-d\,\frac{\kappa_+\omega}{c}}\,\mathrm{e}^{\imath(d\,\frac{n_+\omega}{c}-\omega t)} + \mathbf{E}_- \mathrm{e}^{-d\,\frac{\kappa_-\omega}{c}}\,\mathrm{e}^{\imath(d\,\frac{n_-\omega}{c}-\omega t)}\right] . \tag{A11.8.70}$$

Offensichtlich geraten die beiden zirkular polarisierten Wellen beim Durchgang durch das Medium außer Phase, da sie unterschiedliche Phasengeschwindigkeiten besitzen. Dies ist in Abb. 11.5 dargestellt, wo wir die Überlagerung der zirkular polarisierten Wellen bei $z = 0$ und $z = d$ dargestellt haben. Beim Durchgang durch die Dicke d beträgt die Phasendifferenz der beiden Wellen

$$2\beta_L = \varphi_- - \varphi_+ = (k_- - k_+)d = \frac{\omega}{c}\,d(n_- - n_+) = \frac{2\pi}{\lambda_0}\,d(n_- - n_+) \,. \tag{A11.8.71}$$

Dies führt zu einer Drehung der Polarisationsebene der linear polarisierten Welle um den Winkel

$$\beta_L = \frac{\varphi_- - \varphi_+}{2} = \frac{\pi}{\lambda_0}\,d(n_- - n_+) \,. \tag{A11.8.72}$$

Ist $n_+ > n_-$, so dreht sich die Polarisationsebene nach links (beim Blick in Richtung der Quelle), für $n_+ < n_-$ dagegen nach rechts. Letzterer Fall ist in Abb. 11.5 gezeigt. Üblicherweise definiert man den Winkel β_L als positiv, wenn die Welle rechtsdrehend ist. Wir haben oben gesehen, dass $n_- - n_+ \propto \omega_c\tau \propto B_{\mathrm{ext}}$. Deshalb wird der Drehwinkel oft mit der empirischen Beziehung

$$\beta_L = \mathcal{V} B_{\mathrm{ext}} d \tag{A11.8.73}$$

beschrieben, wobei die Proportionalitätskonstante $\mathcal{V}$ als ***Verdet-Konstante*** bezeichnet wird.

In Abb. 11.5 haben wir die unterschiedliche Absorption der rechts- und linkszirkular polarisierten Welle vernachlässigt. In diesem Fall erhalten wir nach Durchgang der Welle durch eine Schicht der Dicke d nur eine Drehung der Polarisationsebene, das Licht bleibt aber linear polarisiert. Durch die unterschiedliche Absorption der Wellen stimmt allerdings für $z = d$ auch ihre Amplitude nicht mehr überein. Mit $\kappa_\pm = \kappa(1 \pm b)$ erhalten

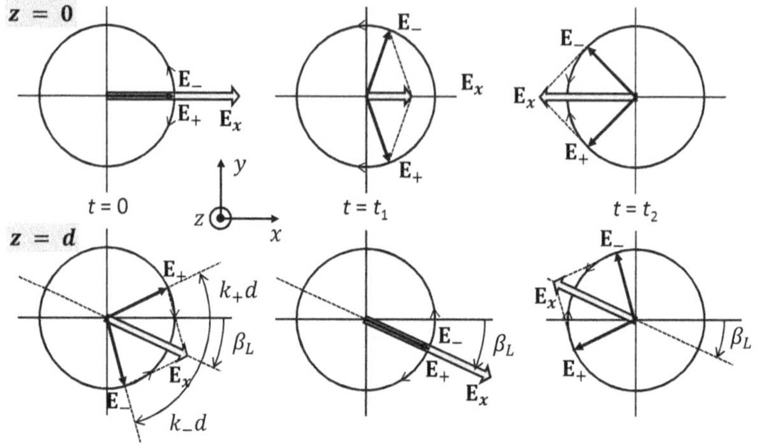

Abb. 11.5: Drehung der Polarisationsebene von linear polarisiertem Licht beim Durchgang durch ein Medium mit $n_+ \neq n_-$. Die Welle breitet sich in z-Richtung aus. Gezeigt ist die Überlagerung einer rechts- und linkszirkular polarisierten Welle zu einer linear polarisierten Welle bei $z = 0$ (oben) und $z = d$ (unten) für den Fall $n_+ < n_-$, für den wir eine Rechtsdrehung der Polarisationsebene erhalten. Die Abschwächung der Amplitude durch Absorption wurde vernachlässigt.

wir eine Amplitudendifferenz

$$\Delta E_0 = E_{0,-} - E_{0,+} = \underbrace{E_0\, \mathrm{e}^{-2\pi\kappa d/\lambda_0}}_{E_0(d)} \underbrace{\left(\mathrm{e}^{-2\pi b d/\lambda_0} - \mathrm{e}^{+2\pi b d/\lambda_0}\right)}_{2\sinh(2\pi b d/\lambda_0)}$$

$$\Delta E_0 = 2E_0(d) \sinh\left(\frac{2\pi b d}{\lambda_0}\right) . \qquad \text{(A11.8.74)}$$

Diese führt dazu, dass in Abb. 11.5 die Feldvektoren $\mathbf{E}_+$ und $\mathbf{E}_-$ auf Kreisen mit unterschiedlichen Radien umlaufen. Aus der ursprünglich linear polarisierten Welle wird damit eine elliptisch polarisierte Welle. Die Elliptizität können wir mit dem Winkel

$$\alpha_L = \arctan\left(\frac{E_{0,-} - E_{0,+}}{E_{0,-} + E_{0,+}}\right) = \arctan\left(\frac{\Delta E_0}{2E_0}\right) \qquad \text{(A11.8.75)}$$

charakterisieren (siehe hierzu Abb. 11.6). Üblicherweise definiert man einen komplexen Winkel

$$\Phi_\mathrm{F} = \beta_L + \imath\alpha_L = \frac{\varphi_- - \varphi_+}{2} + \imath\,\frac{E_{0,-} - E_{0,+}}{E_{0,-} + E_{0,+}} , \qquad \text{(A11.8.76)}$$

um beide Effekte, die Drehung der Polarisationsebene und die endliche Elliptizität, durch eine Größe zu beschreiben. Der Index „F“ steht hierbei für **Michael Faraday**, der bereits im Jahr 1845 entdeckte, dass die Art und Weise, wie sich Licht in Materie ausbreitet, mit einem Magnetfeld beeinflusst werden kann. Insbesondere entdeckte er, dass sich die Schwingungsebene von linear polarisiertem Licht, das durch eine Glasplatte fällt, dreht, wenn ein Magnetfeld in Richtung der Ausbreitungsrichtung angelegt wird.

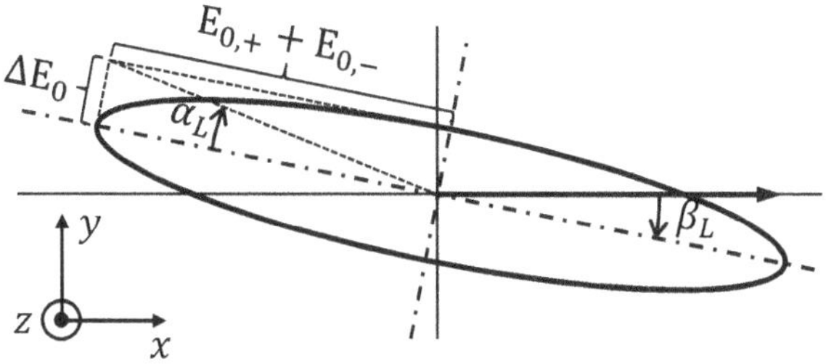

Abb. 11.6: Änderung der Polarisationseigenschaften einer ursprünglich in x-Richtung linear polarisierten elektromagnetischen Welle bei der Transmission durch ein Medium der Dicke d, das sich in einem Magnetfeld $B_{\text{ext}} = (0, 0, B)$ befindet. Die Welle breitet sich in z-Richtung aus.

(e) Für Metalle lässt sich der Faraday-Effekt schlecht beobachten, da die Plasmafrequenz üblicherweise im ultravioletten Spektralbereich liegt und deshalb sichtbares Licht stark reflektiert wird. Bereits 1877 entdeckte aber **John Kerr** (1824–1907), dass linear polarisiertes Licht, das an den Polschuhen eines Magneten reflektiert wird, seinen Polarisationszustand ebenfalls in Abhängigkeit der Stärke des vom Magneten erzeugten Feldes ändert. Er hatte damit das Analogon zum in Transmission erhaltenen ***Faraday-Effekt***, den nach ihm benannten ***magnetooptischen Kerr-Effekt (MOKE)*** entdeckt. Den Kerr-Effekt können wir genauso wie den Faraday-Effekt mit einem komplexen Winkel

$$\Phi_{\text{K}} = \beta_K + \imath\alpha_K = \frac{\varphi_- - \varphi_+}{2} + \imath\,\frac{r_- - r_+}{r_- + r_+} \tag{A11.8.77}$$

beschreiben. Hierbei ist $\varphi_- - \varphi_+$ die Phasendifferenz der beiden reflektierten zirkular polarisierten Wellen und $r_\pm$ sind die Reflexionskoeffizienten, die mit Hilfe der Fresnelschen Formeln abgeleitet werden müssen.
Der magnetooptische Kerr-Effekt (MOKE) wird heute häufig zur Untersuchung von ferromagnetischen Materialien, insbesondere zur Sichtbarmachung von magnetischen Domänen benutzt. An die Stelle des externen Magnetfeldes tritt in diesem Fall die Magnetisierung. Grundsätzlich werden die in Abb. 11.7 gezeigten Geometrien verwendet, die sich hinsichtlich der relativen Orientierung von Streuebene des linear polarisierten Lichts, die durch den Wellenvektor und die Flächennormale aufgespannt wird, und der Magnetisierungsrichtung unterscheiden. Wir unterscheiden danach zwischen polarem, longitudinalem und transversalem Kerr-Effekt. Bei der Verwendung von linear polarisiertem Licht müssen wir noch zwischen parallel und senkrecht polarisierten Wellen unterscheiden. Wir sprechen von TM-polarisiertem (TM = transversal magnetisch) bzw. parallel (p oder π) polarisiertem Licht, wenn die Schwingungsebene des magnetischen Feldes senkrecht zur Streuebene ist. Umgekehrt sprechen wir von TE-polarisiertem (TE = transversal elektrisch) bzw. von senkrecht (s oder σ) polarisiertem Licht, wenn das elektrische Feld senkrecht auf der Streuebene steht. Eine wichtige tech-

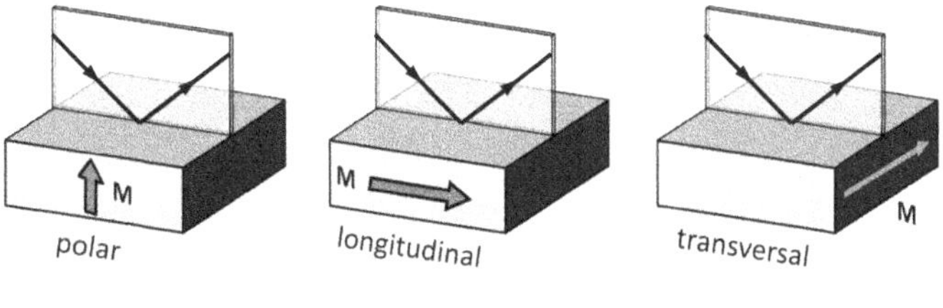

Abb. 11.7: Geometrische Konfigurationen bei der Untersuchung des magnetooptischen Kerr-Effekts.

nische Anwendung des magnetooptischen Kerr-Effekts ist die magnetooptische Datenspeicherung.

A11.9 Lineare ferroelektrische Anordnung

Gegeben sei eine lineare Kette von gleichen Atomen mit Polarisierbarkeit α und dem gegenseitigen Abstand a. Zeigen Sie, dass die Anordnung eine spontane Polarisation entwickeln kann, wenn

$$\alpha \geq \frac{\pi a^3}{\sum_{n=1}^{\infty} \frac{1}{n^3}} .$$

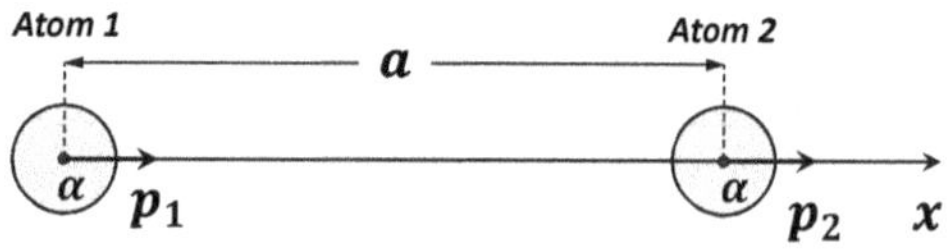

Abb. 11.8: Zur Ableitung des ferroelektrischen Kriteriums für einzelne Atome.

Lösung

Wir betrachten zuerst ein System aus zwei Atomen mit festem Abstand a und der Polarisierbarkeit α für jedes Atom (siehe Abb. 11.8) und überlegen uns, welche Beziehung zwischen a und α gelten muss, wenn das System ferroelektrisch sein soll.

Das Dipolmoment p_2 des Atoms 2 mit Polarisierbarkeit α am Ort $x = a$ ist gegeben durch

$$p_2 = \alpha\epsilon_0 E_{\text{lok}} = \alpha\epsilon_0 E(a) \qquad \text{(A11.9.1)}$$

Wir müssen nun das lokale elektrische Feld $E_{\text{lok}} = E(a)$ bestimmen, das durch das Atom 1 an der Stelle $x = a$ des Atoms 2 erzeugt wird. Nehmen wir an, dass das Atom 1 einen elektrischen Dipol der Stärke p_1 besitzt, so können wir für das resultierende Dipolfeld schreiben:

$$\mathbf{E}(\mathbf{r}) = \frac{1}{4\pi\epsilon_0} \frac{3(\mathbf{p}\cdot\widehat{\mathbf{r}})\widehat{\mathbf{r}} - \mathbf{p}}{r^3} . \qquad \text{(A11.9.2)}$$

Hierbei ist $\widehat{\mathbf{r}}$ der Einheitsvektor in Richtung von $\mathbf{r}$. Nehmen wir an, dass $\mathbf{p}_1$ in Richtung der Verbindungsachse der beiden Atome zeigt, so können wir $\mathbf{r} = a\widehat{\mathbf{x}}$ schreiben und ferner das Skalarprodukt durch eine Multiplikation der Beträge ersetzen. Wir erhalten damit

$$E(a) = \frac{1}{4\pi\epsilon_0} \frac{3p_1 - p_1}{a^3} = \frac{1}{4\pi\epsilon_0} \frac{2p_1}{a^3} = \frac{p_1}{2\pi\epsilon_0 a^3} . \qquad \text{(A11.9.3)}$$

Mit $p_2 = \alpha\epsilon_0 E_{\text{lok}} = \alpha\epsilon_0 E(a)$ erhalten wir dann

$$p_2 = \frac{\alpha}{4\pi} \frac{2p_1}{a^3} = \frac{\alpha p_1}{2\pi a^3} . \qquad \text{(A11.9.4)}$$

Zum einen ist natürlich $p_1 = p_2 = 0$ eine Lösung dieser Gleichung. Im Falle eines Ferroelektrikums interessieren wir uns aber für die Lösung mit $p_1 = p_2 = p \neq 0$. Dann muss nach

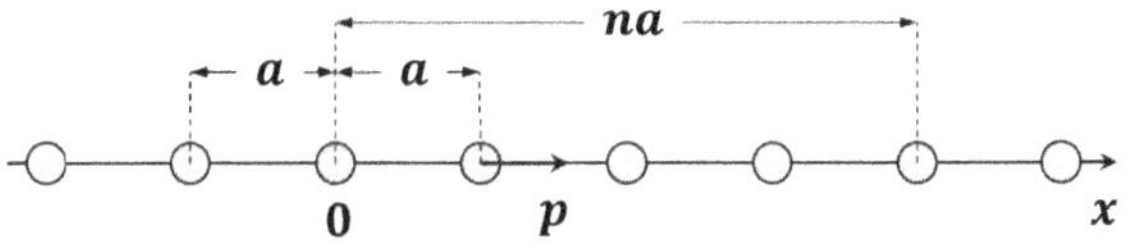

Abb. 11.9: Zur Ableitung des ferroelektrischen Kriteriums in einer linearen Kette von gleichen Atomen.

Gl. (A11.9.4) $\alpha = 2\pi a^3$ gelten. Das ferroelektrische Kriterium für das System aus zwei gleichen Atomen lautet also

$$\alpha = 2\pi a^3 \,. \tag{A11.9.5}$$

Die Lösung für die lineare Kette erfolgt analog (siehe hierzu Abb. 11.9). Für ein Atom am Ort $x = 0$ wird ein elektrisches Dipolmoment

$$p_0 = \alpha E_{\text{lok}} = \alpha\epsilon_0 E(x = 0)$$

induziert, wobei $E_{\text{lok}} = E(0)$ das am Ort $x = 0$ erzeugte elektrische Feld der elektrischen Dipolmomente p_i aller anderen Atome an den Positionen $x_i = n_i a$ ist. Oben haben wir für das elektrische Feld eines in x-Richtung ausgerichteten Dipolmoments

$$E(x) = \frac{1}{2\pi\epsilon_0} \frac{p_1}{x^3}$$

abgeleitet. Wir nehmen nun an, dass die Dipolmomente p_i aller Atome der Kette gleich sind, d. h. $p_1 = p_2 = p_3 = \ldots = p_i = p$. Da jedes Atom zwei Nachbarn im Abstand $x = n \cdot a$ mit $n = 1, 2, 3, \ldots$ hat, erhalten wir insgesamt für das auf ein bestimmtes Atom wirkende elektrische Feld:

$$E = 2\sum_{n=1}^{\infty} \frac{p}{2\pi\epsilon_0 (na)^3} = \frac{p}{\pi\epsilon_0 a^3} \underbrace{\sum_{n=1}^{\infty} \frac{1}{n^3}}_{=\zeta(3)} = \frac{p}{\pi\epsilon_0 a^3}\zeta(3) \tag{A11.9.6}$$

$$\zeta(3) = 1.2020569032\ldots$$

Hierbei haben wir die Riemannsche ζ-Funktion (Bernhard Riemann, 1826–1866)

$$\zeta(z) = \sum_{n=1}^{\infty} \frac{1}{n^z}$$

verwendet. Andererseits ist aber $p = \alpha\epsilon_0 E_{\text{lok}}$. Setzen wir für E_{lok} den Ausdruck (A11.9.6) ein, so ergibt sich die Beziehung

$$p = \alpha\epsilon_0 E = p\,\frac{\alpha}{\pi a^3}\zeta(3) \,. \tag{A11.9.7}$$

Offensichtlich ist $p = 0$ eine Lösung. Aber auch für

$$\alpha = \frac{\pi a^3}{\zeta(3)} = \alpha_{\text{krit}} \tag{A11.9.8}$$

ist prinzipiell eine ferroelektrische Anordnung von beliebigen endlichen elektrischen Dipolmomenten p möglich. Wichtig ist, dass wir eine solche Anordnung auch dann erhalten, wenn die einzelnen Atome zunächst kein elektrisches Dipolmoment besitzen. Durch Fluktuationen treten aber immer lokale Dipolmomente auf, die dann ferroelektrisch ausgerichtete Dipolmomente auf Nachbaratomen erzeugen, die wiederum positiv auf das sie erzeugende Dipolmoment zurückwirken. Für $\alpha < \alpha_{\mathrm{krit}}$ ist die ferroelektrische Anordnung von induzierten Dipolmomenten energetisch nicht stabil. Eine durch Fluktuationen hervorgerufene lokale ferroelektrische Anordnung würde nach kurzer Zeit wieder zerfallen. Erst für $\alpha \geq \alpha_{\mathrm{krit}}$ wird die ferroelektrische Anordnung stabil.

Nach den obigen Gleichungen kann das elektrische Dipolmoment im Prinzip beliebig große Werte annehmen. Dies resultiert aber aus der Tatsache, dass wir eine lineare Beziehung $p = \alpha\epsilon_0 E_{\mathrm{lok}}$ zwischen Dipolmoment und lokalem Feld angenommen haben. Diese lineare Beziehung gilt aber nur für kleine lokale Felder und damit kleine Dipolmomente. Für reale Systeme sorgen Nichtlinearitäten dafür, dass nicht beliebig große Werte von p möglich sind.

12 Magnetismus

A12.1 Festkörper im inhomogenen Magnetfeld

Berechnen Sie die Kraft auf einen Festkörper in einem räumlich inhomogenen Magnetfeld. Nehmen Sie dazu an, dass einem homogenen Magnetfeld B_0 ein Feldgradient dB/dx überlagert ist. Diskutieren Sie die Änderung der freien Energie durch die Bewegung der Probe vom Ort x zum Ort $x + dx$. Diskutieren Sie die messtechnische Relevanz des Ergebnisses.

Lösung

Wir betrachten die freie Energie eines magnetischen Systems, welches sich in einem angelegten Magnetfeld $\mathbf{B}_{\text{ext}}$ befindet. Die freie Energie ist die Differenz aus der inneren Energie U des Systems und dem Produkt aus Temperatur T und Entropie S:

$$\mathcal{F} = U - TS\,. \tag{A12.1.1}$$

Mit

$$dU = TdS - pdV - V\mathbf{M}\cdot d\mathbf{B}_{\text{ext}} \tag{A12.1.2}$$

erhalten wir das totale Differential der freien Energie zu

$$d\mathcal{F} = dU - SdT - TdS = -SdT - pdV - V\mathbf{M}\cdot d\mathbf{B}_{\text{ext}}\,. \tag{A12.1.3}$$

Betrachten wir Prozesse, bei denen keine Temperaturänderung (isotherme Zustandsänderung: $dT = 0$) sowie keine Volumenänderung (isochore Zustandsänderung: $dV = 0$) stattfindet, so gilt

$$d\mathcal{F} = -V\mathbf{M}\cdot d\mathbf{B}_{\text{ext}}\,. \tag{A12.1.4}$$

Daraus folgt für die Magnetisierung M_i mit $i = x, y, z$

$$M_i = -\frac{1}{V}\left.\frac{\partial F}{\partial B_{\text{ext,i}}}\right|_{T,V} = \sum_{j=1}^{3}\chi_{ij}\frac{B_{\text{ext,j}}}{\mu_0} \tag{A12.1.5}$$

und für den Tensor der magnetischen Suszeptibilität

$$\chi_{ij} = \mu_0\left.\frac{\partial M_i}{\partial B_{\text{ext,j}}}\right|_{T,V} = -\frac{\mu_0}{V}\left.\frac{\partial^2\mathcal{F}}{\partial B_{\text{ext,i}}\partial B_{\text{ext,j}}}\right|_{T,V}\,. \tag{A12.1.6}$$

https://doi.org/10.1515/9783110782530-012

Wir betrachten jetzt die freie Energie eines Festkörpers in einem inhomogenen Magnetfeld an der Stelle x und $x + dx$ bei konstanter Temperatur und konstantem Volumen. Mit Gl. (A12.1.5) gilt

$$d\mathcal{F} = \mathcal{F}[B_{\text{ext}}(x + dx)] - \mathcal{F}[B_{\text{ext}}(x)]$$
$$= \left(\frac{\partial \mathcal{F}}{\partial B_{\text{ext}}}\right)_x \frac{\partial B_{\text{ext}}}{\partial x} dx = -V M_x \frac{\partial B_{\text{ext}}}{\partial x} dx\,. \tag{A12.1.7}$$

Bei Vorhandensein eines Gradienten der freien Energiedichte in x-Richtung erhalten wir damit eine Kraft f_x pro Volumen

$$f_x = -\frac{1}{V}\frac{\partial \mathcal{F}}{\partial x} = M_x \frac{\partial B_{\text{ext}}}{\partial x}\,, \tag{A12.1.8}$$

die auf den Festkörper in dem Feldgradienten wirkt. Diese Kraft ist direkt proportional zur Magnetisierung und zum Feldgradienten in x-Richtung. Mit Gl. (A12.1.5) erhalten wir

$$f_x = \sum_{j=1}^{3} \chi_{ij} \frac{B_{\text{ext},j}}{\mu_0} \frac{\partial B_{\text{ext}}}{\partial x}\,. \tag{A12.1.9}$$

Zeigt B_{ext} wie der Feldgradient in x-Richtung und liegt ein isotropes Material ($\chi_{ij} \to \chi$) vor, so können wir dies zu

$$f_x = \frac{\chi}{\mu_0} B_{\text{ext}} \frac{\partial B_{\text{ext}}}{\partial x} \tag{A12.1.10}$$

vereinfachen. Daraus folgt, dass diamagnetische Festkörper mit $\chi < 0$ eine Kraft erfahren, die in die Richtung niedrigerer Feldstärke zeigt, wogegen paramagnetische Festkörper eine Kraft erfahren, die in den Bereich höherer Feldstärke zeigt. Dies ist das Prinzip einer ***Faraday-Waage***, bei der ein Festkörper in ein Magnetfeld gebracht wird, dem ein Feldgradient überlagert ist. Man misst dann die Auslenkung der Probe aus seiner Ruhelage durch die in dem Feldgradienten wirkende Kraft.

Viele organische Materialien sind diamagnetisch. Dies kann dazu benutzt werden, biologische Materialien durch einen starken magnetischen Feldgradienten zu levitieren (siehe Abb. 12.1). Levitation erreicht man dann, wenn die Kraft im Feldgradienten größer als die Schwerkraft wird.

Abb. 12.1: Bild eines Frosches, der im starken Feldgradienten am oberen Ende einer supraleitenden Zylinderspule schwebt (Quelle: Lijnis Nelemans, High Field Magnet Laboratory, Radboud University Nijmegen).

A12.2 Hundsche Regeln

Geben Sie mit Hilfe der Hundschen Regeln den Grundzustand folgender Ionen an: (a) Pr^{3+}, (b) Eu^{2+} in der Konfiguration $4f^7 5s^2 p^6$ sowie Eu^{3+} in der Konfiguration $4f^6 5s^2 p^6$, (c) Tb^{3+}, (d) Er^{3+}, (e) Yb^{3+} und (f) Lu^{3+}. Wie lauten die entsprechenden Termbezeichnungen $^{2S+1}L_J$ des Grundzustands in spektroskopischer Notation?

Lösung

Wir rekapitulieren zunächst die Hundschen Regeln. Wir haben $2 \cdot (2\ell + 1)$ mögliche Elektronenzustände pro Elektronenschale eines Atoms, wobei der Faktor 2 aus den zwei verschiedenen Spin-Richtungen resultiert. Die Zahl $\ell = 0, 1, 2, 3, \ldots$ gibt den Bahndrehimpuls der $s, p, d, f, \ldots$ Schale an. Wären alle Zustände energetisch entartet, so könnten wir die Elektronen beliebig auf diese Zustände verteilen. Durch Wechselwirkung der Elektronen untereinander und durch die Spin-Bahn-Kopplung (z. B. Russel-Saunders Kopplung) wird die Entartung teilweise aufgehoben und die Zustände werden gemäß den Hundschen Regeln bevölkert. Gute Kandidaten zur Anwendung der Hundschen Regeln sind die $3d$ ($\ell = 2$) und die $4f$ ($\ell = 3$) Elemente, weil dort die Voraussetzungen für die Russel-Saunders Kopplung gut erfüllt sind. Es liegt in diesen Atomen eine starke Kopplung sowohl zwischen den einzelnen Bahndrehimpulsen $\boldsymbol{\ell}_i$ und Spins $\mathbf{s}_i$ der einzelnen Elektronen vor, so dass die Bahndrehimpulse zuerst zu einem Gesamtdrehimpuls

$$\mathbf{L} = \sum_i \boldsymbol{\ell}_i \qquad \text{(A12.2.1)}$$

und die Spins zu einem Gesamtspin

$$\mathbf{S} = \sum_i \mathbf{s}_i \qquad \text{(A12.2.2)}$$

koppeln. Erst dann koppeln $\mathbf{L}$ und $\mathbf{S}$ zu einem Gesamtdrehimpuls $\mathbf{J}$. Der Hamilton-Operator $\mathcal{H}$ kommutiert mit den Operatoren für den Gesamtspin $\mathbf{S} = \sum_i \mathbf{s}_i$, den Gesamtbahndrehimpuls $\mathbf{L} = \sum_i \boldsymbol{\ell}_i$ und den Gesamtdrehimpuls $\mathbf{J} = \mathbf{L} + \mathbf{S}$. Dies bedeutet, dass die Operatoren $\mathbf{L}^2, \mathbf{L}_z, \mathbf{S}^2, \mathbf{S}_z$ sowie $\mathbf{J}^2$ und $\mathbf{J}_z$ die Eigenwerte L, L_z, S, S_z, J, J_z annehmen.

Die Hundschen Regeln lauten:

1. Hundsche Regel: Maximierung der Gesamtspinquantenzahl S. Die Spins $\mathbf{s}_i$ der Elektronen einer Schale orientieren sich so zueinander, dass sich unter Berücksichtigung des Pauli-Prinzips der maximale Wert von $S = \sum_i m_{s_i}$ ergibt. Bei Halbfüllung liegt daher maximales S vor. Die 1. Hundsche Regel folgt aus dem Pauli-Prinzip und der Coulomb-Wechselwirkung und resultiert in einer Minimierung der Coulombabstoßung der Elektronen. Aufgrund des Pauli-Prinzips können sich nämlich Elektronen mit gleichem Spin nicht am gleichen Ort aufhalten (symmetrische Spin-Funktion erfordert antisymmetrische Ortsfunktion). Dadurch wird die Coulomb-Abstoßung minimiert.

2. Hundsche Regel: Maximierung der Gesamtbahndrehimpulsquantenzahl L. Die Bahndrehimpulse $\boldsymbol{\ell}_i$ der einzelnen Elektronen der Schale orientieren sich so, dass sich unter Berücksichtigung der 1. Hundschen Regel eine maximale Gesamtbahndrehimpulsquantenzahl $L = \sum_i m_{\ell_i}$ ergibt. Bei halber Füllung liegt wegen der 1. Hundschen Regel natürlich $L = 0$ vor. Die 2. Hundsche Regel resultiert in einer Reduktion der Coulomb-Energie durch eine möglichst gleichmäßige Verteilung der Ladung in der Elektronenhülle.

3. Hundsche Regel: Kopplung von **L** und **S** zu **J**. Die resultierende Gesamtdrehimpulsquantenzahl J kann Werte von $|L - S|$ bis $(L + S)$ annehmen. Dies ermöglicht insgesamt $(2L + 1)(2S + 1)$ Kombinationen. Diese Entartung wird durch die Spin-Bahn-Kopplung aufgehoben, die im Hamilton-Operator durch einen Term $\lambda_{\mathrm{LS}}\,\mathbf{L} \cdot \mathbf{S}$ berücksichtigt wird. Das Vorzeichen von λ_{LS} entscheidet über die bevorzugte Ausrichtung. Für Füllungen unterhalb Halbfüllung ($n < 2\ell + 1$) gilt $\lambda_{\mathrm{LS}} > 0$, für Füllungen oberhalb Halbfüllung ($n > 2\ell + 1$) gilt $\lambda_{\mathrm{LS}} < 0$. Für J folgt daraus:

$$J = \begin{cases} |L - S| & \text{für } n \leq (2\ell + 1), \quad \lambda_{\mathrm{LS}} > 0 \\ L + S & \text{für } n > (2\ell + 1), \quad \lambda_{\mathrm{LS}} < 0 \end{cases} . \qquad \text{(A12.2.3)}$$

Um uns Gleichung (A12.2.3) zu veranschaulichen, machen wir eine einfache Plausibilitätsbetrachtung. Aus der Spin-Bahn-Kopplung ergibt sich, dass für weniger als halbvolle Schalen eine antiparallele Einstellung von Spin und Bahndrehimpuls energetisch günstiger ist. Dies können wir uns anhand von Abb. 12.2 klarmachen, wo wir den einfachsten Fall von nur einem Elektron in der Schale betrachten. Im Ruhesystem des Elektrons beschreibt der positive Kern mit Ladung Ze eine orbitale Bewegung um das Elektron und erzeugt dadurch am Ort der Elektrons ein orbitales Magnetfeld $\mathbf{B}_{\mathrm{orb}}$, das parallel zum Bahndrehimpuls **L** ist. Aufgrund der Wechselwirkungsenergie $E = -\boldsymbol{\mu}_s \cdot \mathbf{B}_{\mathrm{orb}}$ richtet sich $\boldsymbol{\mu}_s$ parallel zu $\mathbf{B}_{\mathrm{orb}}$ aus und damit der Elektronenspin **S**, der antiparallel zu $\boldsymbol{\mu}_s$ ist, antiparallel zum Bahndrehimpuls **L**. Wir müssen uns nun noch fragen, wieso sich **L** und **S** für eine mehr als halbvolle Schale parallel ausrichten. Wir können hierzu argumentieren, dass sich die zum Füllen der Schale nötigen Elektronen als „Löcher" auffassen lassen, deren Spin parallel zu ihrem magnetischen Moment ist. Da die Wechselwirkungsenergie $E = -\boldsymbol{\mu}_s \cdot \mathbf{B}_{\mathrm{orb}}$ unverändert bleibt, richten sich dann **L** und **S** parallel aus.

Für die Bezeichnung der Zustände benutzen wir die spektroskopische Notation. Hierzu bezeichnen wir den Zustand mit ${}^{2S+1}L_J$, wobei wir für die Gesamtbahndrehimpulsquantenzahl L die Buchstaben $S, P, D, F, G, \ldots$ für $L = 0, 1, 2, 3, 4, \ldots$ verwenden.

Wir diskutieren exemplarisch den Grundzustand von Tb^{3+}. Die Grundzustände der anderen Ionen folgen analog. Dem Periodensystem entnehmen wir, dass das Element Terbium die

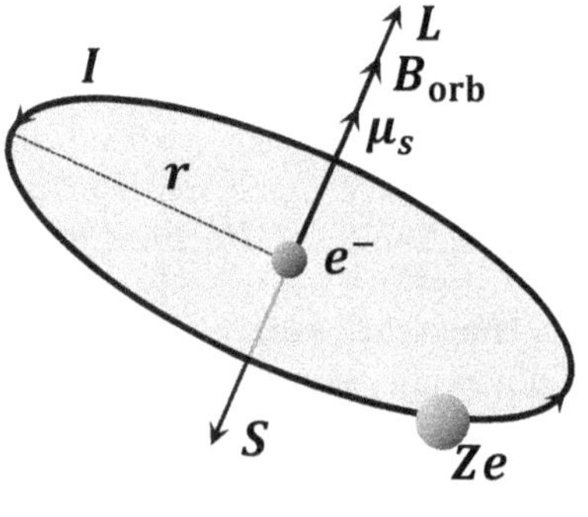

Abb. 12.2: Zur Veranschaulichung der 3. Hundschen Regel: Im Ruhesystem des Elektrons bewegt sich der Kern mit Ladung Ze um das Elektron und verursacht an dessen Position ein Magnetfeld $\mathbf{B}_{\mathrm{orb}}$, das mit dem Spin-Moment $\boldsymbol{\mu}_s$ des Elektrons wechselwirkt. Den Kreisstrom können wir mit einem magnetischen Moment $\boldsymbol{\mu}_L$ und dieses wiederum mit einem Bahndrehimpuls **L** assoziieren.

Elektronenkonfiguration $[\mathrm{Xe}]4\mathrm{f}^9 6\mathrm{s}^2$ besitzt. Hierbei bezeichnen wir mit [Xe] die Konfiguration des Edelgases Xe, die als geschlossene Schale der Elektronenkonfiguration zugrunde liegt. Zusätzlich besitzt Tb nun noch 9 Elektronen in der $4f$-Unterschale sowie 2 Elektronen in der $6s$-Schale. Im dreiwertigen Oxidationszustand, in dem die Lanthaniden am häufigsten auftreten, werden die beiden Außenelektronen in der $6s$-Schale abgegeben. Sofern ein $5d$-Elektron vorhanden ist, wird dieses ebenfalls abgegeben. Andernfalls wird ein Elektron aus der darunter liegenden $4f$-Schale abgegeben. Die Elektronenkonfiguration von Tb^{3+} vereinfacht sich somit zu $[\mathrm{Xe}]4\mathrm{f}^8$. Die Verteilung der 8 Elektronen auf die $4f$-Orbitale erfolgt nach den Hundschen Regeln. Wir diskutieren dies anhand von Tabelle 12.1.

Tabelle 12.1: Grundzustandskonfiguration der dreiwertigen Ionen der Seltenen Erden.

Ion	Konfiguration	Schema $m_\ell = +3, +2, +1, 0, -1, -2, -3$	S	L	J	Term
La^{3+}	$[\mathrm{Xe}]4f^0$		0	0	0	$^1S_0$
Pr^{3+}	$[\mathrm{Xe}]4f^2$	$\uparrow\ \uparrow$	1	5	4	$^3H_4$
Eu^{3+}	$[\mathrm{Xe}]4f^6$	$\uparrow\ \uparrow\ \uparrow\ \uparrow\ \uparrow\ \uparrow$	3	3	0	$^7F_0$
Eu^{2+}	$[\mathrm{Xe}]4f^7$	$\uparrow\ \uparrow\ \uparrow\ \uparrow\ \uparrow\ \uparrow\ \uparrow$	7/2	0	7/2	$^8S_{7/2}$
Tb^{3+}	$[\mathrm{Xe}]4f^8$	$\uparrow\downarrow\uparrow\ \uparrow\ \uparrow\ \uparrow\ \uparrow\ \uparrow$	3	3	6	$^7F_6$
Er^{3+}	$[\mathrm{Xe}]4f^{11}$	$\uparrow\downarrow\uparrow\downarrow\uparrow\downarrow\uparrow\downarrow\uparrow\ \uparrow\ \uparrow$	3/2	6	15/2	$^4I_{15/2}$
Yb^{3+}	$[\mathrm{Xe}]4f^{13}$	$\uparrow\downarrow\uparrow\downarrow\uparrow\downarrow\uparrow\downarrow\uparrow\downarrow\uparrow\downarrow\uparrow$	1/2	3	7/2	$^2F_{7/2}$
Lu^{3+}	$[\mathrm{Xe}]4f^{14}$	$\uparrow\downarrow\uparrow\downarrow\uparrow\downarrow\uparrow\downarrow\uparrow\downarrow\uparrow\downarrow\uparrow\downarrow$	0	0	0	$^1S_0$

Die f-Orbitale repräsentieren Zustände mit Bahndrehimpulsquantenzahl $\ell = 3$. Damit liegen $(2\ell + 1) = 7$ verschiedene Orbitale vor, welche sich hinsichtlich der Orientierungsquantenzahl $m_\ell = -3, -2, -1, +0, +1, +2, +3$ unterscheiden. Jedes der Orbitale kann maximal mit 2 Elektronen unterschiedlicher Spin-Richtung besetzt werden. Nach der 1. Hundschen Regel wird zunächst jedes Orbital mit einem Elektron der Quantenzahl $m_s = +\frac{1}{2}$ besetzt, um S zu maximieren. Das verbleibende 8. Elektron muss nun einen $m_s = -\frac{1}{2}$ Zustand besetzen. Die 2. Hundsche Regel erfordert ferner, dass dabei das Elektron in einen Zustand mit möglichst großer Quantenzahl m_ℓ eingebaut wird, so dass die Gesamtbahndrehimpulsquantenzahl $L = \sum_i m_{\ell_i}$ maximal wird. Das heißt, $m_\ell = 3$. Wir erhalten somit insgesamt $S = 3$, $L = 3$ und $J = 6$. In spektroskopischer Notation $^{2S+1}L_J$ ergibt sich damit der Zustand $^7F_6$.

Die Konfigurationen der anderen Ionen ergeben sich entsprechend und sind in Tabelle 12.1 aufgezeigt.

A12.3 Brillouin-Funktion

Diskutieren Sie die paramagnetische Magnetisierung M_{para} eines quantenmechanischen Systems aus gleichwertigen, nichtwechselwirkenden Atomen mit Gesamtdrehimpuls J [$(2J + 1)$-Niveau-System] im thermischen Gleichgewicht.

(a) Diskutieren Sie den mittleren Wert $\langle m_J \rangle$ der magnetischen Quantenzahl in einem äußeren Feld B_{ext}.
(b) Leiten Sie einen Ausdruck für die Magnetisierung M_{para} als Funktion des angelegten Magnetfeldes und der Temperatur ab und diskutieren Sie den Verlauf von M_{para}. Entwickeln Sie die Funktion $M_{\text{para}}(x)$ nach der Größe $x = g_J \mu_B B_{\text{ext}}/k_B T$ für $x \ll 1$ und $x \gg 1$.
(c) Welches äußere Feld B_{ext} wäre notwendig, um in einem System mit $J = 1/2$ bei Raumtemperatur etwa 80 % der Sättigungsmagnetisierung zu erreichen?
(d) Welches Ergebnis würde man für den Verlauf der Magnetisierung bei einer klassischen Rechnung erhalten? Zeigen Sie, dass das klassische Ergebnis mit dem quantenmechanischen Ergebnis übereinstimmt, wenn man die Größe $\mu_{\text{eff}} = g_J\sqrt{J(J+1)}\mu_B$ als Betrag des magnetischen Moments betrachtet. Warum besteht ein Unterschied zwischen μ_{eff} und dem Sättigungswert $\mu_s = g_J \mu_B J$ des magnetischen Moments in Richtung des angelegten Magnetfeldes?

Lösung

(a) Für die Energie eines magnetischen Moments $\boldsymbol{\mu} = -g_J \mu_B \mathbf{J}$ in einem externen Magnetfeld $\mathbf{B}_{\text{ext}}$ gilt

$$E_{m_J} = -\boldsymbol{\mu} \cdot \mathbf{B}_{\text{ext}} = m_J g_J \mu_B B_{\text{ext}} \,. \tag{A12.3.1}$$

Hierbei ist J die ***Gesamtdrehimpulsquantenzahl***, $-J \leq m_J \leq J$ die *Orientierungsquantenzahl*, g_J der ***Landé-Faktor*** und $\mu_B = e\hbar/2m$ das ***Bohrsche Magneton***. Wir müssen nun überlegen, mit welcher Wahrscheinlichkeit die verschiedenen m_J-Zustände besetzt werden. Hierzu definieren wir zunächst die Zustandssumme des Systems durch

$$\begin{aligned} Z &= \sum_{m_J=-J}^{J} e^{-\frac{E_{m_J}}{k_B T}} = \sum_{m_J=-J}^{J} e^{-\frac{m_J g_J \mu_B B_{\text{ext}}}{k_B T}} \\ &= \sum_{m_J=-J}^{J} e^{-m_J x}\,, \quad \text{mit } x = \frac{g_J \mu_B B_{\text{ext}}}{k_B T}\,. \end{aligned} \tag{A12.3.2}$$

Hierbei ist x das Verhältnis der charakteristischen magnetischen und thermischen Energie. Für den Mittelwert von m_J gilt unter Verwendung der Boltzmann-Statistik:

$$\langle m_J \rangle = \frac{\sum_{m_J=-J}^{+J} m_J\, e^{-m_J g_J \mu_B B_{\text{ext}}/k_B T}}{\sum_{m_J=-J}^{+J} e^{-m_J g_J \mu_B B_{\text{ext}}/k_B T}} = \frac{\sum_{m_J=-J}^{+J} m_J\, e^{-m_J x}}{\sum_{m_J=-J}^{+J} e^{-m_J x}} = -\frac{1}{Z}\frac{\partial Z}{\partial x}\,. \tag{A12.3.3}$$

Mithilfe des Mittelwerts $\langle m_J \rangle$ können wir die Magnetisierung M_{para} des paramagnetischen Systems wie folgt berechnen:

$$\begin{aligned} M_{\text{para}} &= -\frac{N}{V} g_J \mu_B \langle m_J \rangle = -n g_J \mu_B \langle m_J \rangle \\ &= n g_J \mu_B \frac{1}{Z}\frac{\partial Z}{\partial x} = n g_J \mu_B \frac{1}{Z}\frac{\partial Z}{\partial B_{\text{ext}}}\frac{\partial B_{\text{ext}}}{\partial x} \\ &= n k_B T \frac{1}{Z}\frac{\partial Z}{\partial B_{\text{ext}}}\,. \end{aligned} \tag{A12.3.4}$$

Wir sehen, dass wir zur Bestimmung von $\langle m_J \rangle$ und M_{para} nur die Zustandssumme Z bestimmen müssen.
Zur Berechnung der Zustandssumme Z benutzen wir die folgenden mathematischen Zusammenhänge:

$$\begin{aligned} S_n &= \sum_{\mu=0}^{n} q^{\mu} \\ qS_n &= \sum_{\mu=0}^{n} q^{\mu+1} \\ (1-q)S_n &= 1 - q^{n+1} \\ S_n &= \frac{1-q^{n+1}}{1-q} = q^{\frac{n}{2}} \frac{q^{\frac{n+1}{2}} - q^{-\frac{n+1}{2}}}{q^{\frac{1}{2}} - q^{-\frac{1}{2}}} \\ &= e^{\frac{n}{2}\ln q} \frac{\sinh\left(\frac{n+1}{2}\ln q\right)}{\sinh\left(\frac{1}{2}\ln q\right)} . \end{aligned} \tag{A12.3.5}$$

Angewendet auf unser Problem erhalten wir

$$Z = \sum_{m_J=-J}^{+J} e^{-m_J x} = \sum_{m_J=-J}^{+J} (e^x)^{-m_J} = \sum_{m_J=-J}^{+J} \left(e^{\frac{y}{J}}\right)^{-m_J} , \tag{A12.3.6}$$

wobei wir die Abkürzung $y = Jx = g_J \mu_B J B_{\text{ext}}/k_B T$ verwendet haben. Durch Substitution des Summationsindex

$$m = -m_J + J , \quad -m_J = m - J , \tag{A12.3.7}$$

lässt sich Z umformen in

$$\begin{aligned} Z &= \sum_{m=0}^{2J} \left(e^{\frac{y}{J}}\right)^{m-J} = e^{-y} \sum_{m=0}^{2J} \left(e^{\frac{y}{J}}\right)^{m} \\ &= e^{-y} \frac{1 - \left(e^{\frac{y}{J}}\right)^{2J+1}}{1 - e^{\frac{y}{J}}} = \frac{e^{\frac{y}{2J}} \left[e^{-\frac{2J+1}{2J}y} - e^{+\frac{2J+1}{2J}y}\right]}{e^{\frac{y}{2J}} \left[e^{-\frac{y}{2J}} - e^{+\frac{y}{2J}}\right]} \\ &= \frac{e^{\frac{2J+1}{2J}y} - e^{-\frac{2J+1}{2J}y}}{e^{\frac{y}{2J}} - e^{-\frac{y}{2J}}} = \frac{\sinh \frac{2J+1}{2J}y}{\sinh \frac{1}{2J}y} . \end{aligned} \tag{A12.3.8}$$

Zusammengefasst haben wir also folgende Zustandssumme gefunden

$$Z = \frac{\sinh \frac{2J+1}{2J}y}{\sinh \frac{1}{2J}y} . \tag{A12.3.9}$$

Als nächster Schritt folgt die Berechnung von $Z^{-1}\partial Z/\partial x$. Mit Hilfe der Quotientenregel der Differentiation erhalten wir

$$\begin{aligned}
\frac{\partial Z}{\partial x} &= \frac{1}{\sinh^2\frac{x}{2}}\left\{\frac{2J+1}{2}\cosh\frac{(2J+1)x}{2}\sinh\frac{x}{2}-\frac{1}{2}\cosh\frac{x}{2}\sinh\frac{(2J+1)x}{2}\right\}\\
\frac{1}{Z}\frac{\partial Z}{\partial x} &= \frac{1}{\sinh\frac{(2J+1)x}{2}\sinh\frac{x}{2}}\\
&\quad\cdot\left\{\frac{2J+1}{2}\cosh\frac{(2J+1)x}{2}\sinh\frac{x}{2}-\frac{1}{2}\cosh\frac{x}{2}\sinh\frac{(2J+1)x}{2}\right\}\\
&= \frac{2J+1}{2}\coth\frac{(2J+1)x}{2}-\frac{1}{2}\coth\frac{x}{2}\\
&\overset{y=Jx}{\widehat{=}} J\left\{\frac{2J+1}{2J}\coth\frac{(2J+1)y}{2J}-\frac{1}{2J}\coth\frac{y}{2J}\right\} = J\,B_J(y)\,.
\end{aligned} \tag{A12.3.10}$$

Hierbei haben wir die sogenannte ***Brillouin-Funktion***

$$B_J(y) = \frac{2J+1}{2J}\coth\frac{(2J+1)y}{2J}-\frac{1}{2J}\coth\frac{y}{2J} \tag{A12.3.11}$$

definiert, mit der wir

$$\langle m_J\rangle = -\frac{1}{Z}\frac{\partial Z}{\partial x} = -J\,B_J(y) \tag{A12.3.12}$$

erhalten.

(b) Mit Hilfe der Brillouin-Funktion können wir nach Gl. (A12.3.4) die Magnetisierung wie folgt angeben

$$M_{\text{para}} = -ng_J\mu_B\langle m_J\rangle = +ng_J\mu_B JB_J(y)\,, \quad \text{mit } y = \frac{g_J\mu_B JB_{\text{ext}}}{k_BT}\,. \tag{A12.3.13}$$

Für den Fall sehr großer Felder und kleiner Temperaturen, also $y \gg 1$, können wir folgende Näherung machen

$$\begin{aligned}
\coth z &= \frac{e^z+e^{-z}}{e^z-e^{-z}} = \frac{1+e^{-2z}}{1-e^{-2z}}\\
&= \left[1+e^{-2z}\right]\left[1+e^{-2z}+e^{-4z}+\ldots\right]\\
&= 1+2\,e^{-2z}+O\left(e^{-4z}\right)\,.
\end{aligned} \tag{A12.3.14}$$

Unter Verwendung dieser Näherung erhalten wir

$$\begin{aligned}
B_J(y) &\simeq \frac{2J+1}{2J}\left[1+2\,e^{-\frac{(2J+1)y}{J}}\right]-\frac{1}{2J}\left[1+2\,e^{-\frac{y}{J}}\right]\\
&= 1-\frac{1}{J}e^{-\frac{y}{J}}\left[1-(2J+1)\,e^{-2y}\right] = 1-\frac{1}{J}e^{-\frac{y}{J}}+O\left(e^{-2y}\right)\,.
\end{aligned} \tag{A12.3.15}$$

Wir erkennen sofort, dass

$$\lim_{y\to\infty} B_J(y) = 1\,, \tag{A12.3.16}$$

d. h. es wird die maximale Magnetisierung erreicht. Dies ist anschaulich klar, da hier die magnetische Energie groß gegenüber der thermischen Energie ist und es somit das äußere Feld schafft, gegen die Temperaturbewegung die magnetischen Momente auszurichten. Daher hat die Größe M_s in der Gleichung

$$M_{\text{para}} = M_s B_J(y)\,, \qquad M_s = n g_J \mu_B J \tag{A12.3.17}$$

die physikalische Bedeutung einer *Sättigungsmagnetisierung*. In Abb. 12.3 ist die Abhängigkeit von M_{para} von der Variablen $y = g_J\mu_B J B_{\text{ext}}/k_B T$ für verschiedene Werte der Drehimpulsquantenzahl J dargestellt.
Für kleine Magnetfelder und/oder hohe Temperaturen, also $y \ll 1$, können wir die coth-Funktion in eine Reihe entwickeln. Es gilt

$$\coth(z) = \frac{1}{z} + \frac{z}{3} - \frac{z^3}{45} + \frac{2z^5}{945} - \dots \tag{A12.3.18}$$

Berücksichtigen wir nur die beiden ersten Entwicklungsterme, so erhalten wir

$$\begin{aligned} B_J(y) &= \frac{2J+1}{2J}\left[\frac{2J}{(2J+1)y} + \frac{1}{3}\frac{(2J+1)y}{2J}\right] - \frac{1}{2J}\left[\frac{2J}{y} + \frac{1}{3}\frac{y}{2J}\right] \\ &= \left[\frac{1}{y} + \frac{1}{3}\left(\frac{2J+1}{2J}\right)^2 y\right] - \left[\frac{1}{y} + \frac{1}{3}\frac{y}{(2J)^2}\right] = \frac{1}{3}\frac{(2J+1)^2-1}{(2J)^2}y \\ &= \frac{1}{3}\frac{4J^2+4J}{4J^2}y = \frac{1}{3}\frac{J+1}{J}y = \frac{1}{3}\frac{J+1}{J}Jx \\ &= \frac{1}{3}(J+1)\,x\,. \end{aligned} \tag{A12.3.19}$$

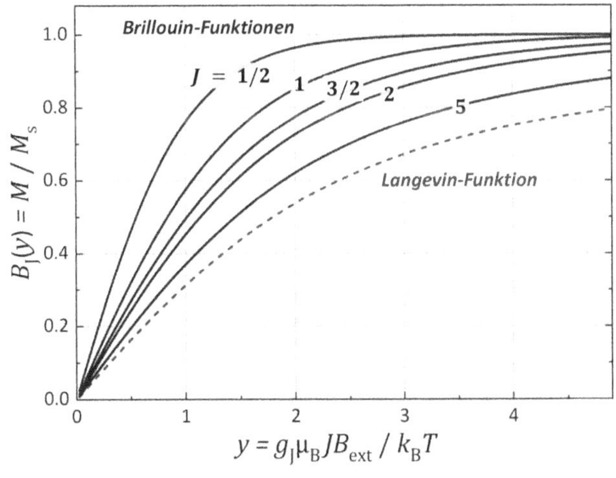

Abb. 12.3: Brillouin-Funktionen $B_J(y) = M_{\text{para}}/M_s$ für verschiedene Werte der Drehimpulsquantenzahl J als Funktion von $y = g_J\mu_B J B_{\text{ext}}/k_B T$. Gestrichelt eingezeichnet ist die Langevin-Funktion als klassischer Grenzfall $J \to \infty$.

Das heißt, die Brillouin-Funktion nimmt linear mit y bzw. x zu. In diesem Limes erhalten wir somit für die Magnetisierung

$$M_{\text{para}} = ng_J\mu_B JB_J(y) = ng_J\mu_B J\,\frac{1}{3}(J+1)\,\underbrace{\frac{g_J\mu_B B_{\text{ext}}}{k_B T}}_{=x}$$
$$= n\,\frac{g_J^2\mu_B^2 J(J+1)}{3k_B T}\,B_{\text{ext}} \qquad \text{(A12.3.20)}$$

und für die paramagnetische Suszeptibilität ein ***Curie-Gesetz***

$$\chi_{\text{Curie}} = \lim_{B_{\text{ext}}\to 0}\mu_0\left(\frac{\partial M}{\partial B_{\text{ext}}}\right)_{T,V} = n\mu_0\,\frac{g_J^2\mu_B^2 J(J+1)}{3k_B T} = \frac{C}{T} \qquad \text{(A12.3.21)}$$

mit der Curie-Konstanten

$$C = n\mu_0\,\frac{g_J^2\mu_B^2 J(J+1)}{3k_B} = n\mu_0\,\frac{p^2\mu_B^2}{3k_B} = n\mu_0\,\frac{\mu_{\text{eff}}^2}{3k_B}\,. \qquad \text{(A12.3.22)}$$

Hierbei haben wir die ***effektive Magnetonenzahl*** $p = g_J\sqrt{J(J+1)}$ verwendet, mit der wir ein effektives magnetisches Moment $\mu_{\text{eff}} = p\mu_B$ definieren können.

(c) Abbildung 12.3 zeigt, dass für $J = 1/2$ etwa 80 % der Sättigungsmagnetisierung für $y = g_J J\mu_B B_{\text{ext}}/k_B T \simeq \mu_B B_{\text{ext}}/k_B T = 1$ erreicht wird. Hierbei haben wir $g_{1/2} \simeq 2$ gesetzt (reines Spin-System). Mit $\mu_B = 9.27\times 10^{-24}$ J/T und $k_B = 1.38\times 10^{-23}$ J/K erhalten wir $B_{\text{ext}} \simeq 450$ T. Solche Felder sind im Labor nicht erreichbar. Um bereits bei kleineren Feldern eine hohe Magnetisierung zu erreichen, müssen wir zu tiefen Temperaturen gehen. Für den Grad der Ausrichtung der Momente ist nur das Verhältnis B_{ext}/T entscheidend.

(d) Im klassischen Limes wird die Gesamtdrehimpulsquantenzahl J sehr groß und wir erhalten als klassisches magnetisches Moment

$$\mu_{\text{klass}} = \lim_{J\to\infty}\mu_{\text{eff}} = \lim_{J\to\infty} g_J\mu_B\sqrt{J(J+1)} = g_J\mu_B J\,. \qquad \text{(A12.3.23)}$$

Dann lautet die Magnetisierung

$$M_{\text{para}} = n\mu_{\text{klass}}B_J(y)\,. \qquad \text{(A12.3.24)}$$

Im klassischen Limes nimmt die Brillouin-Funktion die Form

$$\lim_{J\to\infty} B_J(y) = B_\infty(y) = \coth y - \frac{1}{y} \equiv \mathcal{L}(y) \qquad \text{(A12.3.25)}$$

an und geht somit in die sogenannte ***Langevin-Funktion*** $\mathcal{L}(y) = B_\infty(y)$ über. Für die Magnetisierung erhalten wir in diesem Limes

$$M_{\text{para}} = n\mu_{\text{klass}}\mathcal{L}(y)\,,\quad y = \frac{\mu_{\text{klass}}B_{\text{ext}}}{k_B T}\,. \qquad \text{(A12.3.26)}$$

Im Grenzfall hoher Felder, $y \to \infty$, gilt $\mathcal{L}(y) \to 1$ und daher ist

$$M_{\text{para}} = M_s = n\mu_{\text{klass}} \,. \tag{A12.3.27}$$

Im Grenzfall niedriger Felder, $y \to 0$, können wir die coth-Funktion entwickeln ($\coth z = 1/z + z/3 - \ldots$). Es gilt dann $\mathcal{L}(y) \simeq 1/y - y/3 - 1/y = y/3$ und wir erhalten

$$M_{\text{para}} = n\mu_{\text{klass}} \frac{y}{3} = n \frac{\mu_{\text{klass}}^2}{3k_{\text{B}}T} B_{\text{ext}} \tag{A12.3.28}$$

$$\chi_{\text{Curie}} = n\mu_0 \frac{\mu_{\text{klass}}^2}{3k_{\text{B}}T} = \frac{C}{T}, \qquad C = n\mu_0 \frac{\mu_{\text{klass}}^2}{3k_{\text{B}}} \,. \tag{A12.3.29}$$

Die molare Suszeptibilität (Einheit m^3/mol), d. h. die auf die Stoffmenge von 1 Mol bezogene Suszeptibilität, erhalten wir, indem wir in (A12.3.29) durch n teilen und mit der Avogadro-Konstante N_A multiplizieren.
Das Sättigungsmoment μ_s, also das maximale magnetische Moment in Feldrichtung erhalten wir im Grenzfall $y \to \infty$ zu

$$\mu_s = \mu_{\text{klass}} \simeq g_J J \mu_{\text{B}} \,. \tag{A12.3.30}$$

Diese Größe stimmt offenbar nicht mit dem Betrag des magnetischen Dipolmoments $\mu_{\text{eff}} = p\mu_{\text{B}} = g_J\sqrt{J(J+1)}\mu_{\text{B}}$ überein. Für den Quotienten gilt

$$\frac{\mu_s}{\mu_{\text{eff}}} = \frac{J}{\sqrt{J(J+1)}} \,. \tag{A12.3.31}$$

Dies lässt sich dadurch verstehen, dass der Gesamtdrehimpuls $\mathbf{J}$ entsprechend den Regeln, welche für Drehimpulse gelten, nur unter bestimmten Winkeln zur Feldrichtung stehen kann. Deshalb kann auch $\boldsymbol{\mu} \propto \mathbf{J}$ nur unter bestimmten Winkeln zum Feld orientiert sein. Insbesondere kann $\boldsymbol{\mu}$ nicht parallel zum angelegten Feld sein. Die z-Komponente des magnetischen Moments kann die Werte $\mu_z = -g_J m_J \mu_{\text{B}}$ mit $-J \le m_J \le +J$ einnehmen. Für $y \to \infty$ wird nur der Zustand mit $m_J = -J$ besetzt und wir erhalten das Sättigungsmoment μ_s (siehe Gl. (A12.3.30).

Zusatzbemerkung: Ausgehend von Gleichung (A12.3.13) können wir die Definition der paramagnetischen Suszeptibilität auch wie folgt verallgemeinern:

$$\begin{aligned}
\chi = \mu_0 \frac{\partial M_{\text{para}}}{\partial B_{\text{ext}}} &= n\mu_0 \frac{g_J^2 \mu_{\text{B}}^2 J^2}{k_{\text{B}}T} \frac{\partial B_J(y)}{\partial y} \\
&= n\mu_0 \frac{g_J^2 \mu_{\text{B}}^2 J(J+1)}{3k_{\text{B}}T} C_J(y) \\
&= \chi_{\text{Curie}}(T)\, C_J(y)
\end{aligned} \tag{A12.3.32}$$

mit

$$C_J(y) = \frac{3J}{J+1} \frac{\partial B_J(y)}{\partial y} \,. \tag{A12.3.33}$$

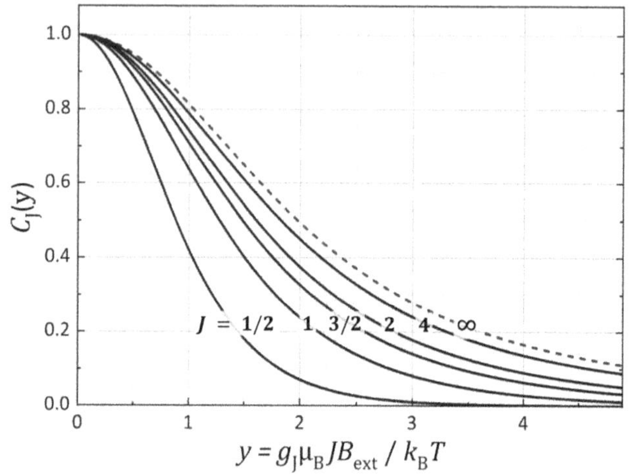

Abb. 12.4: Die Funktion $C_J(y)$ aufgetragen gegen $y = g_J\mu_B JB_{ext}/k_B T$ für verschiedene Werte von J. Der klassische Grenzfall $J \to \infty$ ist gestrichelt eingezeichnet.

Benutzen wir

$$\frac{d}{dz}\coth z = -\frac{1}{\sinh^2 z}, \qquad \text{(A12.3.34)}$$

so können wir $C_J(y)$ in der Form

$$C_J(y) = \frac{3}{4J(J+1)}\left\{\frac{1}{\sinh^2 \frac{y}{2J}} - \frac{(2J+1)^2}{\sinh^2 \frac{2J+1}{2J}y}\right\} \qquad \text{(A12.3.35)}$$

mit $y = g_J\mu_B JB_{ext}/k_B T$ schreiben. Die Funktion $C_J(y)$ ist für verschiedene Werte von J in Abb. 12.4 dargestellt.

Benutzen wir die Taylor-Entwicklung

$$\sinh z = z + \frac{z^3}{3!} + \frac{z^5}{5!} + \frac{z^7}{7!} + \ldots \qquad \text{(A12.3.36)}$$

so erhalten wir für den Grenzfall $y \to 0$ das asymptotische Ergebnis

$$C_J(y) = 1 - \frac{J^2 + (J+1)^2}{10J^2}y^2 + O(y^4). \qquad \text{(A12.3.37)}$$

Auf diese Weise erkennen wir, dass das paramagnetische Curie-Gesetz (A12.3.21) als lineare Antwort (engl. linear response) der Magnetisierung M_{para} auf das äußere Magnetfeld B_{ext} erhalten wird:

$$\chi_{Curie} = \lim_{B_{ext}\to 0} = n\mu_0 \frac{g_J^2\mu_B^2 J(J+1)}{3k_B T}\lim_{y\to 0} C_J(y) = n\mu_0 \frac{g_J^2\mu_B^2 J(J+1)}{3k_B T}. \qquad \text{(A12.3.38)}$$

Im klassischen Limes $J \to \infty$ gilt

$$C_\infty = 3\frac{\partial \mathcal{L}(y)}{\partial y} = 3\left\{\frac{1}{y^2} - \frac{1}{\sinh^2 y}\right\} \overset{y\to 0}{\widehat{=}} 1 - \frac{y^2}{5} + \frac{2y^4}{63} - \frac{y^6}{225} + \cdots \qquad \text{(A12.3.39)}$$

und wir erhalten

$$\chi_{\text{Curie}} \overset{J\to\infty}{\widehat{=}} n\mu_0 \frac{\mu_{\text{klass}}^2}{3k_B T} C_\infty(y) \overset{y\to 0}{\widehat{=}} n\mu_0 \frac{\mu_{\text{klass}}^2}{3k_B T}\left[1 - \frac{y^2}{5} + \frac{2y^4}{63} - \frac{y^6}{225} + \cdots\right]. \tag{A12.3.40}$$

A12.4 Quantenmechanisches Zweiniveausystem

Wir betrachten ein quantenmechanisches Zweiniveausystem (z. B. ein Spin-1/2-System im Magnetfeld).

(a) Diskutieren Sie den Verlauf der spezifischen Wärme des Systems als Funktion der Größe $k_B T/\Delta$, wobei Δ der energetische Abstand der beiden Zustandsniveaus ist. Skizzieren Sie diese Funktion.
(b) Zeigen Sie, dass für $\Delta \ll k_B T$ für die spezifische Wärme $c_V \cong nk_B(\Delta/2k_B T)^2 + \cdots$ gilt, wobei n die Dichte der Teilchen im Zweiniveausystem ist.

Lösung

(a) Für ein Zweiniveausystem ($J = 1/2$, $m_J = \pm 1/2$) ergibt sich analog zu Aufgabe A12.3

$$\langle m_J\rangle = \frac{\sum_{m_J=-1/2}^{+1/2} m_J\, e^{-m_J g_J \mu_B B_{\text{ext}}/k_B T}}{\sum_{m_J=-1/2}^{+1/2} e^{-m_J g_J \mu_B B_{\text{ext}}/k_B T}} = \frac{\sum_{m_J=-1/2}^{+1/2} m_J\, e^{-m_J x}}{\sum_{m_J=-1/2}^{+1/2} e^{-m_J x}} = -\frac{1}{Z}\frac{\partial Z}{\partial x} \tag{A12.4.1}$$

mit $x = g_J\mu_B B_{\text{ext}}/k_B T$. Wir erhalten für das mittlere magnetische Moment[1]

$$\begin{aligned}\langle\mu_z\rangle &= -g_J\mu_B\langle m_J\rangle = -g_J\mu_B \frac{-\frac{1}{2}e^{x/2} + \frac{1}{2}e^{-x/2}}{e^{x/2}+e^{-x/2}} \\ &= \frac{1}{2}g_J\mu_B \frac{\sinh\frac{x}{2}}{\cosh\frac{x}{2}} = \frac{1}{2}g_J\mu_B \tanh\frac{x}{2}\,.\end{aligned} \tag{A12.4.2}$$

Hierbei ist für ein reines Spin-1/2-System der g-Faktor $g_J = g_s \simeq 2$. Der Verlauf dieser Funktion entspricht dem der Brillouin-Funktion $B_J(y)$ für $J = 1/2$.
Während für $B_{\text{ext}} = 0$ die beiden Energieniveaus identische Besetzungszahlen aufweisen, was zu $\langle\mu_z\rangle = 0$ führt, bewirkt die energetische Absenkung des Zustands mit $m_J = -1/2$ ein Anwachsen der Besetzungszahl dieses Zustandes und damit ein endliches $\langle\mu_z\rangle$.
Wir legen den Energienullpunkt in den unteren Zustand, so dass der obere die Energie $\Delta = 2\mu_B B_{\text{ext}}$ besitzt. Die Zustandssumme lautet dann

$$Z = 1 + e^{-\Delta/k_B T} \tag{A12.4.3}$$

und die innere Energie ergibt sich zu

$$U = N\frac{0\cdot e^{-0/k_B T} + \Delta\cdot e^{-\Delta/k_B T}}{1 + e^{-\Delta/k_B T}} = N\frac{\Delta}{1 + e^{\Delta/k_B T}}\,. \tag{A12.4.4}$$

[1] Wir benutzen $\sinh z = (e^z - e^{-z})/2$ und $\cosh z = (e^z + e^{-z})/2$.

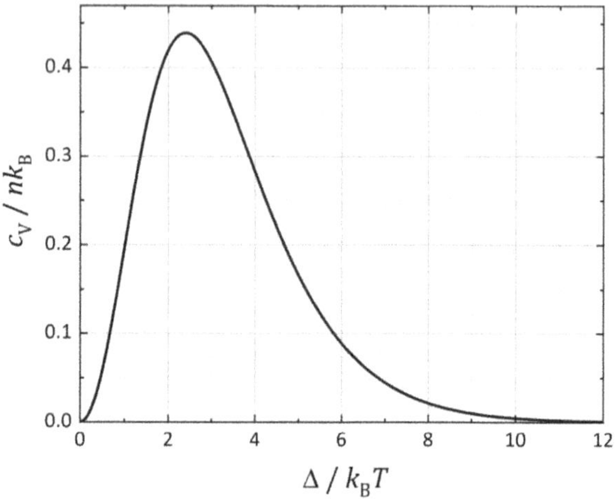

Abb. 12.5: Spezifische Wärme eines quantenmechanischen Zweiniveausystems.

Für die spezifische Wärme $c_V = C_V/V$ erhalten wir mit $n = N/V$

$$\begin{aligned} c_V &= \frac{1}{V}\left(\frac{\partial U}{\partial T}\right)_V = -\frac{N}{V}\Delta\left(1 + e^{\Delta/k_B T}\right)^{-2} \cdot e^{\Delta/k_B T} \cdot \left(-\frac{\Delta}{k_B T^2}\right) \\ &= nk_B \frac{e^{\Delta/k_B T}}{\left(1 + e^{\Delta/k_B T}\right)^2}\left(\frac{\Delta}{k_B T}\right)^2 . \end{aligned} \quad \text{(A12.4.5)}$$

Diese Abhängigkeit ist in Abb. 12.5 gezeigt. Das Maximum wird als ***Schottky-Anomalie*** bezeichnet.

(b) Für $\Delta/k_B T \ll 1$ können wir die Näherung $\exp(\Delta/k_B T) \simeq 1$ benutzen. Mit dieser Näherung sehen wir sofort, dass die spezifische Wärme die Form

$$c_V = nk_B \left(\frac{\Delta}{2k_B T}\right)^2 + \ldots \quad \text{(A12.4.6)}$$

annimmt. Diese Abhängigkeit wird experimentell für Systeme mit besonders kleiner Aufspaltung Δ beobachtet. So verursacht die Hyperfein-Wechselwirkung zwischen magnetischen Kernmomenten und elektronischen magnetischen Momenten in paramagnetischen Salzen eine Aufspaltung mit $\Delta/k_B \lesssim 100\,\text{mK}$. Diese Aufspaltung äußert sich experimentell durch einen Beitrag proportional zu $1/T^2$ in der spezifischen Wärme im Grenzfall $k_B T \gg \Delta$.

A12.5 Paulische Spin-Suszeptibilität

Wir betrachten ein Gas aus freien Elektronen ohne jegliche Austauschwechselwirkung und leiten seine Spin-Suszeptibilität am absoluten Temperaturnullpunkt ab. Wir benutzen dabei die Konzentrationen der Elektronen mit Spin σ nach oben $\sigma =\uparrow$ und Spin nach unten $\sigma =\downarrow$:

$$n^{(\sigma)} = \frac{n}{2}\left[1+\sigma\zeta\right] , \quad \sigma = \pm 1$$

$$n = \sum_{\sigma=\pm 1} n^{(\sigma)}; \quad \delta n = \sum_{\sigma=\pm 1} \sigma n^{(\sigma)}; \quad \zeta = \frac{\delta n}{n}$$

(a) Zeigen Sie, dass in einem äußeren Magnetfeld B_{ext} für ein freies Elektronengas die Gesamtenergiedichte der Elektronen mit Spin-Projektion σ durch

$$\frac{E^{(\sigma)}}{V} = nE_0\left[1+\sigma\zeta\right]^{\frac{5}{3}} - \frac{\sigma}{2} n\mu_{\text{B}} B_{\text{ext}}\left[1+\sigma\zeta\right]$$

gegeben ist, wobei $E_0 = 3E_{\text{F},0}/10$ durch die Fermi-Energie $E_{\text{F},0} = \hbar^2 k_{\text{F},0}^2/2m$ ohne äußeres Feld gegeben ist.

(b) Minimieren Sie die Gesamtenergiedichte

$$\frac{E_{\text{tot}}}{V} = \frac{1}{V}\sum_{\sigma} E^{(\sigma)}$$

durch Variation von ζ und bestimmen Sie in der Näherung $\zeta \ll 1$ den Gleichgewichtswert von ζ. Zeigen Sie schließlich, dass für die Magnetisierung

$$M = \mu_{\text{B}}\delta n = \mu_{\text{B}}\left[n^{(+)} - n^{(-)}\right] = \underbrace{\frac{3n\mu_0\mu_{\text{B}}^2}{2E_{\text{F},0}}}_{\chi_{\text{P}}} \frac{B_{\text{ext}}}{\mu_0}$$

gilt, wobei χ_{P} die Paulische Spin-Suszeptibilität ist.

Lösung

(a) Wir beginnen mit der Ableitung der mittleren kinetischen Energie pro Volumeneinheit für *eine Spin-Projektion* eines Elektronengases ohne externes Magnetfeld ($B_{\text{ext}} = 0$). Es gilt

$$\begin{aligned}
\frac{E_{\text{kin}}}{V} &= \frac{1}{V}\frac{\hbar^2}{2m}\sum_{\mathbf{k}} \mathbf{k}^2 \Theta(k_{\text{F}} - |\mathbf{k}|) \\
&= \frac{1}{V}\frac{\hbar^2}{2m}\frac{V}{(2\pi)^3}\int_0^{k_{\text{F}}} d^3k k^2 = \frac{1}{V}\frac{\hbar^2}{2m}\frac{V}{(2\pi)^3}\int_0^{k_{\text{F}}} dk k^4 \underbrace{\int d\Omega_{\mathbf{k}}}_{4\pi} \\
&= \frac{\hbar^2}{2m}\frac{4\pi}{(2\pi)^3}\frac{k_{\text{F}}^5}{5} = \frac{1}{10\pi^2}\underbrace{\frac{\hbar^2 k_{\text{F}}^2}{2m}}_{E_{\text{F},0}}\underbrace{k_{\text{F}}^3}_{3\pi^2 n} \\
&= \frac{3}{10} nE_{\text{F},0} \equiv nE_0 , \qquad \text{mit } E_0 = \frac{3}{10}E_{\text{F},0} . \qquad \text{(A12.5.1)}
\end{aligned}$$

Für spinpolarisierte Elektronen mit Spin-Projektion σ gilt $n^{(\sigma)} = n[1+\sigma\zeta]/2$ und wir können für die spinabhängige Fermi-Wellenzahl $k_{\rm F}^{(\sigma)}$ schreiben:

$$k_{\rm F}^{(\sigma)3} = 6\pi^2 n^{(\sigma)} = \underbrace{3\pi^2 n}_{=k_{\rm F,0}^3}[1+\sigma\zeta]$$

$$k_{\rm F}^{(\sigma)} = k_{\rm F,0}[1+\sigma\zeta]^{\frac{1}{3}} \,. \tag{A12.5.2}$$

Wir erhalten dann für die mittlere kinetische Energie pro Volumen im Fall endlicher Spin-Polarisation $\zeta \neq 0$:

$$\begin{aligned}\frac{E_{\rm kin}^{(\sigma)}}{V} &= \frac{1}{10\pi^2}\frac{\hbar^2}{2m}k_{\rm F}^{(\sigma)5} = \frac{1}{10\pi^2}\frac{\hbar^2 k_{\rm F,0}^2}{2m}\underbrace{k_{\rm F,0}^3}_{3\pi^2 n}[1+\sigma\zeta]^{\frac{5}{3}} \\ &= \frac{3}{10}nE_{\rm F,0}[1+\sigma\zeta]^{\frac{5}{3}} \\ &= nE_0[1+\sigma\zeta]^{\frac{5}{3}} \,.\end{aligned} \tag{A12.5.3}$$

Die Gesamtenergie pro Volumen und Spin-Projektion ergibt sich daraus zu

$$\begin{aligned}\frac{E_{\rm tot}^{(\sigma)}}{V} &= \frac{E_{\rm kin}^{(\sigma)}}{V} - \sigma n^{(\sigma)}\mu_{\rm B}B_{\rm ext} \\ &= nE_0[1+\sigma\zeta]^{\frac{5}{3}} - \frac{\sigma}{2}n\mu_{\rm B}B_{\rm ext}[1+\sigma\zeta] \,.\end{aligned} \tag{A12.5.4}$$

Schließlich erhalten wir für die Gesamtenergie

$$\begin{aligned}\frac{E_{\rm tot}(\zeta)}{V} &= \sum_{\sigma=\pm 1}\frac{E_{\rm tot}^{(\sigma)}}{V} \\ &= nE_0\left\{[1+\zeta]^{\frac{5}{3}} + [1-\zeta]^{\frac{5}{3}}\right\} - n\mu_{\rm B}B_{\rm ext}\zeta \,.\end{aligned} \tag{A12.5.5}$$

(b) Den optimalen Wert für die Spin-Polarisation $\zeta = \delta n/n$ erhalten wir aus der Bedingung

$$\frac{1}{V}\frac{\partial E_{\rm tot}(\zeta)}{\partial\zeta} = \frac{5}{3}nE_0\left\{[1+\zeta]^{\frac{2}{3}} - [1-\zeta]^{\frac{2}{3}}\right\} - n\mu_{\rm B}B_{\rm ext} = 0$$

$$3\,\frac{(1+\zeta)^{\frac{2}{3}} - (1-\zeta)^{\frac{2}{3}}}{4} = \frac{3}{2}\frac{3}{10nE_0}n\mu_{\rm B}B_{\rm ext} = \frac{3}{2}\frac{\mu_{\rm B}B_{\rm ext}}{E_{\rm F,0}} \,. \tag{A12.5.6}$$

Eine Taylor-Entwicklung der linken Gleichungsseite liefert

$$\begin{aligned}\zeta + \frac{2}{27}\zeta^3 + \frac{7}{243}\zeta^5 + \frac{104}{6561}\zeta^7 + \ldots &= \frac{3}{2}\frac{\mu_{\rm B}B_{\rm ext}}{E_{\rm F,0}} \\ \zeta &\approx \frac{3}{2}\frac{\mu_{\rm B}B_{\rm ext}}{E_{\rm F,0}} \,.\end{aligned} \tag{A12.5.7}$$

Drücken wir dieses Resultat schließlich durch die Zustandsdichte $N_\mathrm{F} = D(E_\mathrm{F})/V$ an der Fermi-Kante für *beide Spin-Projektionen* aus

$$\begin{aligned} N_\mathrm{F} &= \frac{3}{2}\frac{n}{E_{\mathrm{F},0}} \\ \zeta &= \frac{\delta n}{n} = \frac{1}{n} N_\mathrm{F}\mu_\mathrm{B}B_\mathrm{ext} \\ \delta n &= \sum_{\sigma=\pm1} \sigma n^{(\sigma)} = N_\mathrm{F}\mu_\mathrm{B}B_\mathrm{ext}\,, \end{aligned} \tag{A12.5.8}$$

so erhalten wir schließlich für die paramagnetische Magnetisierung der Elektronen

$$\begin{aligned} M &= \mu_\mathrm{B}\delta n = \mu_\mathrm{B}\left[n^{(+)} - n^{(-)}\right] = N_\mathrm{F}\mu_\mathrm{B}^2 B_\mathrm{ext} = \frac{3n\mu_\mathrm{B}^2}{2}\frac{B_\mathrm{ext}}{E_{\mathrm{F},0}} \\ &= \chi_\mathrm{P} H_\mathrm{ext} = \chi_\mathrm{P} B_\mathrm{ext}/\mu_0 \end{aligned} \tag{A12.5.9}$$

und wir können als Paulische Spin-Suszeptibilität die Größe

$$\chi_\mathrm{P} = N_\mathrm{F}\mu_0\mu_\mathrm{B}^2 = N_\mathrm{F}\left(\frac{\gamma\hbar}{2}\right)^2 \underbrace{=}_{N_\mathrm{F}=\frac{3}{2}\frac{n}{E_{\mathrm{F},0}}} \frac{3n\mu_0\mu_\mathrm{B}^2}{2E_{\mathrm{F},0}} \tag{A12.5.10}$$

identifizieren, wobei $\mu_\mathrm{B} = e\hbar/2m$ das Bohrsche Magneton und $\gamma = (g/2)(e/m)$ das gyromagnetische Verhältnis ist.
Das Ergebnis (A12.5.9) können wir leicht anhand von Abb. 12.6 verstehen. Durch das angelegte Magnetfeld wird eine Spin-Sorte energetisch um $\mu_\mathrm{B}B_\mathrm{ext}$ nach oben, die andere nach unten verschoben. Da die beiden Spin-Sorten im thermischen Gleichgewicht stehen, entsteht durch Umverlagerung eine Überschussanzahl $\delta N = \mu_\mathrm{B}[N^{(+)} - N^{(-)}] = \mu_\mathrm{B}B_\mathrm{ext}D(E_\mathrm{F})$ einer Spin-Sorte. Die resultierende Magnetisierung ist dann gegeben durch $M = \mu_\mathrm{B}\delta N/V = \mu_\mathrm{B}^2 B_\mathrm{ext}D(E_\mathrm{F})/V = \mu_\mathrm{B}^2 B_\mathrm{ext}N_\mathrm{F}$.

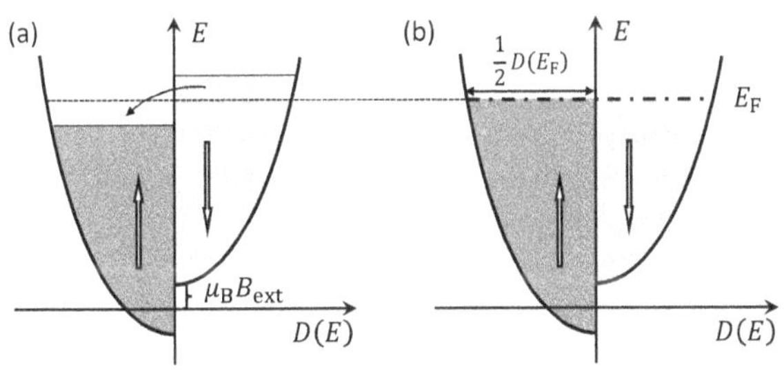

Abb. 12.6: Zur Erklärung des Paulischen Paramagnetismus. Die Pfeile deuten die Richtung der magnetischen Momente der Elektronen an. Man beachte, dass die Richtung des magnetischen Moments für Elektronen antiparallel zur Spin-Richtung ist.

Zusatzbemerkung: Eine genauere Rechnung würde wie folgt gehen:

$$\begin{aligned} \frac{3}{2}\frac{\mu_\mathrm{B}B_\mathrm{ext}}{E_\mathrm{F}^0} &\equiv \epsilon = \zeta + \frac{2}{27}\zeta^3 + \frac{7}{243}\zeta^5 + \frac{104}{6561}\zeta^7 + \ldots \\ \zeta(\epsilon) &= \zeta_1\epsilon + \zeta_3\epsilon^3 + \zeta_5\epsilon^5 + \ldots \\ \epsilon &= \zeta_1\epsilon + \left(\zeta_3 + \frac{2}{27}\zeta_1\right)\epsilon^3 + \left(\zeta_5 + \frac{2}{9}\zeta_1^2\zeta_3 + \frac{7}{243}\zeta_1^5\right)\epsilon^5 + \cdots. \end{aligned} \tag{A12.5.11}$$

Ein Koeffizientenvergleich liefert dann

$$\zeta_1 = 1 \tag{A12.5.12}$$

$$\begin{aligned}\zeta_3 &= -\frac{2}{27}\\ \zeta_5 &= -\frac{1}{81}\\ &\vdots\end{aligned} \tag{A12.5.13}$$

mit dem Ergebnis

$$\begin{aligned}\zeta(\epsilon) &= \epsilon - \frac{2}{27}\epsilon^3 - \frac{1}{81}\epsilon^5 + \ldots\\ &= \frac{3}{2}\frac{\mu_B B_{ext}}{E_{F,0}} - \frac{2}{27}\left(\frac{3}{2}\frac{\mu_B B_{ext}}{E_{F,0}}\right)^3 - \frac{1}{81}\left(\frac{3}{2}\frac{\mu_B B_{ext}}{E_{F,0}}\right)^5 + \ldots\\ &= \frac{3}{2}\frac{\mu_B B_{ext}}{E_{F,0}} - \frac{1}{4}\left(\frac{\mu_B B_{ext}}{E_{F,0}}\right)^3 - \frac{3}{32}\left(\frac{\mu_B B_{ext}}{E_{F,0}}\right)^5 + \ldots\end{aligned} \tag{A12.5.14}$$

Das Resultat für die paramagnetische Magnetisierung lautet dann schließlich:

$$M = N_F \mu_B^2 B_{ext}\left\{1 - \frac{1}{6}\left(\frac{\mu_B B_{ext}}{E_{F,0}}\right)^2 - \frac{1}{16}\left(\frac{\mu_B B_{ext}}{E_{F,0}}\right)^4 + \ldots\right\} \tag{A12.5.15}$$

A12.6 Klassische Dipol-Dipol-Wechselwirkung

Ein magnetischer Dipol $\boldsymbol{\mu}$, der sich im Ursprung des Koordinatensystems befinden soll, erzeugt in seiner Umgebung die magnetische Feldstärke

$$\mathbf{B}(\mathbf{r}) = \frac{\mu_0}{4\pi}\frac{3(\boldsymbol{\mu}\cdot\mathbf{r})\,\mathbf{r} - r^2\,\boldsymbol{\mu}}{r^5}\,.$$

Berechnen Sie die Stärke des Magnetfeldes, welches ein Atom mit dem magnetischen Moment $\mu \simeq \mu_B$ am Ort eines Nachbaratomes erzeugt. Der für die Ferromagneten Fe, Ni und Co typische Abstand nächster Nachbarn r_0 kann aus den folgenden Angaben berechnet werden: Fe besitzt ein bcc-Gitter mit $a = 2.866$ Å, Co ein hcp-Gitter mit $a = 2.507$ Å und Ni ein fcc-Gitter mit $a = 3.524$ Å.

Vergleichen Sie die maximale Energie der Dipol-Dipol-Wechselwirkung mit der thermischen Energie der Dipole bei der Curie-Temperatur, die für die genannten Materialien in der Größenordung von 1000 K liegt.

Lösung

Wir bestimmen zunächst den Abstand r_0 der nächsten Nachbaratome in Fe, Co und Ni. Beim kubisch raumzentrierten Fe-Gitter ist r_0 die halbe Raumdiagonale eines Würfels mit Kantenlänge a (vgl. Aufgabe A1.3):

$$r_0 = \frac{a}{2}\sqrt{3} = 2.482\,\text{Å}\,. \tag{A12.6.1}$$

Für das hexagonale Co-Gitter ist

$$r_0 = a = 2.505\,\text{Å}\,. \tag{A12.6.2}$$

Für das kubisch flächenzentrierte Gitter von Ni ist schließlich r_0 die halbe Flächendiagonale der Seitenfläche eines Würfels mit Kantenlänge a

$$r_0 = \frac{a}{2}\sqrt{2} = 2.492\,\text{Å}\,. \tag{A12.6.3}$$

Als typischen Abstand der Atome in diesen drei ferromagnetischen Materialien können wir also etwa 2.5 Å verwenden.

Aus dem angegebenen Ausdruck

$$\mathbf{B}(\mathbf{r}) = \frac{\mu_0}{4\pi}\frac{3(\boldsymbol{\mu}\cdot\mathbf{r})\,\mathbf{r} - r^2\,\boldsymbol{\mu}}{r^5} \tag{A12.6.4}$$

für das Feld eines magnetischen Dipols können wir entnehmen, dass bei vorgegebenem r_0 das Magnetfeld am Ort des Nachbaratoms maximal ist, wenn dieses in Richtung der Dipolachse liegt, das heißt, wenn $\boldsymbol{\mu}\|\mathbf{r}_0$. In diesem Fall erhalten wir aus Gl. (A12.6.4) für die magnetische Flussdichte

$$B(r_0) = \frac{\mu_0}{4\pi}\frac{2\mu}{r_0^3}\,. \tag{A12.6.5}$$

Mit $\mu \simeq \mu_B = 9.27 \times 10^{-24}$ J/T und $r_0 \simeq 2.5$ Å erhalten wir am Ort der nächsten Nachbarn die magnetische Flussdichte $B(r_0) \simeq 0.12$ T.

Für die Wechselwirkungsenergie E_{dd} zwischen dem betrachteten Dipol $\boldsymbol{\mu}_1$ im Ursprung und einem zweiten Dipol $\boldsymbol{\mu}_2$ am Ort $\mathbf{r}_0$ des nächsten Nachbaratoms erhalten wir

$$E_{dd} = -\boldsymbol{\mu}_2\cdot\mathbf{B}_1(\mathbf{r}_0)\,, \tag{A12.6.6}$$

wobei $\mathbf{B}_1(\mathbf{r}_0)$ das Feld des Dipols $\boldsymbol{\mu}_1$ am Ort des Dipols $\boldsymbol{\mu}_2$ ist. Aus (A12.6.5) und (A12.6.6) geht hervor, dass die Wechselwirkungsenergie negativ ist und den maximalen Betrag annimmt, wenn die beiden Dipole parallel und ferner kollinear zum Vektor $\mathbf{r}_0$ sind. Sind die beiden Dipole dagegen antiparallel, so ist die Wechselwirkungsenergie positiv, das heißt, die potentielle Energie wird in diesem Fall erhöht.

Die maximale Energie der Dipol-Dipol-Wechselwirkung erhalten wir damit zu

$$|E_{dd}| = \frac{\mu_0}{4\pi}\frac{2\mu_1\mu_2}{r_0^3}\,. \tag{A12.6.7}$$

Mit $\mu_1 = \mu_2 \simeq \mu_B$ und $r_0 \simeq 2.5$ Å erhalten wir damit die Wechselwirkungsenergie

$$|E_{dd}| \simeq 1.1 \times 10^{-24}\,\text{J} = 6.9\,\mu\text{eV}\,. \tag{A12.6.8}$$

Vergleichen wir diese Energie mit der thermischen Energie $k_B T$ (Boltzmann-Konstante $k_B = 1.38 \times 10^{-23}$ J/K), so sehen wir, dass die Wechselwirkungsenergie einer Temperatur von nur etwa 80 mK entspricht. Dies zeigt uns, dass eine gegenseitige Ausrichtung der magnetischen Dipole aufgrund der Dipol-Dipol-Wechselwirkung nur bei Temperaturen unterhalb von etwa 0.1 K stattfinden kann.

Die Curie-Temperatur von Fe, Co und Ni liegt dagegen im Bereich von 1000 K. Das bedeutet, dass gemäß $\mu B \simeq k_B T$ Felder im Bereich von etwa 1500 T notwendig wären, um diese hohen Ordnungstemperaturen zu ermöglichen. Solche Felder würden wir bei einem Atomabstand erhalten, der um mehr als den Faktor 10 geringer wäre. Die klassische Dipol-Dipol-Wechselwirkung kann demnach nicht die Ursache der ferromagnetischen Ordnung in Fe, Co oder Ni sein. Die Ordnung wird vielmehr durch einen rein quantenmechanischen Effekt verursacht, der auf dem Pauli-Prinzip und der Überlappung der Orbitale benachbarter Gitteratome beruht. Diese resultieren in der so genannten Austauschwechselwirkung. Im einfachsten Fall können wir diese durch ein Heisenberg-Modell beschreiben:

$$\mathcal{H}_A = -J_A \frac{1}{\hbar^2} \mathbf{J}_1 \cdot \mathbf{J}_2 \,. \tag{A12.6.9}$$

Hierbei sind $\mathbf{J}_1$ und $\mathbf{J}_2$ die mit den magnetischen Momenten verbundenen Drehimpulse ($\langle \mathbf{J}^2 \rangle = J(J+1)\hbar^2$) und J_A die Austauschkonstante, die je nach Art und Anordnung der beteiligten Atome positiv (ferromagnetische Ordnung) oder negativ (antiferromagnetische Ordnung) sein kann.

Die Austauschwechselwirkung nimmt üblicherweise so stark mit zunehmender Entfernung ab, dass es in den meisten Fällen ausreicht, nur die nächste Nachbarwechselwirkung zu berücksichtigen. In vielen Fällen wird die Austauschwechselwirkung zwischen zwei paramagnetischen Ionen durch ein dazwischen liegendes diamagnetisches Ion vermittelt. Wir bezeichnen diese indirekte Austauschwechselwirkung als Superaustausch. Bekanntes Beispiel ist der Superaustausch in MnO, der zu einer antiferromagnetischen Ordnung führt. Der Austausch erfolgt hierbei über das diamagnetische O^{2-}-Ion.

A12.7 Curie-Weiss-Gesetz

Oberhalb der magnetischen Ordnungstemperatur lässt sich die magnetische Suszeptibilität einer ferro- bzw. antiferromagnetischen Substanz durch ein erweitertes Curie-Weiss-Gesetz

$$\chi = \chi_0 + \frac{\widetilde{C}}{T \pm \Theta}$$

beschreiben.

(a) Erklären Sie die Bedeutung der Parameter χ_0, $\widetilde{C}$ und Θ. Skizzieren Sie die Temperaturabhängigkeit von χ für eine ferro- bzw. antiferromagnetische Substanz.
(b) Das Curie-Gesetz kann als Analogon zum idealen Gasgesetz der Thermodynamik angesehen werden. Diskutieren Sie die gemeinsamen Merkmale dieser beiden Gesetze und erläutern Sie die Analogie zwischen dem Curie-Weiss-Gesetz und der van der Waals-Gleichung realer Gase.

Lösung

(a) Die Temperaturabhängigkeit der magnetischen Suszeptibilität einer ferro- bzw. antiferromagnetischen Substanz können wir oberhalb der Ordnungstemperatur T_C bzw. T_N durch ein erweitertes Curie-Gesetz

$$\chi = \chi_0 + \frac{\widetilde{C}}{T \pm \Theta} \tag{A12.7.1}$$

beschreiben. Der temperaturunabhängige Term χ_0 berücksichtigt hierbei die diamagnetischen Beiträge der abgeschlossenen Schalen, die aber meistens vernachlässigbar klein sind, und einen eventuell vorhandenen van Vleck Paramagnetismus. Wir werden bei der folgenden Betrachtung χ_0 vernachlässigen, so dass wir das Curie-Weiss-Gesetz

$$\chi = \frac{\widetilde{C}}{T \pm \Theta} \tag{A12.7.2}$$

erhalten. Die Curie-Konstante $\widetilde{C} = \mu_0 n \mu_\mathrm{eff}^2 / 3k_\mathrm{B}$ gibt dabei Auskunft über das effektive magnetische Moment $\mu_\mathrm{eff} = p\mu_\mathrm{B}$ der paramagnetischen Ionen. Hierbei ist $p = g_J\sqrt{J(J+1)}$ die effektive Magnetonenzahl. Die endliche Wechselwirkung zwischen den einzelnen magnetischen Momenten bestimmt dagegen die charakteristische Temperatur Θ.

- Können wir die Wechselwirkung zwischen den magnetischen Momenten völlig vernachlässigen, so wird $\Theta = 0$ und wir erhalten das Curie-Gesetz $\chi = \widetilde{C}/T$ eines Paramagneten mit der Curie–Konstante $\widetilde{C} = C = \mu_0 n \mu_\mathrm{eff}^2 / 3k_\mathrm{B}$.
- Bei einer ferromagnetischen Wechselwirkung zwischen den magnetischen Momenten liegt eine Tendenz zur parallelen Ausrichtung der magnetischen Momente vor. Dies äußert sich in einer endlichen paramagnetischen Curie-Temperatur Θ und einer Suszeptibilität $\chi = \widetilde{C}/(T - \Theta)$, da aufgrund der mit Θ beschriebenen ferromagnetischen Wechselwirkung ein bestimmter Wert der Suszeptibilität χ bereits bei

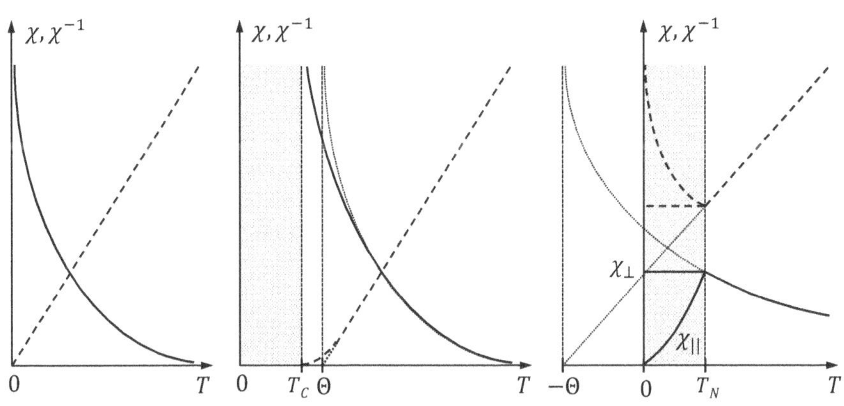

Abb. 12.7: Schematische Darstellung der Temperaturabhängigkeit der Suszeptibilität (durchgezogene Linien) und ihres Kehrwertes (gestrichelte Linien) eines Paramagneten (links), eines Ferromagneten (Mitte) und eines Antiferromagneten (rechts).

einer höheren Temperatur T erreicht wird, als wenn keine Wechselwirkung vorliegt ($\Theta = 0$). Die paramagnetische Curie-Temperatur Θ stimmt in der Molekularfeldnäherung mit der Curie-Temperatur T_C überein. Letztere bezeichnet die Temperatur, bei der eine ferromagnetische Ordnung des Systems eintritt. Wir erhalten somit in der Molekularfeldnäherung

$$\chi = \frac{\widetilde{C}}{T - T_C} \tag{A12.7.3}$$

mit der Curie–Konstante $\widetilde{C} = C = \mu_0 n \mu_{eff}^2 / 3k_B$. Die Ordnungstemperatur T_C realer Ferromagnete ist allerdings immer kleiner als der extrapolierte Wert Θ (siehe Abb. 12.7). Die Temperatur Θ ist ein Maß für die Stärke der Wechselwirkung zwischen den magnetischen Momenten, die auch im paramagnetischen Bereich vorhanden ist, aber aufgrund der hohen thermischen Energie noch nicht zu einem Ordnungszustand führt.
Gleichung (A12.7.2) gibt die Temperaturabhängigkeit der Suszeptibilität weit oberhalb der Ordnungstemperatur T_C korrekt wieder. Durch Extrapolation von $\chi^{-1}(T)$ auf $T = 0$ können wir die charakteristische Temperatur Θ bestimmen. Nähern wir uns von hohen Temperaturen kommend T_C, so erhalten wir wegen $T_C < \Theta$ Abweichungen von Gl. (A12.7.2). Unterhalb von T_C weisen Ferromagnete eine stark nichtlineare Magnetfeldabhängigkeit der Magnetisierung auf (Hysteresekurve), weshalb hier der Begriff einer Suszeptibilität wenig Sinn macht.

- Eine antiferromagnetische Wechselwirkung zwischen den magnetischen Momenten äußert sich in einer endlichen paramagnetischen Néel-Temperatur Θ und einer Suszeptibilität $\chi = \widetilde{C}/(T + \Theta)$, da aufgrund der antiferromagnetischen Wechselwirkung ein bestimmter Wert der Suszeptibilität χ jetzt bei einer im Vergleich zum wechselwirkungsfreien Fall niedrigeren Temperatur T erreicht wird. Die antiferromagnetische Wechselwirkung wirkt ja dem externen Feld entgegen, das die magnetischen Momente parallel ausrichten will. Deshalb wird bei gleicher Temperatur ein höheres Feld bzw. bei gleichem Feld eine niedrigere Temperatur benötigt, um den gleichen Ausrichtungsgrad zu erhalten.
In der Molekularfeldnäherung stimmt Θ mit der Néel-Temperatur T_N überein, wenn wir die Wechselwirkung mit den übernächsten Nachbarn vernachlässigen können. Wir erhalten dann

$$\chi = \frac{\widetilde{C}}{T + T_N} \tag{A12.7.4}$$

mit der Curie–Konstante $\widetilde{C} = 2C$, da nun zwei magnetische Untergitter vorhanden sind. Die Néel-Temperatur T_N gibt hierbei die Temperatur an, bei der eine antiferromagnetische Ordnung der magnetischen Momente eintritt. In realen Substanzen liegt allerdings T_N oft wesentlich unterhalb von Θ. Dies ist insbesondere dann der Fall, wenn auch eine starke antiferromagnetische Wechselwirkung zwischen übernächsten Nachbarn vorliegt. Die antiferromagnetische Wechselwirkung zwischen nächsten Nachbarn will die Momente von übernächsten Nachbarn parallel, die übernächste Nachbarwechselwirkung dagegen antiparallel ausrichten. Dies führt zum Phänomen der Frustration, das die Ordnungstemperatur T_N stark reduzieren kann,

obwohl eine starke antiferromagnetische Wechselwirkung – entsprechend einer hohen paramagnetischen Néel-Temperatur Θ – vorliegt.
Im Gegensatz zu Ferromagneten weisen Antiferromagnete unterhalb von T_N eine lineare Magnetfeldabhängigkeit der Magnetisierung auf, so dass die Suszeptibilität $\chi = \mu_0 M/B$ auch unterhalb von T_N eine wohldefinierte Größe ist. Allerdings hängt die Suszeptibilität von der relativen Richtung zwischen äußerem Feld und der Richtung der magnetischen Momente ab. Wird das Magnetfeld senkrecht zur Richtung der magnetischen Momente angelegt, so erhält man eine temperaturunabhängige Suszeptibilität $\chi_\perp$. Wird dagegen das Magnetfeld parallel zur Richtung der magnetischen Momente angelegt, so erhält man eine temperaturabhängige Suszeptibilität $\chi_\parallel$, die für $T \to 0$ gegen Null geht. Liegt eine polykristalline Probe vor, so erhält man einen mittleren Wert $\chi = (\chi_\parallel + 2\chi_\perp)/3$, der für $T \to 0$ gegen 2/3 des Werts bei der Néel-Temperatur geht.

In Abb. 12.7 sind die Temperaturabhängigkeiten der Suszeptibilität für einen Paramagneten, einen Ferromagneten und einen Antiferromagneten schematisch dargestellt.

(b) Das Curie-Gesetz $\chi = C/T$ beschreibt die Temperaturabhängigkeit der Suszeptibilität eines idealen Systems von nicht wechselwirkenden magnetischen Momenten. Da wir jegliche Wechselwirkung ausschließen, wird eine endliche Magnetisierung nur durch das angelegte Magnetfeld verursacht. Dies ist vollkommen analog zum idealen Gasgesetz $pV = Nk_BT$, das den Zusammenhang zwischen Volumen und Druck angibt. Schreiben wir das Gasgesetz als

$$\frac{1}{V} = \frac{1}{Nk_BT}\,p = \chi p\,, \tag{A12.7.5}$$

so können wir formal ebenfalls eine Suszeptibilität χ einführen, welche die lineare Antwort des Systems (Volumenänderung) auf die äußere Störung (Druckänderung) beschreibt. Für die Suszeptibilität ergibt sich auch eine $1/T$-Abhängigkeit. Die Temperatur wirkt der Dichtezunahme durch den äußeren Druck entgegen, genauso wie die Temperatur der Magnetisierungszunahme durch das äußere Feld entgegenwirkt.
Gehen wir zu einem Gas mit endlicher Wechselwirkung über, so gelangen wir zum realen Gas. Die Wechselwirkung wird hier durch zwei Parameter $p_0 = aN^2/V^2$ und $V_0 = bN$ charakterisiert, die als Binnendruck und Kovolumen bezeichnet werden. Wir gelangen dann zur van der Waalsschen Zustandsgleichung

$$(p + p_0)(V - V_0) = Nk_BT\,. \tag{A12.7.6}$$

In analoger Weise führt die endliche Wechselwirkung zwischen den magnetischen Momenten in einer paramagnetischen Substanz zu einer Modifikation des Curie-Gesetzes, die zum Curie-Weiss-Gesetz $\chi = C/(T - \Theta)$ führt.
Bei sehr hoher Temperatur $T \gg \Theta$ geht das Curie-Weiss-Gesetz näherungsweise in ein Curie-Gesetz über, genauso wie die van der Waalssche Zustandsgleichung für sehr hohe Temperaturen in das ideale Gasgesetz übergeht. Wird dagegen die Temperatur eines realen Gases abgesenkt, so führt die endliche Wechselwirkung zu einem Phasenübergang in den kondensierten Zustand. Dies ist wiederum völlig analog zum Übergang des wechselwirkenden magnetischen Systems in einen magnetisch geordneten Zustand.

A12.8 Ferromagnetismus der Leitungselektronen

Wir können den Effekt der Austauschwechselwirkung unter den Leitungselektronen dadurch annähern, dass wir annehmen, Elektronen mit parallelen Spins übten aufeinander eine Wechselwirkung mit Energie $-U$ aus (U ist positiv), während Elektronen mit antiparallelen Spins nicht miteinander wechselwirken.

(a) Zeigen Sie unter Zuhilfenahme der Ergebnisse der Aufgabe A12.5 zur Paulischen Spin-Suszeptibilität, dass $E^+ = nE_0(1+\zeta)^{5/3} - \frac{1}{8V}UN^2(1+\zeta)^2 - \frac{1}{2}n\mu B_{\text{ext}}(1+\zeta)$ die Gesamtenergiedichte der Elektronen mit Spin nach oben ist. Finden Sie einen entsprechenden Ausdruck für E^-. Hierbei ist $\zeta = \delta n/n$ die Spin-Polarisation, wobei $\delta n = n^+ - n^-$ der Dichteunterschied der beiden Spin-Sorten ist, mit $n^+ = \frac{n}{2}(1+\zeta)$ und $n^- = \frac{n}{2}(1-\zeta)$.

(b) Minimieren Sie die Gesamtenergiedichte E_{tot} und lösen Sie für den Grenzfall $\zeta \ll 1$ nach ζ auf. Zeigen Sie, dass für die Magnetisierung $M = 3n\mu_B^2 B_{\text{ext}}/(2E_F - \frac{3}{2}UN)$ gilt. Dies bedeutet, dass die Austauschwechselwirkung U die Suszeptibilität vergrößert.

(c) Zeigen Sie, dass ohne äußeres Feld $B_{\text{ext}} = 0$ die totale Energie für $\zeta = 0$ instabil ist, wenn $U > 4E_{F,0}/3N$. Hierbei ist $E_{F,0} = \hbar^2 k_{F,0}^2/2m$ die Fermi-Energie ohne äußeres Magnetfeld. Falls diese Bedingung erfüllt ist, besitzt der ferromagnetische Zustand eine niedrigere Energie als der paramagnetische. Wegen der Annahme $\zeta \ll 1$ ist dies zwar eine hinreichende, aber keine notwendige Bedingung für das Auftreten von Ferromagnetismus.

Lösung

Wir betrachten ein System mit N Elektronen bzw. einer Elektronendichte $n = N/V$. Für die beiden Spin-Projektionen $\sigma = \pm 1$ gilt

$$N^+ = \frac{N}{2}(1+\zeta) = \frac{N}{2}\left(1 + \frac{\delta N}{N}\right), \quad n^+ = \frac{n}{2}(1+\zeta) = \frac{n}{2}\left(1+\frac{\delta n}{n}\right) \tag{A12.8.1}$$

$$N^- = \frac{N}{2}(1-\zeta) = \frac{N}{2}\left(1 - \frac{\delta N}{N}\right), \quad n^- = \frac{n}{2}(1-\zeta) = \frac{n}{2}\left(1-\frac{\delta n}{n}\right). \tag{A12.8.2}$$

(a) Wir bestimmen zunächst die Anzahl von Elektronenpaaren für die Spin-Projektion $\sigma = +1$. Da jedes Elektron mit jedem anderen ein Paar bilden kann, ist die Gesamtzahl der Paare etwa

$$\frac{1}{2}(N^+)^2 = \frac{1}{2}\left(\frac{N}{2}\right)^2 (1+\zeta)^2 = \frac{1}{8}N^2(1+\zeta)^2, \tag{A12.8.3}$$

wobei die Selbstpaare, die hier in verschwindender Größe eingehen, nicht berücksichtigt werden. Die Austauschenergie E_A, um die die Gesamtenergie abgesenkt wird, beträgt gerade U mal der Anzahl der Paare, also

$$E_A = -\frac{1}{8}UN^2(1+\zeta)^2, \tag{A12.8.4}$$

und damit die Energiedichte

$$\frac{E_A}{V} = -\frac{1}{8V}UN^2(1+\zeta)^2 = -\frac{1}{8}nUN(1+\zeta)^2, \tag{A12.8.5}$$

wobei wir $n = N/V$ verwendet haben.

Mit dem Ergebnis (A12.5.4) aus Aufgabe A12.5 beträgt die Gesamtenergiedichte für die beiden Spin-Projektionen ($\sigma = \pm 1$)

$$\frac{E^{\pm}}{V} = nE_0\,(1 \pm \zeta)^{5/3} \mp \frac{1}{2} n\mu_B B_{\text{ext}}(1 \pm \zeta) - \frac{1}{8} nUN(1 \pm \zeta)^2 \,. \tag{A12.8.6}$$

Hierbei ist $E_0 = 3E_{F,0}/10$ mit der Fermi-Energie $E_{F,0} = \hbar^2 k_{F,0}^2/2m$ ohne äußeres Magnetfeld und $n = N/V$.

(b) Wir betrachten nun die Gesamtenergiedichte

$$\begin{aligned}\frac{E_{\text{tot}}}{V} &= \frac{1}{V}\left(E^+ + E^-\right)\\ &= nE_0\,\left\{(1+\zeta)^{5/3} + (1-\zeta)^{5/3}\right\} - n\mu_B B_{\text{ext}}\zeta - \frac{1}{4} nUN(1+\zeta^2)\,.\end{aligned} \tag{A12.8.7}$$

Für $|\zeta| \ll 1$ erhalten wir dann wie in Aufgabe A12.5

$$\frac{1}{V}\frac{\partial E_{\text{tot}}}{\partial \zeta} \simeq \frac{20}{9}\, nE_0\zeta - n\mu_B B_{\text{ext}} - \frac{1}{2} nUN\zeta = 0 \tag{A12.8.8}$$

und damit

$$\begin{aligned}\zeta &= \frac{n\mu_B B_{\text{ext}}}{\frac{20}{9} nE_0 - \frac{1}{2} nUN} = \frac{n\mu_B B_{\text{ext}}}{\frac{2nE_{F,0}}{3} - \frac{1}{2} nUN}\\ &= \frac{n\mu_B B_{\text{ext}}}{\frac{n}{3}\left[2E_{F,0} - \frac{3}{2} UN\right]} = \frac{3\mu_B B_{\text{ext}}}{E_{F,0} - \frac{3}{2} UN}\,,\end{aligned} \tag{A12.8.9}$$

wobei wir wieder $E_0 = \frac{3}{10} E_{F,0}$ benutzt haben.
Für die Magnetisierung ergibt sich dann

$$M = (n^+ - n^-)\mu_B = \frac{\delta n}{n} n\mu_B = \zeta n\mu_B = \frac{3n\mu_B^2}{2E_{F,0} - \frac{3}{2} UN}\, B_{\text{ext}}\,. \tag{A12.8.10}$$

Wir können ferner die Beziehung $D(E_F) = \frac{3}{2}\frac{N}{E_F}$ benutzen und erhalten

$$M = \frac{3n\mu_B^2 B_{\text{ext}}}{2E_{F,0} - \frac{3}{2} UN} = \frac{3n\mu_B^2 B_{\text{ext}}}{2E_{F,0}\left[1 - \frac{3N}{2E_F}\frac{U}{2}\right]} = \frac{\frac{D(E_{F,0})}{V}\mu_B^2 B_{\text{ext}}}{1 - \frac{D(E_{F,0})U}{2}} \tag{A12.8.11}$$

und somit für die Suszeptibilität

$$\chi = \mu_0 \frac{\partial M}{\partial B_{\text{ext}}} = \mu_0 \frac{\frac{D(E_{F,0})}{V}\mu_B^2}{1 - \frac{D(E_{F,0})U}{2}} = \frac{\chi_P}{1 - \frac{D(E_{F,0})U}{2}}\,. \tag{A12.8.12}$$

Wir sehen, dass die Austauschwechselwirkung die paramagnetische Spin-Suszeptibilität χ_P, also die Suszeptibilität eines freien Elektronengases ohne Austauschwechselwirkung, vergrößert. Wir sehen ferner, dass wir eine Divergenz für $\frac{1}{2}D(E_{F,0})U = 1$ erhalten. Dies entspricht der Bedingung für eine Polarisationskatastrophe in einem Ferroelektrikum.

(c) $B_{\text{ext}} = 0$ bedeutet, dass $\zeta \ll 1$ ist. Dann ist wieder die Näherung erlaubt, die bei der Ableitung der Gesamtenergie nach ζ in Aufgabe A12.5 gemacht wurde. Um festzustellen, ob wir ein Minimum oder ein Maximum der Gesamtenergiedichte vorliegen haben, müssen wir auch die zweite Ableitung nach ζ bilden. Wir erhalten ein Maximum, wenn

$$\frac{1}{V}\frac{\partial^2 E_{\text{tot}}}{\partial \zeta^2} \simeq \frac{20}{9} n E_0 - \frac{1}{2} n U N < 0\,, \tag{A12.8.13}$$

das heißt, wenn

$$U > \frac{40}{9}\frac{nE_0}{nN} = \frac{4}{3}\frac{E_{\text{F},0}}{N} = \frac{2}{D(E_{\text{F},0})}\,. \tag{A12.8.14}$$

Hierbei haben wir wiederum $D(E_{\text{F},0}) = \frac{3}{2}\frac{N}{E_{\text{F},0}}$ und $E_0 = \frac{3}{10} E_{\text{F},0}$ benutzt. Gleichung (A12.8.14) ist nichts anderes als das ***Stoner-Kriterium***. Wird das Stoner-Kriterium nicht erfüllt, d. h. ist $\frac{1}{2} U D(E_{\text{F},0}) < 1$, dann hat die Ableitung ein Maximum und der ferromagnetische Zustand ist nicht stabil.

A12.9 Spezifische Wärme von Magnonen

Benutzen Sie die angenäherte Magnonen-Dispersionsrelation $\omega = Aq^2$, um die spezifische Wärme eines dreidimensionalen Ferromagneten bei tiefen Temperaturen ($k_\text{B} T \ll J_A$) herzuleiten. Hierbei ist J_A die Austauschkonstante.

Nickel besitzt ein kubisch raumzentriertes Gitter mit einer Gitterkonstanten $a = 3.52$ Å und eine Debye-Temperatur von $\Theta_\text{D} = 450$ K. Die Dispersionsrelation der Magnonen bei großen Wellenlängen kann durch $\omega = Aq^2$ mit $\hbar A = 6.4 \times 10^{-40}\,\text{J m}^2$ beschrieben werden. Berechnen Sie mit diesen Angaben die Austauschkonstante J_A und den Beitrag der Magnonen zur spezifischen Wärme bei 4.2 K. Nehmen Sie dabei an, dass die Spin-Quantenzahl $S = 1/2$ ist. Bei welcher Temperatur tragen Magnonen und Phononen gleich zur spezifischen Wärme bei?

Lösung

Wir gehen von der Dispersionsrelation für ferromagnetische Magnonen aus:

$$\omega(\mathbf{q}) = \omega_\mathbf{q} = \frac{2J_A S}{\hbar^2}\left[1 - \cos qa\right]\,. \tag{A12.9.1}$$

Für kleine Wellenzahlen ($qa \ll 1$, langwelliger Bereich) können wir die Näherung

$$\begin{aligned}\omega_\mathbf{q} &= \frac{2J_A S}{\hbar^2}\left[1 - \left(1 - \frac{q^2a^2}{2} + \frac{q^4a^4}{24} - \ldots\right)\right] \\ &\simeq \frac{J_A S}{\hbar^2} a^2 |\mathbf{q}|^2 \equiv A|\mathbf{q}|^2\end{aligned} \tag{A12.9.2}$$

verwenden.

Wir untersuchen zuerst ganz allgemein, was passiert, wenn wir diese Dispersionsrelation für bosonische Anregungen auf einen allgemeinen Exponenten ν verallgemeinern:

$$\omega_{\mathbf{q}} = A|\mathbf{q}|^\nu = \underbrace{Aq_0^\nu}_{\omega_0}\left(\frac{|\mathbf{q}|}{q_0}\right)^\nu = \omega_0\left(\frac{|\mathbf{q}|}{q_0}\right)^\nu \tag{A12.9.3}$$

Dies hat den Charme, dass wir dann Phononen ($\nu = 1$), Magnonen ($\nu = 2$) etc. auf derselben Stufe behandeln können. In Gl. (A12.9.3) bedeutet ω_0 eine charakteristische Frequenz der bosonischen Anregung (bei Phononen z. B. die Debye-Frequenz ω_D) und q_0 ist eine charakteristische Wellenzahl. Für einen gegebenen Exponenten ν lässt sich daraus ganz allgemein die innere Energie $U(T)$ und die spezifische Wärmekapazität $c_V(T) = \frac{1}{V}\left(\frac{\partial U}{\partial T}\right)_V$ bei tiefen Temperaturen berechnen. Am Ende der Rechnung setzen wir dann $\nu = 2$ für Magnonen und $\nu = 1$ für Phononen.

Um die innere Energie eines Systems bosonischer Anregungen zu berechnen, müssen wir über ihre $\mathbf{q}$-abhängigen Energien gewichtet mit ihrer Besetzungszahl aufsummieren. Diese Wellenzahl-Summationen über eine vorgegebene Größe $F(\mathbf{q}) = F(\omega_{\mathbf{q}})$ können wir allgemein wie folgt schreiben:

$$F = \sum_{\mathbf{q}} F(\omega_{\mathbf{q}}) = Z(\mathbf{q}) \int d^3q\, F(\omega_{\mathbf{q}}) = \frac{V}{(2\pi)^3} \int d^3q\, F(\omega_{\mathbf{q}})\,. \tag{A12.9.4}$$

Sind die Flächen konstanter Frequenz Kugelflächen, so können wir dies umschreiben in

$$\begin{aligned} F &= \frac{V}{(2\pi)^3}\, 4\pi \int_0^{q_0} dq\, q^2 \underbrace{\int_{-1}^{+1} \frac{d\cos\theta}{2} \int_0^{2\pi} \frac{d\varphi}{2\pi}}_{d^2\Omega_{\mathbf{q}}/4\pi} F(\omega_{\mathbf{q}}) \\ &= \frac{V}{2\pi^2} \int_0^{q_0} dq\, q^2 \int \frac{d^2\Omega_{\mathbf{q}}}{4\pi} F(\omega_{\mathbf{q}}) \\ &= \int_0^{\omega_0} d\omega_{\mathbf{q}} \underbrace{\int \frac{d^2\Omega_{\mathbf{q}}}{4\pi} \frac{V}{2\pi^2} \frac{|\mathbf{q}|^2}{d\omega_{\mathbf{q}}/dq}}_{D(\omega_{\mathbf{q}})} F(\omega_{\mathbf{q}}) = \int_0^{\omega_0} d\omega_{\mathbf{q}} D(\omega_{\mathbf{q}}) F(\omega_{\mathbf{q}}) \end{aligned} \tag{A12.9.5}$$

mit der Zustandsdichte

$$D(\omega_{\mathbf{q}}) = \int \frac{d^2\Omega_{\mathbf{q}}}{4\pi} \frac{V}{2\pi^2} \frac{|\mathbf{q}|^2}{d\omega_{\mathbf{q}}/dq}\,. \tag{A12.9.6}$$

Mit der allgemeinen Dispersionsrelation $\omega_{\mathbf{q}} = Aq^{\nu}$ erhalten wir daraus

$$\begin{aligned} q &= \left(\frac{\omega_{\mathbf{q}}}{A}\right)^{\frac{1}{\nu}} = q_0 \left(\frac{\omega_{\mathbf{q}}}{\omega_0}\right)^{\frac{1}{\nu}} \\ dq &= \frac{1}{\nu}\left(\frac{\omega_{\mathbf{q}}}{A}\right)^{\frac{1}{\nu}} \frac{d\omega_{\mathbf{q}}}{\omega_{\mathbf{q}}} = \frac{q_0}{\nu}\left(\frac{\omega_{\mathbf{q}}}{\omega_0}\right)^{\frac{1}{\nu}} \frac{d\omega_{\mathbf{q}}}{\omega_{\mathbf{q}}} \\ D(\omega_{\mathbf{q}}) &= \frac{V}{2\nu\pi^2}\left(\frac{\omega_{\mathbf{q}}}{A}\right)^{\frac{3}{\nu}} \frac{1}{\omega_{\mathbf{q}}} = \frac{Vq_0^3}{2\nu\pi^2}\left(\frac{\omega_{\mathbf{q}}}{\omega_0}\right)^{\frac{3}{\nu}} \frac{1}{\omega_{\mathbf{q}}} \,. \end{aligned} \tag{A12.9.7}$$

Für die Größe F ergibt sich somit

$$\begin{aligned} F &= \int_0^{\omega_0} d\omega_{\mathbf{q}} D(\omega_{\mathbf{q}}) F(\omega_{\mathbf{q}}) = \frac{V}{2\nu\pi^2} \frac{1}{A^{\frac{3}{\nu}}} \int_0^{\omega_0} \frac{d\omega_{\mathbf{q}}}{\omega_{\mathbf{q}}} \omega_{\mathbf{q}}^{\frac{3}{\nu}} F(\omega_{\mathbf{q}}) \\ &= \frac{Vq_0^3}{2\nu\pi^2} \int_0^{\omega_0} \frac{d\omega_{\mathbf{q}}}{\omega_{\mathbf{q}}} \left(\frac{\omega_{\mathbf{q}}}{\omega_0}\right)^{\frac{3}{\nu}} F(\omega_{\mathbf{q}}) \,. \end{aligned} \tag{A12.9.8}$$

Wir benutzen nun diesen allgemeinen Ausdruck, um die innere Energie $U(T)$ abzuleiten. Wir identifizieren

$$F = \hbar\omega_{\mathbf{q}} \langle n(\omega_{\mathbf{q}}) \rangle = \frac{\hbar\omega_{\mathbf{q}}}{e^{\frac{\hbar\omega_{\mathbf{q}}}{k_B T}} - 1} \tag{A12.9.9}$$

und erhalten

$$U = \int_0^{\omega_0} d\omega_{\mathbf{q}} D(\omega_{\mathbf{q}}) \frac{\hbar\omega_{\mathbf{q}}}{e^{\frac{\hbar\omega_{\mathbf{q}}}{k_B T}} - 1} \,. \tag{A12.9.10}$$

Einsetzen der Zustandsdichte ergibt

$$\begin{aligned} U &= \frac{V}{2\nu\pi^2} \frac{\hbar}{A^{\frac{3}{\nu}}} \int_0^{\omega_0} d\omega_{\mathbf{q}} \frac{\omega_{\mathbf{q}}^{\frac{3}{\nu}}}{e^{\frac{\hbar\omega_{\mathbf{q}}}{k_B T}} - 1} \\ &\overset{x=\frac{\hbar\omega_{\mathbf{q}}}{k_B T}}{=} \frac{V}{2\nu\pi^2} \frac{(k_B T)^{\frac{3}{\nu}+1}}{(\hbar A)^{\frac{3}{\nu}}} \int_0^{\hbar\omega_0/k_B T} \frac{dx\, x^{\frac{3}{\nu}}}{e^x - 1} \\ &= \frac{Vq_0^3}{2\nu\pi^2} \frac{(k_B T)^{\frac{3}{\nu}+1}}{(\hbar\omega_0)^{\frac{3}{\nu}}} \int_0^{\hbar\omega_0/k_B T} \frac{dx\, x^{\frac{3}{\nu}}}{e^x - 1} \,. \end{aligned} \tag{A12.9.11}$$

Wir verwenden

$$\int_0^{\infty} dx \frac{x^z}{e^x - 1} = \Gamma(z+1)\zeta(z+1) \,, \tag{A12.9.12}$$

wobei Γ die Eulersche Γ-Funktion und ζ die Riemannsche ζ-Funktion darstellen, und erhalten damit

$$\alpha_\nu = \lim_{T\to 0} \int\limits_0^{\hbar\omega_0/k_B T} \frac{dx\, x^{\frac{3}{\nu}}}{e^x - 1} = \int\limits_0^{\infty} \frac{dx\, x^{\frac{3}{\nu}}}{e^x - 1} \equiv \Gamma\left(\frac{3}{\nu} + 1\right) \cdot \zeta\left(\frac{3}{\nu} + 1\right) . \quad \text{(A12.9.13)}$$

Mit diesem Ergebnis ergibt sich für die innere Energie

$$U(T) = \alpha_\nu \frac{V}{2\nu\pi^2} \frac{(k_B T)^{\frac{3}{\nu}+1}}{(\hbar A)^{\frac{3}{\nu}}} = \alpha_\nu \frac{V q_0^3}{2\nu\pi^2} \frac{(k_B T)^{\frac{3}{\nu}+1}}{(\hbar\omega_0)^{\frac{3}{\nu}}} . \quad \text{(A12.9.14)}$$

Durch Ableiten nach der Temperatur erhalten wir die Wärmekapazität

$$\begin{aligned} c_V(T) &= \frac{1}{V}\left(\frac{\partial U}{\partial T}\right)_V = \left(\frac{3}{\nu} + 1\right) k_B \alpha_\nu \frac{1}{2\nu\pi^2} \left(\frac{k_B T}{\hbar A}\right)^{\frac{3}{\nu}} \\ &= \left(\frac{3}{\nu} + 1\right) k_B \alpha_\nu \frac{q_0^3}{2\nu\pi^2} \left(\frac{k_B T}{\hbar\omega_0}\right)^{\frac{3}{\nu}} . \end{aligned} \quad \text{(A12.9.15)}$$

Wir können nun diesen allgemeinen Ausdruck verwenden, um einige Spezialfälle der allgemeinen Dispersionsrelation $\omega_{\mathbf{q}} = A|\mathbf{q}|^\nu$ zu diskutieren.

- Magnonen ($\nu = 2$):

$$\begin{aligned} U(T) &= \alpha_2 \frac{V}{4\pi^2} \frac{(k_B T)^{\frac{5}{2}}}{(\hbar A)^{\frac{3}{2}}} = \alpha_2 \frac{V q_0^3}{4\pi^2} \frac{(k_B T)^{\frac{5}{2}}}{(\hbar\omega_0)^{\frac{3}{2}}} \\ c_V &= \frac{5}{2} k_B \alpha_2 \frac{1}{4\pi^2} \left(\frac{k_B T}{\hbar A}\right)^{\frac{3}{2}} = \frac{5}{2} k_B \alpha_2 \frac{q_0^3}{4\pi^2} \left(\frac{k_B T}{\hbar\omega_0}\right)^{\frac{3}{2}} \\ \alpha_2 &= \Gamma\left(\frac{5}{2}\right) \cdot \zeta\left(\frac{5}{2}\right) = \frac{3}{4}\sqrt{\pi} \cdot \zeta\left(\frac{5}{2}\right) = 1.7832931\ldots . \end{aligned} \quad \text{(A12.9.16)}$$

- Phononen ($\nu = 1$, $q_0 = q_D$, $\omega_0 = \omega_D$):

$$\begin{aligned} U(T) &= \alpha_1 \frac{V}{2\pi^2} \frac{(k_B T)^4}{(\hbar A)^3} = \alpha_1 \frac{V q_D^3}{2\pi^2} \frac{(k_B T)^4}{(\hbar\omega_D)^3} \\ c_V &= 4 k_B \alpha_1 \frac{1}{2\pi^2} \left(\frac{k_B T}{\hbar A}\right)^3 = 4 k_B \alpha_1 \frac{q_D^3}{2\pi^2} \left(\frac{k_B T}{\hbar\omega_D}\right)^3 \\ \alpha_1 &= \Gamma(4) \cdot \zeta(4) = 3! \frac{\pi^4}{90} = \frac{\pi^4}{15} = 6.4939394\ldots . \end{aligned} \quad \text{(A12.9.17)}$$

Wir erhalten also für Magnonen eine $T^{3/2}$-Abhängigkeit und für Phononen eine T^3-Abhängigkeit der spezifischen Wärmekapazität bei tiefen Temperaturen.

Austauschkonstante: Um die Austauschkonstante von Ni zu bestimmen, müssen wir berücksichtigen, dass Gleichung (A12.9.1) die Dispersion für eine eindimensionale Spin-Kette

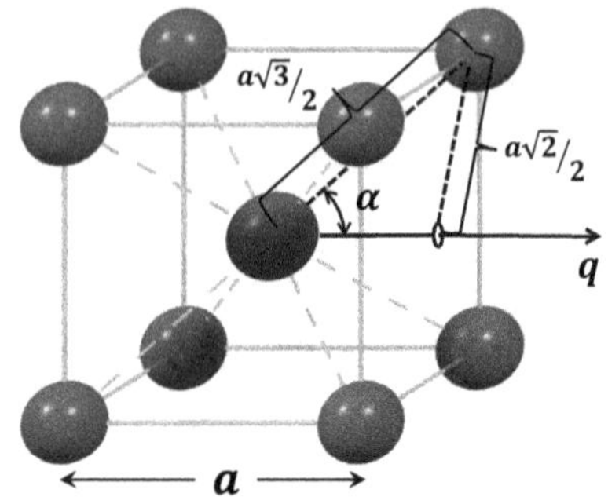

Abb. 12.8: Kubisch raumzentriertes Gitter mit den für die Ableitung der Austauschkonstanten relevanten Größen. Das Co-Atom im Zentrum des Würfels besitzt 8 nächste Nachbarn auf den Würfelecken.

angibt. Für drei Dimensionen erhalten wir

$$\omega_{\mathbf{q}} = \frac{2J_A S}{\hbar^2} \sum_{i=1}^{z} [1 - \cos \mathbf{q} \cdot \mathbf{r}_i] \,. \tag{A12.9.18}$$

Da die Austauschwechselwirkung sehr schnell mit dem Abstand abnimmt, müssen wir nur über die z nächsten Nachbarn mit Abstand $\mathbf{r}_i$ aufsummieren. Da Ni ein kubisch raumzentriertes Gitter besitzt, ist $z = 8$ (siehe hierzu Abb. 12.8 und Aufgabe A1.3). Im Folgenden werden wir annehmen, dass $\mathbf{q}$ in [100]-Richtung zeigt. Der Winkel zwischen $\mathbf{q}$ und $\mathbf{r}_i$ beträgt dann

$$\sin\alpha = \frac{a\sqrt{2}/2}{a\sqrt{3}/2} = \sqrt{\frac{2}{3}} = 0.816\ldots$$
$$\alpha = 54.735\ldots^\circ, \qquad \cos\alpha = 0.577\ldots\,. \tag{A12.9.19}$$

Mit diesem Ergebnis können wir die Dispersionrelation für kleine Wellenzahlen schreiben als

$$\omega_{\mathbf{q}} = \frac{2J_A S}{\hbar^2} \sum_{i=1}^{8} \left[1 - \cos \underbrace{\mathbf{q} \cdot \mathbf{r}_i}_{q \frac{a\sqrt{3}}{2} \cos\alpha} \right] = \frac{2J_A S}{\hbar^2} \sum_{i=1}^{8} \left[1 - \left(1 - \frac{1}{2} q^2 \frac{3a^2}{4} \cos^2\alpha + \ldots \right) \right]$$
$$\simeq \underbrace{\frac{6J_A S}{\hbar^2} a^2 \cos^2\alpha}_{A} \, q^2 \tag{A12.9.20}$$

und erhalten für die Austauschkonstante

$$J_A = \frac{\hbar^2 A}{6 S a^2 \cos^2\alpha} \,. \tag{A12.9.21}$$

Mit $\hbar A = 6.4 \times 10^{-40}\,\mathrm{Jm}^2$, $S = \hbar/2$, $\cos^2\alpha = 0.333$ und $a = 3.52 \times 10^{-10}$ m erhalten wir

$$J_A = 5.16 \times 10^{-21}\,\mathrm{J} = 32.3\,\mathrm{meV} \,. \tag{A12.9.22}$$

Spezifische Wärmekapazität: Zur Berechnung der spezifischen Wärmekapazität der Magnonen benutzen wir Gleichung (A12.9.16)

$$c_V = \frac{C_V}{V} = \alpha_2 \frac{5}{8\pi^2} \frac{k_B^{\frac{5}{2}}}{(\hbar A)^{\frac{3}{2}}} T^{\frac{3}{2}} . \qquad \text{(A12.9.23)}$$

Mit $\hbar A = 6.4 \times 10^{-40}\,\mathrm{Jm}^2$, $k_B = 1.38 \times 10^{-23}\,\mathrm{J/K}$ und $\alpha_2 = 1.783\ldots$ erhalten wir

$$c_V = 4.933 \cdot (T[\mathrm{K}])^{\frac{3}{2}} \frac{\mathrm{J}}{\mathrm{m}^3 \cdot \mathrm{K}} . \qquad \text{(A12.9.24)}$$

Zur Berechung der spezifischen Wärmekapazität der Phononen benutzen wir Gleichung (A12.9.17)

$$c_V = \frac{C_V}{V} = \alpha_1 \frac{2}{\pi^2} k_B\, q_D^3 \left(\frac{k_B T}{\hbar \omega_D}\right)^3 = \alpha_1 \frac{2}{\pi^2} k_B\, q_D^3 \left(\frac{T}{\Theta_D}\right)^3 . \qquad \text{(A12.9.25)}$$

Die Debye-Wellenzahl $q_D = (6\pi^3 N/V)^{1/3}$ erhalten wir mit Hilfe der Atomdichte $n = N/V = 2/a^3 = 4.585 \times 10^{28}\,\mathrm{m}^{-3}$ zu $q_D = 1.395 \times 10^{10}\,\mathrm{m}^{-1}$. Verwenden wir ferner $\Theta_D = 450\,\mathrm{K}$ und $\alpha_1 = 6.4939$, so erhalten wir

$$c_V = 0.541 \cdot (T[\mathrm{K}])^3 \frac{\mathrm{J}}{\mathrm{m}^3 \cdot \mathrm{K}} . \qquad \text{(A12.9.26)}$$

Setzen wir die spezifischen Wärmekapazitäten der Magnonen und Phononen gleich, so ergibt sich

$$\begin{aligned} 4.933 \cdot (T[\mathrm{K}])^{\frac{3}{2}} &= 0.541 \cdot (T[\mathrm{K}])^3 \\ T &= 4.36\,\mathrm{K} . \end{aligned} \qquad \text{(A12.9.27)}$$

Wir sehen, dass die Wärmekapazität der Magnonen nur bei sehr tiefen Temperaturen dominiert.

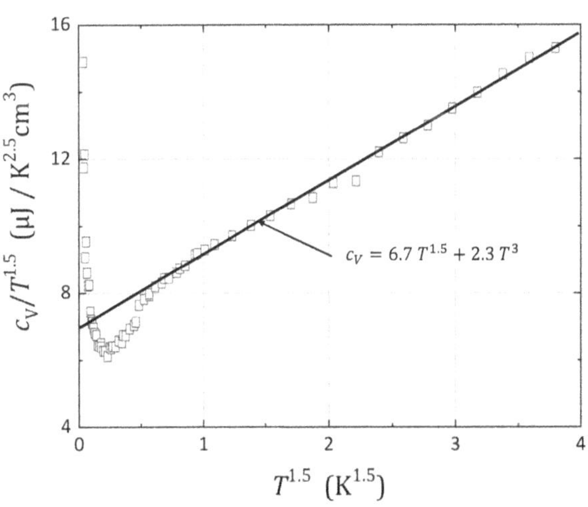

Abb. 12.9: Spezifische Wärmekapazität des isolierenden Ferrimagneten $Y_3Fe_5O_{12}$ (YIG). Unterhalb von 0.7 K weichen die gemessenen Daten von einer Gerade ab, da hier die Dipol-Dipol-Wechselwirkung relevant wird. Der steile Anstieg bei tiefen Temperaturen resultiert aus der Schottky-Anomalie der Kernmomente (Daten: E. Y. Pan *et al.*, Europhysics Letters **103**, 37005 (2013)).

In Abb. 12.9 ist die für tiefe Temperaturen gemessene spezifische Wärme des ferrimagnetischen Isolators $Y_3Fe_5O_{12}$ (YIG) gezeigt. Sie lässt sich gut durch $c_V(T) = aT^{1.5} + bT^3$ beschreiben. Um die Phononen- und Magnonenbeiträge klar zu trennen, wird üblicherweise $c_V/T^{1.5}$ gegen $T^{1.5}$ gezeichnet, wodurch sich eine Gerade mit Steigung b und y-Achsenabschnitt a ergibt. Aus der Fitkonstante a können wir mit Hilfe von Gl. (A12.9.23) die für das Magnonensystem charakteristische Größe A bestimmen, die als ***Spinwellen-Steifigkeit*** bezeichnet wird und durch die Austauschkonstante J_A bestimmt wird [vgl. Gl. (A12.9.20)]. Wir erhalten $\hbar A = 5.1 \times 10^{-40}\,\mathrm{J\,m^2}$.

A12.10 Sättigungsmagnetisierung von Ferrimagneten

In dem Ferrimagneten $NiFe_2O_4$ kompensieren sich die Spins der Fe-Atome gerade, so dass nur die Ni^{2+}-Ionen zur Magnetisierung beitragen. Wie groß ist die Sättigungsmagnetisierung von $NiFe_2O_4$, wenn die Dichte durch $\rho = 5.368\,\mathrm{g/cm^3}$ gegeben ist?

Lösung

Der Ferrimagnet $NiFe_2O_4$ kristallisiert in der inversen Spinellstruktur (siehe Abb. 12.10). Die Spinell-Struktur ist eine weit verbreitete, nach ihrem Hauptvertreter, dem Mineral Spinell (Magnesiumaluminat, $MgAl_2O_4$) benannte Kristallstruktur für Verbindungen des Typs AB_2X_4. Die Struktur besteht aus einer kubisch flächenzentrierten Kugelpackung der X-Ionen (O^{2-} im Fall des $MgAl_2O_4$), deren Tetraederlücken zu einem Achtel die meist zweifach positiv geladenen A-Ionen (Mg^{2+}) und deren Oktaederlücken zur Hälfte die häufig dreifach positiv geladenen B-Ionen (Al^{3+}) besetzen. Somit ist jedes Mg^{2+}-Ion von vier O^{2-}-Ionen und jedes Al^{3+}-Ion von sechs O^{2-}-Ionen umgeben. In inversen Spinellen sind die A- und B-Ionen teilweise vertauscht: 1/8 der Tetraederplätze sind durch B- und die Hälfte der Oktaederlücken durch A- und B-Ionen belegt. So werden im $NiFe_2O_4$ in der kubisch dichtesten Packung der Ionen die Tetraederlücken zu 1/8 von Fe^{3+}-Ionen und die Oktaederplätze zu je 1/4 von Ni^{2+}- und Fe^{3+}-Ionen besetzt.

In $NiFe_2O_4$ liegen Fe^{3+}- und Ni^{2+}-Ionen vor. Fe^{3+} hat 5 Elektronen in der $3d$-Schale und besitzt nach den Hundschen Regeln einen Grundzustand mit $S = 5/2$, $L = 0$ und $J = 5/2$. Jedes Fe^{3+}-Ion sollte deshalb ein magnetisches Moment von $5\mu_B$ beitragen. Ni^{2+} hat einen Grundzustand mit $S = 1$, $L = 3$ und damit $J = 4$. Aufgrund des Kristallfeldes verschwindet allerdings der Beitrag der Bahnbewegung zum magnetischen Moment und wir erwarten deshalb, dass jedes Ni^{2+}-Ion ein magnetisches Moment von $2\mu_B$ beiträgt. Wären alle Momente parallel ausgerichtet, würden wir insgesamt eine Sättigungsmagnetisierung von $2 \cdot 5 + 2 = 12$ Bohrschen Magnetonen pro Formeleinheit erwarten. Im Experiment gemessen werden dagegen nur etwa $2\mu_B$. Dieser Unterschied kommt dadurch zustande, dass die magnetischen Momente der Fe^{3+}-Ionen antiparallel zueinander stehen (siehe Abb. 12.10), so dass nur das Moment des Ni^{2+}-Ions übrig bleibt, das gerade $2\mu_B$ beträgt. Neutronenbeugungsexperimente an $NiFe_2O_4$ haben diese Vorstellung bestätigt. Wir bezeichnen ganz allgemein solche Substanzen als Ferrimagnete, bei denen die magnetischen Momente einiger Ionen der strukturellen Einheitzelle antiparallel zu denjenigen der übrigen stehen. Ursprünglich wurde die Bezeichnung ***Ferrimagnetismus*** eingeführt, um die magnetische Ordnung in den Ferriten zu beschreiben.

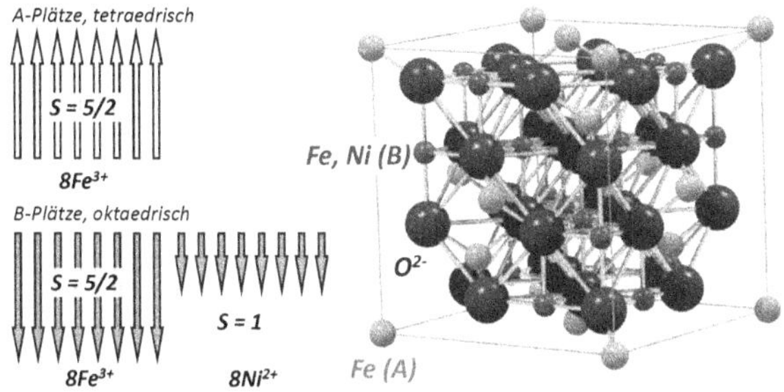

Abb. 12.10: Spin-Anordnung in $NiFe_2O_4$ ($NiO \cdot Fe_2O_3$). Die Spins der tetraedrisch und oktaedrisch koordinierten Fe^{3+}-Ionen stehen antiparallel, so dass zur Sättigungsmagnetisierung effektiv nur die Spin-Momente der oktaedrisch koordinierten Ni^{2+}-Ionen beitragen. Rechts ist die inverse Spinellstruktur von $NiFe_2O_4$ gezeigt.

Die physikalische Ursache für den Ferrimagnetismus beruht darauf, dass alle Austauschkonstanten J_{AA}, J_{BB} und J_{AB} negativ sind und damit eine antiparallele Anordnung der Spins auf den A-Plätzen, den B-Plätzen sowie eine antiparallele Anordnung zwischen A- und B-Plätzen favorisieren. Dies ist natürlich nicht möglich. Aufgrund des wesentlich geringeren AB-Abstands dominiert allerdings die Kopplungskonstante J_{AB} und erzwingt eine antiparallele Ausrichtung des A- und B-Untergitters. Die Spins auf dem A- und dem B-Untergitter stehen damit trotz negativer Kopplungskonstanten J_{AA} und J_{BB} jeweils parallel zueinander.

Wir geben jetzt die Sättigungsmagnetisierung von $2\mu_B$ pro Formeleinheit noch in anderen Einheiten an. Mit den Atomgewichten von Ni (58.69 u), Fe (55.84 u) und O (15.99 u) sowie der atomaren Masseneinheit $1\,u = 1.6605 \times 10^{-27}$ kg erhalten wir die Masse $m_{fu} = 3.891 \times 10^{-25}$ kg pro Formeleinheit. Die Dichte der Ni-Atome erhalten wir, indem wir die angegebene Dichte $\rho = 5368\,kg/cm^3$ durch m_{fu} teilen. Wir erhalten $n = 1.379 \times 10^{28}\,m^{-3}$. Multiplizieren wir diese Dichte mit dem magnetischen Moment von $2\mu_B$ pro Ni-Ion ($\mu_B = 9.274 \times 10^{-24}$ J/T), so erhalten wir die Sättigungsmagnetisierung $M_s = 2.588 \times 10^5$ A/m. Wir können dies in emu/cm³ (cgs-Einheiten) umrechnen, indem wir durch 1000 teilen. Teilen wir dann noch durch die Dichte ρ erhalten wir $M_s = 47.66$ emu/g.

13 Supraleitung

A13.1 Dauerstromexperiment

In einem Dauerstromexperiment wird das Abklingen des durch den Suprastrom I_s in einem geschlossenen supraleitenden Ring mit Radius $r_0 = 1$ mm und Drahtradius $r_1 = 0.1$ mm erzeugten magnetischen Moments benutzt, um eine obere Grenze für den Widerstand R des Supraleiters abzuschätzen. Der Supraleiter wird im Magnetfeld unter die Sprungtemperatur T_c abgekühlt und danach das Feld ausgeschaltet.

(a) Schätzen Sie den Strom I_s ab, wenn die im Supraleiter eingefrorere magnetische Flussdichte im Zentrum des Rings 1 mT beträgt.
(b) Wie hoch ist das auf der Ringoberfläche erzeugte Magnetfeld?
(c) Schätzen Sie die Zahl der im Ring enthaltenen Flussquanten Φ_0 ab.
(d) Nach einem Jahr wird eine Abnahme des magnetischen Moments um etwa 5 % gemessen. Welcher maximale Widerstand des Supraleiters kann daraus abgeschätzt werden?

Lösung

Wir überlegen uns zuerst, ob wir einen Dauerstrom in einem Supraleiter durch Induktion erzeugen können. Wir wissen, dass magnetische Felder aus dem Innern des Supraleiters verdrängt werden, solange sie kleiner als das thermodynamische kritische Feld B_{cth} (Typ-I Supraleiter) bzw. untere kritische Feld B_{c1} (Typ-II Supraleiter) sind. Da der Radius r_1 des supraleitenden Drahts wesentlich größer als die Londonsche Eindringtiefe ist, können wir durch das Anschalten eines externen Magnetfeldes keine Flussänderung im Innern des Rings erzeugen. Das heißt, der Fluss innerhalb des Rings ist zeitlich konstant: $d\Phi/dt = 0$. Diese Tatsache können wir auch daraus ableiten, dass das elektrische Feld entlang einer Konturlinie C tief im Inneren des Supraleiters verschwinden muss. Mit $\mathbf{E} = -\partial \mathbf{A}/\partial t - \nabla\phi$ ($\mathbf{A}$: Vektorpotenzial, ϕ: skalares Potenzial) und $\nabla\phi = 0$ erhalten wir

$$\oint_C \mathbf{E} \cdot d\boldsymbol{\ell} = -\frac{\partial}{\partial t} \oint_C \mathbf{A} \cdot d\boldsymbol{\ell} = -\frac{\partial}{\partial t} \int_F \mathbf{B} \cdot d\mathbf{F} = -\frac{\partial \Phi}{\partial t}, \qquad \text{(A13.1.1)}$$

wobei Φ der Fluss durch die Fläche ist, die vom geschlossenen Integrationsweg C umschlossen wird. Wählen wir also den Integrationsweg weit im Inneren des Supraleiters, so gilt dort $\mathbf{E} = 0$ und damit $\partial\Phi/\partial t = 0$. Wir sprechen von einem „Einfrieren" des magnetischen Flusses.

Kühlen wir den supraleitenden Ring in einem externen Magnetfeld B_{ext} unter seine Sprungtemperatur ab, so wird zwar das Feld aus dem supraleitenden Drahtmaterial verdrängt, der die Ringfläche πr_0^2 durchsetzende magnetische Fluss $\Phi = \pi r_0^2 B_{\mathrm{ext}}$ bleibt aber in dem Ring

https://doi.org/10.1515/9783110782530-013

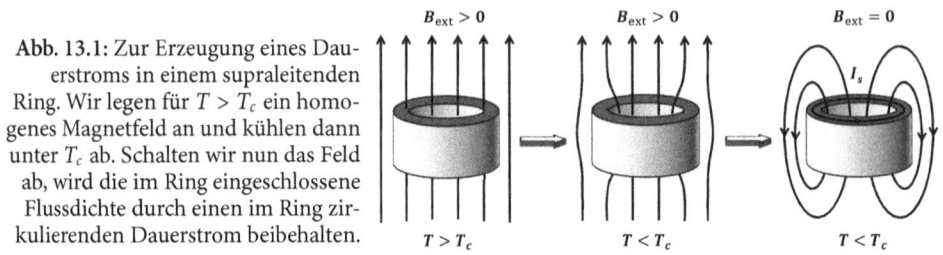

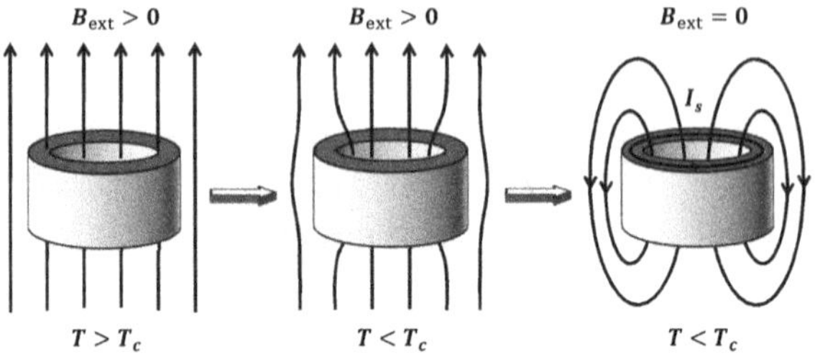

Abb. 13.1: Zur Erzeugung eines Dauerstroms in einem supraleitenden Ring. Wir legen für $T > T_c$ ein homogenes Magnetfeld an und kühlen dann unter T_c ab. Schalten wir nun das Feld ab, wird die im Ring eingeschlossene Flussdichte durch einen im Ring zirkulierenden Dauerstrom beibehalten.

eingefroren, wenn wir das externe Feld wieder abschalten (siehe Abb. 13.1). Dies gilt natürlich nur dann, wenn das externe Feld kleiner als B_{cth} (Typ-I Supraleiter) bzw. B_{c1} (Typ-II Supraleiter) ist.

(a) Nach dem Biot-Savart-Gesetz erzeugt ein Strom I_s, der in einer in der xy-Ebene liegenden, kreisförmigen Leiterschleife mit Radius r_0 fließt, folgendes Magnetfeld entlang der in z-Richtung zeigenden Symmetrieachse der Leiterschleife:

$$B_z(z) = \frac{\mu_0 I_s}{2} \frac{r_0^2}{(r_0^2 + z^2)^{3/2}} . \tag{A13.1.2}$$

In der Ebene der Leiterschleife ($z = 0$) ergibt sich daraus

$$B_z(0) = \frac{\mu_0 I_s}{2r_0} \tag{A13.1.3}$$

und damit für $B_z(0) = 1\,\text{mT}$ und $r_0 = 1\,\text{mm}$ der Suprastrom

$$I_s = \frac{2r_0}{\mu_0} B_z(0) = \frac{2 \cdot 10^{-3}}{4\pi \cdot 10^{-7}} 10^{-3}\,\text{A} \approx 1.6\,\text{A} . \tag{A13.1.4}$$

(b) Das auf der Ringoberfläche erzeugte Magnetfeld B_1 können wir mit Hilfe der Maxwell-Gleichung $\nabla \times \mathbf{B} = \mu_0 \mathbf{J}_s$ bestimmen. Integrieren wir dies über die Querschnittsfläche $A_1 = \pi r_1^2$ des Rings auf und benutzen das Stokessche Theorem, so erhalten wir

$$\int_{A_1} \mu_0 \mathbf{J}_s \cdot d\mathbf{A} = \int_{A_1} (\nabla \times \mathbf{B}) \cdot d\mathbf{A} = \oint_{C_1} \mathbf{B}_1 \cdot d\boldsymbol{\ell} . \tag{A13.1.5}$$

Hierbei ist C_1 die Konturlinie entlang der Oberfläche des Drahtquerschnitts. Mit $\int_{A_1} \mu_0 \mathbf{J}_s \cdot d\mathbf{A} = \mu_0 I_s$ und $\oint_{C_1} \mathbf{B}_1 \cdot d\boldsymbol{\ell} = 2\pi r_1 B_1$ erhalten wir

$$B_1 = \frac{r_0}{\pi r_1} B_z(0) \simeq 3\,B_{ext} \simeq 3\,\text{mT} . \tag{A13.1.6}$$

Das Feld an der Drahtoberfläche ist damit immer noch wesentlich kleiner als das kritische Feld von z. B. Pb ($B_{cth} = 80\,\text{mT}$).
Mit dem Ampèreschen Durchflutungsgesetz $\oint \mathbf{B} \cdot d\boldsymbol{\ell} = \mu_0 I$ können wir auch den kritischen Strom I_c des Drahtes bestimmen. Dieser wird erreicht, wenn das Feld an der

Drahtoberfläche das kritische Feld B_{cth} erreicht. Daraus ergibt sich für Blei

$$2\pi r_1 B_{\mathrm{cth}} = \mu_0 I_c$$
$$I_c = \frac{2\pi r_1}{\mu_0} B_{\mathrm{cth}} = \frac{2\pi \cdot 10^{-4}}{4\pi \cdot 10^{-7}} 80 \times 10^{-3}\,\mathrm{A} = 40\,\mathrm{A}\,. \quad \text{(A13.1.7)}$$

Wäre dieser Strom gleichmäßig über den Drahtquerschnitt verteilt, ergäbe sich eine mittlere kritische Stromdichte von

$$\langle J_c \rangle = \frac{I_c}{\pi r_1^2} = \frac{40}{\pi (10^{-4})^2}\,\mathrm{A/m^2} = 6.4 \times 10^8\,\mathrm{A/m^2}\,. \quad \text{(A13.1.8)}$$

In Wirklichkeit fließt der Strom aber nur in einer dünnen Oberflächenschicht der Dicke λ_{L} (Londonsche Eindringtiefe), wodurch sich die tatsächliche kritische Stromdichte von Blei ($\lambda_{\mathrm{L}} = 40\,\mathrm{nm}$) zu

$$J_c = \frac{B_{\mathrm{cth}}}{\mu_0 \lambda_{\mathrm{L}}} = \frac{80 \times 10^{-3}}{4\pi \times 10^{-7} \cdot 4 \times 10^{-8}}\,\mathrm{A/m^2} = 8 \times 10^{11}\,\mathrm{A/m^2} \quad \text{(A13.1.9)}$$

ergibt. Bei dieser Abschätzung haben wir noch nicht berücksichtigt, dass mit zunehmender Stromdichte der supraleitende Ordnungsparameter reduziert wird. Würden wir dies in einer Behandlung im Rahmen der Ginzburg-Landau-Theorie tun, so erhielten wir die um den Faktor 0.54 reduzierte kritische Stromdichte.

(c) Die Zahl der Flussquanten innerhalb des Rings können wir grob zu

$$N \simeq \frac{\Phi}{\Phi_0} = \frac{\pi r_0^2 B_z}{\Phi_0} = \frac{\pi \cdot (10^{-3})^2 \cdot 10^{-3}}{2 \times 10^{-15}} = 1.6 \times 10^6 \quad \text{(A13.1.10)}$$

abschätzen, wenn wir vereinfachend annehmen, dass $B_z = 1\,\mathrm{mT}$ über die gesamte Fläche der Leiterschleife homogen ist.

(d) Falls der supraleitende Ring einen endlichen Widerstand besitzen würde, sollte der Ringstrom zeitlich mit einer L/R-Zeitkonstante abklingen:

$$I_s(t) = I_s(0)\,\mathrm{e}^{-\frac{R}{L}t}\,. \quad \text{(A13.1.11)}$$

Hierbei ist $L \approx \mu_0 A/2\pi r_0 \simeq 600\,\mathrm{pH}$ die geometrische Induktivität des Rings. Aus $I_s(t)/I_0 = 0.95$ für $t = 1$ Jahr erhalten wir für die obere Grenze des ohmschen Widerstands

$$R = -\frac{\ln 0.95 \cdot L}{t} = -\frac{\ln 0.95 \cdot 600 \times 10^{-12}}{3.15 \times 10^7}\,\Omega \approx 10^{-18}\,\Omega\,. \quad \text{(A13.1.12)}$$

Wir sehen, dass wir durch das Messen des zeitlichen Abklingens des Ringstromes eine extrem hohe Auflösung bezüglich der oberen Schranke für einen eventuell vorhandenen Widerstand erhalten. In einem einfachen Transportexperiment, bei dem wir einen Strom über einen Supraleiter schicken und den Spannungsabfall über den Supraleiter messen, ist die Auflösung wesentlich geringer. Benutzen wir einen Strom von 10 A und ein Voltmeter mit einer guten Auflösung von 1 nV, so liegt die obere Schranke für den Widerstand bei nur $R = 10^{-10}\,\Omega$.

A13.2 Magnetisierung eines Supraleiters

Der Zusammenhang zwischen magnetischer Flussdichte **B**, Magnetfeld **H** und Magnetisierung **M** wird beschrieben durch

$$\mathbf{B} = \mu_0(\mathbf{H} + \mathbf{M}) = \mu_0(\mathbf{H} + \chi\mathbf{H}) = \mu_0\mathbf{H}(1 + \chi)\,.$$

Für einen Supraleiter gilt aufgrund des perfekten Diamagnetismus $\chi = -1$ und damit für die lokale Flussdichte im Inneren des Supraleiters $\mathbf{B}_i = 0$. Im einfachen Fall eines unendlich langen Zylinders mit externem Feld $\mathbf{H}_{\text{ext}} = \mathbf{B}_{\text{ext}}/\mu_0$ parallel zur Zylinderachse können wir Entmagnetisierungseffekte vernachlässigen. In diesem Fall ist das makroskopische Feld im Inneren des Supraleiters durch das externe Feld gegeben: $\mathbf{H}_{\text{mak}} = \mathbf{H}_{\text{ext}}$. Im Fall eines endlichen Entmagnetisierungsfaktors N gilt dagegen

$$\mathbf{H}_{\text{mak}} = \mathbf{H}_{\text{ext}} + \mathbf{H}_{\text{N}} = \mathbf{H}_{\text{ext}} - N\mathbf{M}\,.$$

Dabei ergibt sich der Entmagnetisierungsfaktor N aus der Lösung des Randwertproblems $\nabla \cdot \mathbf{B} = 0$ und $\nabla \times \mathbf{B} = \mu_0\mathbf{J}$. Für einen langen Zylinder oder eine dünne planparallele Platte parallel zu $\mathbf{H}_{\text{ext}}$ gilt $N = 0$, für eine Kugel $N = 1/3$ und einen Zylinder bzw. eine Platte senkrecht zum Feld $N = 1/2$ bzw. $N = 1$.

(a) Wie sieht N qualitativ für einen Zylinder aus? Welche Probengeometrie ist für quantitative Messungen der Magnetisierung eines Supraleiters geeignet?
(b) Berechnen Sie $\mathbf{H}_{\text{mak}}$, $\mathbf{B}_i$ und $\mathbf{M}$ für eine Kugel als Funktion von χ und $\mathbf{H}_{\text{ext}}$.
(c) Wie könnte eine realistische Messkonfiguration zur Bestimmung von χ aussehen? Wie erhält man χ für eine homogene isotrope Probe mit Entmagnetisierungsfaktor N aus den gemessenen Größen?
(d) Diskutieren Sie die Bedeutung von **H** und **B** anhand einer zylinderförmigen supraleitenden Probe, die sich in einer langen Spule befindet. Vernachlässigen Sie dabei Entmagnetisierungseffekte.
(e) Wie groß ist die magnetische Flussdichte $\mathbf{B}_{\text{ext}}(r = R)$ unmittelbar außerhalb einer supraleitenden Kugel im Meißner-Zustand an den Polen und am Äquator?
(f) Berechnen Sie die magnetische Flussdichte außerhalb einer supraleitenden Kugel im Meißner-Zustand in Kugelkoordinaten. Benutzen Sie hierzu

$$\mathbf{B}(r \geq R) = \mu_0\mathbf{H}_{\text{ext}} + |\mu_0\mathbf{H}_{\text{ext}}|\frac{R^3}{2}\nabla\left(\frac{\cos\theta}{r^2}\right)\,.$$

Lösung

Entmagnetisierung und Entmagnetisierungsfaktor: Bevor wir mit der Lösung der Aufgabe beginnen, definieren wir den Entmagnetisierungsfaktor N. Die lokale Feldstärke $\mathbf{H}_{\text{lok}}$ im Innern eines magnetisierten Körpers ist nur in dem Spezialfall, dass die permeable Materie das magnetische Feld vollkommen ausfüllt (z. B. in einer ringförmigen oder unendlich langen Spule), identisch zur Vakuumfeldstärke $\mathbf{H}_{\text{ext}}$. Füllt das Material dagegen das Feld nur längs eines Teils der Feldlinien aus, so bilden sich an den freien Enden des eingebrachten Körpers „magnetische Pole" aus, von denen rückläufige Feldlinien ausgehen. Je nach Vorzeichen der Magnetisierung **M** bzw. der magnetischen Suszeptibilität χ schwächen oder verstärken sie das ursprüngliche Vakuumfeld $\mathbf{H}_{\text{ext}}$ (siehe hierzu Abb. 13.2). Diese Erscheinung

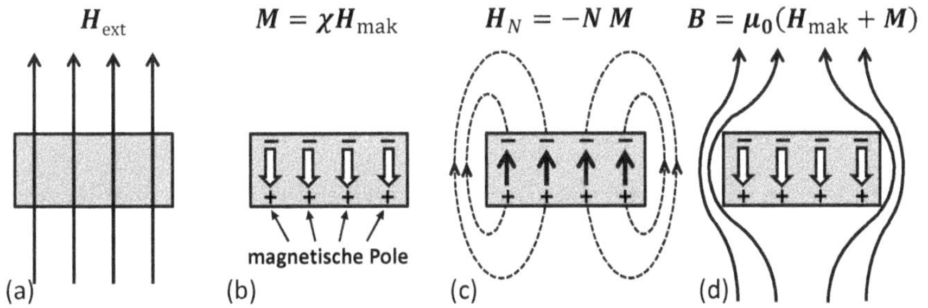

Abb. 13.2: (a) Eine diamagnetische Probe mit magnetischer Suszeptibilität $\chi < 0$ wird in ein homogenes externes Magnetfeld $\mathbf{H}_{ext}$ gebracht. (b) In der Probe wird eine Magnetisierung $\mathbf{M} = \chi\mathbf{H}_{mak}$ induziert, die wegen $\chi < 0$ antiparallel zum makroskopischen Feld orientiert ist. (c) Aufgrund der endlichen Probengröße entstehen an der Probenoberfläche magnetische Pole, die zum Entmagnetisierungsfeld $\mathbf{H}_N$ führen, das antiparallel zur Magnetisierung steht und dessen Größe von der Form der Probe abhängt. (d) Für einen perfekten Diamagneten ($\chi = -1$) verschwindet die magnetische Flussdichte $\mathbf{B}_i = \mu_0(\mathbf{H}_{mak} + \mathbf{M})$ im Inneren der Probe. Die Flussdichte im Außenraum entsteht durch die Überlagerung des homogenen angelegten Felds $\mathbf{H}_{ext}$ mit dem Streufeld aufgrund der magnetischen Oberflächenpole.

bezeichnen wir als ***Entmagnetisierung***. Die Stärke der Entmagnetisierung hängt einerseits von der im permeablen Material induzierten Magnetisierung $\mathbf{M}$ ab und andererseits von der geometrischen Form des Körpers.

Im Allgemeinen ist sowohl der Betrag und die Richtung der Magnetisierung, als auch der durch die geometrische Form bestimmte Entmagnetisierungsfaktor eine komplizierte Raumfunktion. Nur für den Spezialfall einer gleichmäßig magnetisierten Probe mit der Form eines Rotationsellipsoiden ist das Entmagnetisierungsfeld ebenfalls gleichmäßig. In diesem Fall können wir den Einfluss der Entmagnetisierung einfach durch das Entmagnetisierungsfeld

$$\mathbf{H}_N = -N\mathbf{M} \tag{A13.2.1}$$

beschreiben. Für die makroskopische Feldstärke $\mathbf{H}_{mak}$ im Innern des magnetisierten Körpers erhalten wir dann

$$\mathbf{H}_{mak} = \mathbf{H}_{ext} + \mathbf{H}_N = \mathbf{H}_{ext} - N\mathbf{M}\,.$$

Der Entmagnetisierungsfaktor N hängt nur noch von der geometrischen Form des homogen magnetisierten Körpers ab. Er ist im allgemeinen Fall durch einen Tensor 2. Stufe gegeben:

$$\begin{pmatrix} H_{N,x} \\ H_{N,y} \\ H_{N,z} \end{pmatrix} = -\begin{pmatrix} N_{xx} & N_{xy} & N_{xz} \\ N_{yx} & N_{yy} & N_{yz} \\ N_{zx} & N_{zy} & N_{zz} \end{pmatrix} \begin{pmatrix} M_x \\ M_y \\ M_z \end{pmatrix}.$$

Entlang der Hauptachsen eines Rotationsellipsoids sind $\mathbf{H}_N$ und $\mathbf{M}$ kollinear. In der Komponentendarstellung treten nur noch drei voneinander verschiedene Entmagnetisierungsfaktoren N_a, N_b und N_c in Richtung der drei Hauptachsen a, b und c auf. Betrachten wir also ein Rotationsellipsoid und fallen dessen Hauptachsen mit den Achsen des verwendeten kartesischen Koordinatensystems zusammen, so ist der Entmagnetisierungstensor diagonal und es gilt

$$N_{xx} + N_{yy} + N_{zz} = N_a + N_b + N_c = 1 \,.$$

Allgemein können wir die Entmagnetisierungsfaktoren eines Ellipsoids über Integrale der Form

$$N_a = \frac{1}{2} abc \int_0^\infty \left[\left(a^2 + \eta\right) \sqrt{\left(a^2 + \eta\right)\left(b^2 + \eta\right)\left(c^2 + \eta\right)} \right]^{-1} d\eta \qquad \text{(A13.2.2)}$$

berechnen. In Abb. 13.3 ist der Entmagnetisierungsfaktor N_a bzw. $1 - N_a$ eines Ellipsoids mit den Hauptachsen a, b und c als Funktion von b/a für verschiedene c/a-Verhältnisse dargestellt.

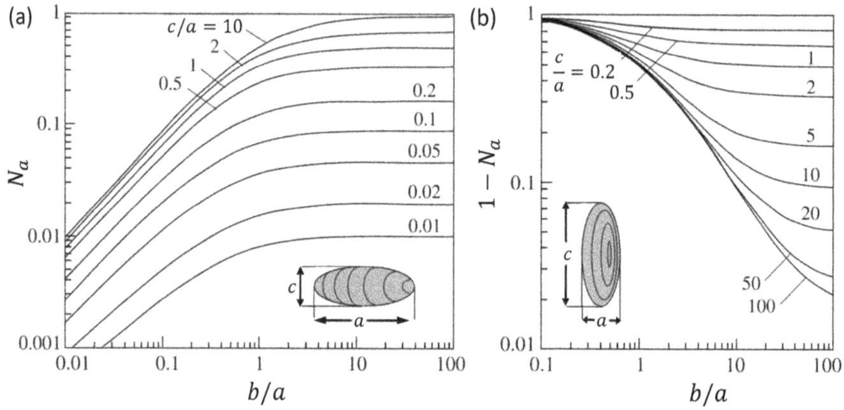

Abb. 13.3: Entmagnetisierungsfaktor (a) N_a bzw. (b) $1 - N_a$ eines Ellipsoids mit den Hauptachsen a, b und c als Funktion von b/a für verschiedene c/a-Verhältnisse.

Betrachten wir im Folgenden ein Rotationsellipsoid mit $b = c$, so erhalten wir für $\alpha = c/a < 1$

$$N_a = \frac{\alpha^2}{1-\alpha^2} \left[\frac{1}{\sqrt{1-\alpha^2}} \operatorname{arsinh}\left(\frac{\sqrt{1-\alpha^2}}{\alpha} \right) - 1 \right] \qquad \text{(A13.2.3)}$$

und für $\alpha = c/a > 1$

$$N_a = \frac{\alpha^2}{\alpha^2 - 1} \left[1 - \frac{1}{\sqrt{\alpha^2 - 1}} \operatorname{arsinh}\left(\frac{\sqrt{\alpha^2 - 1}}{\alpha} \right) \right] . \qquad \text{(A13.2.4)}$$

Für beide Fälle ergibt sich nach Gl. (A13.2.2)

$$N_c = \frac{1}{2} \left(1 - N_a\right) . \qquad \text{(A13.2.5)}$$

Für eine nahezu kugelförmige Oberfläche mit $\alpha \approx 1$ erhalten wir aus Gl. (A13.2.3) und (A13.2.4)

$$N_a \approx \frac{1}{3} - \frac{1}{15}(\alpha - 1) \tag{A13.2.6}$$

und somit $N_a = N_b = N_c = \frac{1}{3}$ für den Fall einer Kugel mit $a = b = c$ bzw. $\alpha = 1$.

Es ist gängige Praxis, einen Entmagnetisierungsfaktor auch für die Beschreibung der internen Felder von Körpern (z. B. Zylinder, Scheiben) zu benutzen, die keine Rotationsellipsoide sind und deshalb kein gleichmäßiges Entmagnetisierungsfeld besitzen. Man nähert die Form dieser Körper dann mit Rotationsellipsoiden an.

(a) Für einen Zylinder mit $a \gg b = c$ bzw. $\alpha = c/a \ll 1$ und a parallel zum externen Feld $\mathbf{B}_{\text{ext}}$ erhalten wir aus Gl. (A13.2.3)

$$N_a \approx \alpha^2 \left[\text{arsinh}\left(\frac{1}{\alpha}\right) - 1 \right] \approx 0 \,. \tag{A13.2.7}$$

Wir erkennen, dass in diesem Fall N_a vernachlässigt werden kann und $N_c = N_b = 1/2$ ist. Für quantitative Messungen der Magnetisierung ist eine Probengeometrie mit $N = 0$ optimal. Dies entspricht gerade einem langen dünnen Zylinder mit $a \gg b, c$ und $\mathbf{B}_{\text{ext}}$ parallel zu a.

Einen weiteren Spezialfall stellt eine dünne, semi-unendliche, planparallele Platte mit $a \ll b = c$ bzw. $\alpha = c/a \gg 1$ dar. Dieser Grenzfall trifft insbesondere für dünne Schichten zu, die z. B. mittels Molekularstrahlepitaxie oder anderen Depositionsmethoden hergestellt werden. Für diesen Fall erhalten wir aus Gl. (A13.2.4)

$$N_a \approx 1 - \frac{1}{\alpha}\frac{\pi}{2} \approx 1 \tag{A13.2.8}$$

und somit $N_b = N_c = 0$.

(b) Bringen wir eine magnetisch isotrope Kugel mit magnetischer Suszeptibilität χ in ein homogenes externes Magnetfeld $\mathbf{H}_{\text{ext}}$, so magnetisieren wir die Kugel auf (siehe Abb. 13.4). Die Magnetisierung ist allerdings nicht proportional zu $\mathbf{H}_{\text{ext}}$, sondern zum lokal wirkenden makroskopischen Magnetfeld $\mathbf{H}_{\text{mak}}$. Es gilt also

$$\mathbf{M} = \chi \mathbf{H}_{\text{mak}} = (\mu - 1)\mathbf{H}_{\text{mak}} \,. \tag{A13.2.9}$$

Durch die endliche Magnetisierung der Kugel entstehen an ihrer Oberfläche magnetische Pole die zu einem Entmagnetisierungsfeld $\mathbf{H}_N$ führen. Je nach Vorzeichen der Magnetisierung $\mathbf{M}$ bzw. der magnetischen Suszeptibilität χ schwächt oder verstärkt das Entmagnetisierungsfeld das ursprüngliche äußere Vakuumfeld $\mathbf{H}_{\text{ext}}$ (siehe hierzu Abb. 13.2). Für das im Inneren der Kugel wirkende makroskopische Feld erhalten wir

$$\begin{aligned} \mathbf{H}_{\text{mak}} &= \mathbf{H}_{\text{ext}} + \mathbf{H}_N \\ &= \mathbf{H}_{\text{ext}} - N\mathbf{M} = \mathbf{H}_{\text{ext}} - N\chi\mathbf{H}_{\text{mak}} = \mathbf{H}_{\text{ext}} - N(\mu - 1)\mathbf{H}_{\text{mak}} \,. \end{aligned} \tag{A13.2.10}$$

Auflösen nach $\mathbf{H}_{\text{mak}}$ ergibt

$$\mathbf{H}_{\text{mak}} = \frac{1}{1 + N\chi}\mathbf{H}_{\text{ext}} = \frac{1}{1 + N(\mu - 1)}\mathbf{H}_{\text{ext}} \,. \tag{A13.2.11}$$

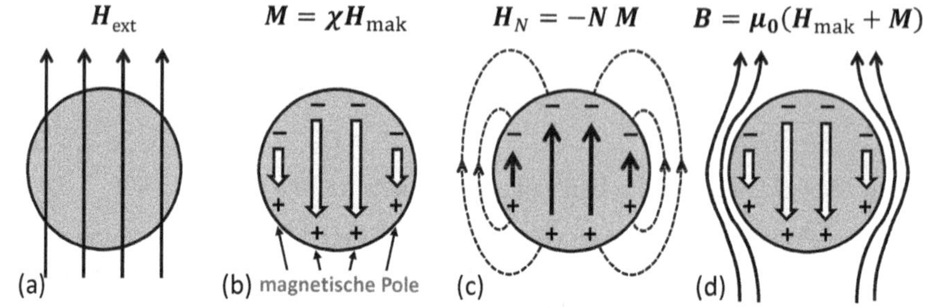

Abb. 13.4: (a) Eine supraleitende Kugel mit magnetischer Suszeptibilität $\chi = -1$ wird in ein homogenes externes Magnetfeld $\mathbf{H}_{ext}$ gebracht. (b) In der Probe wird eine homogene Magnetisierung $\mathbf{M} = \chi\mathbf{H}_{mak} = -\frac{3}{2}\mathbf{H}_{ext}$ induziert, die wegen $\chi = -1$ antiparallel zum makroskopischen Feld orientiert ist. (c) Aufgrund der auf der Kugeloberfläche entstehenden magnetischen Pole mit Flächendichte $\sigma_m = \mathbf{M}\cdot\widehat{\mathbf{e}}_n$ ($\widehat{\mathbf{e}}_n$ ist der Einheitsvektor senkrecht auf der Kugeloberfläche) resultiert ein Entmagnetisierungsfeld $\mathbf{H}_N = -N\mathbf{M} = \frac{1}{3}\frac{3}{2}\mathbf{H}_{ext} = \frac{1}{2}\mathbf{H}_{ext}$ antiparallel zur Magnetisierung. (d) Die magnetische Flussdichte $\mathbf{B}_i = \mu_0(\mathbf{H}_{mak} + \mathbf{M})$ verschwindet im Inneren der Probe. Die Flussdichte im Außenraum entsteht durch die Überlagerung des homogenen angelegten Felds $\mathbf{H}_{ext}$ mit dem Streufeld aufgrund der magnetischen Oberflächenpole.

Wir sehen, dass für eine supraleitende Kugel ($N = 1/3$, $\chi = -1$) das makroskopische Feld $\mathbf{H}_{mak} = \frac{3}{2}\mathbf{H}_{ext}$ beträgt. Setzen wir Gl. (A13.2.11) in Gl. (A13.2.9) ein, so erhalten wir

$$\mathbf{M} = \chi\mathbf{H}_{mak} = \frac{\chi}{1+N\chi}\mathbf{H}_{ext} = \frac{(\mu-1)}{1+N(\mu-1)}\mathbf{H}_{ext}\,. \tag{A13.2.12}$$

Für eine supraleitende Kugel ($N = 1/3$, $\chi = -1$) erhalten wir dann $\mathbf{M} = -\frac{3}{2}\mathbf{H}_{ext}$. Ohne Berücksichtigung der Entmagnetisierungseffekte würden wir also die scheinbare Suszeptibilität $\widetilde{\chi} = -3/2$ bestimmen. Mit den Ausdrücken für $\mathbf{H}_{mak}$ und $\mathbf{M}$ ergibt sich die magnetische Flussdichte $\mathbf{B}_i$ im Inneren der Probe zu

$$\mathbf{B}_i = \frac{1+\chi}{1+N\chi}\mathbf{B}_{ext} = \frac{\mu}{1+N(\mu-1)}\mathbf{B}_{ext}\,. \tag{A13.2.13}$$

Für eine supraleitende Kugel ($N = 1/3$, $\chi = -1$) erhalten wir $\mathbf{B}_i = 0$, wie wir es für einen Supraleiter erwarten (siehe hierzu Abb. 13.4).

(c) Eine realistische Messkonfiguration ist in Abb. 13.5 gezeigt. Zur Messung der Probenmagnetisierung befindet sich innerhalb des Solenoids eine Messspule (nicht gezeigt), welche die Probe umgibt und mit einem Voltmeter verbunden ist. Wenn das vom Solenoid erzeugte Feld $\mathbf{B}_{ext}(t)$ langsam – z. B. mit einer Frequenz von einigen 10 Hz (quasistatischer Limes) – oszilliert, können wir die erzeugte Flussdichteänderung $\dot{\mathbf{B}}_i(t)$ in der Probe als induzierte Spannung $V_{ind}(t) = -\partial\Phi_i/\partial t \propto -\partial B_i/\partial t$ messen. Das Integral $\int V_{ind}(t)dt \propto -B_i$ kann dann durch Kalibrierung in eine quantitative Beziehung zu $\mathbf{B}_i(t)$ gebracht werden. Mit dem obigen Ausdruck für $\mathbf{B}_i$ können wir dann die magnetische Suszeptibilität χ bei bekanntem Entmagnetisierungsfaktor N der Probe bestimmen. Auflösen von Gl. (A13.2.13) nach χ ergibt

$$\chi = \frac{B_i - B_{ext}}{B_{ext} - NB_i}\,. \tag{A13.2.14}$$

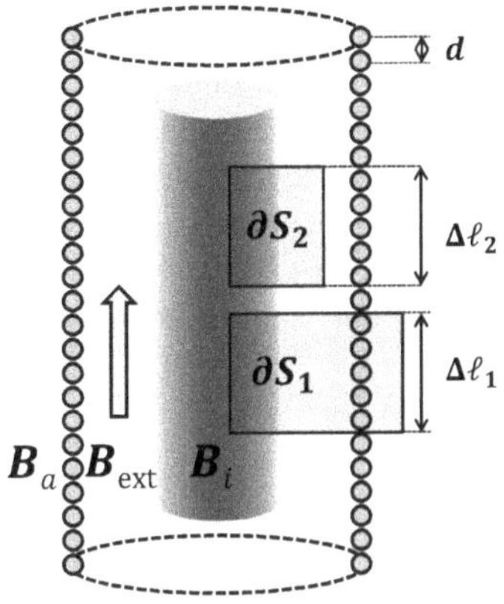

Abb. 13.5: Zylinderförmige supraleitende Probe in einer unendlich langen Spule.

Wir weisen darauf hin, dass die obigen Gleichungen exakt nur für homogene isotrope Materialien mit einer Form (z. B. Rotationsellipsoid, unendlich dünne planparallele Platte, unendlich langer Zylinder) gelten, für die eine homogene Magnetisierung der Probe parallel zum externen Feld vorliegt. Für komplizierte Probenformen und bei Vorliegen einer magnetischen Anisotropie können die Zusammenhänge wesentlich komplizierter sein.

(d) Wir wollen nun einige grundlegende Überlegungen zur Unterscheidung zwischen **H** und **B** anhand der in Abb. 13.5 gezeigten Messkonfiguration machen. Mit $\mathbf{B} = \mu_0(\mathbf{H} + \mathbf{M})$ können wir allgemein schreiben

$$\nabla \times \mathbf{B} = \mu_0(\nabla \times \mathbf{H} + \nabla \times \mathbf{M}) = \mu_0(\mathbf{J}_{sp} + \mathbf{J}_m) \,. \tag{A13.2.15}$$

Wir sehen, dass die Rotation von **B** mit der Gesamtstromdichte verbunden ist, die sich aus der üblichen elektrischen Stromdichte $\mathbf{J}_{sp}$ – z. B. im elektrischen Leiter einer Spule – und einer „Magnetisierungsstromdichte" $\mathbf{J}_m$ zusammensetzt, die mit einem magnetisierten Medium assoziiert ist. Die Rotation von **H** ist dagegen nur mit der in der Spule fließenden Stromdichte $\mathbf{J}_{sp}$ verbunden, die von einer äußeren Quelle erzeugt wird. Für das Flächenintegral über die von einem geschlossenen Pfad ∂S umschlossenen Fläche S gilt deshalb

$$\int_S d\mathbf{S} \cdot \nabla \times \mathbf{B} = \oint_{\partial S} \mathbf{B} \cdot d\boldsymbol{\ell} = \mu_0 \int_S d\mathbf{S} \cdot \left(\mathbf{J}_{sp} + \mathbf{J}_m\right) \tag{A13.2.16}$$

$$\int_S d\mathbf{S} \cdot \nabla \times \mathbf{H} = \oint_{\partial S} \mathbf{H} \cdot d\boldsymbol{\ell} = \int_S d\mathbf{S} \cdot \mathbf{J}_{sp} \,. \tag{A13.2.17}$$

Hierbei haben wir das Stokessche Theorem verwendet. Wir wenden diesen Sachverhalt nun auf die in Abb. 13.5 gezeigte Konfiguration an. Um die Diskussion einfach zu halten, vernachlässigen wir Entmagnetisierungseffekte an den Probenenden ($N = 0$), d. h. wir gehen von einer unendlich langen Probe aus. Für das Flächenintegral über die vom geschlossenen Pfad ∂S_1 umschlossene Fläche S_1 gilt

$$\int_{S_1} d\mathbf{S} \cdot \nabla \times \mathbf{B} = \oint_{\partial S_1} \mathbf{B} \cdot d\boldsymbol{\ell} = \mu_0 \int_{S_1} d\mathbf{S} \cdot \left(\mathbf{J}_{sp} + \mathbf{J}_m\right) \,. \tag{A13.2.18}$$

Die Stromdichte $\mathbf{J}_{\text{sp}}$ ist mit dem in der Spule fließenden Strom I_0 verbunden, während die Stromdichte $\mathbf{J}_{\text{m}}$ mit der Magnetisierung des Supraleiters, also mit der im Supraleiter fließenden Suprastromdichte J_s verknüpft ist. Dies ist eine wichtige Feststellung. Da es sich bei der Suprastromdichte um eine makroskopische Stromdichte und nicht wie bei anderen magnetischen Materialien um mikroskopische atomare Ströme handelt, wird oft vergessen, dass es sich bei J_s um eine Magnetisierungsstromdichte handelt.
Mit dem Spulenstrom I_0 und dem Windungsabstand d ergibt sich aus Gleichung (A13.2.18)

$$(B_i - B_a)\,\Delta\ell_1 = \mu_0 \left[J_s \lambda_{\text{L}} \Delta\ell_1 + I_0 \frac{\Delta\ell_1}{d} \right] . \tag{A13.2.19}$$

Dabei haben wir angenommen, dass der Suprastrom nur in einer Oberflächenschicht der Dicke λ_{L} (Londonsche Eindringtiefe) fließt. Da im Meißner-Zustand $B_i = 0$ und ferner außerhalb der unendlich langen Spule $B_a = 0$, finden wir

$$J_s = -\frac{I_0}{d\lambda_{\text{L}}} . \tag{A13.2.20}$$

Da für $N = 0$ das lokale Feld H_i im Innern des Supraleiters und das äußere Feld H_{ext} gleich sind [vergleiche Gl. (A13.2.11)], folgt

$$H_i = H_{\text{ext}} = \frac{I_0}{d} . \tag{A13.2.21}$$

Wenden wir das Ampèresche Durchflutungsgesetz auf die **H**-Felder an, so erhalten wir nach Gl. (A13.2.17) für den Integrationsweg ∂S_1

$$\oint_{\partial S_1} \mathbf{H} \cdot d\boldsymbol{\ell} = \int_{S_1} d\mathbf{S} \cdot \mathbf{J}_{\text{sp}} \qquad \Rightarrow \qquad H_i = \frac{I_0}{d} . \tag{A13.2.22}$$

Wir erhalten also wiederum das für $N = 0$ erwartete Ergebnis $H_i = H_{\text{ext}}$. Würden wir dagegen auf der rechten Seite von Gl. (A13.2.22) die Gesamtstromdichte $\mathbf{J}_{\text{sp}} + \mathbf{J}_{\text{m}}$ verwenden (dies würde bedeuten, dass wir J_s nicht als Magnetisierungsstromdichte interpretieren), so würden wir das paradoxe Ergebnis

$$H_i = J_s \lambda_{\text{L}} + \frac{I_0}{d} = 0 \tag{A13.2.23}$$

erhalten. Wir würden in gleicher Weise ein paradoxes Ergebnis erhalten, wenn wir in Gl. (A13.2.16) auf der rechten Seite anstelle der Gesamtstromdichte nur die Spulenstromdichte $\mathbf{J}_{\text{sp}}$ verwenden würden. Da außerhalb der langen Spule $B_a = 0$ ist, würde sich das für einen Supraleiter erstaunliche Ergebnis $B_i \neq 0$ ergeben.

(e) Mit den bereits gemachten Überlegungen erhalten wir folgendes Bild von der magnetischen Flussdichte unmittelbar außerhalb einer Kugel: Wegen $\nabla \cdot \mathbf{B} = 0$ wissen wir, dass die Normalkomponente B_n der magnetischen Flussdichte auf der Oberfläche stetig sein muss. Das bedeutet, dass $\mathbf{B}(r = R, \theta = 0)$ an den Polen der Kugel Null ist. Nach Aufgabenteil (b) ist die makroskopische Feldstärke im Inneren ortsunabhängig und gegeben durch

$$\mathbf{H}_{\text{mak}} = \frac{\mathbf{H}_{\text{ext}}}{1+N\chi} \overset{N=1/3,\chi=-1}{\widehat{=}} \frac{\mathbf{H}_{\text{ext}}}{1-\frac{1}{3}} = \frac{\mathbf{H}_{\text{ext}}}{2/3} = \frac{3}{2}\mathbf{H}_{\text{ext}} . \tag{A13.2.24}$$

Da die Tangentialkomponente H_t von $\mathbf{H}$ stetig sein muss, gilt am Äquator der Kugel $\mathbf{B}(r = R, \theta = \pi/2) = \frac{3}{2}\mathbf{B}_{\text{ext}}$.

(f) Für die magnetische Flussdichte außerhalb einer supraleitenden Kugel findet man in Büchern den Ausdruck

$$\mathbf{B}(r \geq R) = \mathbf{B}_{\text{ext}} + B_{\text{ext}} \frac{R^3}{2} \nabla \left(\frac{\cos\theta}{r^2} \right) . \tag{A13.2.25}$$

Dabei ist $B_{\text{ext}} = |\mathbf{B}_{\text{ext}}|$. Der Zusammenhang zwischen den Kugelkoordinaten (r, θ, φ) und den kartesischen Koordinaten (x, y, z) ist gegeben durch

$$\begin{aligned} x &= r\sin\theta\cos\varphi \\ y &= r\sin\theta\sin\varphi \\ z &= r\cos\theta . \end{aligned} \tag{A13.2.26}$$

Der Gradient lautet in Kugelkoordinaten

$$\nabla = \mathbf{e}_r \frac{\partial}{\partial r} + \mathbf{e}_\theta \frac{1}{r} \frac{\partial}{\partial \theta} + \mathbf{e}_\varphi \frac{1}{r\sin\theta} \frac{\partial}{\partial \varphi} . \tag{A13.2.27}$$

Zuerst müssen wir $\mathbf{B}_{\text{ext}}$ in Kugelkoordinaten umrechnen. Wir erhalten

$$\mathbf{B}_{\text{ext}} = B_{\text{ext}}(\mathbf{e}_r \cos\theta - \mathbf{e}_\theta \sin\theta) . \tag{A13.2.28}$$

Wegen der Symmetrie des Problems gibt es keine Projektion auf die $\mathbf{e}_\varphi$-Achse. Ferner ist $\mathbf{e}_\theta$ antiparallel zur $\mathbf{e}_z$-Achse, was in einem negativen Vorzeichen des $\mathbf{e}_\theta$-Terms resultiert. Mit den Ableitungen nach r und θ

$$\begin{aligned} \frac{\partial}{\partial r}\left(\frac{\cos\theta}{r^2}\right) &= -\left(\frac{2\cos\theta}{r^3}\right) \\ \frac{1}{r}\frac{\partial}{\partial\theta}\left(\frac{\cos\theta}{r^2}\right) &= -\left(\frac{\sin\theta}{r^3}\right) \end{aligned} \tag{A13.2.29}$$

erhalten wir

$$\begin{aligned} B_r &= B_{\text{ext}} \cos\theta \left(1 - \frac{R^3}{r^3} \right) \\ B_\theta &= -B_{\text{ext}} \sin\theta \left(1 + \frac{R^3}{2r^3} \right) . \end{aligned} \tag{A13.2.30}$$

Für $r = R$ gilt $B_r \equiv 0$ und $B_\theta = -\frac{3}{2}B_{\text{ext}}\sin\theta$. Die magnetische Flussdichte am Äquator ist also wie oben schon gesehen um 50 % überhöht. Das Feld im Außenraum ist eine Superposition des angelegten Feldes $B_{\text{ext}} = \mu_0 H_{\text{ext}}$ und des magnetischen Moments der Probe. Letzteres entspricht einem Dipol im Zentrum der Kugel mit $\mu_0\mathbf{m} = \mu_0(4\pi/3)R^3\mathbf{M} = -2\pi R^3\mathbf{B}_{\text{ext}}$.

Wegen $\nabla \times \mathbf{H} = 0$ (siehe oben) können wir $\mathbf{H}$ von einem skalaren Potenzial ableiten, also $\mathbf{H} = -\nabla\Phi_m$ schreiben. Mit den gegebenen Randbedingungen gilt dann für das Außenfeld

$$\Phi_m(r,\theta) = -\frac{B_{\text{ext}}}{\mu_0}\cos\theta\left(r + \frac{R^3}{2r^2}\right). \tag{A13.2.31}$$

Der erste Term ist für das externe Feld in z-Richtung, der zweite das Fernfeld des Dipols, das von den Suprasströmen an der Oberfläche herrührt, verantwortlich.

A13.3 Meißner-Ochsenfeld-Effekt und London-Gleichungen

Wir bringen einen (genügend dicken) Supraleiter oberhalb seiner Sprungtemperatur in ein äußeres Magnetfeld $B_{\text{ext}} = \mu_0 H_{\text{ext}}$ und kühlen ihn unter seine Sprungtemperatur T_c ab. Wir beobachten, dass unterhalb der Sprungtemperatur der magnetische Fluss aus dem Inneren des Supraleiters verdrängt wird. Diesen Effekt bezeichnet man nach seinen Entdeckern als Meißner-Ochsenfeld-Effekt. Er kann nicht alleine durch die Annahme einer perfekten Leitfähigkeit erklärt werden. Das heißt, ein Supraleiter ist mehr als ein idealer Leiter.

(a) Zeigen Sie, dass die magnetische Suszeptibilität im supraleitenden Zustand $\chi = -1$ beträgt.

(b) Versuchen sie, den Meißner-Ochsenfeld-Effekt im Bild eines idealen Leiters zu erklären. Betrachten sie dazu die Bewegungsgleichung

$$m_s \frac{d\mathbf{v}_s}{dt} = q_s\mathbf{E}$$

der „supraleitenden" Ladungsträger mit Ladung q_s, Masse m_s und Dichte n_s in einem idealen Leiter (keine Reibungskraft) bei Vorhandensein eines elektrischen Feldes $\mathbf{E}$. Hierbei ist $\mathbf{v}_s$ die Geschwindigkeit der Ladungsträger, die mit der Stromdichte über $\mathbf{J}_s = q_s n_s \mathbf{v}_s$ verbunden ist. Aus dem Faradayschen Induktionsgesetz können wir einen Ausdruck der Form

$$\frac{\partial}{\partial t}\left[f(\mathbf{J}_s) + g(\mathbf{b})\right] = 0$$

mit zwei Funktionen f und g ableiten, die von $\mathbf{J}_s$ bzw. der inneren magnetischen Flussdichte $\mathbf{b} = \mu_0(\mathbf{H}_{\text{ext}} + \mathbf{M})$ abhängen. Diskutieren Sie die magnetische Flussdichte $\mathbf{b}$ und Stromdichten $\mathbf{J}_s$ innerhalb des idealen Leiters und beschreiben Sie, welche Lösung dieser Gleichung die experimentellen Beobachtungen in einem Supraleiter physikalisch sinnvoll beschreibt.

(c) Aus der experimentellen Beobachtung des Meißner-Ochsenfeld-Effekts können wir schließen, dass im Supraleiter nicht nur die zeitliche Änderung der magnetischen Flussdichte, sondern diese selbst verschwindet. Deshalb muss

$$f(\mathbf{J}_s) + g(\mathbf{b}) = 0$$

gelten (2. London-Gleichung) und nicht nur $\frac{\partial}{\partial t}[f(\mathbf{J}_s) + g(\mathbf{b})] = 0$. Lösen Sie die entsprechende Differentialgleichung für den Spezialfall eines halbunendlich ausgedehnten

Supraleiters, der den Halbraum $x \geq 0$ einnimmt. Definieren Sie eine charakteristische Eindringtiefe λ_L (die sog. Londonsche Eindringtiefe) des Magnetfeldes. Welche Bedeutung besitzt λ_L?

Lösung

(a) Für die magnetische Flussdichte im Inneren eines Supraleiters gilt $\mathbf{b}_i = 0$. Für einen langen Zylinder, in dem Entmagnetisierungseffekte vernachlässigt werden können, folgt wegen $\mathbf{H}_{\mathrm{mak}} = \mathbf{H}_{\mathrm{ext}}$ für die Magnetisierung $\mathbf{M} = \chi \mathbf{H}_{\mathrm{mak}} = \chi \mathbf{H}_{\mathrm{ext}}$. Für die Flussdichte im Inneren des Supraleiters ergibt sich damit

$$\mathbf{b}_i = \mu_0 \left(\mathbf{H}_{\mathrm{ext}} + \mathbf{M} \right) = \mu_0 \mathbf{H}_{\mathrm{ext}} \left(1 + \chi \right) = 0\,, \tag{A13.3.1}$$

also $\chi = -1$. Ein Supraleiter ist daher ein idealer Diamagnet.

(b) Die im Folgenden vorgestellte phänomenologische Beschreibung der Supraleitung wurde zuerst von London und London (1935) vorgeschlagen. Wir gehen von einem Leiter mit einem verschwindenden spezifischen Widerstand $\rho = 0$ aus. Da $\rho \propto 1/\tau$ ist dies gleichbedeutend mit der Annahme einer unendlich langen Streuzeit $\tau \to \infty$. In der klassischen Bewegungsgleichung der supraleitenden Ladungsträger in einem äußeren elektrischen Feld kann deshalb der Reibungsterm $m_s v_s/\tau$ weggelassen werden und wir erhalten

$$m_s \frac{\mathrm{d}\mathbf{v}_s}{\mathrm{d}t} = q_s \mathbf{E}\,. \tag{A13.3.2}$$

Mit der Stromdichte $\mathbf{J}_s = q_s n_s \mathbf{v}_s$ folgt daraus sofort die so genannte 1. London-Gleichung:

$$\frac{d}{dt}\mathbf{J}_s = \frac{n_s q_s^2}{m_s}\mathbf{E}\,. \tag{A13.3.3}$$

Die 1. London-Gleichung besagt, dass nicht die Stromdichte proportional zum elektrischen Feld ist (Ohmsches Gesetz) sondern ihre Zeitableitung. Mittels des Faradayschen Induktionsgesetzes $\nabla \times \mathbf{E} = -\partial \mathbf{b}/\partial t$ erhalten wir aus Gl. (A13.3.3) sofort die Beziehung

$$\frac{\partial}{\partial t}\left(\nabla \times \mathbf{J}_s + \frac{q_s^2 n_s}{m_s}\mathbf{b} \right) = 0\,, \tag{A13.3.4}$$

also $\frac{\partial}{\partial t}[f(\mathbf{J}_s) + g(\mathbf{b})] = 0$ mit den Funktionen $f(\mathbf{J}_s) = \nabla \times \mathbf{J}_s$ und $g(\mathbf{b}) = \frac{q_s^2 n_s}{m_s}\mathbf{b}$. Gleichung (A13.3.4) beschreibt das Verhalten eines idealen Leiters mit $\rho = 0$ vollkommen korrekt, z. B. dass der magnetische Fluss durch eine Leiterschleife mit perfekter Leitfähigkeit zeitlich konstant bleibt (vergleiche hierzu Aufgabe A13.1). Sie beschreibt allerdings noch nicht den Meißner-Ochsenfeld-Effekt, also den idealen Diamagnetismus eines Supraleiters bzw. die vollkommene Verdrängung der magnetischen Flussdichte aus dem Inneren eines Supraleiters.

Wir betrachten nun verschiedene Spezialfälle möglicher Lösungen für die magnetische Flussdichte **b**:

- $\mathbf{b}$ = const: Ein statisches Magnetfeld, das von Null verschieden ist, führt gemäß $\nabla \times \mathbf{b} = \mu_0 \mathbf{J}_s$ zu einer zeitlich konstanten Stromdichte $\mathbf{J}_s$ und erfüllt trivialerweise Gleichung (A13.3.4). Wir wissen allerdings, dass die magnetische Flussdichte im Inneren eines Supraleiters verschwindet. Somit wäre an den Rändern die Differenzierbarkeit nicht gegeben.
- $\mathbf{b} = 0$: Für diese Lösung müsste auch $\mathbf{J}_s = 0$ gelten. Dies ist allerdings in einem Supraleiter bei endlichem äußeren Feld nicht der Fall.
- $\mathbf{b} = \mu_0 \mathbf{H}_{\text{ext}} \exp(-kx)$: Ein exponentieller Abfall der magnetischen Flussdichte von der Oberfläche ins Innere der Probe hinein beschreibt die experimentellen Beobachtungen gut (siehe nachfolgende Teilaufgabe).

(c) Die Integration von Gleichung (A13.3.4) liefert bei zeitlich konstanter Stromdichte und Flussdichte eine Integrationskonstante. Setzen wir diese gleich Null, erhalten wir unmittelbar die 2. London-Gleichung

$$f(\mathbf{J}_s) + g(\mathbf{b}) = 0\,, \tag{A13.3.5}$$

bzw.

$$\nabla \times \mathbf{J}_s + \frac{q_s^2 n_s}{m_s} \mathbf{b} = 0\,. \tag{A13.3.6}$$

Diese Gleichung beschreibt den Meißner-Ochsenfeld-Effekt richtig. Sie besagt, dass im supraleitenden Zustand nicht nur eine zeitliche Änderung der Flussdichte, sondern diese selbst verschwindet. Kühlen wir einen Supraleiter in einem konstantem Magnetfeld

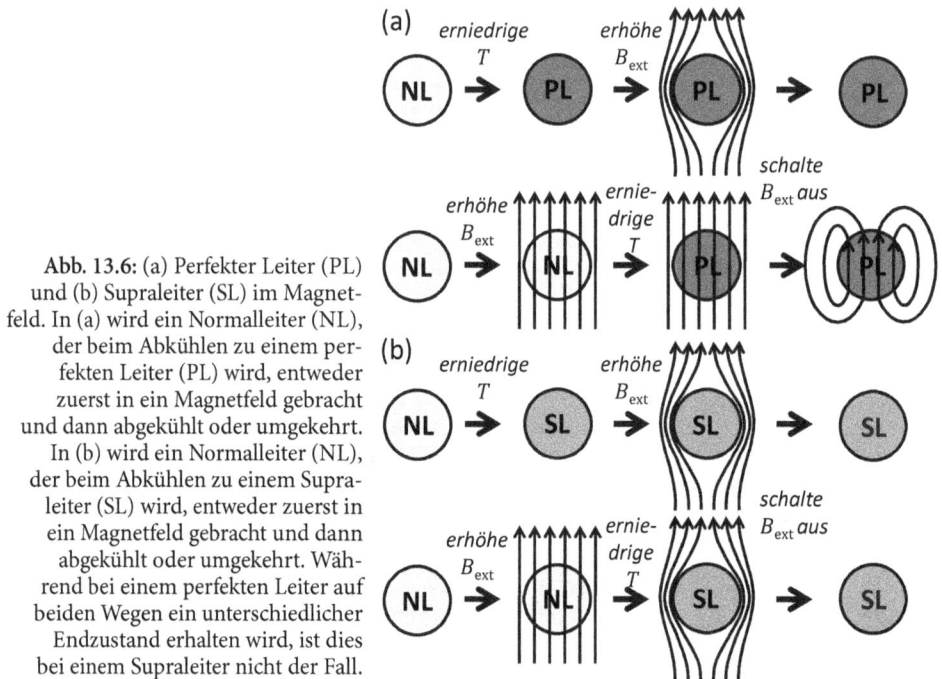

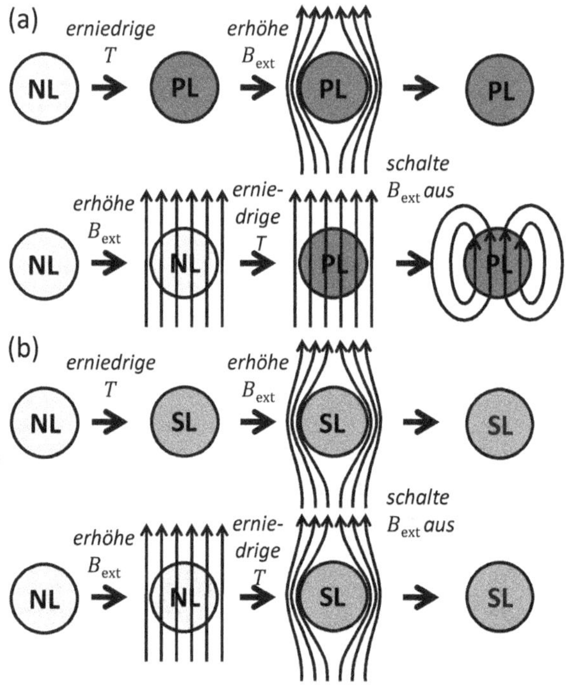

Abb. 13.6: (a) Perfekter Leiter (PL) und (b) Supraleiter (SL) im Magnetfeld. In (a) wird ein Normalleiter (NL), der beim Abkühlen zu einem perfekten Leiter (PL) wird, entweder zuerst in ein Magnetfeld gebracht und dann abgekühlt oder umgekehrt. In (b) wird ein Normalleiter (NL), der beim Abkühlen zu einem Supraleiter (SL) wird, entweder zuerst in ein Magnetfeld gebracht und dann abgekühlt oder umgekehrt. Während bei einem perfekten Leiter auf beiden Wegen ein unterschiedlicher Endzustand erhalten wird, ist dies bei einem Supraleiter nicht der Fall.

unter die Sprungtemperatur ab, so verdrängt er das Feld vollkommen. Ein idealer Leiter würde das nicht tun, er würde nur zeitliche Änderungen perfekt verdrängen. Für einen Supraleiter ist es also egal, ob wir zuerst das Magnetfeld einschalten und dann bei konstantem Feld abkühlen oder erst abkühlen und dann das Magnetfeld anschalten. Der Endzustand ist immer der gleiche (siehe Abb. 13.6b) und unabhängig von den Details des Weges, wie man zu diesem Endzustand gelangt. Der supraleitende Zustand ist deshalb eine thermodynamische Phase. Für einen idealen Leiter ist das nicht so. Kühlen wir zuerst ab und schalten wir dann das Magnetfeld ein, so wird die zeitliche Änderung (Einschalten) der Flussdichte abgeschirmt. Schalten wir allerdings das Magnetfeld zuerst ein und kühlen dann bei konstantem Magnetfeld ab, so ist die zeitliche Änderung der Flussdichte nach Erreichen des perfekt leitenden Zustands Null und der perfekte Leiter wird von der Flussdichte durchsetzt (siehe Abb. 13.6a).
Wir sehen, dass die supraleitende Stromdichte $\mathbf{J}_s$ nicht wie beim Ohmschen Gesetz proportional zum elektrischen Feld $\mathbf{E}$ sondern zum Vektorpotential $\mathbf{A}$ ist:[1]

$$\mathbf{J}_s = -\frac{q_s^2 n_s}{m_s}\mathbf{A}\,. \tag{A13.3.7}$$

Bilden wir die Rotation der Maxwell-Gleichung $\nabla \times \mathbf{b} = \mu_0 \mathbf{J}_s$ erhalten wir unter Benutzung von Gl. (A13.3.7)

$$\nabla \times (\nabla \times \mathbf{b}) = -\frac{\mu_0 q_s^2 n_s}{m_s}\mathbf{b}\,. \tag{A13.3.8}$$

Mit der Vektoridentität $\nabla \times (\nabla \times \mathbf{b}) = \nabla(\nabla \cdot \mathbf{b}) - \nabla^2 \mathbf{b}$ und $\nabla \cdot \mathbf{b} = 0$ ergibt sich die Differentialgleichung

$$\nabla^2 \mathbf{b} = \frac{\mu_0 q_s^2 n_s}{m_s}\mathbf{b}\,. \tag{A13.3.9}$$

Für einen halbunendlich ausgedehnten Supraleiter mit $x \geq 0$ und einem in z-Richtung angelegten Magnetfeld $B_{\text{ext}} = B_0$ führt dies zu

$$\partial_x^2 b_z - \frac{b_z}{\lambda_{\text{L}}^2} = 0 \tag{A13.3.10}$$

mit der Londonschen Eindringtiefe λ_{L}

$$\lambda_{\text{L}} \equiv \sqrt{\frac{m_s}{\mu_0 q_s^2 n_s}}\,. \tag{A13.3.11}$$

Die physikalisch relevante Lösung lautet

$$b_z(x) = B_0 \exp\left(-\frac{x}{\lambda_{\text{L}}}\right)\,. \tag{A13.3.12}$$

---

1 Wir weisen darauf hin, dass dieser Zusammenhang nicht eichinvariant ist. Der eichinvariante Zusammenhang lautet $\mathbf{J}_s = -\frac{q_s^2 n_s}{m_s}\mathbf{A} + \frac{q_s n_s \hbar}{m_s}\nabla\theta$. Bilden wir die Rotation dieser Gleichung, so verschwindet die Rotation des Gradienten der skalaren Funktion $\theta(\mathbf{r}, t)$ und wir erhalten Gl. (A13.3.6).

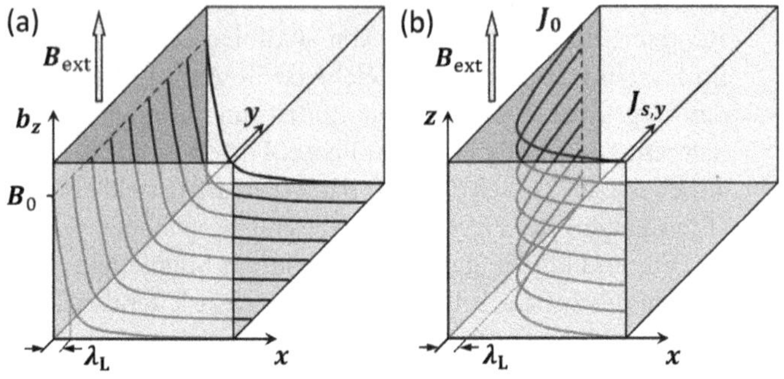

Abb. 13.7: Zur Diskussion der Londonschen Eindringtiefe: Exponentieller Abfall der magnetischen Flussdichte b_z (a) und der supraleitenden Stromdichte $J_{s,y}$ (b) im Inneren eines halbunendlich ausgedehnten Supraleiters als Funktion des Abstandes x von der Oberfläche. Das externe Magnetfeld ist hierbei in z-Richtung angelegt, der Supraleiter erstreckt sich im Halbraum $x \geq 0$.

Gleichung (A13.3.12) zeigt, dass das Magnetfeld im Inneren des Supraleiters exponentiell mit der charakteristischen Längenskala λ_{L} abklingt. Aus

$$\nabla^2 \mathbf{J}_s = \frac{\mu_0 q_s^2 n_s}{m_s} \mathbf{J}_s \qquad \text{(A13.3.13)}$$

folgt analog, dass nicht nur die magnetische Flussdichte, sondern auch die supraleitende Stromdichte im Supraleiter exponentiell abklingt (siehe Abb. 13.7). Eine größenordnungsmäßige Abschätzung der Londonschen Eindringtiefe ergibt einige 10 nm. Bei einem makroskopischen Supraleiter mit Abmessungen im Zentimeterbereich können wir also in guter Näherung sagen, dass die magnetische Flussdichte vollkommen aus dem Inneren verdrängt wird. Bei dünnen Filmen mit Schichtdicken im Bereich der Londonschen Eindringtiefe ist dies natürlich nicht mehr der Fall (siehe Aufgabe A13.4).
Wir haben gesehen, dass wir die Londonschen Gleichungen aus der klassischen Bewegungsgleichung für die „supraleitenden Ladungsträger" herleiten können, wenn wir den Reibungsterm vernachlässigen (perfekte Leitfähigkeit) und wenn wir annehmen, dass nicht nur zeitliche Änderungen der magnetischen Flussdichte sondern diese selbst im Inneren des Supraleiters verschwinden (Meißner-Effekt). Nach der Entwicklung der BCS-Theorie (1957) wurde klar, dass nicht einzelne Elektronen sondern Elektronenpaare - so genannte Cooper-Paare - den Strom in Supraleitern tragen. Wir können dies in unserer obigen Diskussion einfach berücksichtigen, indem wir $n_s = n/2$, $q_s = -2e$ und $m_s = 2m$ setzen.

A13.4 Das Eindringen eines Magnetfeldes in eine dünne Platte

Zeigen Sie, dass das Magnetfeld $b_z(x)$ im Inneren einer in der yz-Ebene unendlich ausgedehnten Platte der Dicke d mit $(-d/2 \leq x \leq d/2)$ ein Profil der Form

$$b_z(x) = B_0 \frac{\cosh(x/\lambda_{\mathrm{L}})}{\cosh(d/2\lambda_{\mathrm{L}})}$$

aufweist. Hierbei ist $B_0 = b_z(x = \pm d/2)$ das von außen parallel zur Platte angelegte Feld und λ_{L} die Londonsche Eindringtiefe.

Lösung

Wir starten von der Abschirmungsgleichung (A13.3.10)

$$\frac{\partial^2 b_z(x)}{\partial x^2} = \frac{b_z(x)}{\lambda_L^2} \tag{A13.4.1}$$

und machen den Lösungsansatz

$$b_z(x) = e^{\kappa x} . \tag{A13.4.2}$$

Einsetzen dieses Ansatzes liefert $\kappa^2 = \lambda_L^{-2}$ und somit

$$\kappa_{1,2} = \pm \frac{1}{\lambda_L} . \tag{A13.4.3}$$

Daraus ergibt sich die allgemeine Lösung

$$b_z(x) = c_1\, e^{\frac{x}{\lambda_L}} + c_2\, e^{-\frac{x}{\lambda_L}} . \tag{A13.4.4}$$

Die Randbedingungen $b_z(x = \pm d/2) = B_0$ liefern folgendes Gleichungssystem für c_1 und c_2:

$$\underbrace{\begin{pmatrix} e^{\frac{d}{2\lambda_L}} & e^{-\frac{d}{2\lambda_L}} \\ e^{-\frac{d}{2\lambda_L}} & e^{\frac{d}{2\lambda_L}} \end{pmatrix}}_{\mathbf{M}} \begin{pmatrix} c_1 \\ c_2 \end{pmatrix} = \begin{pmatrix} B_0 \\ B_0 \end{pmatrix} . \tag{A13.4.5}$$

Die Inversion der Matrix **M** ergibt

$$c_1 = c_2 = \frac{B_0}{2\cosh\left(\frac{d}{2\lambda_L}\right)} . \tag{A13.4.6}$$

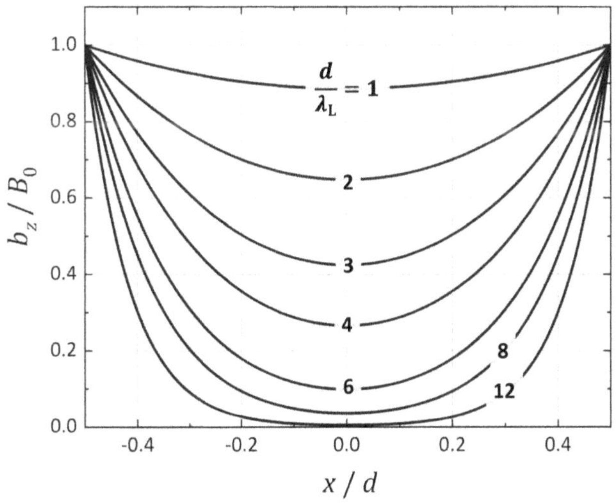

Abb. 13.8: Feldverteilung $b_z(x)/B_0$ in einer dünnen supraleitenden Platte mit Dicke d für verschiedene Werte von λ_L/d. Das äußere Feld B_0 ist parallel zur Platte in z-Richtung angelegt.

Damit lautet das Resultat für die Feldverteilung in der Platte:

$$b_z(x) = B_0 \frac{\cosh\left(\frac{x}{\lambda_L}\right)}{\cosh\left(\frac{d}{2\lambda_L}\right)} . \tag{A13.4.7}$$

Diese Feldverteilung ist in Abb. 13.8 für verschiedene Werte des Parameters λ_L/d dargestellt.

A13.5 Spezifische Wärmekapazität von Supraleitern

Wir betrachten die Supraleiter Al, Nb und Pb mit den in Tabelle 13.1 gegebenen charakteristischen Parametern.

Tabelle 13.1: Materialparameter von Al, Nb und Pb.

Material	T_c (K)	$B_{cth}(0)$ (mT)	$\Delta c/c_n$ exp.	$\Delta(0)$ (meV)	γ (mJ/(mol K^2))	M (g/mol)	ρ (g/cm^3)
Al	1.2	10	1.4	0.17	1.35	27.0	2.7
Nb	9.2	206	1.9	1.52	7.79	92.9	8.4
Pb	7.2	80	2.7	1.37	2.98	207.2	11.4

(a) Berechnen Sie den Sprung der spezifischen Wärmekapazität $\Delta c/c_n = (c_s - c_n)/c_n$ eines Supraleiters bei $T = T_c$ aus der Dichte der freien Energie. Hierbei sind c_s und c_n die spezifischen Wärmekapazitäten in der supraleitenden und normalleitenden Phase.

(b) Berechnen Sie $\Delta c/c_n$ für Aluminium, Niob und Blei aus dem kritischen Feld $B_{cth}(0)$ und T_c. Benutzen Sie dazu die Werte aus Tabelle 13.1.

(c) Nach der mikroskopischen (BCS) Theorie ist der Unterschied zwischen der Dichte der freien Enthalpien von Normal- und Suprazustand gegeben durch $\frac{1}{4V} D(E_F)\Delta^2(0)$. Dabei ist $D(E_F)$ die elektronische Zustandsdichte (für beide Spin-Richtungen) an der Fermi-Energie und $\Delta(0)$ die Energielücke des Supraleiters bei $T = 0$, die man z. B. aus dem Tieftemperaturverlauf von c_s, aus Tunnel- oder aus optischen Experimenten erhalten kann. Benutzen Sie den Sommerfeld-Ausdruck für c_n, um $\Delta c/c_n$ aus den mikroskopischen Größen zu berechnen.

(d) Vergleichen und diskutieren Sie die Ergebnisse von (b) und (c).

Lösung

(a) Mit dem Differential der inneren Energie, $dU = TdS - pdV + VB_{ext}dM$, wobei $VB_{ext}dM$ die an dem System verrichtete Magnetisierungsarbeit ist, und der freien Energie $\mathcal{F} = U - TS$ erhalten wir das Differential der freien Energie zu

$$d\mathcal{F} = -SdT - pdV + VB_{ext}dM . \tag{A13.5.1}$$

Um die Terme $-pdV$ und $VB_{ext}dM$ vernachlässigen zu können, müssten wir Experimente bei konstantem Volumen und konstantem magnetischem Moment durchführen, was schwierig zu realisieren ist. Deshalb ist es günstiger, die freie Enthalpie $\mathcal{G} =$

$U - TS + pV - VMB_{\text{ext}}$ zu betrachten, deren Differential durch

$$d\mathcal{G} = -SdT + Vdp - VMdB_{\text{ext}} \tag{A13.5.2}$$

gegeben ist. Führen wir das Experiment bei konstantem Druck und konstantem äußeren Feld durch, was leicht realisiert werden kann, so erhalten wir $d\mathcal{G} = -SdT$ und damit

$$S = -\left.\frac{\partial\mathcal{G}}{\partial T}\right|_{p,B_{\text{ext}}} . \tag{A13.5.3}$$

Für die spezifische Wärmekapazität bei konstantem Druck und Magnetfeld ergibt sich

$$\begin{aligned} c_p &= \frac{C_p}{V} = \frac{1}{V}\left.\frac{\delta Q}{\delta T}\right|_{p,B_{\text{ext}}} \overset{\delta T\to 0}{\widehat{=}} \frac{T}{V}\left.\frac{\partial S}{\partial T}\right|_{p,B_{\text{ext}}} \\ &= -\frac{T}{V}\left.\frac{\partial^2\mathcal{G}}{\partial T^2}\right|_{p,B_{\text{ext}}} = -T\left.\frac{\partial^2\mathfrak{g}}{\partial T^2}\right|_{p,B_{\text{ext}}} . \end{aligned} \tag{A13.5.4}$$

Hierbei haben wir die Enthalpiedichte $\mathfrak{g} = \mathcal{G}/V$ benutzt.
Die Differenz der freien Enthalpiedichten im supraleitenden und normalleitenden Zustand ist gegeben durch

$$\Delta\mathfrak{g}(T) = \mathfrak{g}_s(0,T) - \mathfrak{g}_n(0,T) = -\frac{B_{\text{cth}}^2(T)}{2\mu_0} , \tag{A13.5.5}$$

wobei B_{cth} das thermodynamische kritische Feld des Supraleiters ist. Mit Gleichung (A13.5.4) erhalten wir dann

$$\Delta c_p = c_{p,s} - c_{p,n} = \frac{T}{\mu_0}\left[B_{\text{cth}}\frac{\partial^2 B_{\text{cth}}}{\partial T^2} + \left(\frac{\partial B_{\text{cth}}}{\partial T}\right)^2\right] . \tag{A13.5.6}$$

Dieser Zusammenhang wird meist als ***Rutgers-Formel*** bezeichnet.[2] Für $T \to T_c$ können wir den ersten Term in der eckigen Klammer vernachlässigen, da $B_{\text{cth}} \to 0$. Benutzen wir $c_{p,n} = \gamma T$, wobei γ der Sommerfeld-Koeffizient ist, und die phänomenologische Temperaturabhängigkeit $B_{\text{cth}} = B_{\text{cth}}(0)[1 - (T/T_c)^2]$, so erhalten wir für $T = T_c$

$$\frac{\Delta c_p}{c_{p,n}} = \frac{c_{p,s} - c_{p,n}}{c_{p,n}} = \frac{1}{\gamma T_c}\frac{T_c}{\mu_0}\left(\frac{\partial B_{\text{cth}}}{\partial T}\right)^2_{T=T_c} = \frac{8}{\gamma T_c^2}\frac{B_{\text{cth}}^2(0)}{2\mu_0} . \tag{A13.5.7}$$

(b) Gleichung (A13.5.7) zeigt, dass wir einen Sprung in der spezifischen Wärmekapazität bei T_c erwarten. Dieser kann direkt kalorimetrisch gemessen werden. Andererseits können wir aber auch $B_{\text{cth}}(0)$ durch eine Magnetisierungsmessung bei sehr tiefen Temperaturen bestimmen und mit diesem gemessenen Wert den Sprung in der spezifischen Wärmekapazität bei $T = T_c$ berechnen. Letzteres wollen wir im Folgenden tun, wobei wir die in der Tabelle 13.1 angegebenen Werte für $B_{\text{cth}}(0)$, T_c und γ verwenden. Um die

---

2 A. J. Rutgers, *Bemerkung zur Anwendung der Thermodynamik auf die Supraleitung*, Physica **3**, 999 (1936).

Berechnung durchzuführen, müssen wir zuerst alle Größen in SI-Einheiten umrechnen. Um den Sommerfeld-Koeffizienten in $\mathrm{J/(m^3K^2)}$ zu erhalten, müssen wir die in der Aufgabenstellung in $\mathrm{mJ/(mol\,K^2)}$ angegebenen Werte zuerst mit 1000 multiplizieren, durch die Molmasse M teilen und mit der Dichte ρ multiplizieren. Das Ergebnis und der daraus berechnete Wert für $\Delta c_p / c_{p,n}$ sind in Tabelle 13.2 angegeben. Wir sehen, dass die berechneten und direkt kalorimetrisch gemessenen Werte gut übereinstimmen.

Tabelle 13.2: Berechnete und gemessene spezifische Wärme zusammen mit weiteren Materialparametern von Al, Nb und Pb.

Material	T_c (K)	$B_{\mathrm{cth}}(0)$ (mT)	$\Delta c/c_n$ exp.	$\Delta c/c_n$ ber.	γ $(\mathrm{mJ/(mol\,K^2)})$	γ $(\mathrm{J/(m^3K^2)})$	M (g/mol)	ρ $(\mathrm{g/cm^3})$
Al	1.2	10	1.4	1.6	1.35	135	27.0	2.7
Nb	9.2	206	1.9	2.2	7.79	704	92.9	8.4
Pb	7.2	80	2.7	2.4	2.98	164	207.2	11.4

(c) Wir benutzen nun die Vorhersage der BCS-Theorie, dass die Grundzustandsenergiedichte bei $T = 0$ um $D(E_\mathrm{F})\Delta^2(0)/4V$ unter derjenigen des Normalzustandes liegt. Damit erhalten wir den Unterschied der freien Enthalpiedichten zu

$$\Delta \mathfrak{g} = \mathfrak{g}_s(0,T) - \mathfrak{g}_n(0,T) = -\frac{1}{4}\frac{D(E_\mathrm{F})}{V}\Delta^2(0) = -\frac{B_{\mathrm{cth}}^2(0)}{2\mu_0}\,, \qquad \text{(A13.5.8)}$$

wobei $\Delta(0)$ die Energielücke im Anregungsspektrum des Supraleiters bei $T = 0$ ist. Wir können nun diese Beziehung wiederum dazu benutzen, um $\Delta c_p / c_{p,n}$ abzuschätzen. Wir müssen hierzu noch den Sommerfeld-Koeffizienten γ als Funktion der Zustandsdichte $D(E_\mathrm{F})$ an der Fermi-Kante ausdrücken. Es gilt

$$\gamma = \frac{\pi^2}{2}\, n\, \frac{k_\mathrm{B}^2}{E_\mathrm{F}} \overset{D(E_\mathrm{F})=\frac{3}{2}E_\mathrm{F} n V}{\widehat{=}} \frac{\pi^2}{3}\frac{D(E_\mathrm{F})}{V}k_\mathrm{B}^2\,. \qquad \text{(A13.5.9)}$$

Mit diesem Ausdruck erhalten wir

$$\begin{aligned}\frac{\Delta c_p}{c_{p,n}} &= \frac{8}{\gamma T_c^2}\frac{B_{\mathrm{cth}}^2(0)}{2\mu_0} = \frac{8}{\gamma T_c^2}\frac{1}{4}\frac{D(E_\mathrm{F})}{V}\Delta^2(0) \\ &= \frac{8}{\frac{\pi^2}{3}\frac{D(E_\mathrm{F})}{V}k_\mathrm{B}^2 T_c^2}\frac{1}{4}\frac{D(E_\mathrm{F})}{V}\Delta^2(0) = \frac{6}{\pi^2}\left(\frac{\Delta(0)}{k_\mathrm{B}T_c}\right)^2\,. \end{aligned} \qquad \text{(A13.5.10)}$$

Mit der BCS-Vorhersage $\Delta(0)/k_\mathrm{B}T_c = \pi/e^\gamma = 1.76387699$ für schwach koppelnde Supraleiter (mit der Euler-Konstante $\gamma = 0.5772\ldots$), erhalten wir

$$\frac{\Delta c_p}{c_{p,n}} = 1.8914\,. \qquad \text{(A13.5.11)}$$

Man beachte, dass der Vorfaktor $6/\pi^2 = 0.6079\ldots$ in Gleichung (A13.5.10), den wir unter Benutzung der BCS-Kondensationsenergiedichte $D(E_\mathrm{F})\Delta^2(0)/4V$ für $T = 0$ und der phänomenologischen Temperaturabhängigkeit $\propto [1 - (T/T_c)^2]$ erhalten haben, etwas größer ist als der von der BCS-Theorie vorhergesagte Wert von 0.46. Die BCS-Theorie liefert nämlich [vgl. R. Gross und A. Marx, *Festkörperphysik*, 4. Auflage, Walter de Gruyter GmbH (2023)]

$$\frac{\Delta c_p}{c_{p,n}} = \frac{D(E_\mathrm{F})}{2\gamma T_c} \left.\frac{-d\Delta^2(T)}{dT}\right|_{T=T_c}, \qquad \text{(A13.5.12)}$$

was mit $\Delta(T) = 1.7366\,\Delta(0)[1 - (T/T_c)]^{1/2}$ für $T \simeq T_c$ auf

$$\frac{\Delta c_p}{c_{p,n}} = \frac{3 \cdot 1.7366^2}{2\pi^2} \left(\frac{\Delta(0)}{k_\mathrm{B} T_c}\right)^2 = 0.45837 \left(\frac{\Delta(0)}{k_\mathrm{B} T_c}\right)^2 = 1.4261\ldots \qquad \text{(A13.5.13)}$$

führt. Der kleinere Wert resultiert daraus, dass die BCS-Theorie eine von der phänomenologischen Näherung $B_\mathrm{cth}(T) \propto [1 - (T/T_c)^2]$ etwas abweichende Temperaturabhängigkeit des kritischen Feldes ergibt. Benutzen wir die in der Aufgabenstellung angegebenen Werte von $\Delta(0)$ und T_c, so erhalten wir die in Tabelle 13.3 angegebenen Werte für $\Delta c_p/c_{p,n}$.

Tabelle 13.3: Sprung $\Delta c_p/c_{p,n}$ der spezifischen Wärmekapazität von Al, Nb und Pb berechnet nach Gleichung (A13.5.10) und (A13.5.12) mit den angegebenen Werten für $\Delta(0)$ und T_c. Zum Vergleich ist der kalorimetrisch gemessene Wert gezeigt.

Material	T_c	$\Delta(0)$	$\Delta c/c_n$	$\Delta c/c_n$	$\Delta c/c_n$
	(K)	(meV)	exp.	Gl.(A13.5.10)	Gl.(A13.5.12)
Al	1.2	0.17	1.4	1.6	1.2
Nb	9.2	1.52	1.9	2.2	1.7
Pb	7.2	1.37	2.7	2.9	2.2

(d) Das Verhältnis $\Delta(0)/k_\mathrm{B} T_c$ ist ein Maß für die Kopplungsstärke zwischen den Elektronen in Supraleitern. Im Grenzfall schwacher Kopplung (BCS-Theorie) gilt im isotropen Fall $\Delta(0)/k_\mathrm{B} T_c = \pi/e^\gamma = 1.7638\ldots$ (mit der Euler-Konstante $\gamma = 0.5772\ldots$) und damit $\Delta c_p/c_{p,n} = 12/7\zeta(3) = 1.4261\ldots$ (mit der Riemannschen ζ-Funktion). Dagegen erhalten wir $\Delta c_p/c_{p,n} = 1.8913\ldots$, wenn wir Gleichung (A13.5.10) verwenden, und $\Delta c_p/c_{p,n} = 2$, wenn wir den thermodynamischen Tieftemperaturlimes verwenden. Wir wollen in diesem Zusammenhang aber darauf hinweisen, dass außer dem BCS-Ergebnis die Zahlenwerte hier nicht so wichtig sind. Sie sollen lediglich zeigen, wie nahe man dem richtigen Wert mit einfachen Überlegungen u. U. kommen kann, und ein Gefühl für die Größenordnung vermitteln.

Der Sprung $\Delta c_p/c_{p,n}$ steigt schnell mit der Kopplungsstärke an. Besonders interessant ist, dass die makro- und mikroskopischen Parameter unabhängig voneinander mess- und/oder berechenbar sind. Mit Hilfe einfacher thermodynamischer Betrachtungen können wir deshalb eine qualitative Beziehung zwischen ihnen herstellen und dadurch eine Konsistenzprüfung durchführen. Die erhaltene Konsistenz ist beachtlich gut angesichts der Einfachheit der bei der Herleitung der BCS-Ausdrücke gemachten Annahmen.

A13.6 Cooper-Paare

Die Gesamtwellenfunktion eines Cooper-Paares können wir als Produkt einer Orbitalfunktion $f(\mathbf{r}) = f(\mathbf{r}_1 - \mathbf{r}_2)$ und einer Spin-Funktion $\chi(\sigma_1, \sigma_2)$ schreiben.

(a) Zeigen Sie, dass man aus der Schrödinger-Gleichung für die orbitale Wellenfunktion $f_s(\mathbf{r})$ ($s = 0$: Singulett-Paarung; $s = 1$: Triplett-Paarung) eines Cooper-Paares folgende Integralgleichung für die Amplitude $f_\mathbf{k} = \mathrm{FT}[f(\mathbf{r})]$ im Fourier-Raum

$$(E - 2\xi_\mathbf{k}) f_\mathbf{k} = \sum_{|\mathbf{k}'| > k_\mathrm{F}} V(\mathbf{k} - \mathbf{k}') f_{\mathbf{k}'}$$

ableiten kann. Hier bedeutet $\xi_\mathbf{k} = \epsilon_\mathbf{k} - \mu$ die Einteilchenenergie bezogen auf das chemische Potenzial μ und $V(\mathbf{k} - \mathbf{k}') = V^{(s)}(\mathbf{q}) = \mathrm{FT}[V^{(s)}(\mathbf{r})]$ ist die Fourier-Transformierte der Paarwechselwirkung im Spin-Singulett ($s = 0$) und im Spin-Triplett ($s = 1$) Kanal.

(b) Lösen Sie diese Integralgleichung mit der folgenden einfachen Modellannahme für die Paar-Wechselwirkung

$$V_{k,k'} = \begin{cases} -V_0^{(s)} & \text{für} \quad |\xi_\mathbf{k}|, |\xi_{\mathbf{k}'}| < \epsilon_c \\ 0 & \text{sonst} \end{cases},$$

in der ϵ_c eine Abschneideenergie darstellt.

Lösung

Die Wellenfunktion von zwei Fermionen können wir allgemein schreiben als

$$\Psi(\mathbf{r}_1, \sigma_1, \mathbf{r}_2, \sigma_2) = e^{\imath \mathbf{K}_S \cdot \mathbf{R}} f^{(s)}(\mathbf{r}_1 - \mathbf{r}_2) \chi^{(s)}(\sigma_1, \sigma_2) = -\Psi(\mathbf{r}_2, \sigma_2, \mathbf{r}_1, \sigma_1) . \quad \text{(A13.6.1)}$$

Hierbei haben wir den Ortsanteil in eine Schwerpunkts- und Relativ- oder Orbitalbewegung aufgespalten. Es gilt $\mathbf{R} = (\mathbf{r}_1 + \mathbf{r}_2)/2$, $\mathbf{r} = \mathbf{r}_1 - \mathbf{r}_2$, $\mathbf{K}_S = (\mathbf{k}_1 + \mathbf{k}_2)/2$ und $\mathbf{k} = \mathbf{k}_1 - \mathbf{k}_2$. Wir nehmen im Folgenden $\mathbf{K}_S = 0$ an. Zu einer symmetrischen Orbitalfunktion $f^{(s=0)}(\mathbf{r})$ gehört eine antisymmetrische Spin-Funktion $\chi^{(s=0)}$ ($s = 0$, Singulett-Paarung), zu einer antisymmetrischen Orbitalfunktion $f^{(s=1)}(\mathbf{r})$ eine symmetrische Spin-Funktion $\chi^{(s=1)}$ ($s = 1$, Triplett-Paarung).

(a) Die Schrödinger-Gleichung für das Fermionen-Paar im Ortsraum (Zweikörperproblem) lautet

$$\left[-\frac{\hbar^2 \nabla_{\mathbf{r}_1}^2}{2m} - \frac{\hbar^2 \nabla_{\mathbf{r}_2}^2}{2m} - 2\mu \right] f(\mathbf{r}) + V(\mathbf{r}_1, \mathbf{r}_2) f(\mathbf{r}) = E f(\mathbf{r}) . \quad \text{(A13.6.2)}$$

Hierbei ist μ das chemische Potenzial und E die Paarenergie bezogen auf das chemische Potenzial. Um zu einer Beschreibung im Impulsraum überzugehen, schreiben wir

$$f(\mathbf{r}) = \sum_\mathbf{k} f_\mathbf{k} e^{\imath \mathbf{k} \cdot \mathbf{r}} . \quad \text{(A13.6.3)}$$

Genauso wie $\mathbf{r} = \mathbf{r}_1 - \mathbf{r}_2$ die Relativkoordinate im Ortsraum darstellt, beschreibt $\mathbf{k} = \mathbf{k}_1 - \mathbf{k}_2$ die Relativbewegung (Bahndrehimpuls) des Elektronenpaares. Die Fourier-Transformation des Wechselwirkungspotenzials $V(\mathbf{r})$ ergibt

$$V(\mathbf{r}) = \sum_{\mathbf{k}} V_{\mathbf{k}}\, e^{\imath \mathbf{k}\cdot\mathbf{r}} . \qquad \text{(A13.6.4)}$$

Wir setzen die Ausdrücke für $V(\mathbf{r})$ und $f(\mathbf{r})$ in die Schrödinger-Gleichung ein und multiplizieren mit $\exp(-\imath\mathbf{k}'\cdot\mathbf{r})$. Integrieren wir dann über das gesamte Probenvolumen Ω, so verschwindet das Integral über $\exp[\imath(\mathbf{k}-\mathbf{k}')\cdot\mathbf{r}]$ für $\mathbf{k} \neq \mathbf{k}'$ und ist gleich dem Probenvolumen für $\mathbf{k} = \mathbf{k}'$. Damit erhalten wir die Schrödinger-Gleichung im $\mathbf{k}$-Raum zu

$$(E - 2\xi_{\mathbf{k}})\, f_{\mathbf{k}} = \sum_{|k'|>k_{\mathrm{F}}} V_{k,k'} f_{\mathbf{k}'} . \qquad \text{(A13.6.5)}$$

Hierbei ist $\xi_{\mathbf{k}} = (\hbar^2\mathbf{k}^2/2m) - \mu$, d. h. die Einteilchenenergie bezogen auf das chemische Potenzial μ, und $V_{k,k'} = V(\mathbf{k}-\mathbf{k}') = V(\mathbf{q})$. Die Summation läuft nur über $|\mathbf{k}'| > k_{\mathrm{F}}$, da alle Zustände unterhalb von k_{F} bei $T = 0$ besetzt sind (Pauli-Blockade) und deshalb nicht als mögliche Streuzustände zur Verfügung stehen.

(b) Um das Problem zu lösen, müssen wir alle Matrixelemente $V_{k,k'}$ kennen. Cooper nahm nun vereinfachend eine vollkommen isotrope Wechselwirkung an, so dass die Matrixelemente in einem Intervall $[\mu - \epsilon_c, \mu + \epsilon_c]$ (ϵ_c ist eine charakteristische Abschneideenergie) den konstanten Wert $V_{k,k'} = -V_0^{(s)}$ annehmen und sonst verschwinden:

$$V_{k,k'} = \begin{cases} -V_0^{(s)} & \text{für } |\xi_{\mathbf{k}}|, |\xi_{\mathbf{k}'}| < \epsilon_c \\ 0 & \text{sonst} \end{cases} . \qquad \text{(A13.6.6)}$$

Das negative Vorzeichen von $V_0^{(s)}$ bedeutet, dass wir eine attraktive Wechselwirkung annehmen. Damit vereinfacht sich Gleichung (A13.6.5) zu

$$(E - 2\xi_{\mathbf{k}})\, f_{\mathbf{k}} = -\Theta(\epsilon_c - |\xi_{\mathbf{k}}|)\, V_0^{(s)} \sum_{|k'|>k_{\mathrm{F}}} \Theta(\epsilon_c - |\xi_{\mathbf{k}'}|)\, f_{\mathbf{k}'} . \qquad \text{(A13.6.7)}$$

Hier bedeutet $\Theta(x)$ die Heaviside-Sprungfunktion mit der Eigenschaft $\Theta(x) = 0$ für $x < 0$ und $\Theta(x) = 1$ für $x > 0$. Auflösen nach $f_{\mathbf{k}}$ ergibt

$$f_{\mathbf{k}} = \frac{\Theta(\epsilon_c - |\xi_{\mathbf{k}}|)\, V_0^{(s)}}{2\xi_{\mathbf{k}} - E} \sum_{|k'|>k_{\mathrm{F}}} \Theta(\epsilon_c - |\xi_{\mathbf{k}'}|)\, f_{\mathbf{k}'} . \qquad \text{(A13.6.8)}$$

Wir können diesen Ausdruck weiter vereinfachen, indem wir auf beiden Seiten über alle $|\mathbf{k}| > k_{\mathrm{F}}$ aufsummieren. Da das Ergebnis nicht von der Benennung des Summationsindex abhängt, gilt $\sum_k f_{\mathbf{k}} = \sum_{k'} f_{\mathbf{k}'}$ und wir erhalten

$$1 = V_0^{(s)} \sum_{|k|>k_{\mathrm{F}}} \frac{\Theta(\epsilon_c - |\xi_{\mathbf{k}}|)}{2\xi_{\mathbf{k}} - E} . \qquad \text{(A13.6.9)}$$

Nehmen wir an, dass die Elektronenpaardichte in dem betrachteten schmalen Energieinterval konstant und durch $D(\mu)/2 = D(\xi_{\mathbf{k}} = 0)/2 = D_{\mathrm{F}}/2$ gegeben ist, können wir die Summation in eine Integration überführen und erhalten

$$
\begin{aligned}
1 &= V_0^{(s)} \frac{D_{\mathrm{F}}}{2} \int\limits_{-\epsilon_c}^{\epsilon_c} \frac{d\xi_{\mathbf{k}}}{2\xi_{\mathbf{k}} - E} = V_0^{(s)} D_{\mathrm{F}} \int\limits_{0}^{\epsilon_c} \frac{d\xi_{\mathbf{k}}}{2\xi_{\mathbf{k}} - E} \\
&= V_0^{(s)} D_{\mathrm{F}} \frac{1}{2} \left| \ln(2\xi_{\mathbf{k}} - E) \right|_0^{\epsilon_c} = \frac{V_0^{(s)} D_{\mathrm{F}}}{2} \ln\left(\frac{2\epsilon_c - E}{-E}\right) .
\end{aligned}
\tag{A13.6.10}
$$

Auflösen nach E ergibt

$$
E = -\frac{2\epsilon_c \, \mathrm{e}^{-2/D_{\mathrm{F}} V_0^{(s)}}}{1 - \mathrm{e}^{-2/D_{\mathrm{F}} V_0^{(s)}}} .
\tag{A13.6.11}
$$

Für die Grenzfälle $D_{\mathrm{F}} V_0^{(s)} \ll 1$ und $D_{\mathrm{F}} V_0^{(s)} \gg 1$ ergibt sich

$$
E = \begin{cases} -2\epsilon_c \, \mathrm{e}^{-2/D_{\mathrm{F}} V_0^{(s)}} & \text{für } D_{\mathrm{F}} V_0^{(s)} \ll 1 \quad \text{(schwache Kopplung)} \\ -\epsilon_c D_{\mathrm{F}} V_0^{(s)} & \text{für } D_{\mathrm{F}} V_0^{(s)} \gg 1 \quad \text{(starke Kopplung)} \end{cases} .
\tag{A13.6.12}
$$

Die Paarenergie E ist für das attraktive Wechselwirkungspotenzial negativ, das heißt, wir erhalten einen gebundenen Paarzustand. Für ein repulsives Wechselwirkungspotenzial würden wir eine positive Paarenergie, also einen antibindenden Zustand erhalten.
Wird die attraktive Wechselwirkung z. B. durch Phononen vermittelt, so können wir die charakteristische Abschneideenergie mit der Debye-Energie $\hbar\omega_{\mathrm{D}}$ gleichsetzen. Da die maximale Energie der Phononen auf $\hbar\omega_{\mathrm{D}}$ beschränkt ist, spielt sich die Wechselwirkung nur in einem Energieintervall $\pm\hbar\omega_{\mathrm{D}}$ um das chemische Potenzial μ ab. Zustände weiter unterhalb von μ können nicht teilnehmen, da die Phononen eine zu geringe Energie haben, um sie in leere Zustände bei oder oberhalb von μ zu streuen. Zustände weiter oberhalb von μ können nicht partizipieren, da die Phononenenergie zu gering ist, um Elektronen bei oder unterhalb von μ in diese Zustände zu streuen.

A13.7 Spin-Suszeptibilität in BCS-Supraleitern

Die Spin-Polarisation $\delta n = \delta N/V = n_\uparrow - n_\downarrow$ für normale Metallelektronen (Paulische Spin-Suszeptibilität, vergleiche Aufgabe A12.5), überträgt sich im Supraleiter auf das Gas der thermischen Anregungen aus dem supraleitenden Grundzustand, der so genannten Bogoliubov-Quasiteilchen. Man kann δn aus einer verschobenen Fermi-Dirac-Verteilungsfunktion für Bogoliubov-Quasiteilchen berechnen:

$$
\delta N = \sum_{\mathbf{k}\sigma} \sigma \, \delta f_{\mathbf{k}\sigma}^{\mathrm{lok}}, \qquad \delta f_{\mathbf{k}\sigma}^{\mathrm{lok}} = f(E_{\mathbf{k}} + \delta E_{\mathbf{k}\sigma}) - f_{\mathbf{k}}^0
$$

$$
f(E_{\mathbf{k}}) = \frac{1}{\mathrm{e}^{E_{\mathbf{k}}/k_{\mathrm{B}}T} + 1}, \qquad E_{\mathbf{k}} = \sqrt{\xi_{\mathbf{k}}^2 + \Delta^2} .
$$

Hierbei ist Δ die Energielücke, $\sigma = \pm 1$ und $\delta E_{\mathbf{k}\sigma} = -\sigma\mu_{\mathrm{B}} B_{\mathrm{ext}}$ die Zeeman-Energieverschiebung. Zeigen Sie, dass die Modifikation $\chi(T)$ der Paulischen Spin-Suszeptibilität im BCS-Supraleiter die folgende Form hat:

$$\chi(T) = \chi_P Y(T) \quad \text{mit} \quad Y(T) = \int_0^\infty \frac{dx}{\cosh^2 \sqrt{x^2 + \left(\frac{\Delta(T)}{2k_B T}\right)^2}} \,.$$

Hierbei ist χ_P die Paulische Spin-Suszeptibilität des Metalls im Normalzustand und $Y(T)$ die so genannte Yosida-Funktion.

Lösung

Eine Taylor-Entwicklung der Fermi-Dirac-Verteilungsfunktion für Bogoliubov-Quasiteilchen $f(E_\mathbf{k} + \delta E_{\mathbf{k}\sigma})$ nach der Energieverschiebung $\delta E_{\mathbf{k}\sigma} = -\sigma\mu_B B_\text{ext}$ liefert in führender Ordnung

$$f(E_\mathbf{k} + \delta E_{\mathbf{k}\sigma}) = f_\mathbf{k}^0 + \frac{\partial f_\mathbf{k}^0}{\partial E_\mathbf{k}} \delta E_{\mathbf{k}\sigma} = f_\mathbf{k}^0 + \left(-\frac{\partial f_\mathbf{k}^0}{\partial E_\mathbf{k}}\right) \sigma\mu_B B_\text{ext} \,. \tag{A13.7.1}$$

Mit der Abweichung vom lokalen Gleichgewichtswert

$$\delta f_{\mathbf{k}\sigma}^\text{lok} = \left(-\frac{\partial f_\mathbf{k}^0}{\partial E_\mathbf{k}}\right) \sigma\mu_B B_\text{ext} \tag{A13.7.2}$$

lässt sich die Spin-Polarisation $\delta n = \delta N/V$ wie folgt schreiben

$$\begin{aligned}\delta N &= \sum_{\mathbf{k}\sigma} \sigma \delta f_{\mathbf{k}\sigma}^\text{lok} = \sum_{\mathbf{k}\sigma} \sigma \left(-\frac{\partial f_\mathbf{k}^0}{\partial E_\mathbf{k}}\right) \sigma\mu_B B_\text{ext} \\ &= \mu_B B_\text{ext} \sum_{\mathbf{k}\sigma} \left(-\frac{\partial f_\mathbf{k}^0}{\partial E_\mathbf{k}}\right) \,.\end{aligned} \tag{A13.7.3}$$

Daraus ergibt sich die Magnetisierung M zu

$$M = \mu_B \frac{\delta N}{V} = \frac{\mu_B^2 B_\text{ext}}{V} \sum_{\mathbf{k}\sigma} \left(-\frac{\partial f_\mathbf{k}^0}{\partial E_\mathbf{k}}\right) \,. \tag{A13.7.4}$$

Mit $M = \chi(T) B_\text{ext}/\mu_0$ erhalten wir für die Suszeptibilität

$$\chi(T) = \frac{\mu_0 \mu_B^2}{V} \sum_{\mathbf{k}\sigma} \left(-\frac{\partial f_\mathbf{k}^0}{\partial E_\mathbf{k}}\right) \,. \tag{A13.7.5}$$

Die Berechnung von $\chi(T)$ ergibt im Einzelnen (wir gehen von einer Summation zu einer Integration über)

$$\frac{\chi(T)}{\mu_0 \mu_B^2} = \frac{1}{V} \underbrace{\int \frac{d\Omega_\mathbf{k}}{4\pi}}_{=1} \int_{-\mu}^\infty d\xi_\mathbf{k} D(\mu + \xi_\mathbf{k}) \left(-\frac{\partial f_\mathbf{k}^0}{\partial E_\mathbf{k}}\right) \,. \tag{A13.7.6}$$

Hierbei ist $D(\xi_\mathbf{k})$ die Zustandsdichte für beide Spin-Richtungen und $\xi_\mathbf{k} = \hbar^2 k^2/2m - \mu$ die Energie bezogen auf das chemische Potenzial, weshalb wir die untere Integrationsgrenze $\xi_\mathbf{k} = -\mu$ verwenden müssen. Da die Funktion $\partial f_\mathbf{k}^0/\partial E_\mathbf{k}$ nur in einem schmalen Intervall der Breite $\sim k_\mathrm{B}T$ um das chemische Potenzial wesentlich von Null verschieden ist, können wir $D(\mu + \xi_\mathbf{k}) \simeq D(E_\mathrm{F}) = \text{const.}$ annehmen und erhalten damit[3]

$$\frac{\chi(T)}{\mu_0\mu_\mathrm{B}^2} = \frac{D(E_\mathrm{F})}{V}\int_{-\mu}^{\infty} d\xi_\mathbf{k}\left(-\frac{\partial f_\mathbf{k}^0}{\partial E_\mathbf{k}}\right) = \frac{D(E_\mathrm{F})}{V}\,\frac{1}{4k_\mathrm{B}T}\int_{-\mu}^{\infty}\frac{d\xi_\mathbf{k}}{\cosh^2\frac{E_\mathbf{k}}{2k_\mathrm{B}T}}\,. \qquad \text{(A13.7.7)}$$

Mit der Substitution $x = \xi_\mathbf{k}/2k_\mathrm{B}T$ und $N_\mathrm{F} = D(E_\mathrm{F})/V$ erhalten wir schließlich

$$\chi(T) = \mu_0\mu_\mathrm{B}^2 N_\mathrm{F}\underbrace{\int_0^{\infty}\frac{dx}{\cosh^2\sqrt{x^2 + \left(\frac{\Delta(T)}{2k_\mathrm{B}T}\right)^2}}}_{=Y(T)}\,. \qquad \text{(A13.7.8)}$$

Wir können somit als Resultat für die Spin-Suszeptibilität $\chi(T)$ eines BCS-Supraleiters zusammenfassen:

$$\chi_\mathrm{P}^\mathrm{BCS}(T) = \mu_0\mu_\mathrm{B}^2 N_\mathrm{F}\,Y(T) = \chi_\mathrm{P}Y(T) \qquad \text{(A13.7.9)}$$

$$\text{mit } Y(T) = \int_0^{\infty}\frac{dx}{\cosh^2\sqrt{x^2 + \left(\frac{\Delta(T)}{2k_\mathrm{B}T}\right)^2}}\,. \qquad \text{(A13.7.10)}$$

Hierbei ist χ_P die Paulische Spin-Suszeptibilität im Normalzustand (vergleiche hierzu Gl. (A12.5.10) in Aufgabe A12.5) und $Y(T)$ die ***Yosida-Funktion***, die in Abb. 13.9 als Funktion von $\Delta(T)/k_\mathrm{B}T$ dargestellt ist.

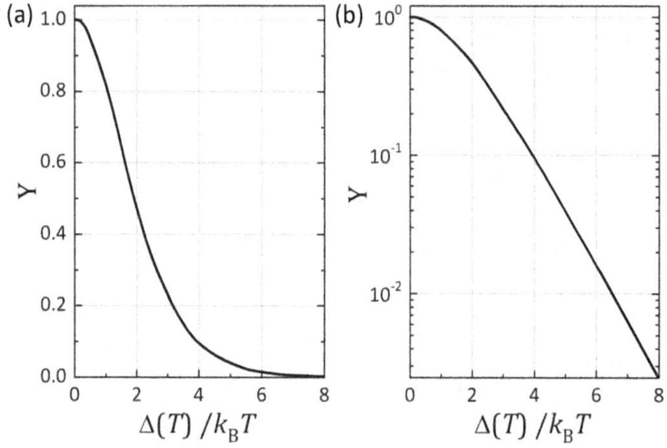

Abb. 13.9: Yosida-Funktion als Funktion von $\Delta(T)/k_\mathrm{B}T$ in (a) linearer und (b) logarithmischer Auftragung.

A13.8 Stromdichte in BCS-Supraleitern

Die eichinvariante Form für die supraleitende Teilchenstromdichte $\mathbf{J}_s$ kann wie folgt geschrieben werden (vgl. R. Gross und A. Marx, *Festkörperphysik*, 4. Auflage, Walter de Gruyter GmbH (2023) und Aufgabe A9.5):

$$\mathbf{J}_s = \frac{1}{V}\sum_{\mathbf{k}\sigma}\frac{\hbar\mathbf{k}}{m} f\left(E_{\mathbf{k}} + \hbar\mathbf{k}\cdot\mathbf{v}_s\right) + n\mathbf{v}_s$$

$$\mathbf{v}_s = \frac{1}{m_s}\left(\hbar\nabla\theta - q_s\mathbf{A}\right) = \frac{1}{2m}\left(\hbar\nabla\theta + 2e\mathbf{A}\right)$$

$$f\left(E_{\mathbf{k}}\right) = \frac{1}{\mathrm{e}^{E_{\mathbf{k}}/k_\mathrm{B}T} + 1}$$

Berechnen Sie die Teilchenstromdichte $\mathbf{J}_s$

(a) für freie Fermionen ($E_{\mathbf{k}} = \xi_{\mathbf{k}} = \epsilon_{\mathbf{k}} - \mu$) oberhalb T_c und
(b) für Bogoliubov-Quasiteilchen mit der Energiedispersion $E_{\mathbf{k}} = \sqrt{\xi_{\mathbf{k}}^2 + \Delta^2}$ unterhalb T_c.
(c) Berechnen Sie aus dem Resultat von (b) das Verhalten der Londonschen Magnetfeldeindringtiefe λ_L im Limes $T \to T_c$.

Lösung

Die i-te Komponente der Stromdichte ($i = x, y, z$) besteht aus den beiden Termen[4]

$$J_{s,i} = \underbrace{\frac{1}{V}\sum_{\mathbf{k}\sigma}\frac{\hbar k_i}{m} f\left(E_{\mathbf{k}} + \hbar\mathbf{k}\cdot\mathbf{v}_s\right)}_{1} + \underbrace{n v_{s,i}}_{2} \; . \tag{A13.8.1}$$

Zur allgemeinen Auswertung des Terms 1 führen wir eine Taylor-Entwicklung nach der kleinen Energieverschiebung $\hbar\mathbf{k}\cdot\mathbf{v}_s$ durch. Dies führt auf

$$\begin{aligned}\text{Term 1} &= \frac{1}{V}\sum_{\mathbf{k}\sigma}\frac{\hbar k_i}{m}\left\{f\left(E_{\mathbf{k}}\right) + \frac{\partial f_{\mathbf{k}}^0}{\partial E_{\mathbf{k}}}\hbar k_j v_{s,j}\right\} = \frac{1}{V}\sum_{\mathbf{k}\sigma}\frac{\hbar k_i}{m}\frac{\partial f_{\mathbf{k}}^0}{\partial E_{\mathbf{k}}}\hbar k_j v_{s,j} \\ &= -n_{ij}^{\mathrm{n}} v_{s,j} \; .\end{aligned} \tag{A13.8.2}$$

Dieses Resultat gibt Anlass zur Definition der so genannten *normalfluiden Dichte*

$$n_{ij}^{\mathrm{n}} = \frac{1}{V}\sum_{\mathbf{k}\sigma} y_{\mathbf{k}}\frac{\hbar^2 k_i k_j}{m} \tag{A13.8.3}$$

$$y_{\mathbf{k}} = -\frac{\partial f_{\mathbf{k}}^0}{\partial E_{\mathbf{k}}} = \frac{1}{2k_\mathrm{B}T}\frac{1}{\cosh(E_{\mathbf{k}}/k_\mathrm{B}T) + 1} = \frac{1}{4k_\mathrm{B}T}\frac{1}{\cosh^2(E_{\mathbf{k}}/k_\mathrm{B}T)} \; . \tag{A13.8.4}$$

3 Wir benutzen $-\frac{\partial f_{\mathbf{k}}^0}{\partial E_{\mathbf{k}}} = \frac{1}{2k_\mathrm{B}T}\frac{1}{\cosh(E_{\mathbf{k}}/k_\mathrm{B}T)+1} = \frac{1}{4k_\mathrm{B}T}\frac{1}{\cosh^2(E_{\mathbf{k}}/k_\mathrm{B}T)}$.

4 Wir diskutieren hier die Teilchenstromdichte. Die elektrische Stromdichte erhalten wir durch Multiplikation mit der Ladung der Teilchen.

Die Supra-Teilchenstromdichte hat dann die London-Form

$$J_{s,i} = \text{Term 1} + \text{Term 2} = n^{\mathrm{s}}_{ij} v_{s,j} \tag{A13.8.5}$$

mit der suprafluiden Dichte

$$n^{\mathrm{s}}_{ij} = n\delta_{ij} - n^{\mathrm{n}}_{ij}\,, \tag{A13.8.6}$$

die es jetzt für die beiden Fälle auszuwerten gilt.

(a) Für freie Fermionen oberhalb der Sprungtemperatur T_c gilt

$$\begin{aligned}
n^{\mathrm{n}}_{ij} &= \frac{1}{V}\sum_{\mathbf{k}\sigma}\left(-\frac{\partial f_{\mathbf{k}}}{\partial \xi_{\mathbf{k}}}\right)\frac{\hbar^2 \mathbf{k}_i \mathbf{k}_j}{m} \\
&= \frac{\hbar^2 k_{\mathrm{F}}^2}{m}\underbrace{\int \frac{d\Omega_{\mathbf{k}}}{4\pi}\widehat{\mathbf{k}}_i\widehat{\mathbf{k}}_j}_{=\frac{1}{3}\delta_{ij}}\int_{-\mu}^{\infty} d\xi_{\mathbf{k}} N(\mu+\xi_{\mathbf{k}})\left(-\frac{\partial f_{\mathbf{k}}}{\partial \xi_{\mathbf{k}}}\right) \\
&\simeq \frac{1}{3}\delta_{ij}\underbrace{\frac{N_{\mathrm{F}}\hbar^2 k_{\mathrm{F}}^2}{m}}_{=3n}\frac{1}{4k_{\mathrm{B}}T}\int_{-\mu}^{\infty}\frac{d\xi_{\mathbf{k}}}{\cosh^2\frac{\xi_{\mathbf{k}}}{2k_{\mathrm{B}}T}} \\
&\overset{x=\xi_{\mathbf{k}}/2k_{\mathrm{B}}T}{\widehat{=}} n\delta_{ij}\underbrace{\int_0^{\infty}\frac{dx}{\cosh^2 x}}_{=1} = n\delta_{ij}\,.
\end{aligned} \tag{A13.8.7}$$

Das (erwartete) Resultat lautet somit

$$n^{\mathrm{s}} = n\delta_{ij} - n^{\mathrm{n}}_{ij} = 0\,. \tag{A13.8.8}$$

(b) Für freie Fermionen unterhalb der Sprungtemperatur T_c erhalten wir dagegen

$$\begin{aligned}
n^{\mathrm{n}}_{ij} &= \frac{1}{V}\sum_{\mathbf{k}\sigma} y_{\mathbf{k}}\frac{\hbar^2 \mathbf{k}_i \mathbf{k}_j}{m} \\
&= \frac{\hbar^2 k_{\mathrm{F}}^2}{m}\underbrace{\int \frac{d\Omega_{\mathbf{k}}}{4\pi}\widehat{\mathbf{k}}_i\widehat{\mathbf{k}}_j}_{=\frac{1}{3}\delta_{ij}}\int_{-\mu}^{\infty} d\xi_{\mathbf{k}} N(\mu+\xi_{\mathbf{k}})\left(-\frac{\partial f_{\mathbf{k}}}{\partial E_{\mathbf{k}}}\right) \\
&\simeq \frac{1}{3}\delta_{ij}\underbrace{\frac{N_{\mathrm{F}}\hbar^2 k_{\mathrm{F}}^2}{m}}_{=3n}\frac{1}{4k_{\mathrm{B}}T}\int_{-\mu}^{\infty}\frac{d\xi_{\mathbf{k}}}{\cosh^2\frac{E_{\mathbf{k}}}{2k_{\mathrm{B}}T}} \\
&\overset{x=\xi_{\mathbf{k}}/2k_{\mathrm{B}}T}{\widehat{=}} n\delta_{ij}\underbrace{\int_0^{\infty}\frac{dx}{\cosh^2\sqrt{x^2+\left(\frac{\Delta(T)}{2k_{\mathrm{B}}T}\right)^2}}}_{=Y(T)} \\
&= n\delta_{ij}\,Y(T)\,.
\end{aligned} \tag{A13.8.9}$$

Das Resultat lautet somit

$$n_{ij}^{\mathrm{s}} = n\left[1 - Y(T)\right]\delta_{ij} = n\left[1 - \int\limits_0^\infty \frac{dx}{\cosh^2\sqrt{x^2 + \left(\frac{\Delta(T)}{2k_\mathrm{B}T}\right)^2}}\right]\delta_{ij} \qquad \text{(A13.8.10)}$$

mit der Yosida-Funktion $Y(T)$ (vgl. Aufgabe A13.7)

Zusatzbemerkungen: Es ist bemerkenswert, dass die Temperaturabhängigkeit der Spin-Suszeptibilität $\chi_\mathrm{P}^{\mathrm{BCS}}(T)$ [vergleiche (A13.7.9)] und der normalfluiden Dichte $n_{ij}^{\mathrm{n}}(T)$ im Rahmen der BCS-Theorie durch ein und dieselbe Funktion, nämlich die Yosida-Funktion $Y(T)$ beschrieben wird. Dies ist natürlich ein Artefakt der Annahme freier Elektronen und der daraus resultierenden sphärischen Fermi-Fläche. Wir weisen darauf hin, dass n_{ij}^{n} für realistische Fermi-Flächen im allgemeinen ein Tensor zweiter Stufe ist und mit der skalaren Spin-Suszeptibilität $\chi(T)$ nichts mehr gemeinsam hat. Auch für Supraleiter mit Anisotropien in der Energielücke stimmen die Temperaturabhängigkeiten von $n_{ij}^{\mathrm{n}}(T)$ und $\chi(T)$ nicht mehr überein.

Das Resultat (A13.8.10) für die suprafluide Dichte n_{ij}^{s} erklärt die Euphorie, die im Jahr 1957 bei John Bardeen, Leon Cooper und Robert Schrieffer ausgebrochen war, als den Pionieren der mikroskopischen Theorie der Supraleitung klar wurde, welche zentrale Rolle dem Öffnen einer Energielücke $\Delta(T)$ unterhalb der Sprungtemperatur T_c für die Supraleitung zukommt. Für $\Delta(T) = 0$ hat die Yosida-Funktion nämlich den Wert 1 und es gilt deshalb $n_{ij}^{\mathrm{s}}(T) = 0$ oberhalb von T_c. Dagegen ist unterhalb der Sprungtemperatur T_c die Energielücke $\Delta(T) > 0$ und daher $n_{ij}^{\mathrm{s}}(T)$ und somit auch die Suprastromdichte $\mathbf{J}_\mathrm{s}$ von Null verschieden.

(c) Wir wollen zunächst die Yosida-Funktion bei tiefen Temperaturen und in der Nähe der Sprungtemperatur analysieren. Für $T \to 0$ zeigt $Y(T)$ ein thermisch aktiviertes Verhalten:

$$\lim_{T\to 0} Y(T) = \sqrt{\frac{2\pi\Delta(T)}{k_\mathrm{B}T}}\,\mathrm{e}^{-\frac{\Delta(T)}{k_\mathrm{B}T}} . \qquad \text{(A13.8.11)}$$

Dies ist gut in Abb. 13.9(b) zu erkennen. Für $T \to T_c$ zeigt $Y(T)$ die folgende Temperaturabhängigkeit

$$\lim_{T\to T_c} Y(T) = 1 - 2\left(1 - \frac{T}{T_c}\right) . \qquad \text{(A13.8.12)}$$

Die Temperaturabhängigkeit der Londonschen Magnetfeldeindringtiefe ergibt sich mit Gl. (A13.8.10) zu

$$\lambda_\mathrm{L}(T) = \sqrt{\frac{m_s}{\mu_0 n^\mathrm{s}(T) q_s^2}} = \frac{\lambda_\mathrm{L}(0)}{\sqrt{1 - Y(T)}} . \qquad \text{(A13.8.13)}$$

Mit der Näherung (A13.8.12) für $T \simeq T_c$ ($\Delta(T) \to 0$) erhalten wir näherungsweise folgende Temperaturabhängigkeit

$$\lim_{T\to T_c} \lambda_\mathrm{L}(T) = \frac{\lambda_\mathrm{L}(0)}{\sqrt{2\left(1 - \frac{T}{T_c}\right)}} . \qquad \text{(A13.8.14)}$$

Wir sehen, dass $\lambda_L(T)$ für $T \to T_c$ divergiert. Dies muss so sein, da ja normalleitende Metalle stationäre Magnetfelder nicht verdrängen können.

A13.9 Zweiflüssigkeitsbeschreibung der Supraleitung

Bei endlichen Temperaturen existieren in einem Supraleiter Quasiteilchenanregungen (Normalkomponente), deren Geschwindigkeitsfeld $\mathbf{v}_n$ der Drude-Relaxationsgleichung

$$\left(\frac{\partial}{\partial t} + \Gamma_n\right)\mathbf{v}_n = \frac{q_n \mathbf{E}}{m_n}$$

genügt, wobei $\Gamma_n = 1/\tau_n$. Zusammen mit der 1. London-Gleichung

$$\left(\frac{\partial}{\partial t} + \Gamma_s\right)\mathbf{v}_s = \frac{q_s \mathbf{E}}{m_s}, \quad (\Gamma_s \to 0)$$

$$\mathbf{v}_s = \frac{\hbar}{m_s}\nabla\theta - \frac{q_s}{m_s}\mathbf{A}$$

erhalten wir für die gesamte Stromdichte $\mathbf{J} = \mathbf{J}_s + \mathbf{J}_n = q_s\widetilde{n}_s\mathbf{v}_s + q_n n_n \mathbf{v}_n$. Mit $q_s = -2e$, $q_n = -e$ und $m_s = 2m$ sowie der Paardichte $\widetilde{n}_s = n_s/2$ $(n_s = n - n_n)$ erhalten wir die elektrische Stromdichte[5]

$$\mathbf{J} = -e(n_s\mathbf{v}_s + n_n\mathbf{v}_n)$$

in der Zweiflüssigkeitenbeschreibung.

(a) Nehmen Sie eine harmonische Zeitabhängigkeit $\mathbf{E}(t) = \mathbf{E}_0\,\mathrm{e}^{-\imath\omega t}$ und $\mathbf{J}(t) = \mathbf{J}_0\,\mathrm{e}^{-\imath\omega t}$ an und berechnen Sie die komplexe Leitfähigkeit $\sigma(\omega)$ des Supraleiters aus der konstitutiven Gleichung $\mathbf{J} = \sigma\mathbf{E}$.

(b) Zerlegen Sie die Leitfähigkeit in Real- und Imaginärteil, $\sigma = \sigma' + \imath\sigma''$, und bestimmen Sie σ' und σ'' für die normal- und suprafluide Komponente.

Lösung

(a) Die gesamte Stromdichte $\mathbf{J} = \mathbf{J}_s + \mathbf{J}_n$ lautet

$$\mathbf{J} = \left(\frac{n_s}{-\imath\omega + \Gamma_s} + \frac{n_n}{-\imath\omega + \Gamma_n}\right)\frac{e^2}{m}\mathbf{E} \equiv \sigma(\omega)\mathbf{E} \tag{A13.9.1}$$

mit der komplexen dynamischen Leitfähigkeit des Supraleiters

$$\sigma(\omega) = \sigma_s + \sigma_n = \frac{e^2}{m}\left(\frac{n_s}{-\imath\omega + \Gamma_s} + \frac{n_n}{-\imath\omega + \Gamma_n}\right). \tag{A13.9.2}$$

Mit der Identität[6]

$$\lim_{\Gamma_s \to 0}\frac{1}{-\imath\omega + \Gamma_s} = \imath P\left(\frac{1}{\omega}\right) + \pi\delta(\omega) \tag{A13.9.3}$$

[5] Für negative Ladungsträger ist die technische Stromdichte der Teilchengeschwindigkeit entgegengesetzt.

[6] P bezeichnet den Cauchyschen Hauptwert des divergenten Integrals.

erhalten wir

$$\sigma(\omega) = \underbrace{\frac{n_s e^2}{m}\left[\imath P\left(\frac{1}{\omega}\right) + \pi\delta(\omega)\right]}_{\text{Kondensat}} + \underbrace{\frac{n_n e^2}{m}\frac{1}{-\imath\omega + \Gamma_n}}_{\text{Normalkomponente}} . \tag{A13.9.4}$$

(b) Trennen wir das Ergebnis (A13.9.4) in Real- und Imaginärteil auf, so erhalten wir mit $\sigma(\omega) = \sigma'(\omega) + \imath\sigma''(\omega)$

$$\sigma_s'(\omega) = \frac{n_s e^2}{m}\pi\delta(\omega) \tag{A13.9.5}$$

$$\sigma_s''(\omega) = \frac{n_s e^2}{m} P\left(\frac{1}{\omega}\right) \tag{A13.9.6}$$

$$\sigma_n'(\omega) = \frac{n_n e^2 \tau_n}{m}\frac{1}{1 + (\omega\tau_n)^2} \tag{A13.9.7}$$

$$\sigma_n''(\omega) = \frac{n_n e^2 \tau_n}{m}\frac{\omega\tau_n}{1 + (\omega\tau_n)^2} . \tag{A13.9.8}$$

Hierbei haben wir $\Gamma_n = 1/\tau_n$ verwendet.

A13.10 Energieabsenkung im Grundzustand eines Supraleiters

In der Molekularfeldnäherung erhalten wir für $T = 0$ für den Erwartungswert der BCS-Grundzustandsenergie folgenden Ausdruck [vgl. R. Gross und A. Marx, *Festkörperphysik*, 4. Auflage, Walter de Gruyter GmbH (2023)]:

$$\langle \Psi_{\mathrm{BCS}} | \mathcal{H}_{\mathrm{BCS}} - \mu\mathcal{N} | \Psi_{\mathrm{BCS}} \rangle = \sum_{\mathbf{k}} \left(\xi_{\mathbf{k}} - E_{\mathbf{k}} + \Delta_{\mathbf{k}} g_{\mathbf{k}}^*\right) .$$

Berechnen Sie die Absenkung der Grundzustandsenergie im supraleitenden relativ zum normalleitenden Zustand für $T = 0$. Den Hamilton-Operator für den Normalzustand erhalten wir aus obiger Gleichung, indem wir den Grenzübergang $\Delta_{\mathbf{k}} \to 0$ und entsprechend $E_{\mathbf{k}} \to |\xi_{\mathbf{k}}|$ machen. Man beachte, dass $-\xi_{|\mathbf{k}|\le k_F} = \xi_{|\mathbf{k}|\ge k_F} \ge 0$ (Teilchen-Loch-Symmetrie).

Lösung

Wir ermitteln zuerst $\langle \mathcal{H}_{\mathrm{BCS}} \rangle$ im Normalzustand, indem wir $\Delta_{\mathbf{k}} = 0$ setzen. Im Grenzfall $\Delta_{\mathbf{k}} \to 0$ erhalten wir mit $E_{\mathbf{k}} = \sqrt{\xi_{\mathbf{k}}^2 + \Delta_{\mathbf{k}}^2} \simeq |\xi_{\mathbf{k}}|$ für den Normalzustand

$$\begin{aligned}
\langle \mathcal{H}_{\mathrm{n}} \rangle = \lim_{\Delta_{\mathbf{k}} \to 0} \langle \mathcal{H}_{\mathrm{BCS}} \rangle &= \sum_{\mathbf{k}} (\xi_{\mathbf{k}} - |\xi_{\mathbf{k}}|) \\
&= \sum_{|\mathbf{k}| < k_{\mathrm{F}}} (\xi_{\mathbf{k}} - |\xi_{\mathbf{k}}|) + \sum_{|\mathbf{k}| \ge k_{\mathrm{F}}} (\xi_{\mathbf{k}} - |\xi_{\mathbf{k}}|) \\
&= 2 \sum_{|\mathbf{k}| < k_{\mathrm{F}}} \xi_{\mathbf{k}} .
\end{aligned} \tag{A13.10.1}$$

Hierbei haben wir ausgenutzt, dass $|\xi_{\mathbf{k}}| = -\xi_{\mathbf{k}}$ für $|\mathbf{k}| \le k_{\mathrm{F}}$ (Teilchen-Loch-Symmetrie).

Für die Absenkung der Grundzustandsenergie im supraleitenden Zustand für $T = 0$ erhalten wir

$$\begin{aligned}\Delta E &= \langle \mathcal{H}_{\mathrm{BCS}} \rangle - \langle \mathcal{H}_{\mathrm{n}} \rangle \\ &= \sum_{|\mathbf{k}|<k_{\mathrm{F}}} [(\xi_{\mathbf{k}} - E_{\mathbf{k}} + g_{\mathbf{k}}^{*}\Delta_{\mathbf{k}}) - 2\xi_{\mathbf{k}}] + \sum_{|\mathbf{k}|\geq k_{\mathrm{F}}} (\xi_{\mathbf{k}} - E_{\mathbf{k}} + g_{\mathbf{k}}^{*}\Delta_{\mathbf{k}}) .\end{aligned} \tag{A13.10.2}$$

Benutzen wir wiederum die Teilchen-Loch-Symmetrie, $|\xi_{\mathbf{k}}| = -\xi_{\mathbf{k}}$ für $|\mathbf{k}| \leq k_{\mathrm{F}}$, und $E_{\mathbf{k}} = \sqrt{\xi_{\mathbf{k}}^2 + \Delta_{\mathbf{k}}^2}$, so erhalten wir

$$\Delta E = 2 \sum_{|\mathbf{k}|>k_{\mathrm{F}}} \left(\xi_{\mathbf{k}} - \sqrt{\xi_{\mathbf{k}}^2 + \Delta_{\mathbf{k}}^2} + g_{\mathbf{k}}^{*}\Delta_{\mathbf{k}} \right) . \tag{A13.10.3}$$

Den letzten Term in der runden Klammer können wir umformen, indem wir

$$g_{\mathbf{k}}^{*} = u_{\mathbf{k}} v_{\mathbf{k}}^{*} \tag{A13.10.4}$$

$$\frac{\Delta_{\mathbf{k}} u_{\mathbf{k}}}{v_{\mathbf{k}}^{*}} = \xi_{\mathbf{k}} + E_{\mathbf{k}} \tag{A13.10.5}$$

benutzen. Damit erhalten wir

$$\begin{aligned} g_{\mathbf{k}}^{*}\Delta_{\mathbf{k}} &= \frac{\Delta_{\mathbf{k}} u_{\mathbf{k}} v_{\mathbf{k}}^{*}}{v_{\mathbf{k}}^{*2}} v_{\mathbf{k}}^{*2} = (\xi_{\mathbf{k}} - E_{\mathbf{k}}) \left(\frac{1}{2} - \frac{\xi_{\mathbf{k}}}{E_{\mathbf{k}}} \right) \\ &= \frac{|\Delta_{\mathbf{k}}|^2}{2E_{\mathbf{k}}} = \frac{|\Delta_{\mathbf{k}}|^2}{2\sqrt{\xi_{\mathbf{k}}^2 + |\Delta_{\mathbf{k}}|^2}} \end{aligned} \tag{A13.10.6}$$

und durch Einsetzen in Gleichung (A13.10.3) schließlich

$$\Delta E = 2 \sum_{|\mathbf{k}|>k_{\mathrm{F}}} \left[\xi_{\mathbf{k}} - \sqrt{\xi_{\mathbf{k}}^2 + \Delta_{\mathbf{k}}^2} + \frac{|\Delta_{\mathbf{k}}|^2}{2\sqrt{\xi_{\mathbf{k}}^2 + |\Delta_{\mathbf{k}}|^2}} \right] . \tag{A13.10.7}$$

Um die Diskussion einfach zu halten, benutzen wir im Folgenden $\Delta_{\mathbf{k}} = \Delta$. Wir können nun unter Verwendung der Zustandsdichte für eine Spin-Richtung $D(0)/2 = D(E_{\mathrm{F}})/2$ (bei der Summation wird nicht über die Spin-Projektionen aufsummiert) die Summation in eine Integration überführen. Mit der Substitution $x = \xi_{\mathbf{k}}/\Delta$ erhalten wir

$$\Delta E = D(E_{\mathrm{F}})\Delta^2 \int_0^z dx \left[x - \sqrt{x^2+1} + \frac{1}{2\sqrt{x^2+1}} \right] . \tag{A13.10.8}$$

Hierbei ist $z = \hbar\omega_{\mathrm{D}}/\Delta$ die durch die Debye-Energie bestimmte obere Integrationsgrenze. Mit $\int dx\sqrt{x^2+1} = \frac{1}{2}(x\sqrt{x^2+1} + \operatorname{arsinh} x)$ sowie $\int dx(2\sqrt{x^2+1})^{-1} = \frac{1}{2}\operatorname{arsinh} x$ erhalten wir

$$\Delta E = D(E_{\mathrm{F}})\Delta^2 \left[\frac{1}{2}z^2 - \frac{1}{2}\left(z\sqrt{z^2+1} - \operatorname{arsinh} z \right) + \frac{1}{2}\operatorname{arsinh} z \right] . \tag{A13.10.9}$$

Da $z = \hbar\omega_D/\Delta \gg 1$ können wir $\sqrt{1 + 1/z^2} \simeq 1 + 1/2z^2$ verwenden und erhalten

$$\begin{aligned} \Delta E &= \frac{1}{2} D(E_F)\Delta^2 \left[z^2 - z^2 \left(1 + \frac{1}{2z^2} \right) \right] \\ &= -\frac{1}{4} D(E_F)\Delta^2 . \end{aligned} \tag{A13.10.10}$$

Wir erhalten also die Kondensationsenergie bei $T = 0$ zu

$$E_{\text{Kond}} = \langle \mathcal{H}_{\text{BCS}} \rangle - \langle \mathcal{H}_{\text{n}} \rangle = -\frac{1}{4} D(E_F)\Delta^2(0) . \tag{A13.10.11}$$

Um die Energiedichte zu berechnen, müssen wir noch durch das Volumen teilen und erhalten

$$\frac{E_{\text{Kond}}}{V} = -\frac{1}{4} \frac{D(E_F)}{V} \Delta^2(0) = -\frac{1}{4} N_F \Delta^2(0) . \tag{A13.10.12}$$

Verwenden wir noch $N_F = 3n/2E_F$ und die BCS-Beziehung $\Delta(0)/k_B T_c = \pi/e^\gamma = 1.76387699$ (mit der Euler-Konstante $\gamma = 0.5772\ldots$), so ergibt sich

$$\begin{aligned} \frac{E_{\text{Kond}}}{V} &= -\frac{3}{8} n \frac{\Delta^2(0)}{E_F} = -\frac{3\pi^2}{8\,e^{2\gamma}} n \frac{(k_B T_c)^2}{E_F} \\ &= -1.166723\ldots n \frac{(k_B T_c)^2}{E_F} . \end{aligned} \tag{A13.10.13}$$

Hierbei ist n die Elektronendichte. Die Kondensationsenergie ist also von der Größenordnung $(k_B T_c)^2/E_F$. Die charakteristische Energie der Wechselwirkung $\hbar\omega_D$ geht dagegen im Grenzfall schwacher Kopplung nicht in die Kondensationsenergie ein. Das Ergebnis (A13.10.13) können wir intuitiv verstehen. Da die Verschmierung der Besetzungswahrscheinlichkeit eines Zustandes bei $T = 0$ etwa $\Delta(0)$ beträgt, kann an dem Paarwechselwirkungsprozess nur ein kleiner Anteil $\Delta(0)/E_F$ aller Elektronen teilnehmen. Da dieser Anteil der Elektronen im Mittel eine Energieabsenkung von etwa $\Delta(0)$ erfährt, ergibt sich eine Kondensationsenergiedichte $\sim n\Delta^2(0)/E_F$.

14 Topologische Quantenmaterie

A14.1 Euler-Poincaré-Charakteristik

Die Euler-Poincaré-Charakteristik χ ist im mathematischen Teilgebiet der Topologie eine Kennzahl zur Klassifizierung von topologischen Räumen wie z. B. geschlossenen Flächen im dreidimensionalen Raum. Da sich geschlossene Flächen A stets triangulieren lassen, d. h. sich mit einem endlichen Dreiecksgitter überziehen lassen, kann die Euler-Poincaré-Charakteristik χ für solche Flächen relativ einfach bestimmt werden.

Im Spezialfall von drei Raumdimensionen kann eine Klassifizierung mit Hilfe des Eulerschen Polyedersatzes vorgenommen werden. Für konvexe Polyeder gilt hier:

$$\chi_{\mathrm{E}}(A) \equiv E - K + F = 2 \quad \text{(Eulerscher Polyedersatz)}. \tag{A14.1.1}$$

Hierbei ist E die Anzahl der Ecken, K die Anzahl der Kanten, F die Anzahl Flächen (Dreiecke in der Triangulierung).

Die Euler-Poincaré-Charakteristik χ eines Polyeders, den wir als dreidimensionalen Zellkomplex betrachten, unterscheidet sich von der Euler-Charakteristik $\chi_{\mathrm{E}}(A)$ des gleichen Polyeders. Sie ist definiert als

$$\chi(A) \equiv E - K + F - Z \quad \text{(Euler-Poincaré-Charakteristik)}. \tag{A14.1.2}$$

Hierbei ist Z die Zahl der Zellen.

Hinweis: Der Eulersche Polyedersatz gilt nur für konvexe Polyeder und eine beträchtliche Zahl von so genannten „gutmütigen" konkaven Polyedern. Seine Gültigkeit ist nicht gegeben, wenn (i) keine Kreuzungsfreiheit bzw. eine fehlende Orientierung von Flächen vorliegt, (ii) wenn der Gesamtpolyeder aus mehreren separaten Einzelpolyedern besteht, (iii) wenn das Netzwerk aus Ecken und Kanten nicht topologisch zusammenhängend ist, oder wenn (iv) der Polyeder „Löcher" oder „Henkel" enthält.

(a) Geben Sie die Euler-Charakteristik $\chi_{\mathrm{E}}(A)$ nach Gl. (A14.1.1) für die in Abb. 14.1 gezeigten (a) konvexen und (b) nichtkonvexen Polyeder an und diskutieren Sie das Ergebnis.
(b) Geben Sie die Charakteristiken $\chi_{\mathrm{E}}(A)$ und χ für die Kugeloberfläche (2-Sphäre) an. Wie unterscheiden sich die beiden Größen? Vergleichen Sie eine Vollkugel und eine Hohlkugel.

https://doi.org/10.1515/9783110782530-014

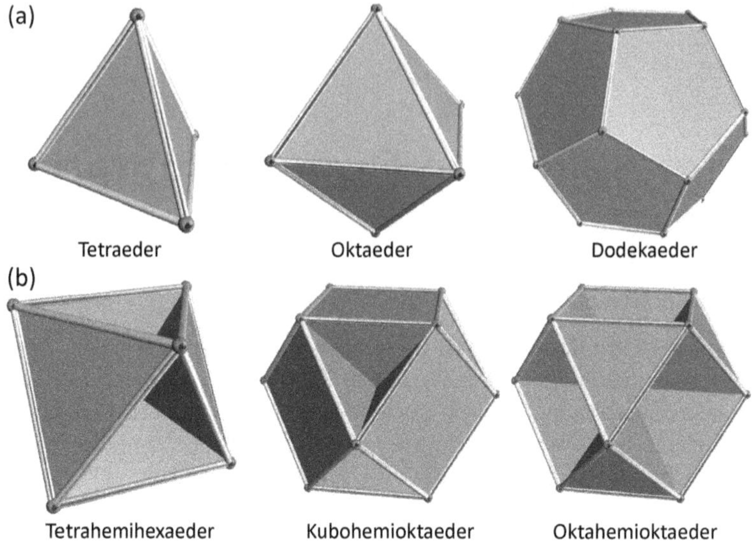

Abb. 14.1: (a) Konvexe und (b) nichtkonvexe Polyeder.

(c) Wir können die Euler-Poincaré-Charakteristik χ für die Oberfläche von dreidimensionalen geometrischen Körper bestimmen, indem wir sie als Zellkomplexe darstellen. Bestimmen Sie die Euler-Poincaré-Charakteristik $\chi(A)$ nach Gl. (A14.1.2) für die in Abb. 14.2 gezeigten allgemeinen Körper, indem sie diese als Zellkomplexe aus würfelförmigen Einheiten darstellen.

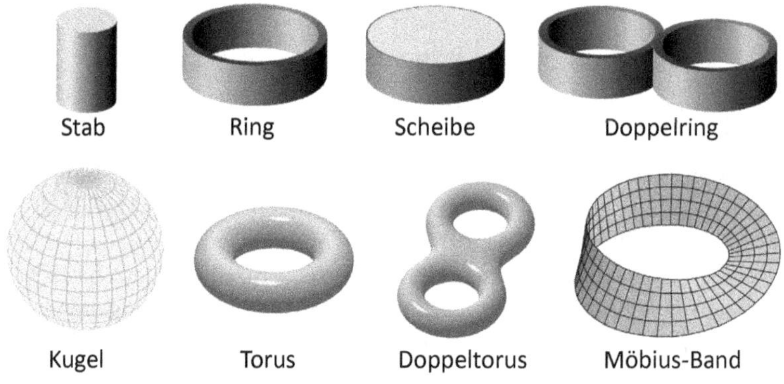

Abb. 14.2: Einige Oberflächen dreidimensionaler geometrischer Körper unterschiedlicher Euler-Poincaré-Charakteristik. Bei den in der oberen Reihe gezeigten Objekten handelt es sich um Vollkörper, bei denjenigen in der unteren Reihen um 2-Mannigfaltigkeiten.

(d) Ein Fußball wird durch das Zusammenfügen von fünf- und sechseckigen Flächen hergestellt. Zeigen Sie, dass zur Herstellung eines solchen Fußballs immer 12 Fünfecke verwendet werden müssen, da seine Euler-Poincaré-Charakteristik $\chi_{\mathrm{E}}(A) = 2$ beträgt.

Lösung:

Bevor wir die Lösung der Teilaufgaben diskutieren, wiederholen wir einige Grundlagen zu Oberflächen von dreidimensionalen Körpern. Wir bezeichnen solche Oberflächen als 2-Mannigfaltigkeiten, wobei man in der Mathematik unter einer n-Mannigfaltigkeit einen topologischen Raum versteht, der lokal dem euklidischen Raum $\mathbb{R}^n$ gleicht. Ein viel verwendetes Beispiel für eine 2-Mannigfaltigkeit ist die Kugeloberfläche (2-Sphäre). Greifen wir einen Punkt auf der Kugeloberfläche heraus, so sieht die lokale Umgebung dieses Punkts immer zweidimensional aus und wir können die lokale Kugeloberfläche homöomorph auf eine Ebene ($\mathbb{R}^2$) abbilden.[1] Dies nutzen wir z. B. bei der Abbildung der Erdoberfläche auf einer geographischen Karte aus. Die Dimension $n = 2$ der Mannigfaltigkeit entspricht der Dimension einer lokalen Karte und alle Karten haben die gleiche Dimension. Wir können aber keine einzelne Karte konstruieren, auf der die gesamte Kugeloberfläche vollständig dargestellt werden kann.

Wir können einige grobe, intuitiv verständliche Eigenschaften von 2-Mannigfaltigkeiten (Oberflächen) angeben. Wir nennen eine Oberfläche geschlossen, wenn sie keine eindimensionalen Ränder besitzt. Eine 2-Sphäre ist offensichtlich eine geschlossene Oberfläche, während dies für einen 2D-Zylinder (Hohlzylinder mit verschwindender Wandstärke) nicht zutrifft, da dieser an beiden Enden zwei Kreise als eindimensionale Ränder besitzt. Das gleiche gilt für eine 2D-Scheibe (Scheibe mit verschindender Dicke), die einen eindimensionalen Kreis als Rand besitzt. Ein Torus ist dagegen eine geschlossene Oberfläche. Wir nennen ferner eine Oberfläche orientierbar, wenn wir konsistent zwei Seiten einer Oberfläche definieren können. Eine Scheibe ist offensichtlich eine orientierbare Oberfläche, während dies für ein Möbius-Band nicht zutrifft.

Geschlossene 2-Mannigfaltigkeiten können klassifiziert werden (Klassifikationssatz für 2-Mannigfaltigkeiten). Insbesondere sind geschlossene Flächen durch die Invarianten ***Orientierbarkeit*** und ***Geschlecht*** vollständig bestimmt. Das Geschlecht g gibt dabei die Zahl der Löcher in der geschlossenen Oberfläche an (z. B. $g = 0$ für Kugel, $g = 1$ für Torus, $g = 2$ für Doppeltorus). Die Orientierung einer Fläche gibt an, welche ihrer beiden Seiten die Außen- bzw. Innenseite ist und wird z. B. durch die Wahl eines der zwei möglichen Flächennormalenvektoren festgelegt.

(a) Wir beginnen mit der Lösung dieser Teilaufgabe, indem wir definieren, was wir unter einem konvexen und nichtkonvexen Körper verstehen. Ein geometrischer Körper heißt dann konvex, wenn mit je zwei Punkten, die zu ihm gehören, auch die gesamte Verbindungsstrecke zwischen diesen Punkten vollständig zu diesem Körper gehört. Dies ist nur für die in Abb. 14.1(a) gezeigten Polyeder der Fall, für die in (b) gezeigten dagegen nicht. Der Eulersche Polyedersatz (A14.1.1) besagt, dass für einen beschränkten konvexen Polyeder immer $\chi_E(A) = E - K + F = 2$ gilt. Bestimmen wir E, K und F durch simples Abzählen, so erhalten wir das in Tabelle 14.1 gezeigte Ergebnis. Wir erkennen, dass der Eulersche Polyedersatz in der Tat nur für die in Abb. 14.1(a) gezeigten konvexen Polyeder gilt. Für das konkave Tetrahemihexaeder mit seinen sechs Ecken, 12 Kanten und 7 Flächen erhalten wir dagegen $\chi_E(A) = E - K + F = 1$, es verletzt also den Eulerschen

[1] Hierbei bedeutet homöomorph, dass eine bijektive, stetige Abbildung zwischen der lokalen Kugeloberfläche und der Ebene vorliegt, deren Umkehrabbildung ebenfalls stetig ist.

Polyedersatz genauso wie der Kubohemioktaeder und Oktahemioktaeder. Für das Tetrahemihexaeder überkreuzen sich z. B. die beiden dunklen, senkrecht auf der Grundfläche stehenden Flächen und diese besitzen ferner keine definierte Innen- und Außenseiten mehr. Entsprechend dem obigen Hinweis gilt deshalb für das Tetrahemihexaeder der Eulersche Polyedersatz nicht und wir erhalten $\chi_{\mathrm{E}}(A) \neq 2$.

Tabelle 14.1: Euler-Poincaré-Charakteristik von konvexen und nichtkonvexen Polyedern.

Polyeder	Ecken E	Kanten K	Flächen F	$\chi_{\mathrm{E}}(A)$
Tetraeder	4	6	4	2
Oktaeder	6	12	8	2
Dodekaeder	20	30	12	2
Tetrahemihexaeder	6	12	7	1
Kubohemioktaeder	12	24	10	-2
Oktahemioktaeder	12	24	12	0

Es ist ferner leicht einzusehen, dass alle konvexen Polyeder mit $\chi_{\mathrm{E}}(A) = 2$ homöomorph auf eine Kugel (2-Sphäre) abgebildet werden können. In Abb. 14.3 ist als Beispiel der Homöomorphismus zwischen einer fünfseitigen Doppelpyramide und einer dazu homöomorph zerlegten Kugel gezeigt. Allgemein besitzen topologische Räume, die durch einen Homöomorphismus ineinander überführt werden können, die gleichen topologischen Eigenschaften (z. B. das gleiche Geschlecht g, das die Anzahl der Löcher angibt). Anschauliche Beispiele für einen Homöomorphismus sind das stetige Dehnen, Stauchen, Verbiegen, Verzerren oder Verdrillen eines Körpers.
Über den Satz von Gauß und Bonnet ist die Gaußsche Krümmung G einer orientierbaren 2-Mannigfaltigkeit mit $\chi_{\mathrm{E}}(A)$ wie folgt verbunden:

$$\chi_{\mathrm{E}}(A) = \frac{1}{2\pi} \int_A G \,\mathrm{d}A = 2\,. \tag{A14.1.3}$$

Für eine Kugel mit Radius R ist die Gaußsche Krümmung $G = 1/R^2$ und das Intergral über die Gaußsche Krümmung ergibt gerade den Wert 2. Für orientierbare Flächen wie die Kugeloberfläche ist die Euler-Charakteristik $\chi_{\mathrm{E}}(A)$ mit dem Geschlecht g über $\chi_{\mathrm{E}}(A) = 2 - 2g$ verknüpft.

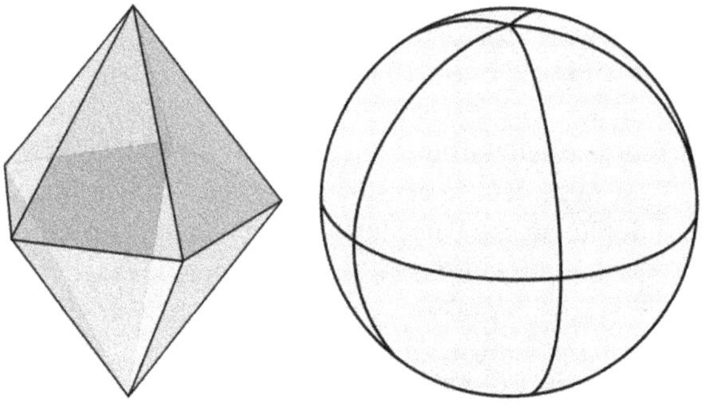

Abb. 14.3: Zum Homöomorphismus zwischen fünfseitiger Doppelpyramide und Kugel (2-Sphäre). Die Kugeloberfläche kann in ein Kurvennetz zerlegt werden, das durch ein kreuzungsfreies Verbinden von E Eckpunkten, K Kurvenstücken und F Flächenstücken entsteht, wobei $\chi_{\mathrm{E}} = E - K + F = 2$ gilt.

(b) Wir haben in Aufgabenteil (a) bereits das Ergebnis $\chi_E(A) = 2$ für eine Kugeloberfläche (2-Sphäre) hergeleitet, da diese homöomorph auf einen konvexen Polyeder abgebildet werden kann, für den immer $\chi_E = E - K + F = 2$ gilt. Da wir nun jeden konvexen Polyeder als einen aus einer Polyeder-Zelle ($Z = 1$) bestehenden Zellkomplex betrachten können, erhalten wir nach Gl. (A14.1.2)

$$\chi(A) = E - K + F - Z = \chi_E - 1 \tag{A14.1.4}$$

und damit für eine Kugeloberfläche $\chi(A) = 1$. Wir sehen also, dass sich aus der etwas anderen Definition von χ und χ_E für ein konvexes Polyeder immer $\chi = 1$ und $\chi_E = 2$ ergibt.
Unter einer Kugeloberfläche (2-Sphäre) verstehen wir immer ein zweidimensionales geometrisches Objekt. Wir können uns nun fragen, was sich ändert, wenn wir zu einer Hohlkugel mit endlicher Wandstärke übergehen. Diese Frage können wir am einfachsten beantworten, indem wir die endliche Wandstärke durch einen kontinuierliche Umformung auf die Wandstärke Null reduzieren. Wir sehen dann sofort, dass die ideale Kugeloberfläche und die Hohlkugel mit endlicher Wandstärke durch die gleiche topologische Konstante $\chi_E(A) = 2$ bzw. das Geschlecht $g = \frac{1}{2}(2 - \chi_E(A)) = 0$ charakterisiert werden.
Wir können auch noch einen Schritt weiter gehen und die Kugel voll ausfüllen. In diesem Fall können wir aber keine homöomorphe Abbildung auf eine 2-Mannigfaltigkeit mehr vornehmen. Wir haben es jetzt vielmehr mit einer 3-Mannigfaltigkeit (Oberfläche von vierdimensionalem Objekt) zu tun [vgl. Aufgabenteil (c)].

(c) Um die Euler-Poincaré-Charakteristik χ von allgemeinen geschlossenen und nicht geschlossenen Oberflächen zu bestimmen, können wir eine zelluläre Dekomposition verwenden (wir verwenden eine Dekomposition in Würfel, siehe Abb. 14.4). Die Euler-Poincaré-Charakteristik ist nach (A14.1.2) gegeben durch

$$\chi(A) = E - K + F - Z\,, \tag{A14.1.5}$$

wobei Z die Zahl der Zellen ist. Beim Zählen müssen wir beachten, dass Ecken, Kanten und Flächen, die zwischen mehreren Zellelementen (Würfeln) geteilt werden, nur einmal gezählt werden dürfen.

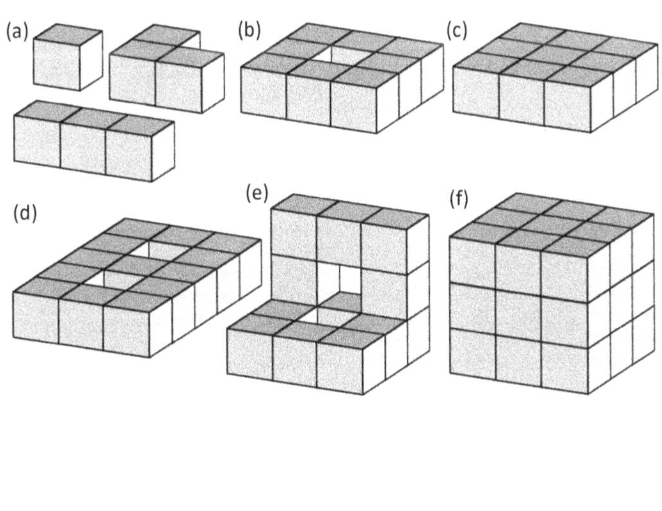

Abb. 14.4: Zur Euler-Poincaré-Charakteristik $\chi(A)$ von n-Mannigfaltigkeiten.

Betrachten wir die in Abb. 14.4(a) gezeigte einzelne kubische Zelle, so erhalten wir mit $E = 8$, $K = 12$, $F = 6$ und $Z = 1$ den Wert $\chi(A) = 8 - 12 + 6 - 1 = 1$. Die einzelne Zelle kann durch eine homöomorphe Abbildung in eine VollKugel (3-Mannigfaltigkeit) transformiert werden, das heißt, es gilt $\chi(\text{Vollkugel}) = 1$.
Einen Stab (3-Mannigfaltigkeit, siehe Abb. 14.2) können wir durch die in Abb. 14.4(a) gezeigte Dekomposition (lineare Aneinanderreihung einzelner würfelförmiger Zellen) darstellen. Wir erhalten $\chi(\text{Stab}) = 16 - 28 + 16 - 3 = 1$. Es ist leicht zu sehen, dass sich $\chi(\text{Stab})$ nicht ändert, wenn wir die Zahl der Zellen ändern oder eine Anordnung mit einem 90°-Winkel verwenden. Da die in Abb. 14.4(a) gezeigten Anordnungen wiederum homöomorph in eine Vollkugel transformiert werden können, erwarten wir den gleichen Wert $\chi = 1$ wie für eine Vollkugel.
Ein Vollring stellt ebenfalls eine 3-Mannigfaltigkeit dar. Wir können ihn durch die in Abb. 14.4(b) gezeigte Dekomposition beschreiben. Durch Abzählen erhalten wir $\chi(\text{Ring}) = 32 - 64 + 40 - 8 = 0$. Da der Ring ein „Loch" in seiner Mitte besitzt, kann er nicht mehr kontinuierlich in eine Vollkugel transformiert werden und wir erhalten deshalb mit $\chi = 0$ eine andere Euler-Poincaré-Charakteristik. Das Ergebnis ändert sich auch nicht, wenn wir den Ring verbiegen würden.
Vom Ring zur Vollscheibe (3-Mannigfaltigkeit, siehe Abb. 14.2) gelangen wir, indem wir ein Zellelement im Zentrum des Rings hinzufügen [siehe Abb. 14.4(c)]. Wir erhöhen dadurch die Zahl der Flächen um 2, lassen die Zahl der Ecken gleich und erhöhen die Zahl der Zellen um 1. Wir erhalten somit $\chi(\text{Scheibe}) = 32 - 64 + 42 - 9 = 1$. Da die Scheibe kein Loch mehr besitzt, können wir sie homöomorph in eine Vollkugel transformieren und erhalten wie erwartet die gleiche Euler-Poincaré-Charakteristik.
Für den (vollen) Doppelring [vgl. Abb. 14.4(d)], erhalten wir $\chi(\text{Doppelring}) = 48 - 100 + 64 - 13 = -1$. Das Ergebnis ändert sich nicht, wenn wir einen Teil des Doppelrings wie in Abb. 14.4(e) gezeigt um 90° nach oben verbiegen. Der Unterschied zum Ring besteht darin, dass wir jetzt zwei Löcher vorliegen haben. Die Vollkugel können wir durch die in Abb. 14.4(f) gezeigte zelluläre Dekomposition beschreiben. Nach etwas Zählarbeit erhalten wir $\chi(\text{Kugel}) = 64 - 144 + 108 - 27 = 1$. Insgesamt sehen wir, dass sich die Charakteristik $\chi(A)$ um ± 1 ändert, wenn wir die Zahl der Löcher um ∓ 1 ändern.
Bei den in der unteren Reihe von Abb. 14.2 gezeigten Oberflächen handelt es sich um 2-Mannigfaltigkeiten, für die wir etwas komplexere Dekompositionen verwenden müssen. Wir diskutieren explizit nur den Fall der Hohlkugel, zu der wir einfach gelangen, indem wir in Abb. 14.4(f) den in der Mitte liegenden Würfel herausnehmen. Die Zahl der Ecken, Kanten und Flächen bleibt dabei gleich, wir reduzieren lediglich die Zahl der Zellen von 27 auf 26. Es ergibt sich damit $\chi(\text{Hohlkugel}) = 64 - 144 + 108 - 26 = 2$. In ähnlicher Weise können wir $\chi(\text{Torus}) = 0$ und $\chi(\text{Doppeltorus}) = -2$ herleiten. Mit $g = \frac{1}{2}(2 - \chi)$ ergibt sich das Geschlecht von Hohlkugel, Torus und Doppeltorus zu $g = 0, 1$ und 2. Auch das Möbius-Band ist eine 2-Mannigfaltigkeit mit $\chi(A) = 0$ und somit $g = 1$. Beim Möbius-Band müssen wir noch beachten, dass es sich nicht um eine orientierbare Oberfläche handelt.

(d) Wir betrachten den in Abb. 14.5 gezeigten Fußball, der durch das Zusammenfügen von fünf- und sechseckigen Teilen erhalten wird. Die Gesamtzahl der Flächen erhalten wir zu

$$F = N_P + N_H\,, \tag{A14.1.6}$$

wobei N_P die Zahl der Pentagone und N_H die Zahl der Hexagone ist. Für die Zahl der Ecken erhalten wir

$$E = \frac{5N_P + 6N_H}{3} \tag{A14.1.7}$$

und die Zahl der Kanten

$$K = \frac{5N_P + 6N_H}{2}\,. \tag{A14.1.8}$$

Wir müssen hier durch 3 und 2 teilen, da die Ecken jeweils mit 3 Flächen und die Kanten mit 2 Flächen geteilt werden.

Abb. 14.5: Ein aus Fünf- und Sechsecken aufgebauter Fußball.

Wir können jetzt den Ausdruck $\chi_{\mathrm{E}}(A) \equiv E - K + F = 2$ verwenden, da eine Kugel homöomorph zu einem konvexen Polyeder ist. Wir erhalten damit

$$\begin{aligned}\chi_{\mathrm{E}}(A) \equiv E - K + F &= \frac{5N_P + 6N_H}{3} - \frac{5N_P + 6N_H}{2} + (N_P + N_H)\\ &= \frac{N_P}{6}\,.\end{aligned} \tag{A14.1.9}$$

Da für den Fußball $\chi_{\mathrm{E}}(\text{Fußball}) = 2$ gilt, folgt unmittelbar $N_P = 12$. Das bedeutet, dass ein aus Fünf- und Sechsecken aufgebauter Fußball immer 12 Pentagone besitzen muss. Die Zahl der Sechsecke ist dagegen nicht festgelegt.

A14.2 Topologischer Phasenübergang in einem zweidimensionalen Supraleiter

Wir betrachten einen zweidimensionalen Supraleiter (z. B. eine sehr dünne supraleitende Schicht) und diskutieren, ob in diesem 2D-Supraleiter ein topologischer Phasenübergang auftritt.

(a) Leiten Sie die kinetische Energie von Vortices (Wirbel von zirkulierenden Suprasträmen) in dem zweidimensionalen Supraleiter ab. Betrachten Sie hierzu das Geschwindigkeitsfeld $\mathbf{v}(\mathbf{r})$ in der xy-Ebene eines idealen Vortex mit der Zirkulation

$$\Gamma = \int_A [\nabla \times \mathbf{v}(\mathbf{r})] \cdot \hat{\mathbf{z}}\, dA\,,$$

der sich an der Stelle $\mathbf{r} = 0$ befindet. Hierbei ist $\hat{\mathbf{z}}$ der Einheitsvektor in z-Richtung.

(b) Betrachten Sie ein Paar von Vortices mit entgegengesetzter Vortizität (Umlaufsinn der zirkulierenden Supraströme) an der Stelle $\mathbf{r}_1 = 0$ und $\mathbf{r}_1 = \mathbf{d}$. Vergleichen Sie die kinetische Energie eines einzelnen Vortex und eines Vortex-Antivortex-Paares. Welcher grundlegende Unterschied besteht? Benutzen Sie hier zu das gemeinsame Geschwindigkeitsfeld

$$\mathbf{v}(\mathbf{r}) = \frac{\Gamma}{2\pi}\left[\frac{\hat{\mathbf{z}} \times \mathbf{r}}{r^2} - \frac{\hat{\mathbf{z}} \times (\mathbf{r} - \mathbf{d})}{|\mathbf{r} - \mathbf{d}|^2}\right]$$

dieser Vortices.

(c) Schätzen Sie die Entropie ab, die mit der Bildung eines einzelnen Vortex verbunden ist. Benutzen Sie den Ausdruck, um die freie Energie eines Vortex in einem zweidimensionalen supraleitenden Film abzuschätzen. Welche Schlussfolgerungen können aus dem Ausdruck für die freie Energie gezogen werden?

Lösung:

Wir betrachten einen räumlich homogenen Supraleiter und beschreiben ihn mit einer makroskopischen Wellenfunktion $\psi = \psi_0 \exp[\imath\theta(\mathbf{r})]$ mit räumlich konstanter Amplitude ψ_0 und ortsabhängiger Phase $\theta(\mathbf{r})$. Wir nehmen an, dass der Supraleiter in der xy-Ebene liegt (siehe Abb. 14.6).

(a) Um die kinetische Energie von Vortices in einem 2D-Supraleiter abzuleiten, diskutieren wir zuerst einige allgemeine Eigenschaften von Vortices in einer homogenen, inkompressiblen Flüssigkeit (in unserem Fall im suprafluiden Elektronensystem). Für die Wirbelstärke eines idealen Vortex, der sich an der Stelle $\mathbf{r} = 0$ befindet und dessen Geschwindigkeitsfeld $\mathbf{v}(\mathbf{r})$ in der xy-Ebene liegt [siehe Abb. 14.6(a)], gilt

$$\nabla \times \mathbf{v}(\mathbf{r}) = \hat{\mathbf{z}}\left|\frac{\partial v_x}{\partial y} - \frac{\partial v_y}{\partial x}\right| = \hat{\mathbf{z}}\Gamma \cdot \delta(x)\delta(y) \qquad \text{(A14.2.1)}$$

mit der Zirkulation

$$\Gamma = \int_A [\nabla \times \mathbf{v}(\mathbf{r})] \cdot \hat{\mathbf{z}}\, dA = \oint_S \mathbf{v}(\mathbf{r}) \cdot d\mathbf{r} = \text{const}\,, \qquad \text{(A14.2.2)}$$

die in einem geschlossenen System konstant ist. Hierbei ist $\hat{\mathbf{z}}$ der Einheitsvektor in z-Richtung und wir haben das Flächenintegral mit Hilfe des Stokesschen Satzes in ein Linienintegral über einen beliebigen geschlossen Ring S umgewandelt. Da wir es mit einer geladenen Flüssigkeit zu tun haben, ist das Geschwindigkeitsfeld $\mathbf{v}(\mathbf{r})$ mit einem

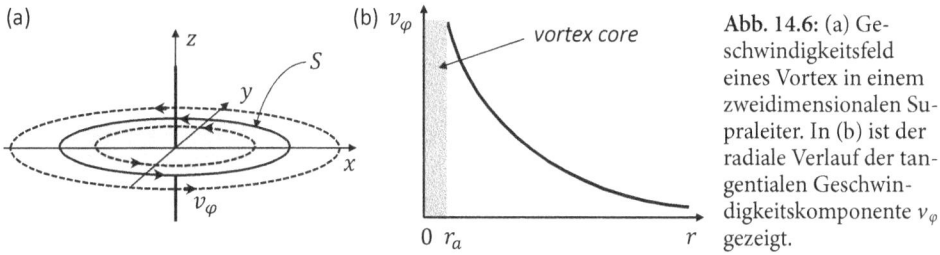

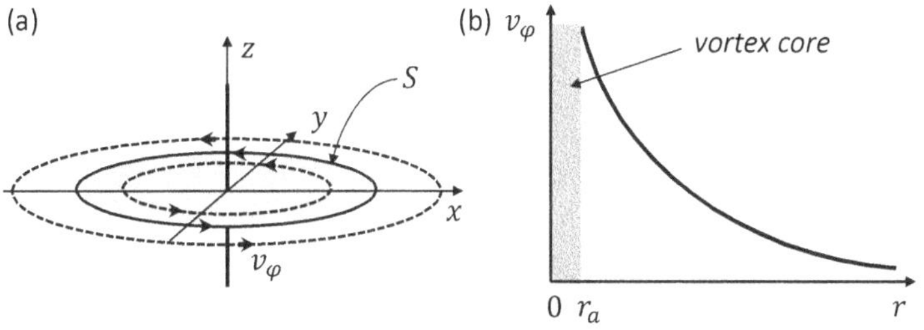

Abb. 14.6: (a) Geschwindigkeitsfeld eines Vortex in einem zweidimensionalen Supraleiter. In (b) ist der radiale Verlauf der tangentialen Geschwindigkeitskomponente v_φ gezeigt.

magnetischen Fluss verbunden, weshalb die Vortices in Supraleitern als Flusslinien oder Flusswirbel bezeichnet werden. Da die tangentiale Geschwindigkeitskomponente v_φ entlang der Konturlinie S konstant ist und diese für eine homogene Suprafüssigkeit ein Kreis ist, gilt für ihre radiale Abhängigkeit

$$v_\varphi(r) = \frac{\Gamma}{2\pi r} . \tag{A14.2.3}$$

Wir sehen, dass $v_\varphi(r)$ für $r \to 0$ divergiert. Diese Divergenz wird üblicherweise dadurch eliminiert, dass man die Geschwindigkeit unterhalb eines Abschneideradius r_a gleich Null setzt [siehe Abb. 14.6(b)]. Dies ist gleichbedeutend damit, dass wir einen normalleitenden Vortexkern mit Radius r_a einführen. Der Radius r_a entspricht dem Abstand vom Zentrum des Vortex, bei dem v_φ die kritische Geschwindigkeit der Supraflüssigkeit erreicht und deshalb der supraleitende Zustand zerstört wird.[2]

Wir können mit den bisher abgeleiteten Beziehungen die mit dem Geschwindigkeitsfeld verbundene kinetische Energie bestimmen. Wir erhalten

$$\varepsilon_V = \frac{1}{2}\rho \int_A v^2(\mathbf{r})\, d^2r = \frac{1}{2}\rho \int_{r_a}^{R} \int_0^{2\pi} v_\varphi^2\, r dr d\varphi , \tag{A14.2.4}$$

wobei ρ die Dichte der Supraflüssigkeit ist. Mit $v_\varphi(r) = \Gamma/2\pi r$ erhalten wir

$$\varepsilon_V = \frac{1}{2}\rho \int_{r_a}^{R} \int_0^{2\pi} \frac{\Gamma^2}{(2\pi r)^2}\, r dr d\varphi = \frac{\rho\Gamma^2}{4\pi} \int_{r_a}^{R} \frac{dr}{r} = \frac{\rho\Gamma^2}{4\pi} \ln\left(\frac{R}{r_a}\right) . \tag{A14.2.5}$$

Hierbei ist R der Radius des als kreisförmig angenommenen Supraleiters. Der Abschneideradius r_a ist durch die Kohärenzlänge des Supraleiters gegeben und liegt typischerweise im Bereich von 10 bis 100 nm. Der Radius R der supraleitenden Probe kann dagegen sehr groß sein, weshalb üblicherweise $R/r_a \gg 1$. Das bedeutet, dass die kinetische Energie des Vortex und damit die Energie, die wir zu seiner Erzeugung aufbringen müssen, sehr groß sein kann.

(b) Wir betrachten jetzt ein Paar von Vortices mit entgegengesetzter Vortizität $\pm\Gamma$ an den Positionen $\mathbf{r}_1 = 0$ und $\mathbf{r}_2 = \mathbf{d}$. Wir erhalten das gemeinsame Geschwindigkeitsfeld dieser

[2] Beim Erreichen der kritischen Geschwindigkeit übersteigt die kinetische Energie der Ladungsträger die Kondensationsenergie, die beim Übergang in den supraleitenden Zustand gewonnen wird.

Vortices zu

$$\mathbf{v}(\mathbf{r}) = \frac{\Gamma}{2\pi}\left[\frac{\hat{\mathbf{z}}\times\mathbf{r}}{r^2} - \frac{\hat{\mathbf{z}}\times(\mathbf{r}-\mathbf{d})}{|\mathbf{r}-\mathbf{d}|^2}\right] \tag{A14.2.6}$$

und damit

$$v^2(\mathbf{r}) = \frac{\Gamma^2}{4\pi^2}\left[\frac{1}{r^2} + \frac{1}{|\mathbf{r}-\mathbf{d}|^2} - \frac{2\mathbf{r}\cdot(\mathbf{r}-\mathbf{d})}{r^2|\mathbf{r}-\mathbf{d}|^2}\right] . \tag{A14.2.7}$$

Hierbei ist $\hat{\mathbf{z}} \times \hat{\mathbf{r}} = \hat{\varphi}$ der Einheitsvektor in tangentialer Richtung. Wir können mit diesem Ausdruck analog zu Gl. (A14.2.5) die kinetische Energie des Vortex-Anti-Vortex-Paares ausrechnen. Dabei nutzen wir aus, dass üblicherweise $r_a \ll d \ll R$ gilt. Für diesen Fall lassen sich die Integrale leicht bestimmen und wir erhalten

$$\varepsilon_{V_p} = \frac{\rho\Gamma^2}{2\pi}\ln\left(\frac{d}{2r_a}\right) . \tag{A14.2.8}$$

Wir sehen, dass in die kinetische Energie jetzt der Abstand d der Vortices anstelle der Probenabmessung R eingeht und die kinetische Energie des Vortex-Antivortex-Paares gar nicht mehr von der Probengröße R abhängt. Dies liegt daran, dass sich die in entgegengesetzte Richtung zirkulierenden Geschwindigkeitsfelder für $r \gg d$ gegenseitig kompensieren und deshalb keinen Beitrag mehr zur kinetischen Energie liefern [siehe Abb. 14.7(a)]. Überraschenderweise ist die kinetische Energie eines Vortex-Antivortex-Paares wesentlich kleiner als diejenige eines einzelnen Vortex. Das bedeutet, dass in einem zweidimensionalen Supraleiter bei tiefen Temperaturen die dominierende Anregung Vortex-Antivortex-Paare sind.[3]

(c) Um die mit einem Vortex verbundene Entropie zu bestimmen, machen wir die einfache Annahme, dass der Vortex einen minimalen Flächenbedarf πr_a^2 hat, der durch den Abschneideradius r_a des Vortexkerns bestimmt wird. Da die Probengröße durch πR^2 gegeben ist, gibt es in der Probe insgesamt R^2/r_a^2 mögliche Vortexpositionen. Mit dieser einfachen Annahme können wir die Entropie zu

$$S_V = k_B \ln\left(\frac{R^2}{r_a^2}\right) = 2k_B\ln\left(\frac{R}{r_a}\right) \tag{A14.2.9}$$

angeben. Vernachlässigen wir die potentielle Energie, die mit dem endlichen Durchmesser des Vortexkerns und dem damit einhergehenden Verlust an Kondensationsenergie zusammenhängt, erhalten wir für die freie Energie eines einzelnen Vortex

$$\mathcal{F}_V = \varepsilon_V - TS_V = \frac{\rho\Gamma^2}{4\pi}\ln\left(\frac{R}{r_a}\right) - 2Tk_B\ln\left(\frac{R}{r_a}\right) . \tag{A14.2.10}$$

Wir können aus Gl. (A14.2.10) leicht die Temperatur bestimmen, bei der beide Beiträge gleich groß sind. Wir erhalten daraus die so genannte Kosterlitz-Thouless (KT) Temperatur

$$T_{KT} = \frac{\rho\Gamma^2}{4\pi}\frac{1}{2k_B} . \tag{A14.2.11}$$

[3] In einem 3D-System ist die energetisch günstigste Anregung ein torusförmiger Vortexring, den man sich als Stapelung von 2D-Vortices vorstellen kann, die ringförmig übereinander angeordnet sind.

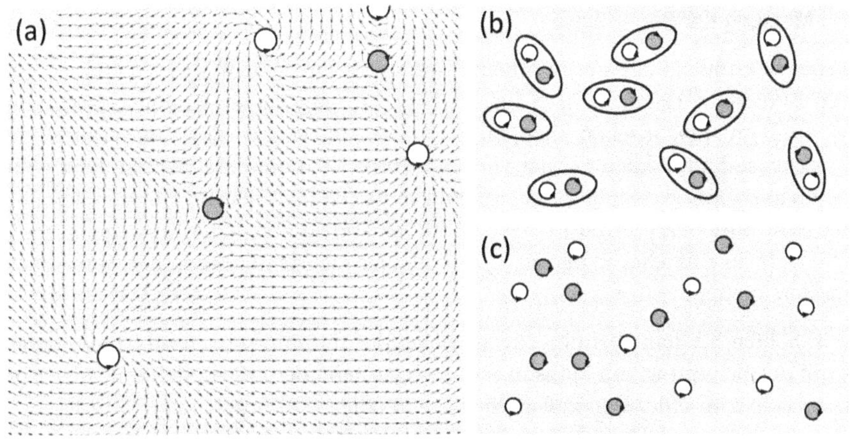

Abb. 14.7: (a) Räumliche Verteilung der Phase $\theta(\mathbf{r})$ der supraleitenden Wellenfunktion $\psi = \psi_0 \exp[\imath\theta(\mathbf{r})]$. Die Richtung der Pfeile gibt den Wert der Phase zwischen 0 und 2π an, die Punkte die Position von Vortices und Antivortices. (b) Gas von gebundenen Vortex-Antivortex-Paare für $T < T_{\mathrm{KT}}$. (c) Gas von freien Vortices für $T > T_{\mathrm{KT}}$. Bei $T = T_{\mathrm{KT}}$ findet ein topologischer Phasenübergang zwischen den in (b) und (c) gezeigten Phasen statt.

Aus diesem Ergebnis können wir folgende Schlussfolgerungen ziehen:
(i) $T < T_{\mathrm{KT}}$: Wir sehen, dass bei sehr tiefen Temperaturen der mit der Entropie verbundene Beitrag zur freien Energie gegenüber der kinetischen Energie eines Vortex vernachlässigbar klein ist. Wir können die freie Energie deshalb minimieren, indem wir die Zahl der Vortices klein machen. Die dominierende Anregung in diesem Temperaturbereich sind deshalb Vortex-Antivortex-Paare. Die Tieftemperaturphase stellt somit ein Gas von Vortex-Paaren dar [siehe Abb. 14.7(b)].
(ii) $T > T_{\mathrm{KT}}$: Oberhalb von T_{KT} dominiert der entropische Beitrag und wir erreichen eine Minimierung der freien Energie durch Bildung von freien Vortices. Bei T_{KT} fangen die Vortex-Antivortex-Paare an aufzubrechen und die Zahl der freien Vortices steigt stark an. Wir gehen also von einem Gas von Vortex-Paaren für $T < T_{\mathrm{KT}}$ zu einem Gas von Einzelvortices für $T > T_{\mathrm{KT}}$ über [siehe Abb. 14.7(c)].
Im Gegensatz zu den üblichen Phasenübergängen wird beim KT-Übergang keine Symmetrie gebrochen. Er ist vielmehr mit dem Aufbrechen von Wirbelpaaren und damit der Erzeugung von topologischen Defekten verbunden. Bewegen wir uns nämlich um einen einzelnen Vortex oder Anti-Vortex herum, so ändert sich die Phase der supraleitenden Wellenfunktion um $\pm 2\pi$. Bewegen wir uns dagegen um ein Vortex-Antivortex-Paar herum, so ändert sich die Phase nicht. Wir können deshalb sagen, dass oberhalb von T_{KT} Wirbel vorliegen, die wir mit der topologischen Konstanten $V = \pm 1$ (Vortizität) charakterisieren können, während unterhalb von T_{KT} nur Paare mit $V = 0$ vorliegen. Die Vortizität eines Paares verschwindet, da die Verzerrung des Phasenfeldes für große Abstände vom Zentrum des Paares verschwindend klein wird. Wichtig ist, dass keine wahre langreichweitige Ordnung auf beiden Seiten des Phasenübergangs existiert. Die Tieftemperaturphase zeigt allerdings eine topologische Ordnung, da in ihr keine topologischen Defekte (freie Wirbel) vorliegen.

A14.3 Messung der Berry-Phase

Physikalische Größen sind meist uninteressant, wenn wir sie nicht messen können. Phasen gehören zu diesen Größen. Führen wir adiabatische Änderungen an einem System durch, so folgt aus dem adiabatischen Theorem der Quantenmechanik, dass das System in seinen Ausgangszustand zurückkehrt. Michael Berry entdeckte nun, dass ein von der Geometrie des Parameterraums abhängiger Phasenfaktor in der Wellenfunktion auftreten kann. Diese geometrische oder Berry-Phase besitzt eine Vielzahl direkt messbarer Konsequenzen. Überlegen Sie sich ein einfaches Experiment, mit dem Sie die Manifestation der Berry-Phase direkt messen können.

Hinweis: Sollten Sie keine bahnbrechende neue Idee für ein Experiment haben, versuchen Sie es mit der Bewegung von Spins in räumlich variierenden Magnetfeldern, wie es bereits von Berry selbst in seiner Originalarbeit aus dem Jahr 1984 vorgeschlagen wurde.

Lösung:

Ein einfaches Experiment zum Nachweis der Berry-Phase ist in Abb. 14.8 skizziert. Wir nehmen einen Strahl von Teilchen, die sich alle im gleichen, wohldefinierten Spin-Zustand befinden. Der Einfachheit halber betrachten wir ein Spin-1/2-Teilchen (z. B. Elektronen, Neutronen). Wir teilen den Strahl nun mit einem Strahlteiler in zwei Teilstrahlen auf. Ein Teilstrahl durchläuft einen Bereich mit einem Magnetfeld, dessen Amplitude und Richtung konstant sind. Der andere Teilstrahl durchläuft dagegen einen Bereich, in dem die Amplitude des Magnetfeldes zwar gleich bleibt, seine Richtung sich aber entlang des Pfades ändert. Wir nehmen an, dass sich die Richtung des Feldes entlang einer geschlossenen Konturlinie Γ ändert, wobei der Feldvektor dann einen Raumwinkel Ω_Γ umschließt (siehe Abb. 14.8). Nachdem die beiden Teilstrahlen die beiden Gebiete durchlaufen haben, bringen wir sie an der Position des Detektors zur Überlagerung.

Wir diskutieren zunächst, ob die beiden Teilstrahlen unterschiedliche dynamische Phasenfaktoren

$$\varphi_{1,2}(t) = -\frac{1}{\hbar} \int\limits_{t_0, S_{1,2}}^{t} \varepsilon(t')\, dt' \tag{A14.3.1}$$

aufzeigen, die von den Spin-1/2-Teilchen bei ihrer Bewegung entlang der beiden Teilpfade $S_{1,2}$ aufgesammelt werden. Da aber alle Spin-1/2-Teilchen sich im gleichen Spin-Zustand befinden sollen und ferner ihre Energie ε nur von der Amplitude des Magnetfeldes und nicht von seiner Richtung abhängt, ist der dynamische Phasenfaktor für alle Teilchen gleich und spielt keine Rolle.

Zusätzlich zur dynamischen Phase gibt es aber noch eine geometrische Phase, die wir jetzt diskutieren wollen. Dabei nehmen wir an, dass die zeitliche Variation der Magnetfeldrichtung so langsam ist, dass das Spin-1/2-System dem Feld adiabatisch folgen kann. Wir nehmen ferner an, dass das Magnetfeld entlang des Pfades unter einem Polarwinkel θ mit konstanter Winkelgeschwindigkeit ω um die z-Achse rotiert ($\varphi(t) = \omega t$, siehe Abb. 14.8). Die Spin-1/2-Teilchen propagieren mit konstanter Geschwindigkeit in z-Richtung. Für die Zeit-

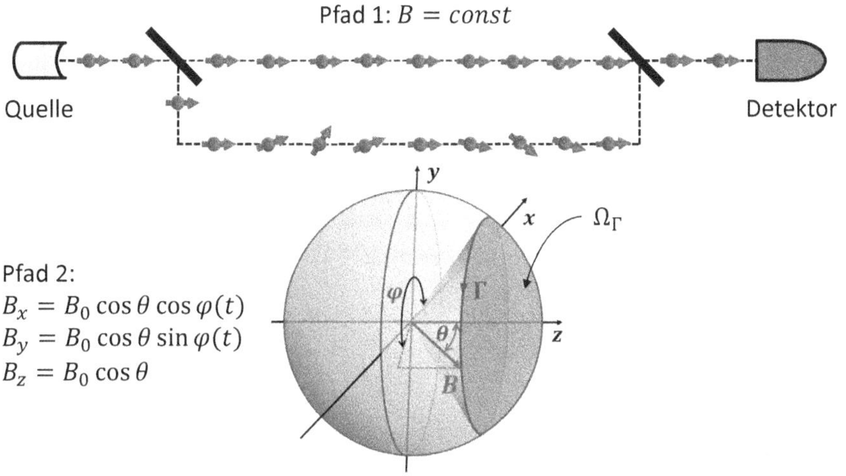

Abb. 14.8: Zur Messung der Berry-Phase mit einem Spin-1/2-System. Während entlang des oberen Teilpfades (Pfad 1) die Amplitude und Richtung des Magnetfelds konstant sind, ändert sich die Richtung des Magnetfeldes entlang des unteren Teilpfades (Pfad 2). Die Änderung ist so langsam, dass das Spin-1/2-System adiabatisch folgen kann. Die Berry-Phase ist proportional zum halben Raumwinkel Ω_Γ, der durch den Pfad Γ definiert wird, der von der Spitze des räumlich variierenden Magnetfeldvektors beschrieben wird.

entwicklung des Magnetfeldes entlang des Pfades gilt dann

$$\mathbf{B}(t) = B_0 \begin{pmatrix} \sin\theta\cos[\varphi(t)] \\ \sin\theta\sin[\varphi(t)] \\ \cos\theta \end{pmatrix} . \tag{A14.3.2}$$

Da das Spin-1/2-System dem Feld adiabatisch folgen kann, erhalten wir einen zeitunabhängigen Wechselwirkungsterm $\mu_B \mathbf{B}_0 \cdot \boldsymbol{\sigma}$, wobei μ_B das Bohrsche Magneton und

$$\boldsymbol{\sigma} = \{\sigma_x, \sigma_y, \sigma_z\} = \left\{ \begin{pmatrix} 0 & 1 \\ 1 & 0 \end{pmatrix}, \begin{pmatrix} 0 & -\imath \\ \imath & 0 \end{pmatrix}, \begin{pmatrix} 1 & 0 \\ 0 & -1 \end{pmatrix} \right\} \tag{A14.3.3}$$

der Vektor der Paulischen Spin-Matrizen ist. Wir erhalten somit die normalisierten Eigenzustände

$$|m_\downarrow\rangle = \begin{pmatrix} \sin\frac{\theta}{2}\,\mathrm{e}^{-\imath\varphi} \\ -\cos\frac{\theta}{2} \end{pmatrix} \qquad |m_\uparrow\rangle = \begin{pmatrix} \cos\frac{\theta}{2}\,\mathrm{e}^{-\imath\varphi} \\ \sin\frac{\theta}{2} \end{pmatrix} . \tag{A14.3.4}$$

Sie stellen Punkte auf der Oberfläche der so genannten Bloch-Kugel dar und besitzen die Eigenenergien $E_{\downarrow\uparrow} = \pm\mu_B B_0$. Wir können damit die θ- und φ-Komponente des so genannten Berry-Potenzials [vgl. hierzu R. Gross und A. Marx, *Festkörperphysik*, 4. Auflage, Walter de

Gruyter GmbH (2023)] in Kugelkoordinaten (B_0, θ, $\varphi = \omega t$) berechnen. Wir erhalten

$$\mathbf{A}_\downarrow = \begin{pmatrix} \imath\langle m_\downarrow|\nabla_\theta|m_\downarrow\rangle \\ \imath\langle m_\downarrow|\nabla_\varphi|m_\downarrow\rangle \end{pmatrix} = \frac{1}{B_0 \sin\theta} \begin{pmatrix} 0 \\ \sin^2\frac{\theta}{2} \end{pmatrix} \tag{A14.3.5}$$

$$\mathbf{A}_\uparrow = \begin{pmatrix} \imath\langle m_\uparrow|\nabla_\theta|m_\uparrow\rangle \\ \imath\langle m_\uparrow|\nabla_\varphi|m_\uparrow\rangle \end{pmatrix} = \frac{1}{B_0 \sin\theta} \begin{pmatrix} 0 \\ \cos^2\frac{\theta}{2} \end{pmatrix} . \tag{A14.3.6}$$

Die Berry-Phase γ erhalten wir, indem wir das Berry-Potenzial entlang dem geschlossenen Pfad Γ (B_0 = const., θ = const.) im Parameterraum aufintegrieren. Daraus ergibt sich

$$\gamma_\downarrow(\Gamma) = \oint_\Gamma A_{\varphi,\downarrow} B_0 \sin\theta d\varphi = 2\pi \sin^2\left(\frac{\theta}{2}\right) \tag{A14.3.7}$$

$$\gamma_\uparrow(\Gamma) = \oint_\Gamma A_{\varphi,\uparrow} B_0 \sin\theta d\varphi = 2\pi \cos^2\left(\frac{\theta}{2}\right) . \tag{A14.3.8}$$

Mit $2\sin^2(\theta/2) = (1-\cos\theta)$ und $2\cos^2(\theta/2) = (1+\cos\theta)$ erhalten wir

$$\gamma_{\downarrow\uparrow}(\Gamma) = \pi(1 \mp \cos\theta) = \tfrac{1}{2}\Omega_\Gamma . \tag{A14.3.9}$$

Die Größe $\pi(1 \mp \cos\theta)$ entspricht gerade dem halben Raumwinkel Ω_Γ, der durch den Pfad Γ umschlossen wird (siehe Abb. 14.8).

Nehmen wir an, dass von der Quelle nur eine Spinsorte emittiert wird, so sammeln diese gleichen Spins aufgrund der unterschiedlichen Berry-Phase entlang den beiden Teilpfaden unterschiedliche Phasen auf. Entlang des oberen Pfades (Pfad 1) ist das Magnetfeld räumlich konstant, wodurch die Berry-Phase verschwindet. Entlang des unteren Teilpfades (Pfad 2) ist sie dagegen endlich. Am Ort des Detektors führt die Überlagerung der beiden Teilstrahlen zu einem Interferenzmuster. Für Spin-↓ Teilchen hängt die gemessene Intensität mit dem vom Magnetfeldvektor umschlossenen Raumwinkelelement Ω_Γ wie folgt zusammen:

$$I(\Gamma) = |a_1 + a_2 \mathrm{e}^{\imath\gamma_\downarrow}|^2 = 4a^2 \cos\left(\frac{\Omega_\Gamma}{2}\right) . \tag{A14.3.10}$$

Hierbei haben wir für die Amplituden der beiden Teilstrahlen $a_1 = a_2 = a$ angenommen. Für Spin-↑ Teilchen erhalten wir ein analoges Ergebnis. Wir können das Interferenzmuster experimentell messen, indem wir z. B. die Intensität als Funktion des Winkels θ messen. Der beobachtete Interferenzeffekt ist eine direkte Manifestation der Berry-Phase.

A14.4 Kramers-Entartung

Hendrik Anthony Kramers machte mit dem nach ihm benannten ***Kramers-Theorem*** eine wichtige Aussage zum Entartungsgrad der Energie-Zustände eines Vielteilchensystems mit halbzahligem Gesamtspin S.

(a) Zeigen Sie, dass jeder Energiezustand mindestens zweifach entartet sein muss, wenn der Hamilton-Operator $\mathcal{H}$, der das Vielteilchen-System beschreibt, zeitumkehrinvariant ist, das heißt, wenn $\mathcal{T}\mathcal{H}\mathcal{T}^{-1} = \mathcal{H}$ gilt. Hierbei ist $\mathcal{T}$ der Zeitumkehroperator.

(b) Bleibt die zweifache Entartung erhalten, wenn wir ein elektrisches Feld auf das System wirken lassen? Was passiert, wenn wir ein Magnetfeld einschalten?
(c) Diskutieren Sie die Entartung der Energiezustände in Systemen, die eine Inversionssymmetrie besitzen.

Lösung:

Bevor wir die Lösung der Aufgabe diskutieren, wiederholen wir einige wichtige Eigenschaften des Zeitumkehroperators [vgl. hierzu R. Gross und A. Marx, *Festkörperphysik*, 4. Auflage, Walter de Gruyter GmbH (2023), Anhang]. Der Zeitumkehroperator

$$\mathcal{T}: \quad t \to t' = -t \tag{A14.4.1}$$

invertiert die Zeit und transformiert einen Zustandsvektor $\psi(t)$ entsprechend $\mathcal{T}\psi(t) = \psi'(t') = \psi'(-t)$. Wenn der Hamilton-Operator $\mathcal{H}$ zeitumkehrinvariant ist, sollte $\mathcal{T}\psi(t)$ die Schrödinger-Gleichung erfüllen:

$$\imath\hbar \frac{\psi'(t')}{\partial t'} = \mathcal{H}\psi'(t') = \imath\hbar \frac{\partial(\mathcal{T}\psi(t))}{\partial(-t)} = \mathcal{H}\mathcal{T}\psi(t)\,. \tag{A14.4.2}$$

Multiplizieren wir von links mit $\mathcal{T}^{-1}$, erhalten wir

$$\mathcal{T}^{-1}(-\imath)\mathcal{T}\hbar \frac{\partial\psi(t)}{\partial t} = \mathcal{T}^{-1}\mathcal{H}\mathcal{T}\psi(t)\,. \tag{A14.4.3}$$

Da $[\mathcal{H},\mathcal{T}] = 0$ gelten soll, folgt

$$\mathcal{T}^{-1}\mathcal{H}\mathcal{T} = \mathcal{T}^{-1}\mathcal{T}\mathcal{H} = \mathcal{H}\,. \tag{A14.4.4}$$

Aus Gl. (A14.4.3) folgt dann $\mathcal{T}^{-1}(-\imath)\mathcal{T} = \imath$. Nach Multiplikation von links mit $\mathcal{T}$ folgt $(-\imath)\mathcal{T} = \mathcal{T}\imath$. Das zeigt, dass ein Effekt von $\mathcal{T}$ die komplexe Konjugation ist. Wir können $\mathcal{T}$ deshalb in allgemeinster Form als Produkt eines unitären Operators $\mathcal{U}_t$ und des Operators der komplexen Konjugation $\mathcal{K}$ schreiben:

$$\mathcal{T} = \mathcal{U}_t\mathcal{K}\,. \tag{A14.4.5}$$

Für den unitären Operator $\mathcal{U}_t$ gilt $\mathcal{U}_t^\dagger = \mathcal{U}_t^{-1}$ (der inverse Operator eines unitären Operators ist gleich seinem adjungierten Operator) und der Operator $\mathcal{K}$ überführt jede komplexe Zahl z in ihr komplex Konjugiertes. Es gilt also $\mathcal{K}z\mathcal{K}^{-1} = z^\star$, woraus $\mathcal{K}^{-1} = \mathcal{K}$ folgt. Wenden wir $\mathcal{T}$ zweimal an, erhalten wir

$$\mathcal{T}^2 = \pm\mathbb{1}\,. \tag{A14.4.6}$$

Der Zeitumkehroperator $\mathcal{T}$ ist also ein anti-unitärer Operator.

Um uns die Wirkung von $\mathcal{T}$ auf Drehimpulse klar zu machen, betrachten wir ein Spin-1/2-Teilchen. Da der Spin einen Drehimpuls darstellt, ist der zugehörige Spin-Operator $\mathbf{S} = (\hbar/2)\boldsymbol{\sigma}$ ungerade bezüglich einer Zeitumkehrtransformation:

$$\mathcal{T}\mathbf{S}\mathcal{T}^{-1} = -\mathbf{S}\,. \tag{A14.4.7}$$

Gleichung (A14.4.7) besagt, dass bei einer Zeitumkehr der Spin seine Richtung umkehrt. Hierbei ist $\boldsymbol{\sigma} = (\sigma_x, \sigma_y, \sigma_z)$ der Vektor der Paulischen Spin-Matrizen [vgl. Gl. (A14.3.3)] und es gilt $\mathcal{K}\sigma_x\mathcal{K}^{-1} = \sigma_x$, $\mathcal{K}\sigma_y\mathcal{K}^{-1} = -\sigma_y$ und $\mathcal{K}\sigma_z\mathcal{K}^{-1} = \sigma_z$. Mit diesen Beziehungen erhalten wir zusammen mit $\mathcal{T}\sigma_{x,y,z}\mathcal{T}^{-1} = -\sigma_{x,y,z}$ und $\mathcal{T} = \mathcal{U}\mathcal{K}$

$$\begin{aligned}&\mathcal{U}\sigma_x\mathcal{U}^{-1} = -\sigma_x, \quad \mathcal{U}\sigma_y\mathcal{U}^{-1} = \sigma_y, \quad \mathcal{U}\sigma_z\mathcal{U}^{-1} = -\sigma_z \\ &\Rightarrow \mathcal{U}\sigma_x + \sigma_x\mathcal{U} = 0, \quad \mathcal{U}\sigma_y - \sigma_y\mathcal{U} = 0, \quad \mathcal{U}\sigma_z + \sigma_z\mathcal{U} = 0\,. \end{aligned} \tag{A14.4.8}$$

Da üblicherweise in Lehrbüchern der Spin immer um die y-Achse rotiert wird, betrachten wir auch diesen Fall. Aus Gl. (A14.4.8) folgt $\mathcal{U} = C\sigma_y$ und mit $|\mathcal{U}|^2 = 1$ weiter $|C|^2 = 1$. Eine mögliche Wahl ist $C = 1$, woraus sich

$$\mathcal{T} = \sigma_y\mathcal{K} = \begin{pmatrix} 0 & -\imath \\ \imath & 0 \end{pmatrix}\mathcal{K} \tag{A14.4.9}$$

ergibt. Der Operator σ_y sorgt für die Umkehr der Spin-Richtung (Drehung um π um die y-Achse), der Operator $\mathcal{K}$ für die Impulsumkehr. Durch zweimaliges Anwenden von $\mathcal{T}$ erhalten wir

$$\mathcal{T}^2 = \sigma_y\mathcal{K}\sigma_y\mathcal{K} \underbrace{=}_{\mathcal{K}^{-1}=\mathcal{K}} \sigma_y\mathcal{K}\sigma_y\mathcal{K}^{-1} = -\sigma_y\sigma_y^* = -\mathbb{1}\,. \tag{A14.4.10}$$

Betrachten wir dagegen ein spinloses Teilchen, erhalten wir $\mathcal{T}^2 = \mathcal{K}^2 = 1$.

(a) Wir benutzen nun die Eigenschaften des Zeitumkehroperators, um eine Aussage zur Entartung der Energiezustände in einem System mit halbzahligem Gesamtspin zu machen. Hierbei nutzen wir die wichtige Eigenschaft von anti-unitären Operatoren aus, dass für das innere Produkt zweier Wellenfunktionen $\langle\mathcal{T}\psi_1|\mathcal{T}\psi_2\rangle = \langle\psi_1|\psi_2\rangle^*$ gilt:

$$\begin{aligned}\langle\mathcal{T}\psi_1|\mathcal{T}\psi_2\rangle &= \langle\mathcal{U}_t\mathcal{K}\psi_1|\mathcal{U}_t\mathcal{K}\psi_2\rangle = \langle\mathcal{U}_t\psi_1^*|\mathcal{U}_t\psi_2^*\rangle \\ &= \langle\psi_1^*|\mathcal{U}_t^\dagger\mathcal{U}_t\psi_2^*\rangle = \langle\psi_1^*|\psi_2^*\rangle = \langle\psi_1|\psi_2\rangle^* = \langle\psi_2|\psi_1\rangle\,. \end{aligned} \tag{A14.4.11}$$

Die Wahrscheinlichkeit $|\langle\psi_1|\psi_2\rangle|^2$ bleibt also unter Zeitumkehr erhalten.
Wir betrachten jetzt die beiden Zustände $|\psi\rangle$ und $\mathcal{T}|\psi\rangle$. Mit Gl. (A14.4.11) und $\mathcal{T}^2 = -\mathbb{1}$ gilt

$$\langle\mathcal{T}\psi|\psi\rangle = \langle\mathcal{T}\psi|\mathcal{T}^2\psi\rangle = -\langle\mathcal{T}\psi|\psi\rangle \quad\Rightarrow\quad \langle\mathcal{T}\psi|\psi\rangle = 0\,. \tag{A14.4.12}$$

Die beiden Zustände $|\psi\rangle$ und $\mathcal{T}|\psi\rangle$ müssen also verschieden und orthogonal sein. Für einen Hamilton-Operator $\mathcal{H}$, der invariant unter $\mathcal{T}$ ist, folgt dann

$$\underbrace{\mathcal{T}\mathcal{H}\mathcal{T}^{-1}}_{=\mathcal{H}}\,\mathcal{T}|\psi\rangle = E\mathcal{T}|\psi\rangle \quad\Rightarrow\quad \mathcal{H}(\mathcal{T}|\psi\rangle) = E(\mathcal{T}|\psi\rangle)\,. \tag{A14.4.13}$$

Hierbei haben wir benutzt, dass E reell ist. Wir können also folgern, dass $|\psi\rangle$ und $\mathcal{T}|\psi\rangle$ orthogonal sind und die gleiche Energie E besitzen, falls $\mathcal{H}$ zeitumkehrinvariant ist. Das betrachtete System muss also immer zweifach entartete Zustände besitzen. Dies bezeichnen wir als ***Kramers-Entartung*** oder ***Kramers-Theorem***. Mit $|\psi\rangle = |\psi_\uparrow\rangle$ und $|\mathcal{T}\psi\rangle = |\psi_\downarrow^\star\rangle$ erhalten wir

$$E_\uparrow(\mathbf{k}) = E_\downarrow(\mathbf{k}) \,. \qquad \text{(A14.4.14)}$$

Abb. 14.9(a) zeigt, dass zeitumgekehrte Spin-1/2-Zustände die gleiche Energie haben. Da keine Inversionssymmetrie vorliegt, müssen die Energien von Zuständen mit entgegengesetztem Wellenvektor dagegen nicht gleich sein.

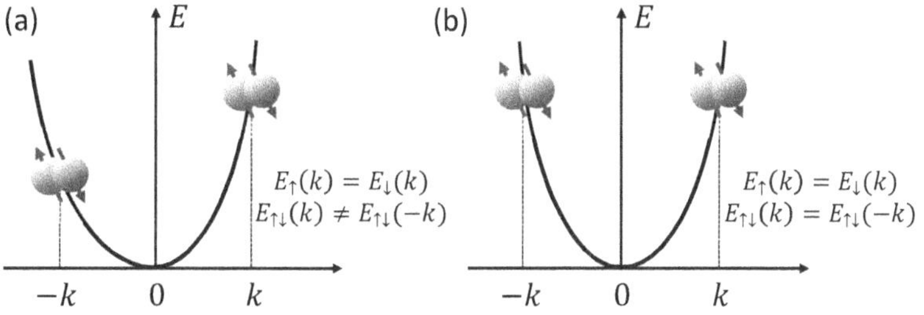

Abb. 14.9: (a) Allgemeine Dispersionsrelation für Bandelektronen ohne Vorliegen einer Inversionssymmetrie. Es gilt $E(\mathbf{k}) \neq E(-\mathbf{k})$. Die zeitumgekehrten Zustände mit entgegengesetztem Spin haben die gleiche Energie (Kramers-Entartung): $E_\uparrow(\mathbf{k}) = E_\downarrow(\mathbf{k})$. (b) Dispersionsrelation bei Vorliegen einer Inversionssymmetrie. Es gilt $E(\mathbf{k}) = E(-\mathbf{k})$. Zusätzlich zur Kramers-Entartung liegt jetzt eine Entartung von Zuständen mit entgegengesetztem Impuls unabhängig von der Spin-Richtung vor.

(b) Wir überlegen jetzt noch, was passiert, wenn wir ein elektrisches Feld oder ein Magnetfeld anlegen. Bei Anlegen eines elektrischen Feldes wirkt auf die Teilchen des Vielteilchensystems, falls sie geladen sind, die Kraft $\mathbf{F}_{\rm el} = q\mathbf{E}$. Diese Kraft bleibt aber gleich, wenn wir die Zeitrichtung umkehren. Legen wir also nur ein elektrisches Feld an, so gilt das Kramers-Theorem nach wie vor, da elektrische Felder die Zeitumkehrinvarianz des Hamilton-Operators $\mathcal{H}$ nicht beeinflussen.
Das Anlegen eines Magnetfeldes hebt dagegen die Zeitumkehrinvarianz von $\mathcal{H}$ auf. Auf geladene Teilchen wirkt jetzt die Lorentz-Kraft $\mathbf{F}_{\rm L} = q\mathbf{v} \times \mathbf{B}$. Da bei einer Zeitumkehr $\mathbf{v} \to -\mathbf{v}$ und die Richtung des Magnetfeldes gleich bleiben soll, wechselt $\mathbf{F}_{\rm L}$ das Vorzeichen. Wir weisen aber darauf hin, dass Magnetfelder durch bewegte Ladungen erzeugt werden. Würden wir diese in das Gesamtsystem einschließen, würde sich bei Zeitumkehr die Bewegungsrichtung dieser Ladungen und damit das Vorzeichen von $\mathbf{B}$ umkehren. Das heißt, wenn wir das gesamte elektromagnetische System betrachten, ist $\mathbf{F}_{\rm L}$ invariant unter Zeitumkehr, da $\mathbf{v} \to -\mathbf{v}$ und $\mathbf{B} \to -\mathbf{B}$.

(c) Ist der Hamilton-Operator $\mathcal{H}$ sowohl invariant unter Zeitumkehr als auch unter räumlicher Inversion, liegt zusätzlich zur Kramers-Entartung eine Entartung für Zustände mit entgegengesetztem Impuls vor. Es gilt dann

$$E_\uparrow(\mathbf{k}) = E_\downarrow(-\mathbf{k}) \,. \qquad \text{(A14.4.15)}$$

Dies ist in Abb. 14.9(b) gezeigt.

A14.5 Bandstruktur von Graphen

Bei Graphen handelt es sich um eine Modifikation des Kohlenstoffs mit zweidimensionaler Struktur. Dabei ist jedes Kohlenstoffatom im Winkel von 120° von drei weiteren umgeben, sodass sich ein bienenwabenförmiges Muster ergibt (vgl. Aufgabe 1.1). Strikt zweidimensionale Kristallstrukturen sollten nach dem so genannten Mermin-Wagner-Theorem thermodynamisch nicht stabil sein. Deshalb überraschte es, als **Konstantin Novoselov** und **Andre Geim** im Jahr 2004 Untersuchungen an freien, einschichtigen Graphenkristallen publizierten. Ihre Untersuchungen wurden 2010 mit dem Nobelpreis für Physik ausgezeichnet. Die unerwartete Stabilität von Graphen könnte mit der Existenz metastabiler Zustände oder durch die Ausbildung einer unregelmäßigen Welligkeit verbunden sein. In der theoretischen Festkörperphysik sind einlagige Kohlenstoffschichten – so genannte Graphene – interessante Modellsysteme, um die elektronischen Eigenschaften komplexer aus Kohlenstoff bestehender Materialien zu beschreiben.

(a) Diskutieren Sie die Kristallstruktur und das reziproke Gitter von Graphen. Zeichnen Sie die primitive Gitterzelle und die 1. Brillouin-Zone.
(b) Benutzen Sie ein einfaches Tight-Binding-Modell mit nächstem Nachbarhüpfen, um die Bandstruktur von Graphen herzuleiten. Nehmen Sie hierzu an, dass die Hüpfamplitude zu den 3 nächsten Nachbaratomen gleich und diejenige zu den übernächsten Nachbarn vernachlässigbar klein ist.
(c) Betrachten Sie den Verlauf des Valenz- und des Leitungsbandes in der Nähe der K- und K'-Punkte. Welche Besonderheit liegt hier vor?

Lösung:

(a) In Graphen ordnen sich die Kohlenstoffatome in dem in Abb. 14.10(a) gezeigten hexagonalen Honigwabengitter an. Die primitive Gitterzelle wird von den elementaren Gittervektoren

$$\mathbf{a}_1 = \frac{a}{2}\left(3, \sqrt{3}\right), \qquad \mathbf{a}_2 = \frac{a}{2}\left(3, -\sqrt{3}\right) \tag{A14.5.1}$$

aufgespannt, wobei a der Abstand der Kohlenstoffatome ist und jede Gitterzelle eine Basis von 2 Kohlenstoffatomen besitzt. Die Fläche der Gitterzelle ist $A = \hat{\mathbf{z}} \cdot \mathbf{a}_1 \times \mathbf{a}_2 = 3\sqrt{3}a^2/2$. Wir können das durch $\mathbf{a}_1$ und $\mathbf{a}_2$ aufgespannte Parallelogramm mit den beiden Kohlenstoffatomen A und B als primitive Gitterzelle verwenden. Üblicherweise wird aber eine hexagonale Zelle verwendet, deren Eckpunkte von jeweils drei Kohlenstoffatomen auf dem A- und B-Untergitter gebildet werden.
Die reziproken Gittervektoren erhalten wir mit $\mathbf{b}_i \times \mathbf{a}_j = 2\pi\delta_{ij}$ zu

$$\mathbf{b}_1 = \frac{2\pi}{3a}\left(1, \sqrt{3}\right), \qquad \mathbf{b}_2 = \frac{2\pi}{3a}\left(1, -\sqrt{3}\right) . \tag{A14.5.2}$$

Wir könnten wiederum das durch $\mathbf{b}_1$ und $\mathbf{b}_2$ aufgespannte Parallelogramm mit den beiden äquivalenten Punkten [vgl. Abb. 14.10(b)]

$$K = \frac{2\pi}{3a}\left(1, \frac{1}{\sqrt{3}}\right), \qquad K' = \frac{2\pi}{3a}\left(1, -\frac{1}{\sqrt{3}}\right) . \tag{A14.5.3}$$

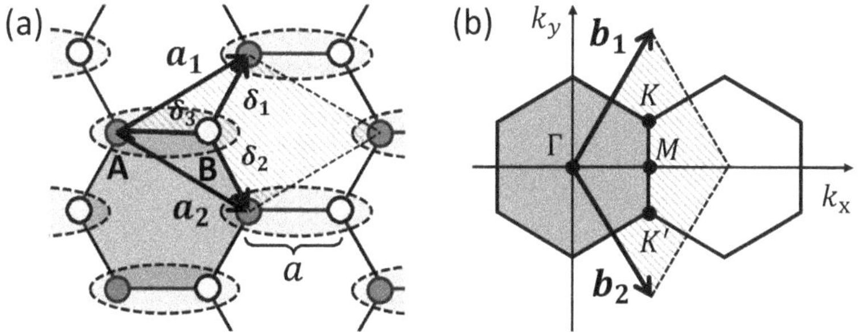

Abb. 14.10: (a) Zweidimensionales Honigwabengitter von Graphen. (b) 1. Brillouin-Zone von Graphen. Die grau getönten Sechsecke und die schraffierten Parallelogramme zeigen jeweils zwei Möglichkeiten für die primitive Gitterzelle und die 1. Brillouin-Zone.

als Brillouin-Zone verwenden. Wie im direkten Raum wird aber üblicherweise eine hexagonale Brillouin-Zone verwendet, deren Eckpunkte von jeweils drei äquivalenten K- und K'-Punkten gebildet werden [vgl. Abb. 14.10(b)].

(b) In Graphen geht ein Kohlenstoffatom mit drei im 120°-Winkel planar in der xy-Ebene angeordneten Kohlenstoffatomen eine kovalente Bindung ein (sp^2-Hybridisierung). Diese drei σ-Bindungen sind stark und besitzen eine große Bindungsenergie. Sie bilden die gefüllten Bänder. Das vierte Valenzelektron besetzt das p_z-Orbital, dass senkrecht zur Ebene orientiert ist und zu der viel schwächeren π-Bindung zwischen benachbarten Kohlenstoffatomen führt. Das von den p_z-Orbitalen gebildete Band ist das oberste Band, das für die elektrischen Eigenschaften relevant ist.

In einem einfachen Tight-Binding-Modell betrachten wir nur das Hüpfen der Elektronen in den p_z-Orbitalen zu den nächsten Nachbarn, d. h. wir vernachlässigen das Hüpfen zu übernächsten Nachbarn. Den Tight-Binding Hamilton-Operator können wir schreiben als

$$\mathcal{H} = E_0 \sum_{i\sigma} \left(a^\dagger_{i\sigma} a_{i\sigma} + b^\dagger_{i\sigma} b_{i\sigma} \right) + t \sum_{i\sigma} \sum_{j=1}^{3} \left(a^\dagger_{i+\delta_j,\sigma} b_{i\sigma} + b^\dagger_{i\sigma} a_{i+\delta_j,\sigma} \right) . \qquad \text{(A14.5.4)}$$

Hierbei sind $a^\dagger_{i\sigma}, a_{i\sigma}$ und $b^\dagger_{i\sigma}, b_{i\sigma}$ die Erzeugungs- und Vernichtungsoperatoren für Elektronen mit Energie E_0 auf den Plätzen A und B in der Einheitszelle, $\boldsymbol{\sigma}$ ist die Spinvariable und t die Hüpfamplitude. Hierbei haben wir angenommen, dass die Hüpfamplitude zu allen drei nächsten Nachbarn gleich groß ist. Der Operator $a^\dagger_{i\sigma} a_{i\sigma}$ ($b^\dagger_{i\sigma} b_{i\sigma}$) ist der Teilchenzahloperator für die Elektronen auf dem A-Platz (B-Platz) und der Operator $a^\dagger_{i+\delta_j,\sigma} b_{i\sigma}$ beschreibt das Hüpfen von Gitterplatz i auf dem Untergitter B zum einem der drei nächsten Nachbargitterplätze $i + \delta_j$ ($j = 1, 2, 3$) auf dem Untergitter A. Für die Abstandsvektoren zu den drei nächsten Nachbarn gilt [siehe Abb. 14.10(a)]

$$\boldsymbol{\delta}_1 = \frac{a}{2} \left(1, \sqrt{3} \right), \quad \boldsymbol{\delta}_2 = \frac{a}{2} \left(1, -\sqrt{3} \right), \quad \boldsymbol{\delta}_3 = a \left(-1, 0 \right) . \qquad \text{(A14.5.5)}$$

Wir können nun eine Fourier-Transformation vornehmen, um den Hamilton-Operator (A14.5.4) im reziproken Raum darzustellen. Wir erhalten

$$\mathcal{H} = \sum_{\mathbf{k}\sigma} \left(a^\dagger_{\mathbf{k}\sigma} b^\dagger_{\mathbf{k}\sigma}\right) \begin{pmatrix} E_0 & t\sum_{j=1}^3 \mathrm{e}^{\imath \mathbf{k}\cdot\boldsymbol{\delta}_j} \\ t\sum_{j=1}^3 \mathrm{e}^{-\imath \mathbf{k}\cdot\boldsymbol{\delta}_j} & E_0 \end{pmatrix} \begin{pmatrix} a_{\mathbf{k}\sigma} \\ b_{\mathbf{k}\sigma} \end{pmatrix} . \tag{A14.5.6}$$

Mit

$$\begin{aligned} \gamma(\mathbf{k}) &= \sum_{j=1}^{3} \mathrm{e}^{\imath \mathbf{k}\cdot\boldsymbol{\delta}_j} \\ &= \mathrm{e}^{\imath \mathbf{k}\cdot\boldsymbol{\delta}_3}\left[\mathrm{e}^{\imath \mathbf{k}\cdot(\boldsymbol{\delta}_1-\boldsymbol{\delta}_3)} + \mathrm{e}^{\imath \mathbf{k}\cdot(\boldsymbol{\delta}_2-\boldsymbol{\delta}_3)}\right] \\ &= \mathrm{e}^{-\imath k_x a}\left[1 + \mathrm{e}^{\imath 3k_x a/2}\,\mathrm{e}^{\imath\sqrt{3}k_y a/2} + \mathrm{e}^{\imath 3k_x a/2}\,\mathrm{e}^{-\imath\sqrt{3}k_y a/2}\right] \\ &= \mathrm{e}^{-\imath k_x a}\left[1 + \mathrm{e}^{\imath 3k_x a/2}\underbrace{\left(\mathrm{e}^{\imath\sqrt{3}k_y a/2} + \mathrm{e}^{-\imath\sqrt{3}k_y a/2}\right)}_{=2\cos(\sqrt{3}k_y a/2)}\right] \\ &= \mathrm{e}^{-\imath k_x a}\left[1 + 2\,\mathrm{e}^{\imath 3k_x a/2}\cos\left(\sqrt{3}k_y a/2\right)\right] \end{aligned} \tag{A14.5.7}$$

können wir Gl. (A14.5.6) vereinfacht schreiben als

$$\mathcal{H} = 2\sum_{\mathbf{k}} \mathcal{H}_{\mathbf{k}} \quad \text{mit} \quad \mathcal{H}_{\mathbf{k}} = \left(a^\dagger_{\mathbf{k}} b^\dagger_{\mathbf{k}}\right) \underbrace{\begin{pmatrix} E_0 & t\gamma(\mathbf{k}) \\ t\gamma^*(\mathbf{k}) & E_0 \end{pmatrix}}_{=\mathfrak{h}(\mathbf{k})} \begin{pmatrix} a_{\mathbf{k}} \\ b_{\mathbf{k}} \end{pmatrix} . \tag{A14.5.8}$$

Die Eigenwerte der Matrix $\mathfrak{h}(\mathbf{k})$ sind

$$E_\pm = E_0 \pm t|\gamma(\mathbf{k})| \tag{A14.5.9}$$

mit

$$|\gamma(\mathbf{k})| = \sqrt{1 + 4\cos\left(3k_x a/2\right)\cos\left(\sqrt{3}k_y a/2\right) + 4\cos^2\left(\sqrt{3}k_y a/2\right)} . \tag{A14.5.10}$$

Wir erhalten damit die beiden Energiebänder (siehe Abb. 14.11)

$$E_\pm(\mathbf{k}) = E_0 \pm t\sqrt{1 + 4\cos\left(\frac{3}{2}k_x a\right)\cos\left(\frac{\sqrt{3}}{2}k_y a\right) + 4\cos^2\left(\frac{\sqrt{3}}{2}k_y a\right)} . \tag{A14.5.11}$$

Wir können $\gamma(\mathbf{k})$ umschreiben in

$$\gamma(\mathbf{k}) = \sum_{j=1}^{3} \mathrm{e}^{\imath \mathbf{k}\cdot\boldsymbol{\delta}_j} = \mathrm{e}^{\imath \mathbf{k}\cdot\boldsymbol{\delta}_j}\left[\cos(\mathbf{k}\cdot\boldsymbol{\delta}_j) + \imath\sin(\mathbf{k}\cdot\boldsymbol{\delta}_j)\right] \tag{A14.5.12}$$

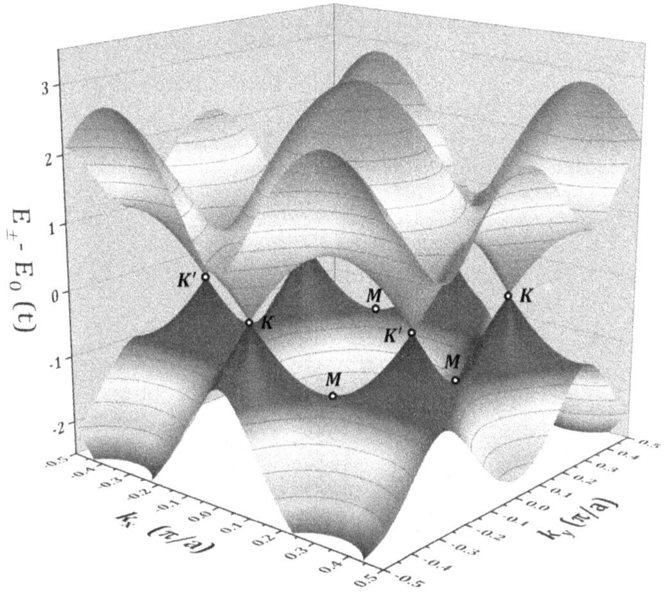

Abb. 14.11: Bandstruktur von Graphen berechnet mit einem Tight-Binding-Modell mit nächstem Nachbarhüpfen.

und damit $\mathfrak{h}(\mathbf{k})$ mit Hilfe der Paulischen Spinmatrizen σ_x und σ_y wie folgt ausdrücken:

$$\begin{aligned}\mathfrak{h}(\mathbf{k}) - E_0 &= t\sum_{j=1}^{3}\begin{pmatrix} 0 & \cos(\mathbf{k}\cdot\boldsymbol{\delta}_j) + \imath\sin(\mathbf{k}\cdot\boldsymbol{\delta}_j) \\ \cos(\mathbf{k}\cdot\boldsymbol{\delta}_j) - \imath\sin(\mathbf{k}\cdot\boldsymbol{\delta}_j) & 0\end{pmatrix} \\ &= \sum_{j=1}^{3}\left[\cos(\mathbf{k}\cdot\boldsymbol{\delta}_j)\,\sigma_x - \sin(\mathbf{k}\cdot\boldsymbol{\delta}_j)\,\sigma_y\right]. \qquad \text{(A14.5.13)}\end{aligned}$$

Mit Gl. (A14.5.11) können wir die Energiewerte an einigen Punkten der Brillouin-Zone herleiten. Am Γ-Punkt ($\mathbf{k}_\Gamma = (0,0)$) erhalten wir $E_\pm = E_0 \pm 3t$, an den beiden M-Punkten ($\mathbf{k}_M = \pm(2\pi/3a)(1,0)$) erhalten wir $E_\pm = E_0 \pm t$ und an den vier dazu äquivalenten M-Punkten die gleichen Werte. Wir haben ferner drei äquivalente K- und K'-Punkte. An einem davon ist $\mathbf{k}_K = (4\pi/3a\sqrt{3})(1,0)$ und wir erhalten $E_\pm = E_0$. Für alle anderen erhalten wir das gleiche Ergebnis. Wir sehen also, dass an allen K- und K'-Punkten das Valenzband und das Leitungsband entartet sind.

(c) Wir betrachten den Bandverlauf in der Näher des K- und K'-Punktes. Wir definieren den Wellenvektor relativ zum K-Punkt als $\mathbf{q} \equiv \mathbf{k} - \mathbf{K}$ und erhalten mit Gl. (A14.5.7)

$$\begin{aligned}\gamma(\mathbf{K}+\mathbf{q}) &= \mathrm{e}^{-\imath K_x a}\,\mathrm{e}^{-\imath q_x a}\left[1 + 2\,\mathrm{e}^{\imath 3(K_x+q_x)a/2}\cos\left(\sqrt{3}(K_y+q_y)a/2\right)\right] \\ &= \mathrm{e}^{-\imath K_x a}\,\mathrm{e}^{-\imath q_x a}\left[1 - 2\,\mathrm{e}^{\imath 3 q_x a/2}\cos\left(\frac{\pi}{3} + \frac{\sqrt{3}a}{2}q_y\right)\right]. \qquad \text{(A14.5.14)}\end{aligned}$$

Wir nehmen nun $|\mathbf{q}| \ll |\mathbf{K}|$ an und entwickeln den Ausdruck für $\gamma(\mathbf{K}+\mathbf{q})$ in der Nähe des K-Punkts:

$$\gamma(\mathbf{K}+\mathbf{q}) = -\imath\,\mathrm{e}^{-\imath K_x a}\,\frac{3a}{2}\,(q_x + \imath q_y)\,. \qquad \text{(A14.5.15)}$$

Da $E_\pm(\mathbf{K}+\mathbf{q}) = E_0 \pm t\sqrt{\gamma(\mathbf{K}+\mathbf{q})\gamma^*(\mathbf{K}+\mathbf{q})}$ hat der Phasenfaktor $\imath\, \mathrm{e}^{-\imath K_x a}$ keine physikalische Bedeutung und kann weggelassen werden. Wir erhalten dann in der Nähe des K-Punkts

$$\begin{aligned}\mathfrak{h}(\mathbf{K}+\mathbf{q}) - E_0 &= \frac{3a}{2}t\begin{pmatrix} 0 & q_x + \imath q_y \\ q_x - \imath q_y & 0 \end{pmatrix} = \hbar v_\mathrm{F}\begin{pmatrix} 0 & q_x + \imath q_y \\ q_x - \imath q_y & 0 \end{pmatrix} \\ &= \hbar v_\mathrm{F}\left(q_x\sigma_x - q_y\sigma_y\right) . \qquad \text{(A14.5.16)}\end{aligned}$$

Hierbei haben wir wiederum die Paulischen Spinmatrizen σ_x, σ_y und die Fermi-Geschwindigkeit $v_\mathrm{F} = 3at/2\hbar$ benutzt.

Definieren wir $\mathbf{q} \equiv \mathbf{k} - \mathbf{K}'$, erhalten wir analog in der Nähe des K'-Punkts

$$\begin{aligned}\mathfrak{h}(\mathbf{K}'+\mathbf{q}) - E_0 &= -\frac{3a}{2}t\begin{pmatrix} 0 & q_x - \imath q_y \\ q_x + \imath q_y & 0 \end{pmatrix} = \hbar v_\mathrm{F}\begin{pmatrix} 0 & q_x - \imath q_y \\ q_x + \imath q_y & 0 \end{pmatrix} \\ &= \hbar v_\mathrm{F}\left(q_x\sigma_x + q_y\sigma_y\right) . \qquad \text{(A14.5.17)}\end{aligned}$$

Wir sehen, dass an allen K- und K'-Punkten nicht nur das Valenzband und das Leitungsband entartet sind, sondern dass wir in der Nähe dieser Punkte eine lineare Dispersion vorliegen haben. Da der Hamilton-Operator (A14.5.16) bzw. (A14.5.17) ferner ähnlich zu dem von relativistischen masselosen Fermionen ist, werden die K- und K'-Punkte als ***Dirac-Punkte*** bezeichnet. Mit $t = 2.6\,\mathrm{eV}$ und $a = 1.42\,\text{Å}$ ergibt sich $v_\mathrm{F} = 5.9 \times 10^5\,\mathrm{m/s}$.

Schlussbemerkung: Eine interessante Eigenschaft der Bandstruktur von Graphen ist, dass die lückenfreien Dirac-Punkte an den K- und K'-Punkten durch das gleichzeitige Vorhandensein der Inversions- und Zeitumkehrsymmetrie geschützt sind. Das bedeutet, dass kleine Störungen, die kompatibel mit diesen Symmetrien sind (z. B. das Brechen der dreizähligen Rotationssymmetrie C_3 oder ein endliches Hüpfmatrixelement für das Hüpfen zwischen übernächsten Nachbarn), nichts am Vorhandensein der Dirac-Knoten ändern. Das Brechen der C_3-Symmetrie durch asymmetrische Hüpfamplituden (z. B. $t_3 \neq t_1 = t_2$) verschiebt nur die Lage der Dirac-Punkte.

A14.6 Byers-Yang-Theorem

Leiten Sie das ***Byers-Yang-Theorem*** [Nina Byers und Chen-Ning Yang (1961)] für ein zweifach verbundenes System (z. B. Hohlzylinder oder Ring) her, das einen magnetischen Fluss Φ in seiner Öffnung einschließt. Das Theorem gilt allgemein für mehrfach verbundene Systeme und besagt, dass die physikalischen Eigenschaften eines mehrfach verbundenen Systems periodisch als Funktion des magnetischen Flusses mit einer Periode Φ_0 sind. Hierbei ist $\Phi_0 = h/|q|$ das magnetische Flussquant.

Lösung:

Wir betrachten den in Abb. 14.12 gezeigten Hohlzylinder, der einen magnetischen Fluss Φ_x parallel zur Zylinderachse enthält. Das Byers-Yang-Theorem besagt nun, dass alle physikalischen Eigenschaften des betrachteten Zylinders periodisch in Φ_x sein müssen mit einer

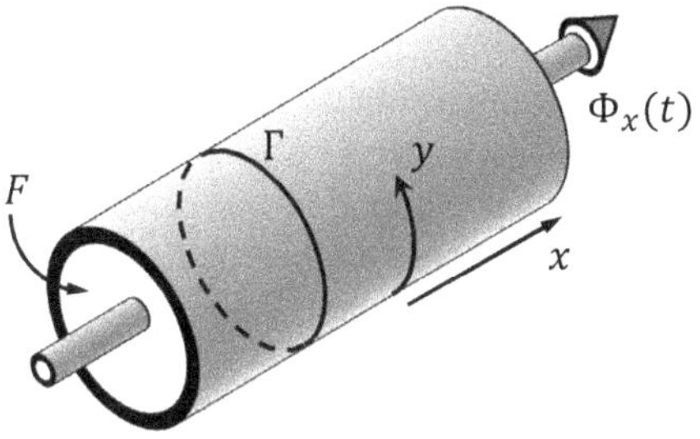

Abb. 14.12: Zur Herleitung des Byers-Yang-Theorems. Der Umfang des Hohlzylinders mit Querschnittsfläche F soll L_y betragen.

Periode von Φ_0. Wichtig ist, dass das Vektorpotenzial A_y auf der Zylinderoberfläche endlich ist, obwohl die magnetische Flussdichte B_x nur im Inneren des Zylinders endlich sein muss und auf dem Zylinderrand verschwindet. Entlang dem geschlossenen Pfad Γ auf der Zylinderoberfläche gilt nämlich

$$\oint_\Gamma A_y dy = A_y L_y = \int_F B_x dF = \Phi_x \tag{A14.6.1}$$

und damit

$$A_y = \frac{\Phi_x}{L_y} \,. \tag{A14.6.2}$$

Hierbei haben wir das Ringintegral in Gl. (A14.6.1) über den Zylinderumfang L_y mit dem Stokesschen Satz in ein Flächenintegral über die Querschnittsfläche F des Zylinders umgewandelt. Das Linienelement dy zeigt immer in tangentialer Richtung.

Wir können das Byers-Yang-Theorem am einfachsten herleiten, indem wir den magnetischen Fluss durch eine Eichtransformation eliminieren. Die transformierte Wellenfunktion des elektronischen Systems aus Ladungsträgern mit Ladung q können wir schreiben als

$$\psi' = \psi \exp\left[\imath \frac{q}{\hbar} \sum_j \chi(y_j)\right] \,. \tag{A14.6.3}$$

Hierbei sind y_j die Koordinaten der Ladungsträger und die skalare Funktion χ ist definiert durch $\nabla\chi = A'_y$, wobei A'_y das transformierte Vektorpotenzial ist. Da die Rotation des Gradienten einer skalaren Funktion Null ist, verschwindet die Rotation von A'_y und damit die Aharonov-Bohm-Flussdichte B_x auf der Zylinderoberfläche, ist aber in der Zylinderöffnung endlich. Ferner gilt $\oint_\Gamma A'_y dy = \Phi_x$. Wir können nun die Eichung so wählen, dass wir $A'_y = 0$ erhalten und dadurch den magnetischen Fluss Φ_x eliminieren. Der Preis, den wir für die Eliminierung des Aharonov-Bohm-Flusses bezahlen müssen, ist die Tatsache, dass die transformierte Wellenfunktion jetzt im Allgemeinen keine periodischen Randbedingungen mehr erfüllt. Die Phase der transformierten Wellenfunktion ψ' ändert sich um $2\pi(\Phi_x/\Phi_0)$, wenn wir uns einmal um den Zylinder herumbewegen.[4] Ist $\Phi_x = n\Phi_0$, so ändert sich die Phase gerade um $2\pi n$. Da Phasen, die sich um ganzzahlige Vielfache von 2π unterscheiden, aber physikalisch äquivalent sind, müssen die physikalischen Eigenschaften für einen Fluss Φ_x und $\Phi_x + n\Phi_0$ identisch sein.

4 Es gilt: $\frac{q}{\hbar}\sum_j \chi(y_j) = \frac{q}{\hbar}\sum_j \oint_\Gamma \nabla\chi(y_j) dy_i = \frac{q}{\hbar}\Phi_x = 2\pi\frac{\Phi_x}{\Phi_0}$.

A14.7 Quantisierte Hall-Leitfähigkeit in zweidimensionalen Materialien

Wir betrachten ein zweidimensionales Material (z. B. zweidimensionales Elektronengas in einer Halbleiter-Heterostruktur), mit Abmessungen L_x und L_y in der xy-Ebene und einem dazu senkrecht in z-Richtung angelegten Magnetfeld H_z. Wir nehmen ferner periodische Randbedingungen in y-Richtung an. Aufgrund dieser periodischen Randbedingungen können wir uns das 2D-System formal als ein in y-Richtung zu einem Zylinder aufgewickeltes System vorstellen [siehe Abb. 14.13(a)], wobei die Zylinderachse parallel zur x-Achse verläuft und der Zylinderumfang L_y beträgt. Das Magnetfeld H_z zeigt dann in radialer Richtung. In x-Richtung soll das System Ränder besitzen, an denen Spannungsabgriffe angebracht sind. Dies ist gleichbedeutend damit, dass wir einen Zylinder endlicher Länge L_x in x-Richtung vorliegen haben.

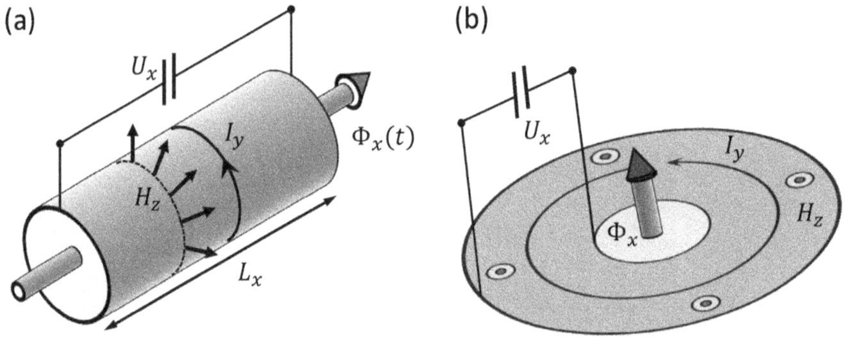

Abb. 14.13: Zur Ableitung der Hall-Leitfähigkeit in einem zweidimensionalen Material. In (a) repräsentieren wir die periodischen Randbedingungen in y-Richtung dadurch, dass wir das 2D-System zu einem Zylinder mit Umfang L_y aufwickeln. Das Magnetfeld H_z zeigt dann in radialer Richtung. In (b) ist die so genannte Corbino-Scheibe dargestellt, die in Experimenten an zweidimensionalen Elektronengasen verwendet wird.

(a) Wir prägen in einem Gedankenexperiment einen endlichen magnetischen Fluss Φ_x entlang der x-Richtung in den Zylinder ein. Der magnetische Fluss Φ_x und die damit assoziierte magnetische Flussdichte B_x sei nur innerhalb des Zylinders endlich und Null im Bereich der Zylinderwand, also des zweidimensionalen Materialsystems. Welcher Zusammenhang besteht zwischen dem um den Zylinder fließenden Strom I_y und dem magnetischen Fluss Φ_x?

(b) Berechnen Sie den Erwartungswert des Stromes I_y im Grundzustand des Systems. Nehmen Sie dabei an, dass die Flussänderung adiabatisch erfolgt und das betrachtete System bei der Flussänderung deshalb im Grundzustand verbleibt.[5]

(c) Schätzen Sie den in einem quasi-eindimensionalen Ring mit Umfang $L = 1\,\mu$m fließenden Ringstrom ab.

(d) Leiten Sie den Zusammenhang zwischen dem um den Zylinder fließenden Strom I_y und der längs des Zylinders auftretenden Spannung U_x ab.

---

[5] Unter einer adiabatischen Zustandsänderung verstehen wir einen thermodynamischen Vorgang, bei dem ein System von einem Zustand in einen anderen überführt wird, ohne Wärme mit seiner Umgebung auszutauschen.

(e) Diskutieren Sie, welcher Zusammenhang zwischen der in Abb. 14.13(a) gezeigten Zylindergeometrie und der in Abb. 14.13(b) dargestellten Corbino-Scheibe besteht.

Lösung:

(a) Wenn wir einen magnetischen Fluss Φ_x in den Zylinder längs der x-Achse einprägen, resultiert aus diesem magnetischen Fluss eine Aharonov-Bohm-Phase φ_{AB} für die Wellenfunktion der Ladungsträger mit Ladung q und Wellenzahl k_y. Da der Fluss mit einem endlichen Vektorpotenzial $\mathbf{A}$ verknüpft ist, müssen wir den verallgemeinerten Impuls $\mathbf{p} + q\mathbf{A}$ verwenden, das heißt $k_y \to k_y + \frac{q}{\hbar}A_y$. Neben der dynamischen Phase $\oint_\Gamma k_y dy$ erhalten wir einen mit $\frac{q}{\hbar}A_y$ verbundene Aharonov-Bohm-Phase:

$$\varphi_{\text{AB}} = \frac{q}{\hbar}\oint\limits_\Gamma A_y\,dy = \frac{q}{\hbar}\underbrace{\int\limits_F B_x\,dF}_{=\Phi_x} = 2\pi\frac{\Phi_x}{\Phi_0}\,. \tag{A14.7.1}$$

Hierbei haben wir das Ringintegral über den Zylinderumfang mit dem Stokesschen Satz in ein Flächenintegral über die Querschnittsfläche F des Zylinders umgewandelt und das „normalleitende Flussquant" $\Phi_0 = h/e$ ($|q| = e$) verwendet.[6] Das Linienelement dy zeigt durch das Aufwickeln dabei immer in tangentialer Richtung und das Flächenintegral führen wir über die Querschnittsfläche F senkrecht zur Zylinderachse aus. Wichtig ist, dass selbst wenn B_x auf der Zylinderoberfläche verschwindet das Vektorpotenzial A_y endlich ist. Aus Gl. (A14.7.1) folgt, dass $\Phi_x = \oint_\Gamma A_y dy = A_y L_y$ und damit $A_y = \Phi_x/L_y$ auf der Zylinderoberfläche endlich ist.

Durch den magnetischen Fluss Φ_x erhalten wir zusätzlich zur Phase $\varphi_g = \oint k_y dy = k_y L_y$ die Aharonov-Bohm-Phase $\varphi_{\text{AB}} = 2\pi(\Phi_x/\Phi_0)$. Wir sehen, dass die Auswirkung von Φ_x eine Änderung der Wellenzahl k_y der elektronischen Zustände ist: $k_y \to k_y + (2\pi/L_y)(\Phi_x/\Phi_0)$. Hierbei ist L_y der Zylinderumfang. Dieses Ergebnis entspricht dem allgemeinen ***Byers-Yang-Theorem*** (1961), das besagt, dass alle physikalischen Eigenschaften des betrachteten Zylinders periodisch in Φ_x sein müssen mit einer Periode von Φ_0 (siehe Aufgabe A14.6).

Wir müssen jetzt überlegen, wie der Strom I_y mit dem eingeprägten magnetischen Fluss Φ_x zusammenhängt. Hierzu müssen wir diskutieren, wie der Stromoperator mit Φ_x zusammenhängt. Wir nehmen hierzu an, dass wir das 2D-System als Elektronengas mit parabolischer Dispersion beschreiben können. Der zugehörige Hamilton-Operator lautet

$$\mathcal{H} = \frac{1}{2m}(\mathbf{p} - q\mathbf{A})^2 + V(x)\,. \tag{A14.7.2}$$

Der erste Term repräsentiert die kinetische und der zweite die potentielle Energie (z. B. durch ein elektrisches Potenzial ϕ oder ein Verunreinigungspotenzial). Um die Diskussion einfach zu halten, nehmen wir an, dass V nur in x-Richtung variiert und $V < \hbar\omega_c$ gilt ($\hbar\omega_c$ ist der Abstand der Landau-Niveaus, siehe unten).[7] Wir diskutieren jetzt nur

[6] In der Supraleitung verwendet man wegen $|q_s| = 2e$ (Cooper-Paare) das Flussquant $\Phi_0 = h/2e$.

[7] Falls der Umfang L_y des Zylinders in x-Richtung variieren würde, müssten wir ferner zusätzlich annehmen, dass diese Variationen auf nicht zu kleiner Längenskala entlang der x-Achse erfolgen.

den Stromfluss in y-Richtung, d. h. um den Zylinder herum. Mit dem Geschwindigkeitsoperator $v_y = (p_y - qA_y)/m$ können wir den Operator der elektrischen Stromdichte durch $\mathcal{J}_y = n_{2D}qv_y = n_{2D}q\hbar k_y/m$ ausdrücken. Hierbei ist n_{2D} die Ladungsträgerdichte des 2D-Systems und die Stromdichte hat die Einheit A/m, da die Querschnittsfläche für den Stromfluss eindimensional ist. Aus Gl. (A14.7.2) folgt $k_y = (m/\hbar^2)(\partial\mathcal{H}/\partial k_y)$ und wir können damit den Stromdichteoperator schreiben als

$$\mathcal{J}_y = n_{2D}\,\frac{q}{\hbar}\,\frac{\partial\mathcal{H}}{\partial k_y} = n_{2D}\,\frac{2\pi}{\Phi_0}\,\frac{\partial\mathcal{H}}{\partial k_y}\,. \tag{A14.7.3}$$

Mit $k_y \to k_y + (2\pi/L_y)(\Phi_x/\Phi_0)$ können wir die Ableitung nach k_y durch eine Ableitung nach Φ ersetzen und erhalten

$$\mathcal{J}_y = n_{2D}\,\frac{2\pi}{\Phi_0}\,\frac{\partial\mathcal{H}}{\partial k_y} = n_{2D}\,\frac{2\pi}{\Phi_0}\,\frac{\Phi_0 L_y}{2\pi}\,\frac{\partial\mathcal{H}}{\partial\Phi} = n_{2D}L_y\,\frac{\partial\mathcal{H}}{\partial\Phi}\,. \tag{A14.7.4}$$

(b) Mit Gleichung (A14.7.4) können wir den Erwartungswert von $\mathcal{J}_y$ bestimmen, indem wir annehmen, dass das System für jeden Flusswert den jeweiligen Grundzustand $|\psi\rangle$ einnehmen kann. Wir erhalten damit

$$\langle\psi|\mathcal{J}_y|\psi\rangle = -n_{2D}L_y\langle\psi|\frac{\partial\mathcal{H}}{\partial\Phi}|\psi\rangle\,. \tag{A14.7.5}$$

Wir können nun das Hellmann-Feynman-Theorem benutzen und erhalten

$$\begin{aligned}
\frac{\partial E}{\partial\Phi} &= \frac{\partial}{\partial\Phi}\langle\psi|\mathcal{H}|\psi\rangle\\
&= \langle\frac{\partial\psi}{\partial\Phi}|\mathcal{H}|\psi\rangle + \langle\psi|\mathcal{H}|\frac{\partial\psi}{\partial\Phi}\rangle + \langle\psi|\frac{\partial\mathcal{H}}{\partial\Phi}|\psi\rangle\\
&= E\langle\frac{\partial\psi}{\partial\Phi}|\psi\rangle + E\langle\psi|\frac{\partial\psi}{\partial\Phi}\rangle + \langle\psi|\frac{\partial\mathcal{H}}{\partial\Phi}|\psi\rangle\\
&= E\,\frac{\partial}{\partial\Phi}\langle\psi|\psi\rangle + \langle\psi|\frac{\partial\mathcal{H}}{\partial\Phi}|\psi\rangle\\
&= \langle\psi|\frac{\partial\mathcal{H}}{\partial\Phi}|\psi\rangle
\end{aligned} \tag{A14.7.6}$$

Hierbei haben wir ausgenutzt, dass die Wellenfunktion normiert ist und deshalb $\frac{\partial}{\partial\Phi}\langle\psi|\psi\rangle = 0$. Damit ergibt sich

$$\langle\psi|\mathcal{J}_y|\psi\rangle = n_{2D}L_y\,\frac{\partial E}{\partial\Phi}\,. \tag{A14.7.7}$$

Für den Gesamtstrom $I_y = J_yL_x$ erhalten wir

$$I_y = \frac{J_y}{L_y}\,\underbrace{L_xL_y}_{=1/n_{2D}} = \frac{J_y}{n_{2D}L_y} = \frac{\partial E}{\partial\Phi}\,. \tag{A14.7.8}$$

(c) Um die Größe des um den Zylinder fließenden Stroms I_y abzuschätzen, betrachten wir aus Gründen der Einfachheit einen quasi-eindimensionalen Ring. Umläuft ein Ladungsträger diesen Ring mit Umfang L_y periodisch, so sieht er immer wieder das gleiche Potenzial, egal wie dieses im Detail aussieht. Diese Situation ist äquivalent zur Bewegung von Ladungsträgern (Bloch-Wellen) im periodischen Potenzial eines Gitters mit Gitterperiode L_y. Wir können also das Umlaufen eines Ladungsträgers um einen Ring mit Umfang L_y mit der Bewegung eines Ladungsträgers in einem Gitter mit Gitterperiode $a = L_y$ assoziieren. Assoziieren wir nun die Phase kL_y mit $2\pi(\Phi/\Phi_0)$, sehen wir sofort, dass der Rand der 1. Brillouin-Zone bei $k = \pm\pi/L_y$ gerade $\Phi = \pm\Phi_0/2$ entspricht. Die Bandstruktur der elektronischen Niveaus des Rings entspricht somit der Bandstruktur von Bloch-Elektronen in einem eindimensionalen Gitter. Die entsprechende Bandstruktur ist in Abb. 14.14 gezeigt.

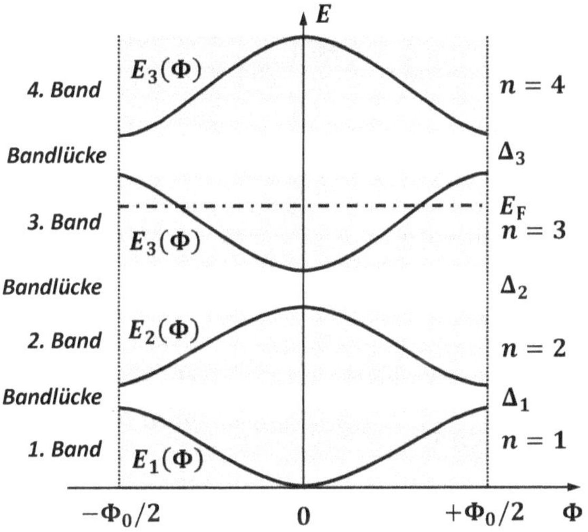

Abb. 14.14: Energieniveaus als Funktion des magnetischen Flusses für eine eindimensionale Ringstruktur. Für vollkommen freie Ladungsträger verschwinden die Energielücken Δ_i.

Es ist wichtig darauf hinzuweisen, dass die schematische Bandstruktur in Abb. 14.14 für ein beliebiges Potenzial entlang des Rings gilt. Wie von Peierls bereits 1955 gezeigt wurde, treten in einer Dimension nämlich Extrema der Bandstruktur nur an den Stellen $k = 0$ und $k = \pm\pi/L_y$ auf, was $\Phi = 0$ und $\Phi = \pm\Phi_0/2$ entspricht. Da die aufeinanderfolgenden Bänder alternierende Steigungen $\partial E/\partial\Phi$ besitzen, kompensieren sich ihre Beiträge zum Ringstrom stark. Für $k_B T < \Delta$, also genügend tiefe Temperaturen, trägt dann nur das oberste Band bei der Fermi-Energie E_F bei. Die Bandlücke Δ wird dabei durch die Größe des Unordnungspotenzials entlang des Rings bestimmt. Wir erhalten deshalb

$$I_y = \frac{\partial E}{\partial \Phi} \simeq \frac{\Delta E}{\Delta \Phi} \simeq \frac{E_F/N}{\Phi_0/2} \,. \tag{A14.7.9}$$

Hierbei ist N die Zahl der Ladungsträger im Ring. Da wir N Bänder besetzt haben, können wir die Bandbreite eines Bandes zu $\Delta E \simeq E_F/N$ abschätzen. Für ein eindimensionales System können wir die Zahl der Elektronen als Produkt der Zustandsdichte im k-Raum $L_y/2\pi$ und dem k-Raumvolumen $2k_F$ schreiben. Benutzen wir ferner

$E_F = \hbar^2 k_F^2/2m$ und $v_F = \hbar k_F/m$ erhalten wir

$$I_y \simeq \frac{q v_F}{L_y} \,. \tag{A14.7.10}$$

Für $E_F \sim 5\,\mathrm{eV}$ und $L_y \sim 1\,\mu\mathrm{m}$ ergibt sich damit $I_y \sim 100\,\mathrm{nA}$.

(d) Wir betrachten zunächst den Fall ohne zusätzlich eingeprägten magnetischen Fluss Φ_x. Für diesen Fall ist die Lösung der Schrödinger-Gleichung

$$\mathcal{H}\psi = \frac{1}{2m}\left(\frac{\hbar}{\imath}\nabla - q\mathbf{A}\right)^2 \psi + V(x)\psi = E\psi \tag{A14.7.11}$$

gut bekannt [vgl. hierzu R. Gross und A. Marx, *Festkörperphysik*, 4. Auflage, Walter de Gruyter GmbH (2023)] und führt zu den Landau-Niveaus. Für das Vektorpotenzial wählen wir die Eichung

$$\mathbf{A} = (0, B_z x, 0)\,, \tag{A14.7.12}$$

so dass $\mathbf{B} = \nabla \times \mathbf{A} = (0, 0, B_z)$. Damit erhalten wir die Schrödinger-Gleichung zu

$$-\frac{\hbar^2}{2m}\frac{\partial^2 \psi}{\partial x^2} + \frac{\hbar^2}{2m}\left(\frac{1}{\imath}\frac{\partial}{\partial y} - \frac{qB_z}{\hbar}x\right)^2 \psi + V(x)\psi = E\,\psi\,. \tag{A14.7.13}$$

Diese Gleichung besitzt eine Lösung der Form

$$\Psi(x, y) = \mathrm{e}^{\imath k_y y}\, u(x)\,, \tag{A14.7.14}$$

wobei $u(x)$ die eindimensionale Schrödinger-Gleichung

$$-\frac{\hbar^2}{2m}\frac{\partial^2 u}{\partial x^2} + \left(k_y - \frac{qB_z}{\hbar}x\right)^2 u + V(x)u = Eu \tag{A14.7.15}$$

erfüllen muss. Durch Umformen erhalten wir

$$-\frac{\hbar^2}{2m}\frac{\partial^2 u}{\partial x^2} + \frac{1}{2}m\omega_c^2\left(\frac{\hbar}{qB_z}k_y - x\right)^2 u + V(x)u = Eu\,, \tag{A14.7.16}$$

wobei wir die Zyklotronfrequenz $\omega_c = qB_z/m$ eingeführt haben. Wir sehen, dass $u(x)$ die Schrödiger-Gleichung eines eindimensionalen harmonischen Oszillators mit dem Potenzial

$$\tilde{V}(x) = V(x) + \frac{1}{2}m\omega_c^2\left(\frac{\hbar}{qB_z}k_y - x\right)^2 \tag{A14.7.17}$$

erfüllen muss, dessen Zentrum sich an der Stelle

$$x_0 = \frac{\hbar k_y}{qB_z} \tag{A14.7.18}$$

befindet. Für seine Energieeigenwerte gilt

$$E_n(x) = V(x) + \left(n + \frac{1}{2}\right)\hbar\omega_c \,. \qquad \text{(A14.7.19)}$$

Die Entartung der Landau-Niveaus beträgt

$$p = \hbar\omega_c D_{2D} = L_x L_y B_z \frac{|q|}{2\pi\hbar} = \frac{\Phi}{\Phi_0} \,. \qquad \text{(A14.7.20)}$$

Hierbei ist $D_{2D} = \frac{m}{2\pi\hbar^2} L_x L_y$ die zweidimensionale Zustandsdichte für eine Spin-Richtung.
Wir betrachten jetzt die Auswirkung eines entlang der Zylinderachse eingebrachten magnetischen Flusses Φ_x. Bezüglich der möglichen Werte von k_y müssen wir festhalten, dass aufgrund der periodischen Randbedingungen in y-Richtung nur Wellenzahlen $k_{y,j} = j \cdot 2\pi/L_y$ erlaubt sind, wobei j eine ganze Zahl ist. Wir haben ferner bereits gesehen, dass aufgrund eines in den Zylinder eingeprägten magnetischen Flusses Φ_x wegen der zusätzlichen Aharonov-Bohm-Phase die erlaubten Wellenzahlen $k_{y,j} = j \cdot 2\pi/L_y + (2\pi/L_y)(\Phi_x/\Phi_0) = [j + (\Phi_x/\Phi_0)] \cdot (2\pi/L_y)$ sind. Ändern wir nun Φ_x linear mit der Zeit, so bewegen sich alle Schwerpunktskoordinaten $x_{0,j} = \hbar k_{y,j}/qB_z$ uniform in x-Richtung und zwar mit der Geschwindigkeit

$$v_x = \frac{\partial x_{0,j}}{\partial t} = \frac{\hbar}{qB_z}\frac{\partial k_{y,j}}{\partial t} = \frac{\hbar}{qB_z}\frac{2\pi}{L_y\Phi_0}\frac{\partial \Phi_x}{\partial t} \,. \qquad \text{(A14.7.21)}$$

Mit dem Faradayschen Induktionsgesetz $U_y = -\partial\Phi_x/\partial t$ und Gl. (A14.7.20) folgt

$$v_x = -\frac{U_x}{B_z L_x L_y} = -\frac{U_y}{p\Phi_0} \,. \qquad \text{(A14.7.22)}$$

Aus der Bewegung der Ladungsträger des p-fach entarteten Landau-Niveaus resultiert der Hall-Strom

$$I_x = p\,q v_x = -p\,q\,\frac{U_y}{p\Phi_0} = -\frac{q^2}{\hbar} U_y \,. \qquad \text{(A14.7.23)}$$

Damit erhalten wir den Zusammenhang zwischen der Spannung U_y und dem Hall-Strom I_x zu

$$G_{xy} = \frac{U_y}{I_x} = -\frac{q^2}{\hbar} \,. \qquad \text{(A14.7.24)}$$

Wir sehen also, dass der Hall-Leitwert G_{xy} pro Landau-Niveau mit Entartung p quantisiert ist und den Betrag $q^2/\hbar$ hat. Dies gilt für beliebige Potenziale $V(x)$ entlang dem Zylinder, solange diese klein genug sind und auf nicht zu kurzer Längenskala variieren. Die bisher gemachte einfache Betrachtung kann erweitert werden, um zu einem auf Laughlin (1981) zurückgehenden allgemeinen Eichargument zu gelangen. Wir nehmen dazu an, dass wir für $U_y \to 0$ den Fluss Φ_x adiabatisch und linear in der Zeit ändern. Immer dann, wenn wir Φ_x genau um ein Flussquant Φ_0 geändert haben, muss sich nach dem Byers-Yang-Theorem (vgl. Aufgabe A14.6) das System wieder im gleichen Zustand befinden. Es ist aber möglich, dass sich Ladungsträger während des Flussänderungsprozesses vom einen zum anderen Ende des Zylinders bewegt haben. Da sich das System nach der Flussänderung um Φ_0 aber im gleichen Zustand befinden muss, können wir nur ganzzahlige Vielfache n einer Elementarladung pro Φ_0-Änderung transferieren. Das bedeutet, dass wir Gl. (A14.7.24) zu

$$G_{xy} = -n\,\frac{q^2}{\hbar} \tag{A14.7.25}$$

verallgemeinern können, wobei n eine ganzen Zahl ist. Wir erhalten also einen quantisierten Hall-Leitwert ganz allgemein für Systeme, für die wir den Fluss Φ_x adiabatisch ändern können, so dass das System im Grundzustand (bei $T = 0$) oder im thermischen Gleichgewichtszustand bei tiefen Temperaturen bleibt.

Wir wollen darauf hinweisen, dass für ein elektrisch leitendes System mit einem Kontinuum von ausgedehnten Zuständen bei der Fermi-Energie die endliche Spannung $U_y = -\partial\Phi_x/\partial t$ immer in einer endlichen Dissipation resultiert. Wir können dann keine adiabatische Flussänderung vornehmen. Um den Quanten-Hall-Effekt beobachten zu können, brauchen wir deshalb immer lokalisierte Zustände bei der Fermi-Energie [vgl. hierzu R. Gross und A. Marx, *Festkörperphysik*, 4. Auflage, Walter de Gruyter GmbH (2023)].

(e) Zum Abschluss wollen wir den Zusammenhang der für unser Gedankenexperiment verwendeten Zylindergeometrie und der in Abb. 14.13(b) dargestellten ***Corbino-Scheibe*** diskutieren, die für Messungen des Hall-Effekts verwendet wird. Wir können leicht erkennen, dass die Corbino-Scheibe topologisch äquivalent zum Hohlzylinder ist (vgl. hierzu Aufgabe A14.1). Wir können den Hohlzylinder homöomorph in die Corbino-Scheibe transformieren. Hierzu müssen wir nur den Radius am hinteren Ende des Zylinders vergrößern und dann den Zylinder entlang der x-Achse auf eine Ebene zusammenpressen. Das Magnetfeld H_z steht dann senkrecht auf der Corbino-Scheibe, den Fluss Φ_x müssen wir in das Innere kreisförmige Loch in der Scheibe einprägen und der induzierte Strom I_y fließt kreisförmig um die Scheibe. Die y-Koordinate zeigt in tangentialer Richtung und wir haben damit wiederum periodische Randbedingungen in y-Richtung vorliegen. Die x-Koordinate zeigt in radialer Richtung und die Hall-Spannung U_x können wir zwischen dem inneren und äußeren Rand des Kreisrings abgreifen.

A SI-Einheiten

Das aus dem metrischen System weiterentwickelte Internationale Einheitensystem SI (*Système Internationale d'Unités*) enthält als die 7 Basiseinheiten *Meter* (m), *Kilogramm* (kg), *Sekunde* (s), *Ampère* (A), *Kelvin* (K), *Candela* (Cd) und *Mol* (mol). Hinzu kommen die beiden ergänzenden Einheiten *Radiant* und *Steradiant*. Seit dem 01.01.1978 ist in der Bundesrepublik Deutschland die Verwendung des SI-Einheitensystems im amtlichen und geschäftlichen Verkehr gesetzlich vorgeschrieben.

Abgeleitete SI-Einheiten werden durch Multiplikation und Division aus den SI-Basiseinheiten, immer mit dem Faktor 1 (kohärent), gebildet. Für viele abgeleitete SI-Einheiten wurden besondere Namen und Einheitenzeichen festgelegt, z. B. Newton (N) für die Einheit der Kraft und Volt (V) für die der elektrischen Spannung.

Das SI ist weltweit von der internationalen und nationalen Normung übernommen worden (z. B. ISO 1000, DIN 1301). In den EU-Mitgliedstaaten ist es die Grundlage für die Richtlinie über Einheiten im Messwesen (EU-Richtlinien 80/181 und 89/617). Ausführliche Informationen zum SI Einheitensystem findet man bei der Physikalisch-Technischen Bundesanstalt unter `http://www.ptb.de` oder dem National Institut of Standards unter `http://www.physics.nist.gov`.

Am 20. Mai 2018 hat die Generalkonferenz für Maß und Gewicht mit Wirkung zum 20. Mai 2019 eine grundlegende Reform beschlossen. Danach werden alle SI-Basiseinheiten und damit alle Einheiten überhaupt auf sieben physikalische Konstanten zurückgeführt, denen feste Werte zugewiesen werden. Mit Ausnahme der Sekunde werden die Einheiten damit von der Realisierung und deren begrenzter Genauigkeit unabhängig.

https://doi.org/10.1515/9783110782530-015

A.1 Die SI Basiseinheiten

Größe	Abkürzung	Name	Symbol	Definition
Länge	l	Meter	m	Das Meter ist die Länge der Strecke, die Licht im Vakuum während der Dauer von (1/299 792 458) Sekunden durchläuft.
Masse	m	Kilogramm	kg	Das Kilogramm ist die SI-Einheit der Masse. Es ist definiert, indem die Planck-Konstante zu $h = 6.626\,070\,15 \times 10^{-34}$ Js (entspricht kg $m^2/2$) festgelegt wird, wobei der Meter und die Sekunde mittels c und $\Delta\nu_{Cs}$ definiert sind.
Zeit	t	Sekunde	s	Die Sekunde ist die SI-Einheit der Zeit. Sie ist das 9 192 631 770-fache der Periodendauer der dem Übergang zwischen den beiden Hyperfeinstrukturniveaus des Grundzustandes von Atomen des Nuklids ^{133}Cs entsprechenden Strahlung: $\Delta\nu_{Cs} = 9\,192\,631\,770$ Hz.
elektrische Stromstärke	I	Ampère	A	Das Ampère ist die SI-Einheit der elektrischen Stromstärke. Es ist definiert, indem die Größe der Elementarladung zu $e = 1.602\,176\,634 \times 10^{-19}$ A s festgelegt wird, wobei die Sekunde mittels $\Delta\nu_{Cs}$ definiert ist.
Temperatur	T	Kelvin	K	Das Kelvin ist die Einheit der thermodynamischen Temperatur. Es ist definiert, indem der Wert der Boltzmann-Konstante zu $k_B = 1.380\,649 \times 10^{-23}$ J/K festgelegt wird, wodurch das Kelvin direkt an das Joule gekoppelt wird.
Lichtstärke	J	Candela	cd	Die Candela ist die SI-Einheit der Lichtstärke in einer bestimmten Richtung. Sie ist definiert, indem für das photometrische Strahlungsäquivalent K_{cd} der monochromatischen Strahlung der Frequenz 540 1012 Hz der Zahlenwert 683 festgelegt wird, ausgedrückt in der Einheit lm W^{-1}, die gleich cd sr W^{-1} oder cd sr kg^{-1} m^{-2} s^3 ist, wobei das Kilogramm, der Meter und die Sekunde mittels h, c und $\Delta\nu_{Cs}$ definiert sind.
Stoffmenge	n	Mol	mol	Das Mol ist die SI-Einheit der Stoffmenge. Ein Mol enthält genau $6.022\,140\,76 \times 10^{23}$ Einzelteilchen. Diese Zahl entspricht dem für die Avogadro-Konstante N_A geltenden festen Zahlenwert, ausgedrückt in der Einheit mol^{-1}, und wird als Avogadro-Zahl bezeichnet.
ergänzende SI Einheiten:				
ebener Winkel	ϑ	Radiant	rad	
Raumwinkel	Ω	Steradiant	sr	

A.1.1 Einige von den SI Einheiten abgeleitete Einheiten

Größe	Abkürzung	Name	Symbol	SI-Einheit
Frequenz	ν	Hertz	Hz	s^{-1}
Kreisfrequenz	ω	Radiant/Sekunde		s^{-1}
Geschwindigkeit	v	Meter/Sekunde		m s^{-1}
Beschleunigung	a	Meter/Sekunde^2		m s^{-2}
Winkelgeschwindigkeit	ω	Radiant/Sekunde		s^{-1}

Fortsetzung auf nächster Seite

Fortsetzung von letzter Seite

Größe	Abkürzung	Name	Symbol	SI-Einheit
Winkelbeschleunigung	α	Radiant/Sekunde^2		s^{-2}
Kraft	F	Newton	N	
Energie	E	Joule	J	$m^2 kg\, s^{-2}$
Leistung	P	Watt	W	$m^2 kg\, s^{-3}$
Druck	p	Pascal	Pa	$kg\, m^{-1} s^{-2}$
Ladung	Q	Coulomb	C	As
Spannung (Potenzial)	U	Volt	V	$m^2 kg\, s^{-3} A^{-1}$
elektrische Feldstärke	E	Volt/Meter	V/m	$m\, kg\, s^{-3} A^{-1}$
elektrische Polarisation	P	Coulomb/Meter	C/m	$A\, s\, m^{-1}$
elektrische Flussdichte[1]	D	Coulomb/Meter^2	C/m^2	$A\, s\, m^{-2}$
elektrischer Widerstand	R	Ohm	Ω	$m^2 kg\, s^{-3} A^{-2}$
elektrische Leitfähigkeit	σ	Siemens/Meter	S/m	$m^{-3} kg^{-1} s^3 A^2$
magnetische Flussdichte	B	Tesla	T = Vs/m^2	$kg\, s^{-2} A^{-1}$
magnetische Feldstärke	H	Ampère/Meter		A/m
magnetischer Fluss	Φ	Weber	Wb = Vs	$m^2 kg\, s^{-2} A^{-1}$
Selbstinduktion	L	Henry	H = Vs/A	$m^2 kg\, s^{-2} A^{-2}$
Wärmekapazität	C	Joule/Kelvin	J/K	$m^2 kg\, s^{-2} K^{-1}$
Entropie	S	Joule/Kelvin	J/K	$m^2 kg\, s^{-2} K^{-1}$
Enthalpie	J	Joule	J	$m^2 kg\, s^{-2}$
Wärmeleitfähigkeit	λ	Watt/Meter Kelvin	W/m K	$m\, kg\, s^{-3} K^{-1}$

A.2 Vorsätze

10^{24}	Yotta	Y	10^{-1}	Dezi	d
10^{21}	Zetta	Z	10^{-2}	Zenti	c
10^{18}	Exa	E	10^{-3}	Milli	m
10^{15}	Peta	P	10^{-6}	Mikro	µ
10^{12}	Tera	T	10^{-9}	Nano	n
10^{9}	Giga	G	10^{-12}	Pico	p
10^{6}	Mega	M	10^{-15}	Femto	f
10^{3}	Kilo	k	10^{-18}	Atto	a
10^{2}	Hekto	h	10^{-21}	Zepto	z
10^{1}	Deka	da	10^{-24}	Yokto	y

1 wird meist als elektrische Verschiebung bezeichnet

A.3 Abgeleitete Einheiten und Umrechnungsfaktoren

In der Bundesrepublik Deutschland ist das Gesetz über Einheiten im Messwesen die Rechtsgrundlage für die Angabe physikalischer Größen in gesetzlichen Einheiten. Es verpflichtet zu ihrer Verwendung im geschäftlichen und amtlichen Verkehr. Die gesetzlichen Einheiten sind in den folgenden Tabellen fett geschrieben. Die Ausführungsverordnung zum Gesetz über Einheiten im Messwesen (Einheitenverordnung) verweist auf die Norm DIN 1301.

A.3.1 Länge, Fläche, Volumen

Einheit	Abkürzung	Umrechnung
Ångström	Å	1 Å = 10^{-10} m
Astronomische Einheit	AE	1 AE = 1.4960×10^{11} m
Fermi	fm	1 fm = 10^{-15} m
inch	inch	1 inch = 0.254 m
foot	ft	1 ft = 0.3038 m
yard	yd	1 yard = 0.9144 m
mile	mile	1 mile = 1609 m
Lichtjahr	Lj	1 Lj = 9.46×10^{15} m
Parsekunde	pc	1 pc = 30.857×10^{15} m
Ar	a	1 a = 100 m^2
Hektar	ha	1 ha = 10^4 m^2
barn	b	1 b = 10^{-28} m^2
Liter	l	1 l = 10^{-3} m^3
gallon	gal (US)	1 gal = 3.7851×10^{-3} m^3
barrel	bbl	1 bbl = 158.988×10^{-3} m^3

A.3.2 Masse

Einheit	Abkürzung	Umrechnung
atomare Masseneinheit	u	1 u = $1.660\,565\,5 \times 10^{-27}$ kg
Tonne	t	1 t = 1000 kg
metrisches Karat		1 Karat = 2×10^{-4} kg
pound	lb	1 lb = 0.4536 kg
ounce	oz	1 oz = 1/16 lb = 0.02835 kg

A.3.3 Zeit, Frequenz

Einheit	Abkürzung	Umrechnung
Tag	d	$1\,d = 86400\,s$
Stunde	h	$1\,h = 3600\,s$
Minute	min	$1\,min = 60\,s$
Jahr (tropisches)	a	$1\,a = 365.24\,d = 3.156 \times 10^7\,s$
Hertz	Hz	$1\,Hz = 1\,s^{-1}$

A.3.4 Temperatur

Einheit	Abkürzung	Umrechnung
Grad Celsius	°C	$T(°C) = T(K) - 273.15\,(K)$
Grad Fahrenheit	°F	$T(°F) = \frac{9}{5}\,T(°C) + 32$

A.3.5 Winkel

Einheit	Abkürzung	Umrechnung
Radiant	rad	$1\,rad = 1\,m/m$
Grad	°	$1° = (2\pi/360)\,rad = 1.745 \times 10^{-2}\,rad$
Winkelminute	′	$1' = 2.91 \times 10^{-4}\,rad$
Winkelsekunde	″	$1'' = 4.85 \times 10^{-6}\,rad$
Neugrad	gon	$1\,gon = 2\pi/400\,rad$
Steradiant	sr	$1\,sr = 1\,m^2/m^2$

A.3.6 Kraft, Druck, Viskosität

Einheit	Abkürzung	Umrechnung
Newton	N	$1\,N = 1\,kg\,m/s^2$
Dyn	dyn	$1\,dyn = 10^{-5}\,N = 1\,g\,cm/s^2$
Kilopond	kp	$1\,kp = 1\,kg \cdot g = 9.8067\,N$
Pascal	Pa	$1\,Pa = 1\,N/m^2 = 1\,kg/(m\,s^2)$
Bar	bar	$1\,bar = 10^5\,Pa$
Atmosphäre (physikalisch)	atm	$1\,atm = 101\,325\,Pa$
Atmosphäre (technisch)	at	$1\,at = 98\,066\,Pa$
Torr, mmHg	Torr	$1\,Torr = 1\,mmHg = 133.322\,Pa$
Poise	P	$1\,P = 0.1\,Pa\,s$
psi	lb/in^2	$1\,psi = 6895.0\,Pa\,s$

A.3.7 Energie, Leistung, Wärmemenge

Einheit	Abkürzung	Umrechnung
Joule	J	$1\,\mathrm{J} = 1\,\mathrm{N\,m} = 1\,\mathrm{kg\,m^2/s^2}$
Kilowattstunde	kWh	$1\,\mathrm{kWh} = 3.6 \times 10^6\,\mathrm{J} = 860\,\mathrm{kcal}$
Kalorie	cal	$1\,\mathrm{cal} = 4.187\,\mathrm{J}$
Erg	erg	$1\,\mathrm{erg} = 1\,\mathrm{g\,cm^2/s^2} = 10^{-7}\,1\,\mathrm{kg\,m^2/s^2} = 10^{-7}\,\mathrm{J}$
Elektronenvolt	eV	$1\,\mathrm{eV} = 1.6022 \times 10^{-19}\,\mathrm{J}$
		1 eV entspricht 11 604 K ($E = k_B T$)
		1 eV entspricht 2.4180×10^{14} Hz ($E = h\nu$)
Watt	W	$1\,\mathrm{W} = 1\,\mathrm{J/s} = 1\,\mathrm{kgm^2/s^3}$
Pferdestärke	PS	$1\,\mathrm{PS} = 735.6\,\mathrm{W}$

A.3.8 Elektromagnetische Einheiten

Einheit	Abkürzung	Umrechnung
Coulomb	C	$1\,\mathrm{C} = 1\,\mathrm{A\,s}$
Volt	V	$1\,\mathrm{V} = 1\,\mathrm{J/A\,s} = 1\,\mathrm{kg\,m^2/(A\,s^3)}$
Farad	F	$1\,\mathrm{F} = 1\,\mathrm{C/V} = 1\,\mathrm{A^2\,s^4/(kg\,m^2)}$
Ohm	Ω	$1\,\Omega = 1\,\mathrm{V/A} = 1\,\mathrm{kg\,m^2/(A^2\,s^3)}$
Siemens	S	$1\,\mathrm{S} = 1/\Omega$
Tesla	T	$1\,\mathrm{T} = 1\,\mathrm{V\,s/m^2} = 1\,\mathrm{kg/(A\,s^2)}$
Gauß	G	$1\,\mathrm{G} = 10^{-4}\,\mathrm{T}$
Oersted	Oe	$1\,\mathrm{Oe} = (10^3/4\pi)\,\mathrm{A/m}$, entspricht 1 G ($B = \mu_0 H$)
Henry	H	$1\,\mathrm{H} = 1\,\mathrm{Vs/A} = 1\,\mathrm{m^2\,kg/(A^2\,s^2)}$
Weber	Wb	$1\,\mathrm{Wb} = 1\,\mathrm{V\,s} = 1\,\mathrm{m^2\,kg/(A\,s^2)}$
Maxwell	M	$1\,\mathrm{M} = 10^{-8}\,\mathrm{Wb}$

B Physikalische Konstanten

Die Task Group on Fundamental Constants des *Committee on Data for Science and Technology* (CODATA) des International Council of Scientific Unions (ICSU) erstellt in regelmäßigen Abständen einen neuen Satz von Fundamentalkonstanten und empfiehlt ihn zur einheitlichen Verwendung in Wissenschaft und Technik. Dessen Werte sind das Ergebnis einer multivariaten Ausgleichsrechnung und beruhen auf jeweils aktuellen Daten. Zur Zeit ist geplant, regelmäßig alle vier Jahre eine neue Ausgleichsrechnung unter Hinzuziehung neuer Daten vorzunehmen. Eine Auswahl der wichtigsten Fundamentalkonstanten sind in der folgenden Tabelle zusammengefasst (Quelle: E. Tiesinga, P. J. Mohr, D. B. Newell, and B. N. Taylor, *CODATA recommended values of the fundamental physical constants: 2018*, Reviews of Modern Physics **93**, 025010 (2021)).

Physikalische Konstante	Symbol	Wert	Einheit	rel. Fehler
universelle Konstanten				
Lichtgeschwindigkeit	c	299 792 458	m/s	exakt
Plancksche Konstante	h	$6.626\,070\,15 \times 10^{-34}$	J s	exakt
		$4.135\,667\,696\ldots \times 10^{-15}$	eV s	exakt
$h/2\pi$	$\hbar$	$1.054\,571\,817 \times 10^{-34}$	J s	exakt
		$6.582\,119\,569\ldots \times 10^{-16}$	eV s	exakt
Gravitationskonstante	G	$6.708\,83(15) \times 10^{-11}$	$m^3/kg\,s^2$	2.2×10^{-5}
Induktionskonstante, magnetische Feldkonstante	μ_0	$1.256\,637\,062\,12(19) \times 10^{-6}$	N/A^2	1.5×10^{-10}
$\mu_0/(4\pi \times 10^{-7})$		$1.000\,000\,000\,55\ldots \times 10^{9}$	$N\,m^2/C^2$	exakt
Influenzkonstante, elektrische	ϵ_0	$8.854\,187\,8128(13) \times 10^{-12}$	F/m	1.5×10^{-10}
Vakuumimpedanz $\mu_0 c$	Z_0	$376.730\,313\,668(57)\ldots$	Ω	1.5×10^{-10}
Planck-Masse $\sqrt{\hbar c/G}$	m_P	$2.176\,434(24) \times 10^{-8}$	kg	1.1×10^{-5}
elektromagnetische Konstanten				
Elementarladung	e	$1.602\,176\,634 \times 10^{-19}$	C	exakt
Magnetisches Flussquant $h/2e$	Φ_0	$2.067\,833\,848\ldots \times 10^{-15}$	Vs	exakt
von Klitzing Konstante $h/e^2 = \mu_0 c/2\alpha$	R_K	$25\,812.807\,45\ldots$	Ω	exakt
Leitfähigkeitsquant $2e^2/h$	G_0	$7.748\,091\,729\ldots \times 10^{-5}$	S	exakt
inverses Leitfähigkeitsquant $h/2e^2$	G_0^{-1}	$12\,906.403\,72\ldots$	Ω	exakt
Josephson-Konstante $2e/h$	K_J	$483\,597.848\,4\ldots$	GHz/V	exakt
				Fortsetzung auf nächster Seite

https://doi.org/10.1515/9783110782530-016

Fortsetzung von letzter Seite

Physikalische Konstante	Symbol	Wert	Einheit	rel. Fehler
Bohrsches Magneton $e\hbar/2m_e$	μ_B	$9.274\,010\,0784(28) \times 10^{-24}$	J/T	3.0×10^{-10}
		$5.788\,381\,8060(17) \times 10^{-5}$	eV/T	3.0×10^{-10}
		$1.399\,624\,493\,61(62) \times 10^{10}$	Hz/T	3.0×10^{-10}
		$0.671\,713\,815\,63(20)$	K/T	3.0×10^{-10}
Kernmagneton $e\hbar/2m_p$	μ_K	$5.050\,783\,7461(15) \times 10^{-27}$	J/T	3.1×10^{-10}
		$3.152\,451\,258\,44(96) \times 10^{-8}$	eV/T	3.1×10^{-10}
		$7.622\,593\,2291(23) \times 10^{6}$	Hz/T	3.1×10^{-10}
		$3.658\,267\,7756(11) \times 10^{-4}$	K/T	3.1×10^{-10}
atomare und nukleare Konstanten				
Feinstrukturkonstante $e^2/4\pi\epsilon_0\hbar c$	α	$7.297\,352\,5693(11) \times 10^{-3}$		1.5×10^{-10}
	$1/\alpha$	$137.035\,999\,084(21)$		1.5×10^{-10}
Ruhemasse des Elektrons	m_e	$9.109\,383\,7015(28) \times 10^{-31}$	kg	3.0×10^{-10}
		$5.485\,799\,090\,65(16) \times 10^{-4}$	u	2.9×10^{-11}
Ruheenergie des Elektrons	$m_e c^2$	$0.510\,998\,950\,00(15) \times 10^{6}$	eV	3.0×10^{-10}
	$m_e c^2$	$8.187\,105\,7769(25) \times 10^{-14}$	J	3.0×10^{-10}
Ruhemasse des Protons	m_p	$1.672\,621\,923\,69(51) \times 10^{-27}$	kg	3.1×10^{-10}
		$1.007\,276\,466\,621(53)$	u	5.3×10^{-11}
Ruheenergie des Protons	$m_p c^2$	$9.382\,720\,8816(29) \times 10^{8}$	eV	3.1×10^{-10}
	$m_p c^2$	$1.503\,277\,615\,98(46) \times 10^{-10}$	J	3.1×10^{-10}
Ruhemasse des Neutrons	m_n	$1.674\,927\,498\,04(95) \times 10^{-27}$	kg	5.7×10^{-10}
		$1.008\,664\,915\,95(49)$	u	4.8×10^{-10}
Ruheenergie des Neutrons	$m_n c^2$	$939.565\,420\,52(54) \times 10^{6}$	eV	5.7×10^{-10}
	$m_n c^2$	$1.505\,349\,762\,87(86) \times 10^{-10}$	J	5.7×10^{-10}
Magnetisches Moment des Elektrons	μ_e	$-9.284\,764\,7043(28) \times 10^{-24}$	J/T	3.0×10^{-10}
	μ_e/μ_B	$-1.001\,159\,652\,181\,28(18)$		1.7×10^{-13}
Magnetisches Moment des Protons	μ_p	$1.410\,606\,797\,36(60) \times 10^{-26}$	J/T	4.2×10^{-10}
	μ_p/μ_B	$1.521\,032\,202\,30(46) \times 10^{-3}$		3.0×10^{-10}
	μ_p/μ_N	$2.792\,847\,344\,63(82)$		2.9×10^{-10}
Massenverhältnis Proton/Elektron	m_p/m_e	$1836.152\,673\,43(11)$		6.0×10^{-11}
spezifische Ladung des Elektrons	$-e/m_e$	$-1.758\,820\,010\,76(53) \times 10^{11}$	C/kg	3.0×10^{-10}
Rydberg-Konstante $\alpha^2 m_e c/2h$	R_∞	$10\,973\,731.568\,160(21)$	1/m	1.9×10^{-12}
		$2.179\,872\,361\,1035(42) \times 10^{-18}$	J	1.9×10^{-12}
		$13.605\,693\,122\,944(26)$	eV	1.9×10^{-12}
Bohrscher Radius $\alpha/4\pi R_\infty = 4\pi\epsilon_0\hbar^2/m_e e^2$	a_B	$5.291\,772\,109\,03(80) \times 10^{-11}$	m	1.5×10^{-10}
Klassischer Elektronenradius $\alpha^2 a_B$	r_e	$2.817\,940\,3262(13) \times 10^{-15}$	m	4.5×10^{-10}
Compton Wellenlänge des Elektrons $h/m_e c$	λ_C	$2.426\,310\,238\,67(73) \times 10^{-12}$	m	3.0×10^{-10}

Fortsetzung auf nächster Seite

Fortsetzung von letzter Seite

Physikalische Konstante	Symbol	Wert	Einheit	rel. Fehler
physikalisch-chemische Konstanten				
Loschmidtsche Zahl, Avogadro Konstante	N_A	$6.022\,140\,76 \times 10^{23}$	1/mol	exakt
Atomare Masseneinheit $1u = 1m_u = \frac{1}{12}m(^{12}C) = 10^{-3}\,kg\,mol^{-1}/N_A$	u	$1.660\,539\,066(50) \times 10^{-27}$	kg	3.0×10^{-10}
Faradaysche Konstante $N_A e$	F	96 485.332 12...	C/mol	exakt
Gaskonstante	R	8.314 462 618...	J/mol K	exakt
Boltzmann-Konstante	k_B	$1.380\,649 \times 10^{-23}$	J/K	exakt
Molvolumen eines idealen Gases RT/p (bei $T = 273.15$ K, $p = 100$ kPa)	V_m	22.710 954 64...	m^3/mol	exakt
Tripelpunkt des Wassers	T_t T_0	273.15 272.16 0	K K °C	
Stefan-Boltzmannsche Strahlungskonstante $(\pi^2/60)k_B^4/\hbar^3c^2$	σ	5.670 374 419...	$W/m^2\,K^4$	exakt
Wiensche Verschiebungskonstante $b = \lambda_{max}T$	b	2.897 771 955...	m K	exakt
fundamentale physikalische Konstanten – angenommene Werte				
Normaldruck	p_0	101 325	Pa	exakt
Standard Fallbeschleunigung	g	9.806 65	m/s^2	exakt
konventioneller Wert der Josephson-Konstante	K_{J-90}	483 597.9	GHz/V	exakt
konventioneller Wert der von Klitzing-Konstante	R_{K-90}	25 812.807	Ω	exakt
Molare Massenkonstante	M_u	$0.999\,999\,999\,65(30) \times 10^{-3}$	kg/mol	3.0×10^{-10}
Molare Masse von ^{12}C	$M(^{12}C)$	$11.999\,999\,9958(36) \times 10^{-3}$	kg/mol	3.0×10^{-10}

Abbildungsverzeichnis

https://doi.org/10.1515/9783110782530-017

Tabellenverzeichnis

https://doi.org/10.1515/9783110782530-018

Index

www.ingramcontent.com/pod-product-compliance
Lightning Source LLC
Chambersburg PA
CBHW082105220326
41598CB00066BA/5329
* 9 7 8 3 1 1 0 7 8 2 3 5 6 *